职业教育“十三五”
数字媒体应用人才培养规划教材

数字影音编辑与合成案例教程

◎ 徐翠娟 孙志成 主编
◎ 张丽丽 秦勤 武莹 副主编

人民邮电出版社
北京

图书在版编目（CIP）数据

数字影音编辑与合成案例教程 / 徐翠娟，孙志成主编. -- 北京 : 人民邮电出版社，2019.5（2024.7重印）
职业教育“十三五”数字媒体应用人才培养规划教材
ISBN 978-7-115-49400-9

Ⅰ. ①数… Ⅱ. ①徐… ②孙… Ⅲ. ①视频编辑软件—中等专业学校—教材 Ⅳ. ①TN94

中国版本图书馆CIP数据核字(2018)第218286号

内容提要

本书全面系统地介绍了数字影音采集、编辑与合成的基本知识与处理技巧，包括数字音频采集，音频素材导入，音效处理与合成，视频文件的导入与输出，视频剪辑，视频转场特效制作，字幕、字幕特技与运动字幕的设置，为视频添加音频特效，视频特效制作等内容。

本书内容的讲解均以课堂案例为主线，通过案例的操作，学生可以快速熟悉案例设计理念和制作技巧。书中的软件相关功能解析部分，使学生能够深入学习软件功能；课堂实战演练和课后综合演练部分，可以拓展学生的实际应用能力。本书配套光盘中包含了书中所有案例的素材及效果文件，以利于教师授课、学生练习。

本书可作为职业院校数字艺术类专业“数字影音编辑与合成”课程的教材，也可供相关人员学习参考。

◆ 主　　编　徐翠娟　孙志成
　副 主 编　张丽丽　秦　勤　武　莹
　责任编辑　范博涛
　责任印制　彭志环

◆ 人民邮电出版社出版发行　　北京市丰台区成寿寺路 11 号
　邮编　100164　　电子邮件　315@ptpress.com.cn
　网址　http://www.ptpress.com.cn
　北京九州迅驰传媒文化有限公司印刷

◆ 开本：787×1092　1/16
　印张：18　　　　　　2019 年 5 月第 1 版
　字数：440 千字　　　2024 年 7 月北京第 5 次印刷

定价：56.00 元

读者服务热线：(010)81055256　印装质量热线：(010)81055316
反盗版热线：(010)81055315

前　言
FOREWORD

Audition、Premiere 和 After Effects 都是 Adobe 公司的数字影音编辑与合成软件，它们的侧重不同，在数字影音的编辑与合成中所发挥的作用也不相同。只有合理运用这些软件对数字影音进行处理，才能制作出精彩的影音作品。

目前，我国很多职业院校的数字艺术类专业，都将数字影音编辑与合成作为一门重要的专业课程。为了帮助职业院校的教师全面、系统地讲授这门课程，学生能够熟练地使用专业软件来进行影音创意与编辑，我们几位长期在职业院校从事数字影音编辑与合成教学的教师与专业影视制作公司经验丰富的设计师合作，共同编写了本书。

根据现代职业院校的教学方向和教学特色，我们对本书的编写体系做了精心的设计。全书根据数字影音编辑与合成在不同软件中的应用侧重来安排章节，每章按照"课堂案例－软件相关功能－课堂练习－课后习题"这一思路进行编写，力求通过课堂案例，使学生熟悉创意编辑理念和软件功能；通过软件相关功能解析，学生能深入学习软件功能和制作特色；通过课堂练习和课后习题，提高学生的实际应用能力。

在内容编写方面，我们力求细致全面、重点突出；在文字叙述方面，我们注意言简意赅、通俗易懂；在案例选取方面，我们强调案例的针对性和实用性。

本书配套资源中包含了书中所有案例的素材及效果文件。另外，为方便教师教学，本书还配备了详尽的课堂实战演练和课后综合演练的操作步骤文稿、PPT 课件、教学大纲文件等丰富的教学资源，任课教师可登录人邮教育社区（www.ryjiaoyu.com）免费下载使用。本书的参考学时为 64 学时，各章的参考学时参见下面的学时分配表。

章　节	课 程 内 容	讲 授 课 时
第 1 章	数字音频采集	3
第 2 章	音频素材导入	5
第 3 章	音效处理与合成	8
第 4 章	视频文件的导入与输出	4
第 5 章	视频剪辑	5
第 6 章	视频转场特效制作	12
第 7 章	字幕、字幕特技与运动字幕的设置	8
第 8 章	为视频添加音频特效	7
第 9 章	视频特效制作	12
课 时 总 计		64

本书由徐翠娟、孙志成任主编，张丽丽、秦勤、武莹任副主编，徐小亚任参编。

由于编者水平有限，书中难免存在疏漏和不妥之处，敬请广大读者批评指正。

编　者

2019 年 1 月

目　录
CONTENTS

1

第 1 章　数字音频采集

2

第 2 章　音频素材导入

CONTENTS 目录

3

第 3 章 音效处理与合成

4

第 4 章 视频文件的导入与输出

5

第 5 章 视频剪辑

CONTENTS 目录

6

第 6 章 视频转场特效制作

7

第7章 字幕、字幕特技与运动字幕的设置

8

第8章 为视频添加音频特效

9

第 9 章 视频特效制作

第 1 章　数字音频采集

本章对 Audition CS6 中的录音与创建环绕声功能进行了详细讲解，包括录音前的硬件准备、录音选项的设置和录制声音的方法等内容。通过对本章的学习，读者可以自如地应用录音与环绕声进行实际创作。

- 录音前的硬件准备
- 录制声音
- 录音设置

任务一　录音前的硬件准备

在 Audition CS6 中进行录音，首先要确保计算机硬件已正确安装，并连接话筒或“麦克风”，接着在 Audition 中设置录音选项。录音时要先试录，再正式录音，以保证录音电平较为合适。使用 Audition CS6 录制数字音频，主要用在影视作品创作、动漫作品创作、课件创作、游戏创作和音乐制作等领域。要想录制数字音频，至少需要一台计算机，该计算机应带有声卡和话筒；如果对录制的音质要求较高，那么需要准备专业的声卡、电容话筒和话筒防喷罩、调音台、监听音箱或耳机。录音前要保证这些设备正确连接，并且在一个比较安静、回声比较小的录音环境里完成。

1.1.1　录制来自话筒的声音

将话筒与计算机声卡的 Microphone 输入接口相连接。将话筒连接到声卡时，要考虑话筒连接器的规格。由于宽度有限，计算机声卡通常只能容纳 3.5mm 的音频插头。大多数随身听、便携 CD、手机等音频设备都是 3.5mm 的音频插头。

由于计算机声卡的输入采用非对称接线，如果话筒的电缆长度超过 15m，通常会产生电磁干扰，或者是声音减弱。为了保证声音质量，就要使话筒电缆尽量短些。

1.1.2　录制来自外接设备的声音

如果要录制来自电视机、CD 机、MP3、收音机、VCD 机、DVD 机等设备的声音，那么就需要准备一条音频线，如图 1-1 所示。此音频线是由电缆线连接的两端都是 3.5mm 的音频插头的双声道线，一端与声卡的输入接口相连接，另一端与外部设备的接口或耳机接口相连接。

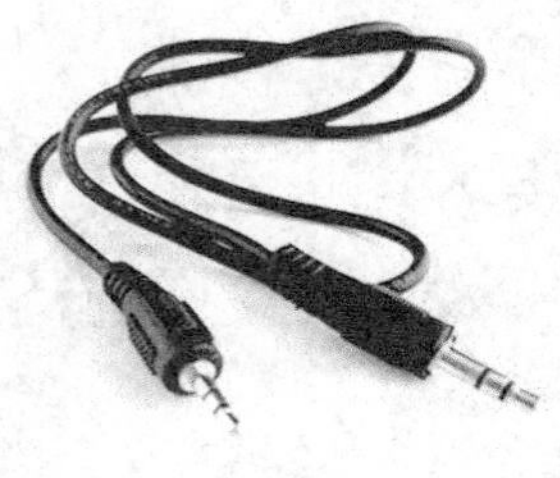

图 1-1

1.1.3 录制来自计算机声卡的声音

在录制的时候，还可以将计算机软件、游戏和网页等发出的声音录制下来，这就是录制来自计算机声卡的声音，这样的录音技术除了一块声卡以外，是不需要其他硬件支持的。

1.1.4 录音环境的选择

在录制声音的时候，为了能录制出噪声较小、混响较小、吸声效果好、比较理想的声音素材，提高录音效率，保证录音质量，应该使用录音室录制。在使用录音室时应注意以下几方面。

1. 设备的摆放

为了能提高录音的工作效率，在录音时最好是将常用到的设备呈 U 字形摆放到自己的周围，目的就是能够在任何需要时都触手可得。

在录音时，两个音箱之间的距离与音箱到椅子的距离最好相等，如图 1-2 所示，这样可以有效地提高对声音监听的准确度。话筒的摆放位置也起着举足轻重的作用，立体声录音的话筒摆放方式有多种，一般分为 AB 制、XY 制和 MS 制等。

AB 制是将两个型号相同的话筒并排摆放，相距几十厘米或一米的位置，如图 1-3 所示。AB 制摆放的优点是临场感好，缺点是两个话筒之间容易产生相位干扰。

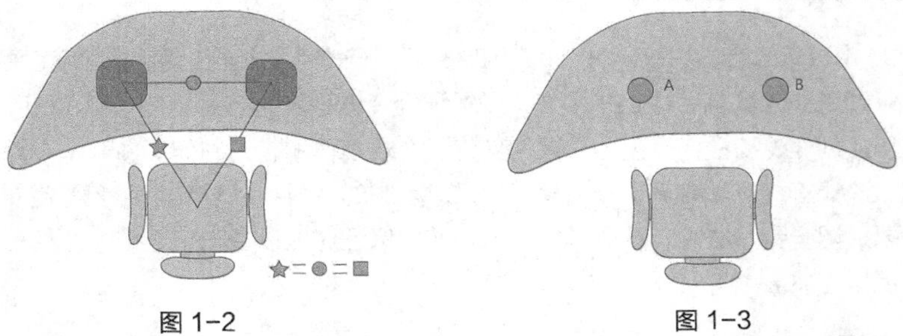

图 1-2　　图 1-3

XY 制是将两个话筒重叠摆放，一般情况两话筒相互成 90° 夹角，如图 1-4 所示。这样的摆放不存在时间差和相位差，因此效果比 AB 制摆放效果要好，是经常被使用到的一种话筒摆放方式。

MS 制是目前较为常用的一种摆放方法，它和 AB 制的摆法基本一样，不同的是，它使用了两个型号、性能不同的话筒。其中一个话筒主轴正对声源，称为 M，另一个主轴则对准左右两侧，称为 S。MS 制摆放几乎完全没有相位干扰，因此录音效果是最好的，如图 1-5 所示。

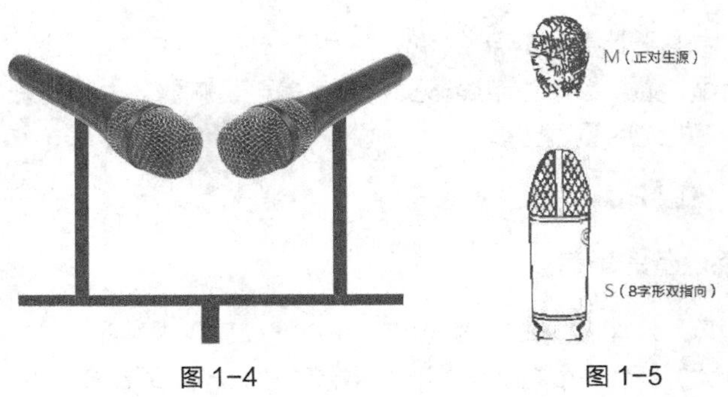

图 1-4　　图 1-5

2. 吸音与隔音

在录音时，声波在录音室传播到墙壁时会发生反射现象，如果房间体积较大，容易形成混音效果。目前，最流行的做法是在录音室录制干声，然后用现代的数字音频编辑软件添加混响效果，这样就可以控制过多的声音反射，也可以在墙壁上悬挂吸音板，如图 1-6 所示。

图 1-6

为了更好地与外界隔离，不让外界的声音进入录音棚内，录音室往往要采取必要的隔音措施。要做到隔离，可以为房间制作一个大型隔离盒，将录音棚与外界完全地隔离开，也有很多专业的录音棚使用橡胶隔膜进行隔离。

在录音前，要尽量考虑到所有可能产生噪声的因素，例如，最好关闭会产生噪声的空调，尽量不使用有风扇的笔记本电脑进行录音，如果使用台式计算机，为了远离风扇发出的声音，最好将主机移到隔壁的房间或者壁橱里。

任务二 录音设置

录音用到的软件、硬件准备完成之后，就需要对计算机声卡进行设置。

1.2.1 Windows XP 操作系统下的设置

在 Windows XP 操作系统下的录音设置步骤如下。

步骤① 在任务栏上双击“音量”按钮，弹出“主音量”对话窗口，如图 1-7 所示。

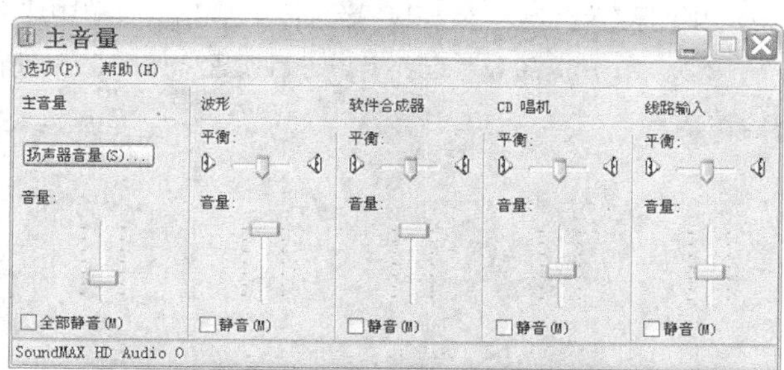

图 1-7

步骤② 选择“选项 > 属性”命令，弹出“属性”对话框，如图 1-8 所示。单击“确定”按钮，弹出“录音控制”对话框，如图 1-9 所示。如果要使用麦克风录音，就需要勾选“麦克风”选项组中的“选择”复选框；同样，要使用音频线录制外部设备的声音，就需要勾选“线路输入”选项组中的“选择”复选框。

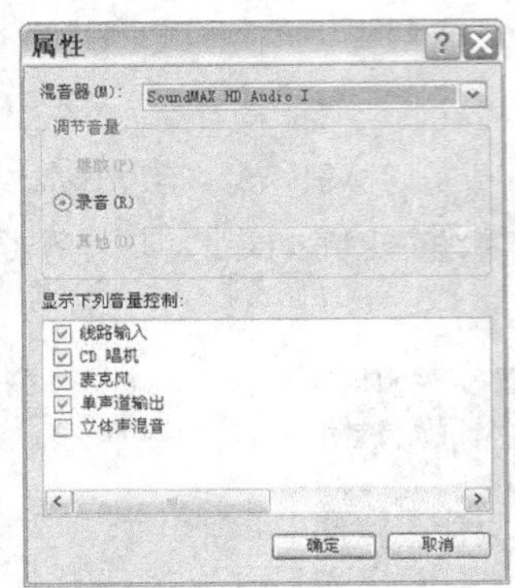

图 1-8

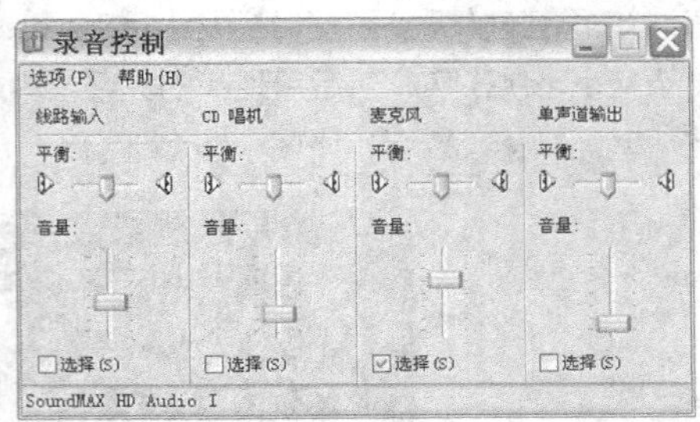

图 1-9

步骤③ 启动 Adobe Audition CS6，选择“编辑 > 首选项 > 音频硬件”命令，在弹出的“首选项”对话框中进行设置，如图 1-10 所示，单击“确定”按钮，即可在 Audition CS6 软件中进行录音。

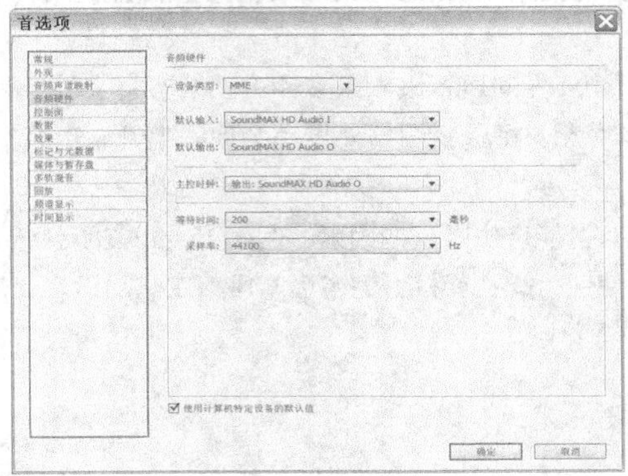

图 1-10

1.2.2 Windows 7 操作系统下的设置

在 Windows 7 操作系统下的录音设置步骤如下。

步骤① 将光标定位在任务栏右侧的“扬声器”按钮 上，单击鼠标右键，在弹出的菜单中选择“录音设备”命令，弹出“声音”对话框，如图 1-11 所示。

步骤② 在“录制”选项卡中，用鼠标右键单击“麦克风”选项，在弹出的菜单中选择“属性”命令，弹出“麦克风 属性”对话框，如图 1-12 所示。在“高级”选项卡中进行设置，如图 1-13 所示。

图 1-11

图 1-12

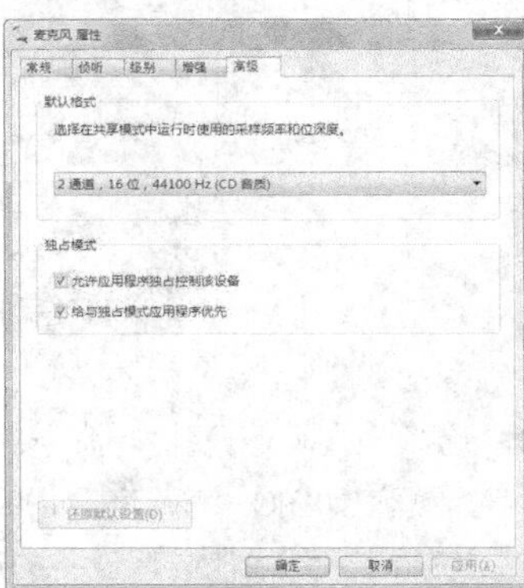

图 1-13

步骤③ 单击“确定”按钮，保存设置，进入“声音”对话框中。在“声音”对话框中选择“播放”选项卡，如图 1-14 所示。

步骤④ 在“播放”选项卡中，用鼠标右键单击“扬声器”选项，在弹出的菜单中选择“属性”命令，弹出“扬声器 属性”对话框，如图 1-15 所示。

步骤⑤ 在“高级”选项卡中进行设置，如图 1-16 所示。单击“确定”按钮，保存设置，进入“声音”对话框中，单击“确定”按钮，确定设置。

图 1-14

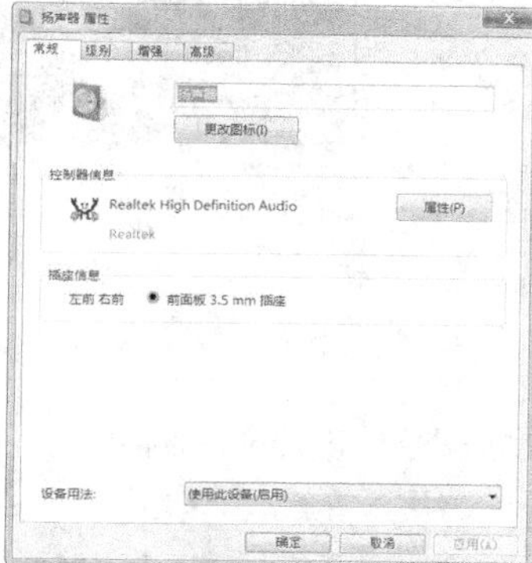

图 1-15

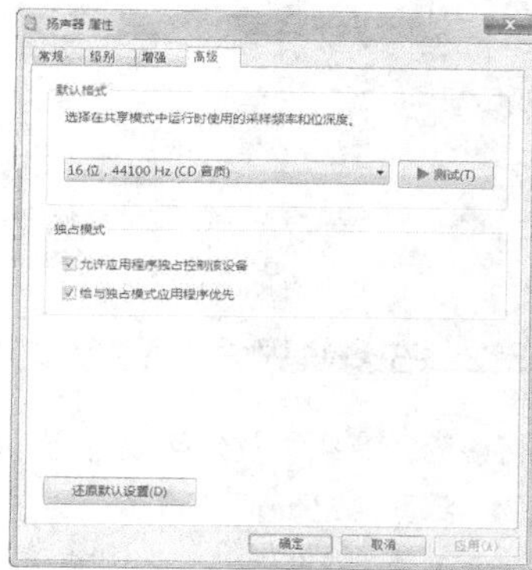

图 1-16

步骤⑥ 启动 Adobe Audition CS6，选择“编辑 > 首选项 > 音频硬件”命令，在弹出的“首选项”对话框中进行设置，如图 1-17 所示，单击“确定”按钮，即可在 Audition CS6 软件中进行录音。

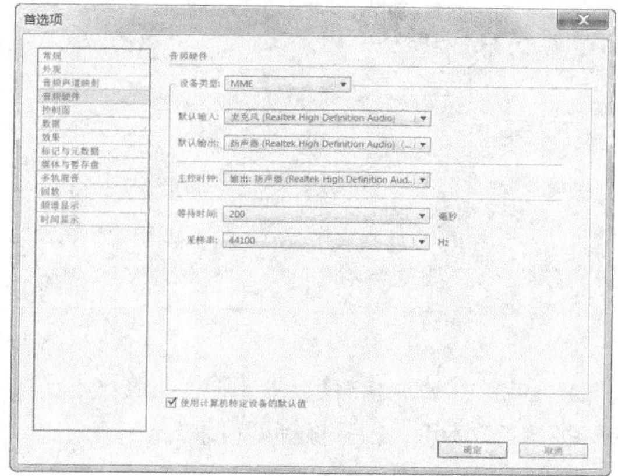

图 1-17

任务三 录制声音

在 Audition CS6 中，既可以在单轨界面中录制声音，也可以在多轨界面中录制声音。

1.3.1 在单轨界面中录音

将话筒或音频线及外接设备与计算机声卡的 Microphone 接口相连接；设置录音选项。

步骤① 启动 Audition CS6 软件，选择“文件 > 新建 > 音频文件”命令，或按 Ctrl+Shift+N 组合键，在弹出的“新建音频文件”对话框中进行设置，如图 1-18 所示，单击“确定”按钮，新建音频文件。

步骤② 单击“编辑器”面板下方的“录制”按钮●，如图 1-19 所示，松开鼠标即可录音。

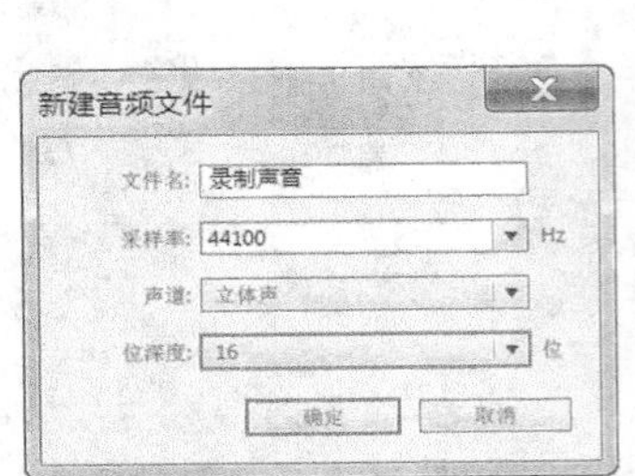

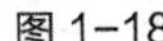
图 1-18

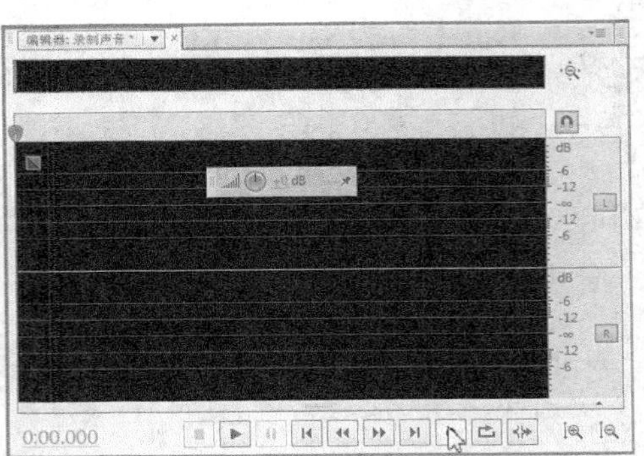

图 1-19

1.3.2 在多轨界面中录音

将话筒或音频线及外接设备与计算机声卡的 Microphone 接口相连接；设置录音选项。

步骤① 启动 Audition CS6 软件，选择“文件 > 新建 > 多轨混音项目”命令，或按 Ctrl+N 组合键，在弹出的“新建多轨混音”对话框中进行设置，如图 1-20 所示，单击“确定”按钮，新建多轨混音文件，如图 1-21 所示。

图 1-20

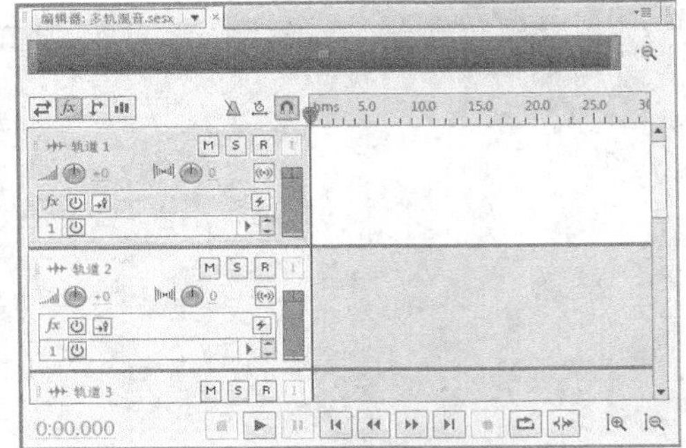

图 1-21

步骤② 单击“轨道 1”轨道中的“录音”按钮R，使其处于准备录音状态，如图 1-22 所示。单击“编辑器”面板下方的“录音”按钮●，如图 1-23 所示，松开鼠标即可录音。

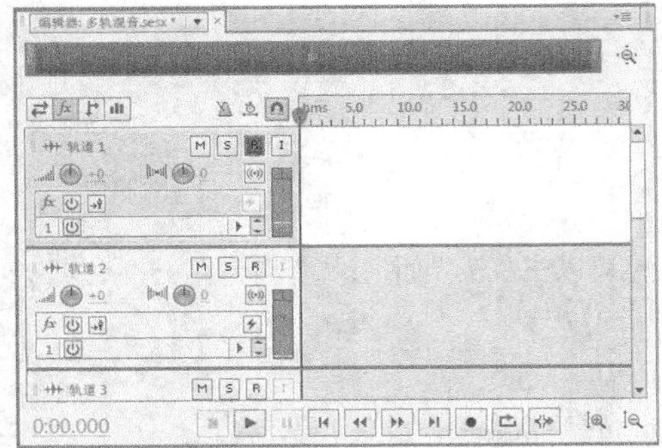

图 1-22

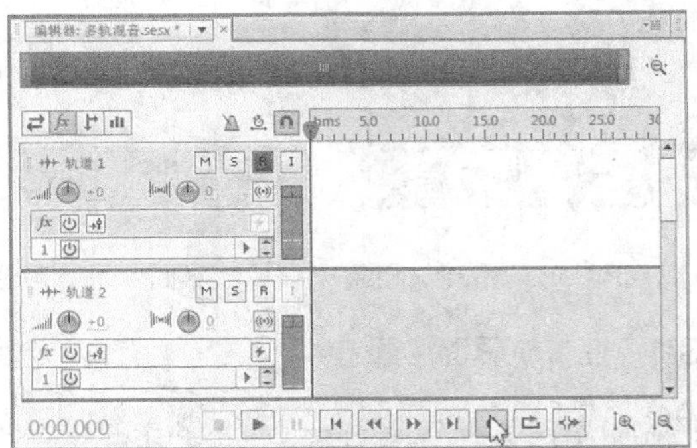

图 1-23

1.3.3 课堂案例——录制一首古诗

【案例学习目标】学习使用“录音”功能。

【案例知识要点】使用“录音”功能录制一首古诗。

【效果所在位置】资源包 \ Ch01 \ 录制一首古诗.mp3。

步骤① 选择“文件 > 新建 > 音频文件”命令，弹出“新建音频文件”对话框，在“文件名”文本框中输入“录制一首古诗”，在“采样率”下拉列表中选择“44100 Hz”选项，“声道”下拉列表中选择“立体声”选项，“位深度”下拉列表中选择“16 位”选项，如图 1-24 所示，单击“确定”按钮，新建一个音频文件，“编辑器”面板如图 1-25 所示。

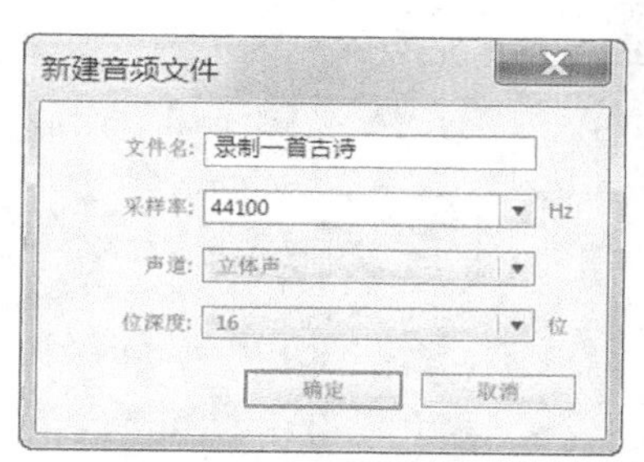

图 1-24

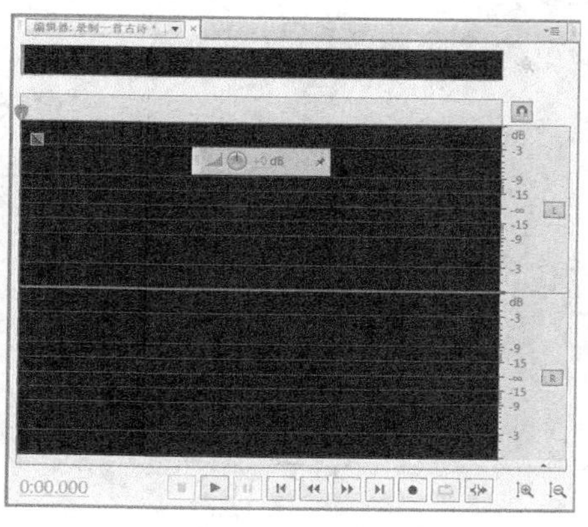

图 1-25

步骤② 打开资源包中的“Ch01 \ 素材 \ 录制一首古诗 \ 01”文件，如图 1-26 所示。返回到 Audition CS6 的操作界面中，单击“编辑器”面板下方的“录制”按钮 ●，如图 1-27 所示。

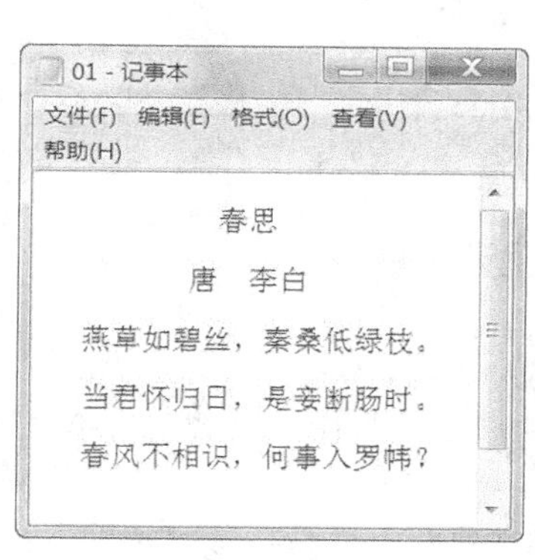

图 1-26

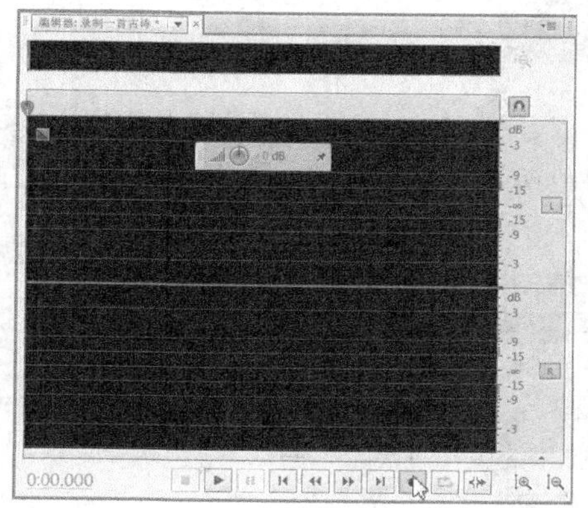

图 1-27

步骤③ 松开鼠标，将记事本中的文字录入，录入完之后，单击“编辑器”面板下方的“停止”按钮 ■，如图 1-28 所示，松开鼠标，完成古诗的录入，“编辑器”面板如图 1-29 所示。

步骤④ 选择“文件 > 保存”命令，在弹出的“存储为”对话框中进行设置，如图 1-30 所示，单击“确定”按钮，保存效果。录制一首古诗的制作就此完成，单击“走带”面板中的“播放”按钮 ▶，监听最终声音效果。

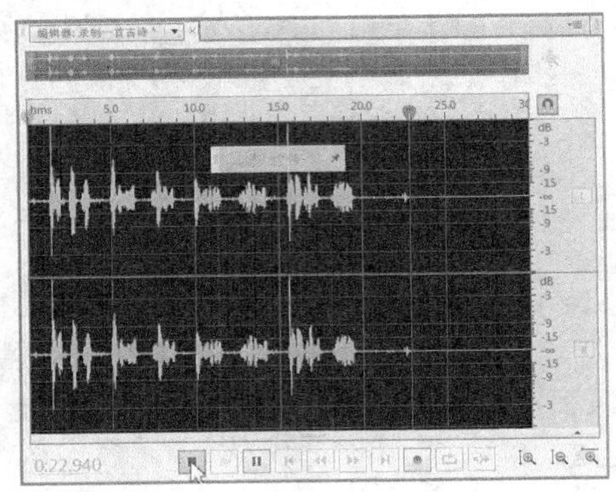

图 1-28

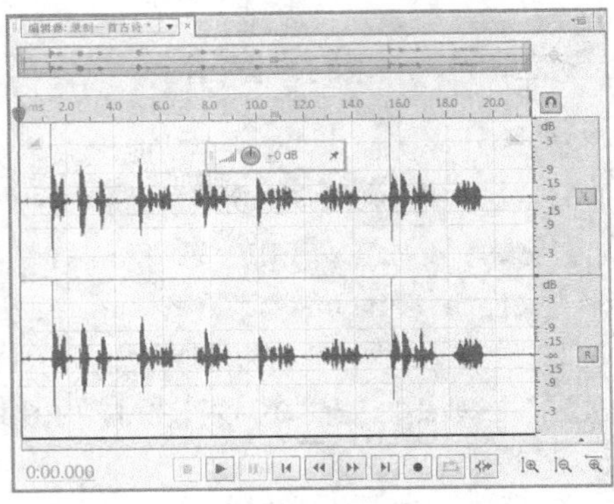

图 1-29

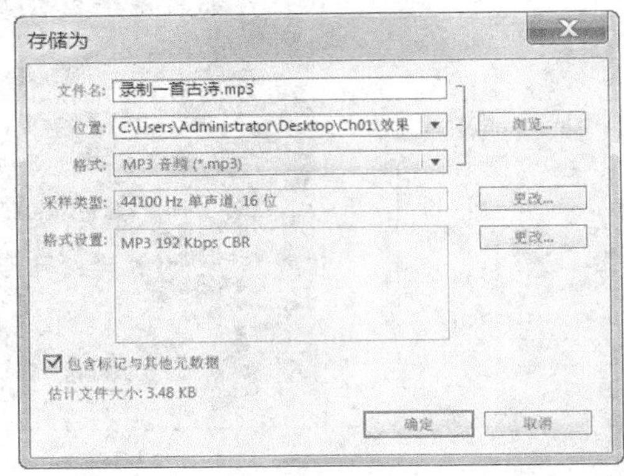

图 1-30

课堂练习——录制一首歌曲

【练习知识要点】使用“新建”命令，新建音频文件；使用“录音”命令，录制歌曲。

【效果所在位置】资源包 \ Ch01 \ 效果 \ 录制一首歌曲.mp3。

课后习题——为演讲添加伴奏

【习题知识要点】使用“新建”命令，新建多轨项目；使用“录音”命令，录制演讲稿；使用“循环”命令，调整背景音乐的循环效果。

【效果所在位置】资源包 \ Ch01 \ 效果 \ 为演讲添加伴奏.mp3。

第 2 章　音频素材导入

本章对声音的产生、特性、分类、获取途径、重要参数和常见格式等基础知识，以及基本操作方法进行了详细讲解。读者通过对本章的学习，可以快速了解并掌握音频的基础知识和基本操作，为后面的学习打下坚实的基础。

课堂学习目标

- 了解音频的基础知识
- 创建、打开、导入音频文件
- 监听音频
- 保存、导出、关闭音频文件

任务一　了解音频的基础知识

本任务主要对声音的产生、特性、分类，以及数字音频的获取途径、重要参数、编码、压缩和常见格式进行详细讲解。

2.1.1　声音的产生及波形图

声音是自然界的一种客观物理现象。声音来自物体的振动，通过传播介质的传播而存在。因此，在真空环境中是没有声音的。人们通常把正在发音的物体叫做声源，当声源振动时，会引发周围的空气质子来回震荡，形成疏密波，这就是声波。声波经过我们的听觉系统转化，变为人的主观听觉，如图 2-1 所示。

声波是看不见的，但可以用测量仪器将声波用图形的方式表达出来，从而形成声波图，它反映了物体振动发音时的气压状况，如图 2-2 所示。

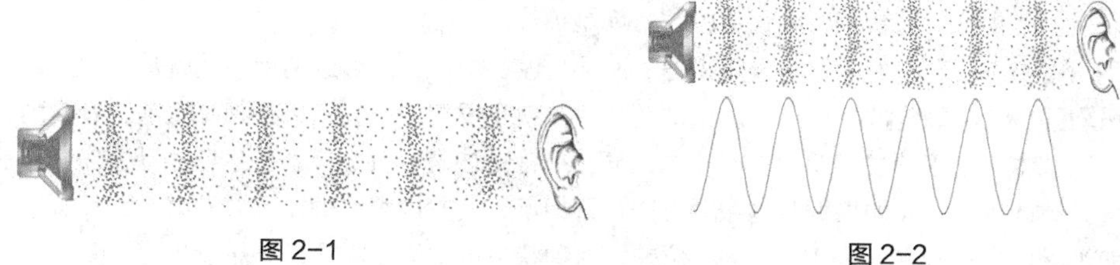

图 2-1　　图 2-2

一个有效声音的正弦波形的波峰部分，对应空气质子的相互挤压的状态；波形的波谷部分对应空气质子的稀疏状态。空气质子相互间的挤压程度和稀疏程度越大，则对应波形中波峰与波谷越高（深）。

2.1.2　声音的特性

我们可以从两个层面来看待声音特性，一是声音本身的物理特性，二是人们对声音的听觉特性，它又被称作“心理声学”。声音的物理特性从声波本身着眼，而听觉特性以人的主观听感为研究对象，二者的内容是完全不同的。

1. 物理特性

物理特性包括声音的频率、振幅、波长、相位、谐波、包络，以及声波的传播特性。

（1）频率

声音的频率就是声源振动的频率，即每秒钟声源来回往复振动的次数，如图 2-3 所示。频率的单位是 Hz（赫兹）。

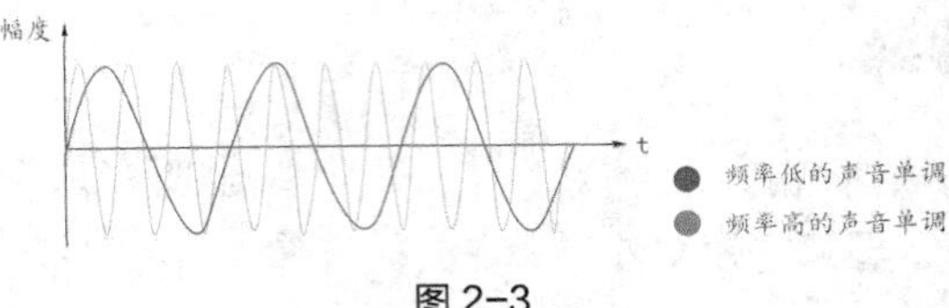

图 2-3

频率决定音高。当频率较高时，会产生“高音”的感觉；当频率较低时，会产生“低音”的感觉。一般情况下，女人的声音比男人的声音更高一些，这是因为女性声带的振动频率高于男性。

（2）振幅

声波的振幅是指声音波形离开零点线位置的最大距离，它体现出物体振动幅度的大小和振动的强弱，如图 2-4 所示。振幅决定音量。当振幅较大时，表明声音较强；当振幅较小时，表明声音较弱。

（3）波长

当声波通过空气传播时，从声波的一个波峰到与它相邻的波峰之间的物理距离，称为波长。波长与频率成反比，因此低频的波长相对长，高频的波长相对短。

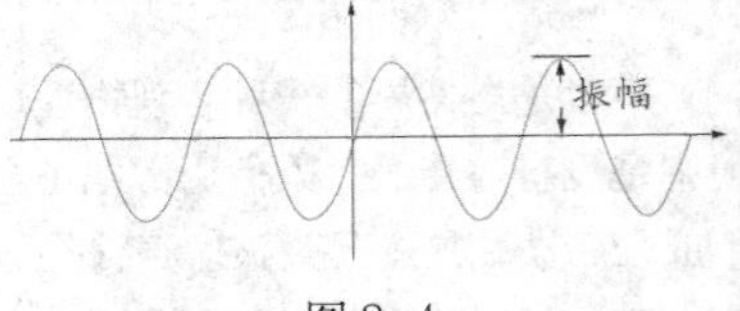

图 2-4

（4）相位

相位是用 0 ~ 360° 的任意角度值来代表声波在一个周期内的任意一点，也就是说，在波形上的任何一点的位置都可以用一个角度值来代表，而该点的位置就是相位。

当有两列声波相遇，若它们波峰与波峰相遇，波谷与波谷相遇，那么这两列声波就是同相的，其结果是相互叠加，音量增强；若波峰与波谷相遇，那么这两列声波就是反相的，其结果是相互抵消，音量削弱。在双声道立体声音响系统中，如果给左右两声道音箱送入同一个推动信号，其扬声器的纸盆振动方向应该完全相同，即同时同步向外或向内运动；如果振膜的振动方向正好相反，其发出声波的振动方向必然相反，相当于左右两音箱发出的声波之间永远存在一个 180° 的相位差，这种状态被称为左右声道音箱反相。

左右声道反相会产生两方面影响。

⊙ 使左右两组音箱以完全相反的状态推动和抽拉空气，形成两列互相反相的声波，这两列声波在声场中相遇后，彼此之间声音能量互相抵消，导致重放声音的音量不足，清晰度不佳。

⊙ 左右声道相互反相，会严重影响立体声声像定位，使声源定位飘忽不定、模糊且混乱，立体声所特有的临场感、空间感和声场包围感遭到破坏。

音响出现反相效果，除了可能是节目本身的原因外，还有可能是音响系统在安装连接时出现了错误，为防止发生这种现象，在焊接音频线材或连接功放与音箱时要特别小心。以无源音箱为例，一般来说，只要用音箱线将功放的红端与音箱的红端相连接、功放的黑端与音箱的黑端相连即可。但也不尽然，因为在音箱的生产过程中不排除信号线拼错的可能，有些音箱的连线端子在出厂时，本身极性就已经颠倒了。如果确有反相情况，只要将反相音箱的两音箱线对调即可。还有一种原因可能导致音箱反相情况的增加，即现代的专业音箱和功放已经普遍采用卡侬插头作为音频信号传输接口，这种接插件在连接时不太容易判别极性，稍一疏忽就有可能将导线极性接反。用试听法检查音箱是否反相是一种简便易行的方法，在没有专用相位测量设备（如相位仪）时，可以采用此方法。目前，市场上有专用的 CD 试音盘，录有左右声道同相和反相两种声音，播放一个声音前会事先告诉听音者即将播放的声音是左右声道同相还是反相。如果同相的声音优于反相，则说明左右声道音箱是同相的；反之，则说明音箱接反了。没有专用试音盘时，用质量好一些的音乐节目源也可以通过声音对比来检查左右声道音箱是否存在反相情况。听音时仔细观察两种接法在立体感、力度、动态和低音等方面的变化，就可以进行判别，优者为同相，劣者为反相。

（5）谐波

由单一频率构成的音为单音，这种声音几乎不存在于大自然中，而多是由声音振荡器上发出的。自然界中的绝大多数声音，以及音乐声都有比单音复杂得多的波形，即复合波形。复合波形中最低的频率叫做基波频率，它决定了音高；而复合波形中高于基波频率的那些频率成分，叫作泛音或谐音。而与基波频率成倍数关系的那些泛音，我们将之称为谐波。谐波是决定不同声源具有不同音色的决定性参量。在哪些频率点上有谐波，各个频率点上的谐波量是多少，都左右着声源的音色。因为谐波的组成结构无穷丰富，所以我们能听到的音色也就千差万别。图 2-5 和图 2-6 分别显示为两种乐器的谐波频率图。

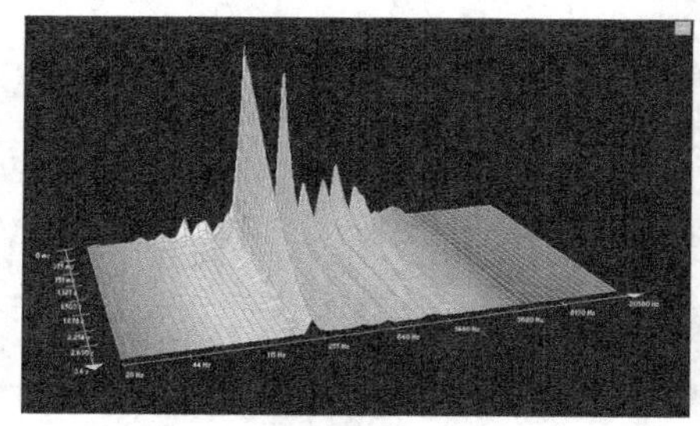

钢琴的谐波构成

图 2-5

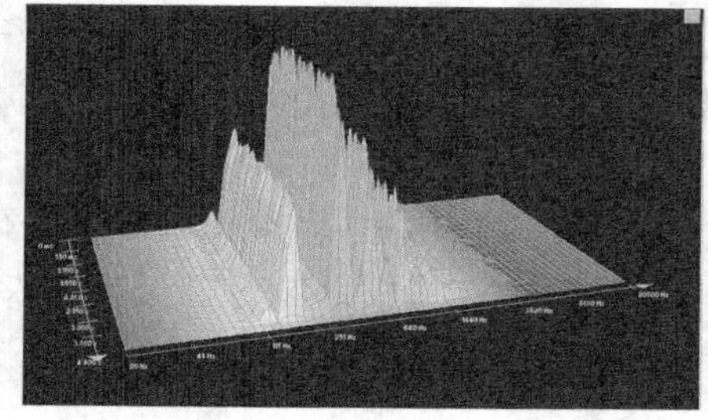

萨克斯管的谐波构成

图 2-6

在谐波分量不多的情况下，如果谐波位于中低频区，声音听起来是柔和的；如果谐波强度很弱，那么声音是单薄的；如果谐波分量很多，但强度都很弱，那么声音听起来力度不足；如果谐波分量多，而且中低频谐波较强，则声音丰满、明亮；如果缺乏中频谐波，高低两端强，则声音发飘；如果仅高次谐波突出，则声音尖而刺耳；如果失去基频并削弱低次谐波，则声音听起来有鼻音感。

（6）包络

包络是声音的又一特性，它是对声音从发音到消失的过程的描述。每单个声音（如音乐中的一个音符）的包络由“声建立”“衰减”“持续”“恢复”4 个部分组成。“声建立”是从寂静到最大音量的过程；之后是从最大音量衰减到某一中等音量的过程，称为“衰减”；之后是“持续”过程，即这一中等音量保持一段时间；最后是从有声回落至无声状态的“恢复”过程。不同乐器具有不同的声包络，如打击乐的声建立和衰减都很快，而小提琴就要慢很多。

（7）声波的传播特性

声音的传播特性主要包括衍射和反射，这两种现象是指声波在传播过程中遇到障碍物后的截然不同的“反应”，衍射是绕过障碍物或从障碍物上的空洞穿过，反射则是被障碍物反弹回来。是发生衍射还是反射，与声波的波长及障碍物的尺寸有关。波长大于障碍物尺寸，就会衍射，否则就会被障碍物阻挡。被障碍物阻挡的声波，一部分会被障碍物吸收，另一部分会被反射。反射声是回声和混响声的基本构成。

2. 听觉特性

听觉特性包括鸡尾酒会效应、掩蔽效应、哈斯效应，以及频率与响度的关系。

（1）鸡尾酒会效应

人耳可以在嘈杂的环境中听辨特定的声响，犹如在一场鸡尾酒会上，两个人在人群和音乐中依然可以悠闲地交谈一样，这就是“鸡尾酒会效应”。然而，“鸡尾酒会效应”是人耳特有的，音频设备并不具备，这就是话筒与声源的距离要小于听音点与声源距离的原因。

（2）掩蔽效应

我们在日常生活中听到的声音，绝大多数是由两个或两个以上频率组成的，而这正是掩蔽效应产生的根本原因。掩蔽效应表现为，在一个由众多频率构成的声音中，某一个或某些频率不被我们的听觉系统感知。一般来说，低频较容易掩蔽高频，当然，这也与低频和高频的振幅有关。微弱的低频在高振幅的高频前，也不具备什么掩蔽效力。总而言之，人耳既具有在嘈杂环境中听辨特定声音的能力，又容易在复杂声音中遗失高频和弱音量的声音内容。

（3）哈斯效应

哈斯效应是一种“先入为主”的听觉特性。当两个完全一样的声音一前一后发声时，若这两个声音的时间间隔足够短暂，那么人耳是听不出两个分离的声音的，而只能听见第一个声音。实验表明，当前后两个声音的时间间隔小于 30ms 时，人耳听不出第二个声音的存在，而只是觉得第一个声音更“厚”一些。请记住这一点，在后期音频处理时，想让一个声音更“厚”，就可以利用这一听觉原理。

（4）频率与响度的关系

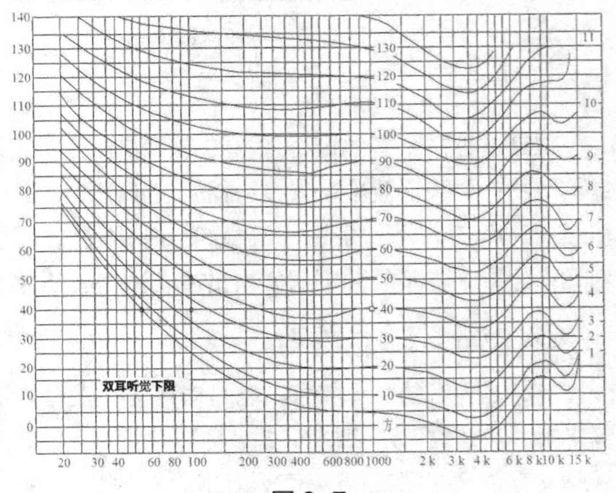

图 2-7

人类外耳道由于直径和尺寸的缘故，会对进入外耳道的声波的 3 500Hz 左右频率区间共振加强，所以，人类对 3 500Hz 左右频率段最为敏感，而对低频和高频表现得不那么敏感。有意思的是，婴儿啼哭声恰恰就在 3 500Hz 左右。另外，人耳对 3 500Hz 左右频率区间最敏感（即播放相等功率高中低频时，会觉得中频最响）只是相对而言，当超过一定音量时，人耳对高中低频的敏感程度会逐渐变得平坦起来。有人将人耳在不同音量下对不同频率的敏感程度用坐标图的形式表示，如图 2-7 所示。这种图叫做“等响曲线”，它的横坐标为频率，纵坐标为声功率（可理解为音箱的输出功率），曲线为人耳主观感知的音量。从图中可看出，在 3 500Hz 左右时，只需要音箱有较小的输出，人耳就能感受到较大音量；而在低频端和高频端，则需要音箱有更大的输出功率，人耳才能感受到与 3 500Hz 左右等同的音量。

2.1.3 声音的分类

声音根据不同的依据有不同的分类方法。

1. 按照频率分类

按照声波的频率不同，声音可以分为人耳可听声、超声波和次声波 3 种，如图 2-8 所示。

（1）人耳可听声

人耳可听到的声音频率范围是 20Hz ~ 20kHz，而老年人的高频声音减少到 10 kHz（或可以低于 6 kHz）左右。其中，500Hz 以下为低频，500Hz ~ 2 000Hz 为中频，2 000Hz 以上为高频。一般音乐的频率范围大致在 40Hz ~ 5 000Hz；人说话的频率范围大致在 100Hz ~ 800Hz，因此，语言的频率范围主要集中在中频。

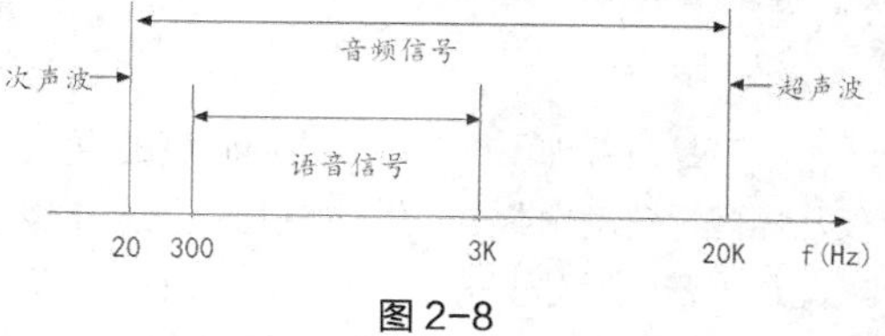

图 2-8

（2）超声波

超声波是指频率高于 20kHz 的声波，由于它的振动频率高于人耳的听觉范围，因此超声波是人耳无法听到的。但有很多动物能听到超声波，如狗能够听见频率高达 50kHz 的超声波，猫能够听见 60kHz 以上的超声波，蝙蝠能听见的频率则高达 120kHz。然而，狗和猫的叫声都在人耳可以听到的频率范围之内，而蝙蝠发出的声音频率通常在 45kHz ~ 90kHz，也属于超声波，人耳无法听到。

超声波可以广泛地应用于测距、测速、清洗、焊接、碎石和医学诊断等领域。

（3）次声波

次声波是指频率低于 20Hz 的声波。由于它的振动频率低于人耳正常接收范围，所以次声波也是人耳无法听到的。次声波比其他频率声波（10Hz 以上的声波）对人的破坏力都大。某些频率可引起人体血管破裂导致死亡，但这些频率的产生条件极为苛刻，能让人遇上的概率很低；还有一部分频率可以引起头痛、呕吐和呼吸困难等症状，如地震、火山爆发、风暴、海浪冲击、枪炮发射和热核爆炸等产生的次声波。

次声波来源广，传播远，穿透力强，可以广泛地应用于研究自然现象、探测声源特性和预测灾害事件等。

2. 按照内容分类

声音按照内容可大致分为语音、效果声、乐音和噪声 4 种。

（1）语音

语音即语言的声音，是语言符号系统的载体。语言虽是一种声音，但又与一般的声音有着本质的区别。语音是人类发音器官发出的具有区别意义功能的声音，不能把语音看成纯粹的自然物质；语音是最直接地记录思维活动的符号体系，是语言交际工具的声音形式。

语音的物理基础主要有音高、音强、音长、音色，这也是构成语音的四要素。音高指声音的频率；音强指声波的振幅；音长指声波振动持续时间的长短，也称为“时长”；音色指声音的特色和本质，也称为“音质”。语音的生理基础是人的发音器官及其活动情况。

有声语言的最大特点集中体现在副言语。副言语是人们在说话时表现出来的语音特点，包括音量、音质、速度、节奏、语调及其他的独特方式，如口音、发音习惯等，还包括面部表情和肢体语言，它不是纯物理意义上的语音特征，更多的是由此体现出来的社会文化内涵。

（2）效果声

效果声是伴随着一些自然现象或人物动作而发出的有特殊效果的声音，如雷雨声、脚步声和爆炸声等。效果声在影视作品中是不可缺少的重要声音元素。

（3）乐音

乐音，即音乐的声音。音乐是以声音为表现手段的一种艺术形式，它是以有组织的音为材料来完成意象塑造的。音乐是声音的艺术，作为音乐艺术表现形式——乐音，有与自然界的其他声音不同的一些特点。它是一种有组织的、有规律的、和谐的声音，包括旋律、节奏、调式、和声、复调、曲式等音乐要素，这些要素总称为音乐语言。没有创造性的因素，任何声音都不可能变成为乐音。

（4）噪声

噪声是由各种不同频率、不同强度的声音杂乱、无规律地组合而成的声音。判断一个声音是否属于噪声，仅从物理学角度判断是不够的，主观上的因素往往起着决定性的作用。例如，美妙的音乐对正在欣赏音乐的人来说是乐音，但对于正在学习、休息或集中精力思考问题的人可能是一种噪声。即使同一种声音，当人处于不同状态、不同心情时，对声音也会产生不同的主观判断，此时声音可能成为噪声或乐音。因此，从生理学观点来看，凡是干扰人们休息、学习和工作的声音，即不需要的声音，统称为噪声。当噪声对人及周围的环境造成不良影响时，就形成噪声污染。由于环境噪声的存在，录音棚、控制室和音乐厅等要采取相关噪声控制（即隔音）措施，使房间内的噪声足够小，从而获得良好的室内音质。

3. 按照存储形式分类

我们只有把声音波形转化为其他的形式（如唱片上的纹路、磁带上的磁粉排列、调音台中的电压信号、计算机硬盘中的二进制码等），才能传播或储存在各种设备和媒介上。而这种声波被转化后的新的形式，称为“音频”。音频按照存储形式的不同可分为模拟音频和数字音频，而数字音频又分为波形文件和 MIDI 文件。

（1）模拟音频

与声音波形形成 1:1 比例进行传输和记载的信号表示方式被称为模拟音频。模拟音频是连续的，如调频广播、音响系统中传输的电流、电压信号等。记录和重放模拟音频信号的音源称为模拟音源，如磁带/录音机、黑胶唱片/唱机等。

模拟音频技术反映了真实的声音波形，声音温馨悦耳，一直沿用至今。但在记录、编辑和传输时受到很多技术本身的限制，主要缺点是动态范围小、信噪比差，音频信号编辑不方便，而且设备价格比较昂贵。为了克服模拟音频技术的诸多局限，数字音频技术应运而生。

（2）数字音频

数字音频将连续变化的声音信号以固定的时间间隔进行采样，再对每个采样进行二进制编码，并储存在硬盘、光盘等数字媒体中。数字音频的信号是离散的，但由于采样率远高于人耳能够辨析的极限，所以我们在欣赏数字音频节目时，听到的声音一样是连贯的。图 2-9 所示为模拟音频与数字音频的本质区别，实线代表模拟音频，虚线代表数字音频，而虚线上的点代表数字音频的每一次采样。

数字音频技术提高了声音记录过程中的动态范围和信噪比，保证声音的复制与重放无损，提高了传输过程中的抗干扰能力，并且在编辑处理以及与其他媒体的结合上更加方便。因此，数字音频技术逐渐成为当前声音处理领域中的主流技术。

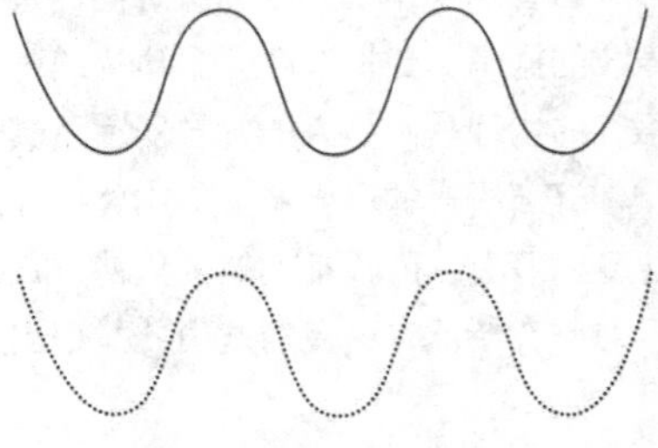

图 2-9

数字音频文件又可分为波形文件和 MIDI 文件。

⊙ 波形文件

波形文件是将模拟音频直接转化为数字音频而得到的文件，它可以很好地重现原始声源的音响，常用于音乐、歌曲等自然声的录制。

⊙ MIDI 文件

MIDI 是 Musical Instrument Digital Interface 的缩写，可翻译成“电子乐器数字接口”，是用于在音乐合成（Music Synthesizers）、乐器（Musical Instruments）和计算机之间交换音乐信息的一种标准协议。在 MIDI 电缆上传送的不是声音，而是发给 MIDI 设备或其他装置让它产生声音或执行某个动作的指令。与波形文件相比，MIDI 文件比较小。MIDI 技术在音乐制作领域非常常用，除此之外，它还可以用于其他的领域，如演出灯光等。

2.1.4 数字音频的获取途径

1. 下载

从互联网下载音频素材是一种常用的音频素材收集手段。可以先通过搜索引擎或专门的资源网站找到需要的音频素材，再利用下载工具获得文件，主要的下载方式有 HTTP 下载、FTP 下载和 BT 下载 3 种。

2. 购买

在网络中付费或到音像素材店购买所需要的音频素材也是获取音频素材的一种方式。通过这种方式获得的音频素材质量更好、种类更多，也更能满足人们的需求。

3. 录制

通过录音拾取的方式获得效果逼真的声音素材也是获取音频素材的一种方式。数字录音包括使用数字录音机录音，也包括使用以计算机为核心的数字音频工作站进行录音。随着计算机的普及，数字录音的门槛越来越低。录音爱好者花很少的费用，就可以把自己的卧室改造成一间还不错的录音棚。

2.1.5 数字音频的重要参数

采样率和量化精度是数字音频的重要参数，它们与数字音频的音质有直接的关系。另外，不同的媒体环境需要不同声道数的音频产品，如电影院需要环绕声（至少 5.1 声道），普通家用音响需要双声道立体声。所以“声道数”也是一个重要的数字音频参数。

1. 采样率

采样率是指数字音频采样系统每秒对自然声波或模拟音频文件进行采样的次数，它决定了数字音频文件在播放时的频率范围。采样率越低，其频率范围越狭窄，声音失真越大，音质越差；采样率越高，数字音频波形的还原越接近于原始音频的波形，其频率范围越宽，声音失真越小，音质越好。

若想数字音频节目在播放时达到一定的高频极限，就需要在录音时以该高频数值的两倍进行采样。由于人耳听音范围是 20Hz ~ 20kHz，所以要使数字音频节目达到 20kHz，就需要采用至少 40kHz 的采样率。CD 标准采取 44.1kHz 的采样率正是这个原理。表 2-1 所示为常见的媒体环境频率范围，以及数字音频节目能达到此频率范围而应采取的录音采样率。

表 2-1　数字音频采样率对应媒体播放环境、频率范围

采样率	媒体播放环境	频率范围
11 025 Hz	AM 调幅广播（低端多媒体）	0 ~ 5 512 Hz
22 050 Hz	FM 调频广播（高端多媒体）	0 ~ 11 025 Hz
32 000 Hz	高于高频广播（标准广播级别）	0 ~ 16 000 Hz
44 100 Hz	CD 音频级别	0 ~ 22 050 Hz
48 000 Hz	标准 DVD	0 ~ 24 000 Hz
96 000 Hz	高端 DVD	0 ~ 48 000 Hz

2. 量化精度

量化精度也称为量化比特或位深度，简单地说，就是以多少位的二进制数据，对每一个音频采样进行编码。量化精度也是衡量数字声音质量的重要指标。在相同的采样率下，量化精度越高，声音的质量越好，声音失真越小，反之亦然。

一般来说，数字音频采用 16bit（位）是最常见的，但目前高质量的数字音频系统已经使用 24~32bit（位）的量化精度。而有些对音质要求较低的场合，如网络电话，也可以使用 8bit（位）。

3. 声道数

声音通道的个数称为声道数，是指一次采样所记录产生的声音波形的个数。常见的声道分为单声道（单耳声）、双声道立体声、多声道环绕立体声 3 种。

（1）单声道

单声道是指在播放声音时，以一个声音轨道去驱动所有的播放声道，使每一个播放轨道播出完全一样的信号。在双声道立体声放音环境下，左右两个音箱发出的声音完全相同，因此听者会感觉声源的声场定位在两只音箱正中，没有声像和横向空间感。然而，由于单声道节目依然可以较好地反应录音环境的纵深感，即可以较容易地区分声源的前后位置层次，所以单声道只是缺少横向空间感，却并不缺乏纵向空间感。

（2）双声道立体声

双声道立体声是指在双声道播放时，两个声道分别播放各自独立的声音信号。通过两个声道声音内容之间存在的时间差、强度差、相位差、音色差，利用人的双耳效应，可以还原出一个较为真实的声场。这个声场位于听音者前方，具有横向、纵深，以及高低空间感，所以也称之为双声道立体声。通常情况下，相同时长的双声道信号，其数据量和文件大小是单声道的 2 倍。

（3）多声道环绕立体声

多声道也称为环绕立体声，是指随着声道数的增加，声音把听者包围起来的一种重放方式。它除了保留着原信号的声源方位感外，还伴随产生围绕感和扩展感。在聆听环绕立体声时，听者能够区分出来自前左、前中、前右、后左、后右等不同方位的声音，逼真地再现出声源的直达声和厅堂各方向的反射声，具有更为动人的临场感。多声道环绕立体声经过特殊的编码后可以成为双声道信号的产品，重放时通过解码还原成 5.1 声道。现在常用的多声道环绕立体声为 5.1 声道环绕立体声，最新的数字多声道环绕声编解码技术包括 Dolby AC-3、Dolby Pro Logic、DTS、THX、SDDS、SRS 等。它所占用的存储容量也成倍增加。

2.1.6 数字音频的常见格式

1. 一般数字音频格式

（1）WAV 波形音频文件

WAV 是 Microsoft Windows 本身提供的一种音频格式，用来保存一些没有压缩的音频。由于 Windows 本身的影响力，这个格式已经成为通用的音频格式。目前，所有的音频播放软件和编辑软件都支持这一格式，并将该格式作为默认的文件保存格式之一。

标准格式的 WAV 文件和 CD 格式一样，也是 44.1kHz 的采样率，16 位量化精度。

WAV 文件的特点为：声音再现容易，占用存储空间大，用 Windows 播放器播放。

（2）MPEG 音频文件（.mp1/.mp2/.mp3）

MPEG 是按照 MPEG-1 Audio Layer 3 标准压缩的文件，是目前最流行的音乐文件格式。

MPEG Audio Layer 指的是 MPEG 标准音频层，共分 3 层（即 MPEG Audio Layer 1/2/3），分别对应 MP1、MP2 和 MP3。MP1 和 MP2 的压缩比分别为 4:1 和 6:1 ~ 8:1，MP3 的压缩比则达到 10:1 ~ 12:1。

MP3 是第一个实用的有损音频压缩编码，属于破坏性压缩。它的压缩原理是把声音中人耳听不见或无法感知的信号滤除，并大幅减少声音数字化后所需的储存空间，而使用破坏性压缩法的结果是，还原音效时难免会造成少许失真，但这些失真是在人耳可接受的范围内，也正是因为如此，才能达到高压缩比的目的。不过相对的，采样率减少，压缩比过于提高时，产生的失真将会更多。

MP3 文件的特点为：文件占用空间小，声音质量却无明显下降。

（3）mp3PRO 音频文件（.mp3）

为了使 MP3 能在未来仍然保持生命力，Fraunhofer-IIS 研究所连同 Coding Technologies 公司和法国的 Thomson Multimedia 公司共同推出了 mp3PRO。

这种格式与之前的 MP3 相比最大的特点是在低达 64bit/s 的比特率下仍然能提供近似 CD 的音质（MP3 是 128 bit/s）。该技术称为频带复制（Spectral Band Replication，SBR），它在原来 MP3 技术的基础上专门针对原来 MP3 技术中损失了的音频细节进行独立编码处理并捆绑在原来的 MP3 数据上，在播放的时候通过再合成而达到良好的音质效果。

mp3PRO 格式与 MP3 是兼容的，所以它的文件类型也是 MP3。mp3PRO 播放器可以支持播放 mp3PRO 或者 MP3 编码的文件；普通的 MP3 播放器也可以支持播放 mp3PRO 编码的文件，但只能播放出 MP3 的音质。

（4）OGG Vorbis 音频文件（.ogg）

OGG Vorbis 是一种音频压缩格式，类似于 MP3 等现有的通过有损压缩算法进行音频压缩的音乐格式。但有一点不同的是，OGG Vorbis 格式是完全免费、开放源码且没有专利限制的。OGG Vorbis 文件的扩展名是.ogg。

2. 流媒体数字音频格式

（1）Real Audio 音频文件（.ra/.rm/.rmx）

Real Audio 在因特网大行其道的现代几乎成了网络流媒体的代名词。它是由 Real Networks 公司发明的，特点是可以在非常低的带宽下提供足够好的音质让用户能在线聆听。就是因为出现了 Real Audio，相关的应用比如网络广播、网上教学和网上点播等才浮出水面，形成了一个新的行业。

这种文件的特点为：可以用流媒体播放器（如 RealPlayer）边下载边收听，下载几秒钟的内容临时存放到缓冲区内，并在继续下载的同时播放缓冲区中的内容。

（2）WMA 音频文件（.wma）

WMA（Windows Media Audio）格式是来自于微软的重量级产品，后台强硬，音质要强于 MP3 格式，更远胜于 RA（Real Audio）格式，是以减少数据流量但保持音质的方法来达到比 MP3 压缩率更高的目的，WMA 的压缩率一般可以达到 1:18 左右，适合在网络上在线播放。

3. MIDI 音乐格式

MIDI（Musical Instrument Digital Interface）音乐是一种合成音乐，用 C 或 BASIC 语言将电子乐器演奏时的击键动作变成描述参数记录下来，形成 MIDI 文件。MIDI 文件比数字波形文件所需要的存储空间小得多。一般 MIDI 文件每存 1 分钟的音乐可少 5~10KB。作为音乐工业的数据通信标准，MIDI 具有统一的标准格式指挥各音乐设备的运转，而且能够模仿原始乐器的各种演奏技巧，甚至无法演奏的效果。

任务二　创建、打开、导入音频文件

创建、打开音频文件或工程文件是 Audition 编辑与合成的基本操作。

2.2.1　创建单轨音频文件

在单轨界面中，如果录音或者粘贴来自剪贴板中的数据，那么就需要创建一个空白的音频文件，具体方法如下。

选择“文件 > 新建 > 音频文件”命令，或按 Ctrl+Shift+N 组合键，弹出“新建音频文件”对话框，如图 2-10 所示。在对话框中可以设置新建音频的文件名、采样率、声道、位深度等选项，设置完成后，单击“确定”按钮，即可完成新建音频，如图 2-11 所示。

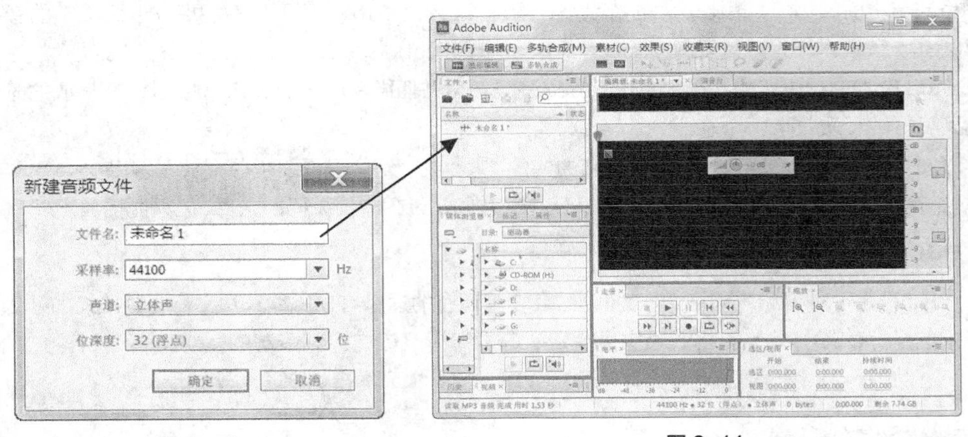

图 2-10　　图 2-11

2.2.2　创建多轨合成项目

如果想要在 Audition CS6 中，将两个或两个以上的声音文件混合成一个声音文件，就要在 Audition CS6 中新建一个多轨合成项目文件，具体方法如下。

选择“文件 > 新建 > 多轨混音项目”命令，或按 Ctrl+N 组合键，弹出“新建多轨项目”对话框，如

图 2-12 所示。在对话框中可以设置新建多轨项目的名称、文件夹位置、模板、采样率、位深度、主控等选项，设置完成后，单击“确定”按钮，即可完成新建多轨合成项目文件，如图 2-13 所示。

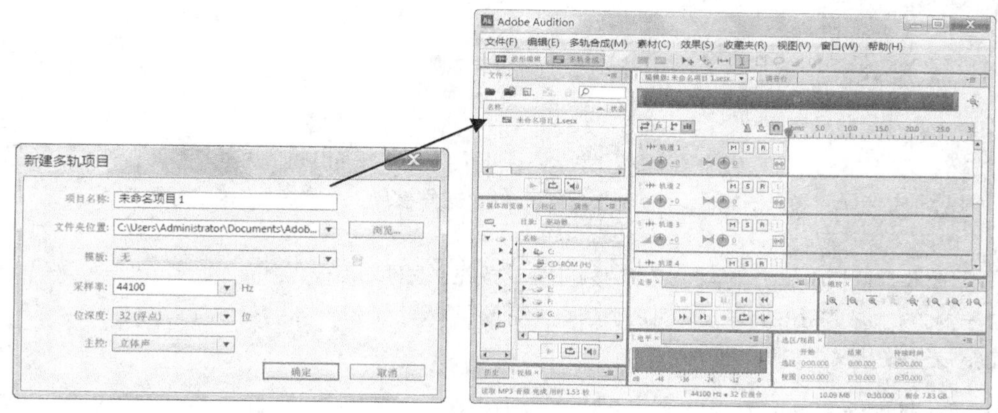

图 2-12　　图 2-13

2.2.3 打开文件

在 Audition CS6 单轨界面中可以打开多种支持的声音文件或多种视频文件中的音频部分，也可以在多轨界面中打开如 Audition 会话、Adobe Premiere Pro 序列 XML、Final Cut Pro XML 交换和 OMF 的文件。打开文件的方式有以下两种。

⊙ 选择“文件 > 打开”命令，或按 Ctrl+O 组合键，弹出“打开文件”对话框，在对话框中搜索路径和文件，确定文件类型和名称，如图 2-14 所示。然后单击“打开”按钮，或直接双击文件名称，即可打开所指定的文件，如图 2-15 所示。

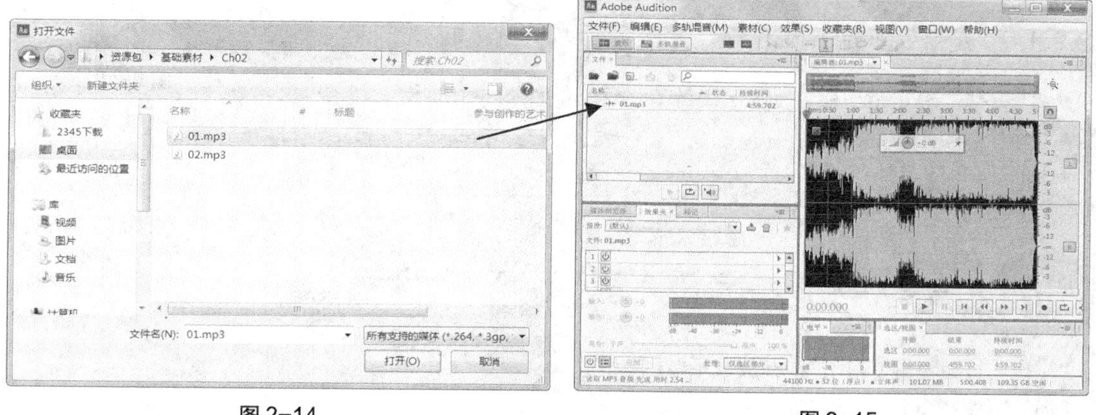

图 2-14　　图 2-15

⊙ 在单轨界面中还可以利用“追加打开”命令，打开文件。“追加打开”有两种方式，如图 2-16 所示。

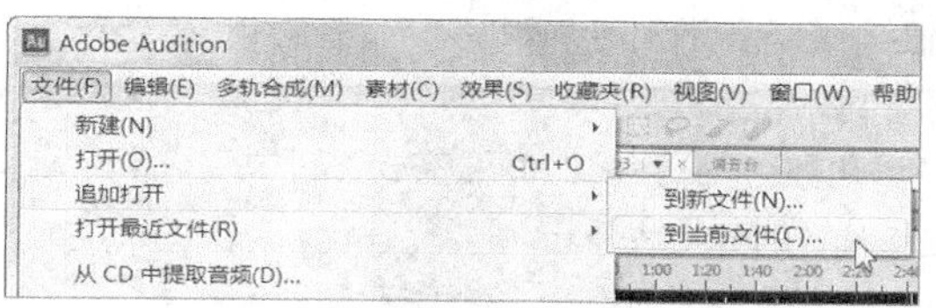

图 2-16

“到新文件”命令：在一个新建立的文件中打开。

“到当前文件”命令：在已打开声音文件的后面再追加一个声音文件，相当于把两个声音文件连接成一个文件。

2.2.4 导入文件

导入文件的方式有以下两种。

⊙ 选择“文件 > 导入 > 文件”命令，或按 Ctrl+I 组合键，在弹出的“导入文件”对话框中选择要导入的文件，单击“打开”按钮，文件被导入到“文件”面板中，如图 2-17 所示。

⊙ 在“文件”面板中单击“导入文件”按钮，或在“文件”面板空白区域中双击鼠标左键，在弹出的“导入文件”对话框中选择要导入的文件，单击“打开”按钮，文件被导入“文件”面板中。

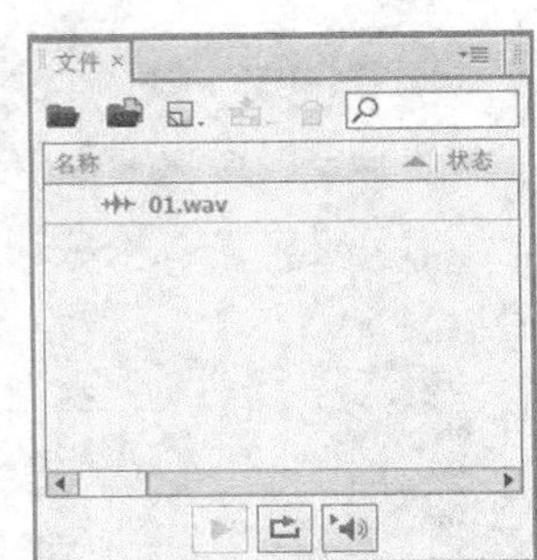

图 2-17

2.2.5 从“文件”面板将文件插入多轨合成中

从“文件”面板将文件插入多轨合成中的具体步骤如下。

步骤① 在“文件”面板中选中要插入到多轨合成中的文件。

步骤② 单击“文件”面板顶部的“插入到多轨”按钮，在弹出的菜单中选择“新建多轨项目”选项或一个已经打开的项目，如图 2-18 所示，文件将被插入到多轨道界面的当前时间位置。

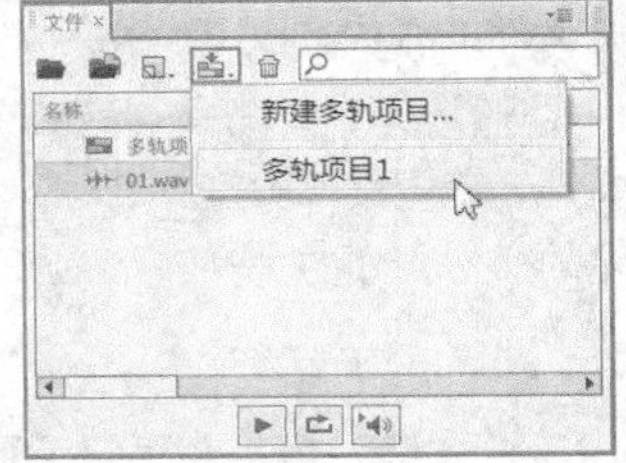

图 2-18

任务三 监听音频

如果想要在 Audition 中监听音频，可以通过“走带”面板控制。

2.3.1 “走带”面板

选择“窗口 > 走带”命令，弹出“走带”面板，如图 2-19 所示。

图 2-19

“停止”按钮：停止正在播放或录音的操作。

“播放”按钮：开始播放声音文件。

“暂停”按钮：暂停录制或播放操作，可以使播放或录制处于暂停状态，再次单击可继续播放或录制。

“移动时间指示器到前一个”按钮：可将时间标签放置到开始处。

“倒放”按钮：可以将时间标签倒退几秒。

“快进”按钮：可以将时间标签前进几秒。

“移动时间指示器到下一个”按钮：可将时间标签放置到末尾处。

“录制”按钮：可以控制录音的开始或停止。

“循环播放”按钮：可以控制窗口中的声音文件循环播放。

"跳过选区"按钮：在播放的时候，可以跳过选中的区域进行播放。

在监听声音时，可以通过 Space 键控制声音文件的播放或停止。

2.3.2 课堂案例——制作动物鸣叫铃声

【案例学习目标】学习使用"打开"命令。

【案例知识要点】使用"打开"命令打开文件；使用"追加打开"命令打开另一个文件。

【效果所在位置】资源包 \ Ch02 \ 制作动物鸣叫铃声.wav。

步骤① 启动 Audition CS6。

步骤② 选择"文件 > 打开"命令，弹出"打开文件"对话框，选择资源包中的"Ch02 \ 素材 \ 制作动物鸣叫铃声 \ 01"文件，如图 2-20 所示，单击"打开"按钮，打开"01"文件到"编辑器"面板中，如图 2-21 所示。

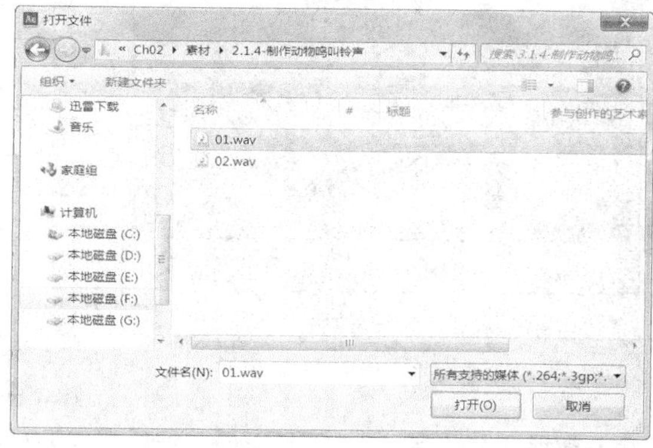

图 2-20

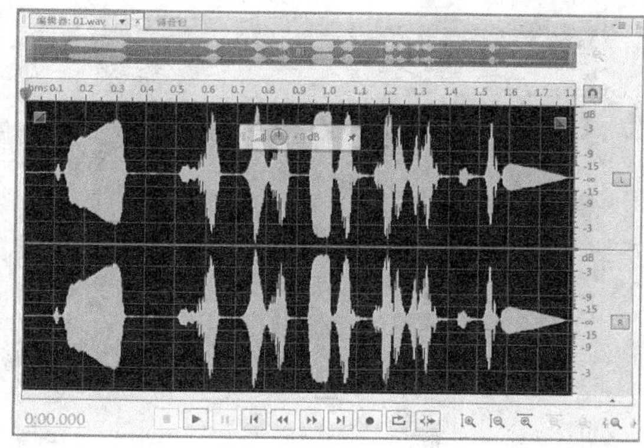

图 2-21

步骤③ 选择"文件 > 追加打开 > 到当前文件"命令，弹出"追加打开到当前"对话框，选择资源包中的"Ch02 \ 素材 \ 制作动物鸣叫铃声 \ 02"文件，如图 2-22 所示，单击"打开"按钮，打开"02"文件到"编辑器"面板中，如图 2-23 所示。

步骤④ 动物鸣叫铃声制作完成，单击"走带"面板中的"播放"按钮，监听最终声音效果。

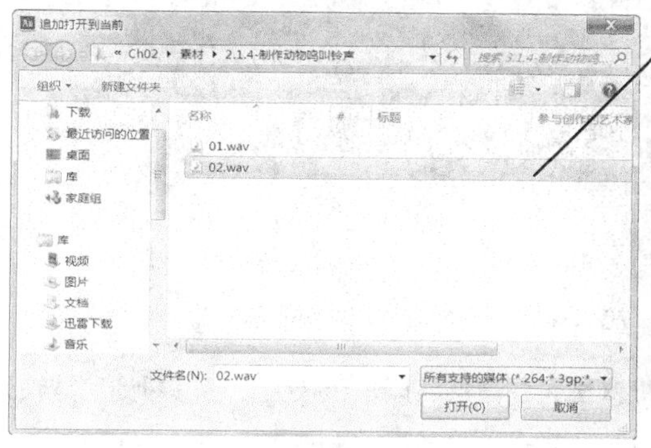

图 2-22

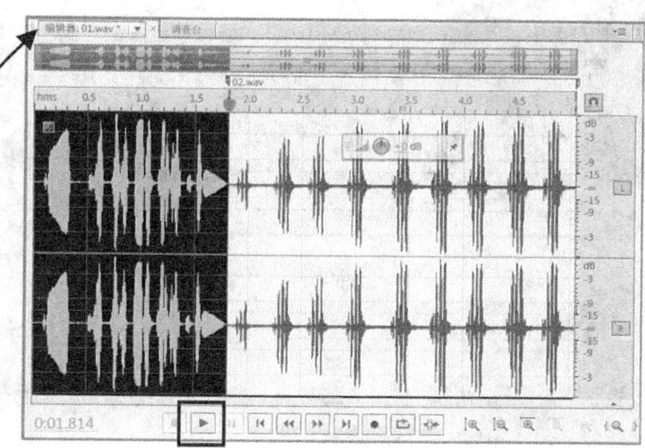

图 2-23

2.3.3 波形的缩放

选择“窗口 > 缩放”命令，弹出“缩放”面板，如图 2-24 所示。

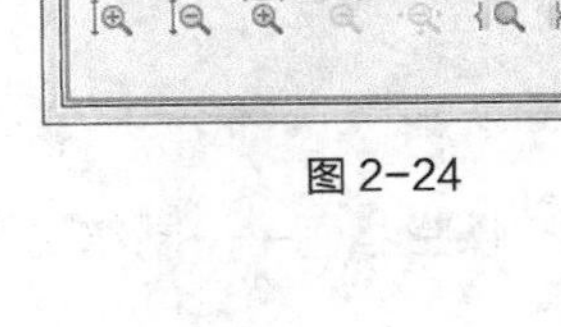

图 2-24

“放大（振幅）”按钮：垂直方向放大波形显示。

“缩小（振幅）”按钮：垂直方向缩小波形显示。

“放大（时间）”按钮：以水平中心方向放大波形显示。

“缩小（时间）”按钮：以水平中心方向缩小波形显示。

“全部缩小”按钮：将所有的缩放还原为原始显示。

“放大入点”按钮：以选择区域的左边界放大显示。

“放大出点”按钮：以选择区域的右边界放大显示。

“缩小选区”按钮：将选择的区域完整显示。

启动 Adobe Audition CS6。打开素材资源包中的“01”文件。单击“缩放”面板中的“放大（振幅）”按钮，声音波形在垂直方向放大，能够看到波形在垂直方向的更多细节，如图 2-25 所示。

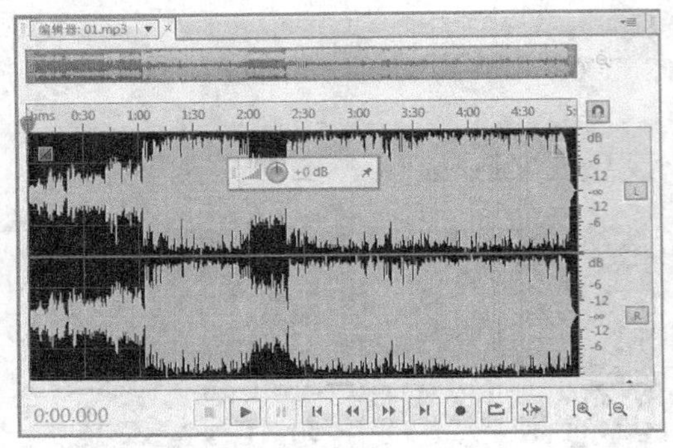
缩放前

缩放后

图 2-25

单击“缩放”面板中的“放大（时间）”按钮，声音波形在水平方向放大，能够看到波形在水平方向的更多细节，如图 2-26 所示。

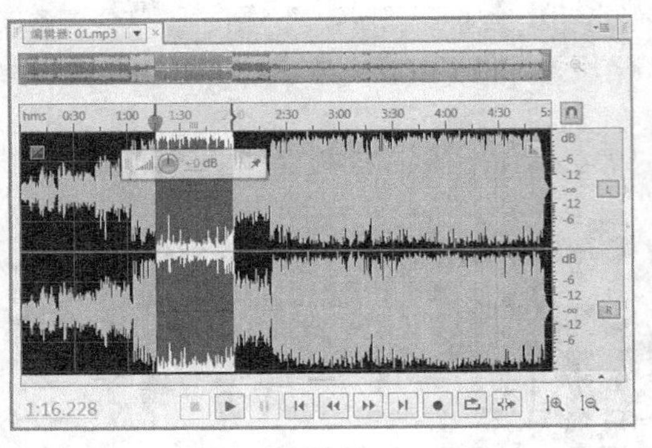
缩放前

缩放后

图 2-26

单击“缩放”面板中的“放大入点”按钮，选择区域内的波形将以左边放大，能够看到所选波形放大后的更多细节，如图 2-27 所示。

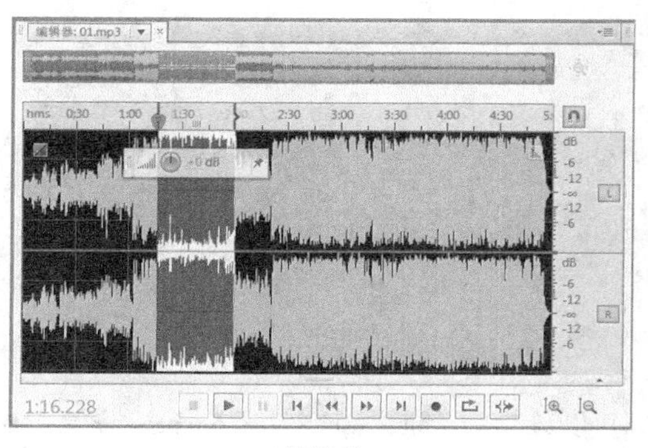

缩放前　　缩放后

图 2-27

单击“缩放”面板中的“放大出点”按钮，选择区域内的波形将以右边放大，能够看到所选波形放大后的更多细节，如图 2-28 所示。

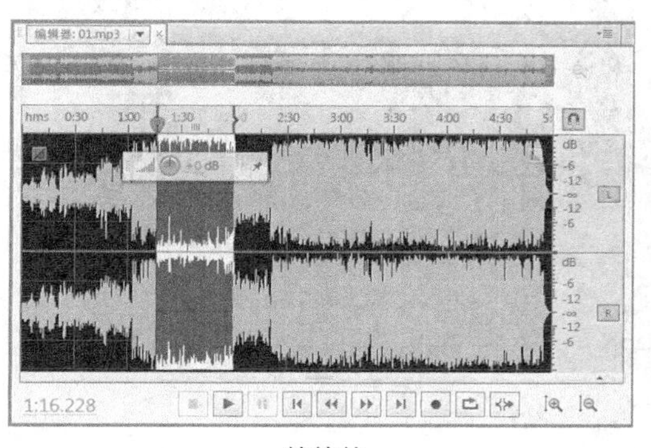

缩放前

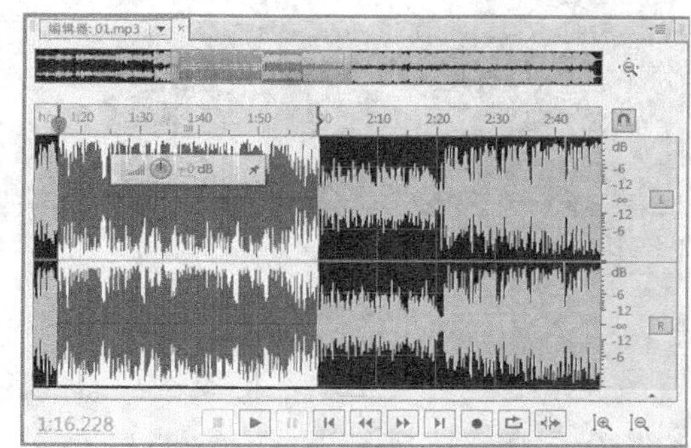

缩放后

图 2-28

单击“缩放”面板中的“缩小选区”按钮，选择区域内的波形将完整显示，能够看到所选波形完整显示的更多细节，如图 2-29 所示。

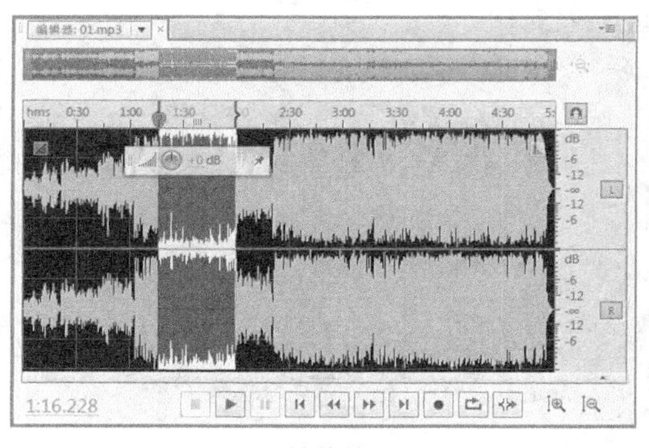

缩放前

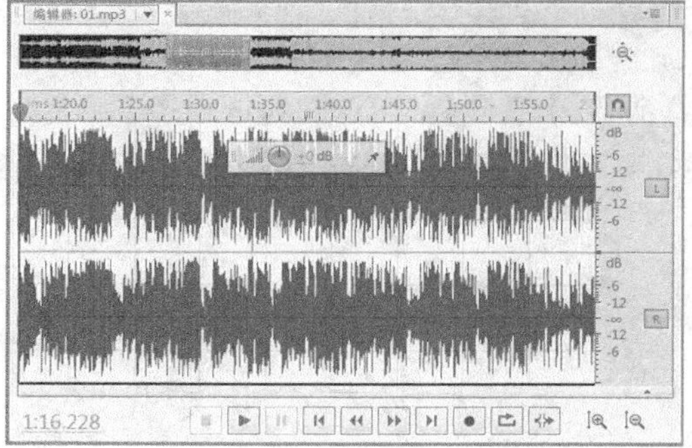

缩放后

图 2-29

单击“缩放”面板中的“缩小（振幅）”按钮或“缩小（时间）”按钮，与单击“放大（振幅）”按钮或“放大（时间）”按钮相反，这里不再赘述。

2.3.4 波形的滚动

在声音编辑的过程中，如果将波形水平方向放大后，可以通过波形界面上的滚动条左右移动波形的位置，也可以将鼠标光标放置到时间刻度线上并左右拖曳鼠标，如图 2-30 所示。

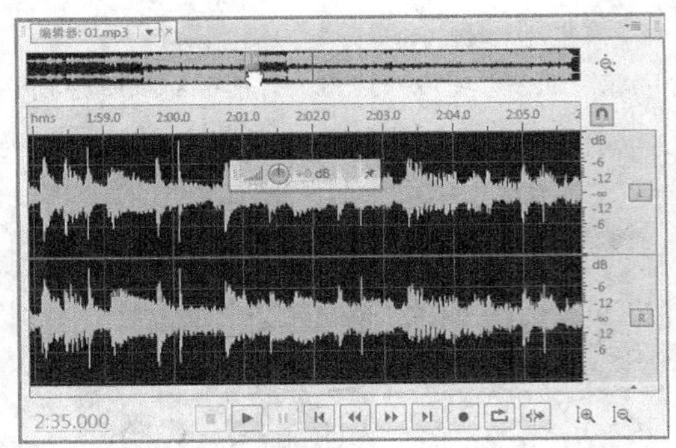

拖曳滚动条　　　　拖曳时间刻度线

图 2-30

任务四　保存、导出、关闭音频文件

本任务主要对应用 Audition 处理声音后，对文件进行保存、导出和关闭等操作的讲解和说明。

2.4.1 保存文件

如果声音文件已在单轨界面中编辑好，那么就需要将其进行保存。

通过“文件 > 保存”“文件 > 另存为”“文件 > 保存选中为”“文件 > 全部保存”“文件 > 以批处理保存全部音频”命令，可以将文件保存在磁盘上，如图 2-31 所示。编辑好的声音在进行第一次存储时，选择“文件 > 保存”命令，弹出“另存为”对话框，如图 2-32 所示。在对话框中进行设置，设置好之后单击“确定”按钮，即可将其保存。

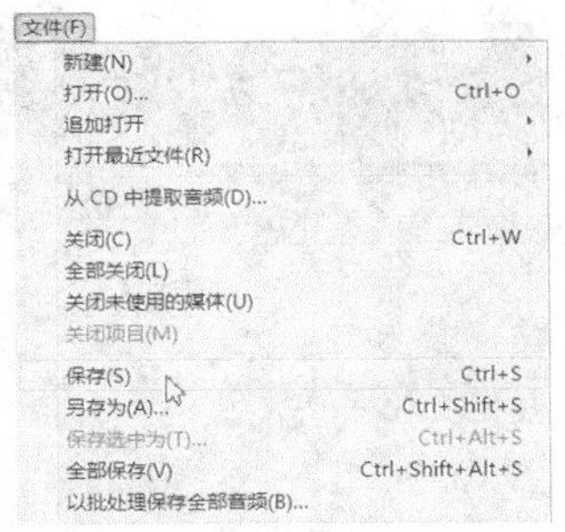

图 2-31

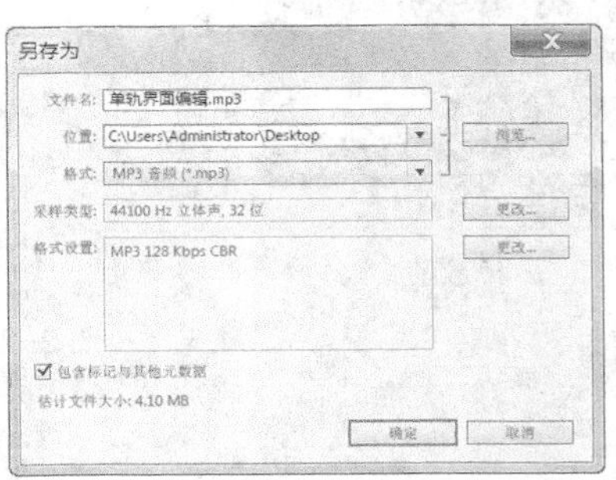

图 2-32

2.4.2 导出文件

在多轨合成界面中，编辑好声音之后，如果想要将多个轨道的声音缩混成一个独立的声音文件，可以通过导出命令进行实现。

选择“文件 > 导出 > 多轨缩混 > 整个项目”命令，弹出“导出多轨缩混”对话框，如图 2-33 所示。在对话框中进行设置，设置好之后，单击“确定”按钮，即可输出为单个声音文件。

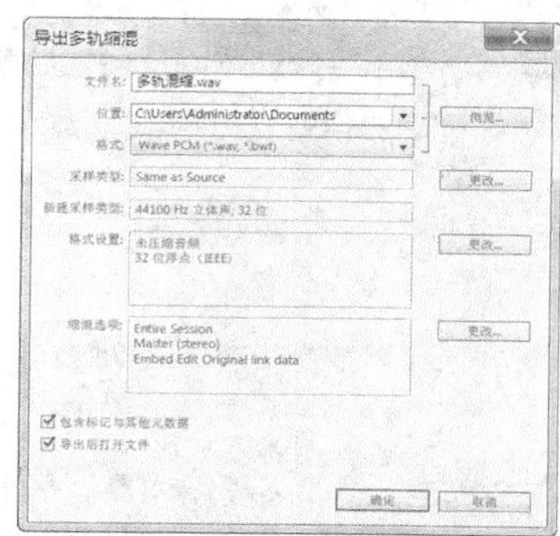

图 2-33

2.4.3 关闭文件

在 Audition 中，如果要关闭声音文件，可以通过关闭命令进行实现。

通过“文件 > 关闭”“文件 > 全部关闭”命令，可以将文件关闭。

“关闭”命令表示只关闭当前界面中的声音文件，“全部关闭”命令表示关闭所有打开的声音文件。

课堂练习——转换为新的音乐格式

【练习知识要点】使用“所有音频存储为批处理”命令与“批处理”面板，将多个 MP3 格式的音乐文件转换为 WAV 格式。

【效果所在位置】资源包 \ Ch02 \ 效果 \ 转换为新的音乐格式.wav。

课后习题——制作闹钟铃声

【习题知识要点】使用“新建”命令，新建多轨项目；使用“导入”命令，导入素材；使用“导出”命令，将缩混好的音乐文件导出。

【效果所在位置】资源包 \ Ch02 \ 效果 \ 制作闹钟铃声.mp3。

第 3 章　音效处理与合成

本章对单轨音效处理、多轨合成编辑、音频特效处理以及后期混音处理的方法进行了详细的讲解和说明。读者通过学习本章的内容，能够熟练掌握对音效进行编辑处理与合成的技巧和方法。

课堂学习目标

- 单轨音效处理
- 多轨合成编辑
- 音频特效处理
- 后期混音处理

任务一　单轨音效处理

本任务主要对单轨编辑界面、工具的使用技巧、波形的编辑技术以及撤销与恢复操作的方法进行了详细的讲解和说明。

3.1.1　单轨编辑界面

在 Audition 中，波形编辑界面又称为单轨界面。单轨界面由标题栏、菜单栏、工具栏和常用面板组成。打开一个音频文件，单轨界面如图 3-1 所示。

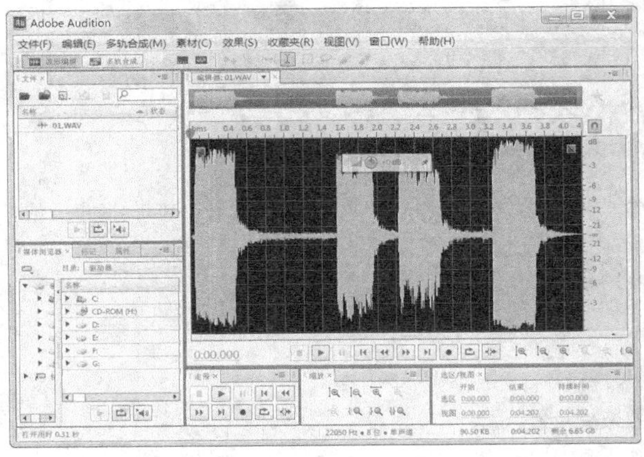

图 3-1

1. 标题栏

Audition CS6 的标题栏主要用来显示软件标志、软件名称，以及最小化、最大化和关闭按钮，如图 3-2 所示。

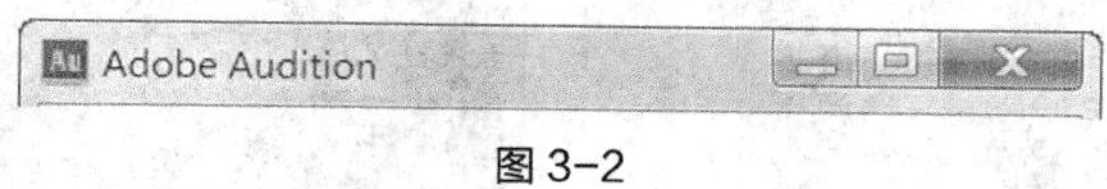

图 3-2

2. 菜单栏

菜单栏几乎是所有软件都有的重要界面要素之一，它包含了软件全部的命令操作。Audition CS6 的单轨界面提供了 9 项菜单，分别为文件、编辑、多轨合成、素材、效果、收藏夹、视图、窗口和帮助，如图 3-3 所示。

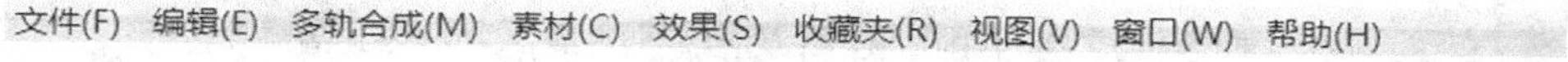

文件(F) 编辑(E) 多轨合成(M) 素材(C) 效果(S) 收藏夹(R) 视图(V) 窗口(W) 帮助(H)

图 3-3

3. 工具栏

Audition CS6 的工具栏主要包括工作界面模式切换按钮、显示模式按钮、工具箱、搜索文本框 4 个部分，如图 3-4 所示。

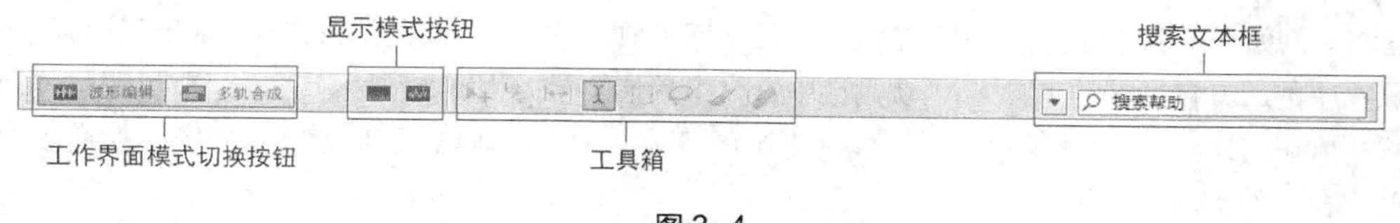

图 3-4

（1）工作界面模式切换按钮

单击“波形编辑”按钮[波形编辑]或“多轨合成”按钮[多轨合成]，实现单轨界面与多轨界面之间来回切换。

工作界面模式之间的切换也可以通过视图菜单中的“多轨编辑器”“单轨编辑器”“CD 编辑器”命令实现。

（2）显示模式按钮

Audition CS6 的显示模式有两种：频谱频率显示模式、频谱音高显示模式。单击按钮可以切换到相应的显示模式。

单击“频谱频率显示”按钮，切换到频谱频率显示模式，如图 3-5 所示。

单击“频谱音高显示”按钮，切换到频谱音高显示模式，如图 3-6 所示。

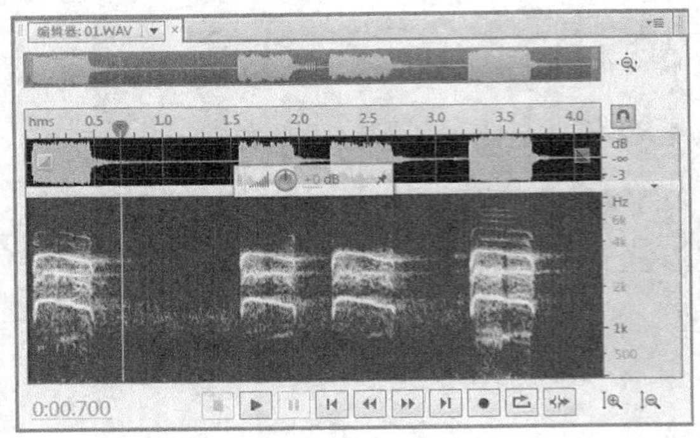

图 3-5

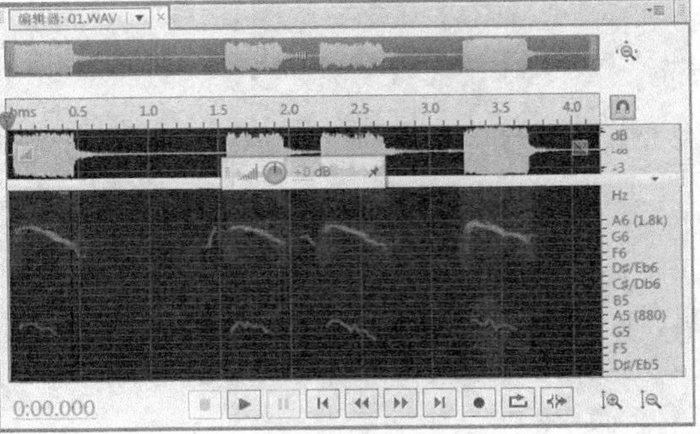

图 3-6

显示模式之间的切换也可以通过视图菜单中的“频谱频率显示”“频谱音高显示”命令实现。

（3）工具箱

工具箱中包括了经常使用的工具，有些工具按钮不是单独按钮。在右下角有三角标记的工具按钮都含有多重工具选项。例如，在“切割选中素材”工具上按住鼠标不放，即会展开新的按钮选项，拖曳鼠标可进行选择。

工具箱中的工具包括移动工具、切割选中素材工具、切割所有素材工具、滑动工具、时间选区工具、选框工具、套索选择工具、笔刷选择工具、污点修复刷工具，如图 3-7 所示。其具体使用方法将在 3.2 节进行介绍。

图 3-7

工具出现在不同的工作界面模式与显示模式下。时间选区工具、选框工具、套索选择工具、笔刷选择工具、污点修复刷工具，出现在频谱频率显示模式下；移动工具、切割选中素材工具、切割所有素材工具、滑动工具、时间选区工具，出现在多轨界面模式下。

（4）搜索文本框

在搜索文本框中输入关键字，可以快速跳转到帮助页。

4. 常用面板

常用面板包括“编辑器”面板、“文件”面板、“走带”面板、“时间”面板、“缩放”面板、“电平”面板和“状态栏”面板。

⊙ **“编辑器”面板：**主要由显示区、水平滚动条、时间标签、水平标尺、垂直标尺组成。当文件在显示区中打开时，会把无形的声音变成波浪图形，更加具体直观，同时在显示区的左上角和右上角会显示淡入、淡出调节手柄。“编辑器”面板如图 3-8 所示。

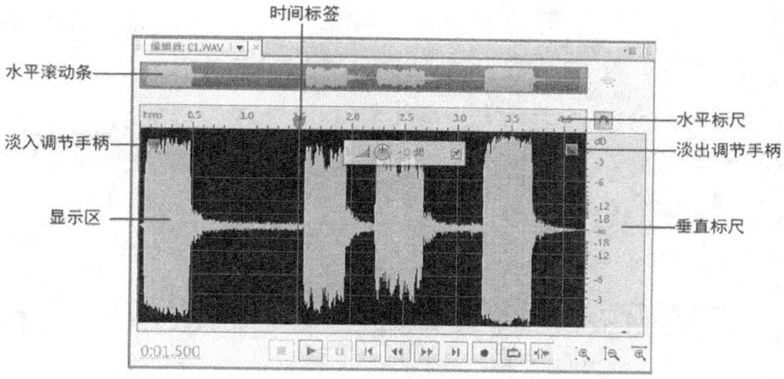

图 3-8

单声道的音频文件在“编辑器”面板的显示区只会显示一条波形，如图 3-8 所示；双声道的音频文件在“编辑器”面板的显示区会显示两行波形，如图 3-9 所示。

⊙ **“文件”面板：**主要用来显示导入的所有素材、创建的所有项目文件。在“文件”面板中可以清楚地看到每个素材的名称、状态、持续时间、采样率、声道、位深度及源格式，如图 3-10 所示。

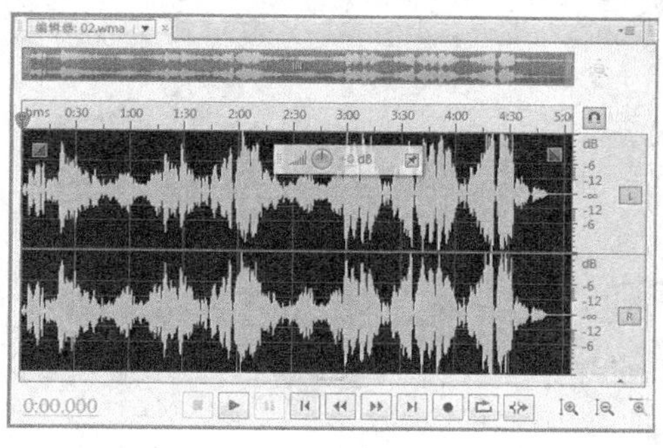

图 3-9

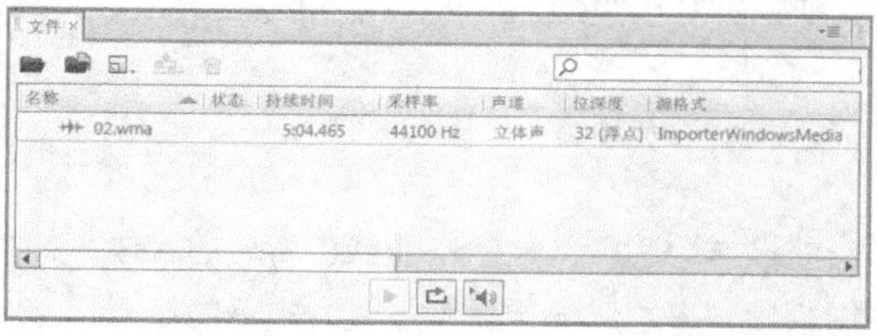

图 3-10

“打开文件”按钮：单击该按钮，可以在弹出的对话框中选择要打开的文件。

“导入文件”按钮：单击该按钮，可以在弹出的对话框中选择要导入的文件。

“新建文件”按钮：单击该按钮，可以创建音频文件、多轨合成或 CD 布局。

“插入到多轨合成中”按钮：可以将选中的素材插入到多轨界面中当前相应轨道的开始指针位置。

“关闭已选中的文件”按钮：单击该按钮可以将选中的素材进行关闭。

“Play”按钮：单击该按钮，可以播放在“文件”面板中选中的文件，再次单击停止播放。

“循环回放”按钮：单击该按钮，在“文件”面板中监听声音时，可以循环播放。

“Auto- Play”按钮：单击该按钮，打开或关闭自动预览。当选中“Auto-Play”按钮时，在“文件”面板中打开文件，将会自动播放该文件。

⊙ **“走带”面板：**主要是用来控制监听声音文件的播放或停止等操作，如图 3-11 所示。具体内容在第 3 章中有介绍。

⊙ **“时间”面板：**主要用来显示时间标签所在的时间位置。在播放或录音时，随着回放光标变化，可以监控时间，停止时显示的时间标签的位置，如图 3-12 所示。

⊙ **“缩放”面板**：主要用来缩放波形，便于编辑时观察波形变化，如图 3-13 所示。具体内容在第 3 章中有介绍。

图 3-11　　图 3-12　　图 3-13

⊙ **“电平”面板**：主要用来显示声音播放时或录音时的音量大小情况，如图 3-14 所示。

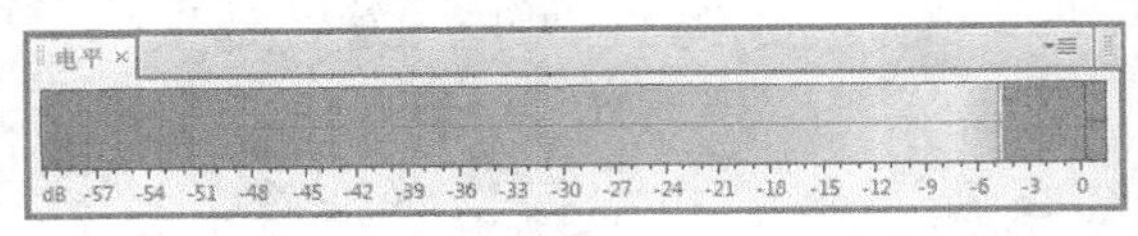

图 3-14

单声道时右侧会出现一个小方块；双声道时右侧会出现两个小方块。当它变为红色时表示声音过载，单击方块可以重设过载显示。

⊙ **“状态栏”面板**：主要用于显示当前操作、视频帧速率、文件状态、采样类型、未压缩音频大小、持续时间、可用空间、检测丢弃样本，如图 3-15 所示。

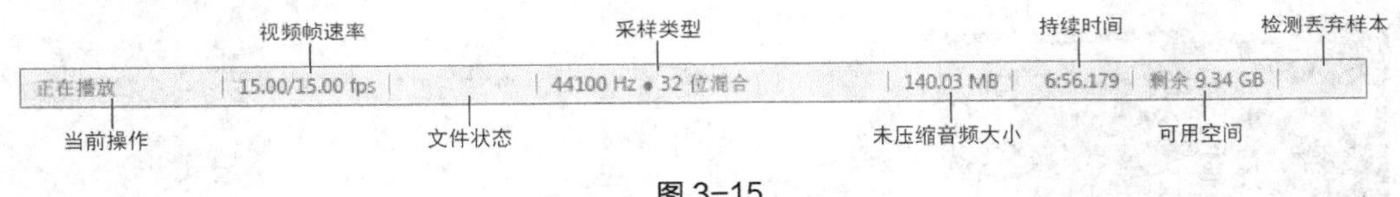

图 3-15

“当前操作”选项：显示当前操作所处的状体，如打开、保存、播放、停止、录音等。

“视频帧速率”选项：显示多轨编辑器中打开视频文件的当前和目标帧速率。

“文件状态”选项：表示何时进行针对效果和振幅调整。

“采样类型”选项：显示有关目前打开的波形（波形编辑器）或会话文件（多轨编辑器）的样本信息。例如，44 100 Hz、16 位的立体声文件会按 44 100 Hz、16 位的立体声显示。

“未压缩音频大小”选项：表示当前音频文件的大小（保存为未经压缩的格式，如 WAV 和 AIFF），或多轨会话的总大小。

“持续时间”选项：显示当前波形或会话的长度。例如，0:01:247 表示波形或会话的长度是 1.247 s。

“可用空间”选项：显示在硬盘驱动器上有多少可用空间。

“检测丢弃样本”选项：表示在录音或播放期间样本缺失。如果显示此指示器，则需考虑重新录制文件，以避免听得见的音频缺失。

3.1.2　工具的使用

1. 移动工具

移动工具可以完成选择、移动、复制音频块的功能。启用“移动”工具▶+，有以下两种方法。

⊙ 单击工具栏中的“移动”工具▶✣。

⊙ 按 V 键。

（1）选择音频块

选择“移动”工具▶✣，在“编辑器”面板中的音频块上单击鼠标进行点选，如图 3-16 所示。按住 Ctrl 键的同时，再次点选其他音频块，可以同时选中多个音频块，如图 3-17 所示。

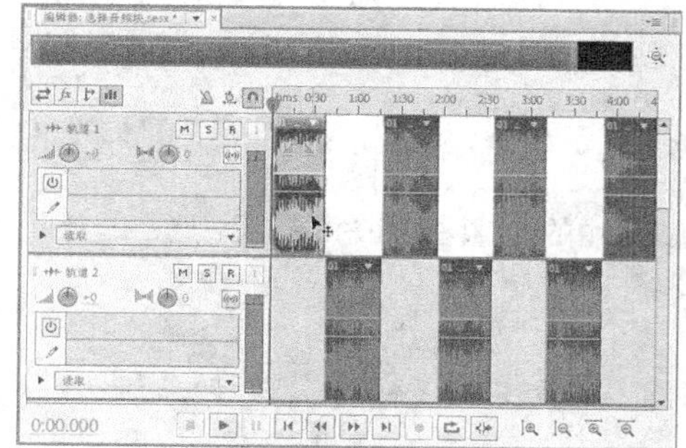

图 3-16

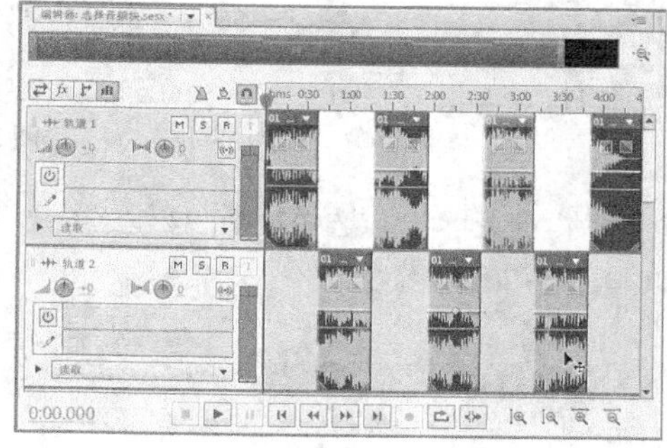

图 3-17

选择“移动”工具▶✣，在“编辑器”面板中拖曳出一个矩形，可以框选音频块，如图 3-18 所示。

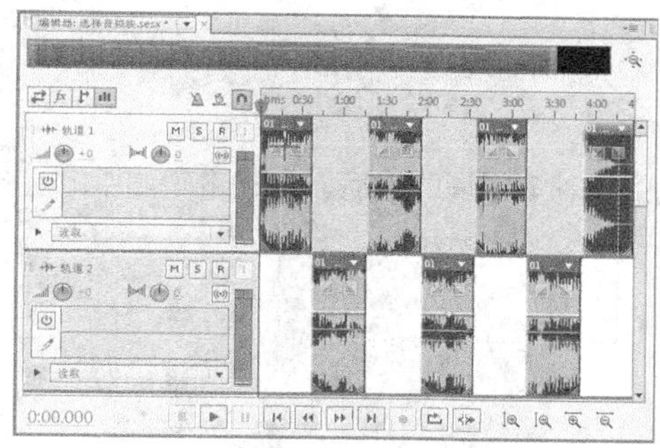

图 3-18

（2）移动和复制音频块

选择“移动”工具▶✣，点选中对象，如图 3-19 所示。按住鼠标左键不放，直接拖曳音频块到任意的位置，如图 3-20 所示。

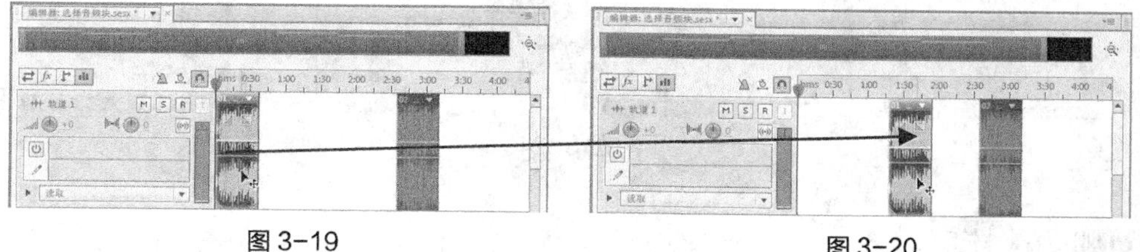

图 3-19　　图 3-20

在移动音频块时也可以将一个轨道中的音频块拖曳至其他轨道中，如图 3-21 所示。

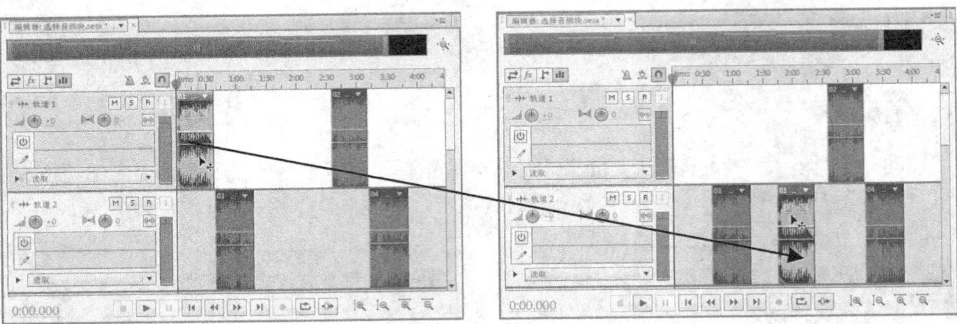

图 3-21

选择“移动”工具，点选中对象，按住 Alt 键，拖曳选中的音频块到任意的位置，选中的音频块被复制，如图 3-22 和图 3-23 所示。

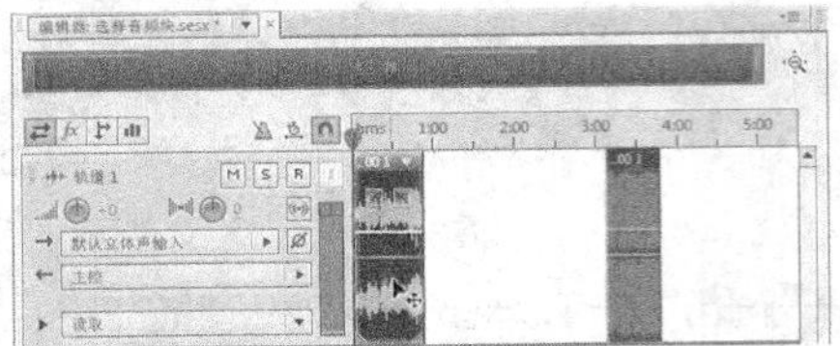

图 3-22

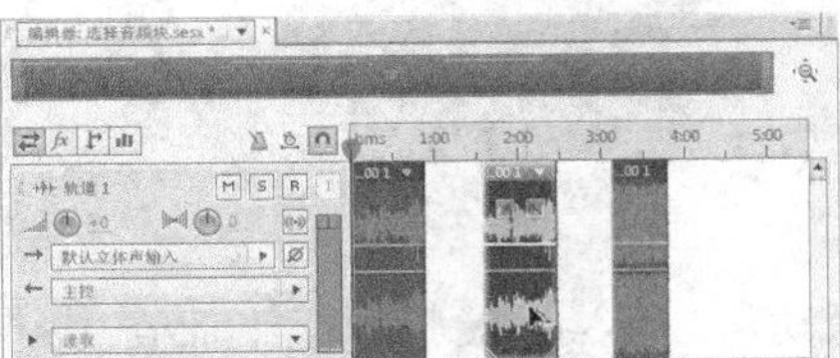

图 3-23

在拖曳复制音频块时也可以将一个轨道中的音频块拖曳至其他轨道中进行复制，如图 3-24 所示。

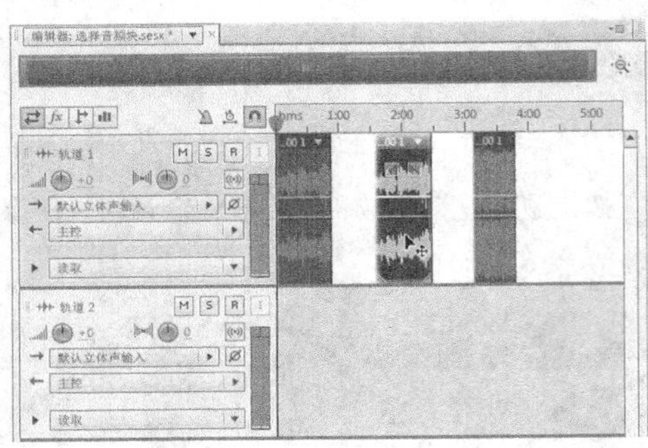

图 3-24

2. 切割选中素材工具

“切割选中素材”工具可以将选中的音频块切割为两个或两个以上的音频块。启用“切割选中素材”工具，有以下两种方法。

⊙ 单击工具栏中的“切割选中素材”工具。

⊙ 按 R 键。

选择“移动”工具，选中音频块，如图 3-25 所示。选择“切割选中素材”工具，在选中的音频块任意位置单击鼠标，即可将选中的音频块切割成两个部分，如图 3-26 所示。

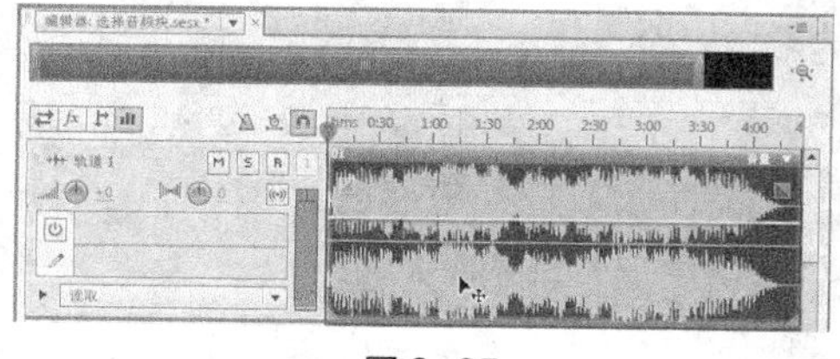

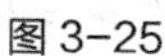
图 3-25

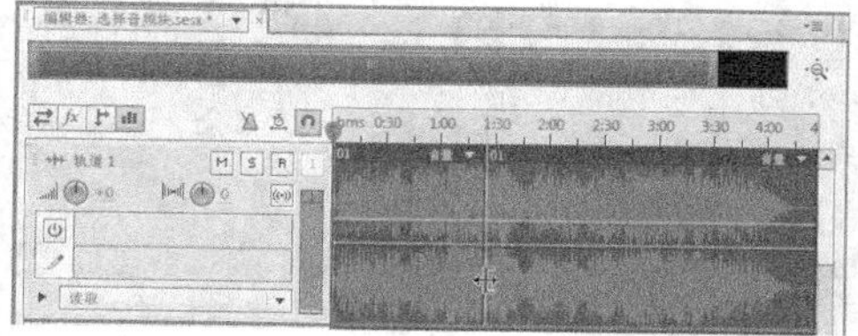

图 3-26

提示

将时间标签放置在要切割的位置，按 Ctrl+K 组合键，也可将选中的音频块切割为两个部分。

3. 切割所有素材工具

“切割所有素材”工具可以将多个轨道中的音频块同时切割为两个或两个以上的音频块。启用“切割所有素材”工具，有以下两种方法。

⊙ 单击工具栏中的“切割所有素材”工具。

⊙ 按 R 键。

选择“切割所有素材”工具，在音频块任意的位置单击鼠标，即可将所有轨道中的音频块切割成两个部分，如图 3-27 所示。

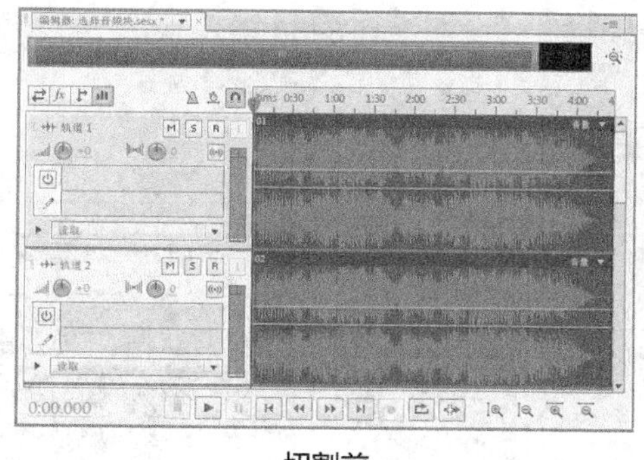

切割前

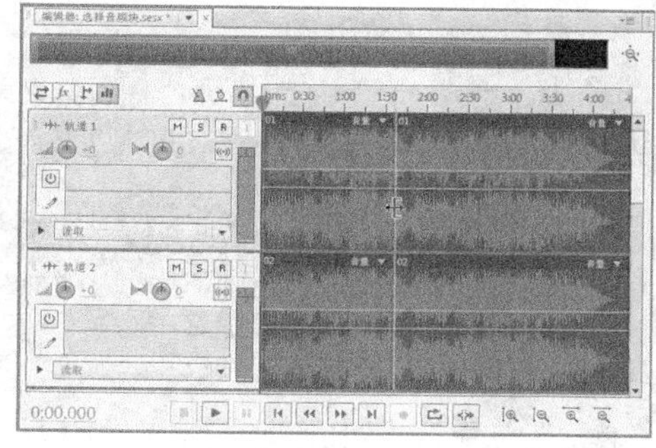

切割后

图 3-27

4. 滑动工具

“滑动”工具可以移动收缩之后音频块的波形。启用“滑动”工具，有以下两种方法。

⊙ 单击工具栏中的“滑动”工具。

⊙ 按 Y 键。

选择“滑动”工具，在音频块上任意位置左右拖曳鼠标，即可将波形移动位置，如图 3-28 所示。

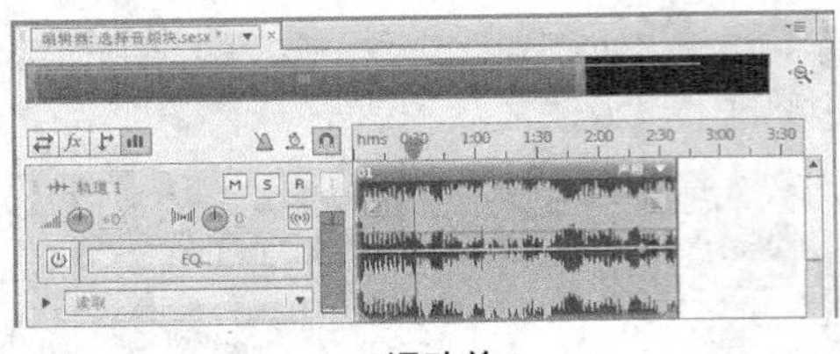

滑动前　　滑动后

图 3-28

5. 时间选区工具

“时间选区”工具可以选取波形片段。启用“时间选区”工具，有以下两种方法。

⊙ 单击工具栏中的“时间选区”工具。

⊙ 按 T 键。

选择“时间选区”工具，在波形上单击鼠标不放，拖曳鼠标到适当的位置，如图 3-29 所示，松开鼠标，波形被选中，如图 3-30 所示。

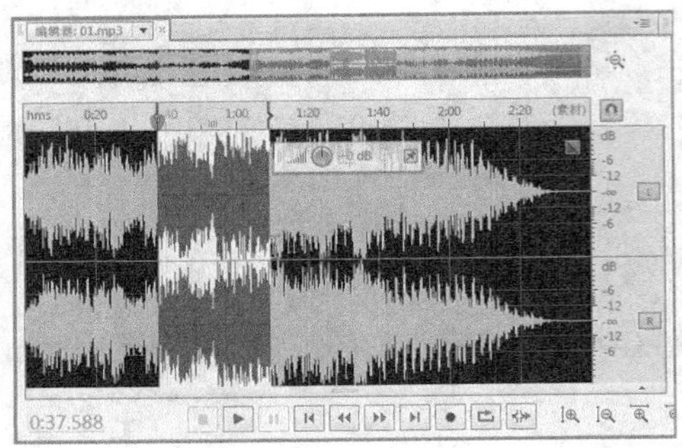

图 3-29

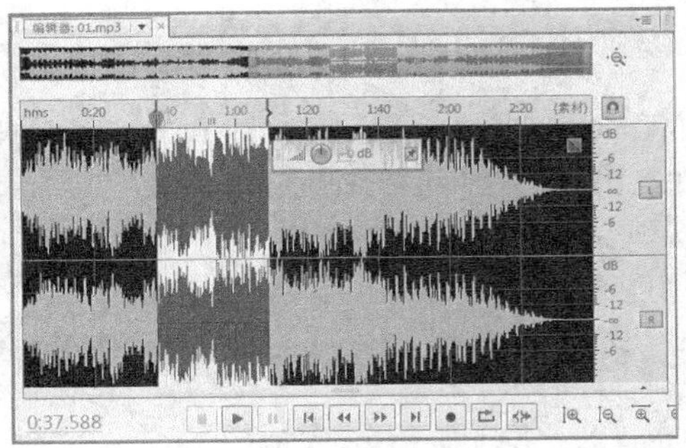

图 3-30

6. 框选工具

在“频谱频率显示”模式下，“框选”工具可以框选音频局部数据。启用“框选”工具，有以下两种方法。

⊙ 单击工具栏中的“框选”工具。

⊙ 按 E 键。

选择“框选”工具，按住鼠标左键在“编辑器”面板中拖曳出一个矩形，松开鼠标，选中所需的音频数据，如图 3-31 所示。

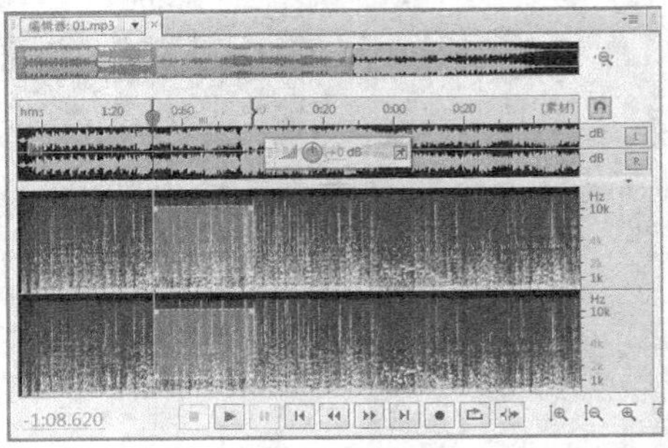

图 3-31

7. 套索工具

在“频谱频率显示”模式下，“套索”工具可以自由绘制区域。启用“套索”工具，有以下两种方法。

⊙ 单击工具栏中的“套索”工具。

⊙ 按 D 键。

选择“套索”工具，按住鼠标左键在“编辑器”面板中绘制，松开鼠标，选中所需的音频数据，如图 3-32 所示。

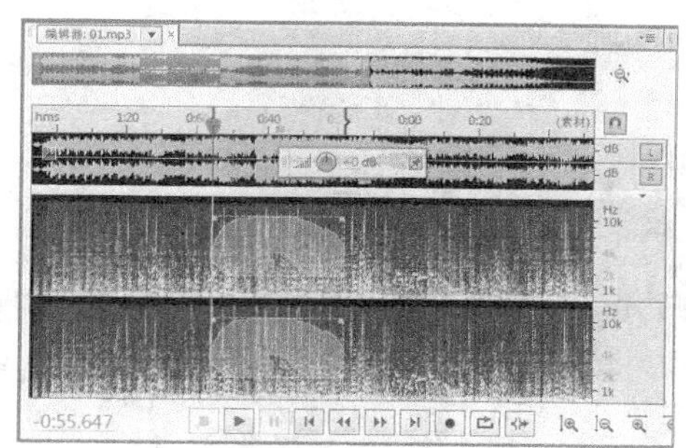

图 3-32

8. 笔刷选择工具

在"频谱频率显示"模式下，"笔刷选择"工具可以自由绘画区域。启用"笔刷选择"工具，有以下两种方法。

⊙ 单击工具栏中的"笔刷选择"工具。

⊙ 按 P 键。

选择"笔刷选择"工具，按住鼠标左键在"编辑器"面板中拖曳，松开鼠标，选中所需的音频数据，如图 3-33 所示。

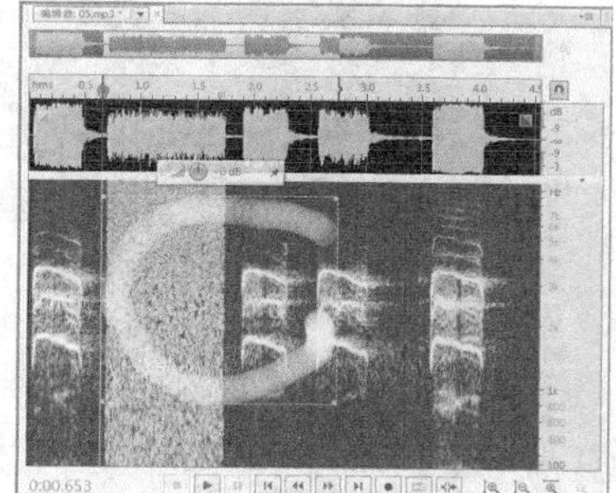

图 3-33

9. 污点修复刷工具

在"频谱频率显示"模式下，"污点修复刷"工具可以快速修复如"咔哒"声等一些细小的杂音。启用"污点修复刷"工具，有以下两种方法。

⊙ 单击工具栏中的"污点修复刷"工具。

⊙ 按 B 键。

选择"污点修复刷"工具，在主面板中，单击或者拖曳擦过杂音部分，即可消除波形上的杂音，如图 3-34 所示。

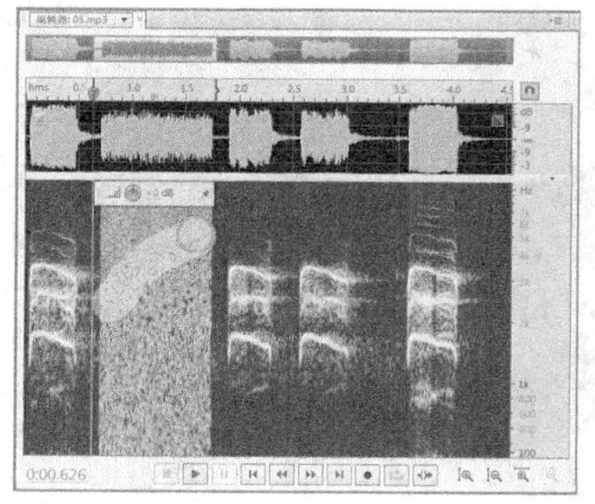

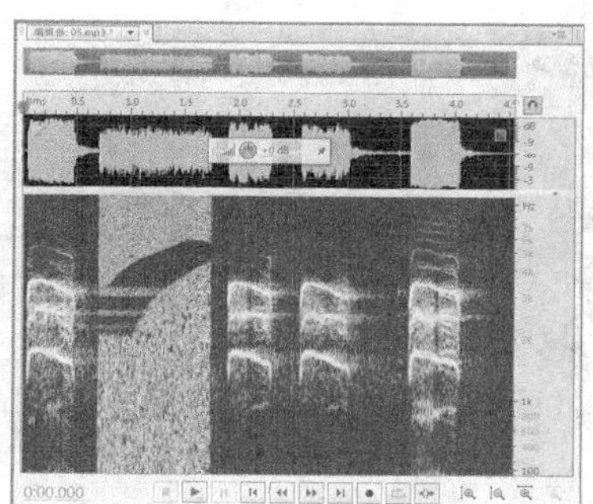

图 3-34

3.1.3 单轨界面中波形的选取

在 Adobe Audition CS6 中，若想对声音文件的一部分进行编辑，应该先选取要编辑的部分波形，然后再对其进行编辑。因此，波形的选取是 Audition 中常用的操作之一。

1. 选择部分波形

选取部分波形的方法有以下几种。

（1）使用键盘选取

在要选取波形的开始时间处单击鼠标，如图 3-35 所示，按住 Shift 键的同时，在选取波形的结束时间处单击鼠标，即可选中波形，如图 3-36 所示。如需调整选择区域边界时，可以在按住 Shift 键的同时，结合左、右方向键，进行调整。

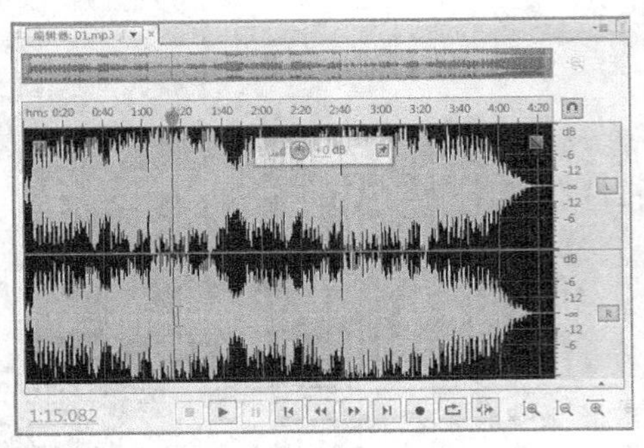

图 3-35

图 3-36

（2）使用鼠标选取

在要选取波形的开始时间处单击并拖曳鼠标，松开鼠标，选中波形。如需调整选择区域边界时，可以用鼠标拖曳“选取区域边界调整点”，如图 3-37 所示。

（3）使用时间精确定位

在“选区/视图”面板中输入准确的选择区域的开始时间和结束时间，如图 3-38 所示。设置完成后，按 Enter 键，确定选择的时间。

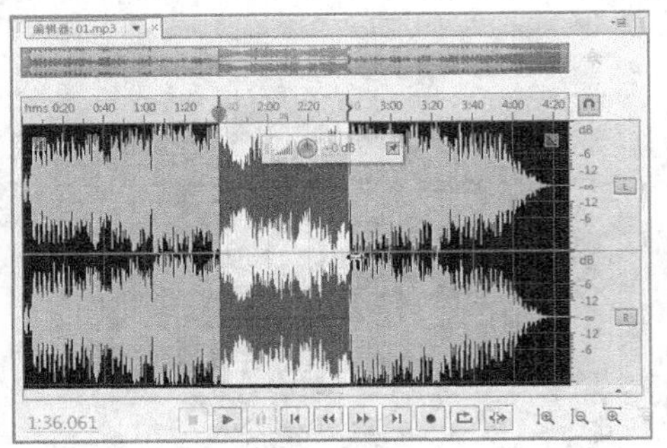

图 3-37

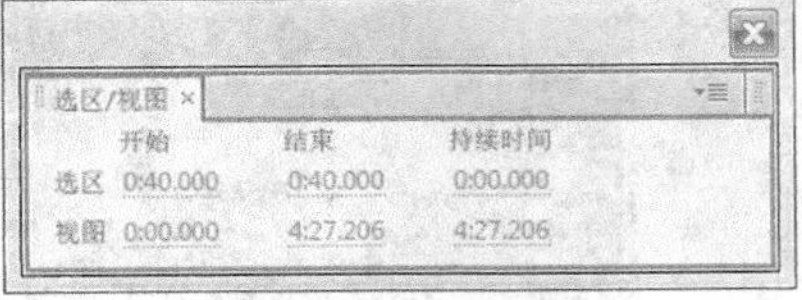

图 3-38

当波形以高亮效果显示时，表示被选中。

2. 选择一个声道的波形

在编辑声音的过程中，如果想要选取立体声音文件的某个声道，首先应该在“首选项”对话框的“常规”选项设置中勾选“允许相关的声道编辑”复选框，如图 3-39 所示。如果想要选取左声道中的某段波形，应将鼠标放置在波形的偏上位置，当鼠标的右下方出现字母 L 时，如图 3-40 所示，单击拖曳鼠标，即可选取波形。

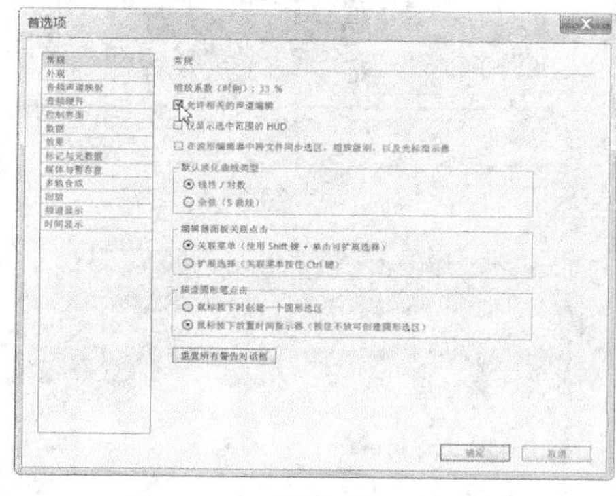

图 3-39

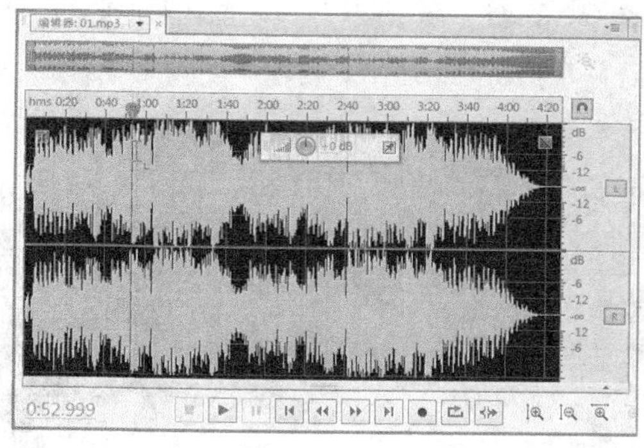

图 3-40

如果想要选取右声道中的某段波形，应将鼠标放置在波形的偏下位置，当鼠标的右下方出现字母 R 时，如图 3-41 所示，单击拖曳鼠标，即可选取波形。

被选中声道的区域以高亮效果显示，未被选中的声道以灰色显示，如图 3-42 所示。

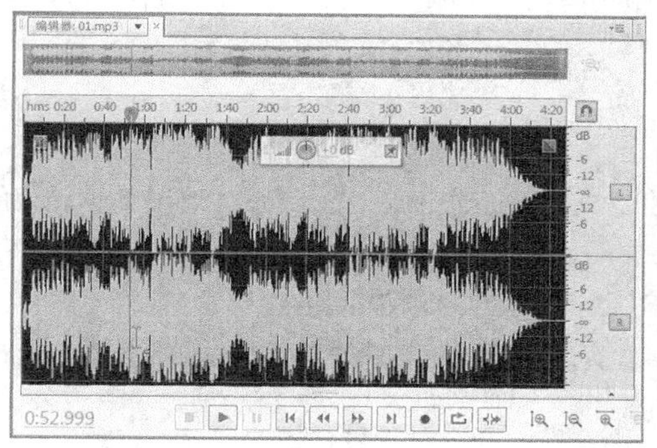

图 3-41

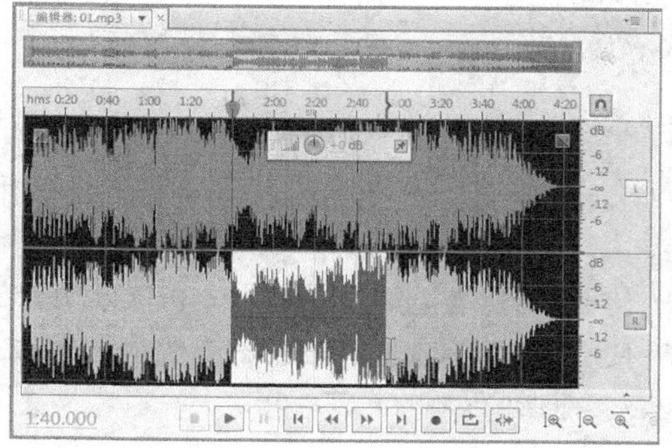

图 3-42

3. 选择全部波形

在编辑的过程中，如果想要编辑全部波形，有以下几种方法。

（1）使用鼠标拖曳选取

⊙ 当波形完全显示在单轨界面中时，将鼠标放置在波形的开始时间处单击并拖曳鼠标至波形的结束时间处，松开鼠标，选中全部波形，如图 3-43 所示。

⊙ 在波形上双击鼠标，即可选中全部波形。

（2）菜单选取

⊙ 选择“编辑 > 选择 > 全选”命令，如图 3-44 所示，或按 Ctrl+A 组合键，即可选中全部波形。

⊙ 在波形的某处单击鼠标右键，在弹出的菜单中选择“全选”命令，如图 3-45 所示，即可选中全部波形。

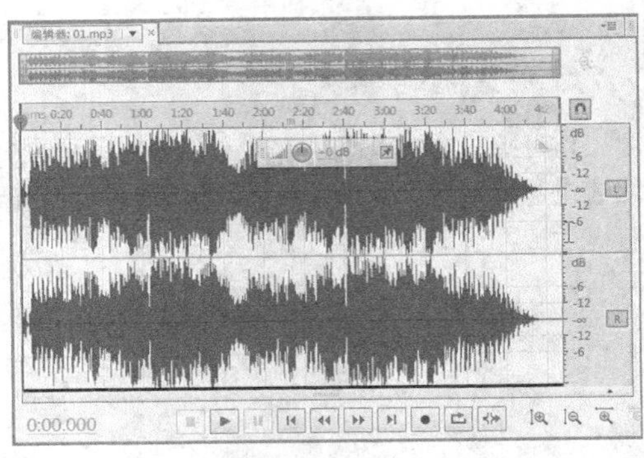

图 3-43

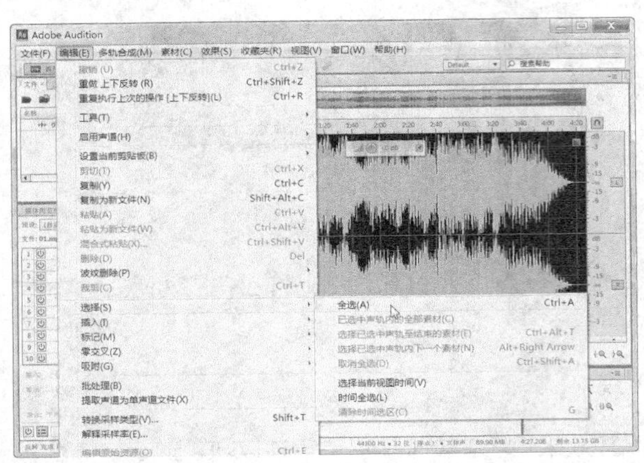

图 3-44

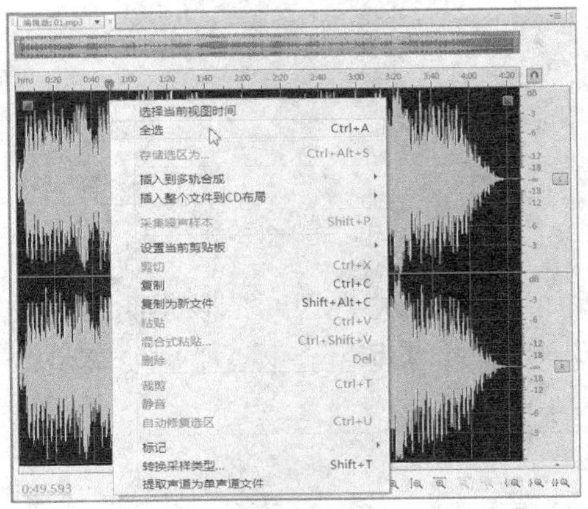

图 3-45

4. 选择单个声道波形

在编辑的过程中，如果想要选中整个左声道或右声道的波形，可以使用上、下方向键，进行选取。按向上方向键，选择左声道；按向下方向键，选择右声道。

5. 选择查看区域

查看区域是指波形的显示区域，当音频文件时间较长，或对波形进行放大显示后，当前查看区域仅能显示文件的一部分波形。查看区域的选取有以下几种方法。

⊙ **使用鼠标选取**：在波形的某处双击鼠标，即可选中当前查看区域的波形。

⊙ **使用快捷菜单选取**：在波形的某处单击鼠标右键，在弹出的菜单中选择“选择当前视图时间”命令，即可选中当前查看区域的波形。

3.1.4 单轨界面中的波形复制

1. 复制波形到剪切板

复制波形到剪切板有以下几种方法。

⊙ **使用菜单复制**：选中一段波形，选择“编辑 > 复制”命令即可将选中的波形复制到剪切板中。

⊙ **使用快捷菜单复制**：选中一段波形，在选中的波形上单击鼠标右键，在弹出的菜单中选择“复制”命令即可将选中的波形复制到剪切板中。

⊙ **使用快捷键复制**：选中一段波形，按 Ctrl+C 组合键，即可将选中的波形复制到剪切板中。

将波形复制到剪切板之后，必须要执行粘贴操作才能看到效果。

2. 复制为新文件

复制为新文件是指把选取的波形复制，并将其生成新文件。如果把一段波形复制为新文件，那么不需要粘贴操作，即可看到效果。将选取的波形复制为新文件有以下几种方法。

⊙ **使用菜单复制**：选中一段波形，选择"编辑 > 复制为新文件"命令，即可将选中的波形复制为一个新的文件。

⊙ **使用快捷菜单复制**：选中一段波形，在选中的波形上单击鼠标右键，在弹出的菜单中选择"复制为新文件"命令，即可将选中的波形复制为一个新的文件。

⊙ **使用快捷键复制**：选中一段波形，按 Shift+Alt+C 组合键，即可将选中的波形复制为一个新的文件。

3. 课堂案例——制作精美铃声

【案例学习目标】学习使用"时间选区"工具和"复制为新文件"命令。

【案例知识要点】使用"导入"命令导入素材；使用"时间选区"工具选中波形；使用"复制为新文件"将选取的波形复制为新的音乐文件。

【效果所在位置】资源包 \ Ch03 \ 制作精美铃声.mp3。

步骤① 选择"文件 > 打开"命令，在弹出的"打开文件"对话框中，选择资源包中的"Ch03 \ 素材 \ 制作精美铃声 \ 01"文件，单击"打开"按钮，文件被打开，"编辑器"面板如图 3-46 所示。

步骤② 选择"时间选区"工具，在"编辑器"面板中拖曳鼠标，将 1:40.000s ~ 1:53.617s 的波形选中，如图 3-47 所示。

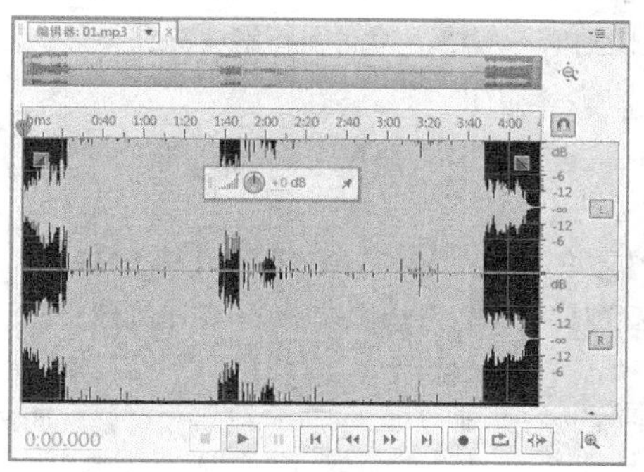

图 3-46

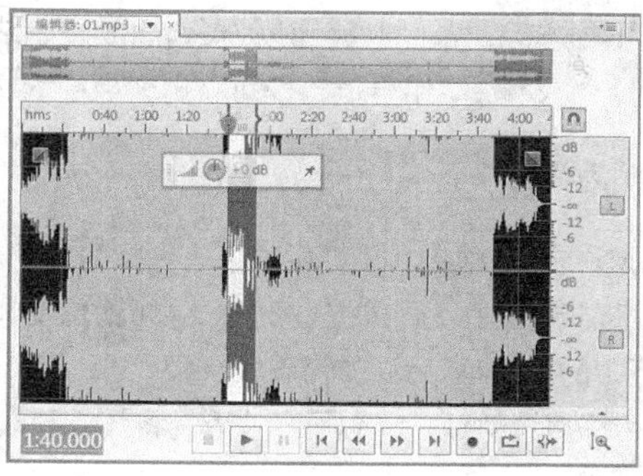

图 3-47

步骤③ 选择"编辑 > 复制为新文件"命令，可将选中的波形直接生成新的音乐文件，"编辑器"面板如图 3-48 所示。

步骤④ 选择"文件 > 存储"命令，在弹出的"存储为"对话框中进行设置，如图 3-49 所示，单击"确定"按钮，保存音乐文件。精美铃声制作完成，单击"走带"面板中的"播放"按钮，监听最终声音效果。

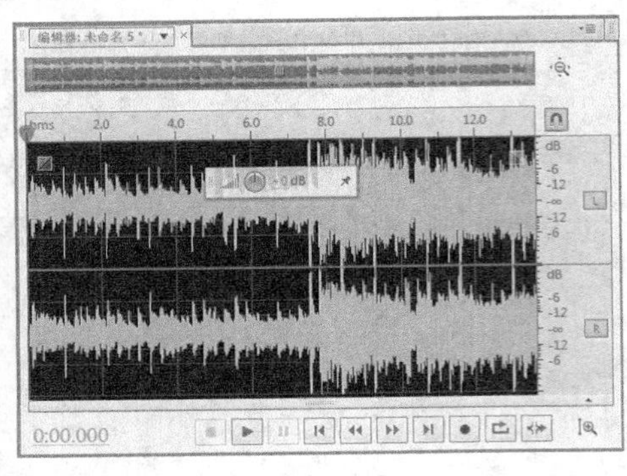

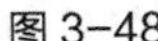
图 3-48

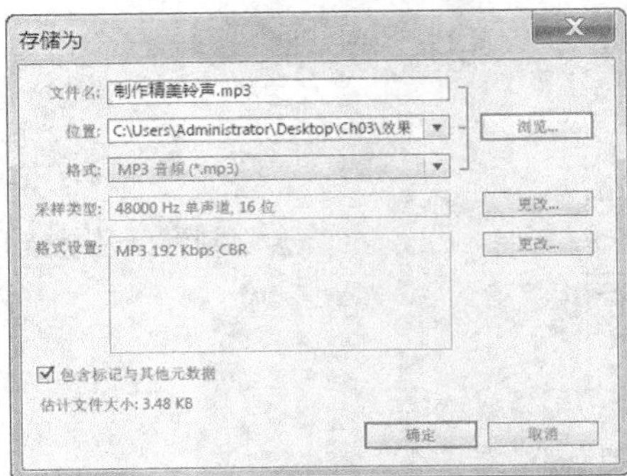

图 3-49

3.1.5 单轨界面中的波形剪切、粘贴与裁切

1. 剪切波形

剪切波形是指将选取区域的波形存储到剪切板中，同时选取区域的源波形被删除，剪切板中存储的波形可以通过粘贴命令，再次显示在其他区域。剪切波形的方法有以下几种方法。

⊙ **使用菜单剪切**：选中一段波形，选择“编辑 > 剪切”命令，即可将选中的波形剪切到剪切板中。

⊙ **使用快捷菜单剪切**：选中一段波形，在选中的波形上单击鼠标右键，在弹出的菜单中选择“剪切”命令，即可将选中的波形剪切到剪切板中。

⊙ **使用快捷键剪切**：选中一段波形，按 Ctrl+X 组合键，即可将选中的波形剪切到剪切板中。

2. 粘贴波形

粘贴是指将剪切板中暂存的内容添加到新的区域。粘贴波形的方法有以下几种方法。

⊙ **使用菜单粘贴**：选中一段波形，将其复制或剪切到剪切板中。将时间标签放置在某处，作为新的播放开始时间，选择“编辑 > 粘贴”命令，即可将剪切板中的文件粘贴到新的区域。

⊙ **使用快捷菜单粘贴**：选中一段波形，将其复制或剪切到剪切板中。将时间标签放置在某处，作为新的播放开始时间，单击鼠标右键，在弹出的菜单中选择“粘贴”命令，即可将剪切板中的文件粘贴到新的区域。

⊙ **使用快捷键粘贴**：选中一段波形，将其复制或剪切到剪切板中。将时间标签放置在某处，作为新的播放开始时间，按 Ctrl+V 组合键，即可将剪切板中的文件粘贴到新的区域。

3. 粘贴为新文件

粘贴为新文件是指将剪切板中的内容粘贴为一个新的文件。粘贴为新文件有以下几种方法：

⊙ **使用菜单粘贴**：选中一段波形，将其复制或剪切到剪切板中，选择“编辑 > 粘贴为新文件”命令，即可将剪切板中的内容粘贴为一个新的文件。

⊙ **使用快捷键粘贴**：选中一段波形，将其复制或剪切到剪切板中，按 Ctrl+Alt+V 组合键，即可将剪切板中的内容粘贴为一个新的文件。

4. 混合式粘贴

混合式粘贴可以将剪切板中的波形内容与新的播放头后的波形内容混合在一起，也可以将某个音频文件中的波形内容与新的播放头后的波形内容混合在一起。

选择“编辑 > 混合式粘贴”命令，弹出“混合式粘贴”对话框，如图 3-50 所示。

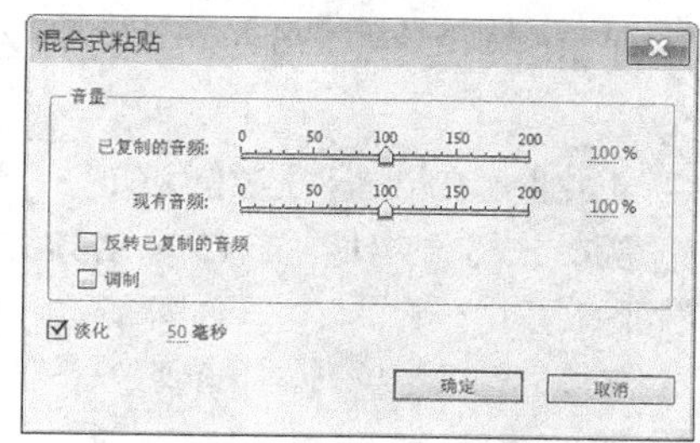

图 3-50

“已复制的音频”选项：可以调节已复制音频的声音大小。

“现有音频”选项：可以调节当前音频的声音大小。

“反转已复制的音频”复选框：勾选此选项可以将复制的声道波形反转。

“调制”复选框：勾选此选项可以用剪切板中的音频信号调制当前波形的选择部分，产生特殊效果。

“淡化”复选框：勾选此选项可以在粘贴的文件开头和结尾分别带有淡入和淡出效果。

混合式粘贴有以下几种方法。

⊙ **使用菜单粘贴**：选中一段波形，将其复制或剪切到剪切板中，选择“编辑 > 混合式粘贴”命令，弹出“混合式粘贴”对话框，设置好选项后，单击“确定”按钮，即可完成混合式粘贴。

⊙ **使用快捷菜单粘贴**：选中一段波形，将其复制或剪切到剪切板中，在新的声音波形中，单击鼠标右键，在弹出的菜单中选择“混合式粘贴”命令，弹出“混合式粘贴”对话框，设置好选项后，单击“确定”按钮，即可完成混合式粘贴。

⊙ **使用快捷键粘贴**：选中一段波形，将其复制或剪切到剪切板中，在新的声音波形中，按 Ctrl+Shift+V 组合键，弹出“混合式粘贴”对话框，设置好选项后，单击“确定”按钮，即可完成混合式粘贴。

混合式粘贴与粘贴的区别：混合式粘贴的效果是播放头之后的波形并不向后移动，而是与粘贴的内容混为一体；粘贴的效果是播放头之后的波形向后移动。

5. 删除波形

删除波形是指将选取区域的波形删除，而未被选取区域的波形保留。删除波形的方法有以下几种方法。

⊙ **使用键盘删除**：选取一段要删除的波形，按 Delete 键，即可将选取区域的波形删除。

⊙ **使用菜单删除**：选取一段要删除的波形，选择“编辑 > 删除”命令，即可将选取区域的波形删除。

⊙ **使用快捷菜单删除**：选取一段要删除的波形，在选取的波形上单击鼠标右键，在弹出的菜单中选择“删除”命令，即可将选取区域的波形删除。

6. 裁剪波形

裁剪波形是指将选取区域的波形保留，而未被选取区域的波形删除。如果要截取一个音频文件的某一段波形，可以使用该命令。裁剪波形的方法有以下几种方法。

⊙ **使用菜单裁剪**：选中一段要截取的波形，选择“编辑 > 裁剪”命令，即可完成音频波形的裁剪。

⊙ **使用快捷菜单裁剪**：选中一段要截取的波形，在选中的波形上单击鼠标右键，在弹出的菜单中选择“裁剪”命令，即可完成音频波形的裁剪。

⊙ **使用快捷键裁剪**：选中一段要截取的波形，按 Ctrl+T 组合键，即可完成音频波形的裁剪。

7. 课堂案例——删除音乐中杂音

【案例学习目标】学习使用“时间选区”工具和“删除”命令。

【案例知识要点】使用“导入”命令导入素材；使用“删除”命令删除选中波形；使用“存储”命令保存文件。

【效果所在位置】资源包\Ch03\删除音乐中杂音.mp3。

步骤① 选择“文件 > 新建 > 音频文件”命令，弹出“新建音频文件”对话框，在“文件名”文本框中输入“删除音乐中杂音”，“采样率”选项下拉列表中选择“44100Hz”，“声道”选项下拉列表中选择“立体声”，“位深度”选项下拉列表中选择“16 位”，如图 3-51 所示，单击“确定”按钮，创建一个新的音频文件。

步骤② 选择“文件 > 导入 > 文件”命令，选择资源包中的“Ch03\素材\删除音乐中杂音\01”文件，单击“打开”按钮，文件被导入到“文件”面板中，如图 3-52 所示。

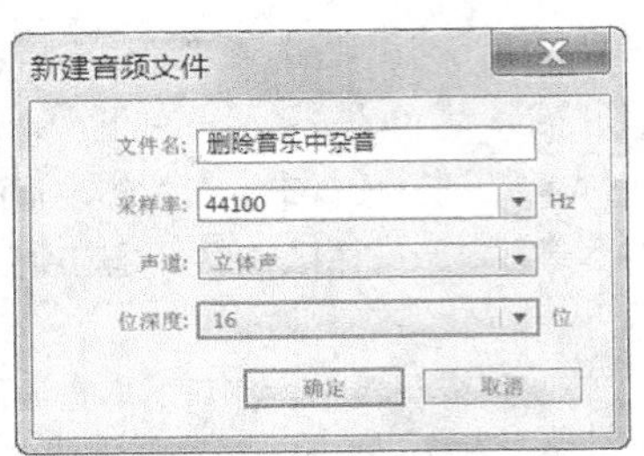

图 3-51

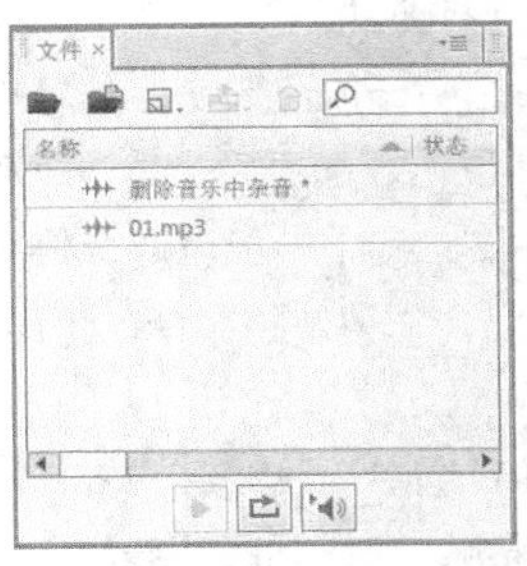

图 3-52

步骤③ 在“文件”面板中选中“01”文件并将其拖曳到“编辑器”面板中，如图 3-53 所示。选择“时间选区”工具，将时间标签放置到 3:10.072s 的位置，如图 3-54 所示。

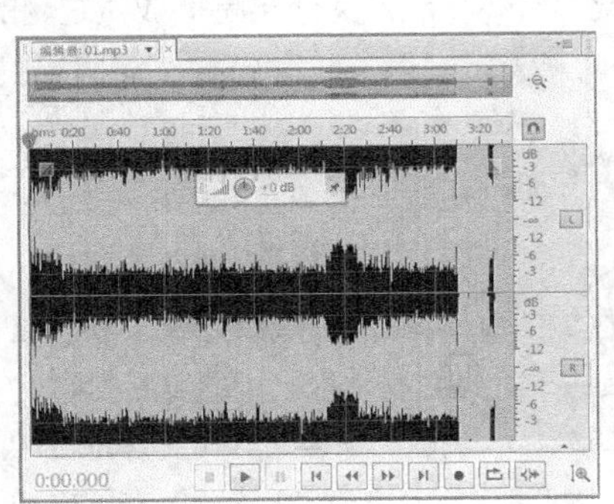

图 3-53

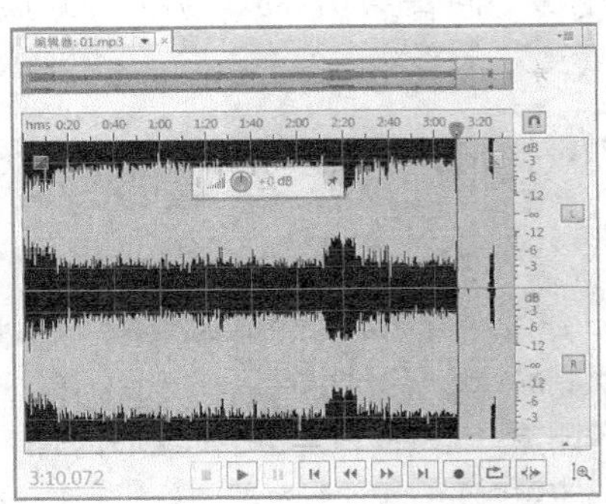

图 3-54

步骤④ 按住 Shift 键的同时，在音乐文件的末尾处单击鼠标，将部分波形选取，如图 3-55 所示。按 Delete 键，将选中的波形删除，效果如图 3-56 所示。

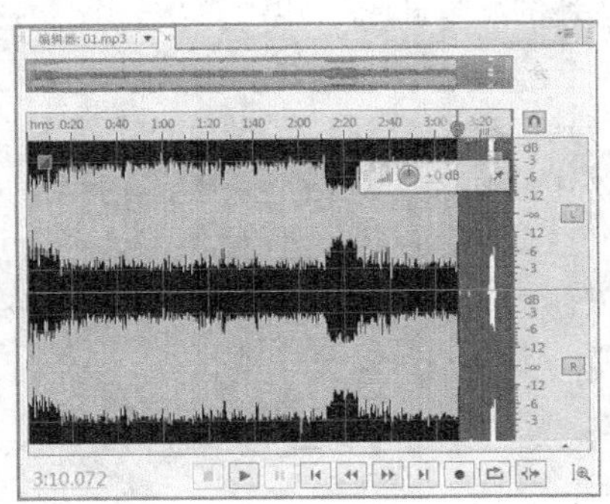

图 3-55

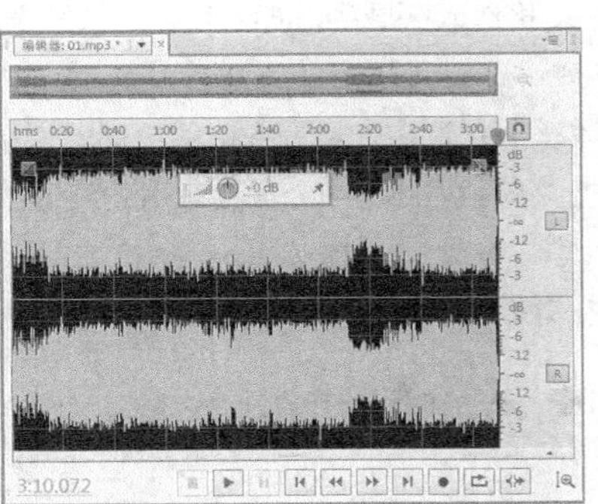

图 3-56

步骤⑤ 选择“文件 > 存储”命令，将处理好的音乐文件保存。删除音乐中杂音制作完成，单击“走带”面板中的“播放”按钮▶，监听最终声音效果。

3.1.6 撤销与恢复操作

在编辑声音文件的过程中，经常会错误地执行一个步骤或对制作的一系列效果不满意。当希望恢复到前一步或原来的声音文件时，可以通过撤销与重做命令操作。

1. 撤销

在编辑声音文件的过程中，可以随时将操作返回到上一步，也可以还原声音文件到恢复前的效果，选择“编辑 > 撤销”命令，或按 Ctrl+Z 组合键，可以撤销到声音文件的上一步操作。

2. 重做

在编辑声音的过程中，如果想要还原撤销的步数，选择“编辑 > 重做”命令，即可还原撤销的步数。

3. 重复执行上次的操作

在编辑声音文件的过程中，如果想要重复地使用某个命令，选择“编辑 > 重复执行上次的操作”命令，即可重复地使用该命令。

3.1.7 单轨的其他编辑

1. 提取声道为单声道文件

选择“编辑 > 提取声道为单声道文件”命令，可以将选取的声道波形生成一个独立的单声道文件。

2. 转换采样类型

转换当前音频文件的采样类型，选择“编辑 > 转换采样类型”命令，打开“转换采样类型”对话框，如图 3-57 所示。

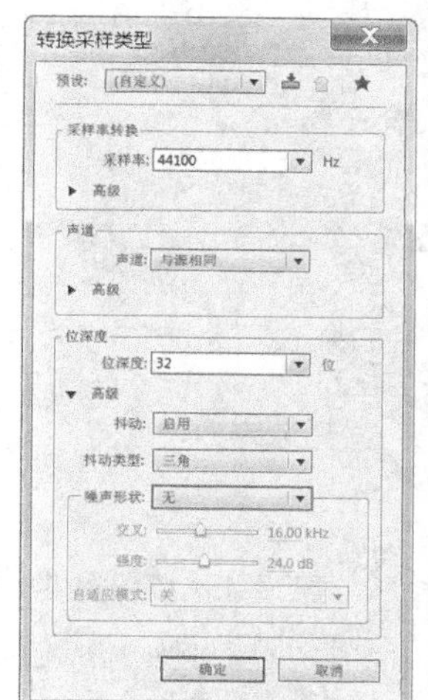

图 3-57

采样率预设选项组：单击下拉列表可以选择以保存的预置。单击“存储设置为预设”按钮，弹出“存储效果预设”对话框，输入名称，单击“确定”按钮，即可保持当前设置为预置。单击“删除预设”按钮，即可删除当前选择的预置。

采样率转换选项组：单击下拉列表可以选择采样率；单击“高级”按钮，可以调节采样率的品质；“前/后过滤”复选框，可以设置前置/后置过滤。

声道选项组：单击下拉列表可以选择单声道或立体声双声道；“高级”选项可以设置左右混入的百分比。

位深度选项组：单击下拉列表可以选择位深度；单击“高级”按钮，可以设置“抖动”“抖动类型”“噪声形状”等。

3. 静音

静音是指一段不包含任何波形的声音。在 Adobe Audition CS6 中，可以轻松生成指定长度的静音。生成静音有以下几种方法。

⊙ **使用菜单生成静音**：选择一段要变成静音的波形，选择“效果 > 静默”命令，如图 3-58 所示，即可将选取的波形变成静音，如图 3-59 所示。

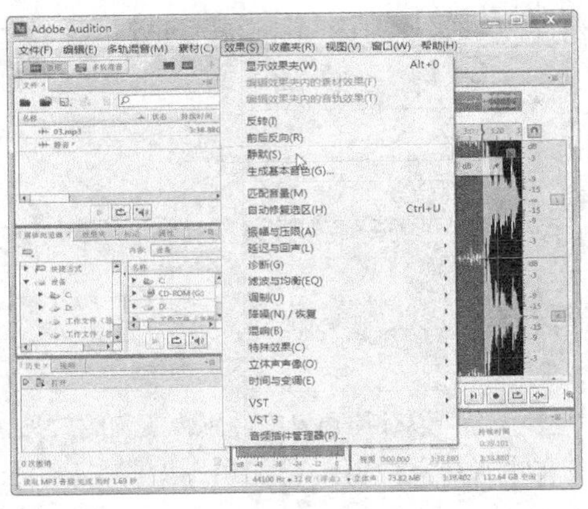

图 3-58

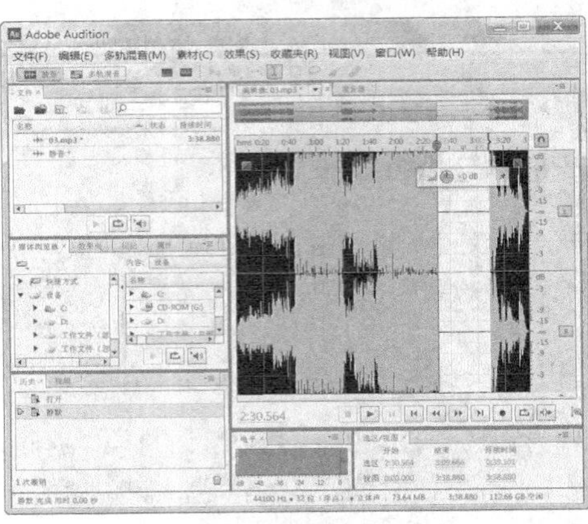

图 3-59

⊙ **使用快捷菜单生成静音：**选择一段要变成静音的波形，在选中的波形上单击鼠标右键，在弹出的菜单中选择“静默”命令，即可将选取的波形变成静音。

⊙ **精确插入静音：**将播放头放置到要插入静音的位置，选择“编辑 > 插入 > 插入静默”命令，弹出“插入静默”对话框，如图 3-60 所示，设置好静默的时间后，单击“确定”按钮，即可精确地插入静音。

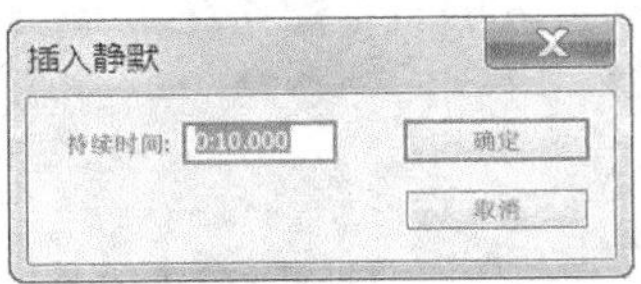

图 3-60

4. 生成音色

选择“效果 > 生成基本音色”命令，弹出“效果 - 生成基本音色”对话框，如图 3-61 所示。

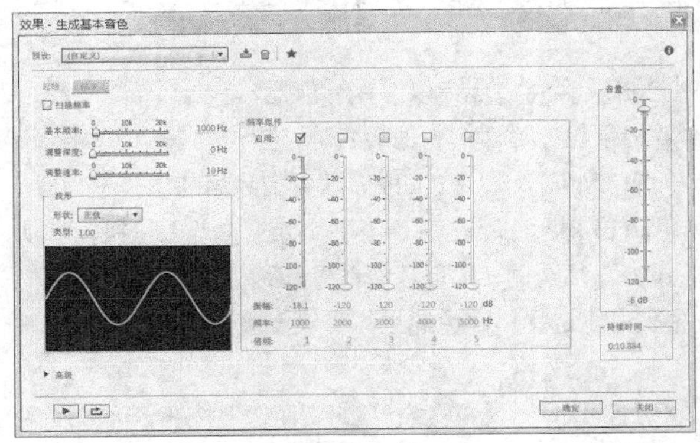

图 3-61

“预设”选项：提供多种音色效果，可以直接选择某种效果而不用参数设置。

“扫频”选项：可以设置“开始”和“结束”时刻的参数，产生一个逐渐变化的音色信号。

“基本频率”选项：决定生成音色的频率。

“调制深度”选项：设定在基频上下的多大范围进行调制。

“调制速率”选项：用来调制基频的调制频率。

"形状"选项：决定波形的形状，包括"正弦波""三角/锯齿""方波"和"反正弦波"。

"类型"选项：决定波形的变形程度。

"频率合成"选项：可以用来选择启用的频率数量，数量越多，音色越圆滑。

"音量"选项：调节生成音色的电平大小。

"持续时间"选项：可以调节生成音色的长度，单位是秒。

5. 反转

反转是指将波形中的采样数据点转换到以横轴为中心的对称点上。选中一段波形，如图 3-62 所示，选择"效果 > 反转"命令，即可将选中的波形反转，效果如图 3-63 所示。

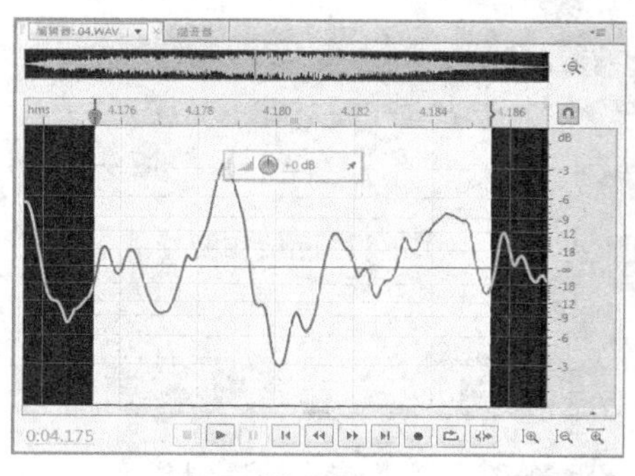

图 3-62

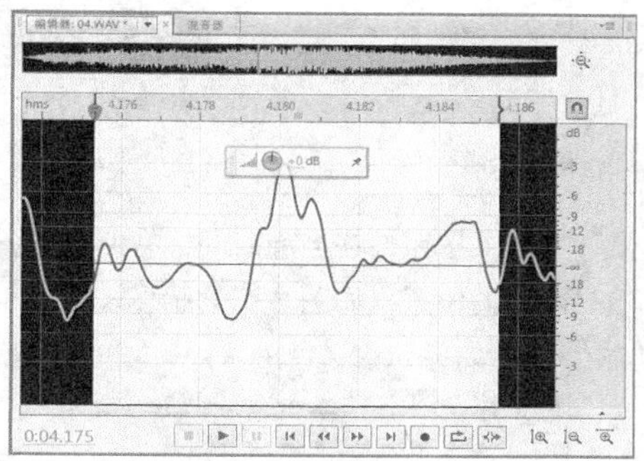

图 3-63

6. 前后反向

前后反向是指将经过的波形按时间的反序显现出来。选中一段波形，如图 3-64 所示，选择"效果 > 前后反向"命令，即可将选中的波形前后反向，效果如图 3-65 所示。

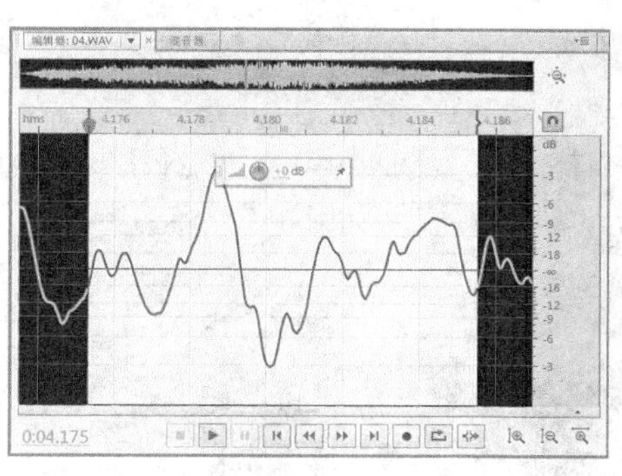

图 3-64

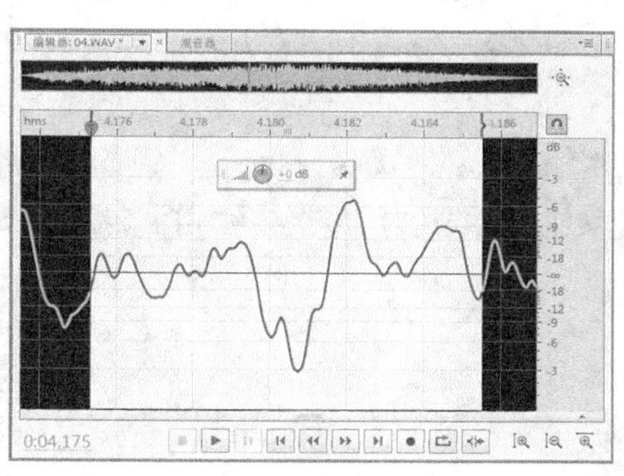

图 3-65

7. 课堂案例——调整语句间停顿时间

【案例学习目标】学习使用静音。

【案例知识要点】使用"静默"命令调整语句间的停顿时长。

【效果所在位置】资源包 \ Ch03 \ 调整语句间停顿时间.mp3。

步骤① 选择"文件 > 新建 > 音频文件"命令，弹出"新建音频文件"对话框，在"文件名"文本框中输入"调整语句间停顿时间"，设置其他选项，如图 3-66 所示，单击"确定"按钮，创建一个新的音频文件。

步骤② 选择"文件 > 导入 > 文件"命令，选择资源包中的"Ch03 \ 素材 \ 调整语句间停顿时间 \ 01"文件，单击“打开”按钮，文件被导入到“文件”面板中。

步骤③ 将时间标签拖曳到 0:00.648s 的位置，如图 3-67 所示。选择“编辑 > 插入 > 静默”命令，弹出“插入静默”对话框，将“持续时间”选项设为 0:01.000s，如图 3-68 所示。

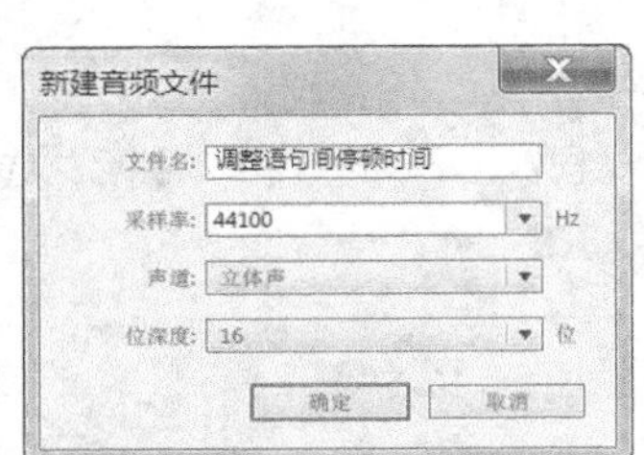

图 3-66

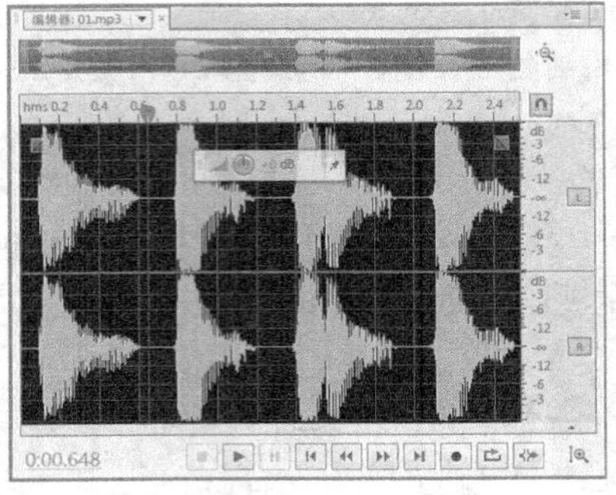

图 3-67

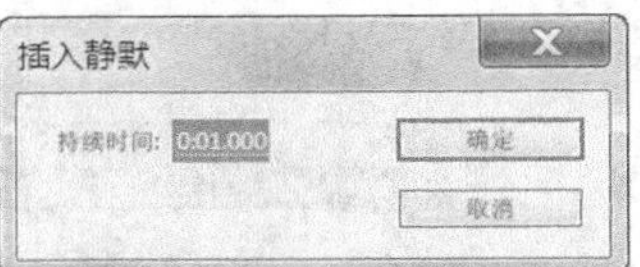

图 3-68

步骤④ 单击“确定”按钮，在当前时间标签所在位置插入静默，“编辑器”面板如图 3-69 所示。将时间标签拖曳到 0:02.261s 的位置，如图 3-70 所示。

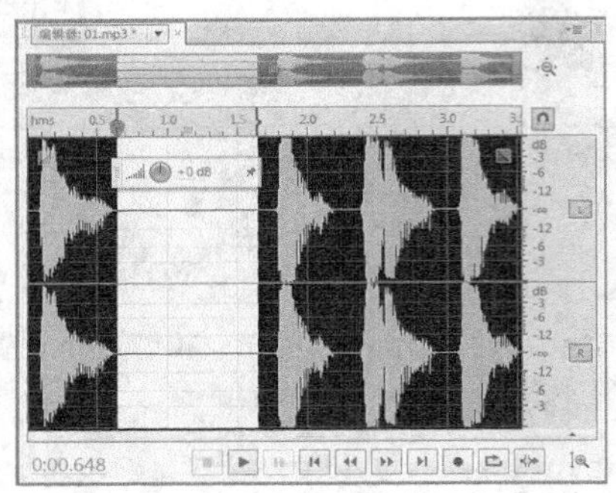

图 3-69

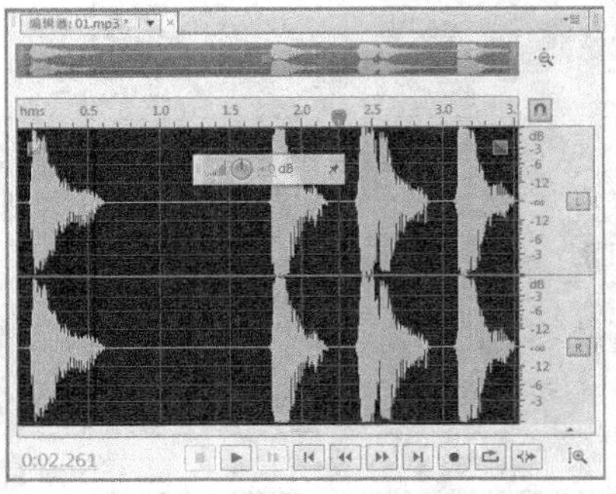

图 3-70

步骤⑤ 选择“编辑 > 插入 > 静默”命令，在弹出的“插入静默”对话框中进行设置，如图 3-71 所示，单击“确定”按钮，在当前时间标签所在的位置插入静默，“编辑器”面板如图 3-72 所示。

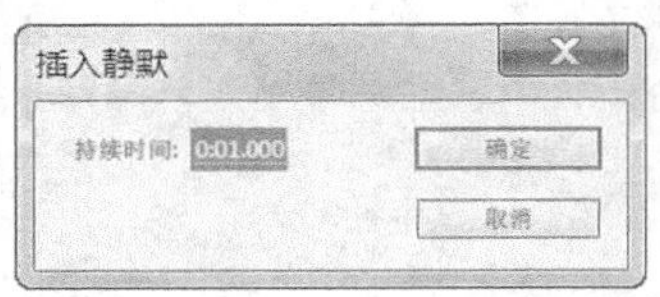

图 3-71

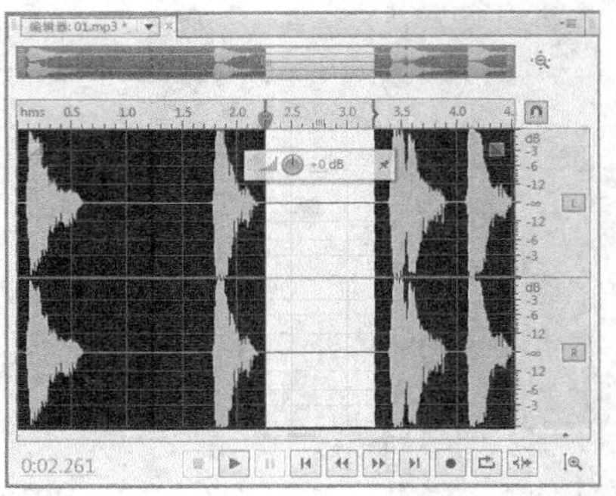

图 3-72

步骤⑥ 用相同的方法，分别在 0:04.000s 和 0:05.532s 的位置插入静默，如图 3-73、图 3-74 所示。选择“文件 > 存储”命令，将处理好的音乐文件保存。调整语句间停顿时间制作完成，单击“走带”面板中的“播放”按钮▶，监听最终声音效果。

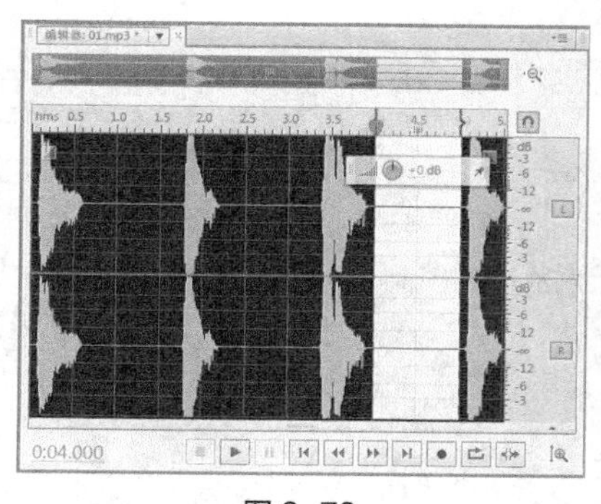

图 3-73

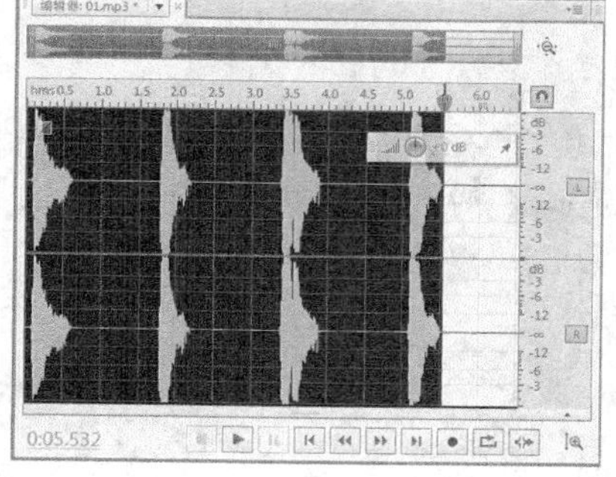

图 3-74

任务二　多轨合成编辑

本任务主要对多轨界面、多轨编辑技巧、插入素材的方法、音频块的编辑方法、时间伸缩的技巧、保存与导出的方法进行了详细的讲解。

3.2.1　多轨界面

多轨界面是一种非常灵活、实时的编辑环境，可以在回放时更改播放设定，并立即听到结果。多轨界面由标题栏、菜单栏、工具栏、常用面板、状态栏及编辑器窗口组成，如图 3-75 所示。

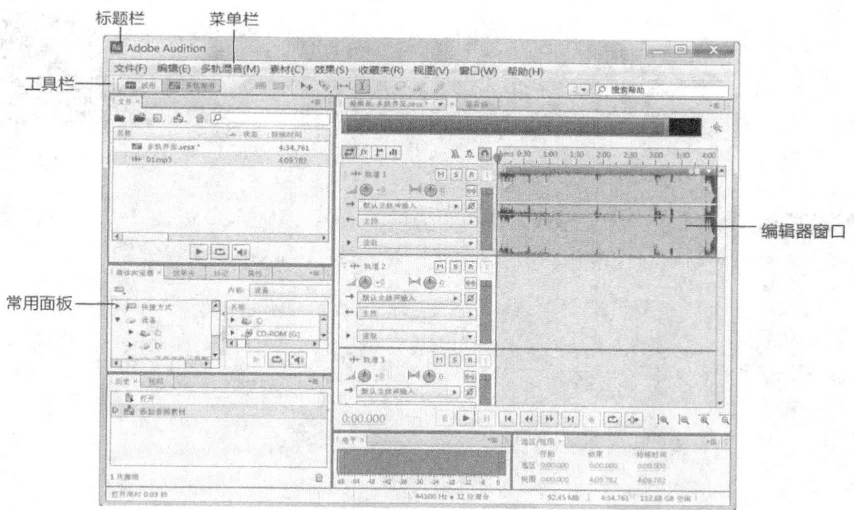

图 3-75

3.2.2　多轨编辑

Audition CS6 的多轨界面，可以是不同的音频块在同时发声或不同时发声，可以为每个音频块添加各种各样的音效，并且可以立即监听其效果。当对它们整体的效果感到满意后，可以将它们生成一个单独的音频块，这个过程称为“缩混”。

1. 轨道的类型

Audition 的轨道可分为音频轨道、视频轨道、总线轨道。

⊙ 音频轨道 包括当前工程导入的音频文件或音频块，如图 3-76 所示。音频块又分为“单声道音轨”、“立体声音轨”和“5.1 声道音轨”，这些音频轨道提供最大范围的控制，可以具体指定输入/输出，可以应用效果，也可以自动缩混。

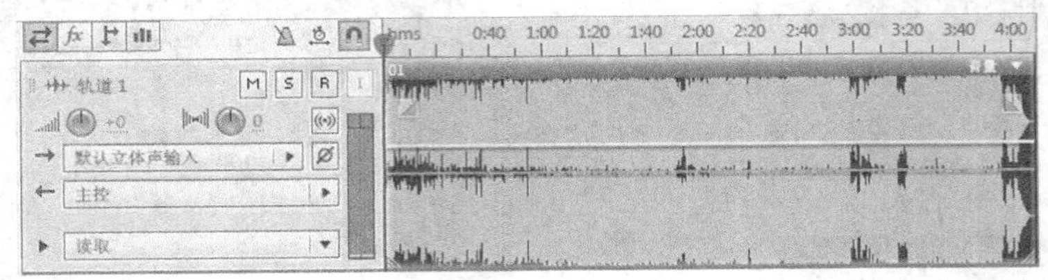

图 3-76

⊙ 视频轨道包含一个导入的视频块，如图 3-77 所示，一个工程在同一时间内最多可以包含一个音频块。视频轨道不能显示视频的缩略图，可以通过“视频”面板观看其预览画面，如图 3-78 所示。

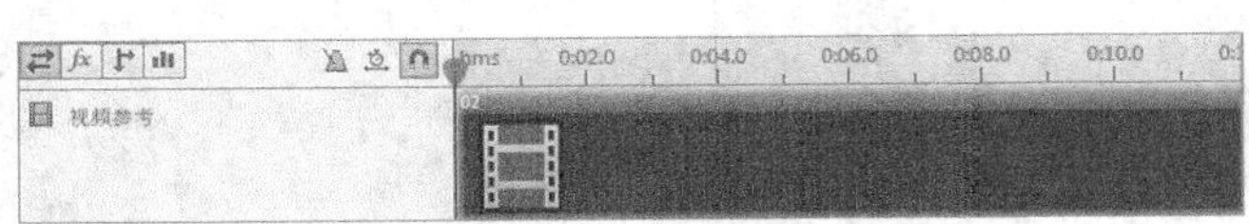

图 3-77

图 3-78

⊙ 总线轨道可以结合若干个音频轨道或发送，而且可以集中控制它们，如图 3-79 所示。每个工程文件总是包含主控轨道，能够更简易地结合多轨、多总线的输出，可以更简易地控制它们，如图 3-80 所示。

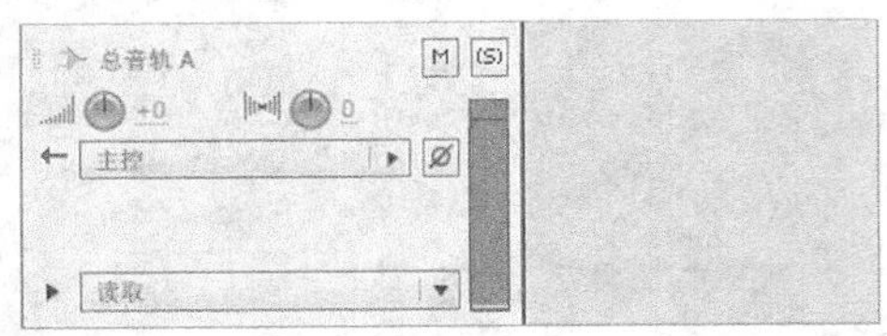

图 3-79

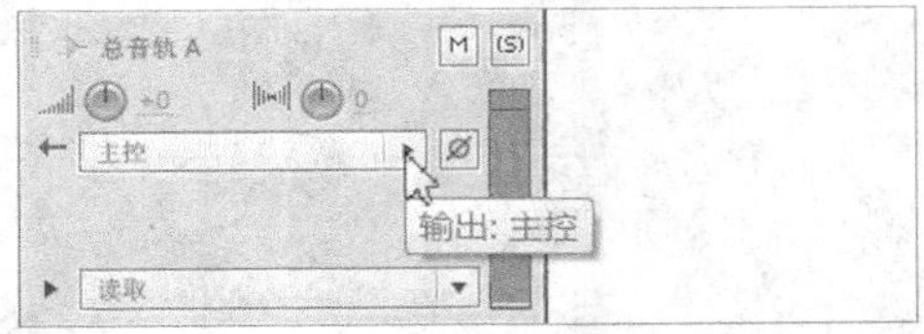

图 3-80

2. 插入和删除轨道

在 Adobe Audition CS6 中，可以插入和删除轨道。但是要注意的是，一个工程文件中只能支持一个视频轨道，而且视频轨道总是排在所有轨道的最上方。

（1）插入轨道

⊙ 选择“多轨混音 > 轨道”命令，在其子菜单中选择一种要插入的轨道类型。新插入的轨道会插入到所选轨道的下方。

⊙ 在任意轨道的波形上单击鼠标右键，在弹出的菜单中选择“轨道”命令，在其子菜单中选择一种要插入的轨道类型，如图 3-81 所示。

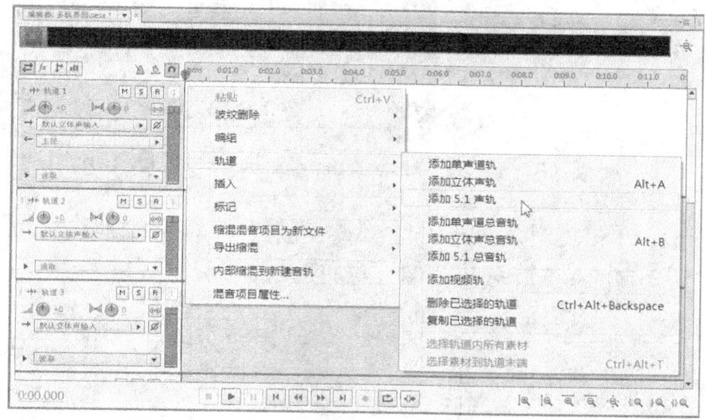

图 3-81

（2）删除轨道

⊙ 选中“声轨 2”轨道，如图 3-82 所示，选择“多轨混音 > 轨道 > 删除所选择轨道”命令，或按 Ctrl+Alt+Backspace 组合键，即可将选中的轨道删除，效果如图 3-83 所示。

⊙ 选中“声轨 3”轨道，如图 3-84 所示，在“声轨 3”轨道上单击鼠标右键，在弹出的菜单中选择“轨道 > 删除所选择的轨道”命令，即可将选中的轨道删除，效果如图 3-85 所示。

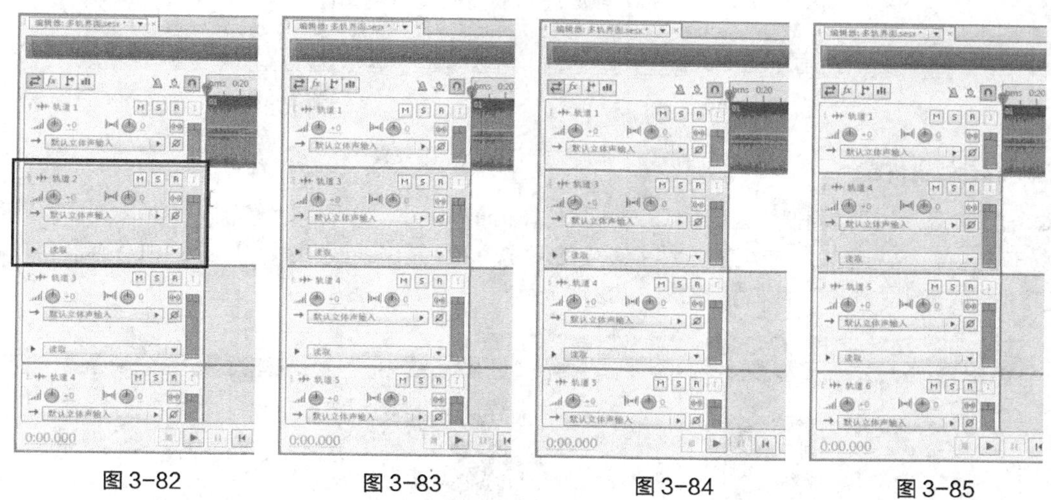

图 3-82　图 3-83　图 3-84　图 3-85

3. 命名和移动轨道

为了再编辑方便，可以为轨道重命名，以便更好地识别不同轨道；也可以移动轨道的位置，以便于将有关联的轨道放置在一起。

（1）轨道重命名

⊙ 在多轨界面的“编辑器”面板中，单击轨道左侧的轨道名称，进入名称的可编辑状态，如图 3-86 所示，输入名称“流行歌曲”，按 Enter 键，确认文字的输入，效果如图 3-87 所示。

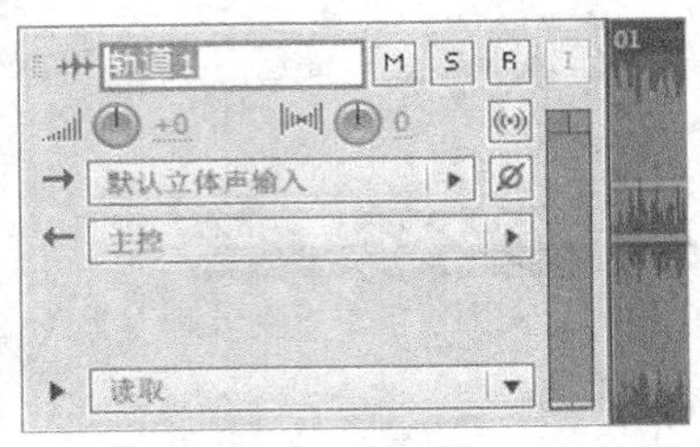

图 3-86

图 3-87

⊙ 打开“混音器”面板，单击轨道上面的轨道名称，进入名称的可编辑状态，如图 3-88 所示，输入名称“摇滚”，按 Enter 键，确认文字的输入，效果如图 3-89 所示。

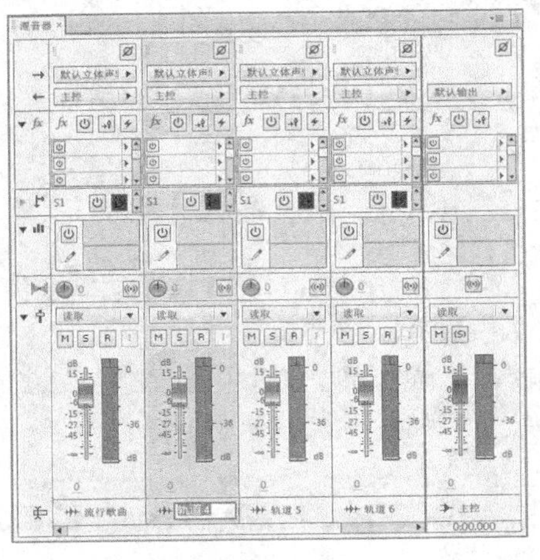

图 3-88

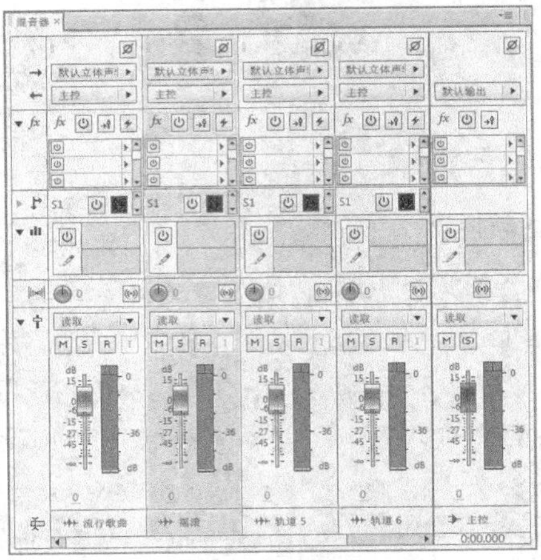

图 3-89

（2）移动轨道位置

⊙ 在多轨界面的“编辑器”面板中，将光标定位在轨道名称处，当光标变为手形时，如图 3-90 所示，按住鼠标不放，将“流行歌曲”向下拖曳到“摇滚”的下方，这时会出现一条实线，如图 3-91 所示，松开鼠标，“流行歌曲”移动到“摇滚”的下方，如图 3-92 所示。

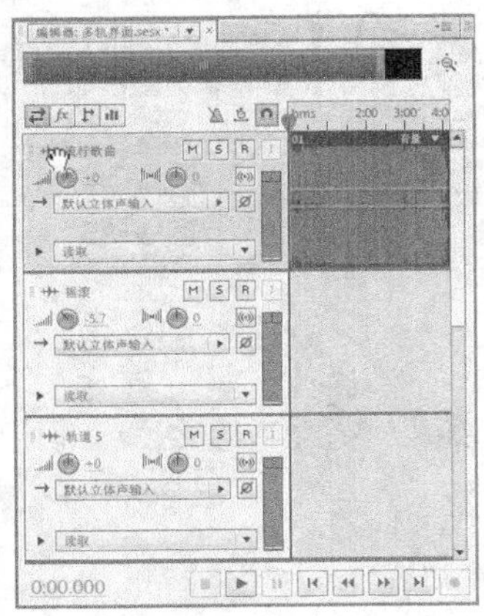

图 3-90

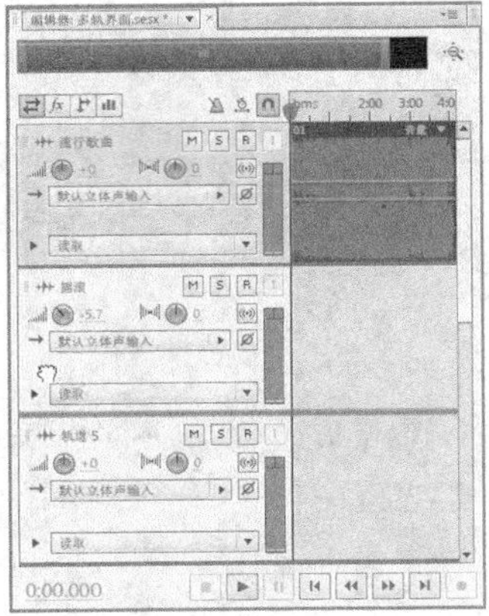

图 3-91

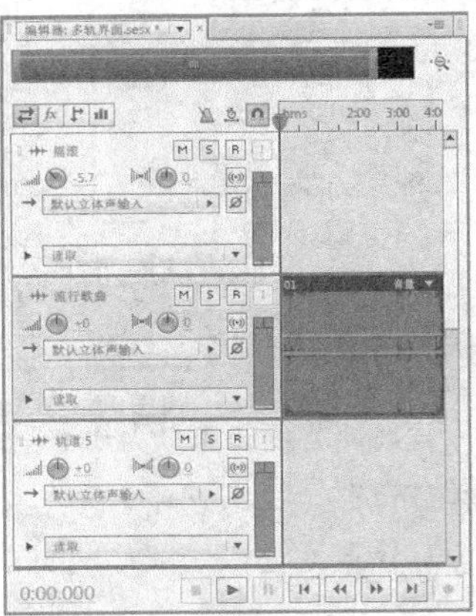

图 3-92

⊙ 在“混音器”面板中，将光标定位在轨道名称处，当光标变为手形时，如图 3-93 所示，按住鼠标不放，将“流行歌曲”向左拖曳到“摇滚”的左方，这时会出现一条实线，如图 3-94 所示。

⊙ 松开鼠标，“流行歌曲”移动到“摇滚”的上方，“编辑器”面板的显示如图 3-95 所示。

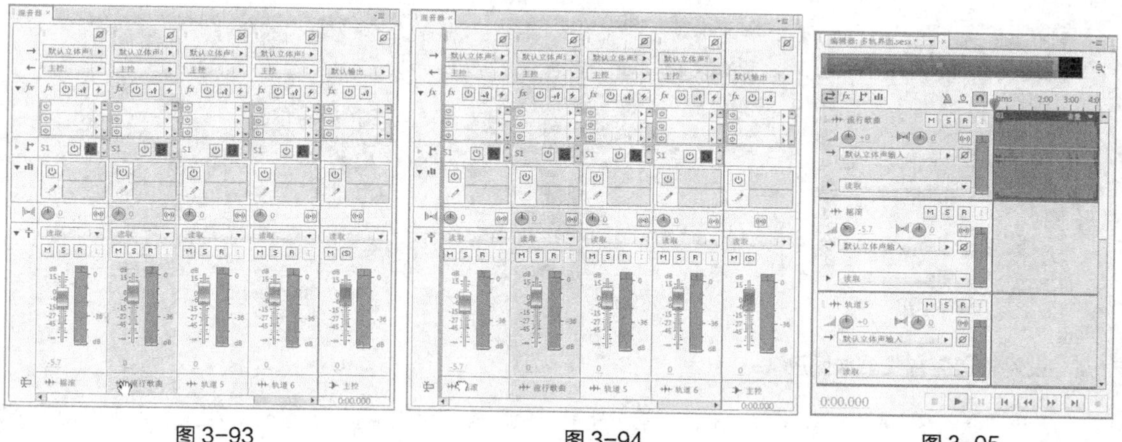

图 3-93　　图 3-94　　图 3-95

4. 垂直缩放一个轨道

在缩放轨道时，如果使用“缩放”面板中的“垂直缩放”工具，则会缩放所有轨道的大小。但是，有时只需要调整一个轨道的大小，那么就可以使用垂直缩放。

在轨道左侧的控制区，将光标定位到轨道的上边界或下边界处，光标变为时，如图 3-96 所示，上下拖曳鼠标，即可调整轨道的大小，如图 3-97 所示。

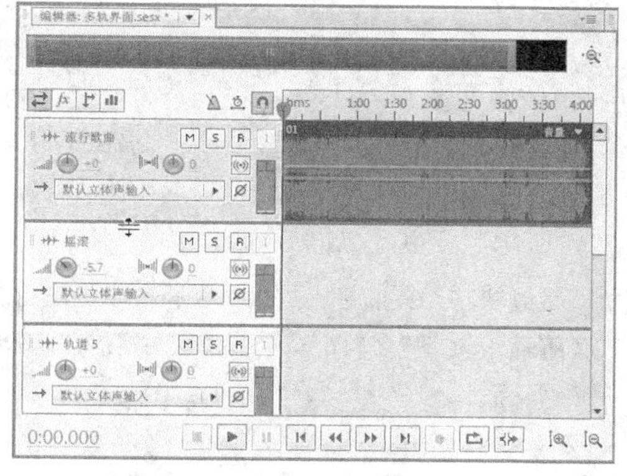

图 3-96

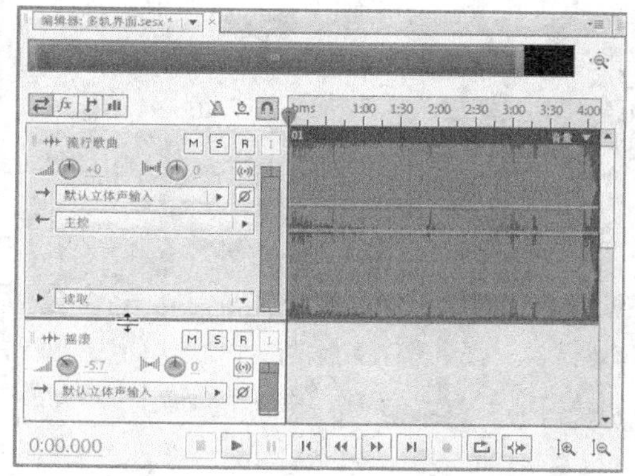

图 3-97

5. 设置轨道输出音量

⊙ 在“编辑器”面板中，将光标定位在轨道控制区的音量旋转按钮处，当光标变为时，如图 3-98 所示，上下或左右拖曳鼠标，即可调整轨道的输出音量，如图 3-99 所示。

⊙ 在“混音器”面板中，单击拖动轨道音量滑块，如图 3-100 所示，松开鼠标，调整轨道的音量大小；或用鼠标单击轨道音量滑块之后，按上下方向键也可以调整轨道音量大小；也可以直接输入轨道音量的数值。

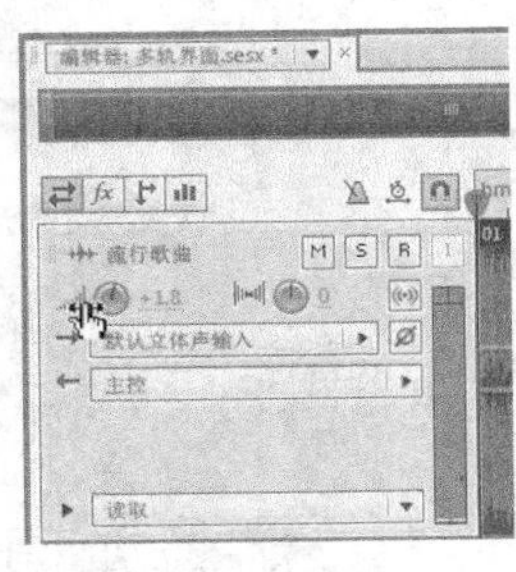
图 3-98

图 3-99

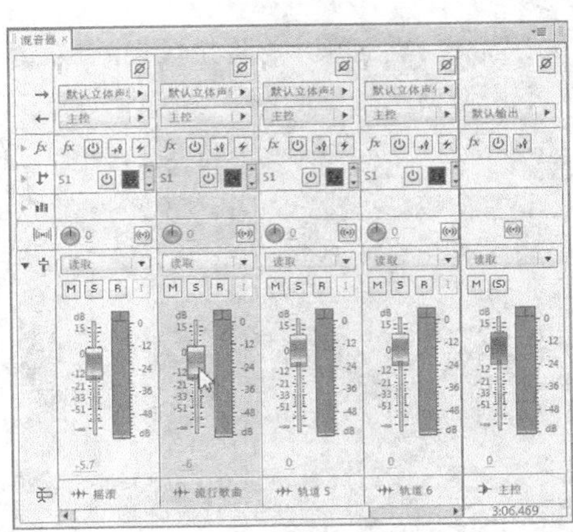
图 3-100

6. 设置轨道静音或单独播放

在 Aduition CS6 的多轨界面中，可以使某个轨道单独播放，而使其他轨道静音；相反，也可以使某个轨道静音，而使其他轨道正常播放。

⊙ 在“编辑器”面板或“混音器”面板的轨道控制区，单击“静音”按钮M，如图 3-101 所示，即可将该轨道设置为静音。用相同的方法也可以设置其他轨道同时处于静音的状态。

⊙ 在“编辑器”面板或“混音器”面板的轨道控制区，单击“独奏”按钮S，如图 3-102 所示，即可将该轨道设置为独奏。用相同的方法也可以设置其他轨道同时处于独奏的状态。当一个工程文件中，已经有多个轨道处于独奏播放状态时，按住 Ctrl 键的同时，单击某轨道的“独奏”按钮S，那么该轨道将单独播放，其他轨道将自动脱离单独播放状态。

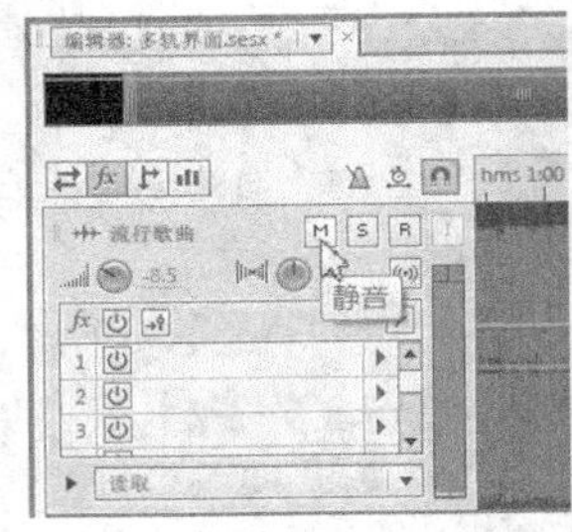

图 3-101

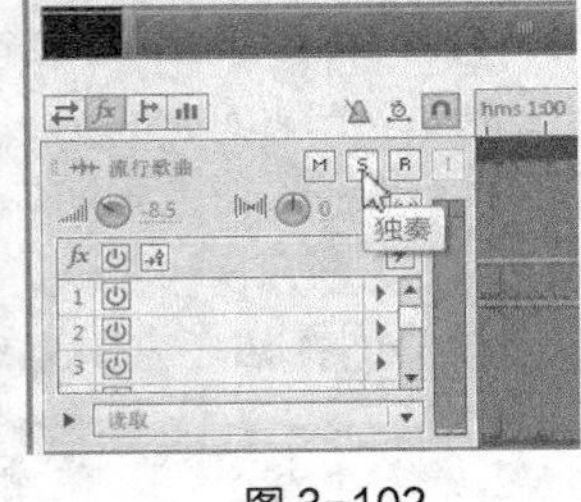

图 3-102

7. 复制轨道

在编辑的过程中，如果想要完整地复制一个轨道中的所有音频块并设置信息，那么可以将此轨道进行复制。在“编辑器”或“混音器”面板中选中“轨道 1”，如图 3-103 所示，选择“多轨混音 > 轨道 >复制已选择轨道”命令，将“轨道 1”进行复制，生成“轨道 1 1”，如图 3-104 所示。

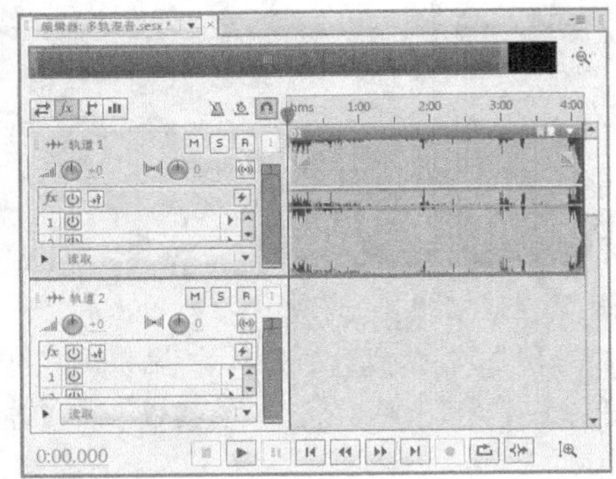
图 3-103

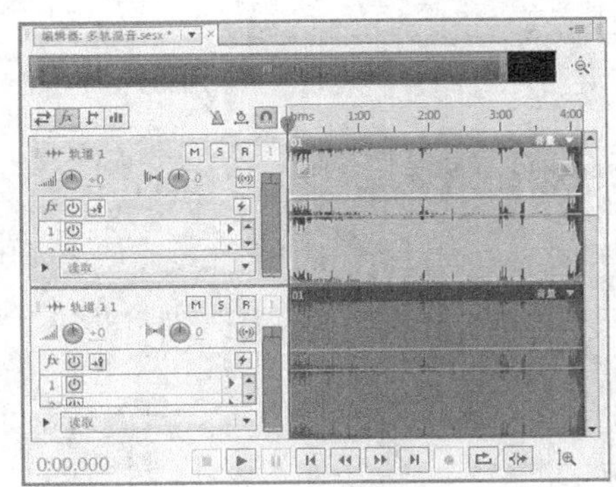
图 3-104

3.2.3 安排和布局音频块

1. 组合音频块

在多轨界面编辑时，当需要将两个或两个以上的音频块的绝对时间位置保持不变时，可以对这些音频块进行组合处理。如果再想单独编辑组合后的其中一个音频块时，可以对其进行取消组合处理。

（1）组合

⊙ 在轨道中同时选中“01”和“03”音频块，如图 3-105 所示，选择“素材 > 编组 > 编组素材”命令，或按 Ctrl+G 组合键，即可将选中的音频块组合。组合后的音频块颜色相同，同时音频块的左下角出现图标，如图 3-106 所示。在移动其中一个音频块时，另一个音频块也会同时移动，保持了它们的绝对位置不变。

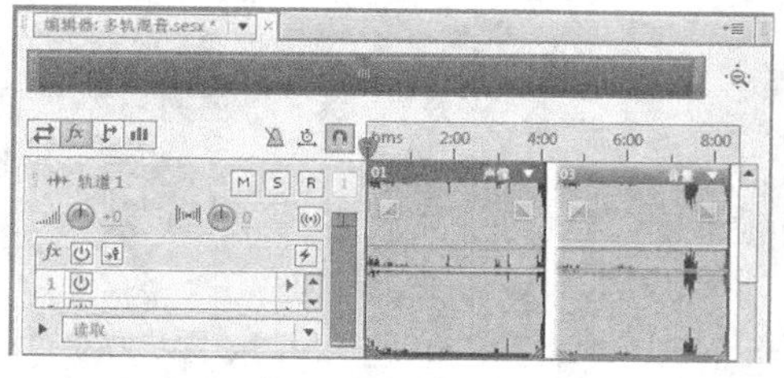

图 3-105

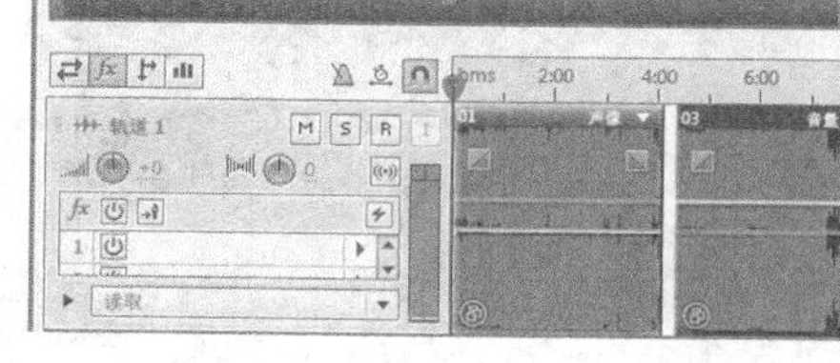

图 3-106

⊙ 在轨道中同时选中要组合的音频块，在选中的任意音频块上单击鼠标右键，在弹出的菜单中选择“编组 > 编组素材”命令，即可将选中的音频块进行组合。

（2）取消组合

选中被组合的任意一个音频块，如图 3-107 所示，选择“素材 > 编组 > 选中的素材解组”命令，即可将其解组，如图 3-108 所示。

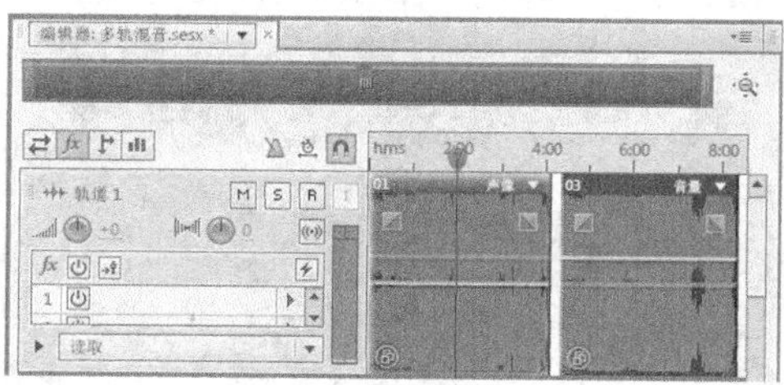

图 3-107

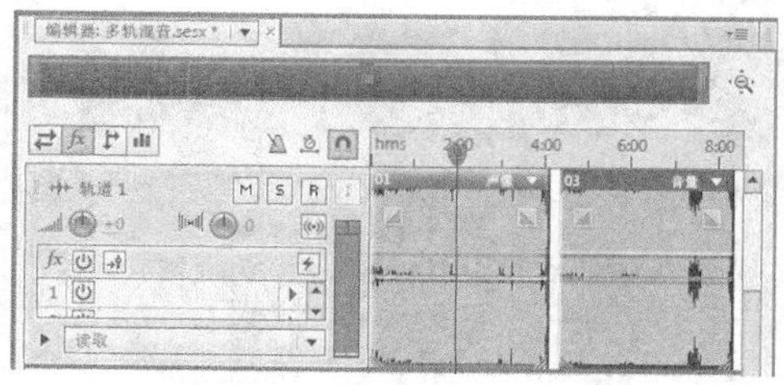

图 3-108

（3）挂起编组

在编辑的过程中，如果想要对组合后的单个音频块进行编辑而不取消组合，那么可以使用“挂起编组”命令来实现。选中组合后要单独编辑的音频块，选择“素材 > 编组 > 挂起编组”命令，即可对选中的音频块单独编辑。

（4）从编组移除焦点素材

从编组移除焦点素材是解散编组中选中的音频块，而不会影响整个编组中的其他音频块。选中组合中的一个音频块，选择“素材 > 编组 > 从编组移除焦点素材”命令，即可将选中的音频块从组合中移除。

（5）修改组合颜色

选中被组合的任意一个音频块，选择“素材 > 素材色”命令，弹出“编组颜色”对话框，如图 3-109 所示，在对话框中选择一种颜色，单击“确定”按钮，即可改变组合音频块的颜色。

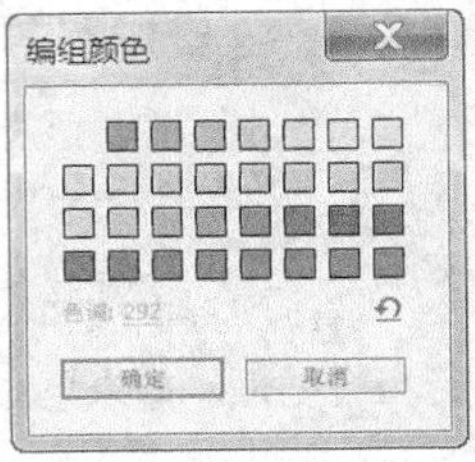

图 3-109

2. 删除音频块

⊙ 选中要删除的音频块，如图 3-110 所示，选择“编辑 > 删除”命令，或按 Delete 键，即可将选中的音频块删除，如图 3-111 所示。

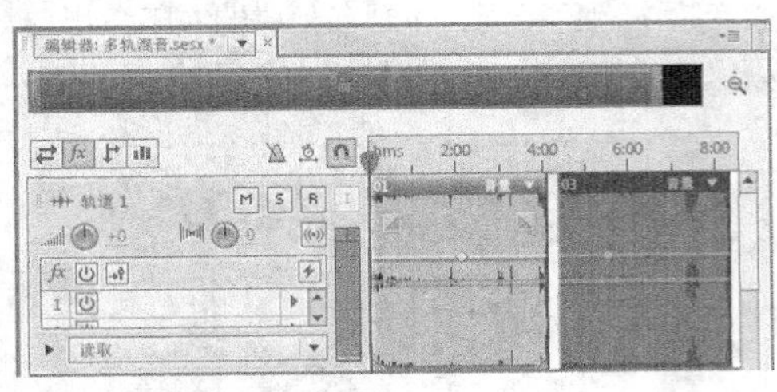
图 3-110

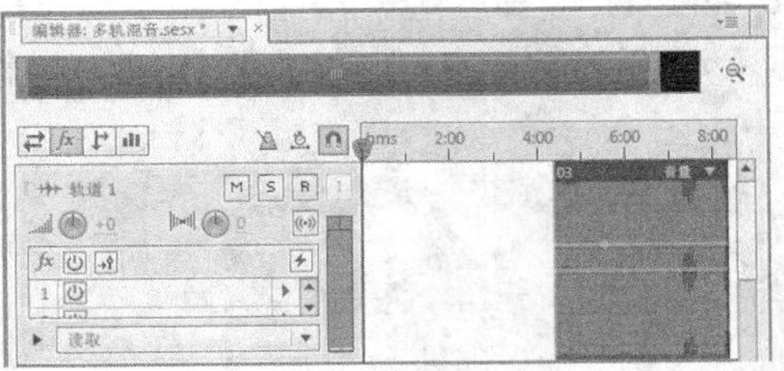
图 3-111

⊙ 选中要删除的音频块，在选中的音频块上单击鼠标右键，在弹出的菜单中选择“删除”命令，即可将选中的音频块删除。

3. 显示或播放隐藏音频块

在编辑的过程中，如果有重叠在一起的音频块，那么需要显示或播放隐藏起来的音频块。

⊙ 选中重叠的音频块，如图 3-112 所示，选择“素材 > 发送素材到后面”命令，即可将选中的音频块置于其他音频块之下，如图 3-113 所示。

⊙ 选中重叠的音频块，选择“多轨混音 > 播放素材重叠部分”命令，即可将重叠的音频块进行播放。

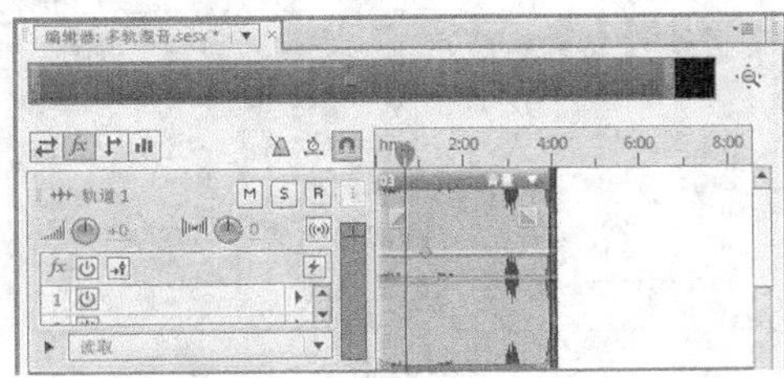
图 3-112

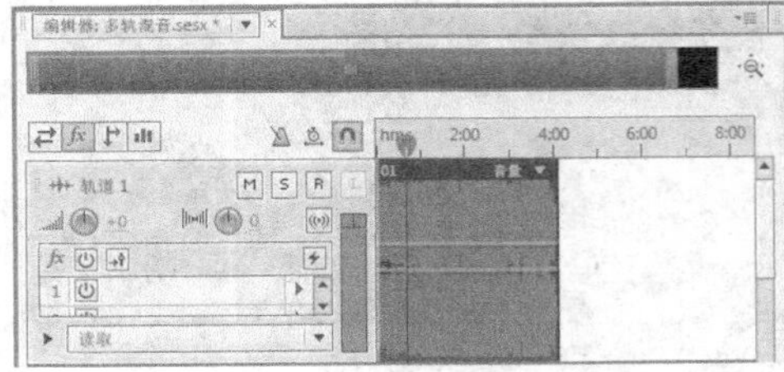
图 3-113

4. 锁定音频

如果某些音频块已经编辑完毕，为了避免由于误操作而遭到毁坏，那么可以将这些编辑好的音频块锁定处理。被锁定的音频块不能进行移动等操作，因此可以减少很多误操作，并提高工作效率。

⊙ 选中要锁定的音频块，如图 3-114 所示，选择“素材 > 锁定时间”命令，即可将选中的音频块锁定，被锁定的音频块的左下方会出现锁定标志，如图 3-115 所示。

⊙ 选中要锁定的音频块，在选中的音频块上单击鼠标右键，在弹出的菜单中选择“锁定时间”命令，即可将选中的音频块锁定。

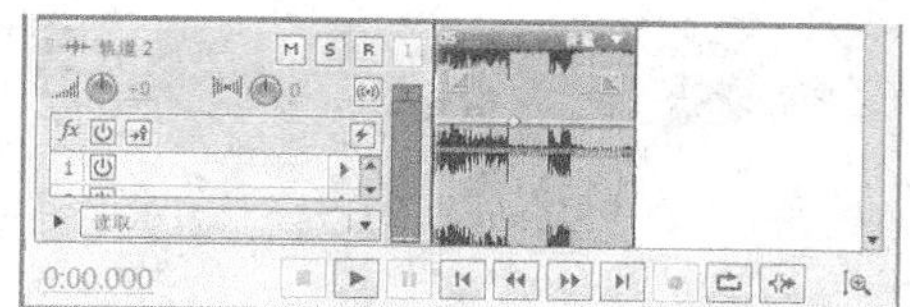
图 3-114

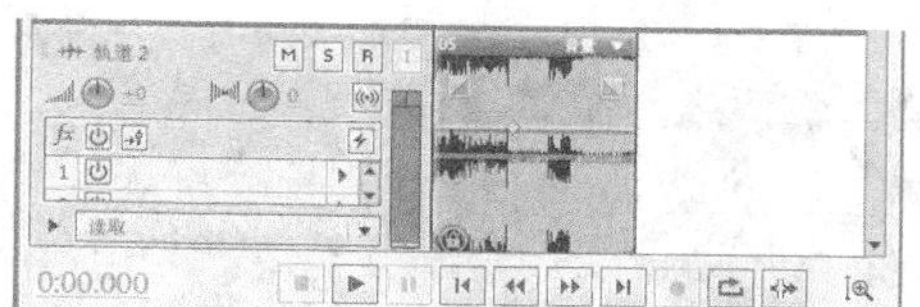
图 3-115

3.2.4 音频块的编辑

在多轨界面中，可以随时修剪或延长音频块，以满足混音的需要。因为多轨界面中对声音的编辑是无损的，对音频块的编辑并不会对声音波形本身造成破坏，所以处理过的音频仍然可以随时恢复到最初的状态。如果想永久改变音频块，可以快速进入单轨界面对声音进行剪辑。

1. 剪切音频块

选择“时间选区”工具，在轨道上选择一段要保留的波形，如图 3-116 所示，选择“素材 > 修剪时间选区”命令，即可将选区外的波形删除，保留选取的波形，如图 3-117 所示。

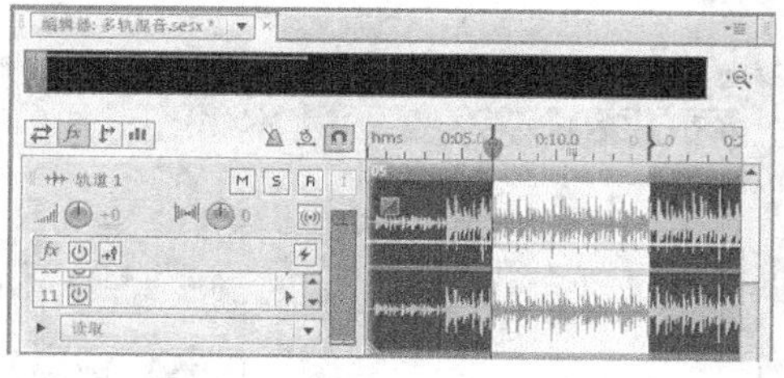
图 3-116

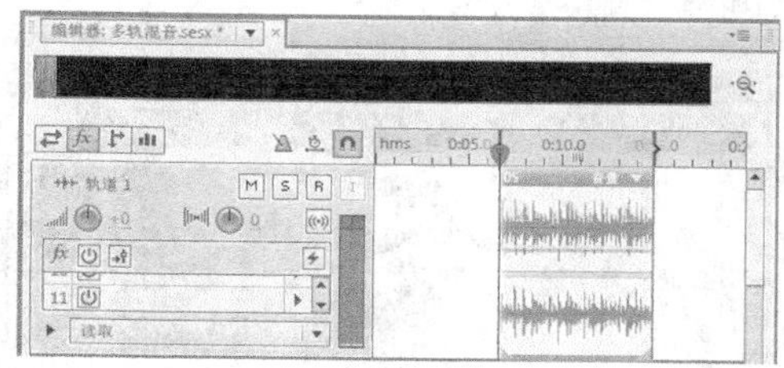
图 3-117

2. 删除音频块波形

选择“时间选区”工具，在轨道上选择一段要删除的波形，如图 3-118 所示，选择“编辑 > 删除”命令，或按 Delete 键，即可将选中的波形删除，如图 3-119 所示。

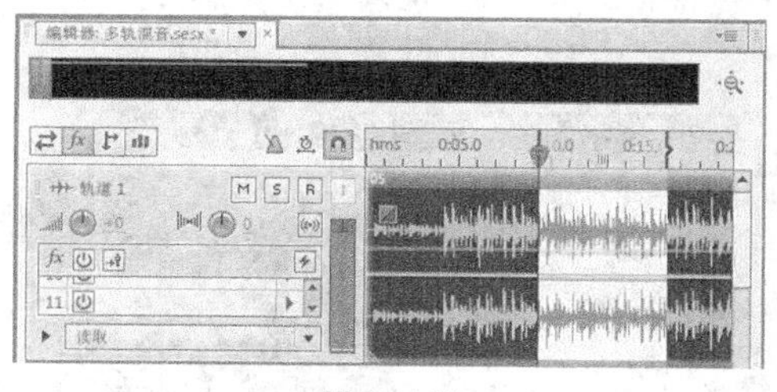
图 3-118

图 3-119

如果想要删除的波形部分在时间上毁掉不留空白，那么可以选择“编辑 > 波形删除 > 已选择素材内的时间选区”命令，即可将选中的波形删除而不留空白。

3. 扩展和收缩音频块

将光标定位在音频块的左边或右边，当光标变为时，如图 3-120 所示，单击拖曳鼠标，即可调整音频块的扩展或收缩定位，如图 3-121 所示。

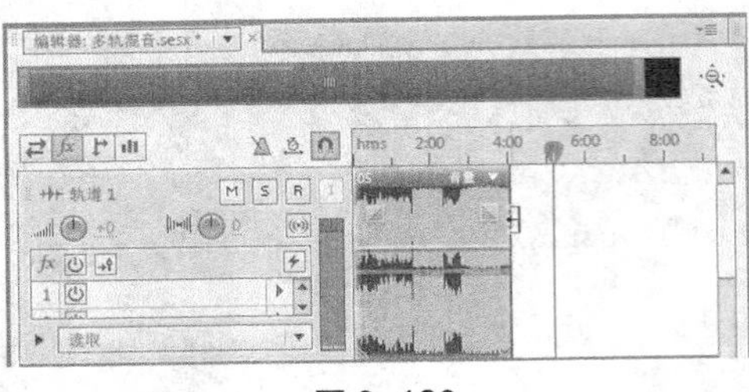

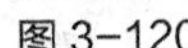

图 3-120

图 3-121

4. 拆分音频块

在编辑的过程中，如果音频块时间较长，那么可以将其拆分成多个音频块，以便于对不同的音频块进行不同的操作。

⊙ 将播放头标签放置在波形上要拆分的位置，确定拆分点，如图 3-122 所示，选择“素材 > 拆分”命令，或按 Ctrl+T 组合键，即可将音频块拆分为两部分，如图 3-123 所示。

⊙ 将播放头标签放置在波形上要拆分的位置，确定拆分点，单击鼠标右键，在弹出的菜单中选择“拆分”命令，即可将音频块拆分为两部分。

图 3-122

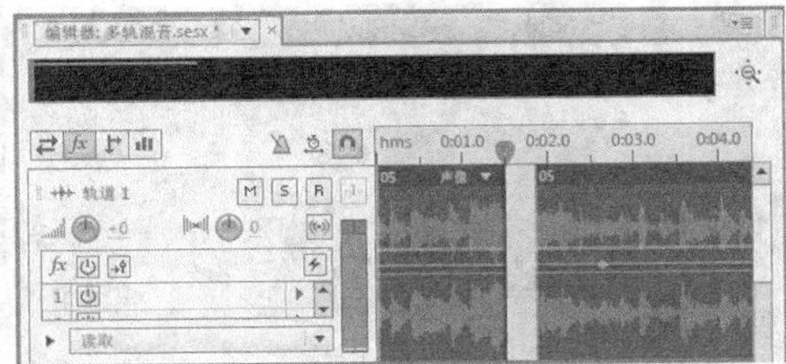

图 3-123

5. 音频块添加淡变效果

音频块上的淡变效果控制能够让用户直接观察和调整淡变的曲线和时间。淡入和淡出的控制会在音频块的左边和右边出现，如图 3-124 所示，而交叉淡变会在音频块的重叠时出现，如图 3-125 所示。

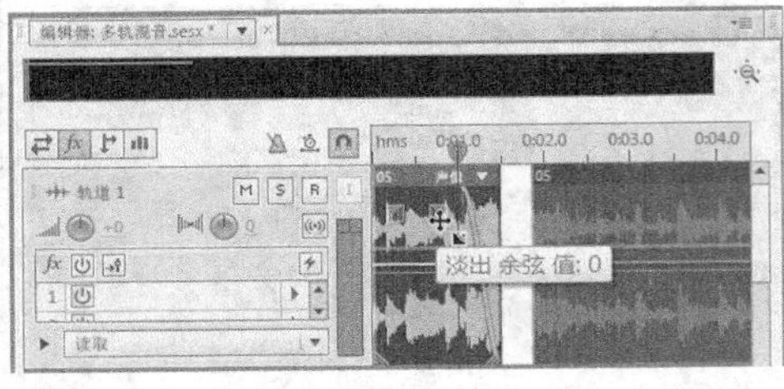

图 3-124

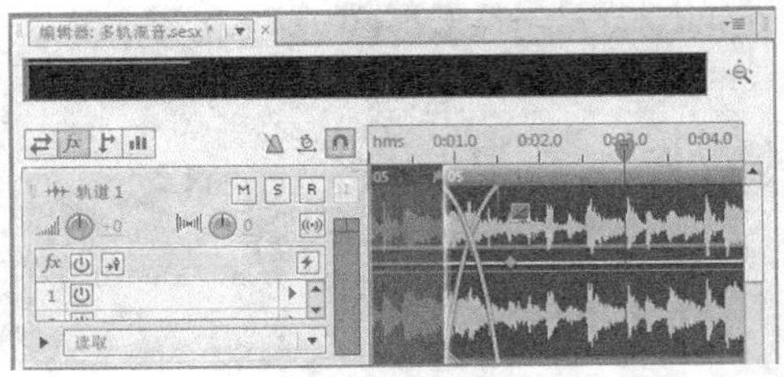

图 3-125

（1）淡入淡出

在音频块的左上角或右上角，拖曳“淡入”按钮或“淡出”按钮，如图 3-126 所示，向内拖曳改变淡变的长度，向上或向下拖曳可以调整淡变的曲线。在“淡入”按钮或“淡出”按钮上单击鼠标右键，在弹出的菜单中可以选择淡变的类型，如图 3-127 所示。

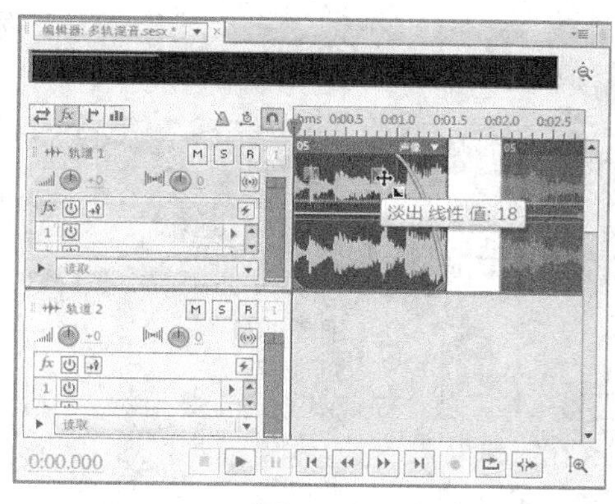

图 3-126

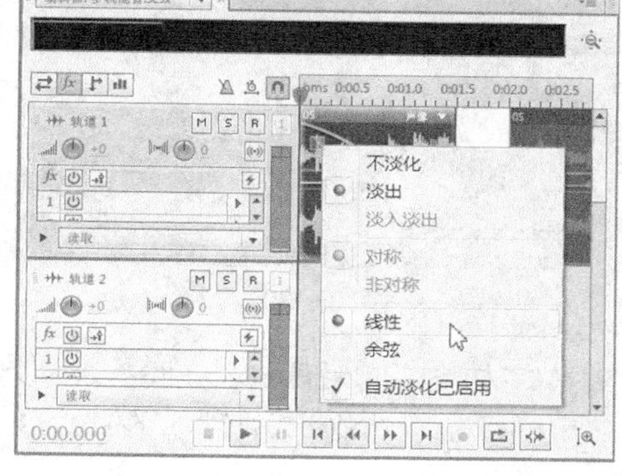

图 3-127

（2）为重叠的音频块设置交叉淡变效果

如果要为同一个轨道上的音频块设置交叉淡变效果，就要将这些音频块重叠在一起，重叠的部分就是淡变效果的范围。将两个音频块放置到同一个轨道中，选择“移动”工具，拖曳其中一个音频块，使它们重叠，最后上下拖曳“淡入”按钮或“淡出”按钮，以便于调整单边效果曲线。

6. 课堂案例——制作音乐淡化效果

【案例学习目标】学习使用淡化效果。

【案例知识要点】使用“导入”命令导入素材；使用“修剪时间选区”命令裁剪波形；使用“移动”工具，移动音频块的位置。

【效果所在位置】资源包 \ Ch03 \ 制作音乐淡化效果.mp3。

步骤① 选择“文件 > 新建 > 多轨混音项目”命令，弹出“新建多轨混音”对话框，在“混音项目名称”文本框中输入“制作音乐淡化效果”，其他选项的设置如图 3-128 所示。单击“确定”按钮，新建一个多轨混音项目，“编辑器”面板如图 3-129 所示。

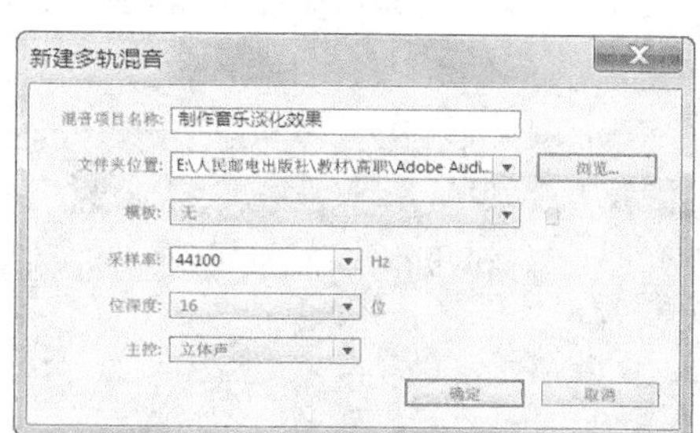

图 3-128

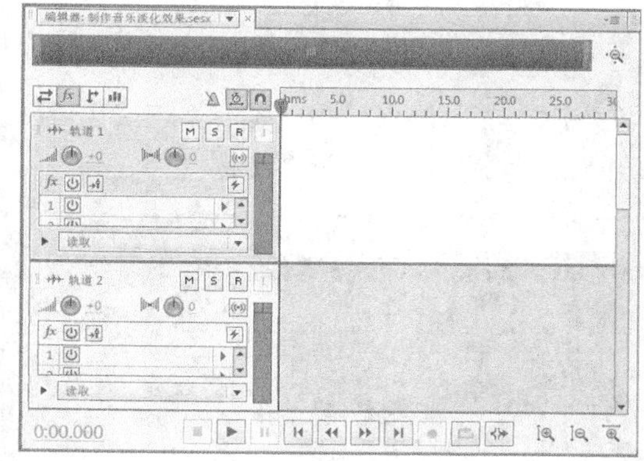

图 3-129

步骤② 选择“文件 > 导入 > 文件”命令，选择资源包中的“Ch03 \ 素材 \ 制作音乐淡化效果 \ 01”文件，单击“打开”按钮，文件被导入到“文件”面板中。

步骤③ 在“文件”面板中选中“01”文件并将其拖曳到“轨道 1”中，“编辑器”面板如图 3-130 所示。选择“时间选区”工具，在“轨道 1”中拖曳鼠标将 0:50.185 ~ 1:58.958s 的波形选中，如图 3-131 所示。

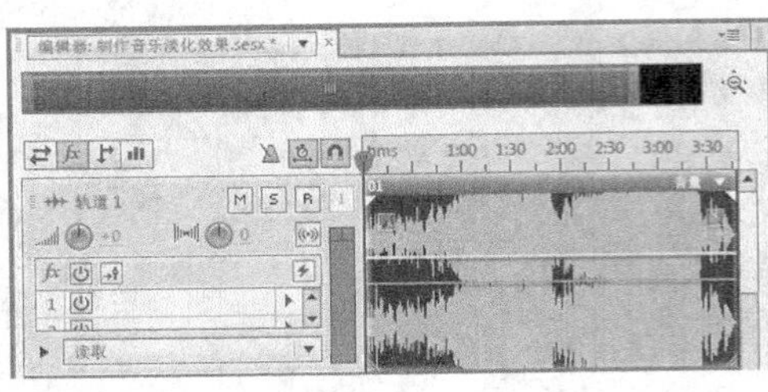

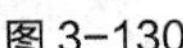

图 3-130

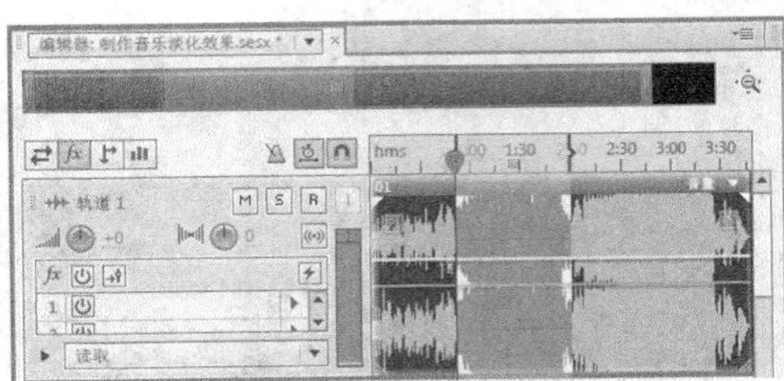

图 3-131

步骤④ 选择“素材 > 修剪时间选区”命令，选区以外的波形被裁剪，效果如图 3-132 所示。选择“移动”工具，拖动“轨道 1”中的音频块到 0s 的位置，如图 3-133 所示。

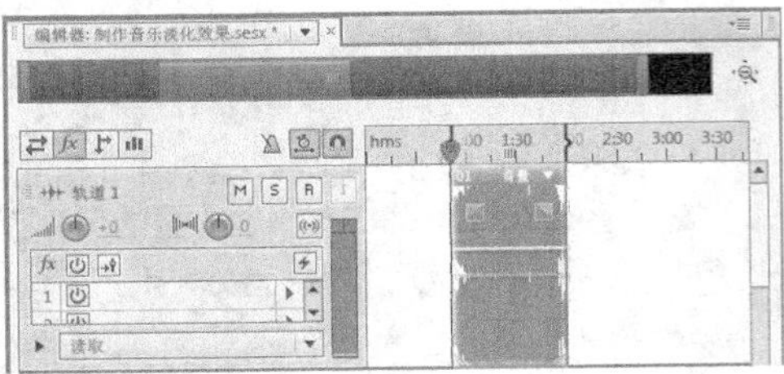

图 3-132

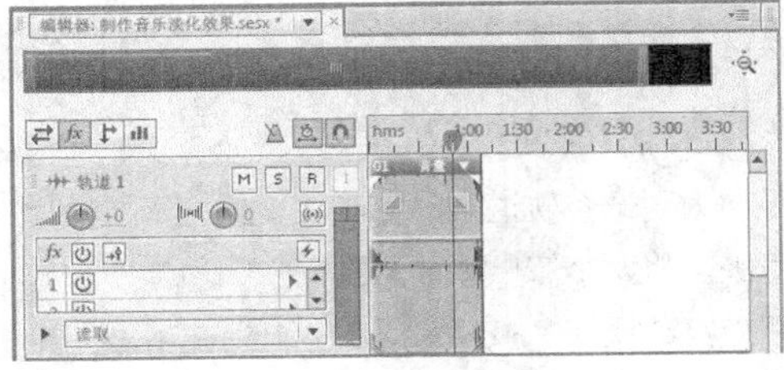

图 3-133

步骤⑤ 将光标定位在“淡入”按钮上，如图 3-134 所示，单击并向右拖曳鼠标到适当的位置，如图 3-135 所示，松开鼠标，调整音频块的淡入效果。

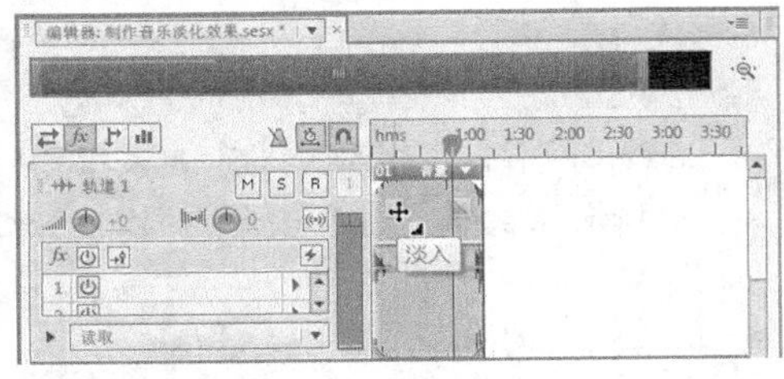

图 3-134

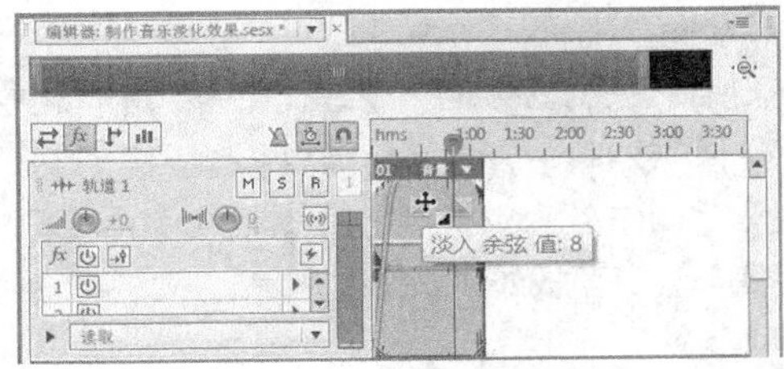

图 3-135

步骤⑥ 将光标定位在“淡出”按钮上，如图 3-136 所示，单击并向左拖曳鼠标到适当的位置，如图 3-137 所示，松开鼠标，调整音频块的淡出效果。

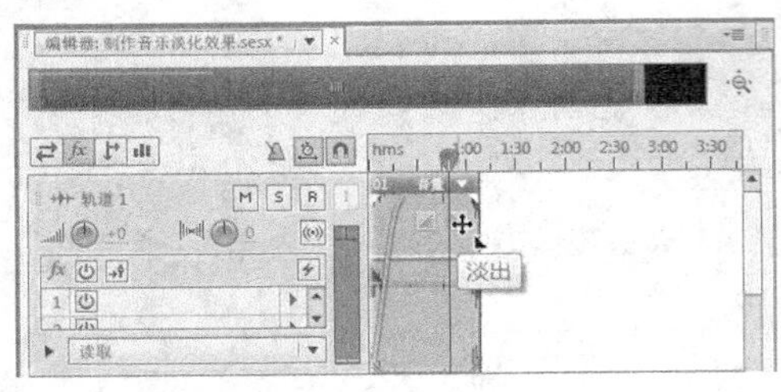

图 3-136

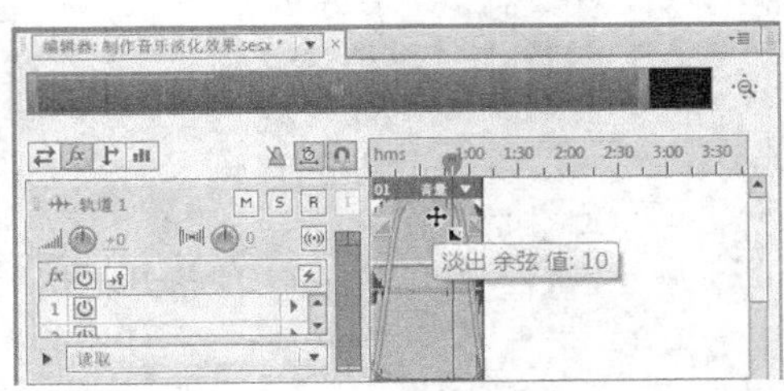

图 3-137

步骤⑦ 选择“文件 > 导出 > 多轨混音 > 完整混音”命令，在弹出的“导出多轨缩混”对话框中进行设置，如图 3-138 所示。单击“确定”按钮，即可保存缩混。音乐淡化效果制作完成，单击“走带”面板中的“播放”按钮，监听最终声音效果。

3.2.5 时间伸缩

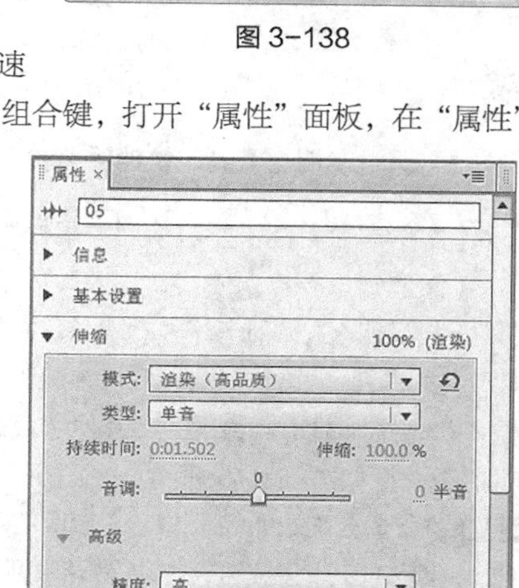

图 3-138

时间伸缩技术打破了传统的音频处理手法，可以分别独立地处理声音的速度和音高。例如，可以利用 Audition 将歌曲移到更高的音调而不改变速度，或可以使用其他放慢一个段落而不改变音高，也可以改变音高与速度。

在多轨界面中对声音波形进行时间伸缩非常方便，不必打开音频效果器，只需要鼠标拖曳声音波形就可以实现。

1. 设置时间伸缩属性

时间伸缩技术打破了传统音频处理手法，可以独立地处理声音的速度和音高。选中一个音频块，选择“窗口 > 属性”命令，或按 Alt+3 组合键，打开“属性”面板，在“属性”面板中展开“伸缩”属性，如图 3-139 所示。

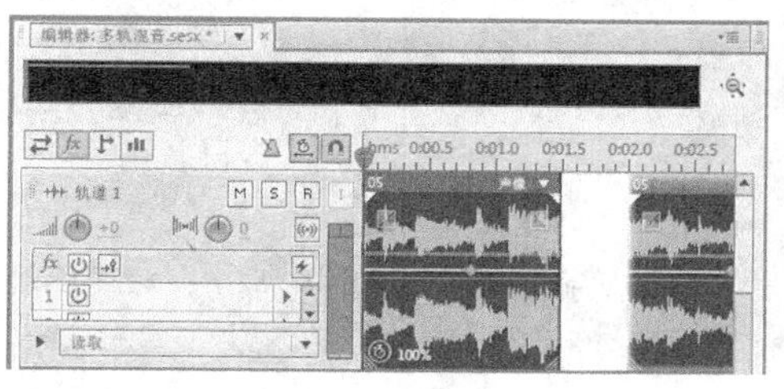

“模式”选项：可以设置伸缩渲染的品质。

“类型”选项：设置声音的音调类型。

“持续时间”选项：设置声音的可持续时间。

“伸缩”选项：设置声音的速度。

“音调”选项：设置声音的高低。

“精度”选项：设置伸缩的精确度。

“瞬时灵敏度”选项：可将灵敏度设置为瞬态（如鼓敲击声和音符开头），这些将用作伸缩的定位点。如果瞬态听起来不自然，请进行增加。

“窗口大小”选项：设置所处理音频的每个区块的大小（以毫秒为单位）。只有发生回声或镶边伪声时才进行调整。

“保持共振峰”复选框：可以调整乐器和嗓音的音色，从而在变调过程中保持真实性。

图 3-139

选择“素材 > 伸缩 > 启用全局素材伸缩”命令，所有音频块的左上角和右上角出现三角形，如图 3-140 所示，将光标定位在三角形上，当光标变为↔时，拖曳鼠标即可快速拉长或缩短音频块，如图 3-141 所示。

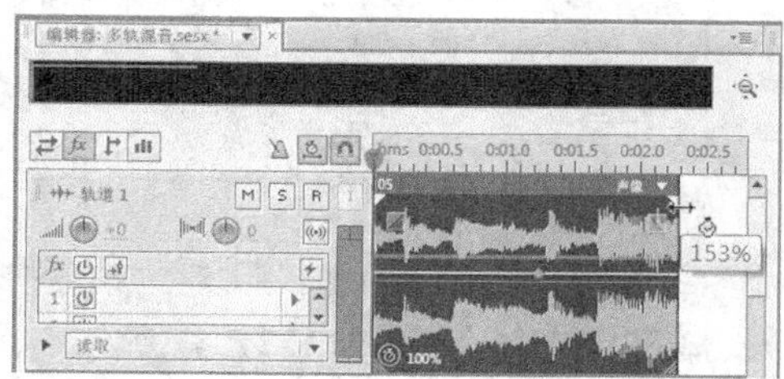

图 3-140　　图 3-141

2. 内部缩混到新音轨

在 Audition CS6 的多轨界面中，可以将多个音频块的内容合并起来，并在一个新的轨道上创建一个单独的音频块。这样就可以在多轨界面或单轨界面中进行快速编辑。

在“编辑器”面板中，选中要缩混的音频块，如图 3-142 所示，选择“多轨混音 > 内部缩混到新建音轨 >

仅选中的素材”命令，即可将选中的音频块缩混到一个新轨道中，如图 3-143 所示。

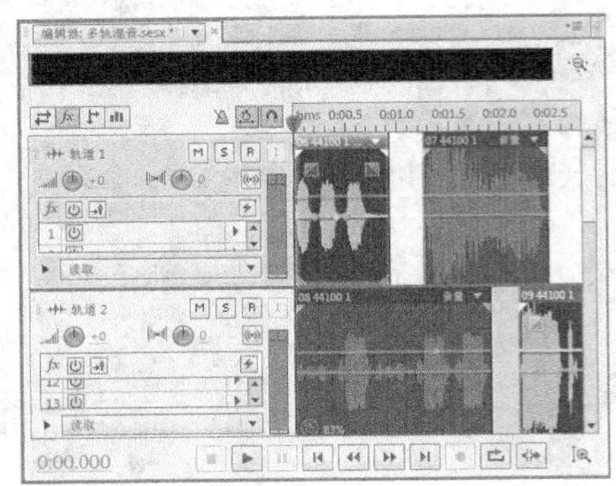
图 3-142

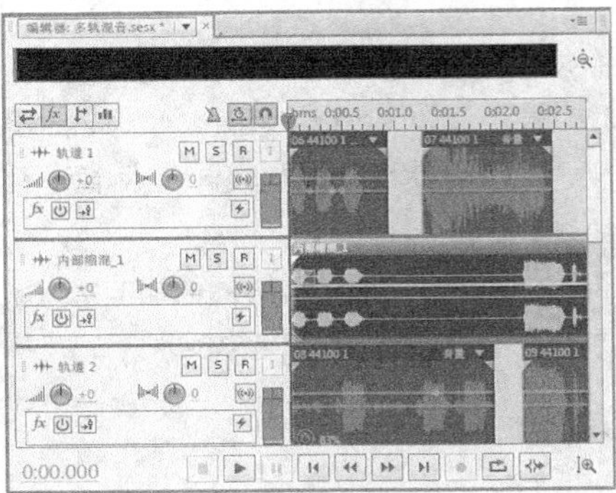
图 3-143

3. 课堂案例——制作快曲手机铃声

【案例学习目标】学习使用“属性”面板。

【案例知识要点】使用“导入”命令导入素材；使用“属性”面板调整伸缩。

【效果所在位置】资源包 \ Ch03 \ 制作快曲手机铃声.mp3。

步骤① 选择“文件 > 新建 > 多轨混音项目”命令，弹出“新建多轨混音”对话框，在“文件名”文本框中输入“制作快曲手机铃声”，其他选项的设置如图 3-144 所示，单击“确定”按钮，新建一个多轨项目，“编辑器”面板如图 3-145 所示。

步骤② 选择“文件 > 导入 > 文件”命令，选择资源包中的“Ch03 \ 素材 \ 制作快曲手机铃声 \ 01”文件，单击“打开”按钮，文件被导入到“文件”面板中。

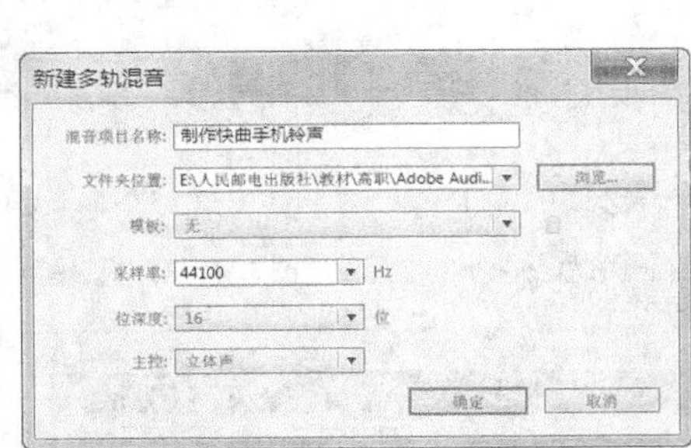

图 3-144

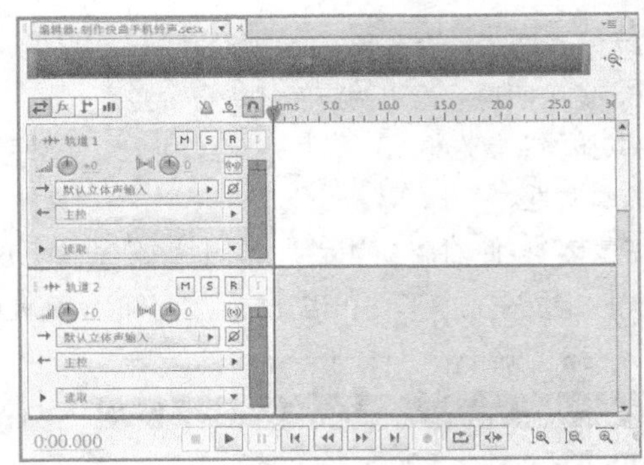
图 3-145

步骤③ 在“文件”面板中选中“01”文件并将其拖曳到“轨道 1”中，如图 3-146 所示。选择“窗口 > 属性”命令，弹出“属性”面板，如图 3-147 所示。

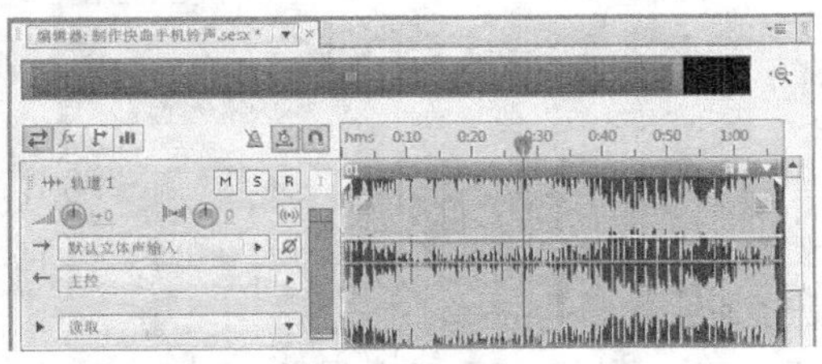
图 3-146

图 3-147

步骤④ 在“属性”面板中展开“伸缩”选项，如图 3-148 所示。在“模式”下拉列表中选择“渲染（高品质）”选项，“伸缩”选项设置 50%，其他选项的设置如图 3-149 所示，“编辑器”面板如图 3-150 所示。

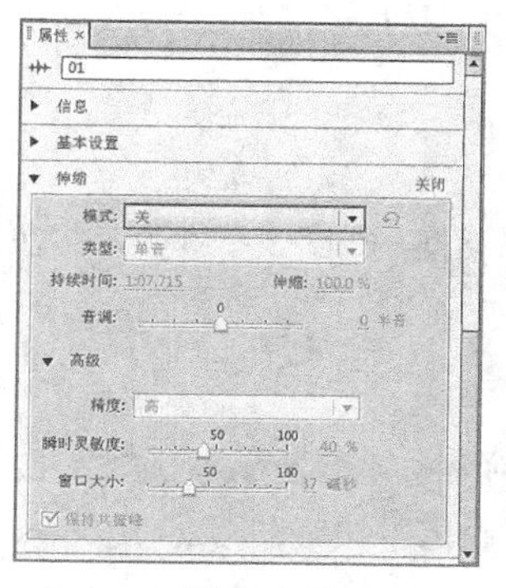

图 3-148

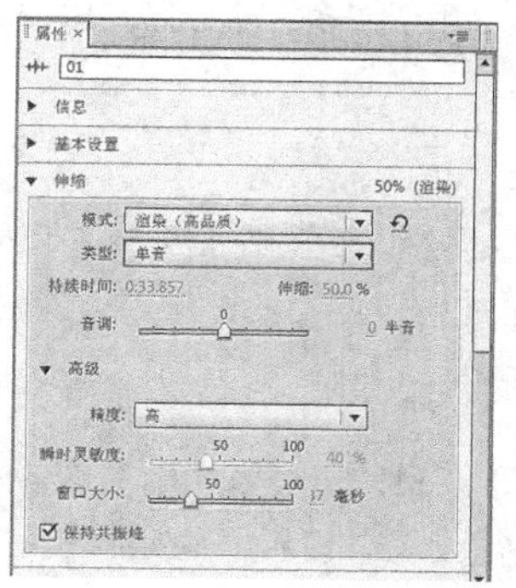

图 3-149

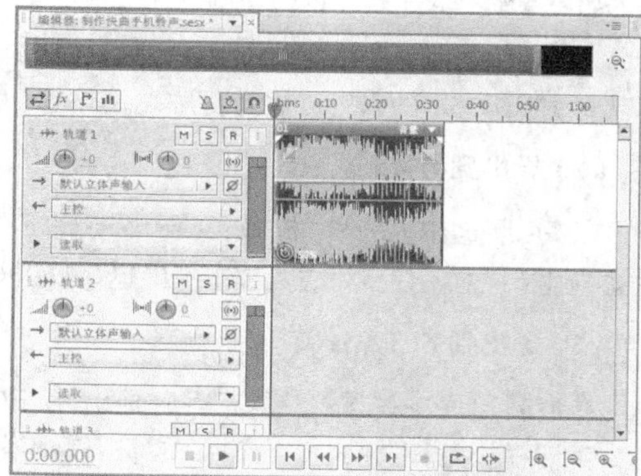

图 3-150

步骤⑤ 选择“文件 > 导出 > 多轨混音 > 完整混音”命令，在弹出的“导出多轨缩混”对话框中进行设置，如图 3-151 所示。单击“确定”按钮，即可保存缩混。快曲手机铃声制作完成，单击“走带”面板中的“播放”按钮▶，监听最终声音效果。

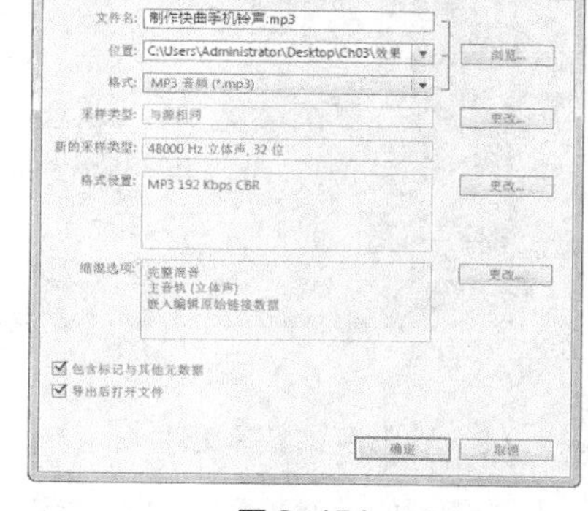

图 3-151

3.2.6 保存与导出文件

1. 保存多轨工程

多轨工程文件占用空间小，不包含实际的音频文件。工程文件存储的是相关文件的位置、包络和效果信息，当再次打开此工程文件时，还可以对其中的包络和效果等设置进行更改。保存的工程文件为本地的 SESX 格式。

通过“文件 > 保存”“文件 > 另存为”“文件 > 全部保存”，可以将文件保存在磁盘上，如图 3-152 所示。编辑好的声音在进行第一次存储时，选择“文件 > 另存为”命令，弹出“存储为”对话框，如图 3-153 所示。在对话框中进行设置，设置好之后单击“确定”按钮，即可将其保存。

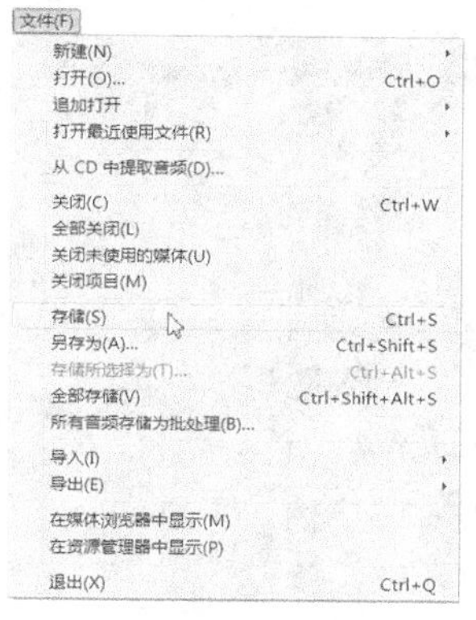

图 3-152

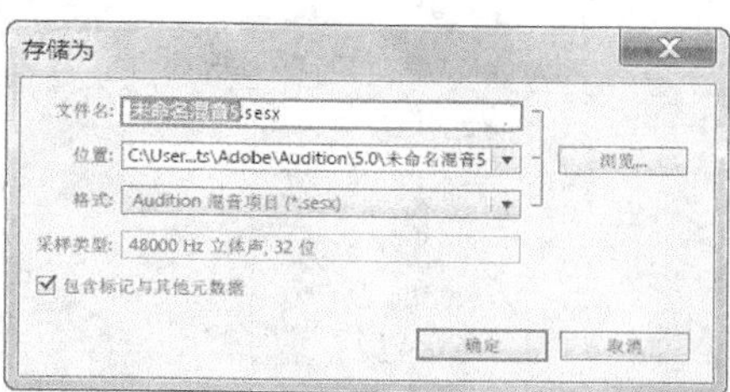

图 3-153

2. 将工程导出至文件

如果要将多轨工程文件应用到其他应用程序中，可以导出为 OMF 或 FCP 格式。OMF 是最初创建用于 Avid Pro Tools 的，但现在是一种常用的多轨交换格式，用于许多音轨程序。FCP 格式是基于可读的 XML 文件，可以离线编辑文本的引用、效果设置等。

（1）导出到 OMF

在多轨界面中，选择“文件 > 导出 > OMF”命令，弹出“OMF 导出”对话框，如图 3-154 所示，在对话框中进行设置，设置好之后单击“确定”按钮即可。

（2）导出到 FCP 格式

在多轨界面中，选择“文件 > 导出 > FCP XML 交换格式”命令，弹出“导出 FCP XML 交换格式”对话框，如图 3-155 所示，在对话框中进行设置，设置好之后单击“确定”按钮即可。

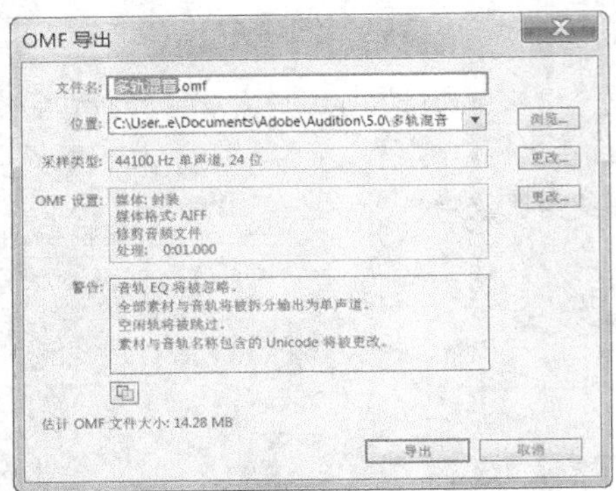

图 3-154

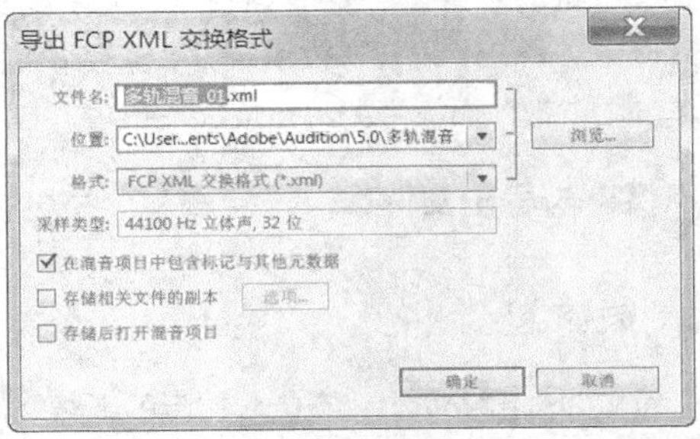

图 3-155

（3）导出多轨混音文件

当编辑好一个混音文件后，可以将其导出，导出的音频文件反映了在多轨工程中设置的音量、声像和效果设置。

如果想要导出部分混音，选择“时间选区”工具，将其选中。选择“文件 > 导出 > 多轨缩混> 时间选区”命令，弹出“导出多轨缩混”对话框，如图 3-156 所示，在对话框中进行设置，设置好之后单击“确定”按钮即可。

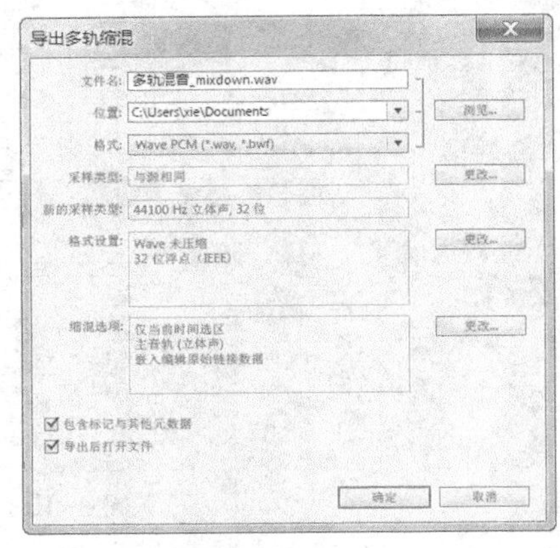

图 3-156

如果想要导出整个工程，选择“文件 > 导出 > 多轨缩混 > 完整混音”命令，弹出“导出多轨缩混”对话框，如图 3-156 所示，在对话框中进行设置，设置好之后单击“确定”按钮即可。

任务三　音频特效处理

本任务主要介绍 Audition CS6 中各种效果命令及其应用方式和参数设置，对有实用价值、存在一定难度的特效进行重点讲解。

3.3.1　效果器的应用

在 Audition CS6 中，可以通过效果器菜单、效果夹面板与主控机架将效果应用于单轨界面，对单个的音频文件进行处理，也可以通过效果菜单、效果夹面板与效果机架将效果应用于多轨界面，对轨道进行效果处理。

3.3.2　振幅与压限

1. 振幅

振幅效果用于调整音频块的音量大小。可以分别调整左声道和右声道的音量大小，如图 3-157 所示。

“预设”选项：可以选择预存好的设置。提供了+10dB 提升、+1dB 提升、+3dB 提升、+6dB 提升、－10dB 切除、－1dB 切除、－3dB 切除、－6dB 切除。

“左声道”选项：可以调整左声道的音量大小。

“右声道”选项：可以调整右声道的音量大小。

“链接滑块”复选框：勾选此复选框左声道与右声道同时调整，未勾选可以分别调整左声道与右声道的音量大小。

“状态开关”按钮：是否开启与关闭增幅效果。

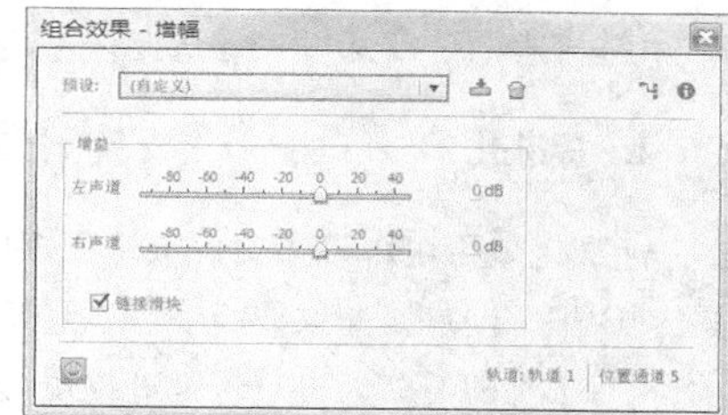

图 3-157

2. 消除齿音

消除齿音效果可以去除语音或歌声中使高频扭曲的齿音“嘶嘶”声，如图 3-158 所示。

“预设”选项：可以选择预存好的设置。提供了 4410-6100 Hz 闪避（Ducking）、4410-7000 Hz 齿音消除（DeEsser）、减少镲钹声（High-hat）渗出、女生 DeSher、女生齿音消除、男生 DeSher、男生齿音消除。

“Mode（模式）”选项：可以选择“宽频”统一压缩所有频率或选择“多频段”仅压缩齿音范围。“多频段”适合大多数音频内容，但会稍微增加处理时间。

“Threshold（阈值）”选项：可以设置振幅上限，超过此振幅将进行压缩。

“Center Frequency（中心频率）”选项：可以指定齿音最强时的频率。要进行验证，在播放音频时调整此设置。

“Bandwidth（频率宽度）”选项：可以确定触发压缩器的频率范围。

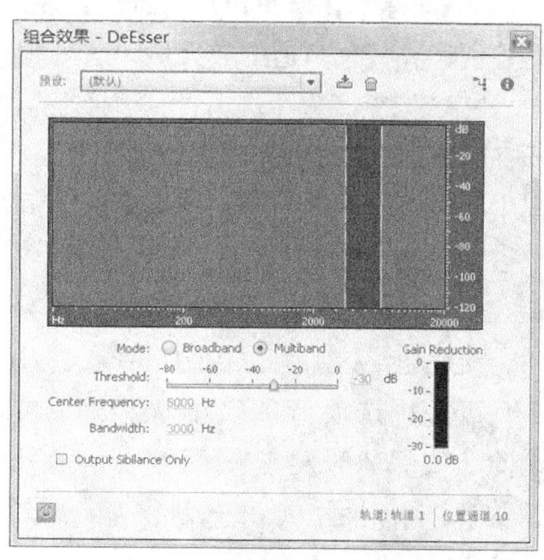

图 3-158

"Output Sibilance Only（仅输出齿音）"选项：可以听到检测到的齿音。开始播放，并微调上面的设置。

"Gain Reduction（增益降低）"选项：可以显示处理频率的压缩级别。

3. 强制限幅

强制限幅效果可以大幅减弱高于指定阈值的音频。通常，通过输入增强施加限制，这是一种可提高整体音量同时避免扭曲的方法，如图 3-159 所示。

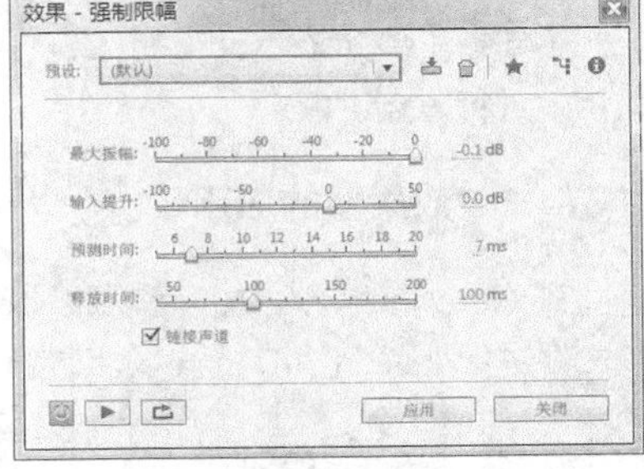

图 3-159

"预设"选项：可以选择预存好的设置。提供了默认、一匹死马、中、失真、轻、重、限幅 - 1dB、限幅 - 3dB、限幅 - 6dB。

"最大振幅"选项：设置允许的最大采样振幅。

"输入提升"选项：在限制音频前对其进行预放大，在不剪切的情况下使所选音频更大声。随着该电平的增加，压缩级别也将提高。尝试极端设置以在当代流行音乐中实现大声、高冲击力的音频。

"预测时间"选项：设置在达到最大声峰值之前减弱音频通常所需的时间量（以毫秒为单位）。

"释放时间"选项：设置音频减弱向回反弹 12 dB 所需的时间（以毫秒为单位）（或者是在遇到极大声峰值时音频恢复到正常音量所需的大致时间）。通常，默认值 100 左右的设置效果很好，可保持非常低的低音频率。

"链接声道"复选框：勾选此选项可以一起链接所有声道的响度，保持立体声或环绕声平衡。

4. 标准化

标准化效果可以设置文件或选择项的峰值电平。将音频标准化到 100%时，可获得数字音频允许的最大振幅 0 dBFS。但是，如果要将音频发送给母带处理工程师，应将音频标准化到 -3 ~ -6 dBFS，为进一步处理提供缓冲。标准化效果将同等放大整个文件或选择项。例如，如果原始音频达到 80% 的大声峰值和 20% 的安静低声，标准化到 100% 会将大声峰值放大至 100%，将安静低声放大至 40%，如图 3-160 所示。

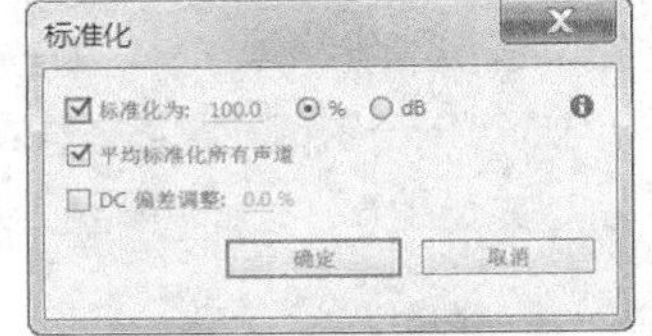

图 3-160

"标准化为"选项：可以设置最高峰值相对于最大可能振幅的百分比。

"平均标准化所有声道"选项：使用立体声或环绕声波形的所有声道计算放大量。如果取消选择此选项，将分别计算每个声道的放大量，这可能会使一个声道的放大量明显多于其他声道。

"DC 偏差调整"选项：在波形显示中调整波形的位置。某些录制硬件可能会引入 DC 偏差，导致录制的波形在波形显示中看起来高于或低于标准中心线。要使波形置于中心，请将百分比设置为零。要使整个所选波形向中心线之上或之下倾斜，指定正或负百分比。

5. 淡化包络

淡化包络效果可以控制声音在进入或退出时的音量大小，如图 3-161 所示。

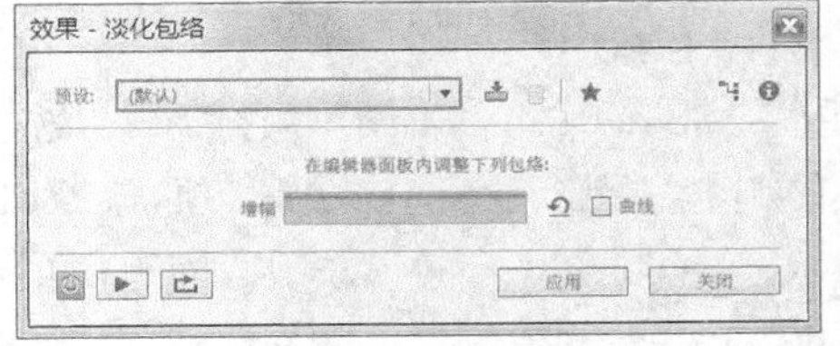

图 3-161

"预设"选项：可以选择预存好的设置。提供了默认、Zig Zag 切除、仅保留触发音、平滑淡入、平滑淡出、平滑结束、平滑触发音、平滑释放、移去触发音、线性淡入、脉冲、贝尔曲线、颤栗。

"重置包络关键帧"按钮：单击此按钮可以重置选项。

"曲线"复选框：勾选此选项可以曲线显示。

3.3.3 滤波器与均衡器

1. FFT 滤波

FFT 滤波效果可以将图形特性使得绘制用于抑制或增强特定频率的曲线或陷波变得简单。FFT 代表“快速傅立叶变换”，是一种用于快速分析频率和振幅的算法。此效果可以产生宽高或低通滤波器（用于保持高频或低频）、窄带通滤波器（用于模拟电话铃声）或陷波滤波器（用于消除小的精确频段），如图 3-162 所示。

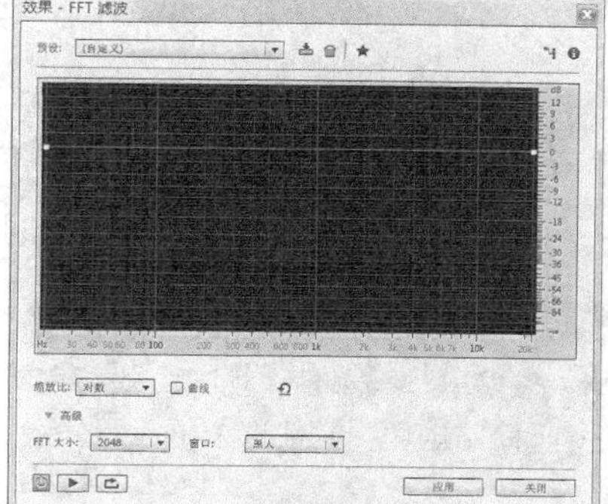

图 3-162

“预设”选项：可以选择预存好的设置。

“缩放比”选项：可以确定如何沿水平 x 轴排列频率。

“曲线”复选框：勾选此选项可以在控制点之间创建更平滑的曲线过渡，而不是更突变的线性过渡。

“重设”按钮：可以将图形恢复为默认状态，移除滤波。

“FFT 大小”选项：可以指定“快速傅立叶变换”的大小，确定频率和时间精度之间的权衡。对于陡峭的精确频率滤波器，选择较高值。要减少带打击节奏的音频中的瞬时扭曲，选择较低值。1024 到 8192 之间的值适用于大多数素材。

“窗口”选项：可以确定“快速傅立叶变换”形状，每个选项都会产生不同的频率响应曲线。

2. 陷波滤波器

陷波滤波器效果最多可删除 6 个用户定义的频段。使用此效果可删除非常窄的频段（如 60Hz 杂音），同时将所有周围的频率保持原状，如图 3-163 所示。

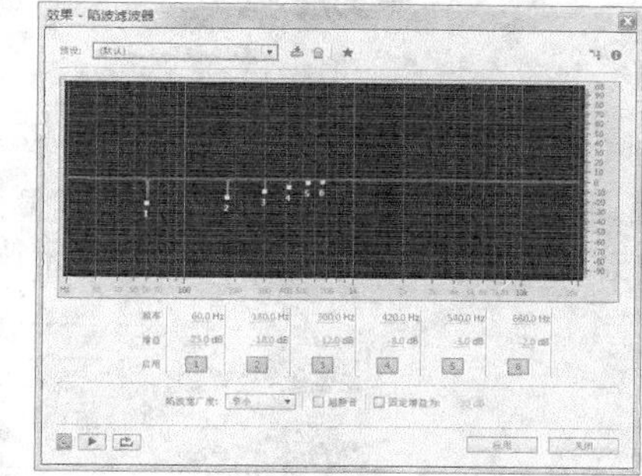

图 3-163

“预设”选项：可以选择预存好的设置。

“频率”选项：可以指定每个陷波的中心频率。

“增益”选项：可以指定每个陷波的振幅。

“陷波宽广度”选项：可以确定所有陷波的频率范围。3 个选项的范围从“窄”（针对二阶滤波器，可删除一些相邻频率）到“超窄”（针对六阶滤波器，非常具体）。

“超静音”复选框：几乎可消除噪声和失真，但需要更多处理。只有在高端耳机和监控系统上才能听见此选项的效果。

“固定增益为”复选框：可以确定陷波是具有同样的还是单独的衰减级别。

3. 课堂案例——制作电话访谈效果

【案例学习目标】学习使用“FFT 滤波”特效。

【案例知识要点】使用“打开”命令打开素材；使用“时间选区”选中波形；使用“FFT 滤波”命令添加特效。

【效果所在位置】资源包 \ Ch03 \ 制作电话访谈效果.mp3。

步骤 1 选择“文件 > 打开”命令，选择资源包中的“Ch03 \ 素材 \ 制作电话访谈效果 \ 01”文件，如图 3-164 所示，单击“打开”按钮，文件被打开，“编辑器”面板如图 3-165 所示。

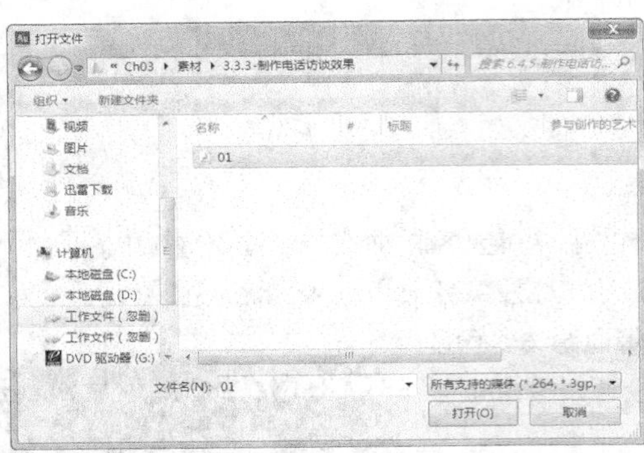

图 3-164

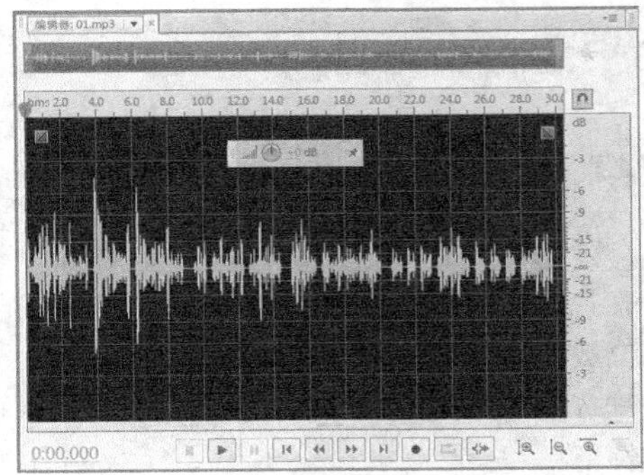

图 3-165

步骤② 选择“时间选区”工具，拖曳鼠标将 0:09.300～0:30.455s 的波形选中，如图 3-166 所示。选择“效果 > 滤波与均衡 > FFT 滤波”命令，弹出“效果 - FFT 滤波”对话框，在“预设”下拉列表中选择“电话 - 听筒”选项，其他选项的设置如图 3-167 所示。

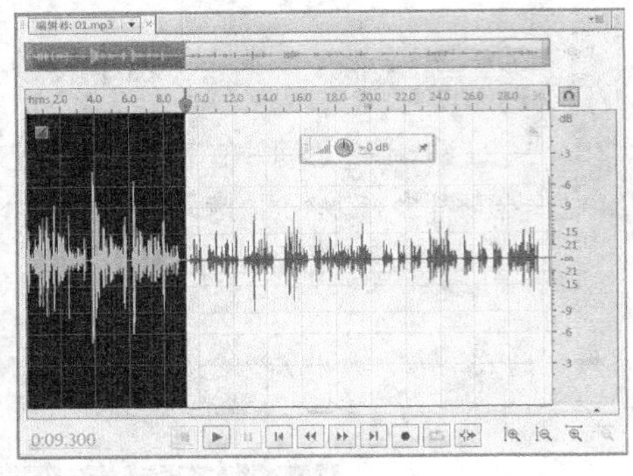

图 3-166

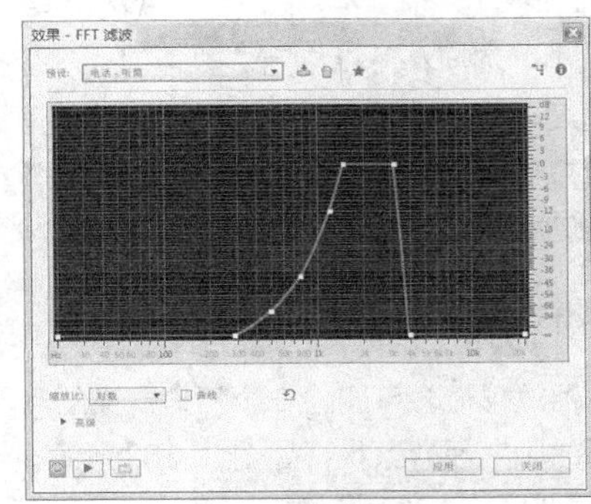

图 3-167

步骤③ 单击“应用”按钮，应用 FFT 滤波效果，“编辑器”面板如图 3-168 所示。选择“效果 > 振幅与压限 > 标准化”命令，在弹出的“标准化”对话框中进行设置，如图 3-169 所示。

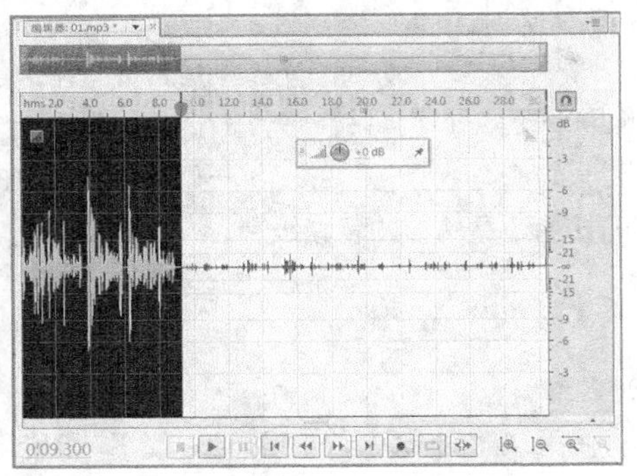

图 3-168

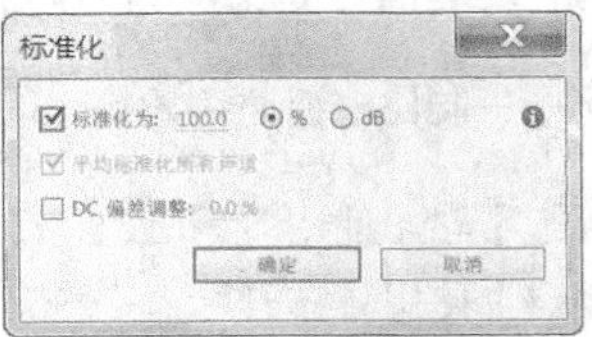

图 3-169

步骤④ 单击“确定”按钮，应用标准化效果，“编辑器”面板如图 3-170 所示。选择“文件 > 保存”命令，在弹出的“存储为”对话框中进行设置，如图 3-171 所示。单击“确定”按钮，保存效果。电话访谈效果制作完成，单击“走带”面板中的“播放”按钮，监听最终声音效果。

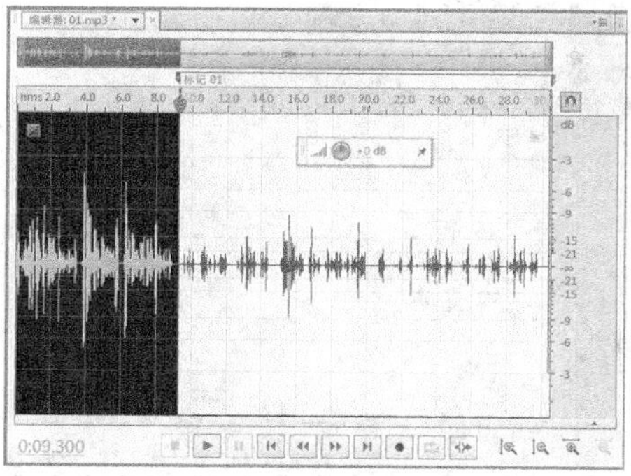

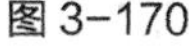

图 3-170

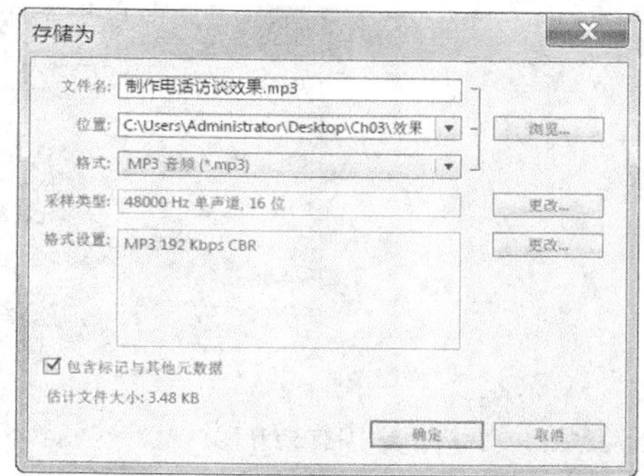

图 3-171

3.3.4 降噪与恢复

1. 自适应降噪

自适应降噪效果可以快速去除变化的宽频噪声，如背景声音、隆隆声和风声。由于此效果实时起作用，可以将其与“效果组”中的其他效果合并，并在“多轨编辑器”中应用。相反，标准“降噪”效果只能作为脱机处理在“波形编辑器”中使用。但是，在去除恒定噪声（如嘶嘶声或嗡嗡声）时，该效果有时更有效，如图 3-172 所示。

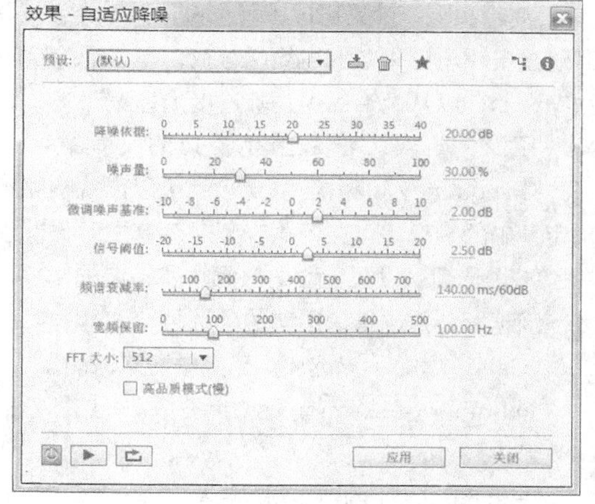

图 3-172

“预设”选项：可以选择预存好的设置。

“降噪依据”选项：确定降噪的级别。介于 6～30dB 的值效果很好。要减少发泡背景效果，可输入较低值。

“噪声量”选项：表示包含噪声的原始音频的百分比。

“微调噪声基准”选项：将噪声基准手动调整到自动计算的噪声基准之上或之下。

“信号阈值”选项：将所需音频的阈值手动调整到自动计算的阈值之上或之下。

“频谱衰减率”选项：确定噪声处理下降 60dB 的速度。微调该设置可实现更大程度的降噪而失真更少。过短的值会产生发泡效果；过长的值会产生混响效果。

“宽频保留”选项：保留介于指定的频段与找到的失真之间的所需音频。例如，设置为 100Hz 可确保不会删除高于 100Hz 或低于找到的失真的任何音频。更低设置可去除更多噪声，但可能引入可听见的处理效果。

“FFT 大小”选项：确定分析的单个频段的数量。选择高设置可提高频率分辨率；选择低设置可提高时间分辨率。高设置适用于持续时间长的失真（如吱吱声或电线嗡嗡声），而低设置更适合处理瞬时失真（如咔嗒声或爆音）。

“高品质模式（慢）”复选框：勾选此选项可以高品质地输出音频。

2. 自动咔哒声移除

自动咔哒声移除效果可以快速去除黑胶唱片中的噼啪声和静电噪声，可以校正一大片区域的音频或单个咔嗒声或爆音，如图 3-173 所示。

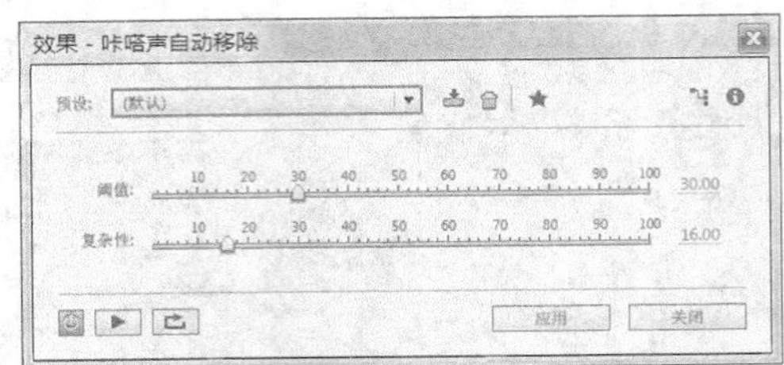

图 3-173

“预设”选项：可以选择预存好的设置。

“阈值”选项：确定噪声灵敏度。设置越低，可检测到的咔嗒声和爆音越多，但可能包括本来希望保留的音频。设置范围为 1 ~ 100，默认值为 30。

“复杂性”选项：表示噪声复杂度。设置越高，应用的处理越多，但可能降低音质。设置范围为 1 ~ 100，默认值为 16。

3. 消除嗡嗡声

消除嗡嗡声效果可以去除窄频段及其谐波。最常见的应用可处理照明设备和电子设备的电线嗡嗡声。但“消除嗡嗡声”也可以应用陷波滤波器，以从源音频中去除过度的谐振频率，如图 3-174 所示。

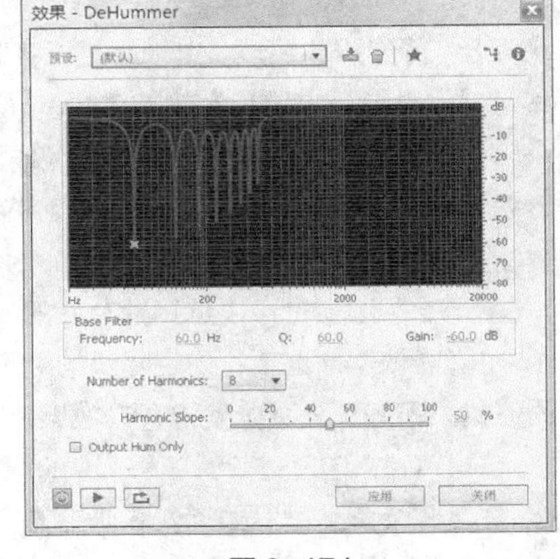

图 3-174

“预设”选项：可以选择预存好的设置。

“Frequency（频率）”选项：可以设置嗡嗡声的根频率。如果不确定精确的频率，可在预览音频时反复拖动此设置。

“Q”选项：设置上面的根频率和谐波的宽度。值越高，影响的频率范围越窄；值越低，影响的范围越宽。

“Gain（增益）”选项：确定嗡嗡声减弱量。

“Number of Harmonics（谐波数）”选项：指定要影响的谐波频率数量。

“Harmonic Slope（谐波斜率）”选项：更改谐波频率的减弱比。

“Output Hum Only（仅输出嗡嗡声）”选项：预览去除的嗡嗡声以确定是否包含任何需要的音频。

4. 降低嘶声

降低嘶声效果可以减少录音带、黑胶唱片或麦克风前置放大器等音源中的嘶声。如果某个频率范围在称为噪声门的振幅阈值以下，该效果可以大幅降低该频率范围的振幅。高于阈值的频率范围内的音频保持不变。如果音频有一致的背景嘶声，则可以完全去除该嘶声，如图 3-175 所示。

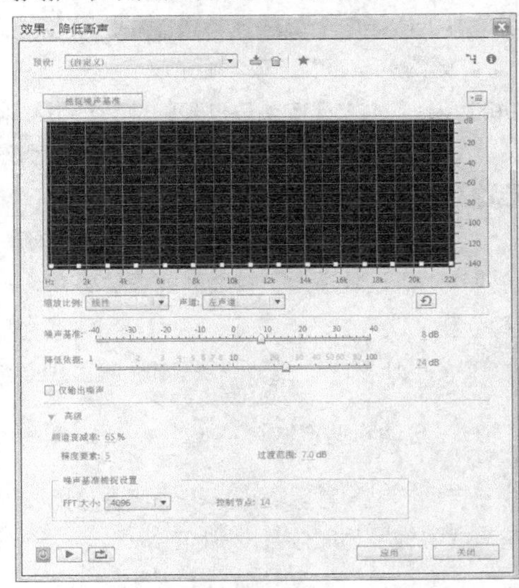

图 3-175

“预设”选项：可以选择预存好的设置。

“捕捉噪声基准”选项：用图表示噪声基准的估计值。“降低嘶声”效果使用该估计值可以更高效地仅去除嘶声，同时使正常音频保持不变。此选项是“降低嘶声”效果的最强大的功能。

“图形”选项：表示源音频中每个频率的估计噪声基准，频率沿水平标尺（x 轴），噪声基准的振幅沿垂直标尺（y 轴）。

“缩放比例”选项：设置如何沿水平 x 轴排列频率。要对低频进行微调控制，可选择“对数”。对数比例可更真实地模拟人听到声音的方式。对于具有平均频率间隔的详细高频作业，可选择“线性”。

“声道”选项：在图中显示选定的音频声道。

“噪声基准”选项：微调噪声基准，直到获得适当的降低嘶声级别和品质。

“降低依据”选项：为低于噪声基准的音频设置降低嘶声级别。值较高（尤其是高于 20 dB）时，可实现显著的嘶声降低，但剩余音频可能出现扭曲。值较低时，不会删除很多噪声，原始音频信号保持相对无干扰状态。

“仅输出嘶声”复选框：仅预览嘶声以确定该效果是否去除了任何需要的音频。

“频谱衰减率”选项：在估计的噪声基准上方遇到音频时，确定在周围频率中应跟随多少音频。使用低值时，应跟随较少音频，降低嘶声效果将剪掉更多接近于保持不变的频率的音频。

“精度要素”选项：确定降低嘶声的时间精度。典型值的范围为 7 ~ 14。较低值可能导致在音频的大声部分之前和之后出现几秒嘶声。较高值通常产生更好的结果和更慢的处理速度。超过 20 的值通常不会进一步提高品质。

“过度范围”选项：在降低嘶声过程中产生缓慢过渡，而不是突变。5 ~ 10 的值通常可获得良好结果。如果值过高，在处理之后可能保留一些嘶声。如果值过低，可能会听到背景失真。

“FFT 大小”选项：指定“快速傅立叶变换”的大小，以确定频率精度与时间精度之间的权衡。通常，大小介于 2048~8192 效果最好。较低的 FFT 大小（2048 及更低）可获得更好的时间响应（例如，钗钹击打之前的哔哔声更少），但频率分辨率可能较差，而产生空的或镶边的声音。较高的 FFT 大小（8192 及更高）可能导致哔哔声、混响和拉长的背景音调，但会产生非常精确的频率分辨率。

“控制节点”选项：指定当单击“捕捉噪声基准”时添加到图中的点数。

3.3.5 立体声声像

1. 中置声道提取

中置声道提取效果可保持或删除左右声道共有的频率，即中置声场的声音。通常使用这种方法录制语音、低音和前奏。因此，可以使用此效果来提高人声、低音或踢鼓的音量，或者去除其中任何一项以创建卡拉 OK 混音。“效果 – 中置声道提取”对话框中有“提取”选项卡和“差异”选项卡，如图 3-176 所示。

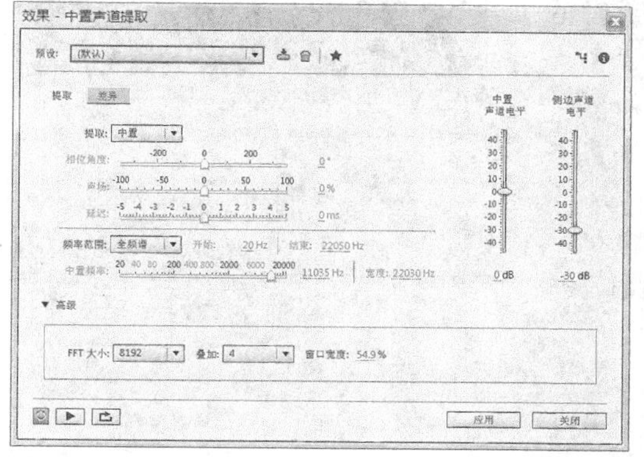

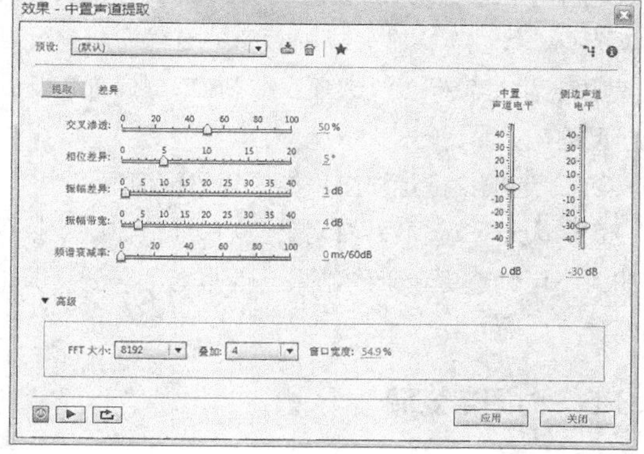

图 3-176

“预设”选项：可以选择预存好的设置。

“提取”选项：选择中置、左、右或环绕声道的音频，或选择“自定义”并为想要提取或删除的音频指定精确的相位度、平移百分比和延迟时间（“环绕”选项可提取在左右声道之间完全异相的音频）。

“频率范围”选项：设置想要提取或删除的范围。预定义的范围包括男声、女声、低音和全频谱。选择“自定义”可定义频率范围。

“交叉渗透”选项：向左移动滑块可提高音频渗透并减少声音失真。向右移动滑块可进一步从混音中分离中置声道素材。

“相位差异”选项：通常较高的数值更适合提取中置声道，而较低值适合去除中置声道。较低的值允许更多渗透，可能无法有效地从混音中分离人声，但在捕捉所有中置素材方面可能更有效。通常，2 ~ 7 的范围效果很好。

“振幅差异”选项：合计左右声道，并创建完全异相的第三个声道，Audition 使用该声道去除相似频率。如果每个频率的振幅都是相似的，也会考虑两个声道共有的同相音频。较低的“振幅鉴别”和“振幅频宽”值可从混音中切除更多素材，但也可能切除人声。较高值时提取更多取决于素材相位而更少取决于声道振幅。0.5 ~ 10 的“振幅鉴别”设置以及 1 ~ 20 的“振幅带宽”设置效果很好。

“频谱衰减率”选项：保持为 0%可实现较快处理。设置在 80% ~ 98%可平滑背景扭曲。

“中置”和“侧边”声道电平选项：指定选定信号中想要提取或删除的量。向上移动滑块可包括其他材料。

“FFT 大小”选项：指定“快速傅立叶变换”大小，低设置可提高处理速度，高设置可提高品质。通常，介于 4096 ~ 8192 的设置效果最好。

“叠加”选项：定义叠加的 FFT 窗口数。较高值可产生更平滑的结果或类似和声的效果，但需要更长的处理时间。较低值可产生发泡声音背景噪声。3 ~ 9 的值效果很好。

“窗口宽度”选项：指定每个 FFT 窗口的百分比。30% ~ 100%的值效果很好。

2. 图示相位变换

图示相位变换效果可以通过向图示中添加控制点来调整波形的相位，如图 3-177 所示。

“预设”选项：可以选择预存好的设置。

“相位移图示”选项：水平标尺（x 轴）衡量频率，而垂直标尺（y 轴）显示要移位的相位度数，其中零无相位移。

“频率比例（水平坐标）”选项：可以设置线性或对数标尺上的水平标尺（x 轴）的值。选择“对数”以在较低的频率中更精细地进行工作（对数标尺更好地反映出人的听觉的频率重点）。选择“线性”以在较高的频率中更精细地进行工作。

“范围（垂直坐标）”选项：在 360° 或 180° 标尺上设置垂直标尺的（y 轴）的值。

“声道”选项：指定要应用相位移的声道。

“FFT 大小”选项：可以指定“快速傅立叶变换”大小。较高的大小可创建更精确的结果，但是它们需要更长的时间进行处理。

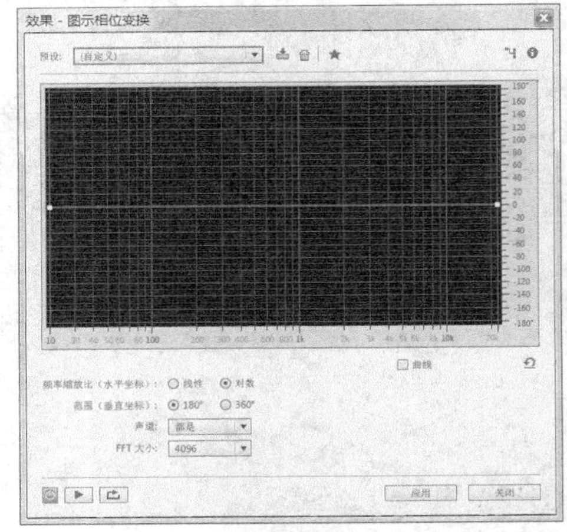

图 3-177

3.3.6 时间与变调

1. 自动音调校正

自动音调校正效果在“波形”和“多轨”编辑器中均可用。在后者中，随着时间的推移，可以使用关键帧和外部操纵面使其参数实现自动化，如图 3–178 所示。

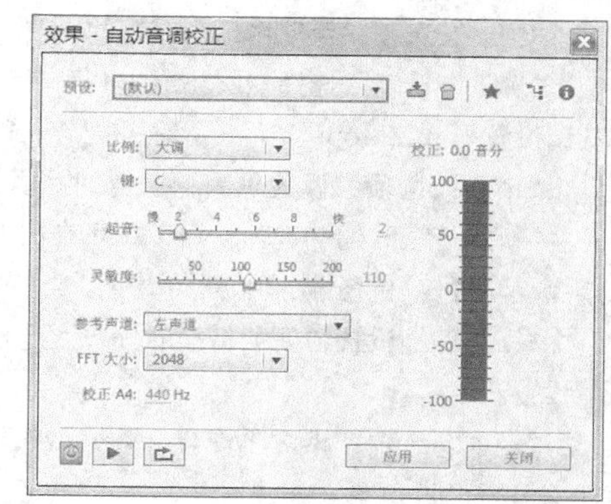

图 3–178

“预设”选项：可以选择预存好的设置。

“比例”选项：指定最适合素材的音阶类型“大调”“小调”或“半音”。大和弦或小和弦将音符校正为乐曲的指定音调。无论音调如何，和声都会校正为最接近的音符。

“键”选项：设置所校正素材的预期音调。只有将“音阶”设置为“大调”或“小调”时，此选项才可用（因为“半音”音阶包括所有 12 个音调，而且并非是特定于音调的）。

“起音”选项：可以控制 Adobe Audition CS6 相对音阶音调校正音调的速度。更快的设置通常最适合持续时间较短的音符，例如快速的断奏音群。然而，极快的起奏可以实现自动品质。较慢的设置会对较长的持续音符产生更自然的发声校正，如演唱者保持音符和添加颤音的声带。由于源素材在整个演奏过程中可能发生更改，因此可以通过单独校正短乐句来获得最佳效果。

“灵敏度”选项：定义超出后不会校正音符的阈值。“灵敏度”以分为单位来衡量，每个半音有 100 分。例如，“灵敏度”值为 50 分表示音符必须在目标音阶音调的 50 分（半音的一半）内，才会自动对其进行校正。

“参考声道”选项：选择音调变化最清晰的源声道。效果只会分析所选择的声道，但是会将音调校正同等应用到所有声道。

“FFT 大小”选项：设置效果所处理的每个数据的“快速傅立叶变换”大小。通常，使用较小的值来校正较高的频率。对于人声，2048 或 4096 设置听起来最自然。对于简短的断奏音符或打击乐音频，尝试使用 1024 设置。

“校正 A4”选项：指定源音频的调整标准。在西方音乐中，标准是 A4（440Hz）。然而，源音频可能是使用不同的标准进行录制的，因此可以指定从 410 ~ 470Hz 的 A4 值。

“校正”选项：预览音频时，显示平调和尖调的校正量。

2. 伸缩与变调

更改音频信号、节奏或两者的音调。例如，可以使用该效果将一首歌变调到更高音调而无须更改节拍，或使用其减慢语音段落而无须更改音调，如图 3–179 所示。

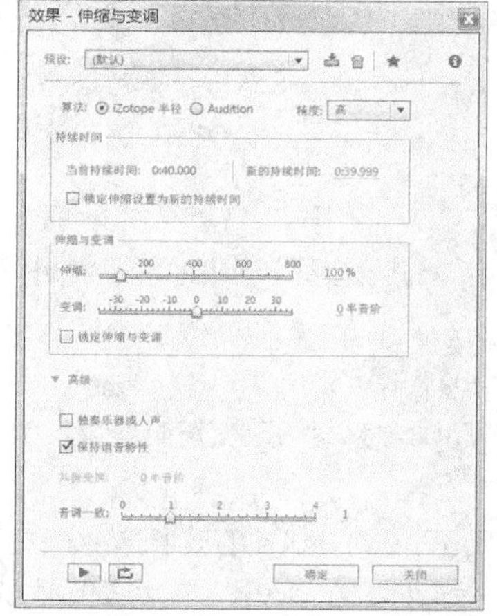

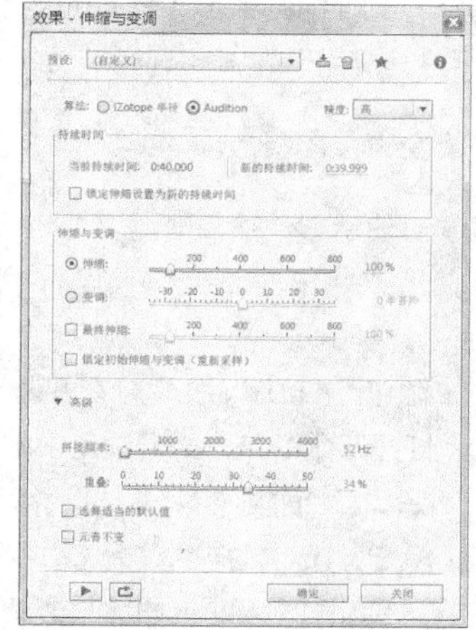

图 3–179

“预设”选项：可以选择预存好的设置。

“算法”选项：选择“IZotope 半径”可同时伸缩音频和变调，或者选择“Audition”可随时间更改伸缩或变调设置。“IZotope 半径”算法需要较长的处理时间，但引入的人为噪声较少。

“精度”选项：设置越高，获得的品质越好，但需要的处理时间越长。

“新的持续时间”选项：可以指示在时间拉伸后音频的时长。可以直接调整“新的持续时间”值，或者通过更改“拉伸”百分比间接进行调整。

“锁定伸缩设置为新的持续时间”复选框：覆盖自定义或预设拉伸设置，而不是根据持续时间调整计算这些设置。

“伸缩”选项：相对于现有音频缩短或延长处理的音频。例如，要将音频缩短为当前持续时间的一半，则伸缩值指定为 50%。

“变调”选项：上调或下调音频的音调。每个半音阶等于键盘上的一个半音。

“最终伸缩”复选框：随时间更改初始“伸缩”或“变调”设置，以在最后一个选定的音频采样达到最终设置。

“锁定伸缩与变调（IZotope 算法）”选项：拉伸音频以反映变调，或者反向操作。

“锁定初始伸缩与变调（Audition 算法）”选项：拉伸音频以反映变调，或者反向操作。最终拉伸或变调设置不受影响。

“独奏乐器或人声”复选框：勾选此选项可以更快速地处理独奏表演。

“保持语音特性”复选框：勾选此选项可以保持语音的真实性。

“音调一致”选项：保持独奏乐器或人声的音色。较高的值可减少相位调整失真，但会引入更多音调调制。

“拼接频率”选项：当保留音高或节拍同时伸缩波形时，确定每个音频数据块的大小。该值越高，伸缩的音频随时间的放置越准确。不过，随着速率的提高，人为噪声也越明显；声音可能会变得很细弱或者像是从隧道里发出来的。使用较高的精度设置和较低的拼接频率可能会增加断续声或回声。

“重叠”选项：确定每个音频数据块与上一个和下一个块的重叠程度。如果伸缩产生了和声效果，降低“重叠”百分比，但不要低至产生断断续续的声音。重叠可以高达 400%，仅应当为非常高速的增长（200%或更高）使用此值。

“选择适当的默认值”复选框：为“拼接频率”和“重叠”应用合适的默认值。此选项适用于保留音高或节拍。

“元音不变”复选框：在伸缩的人声中保留元音的声音。此选项需要进行大量处理，请先尝试在小的选区上应用此选项，然后再将其应用于较大的选区。

3. 课堂案例——改变声音音调

【案例学习目标】学习使用“伸缩与变调”特效。

【案例知识要点】使用“打开”命令打开素材；使用“时间选区”选中波形；使用“伸缩与变调”命令改变声音的音调。

【效果所在位置】资源包 \ Ch03 \ 改变声音音调.mp3。

步骤① 选择“文件 > 打开”命令，选择资源包中的“Ch03 \ 素材 \ 改变声音音调 \ 01”文件，单击“打开”按钮，文件被打开，“编辑器”面板如图 3-180 所示。

步骤② 选择“时间选区”工具 I ，拖曳鼠标将 0:03.000 ~ 0:05.500s 的波形选中。选择“效果 > 时间与变调 > 伸缩与变调”命令，弹出“效果 - 伸缩与变调”对话框，在“预设”下拉列表中选择“降调”选项，其他选项的设置如图 3-181 所示。

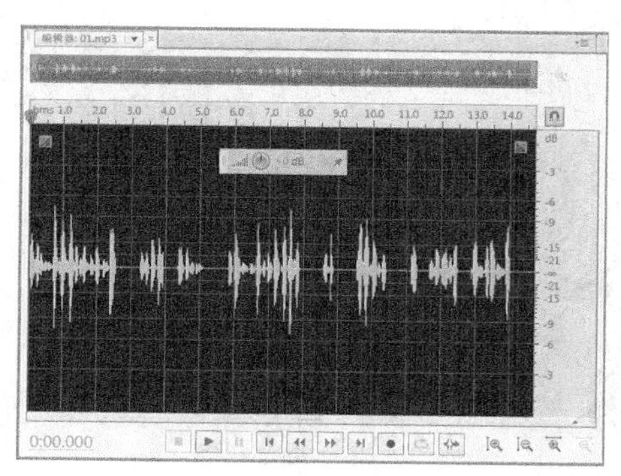
图 3-180

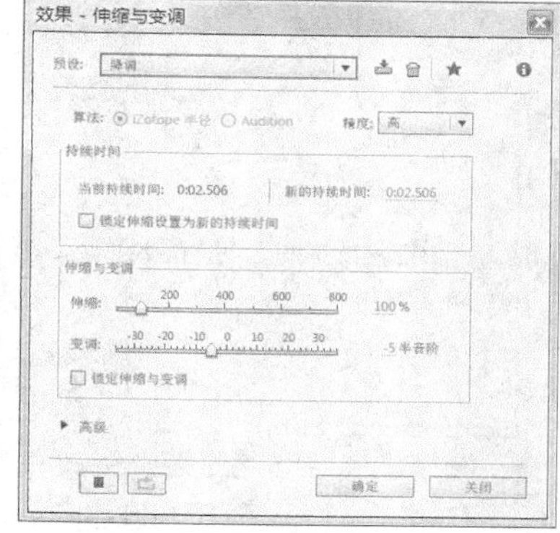
图 3-181

步骤 3 单击“确定”按钮，应用变调效果，“编辑器”面板如图 3-182 所示。拖曳鼠标将 0:08.300 ~ 0:10.800s 的波形选中，如图 3-183 所示。

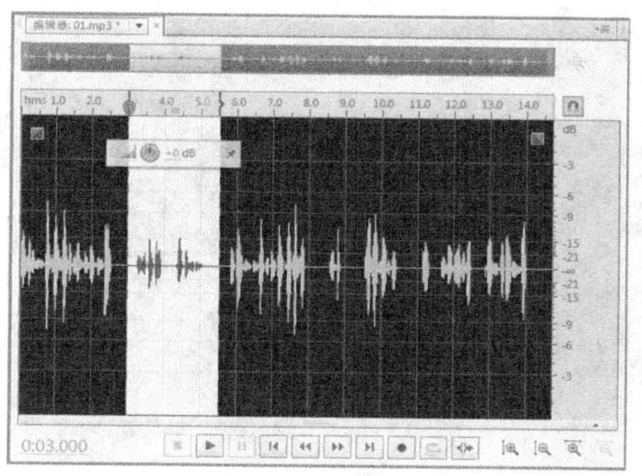
图 3-182

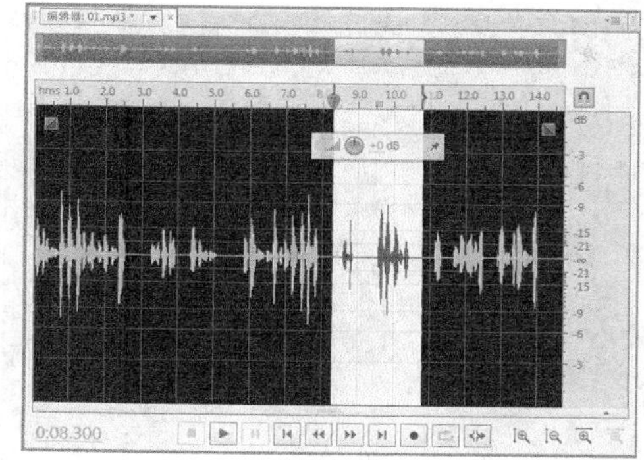
图 3-183

步骤 4 选择“效果 > 时间与变调 > 伸缩与变调”命令，弹出“效果 - 伸缩与变调”对话框，在“预设”下拉列表中选择“降调”选项，其他选项的设置如图 3-184 所示。单击“确定”按钮，应用变调效果，“编辑器”面板如图 3-185 所示。

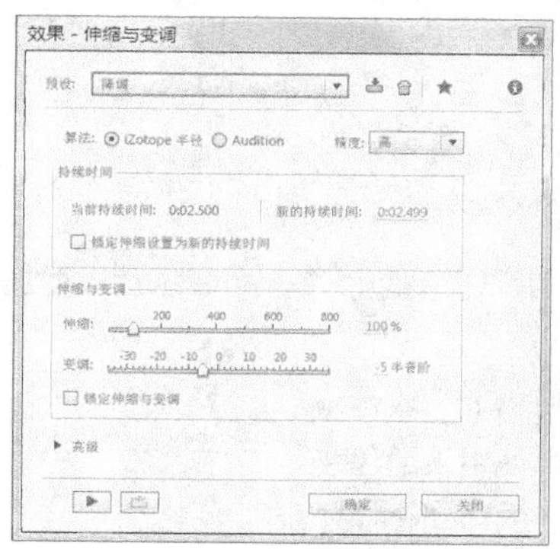
图 3-184

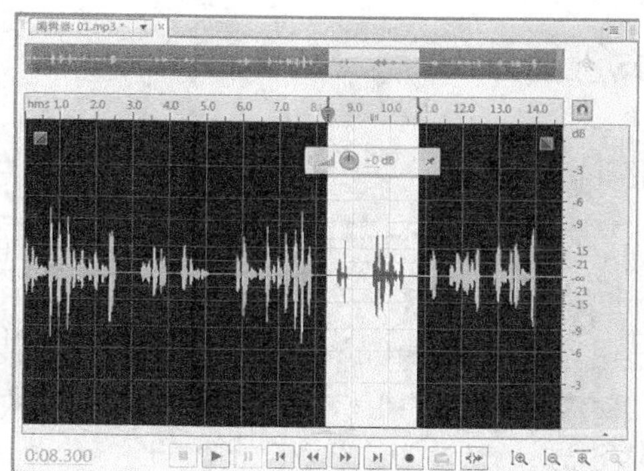
图 3-185

步骤 5 按 Ctrl+A 组合键，将所有波形选中，如图 3-186 所示。选择“效果 > 振幅与压限 > 标准化”命令，在弹出的“标准化”对话框中进行设置，如图 3-187 所示。

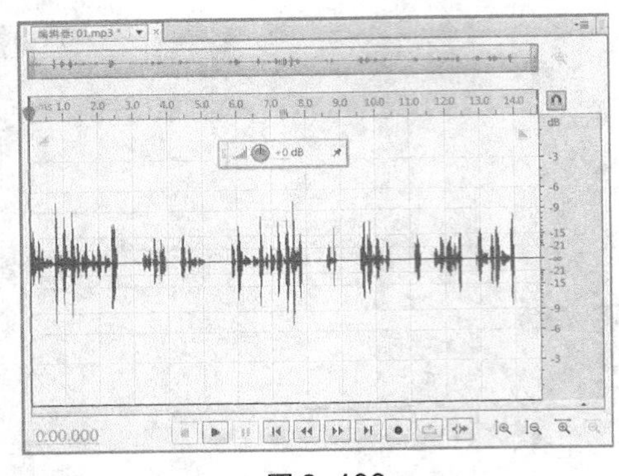

图 3-186

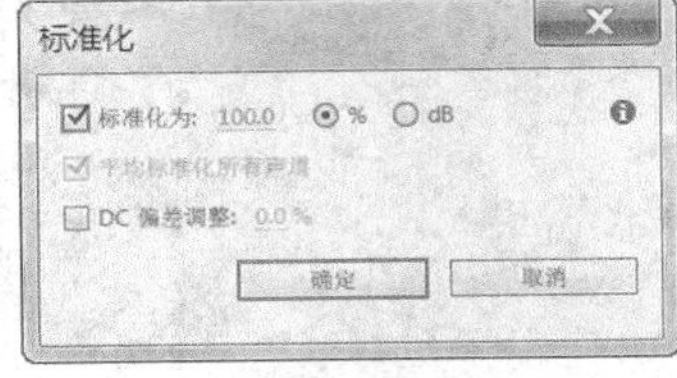

图 3-187

步骤 6 单击“确定”按钮，应用标准化效果，“编辑器”面板如图 3-188 所示。选择“文件 > 保存”命令，在弹出的“存储为”对话框中进行设置，如图 3-189 所示，单击“确定”按钮，保存效果。改变声音音调制作完成，单击“走带”面板中的“播放”按钮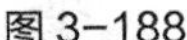，监听最终声音效果。

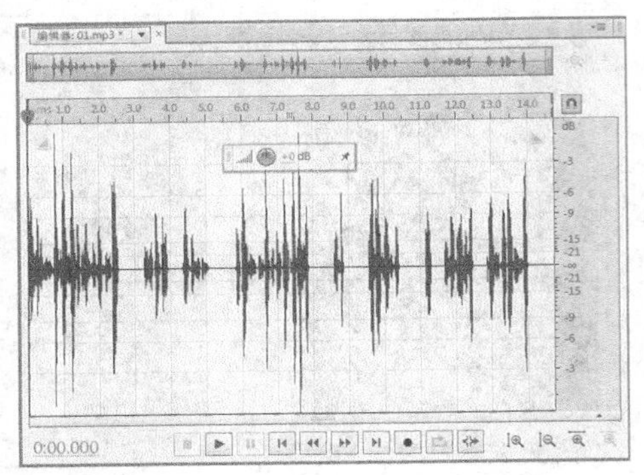

图 3-188

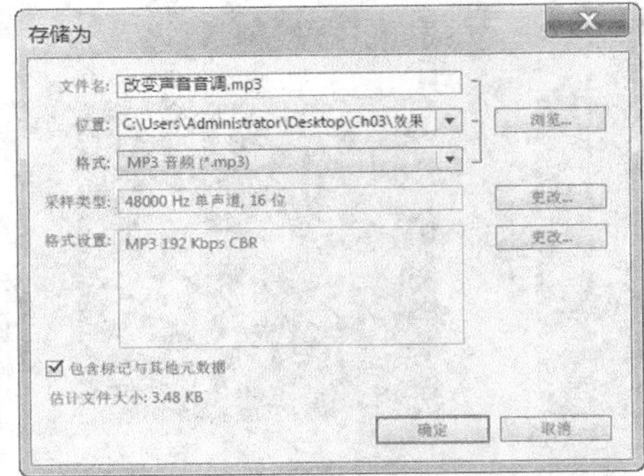

图 3-189

任务四 后期混音处理

本任务主要对 Audition CS6 中的自动化混音和循环技术进行了详细介绍。

3.4.1 自动化混音

1. 自动化混音技术

通过自动化混音技术，可以改变整体的混音设置。例如，可以自动地设置一个音乐片段增加音量，而在后面的时间以淡出方式减小音量。

- 如果要使音频块的音量和声相设置自动化，那么可以使用音频块包络。
- 如果要使轨道音量、声相和效果设置自动化，那么可以使用轨道包络。
- 如果要使轨道的设置在混音时不断地变化，可以将轨道的自动化操作录制下来。

2. 关于包络

包络线能够直接观察到特定时间的设置，可以通过拖曳包络线上的关键帧来编辑包络设置，如图 3-190 所示。例如，音量包络线，如果线条处于最顶端，则表示音量最大，如果线条处于最底部，则音量最小为 0。

包络线的编辑对于音频块自身是无损坏的。因此，无论某音频块曾在多轨界面中应用过任何的包络编辑，当在单轨界面中打开此音频文件时，都不会听到由包络编辑而带来的任何效果。

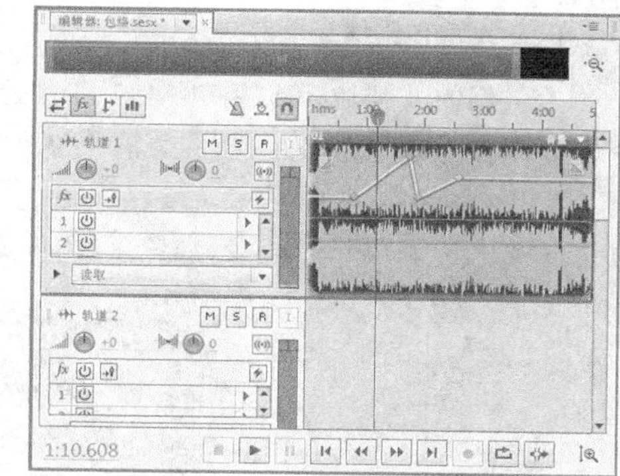

图 3-190

3. 自动化音频块设置

使用音频块包络，能够编辑音频块的音量和声相。音频块的音量包络和声相包络的初始颜色不同，音量包络是黄色线条，放置在音频块的中上部，如图 3-191 所示；声相包络是蓝色线条，放置在音频块的中部，如图 3-192 所示。如果将声相包络线放置在顶部，则表示声相为左；如果将声相包络线放置在底部，则表示声相为右。

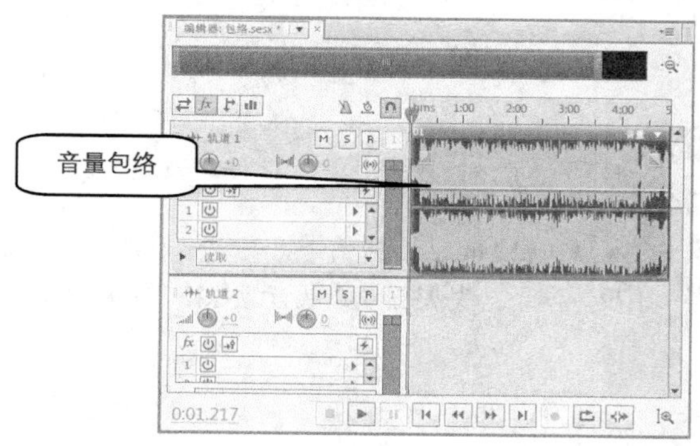

图 3-191

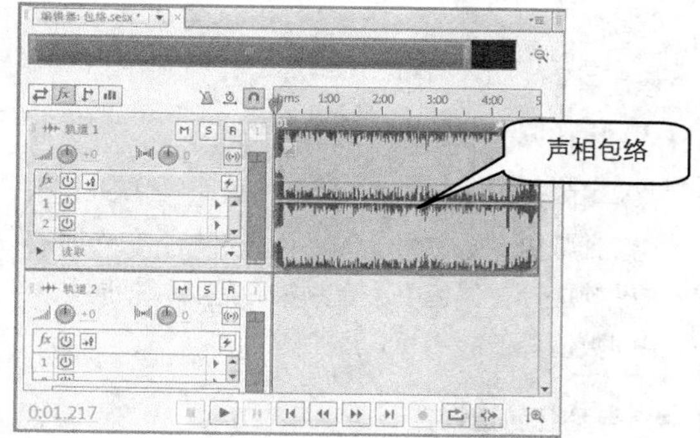

图 3-192

（1）显示和隐藏包络

在多轨界面的“视图”菜单中可以显示或隐藏音频块包络，如图 3-193 所示。

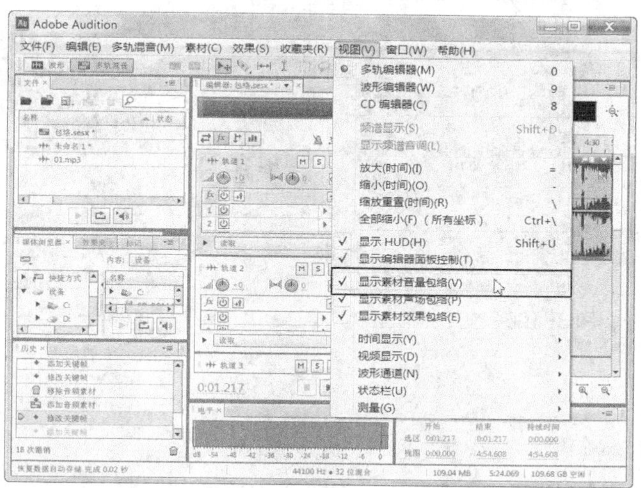

图 3-193

（2）平滑包络线为曲线

在编辑的过程中，可以将包络线从折线转变成曲线。选中一个音频块，将光标放置在包络线上，如图 3-194 所示，单击鼠标右键，在弹出的菜单中选择“曲线”命令，即可将折线转换为曲线，如图 3-195 所示。

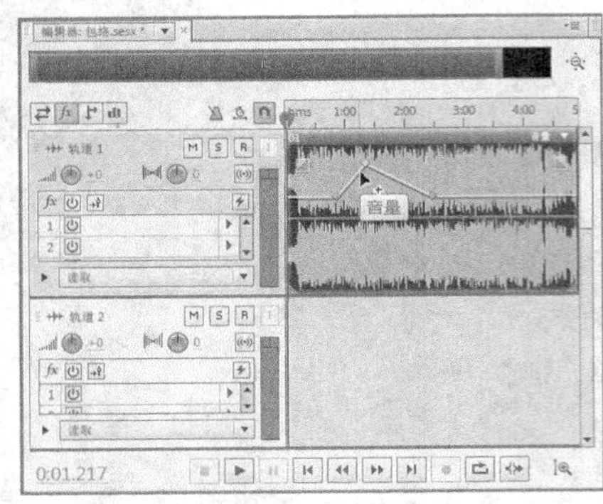

图 3-194

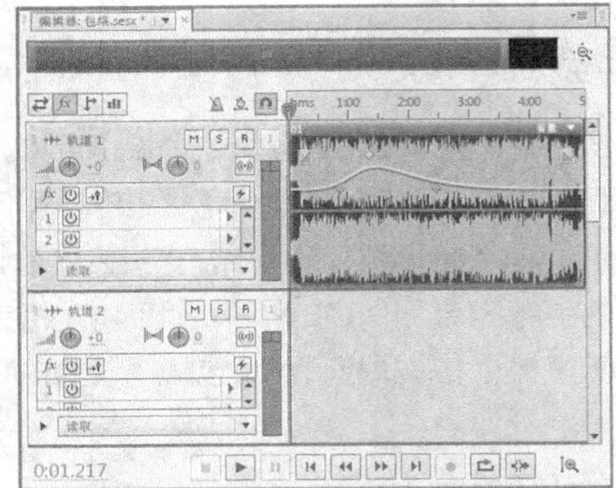

图 3-195

（3）重新调节音频块的音量包络

在编辑的过程中，如果包络线设置得过高或过低，那么，可以重新调节音量包络。

单击音频块音量包络上的一个关键帧，在光标的右下方会出现关键帧的音量数值，如图 3-196 所示。向上拖曳关键帧提升音量包络，音频块音量会以相同数值升高；相反，向下拖曳关键帧降低音量包络，音频块音量会以相同数值降低。

4. 自动化轨道设置

轨道包络可以改变整个轨道的音量、声相和效果设置。在轨道左侧控制区单击“读取”前面的倒三角按钮▶，展开轨道包络显示，如图 3-197 所示。

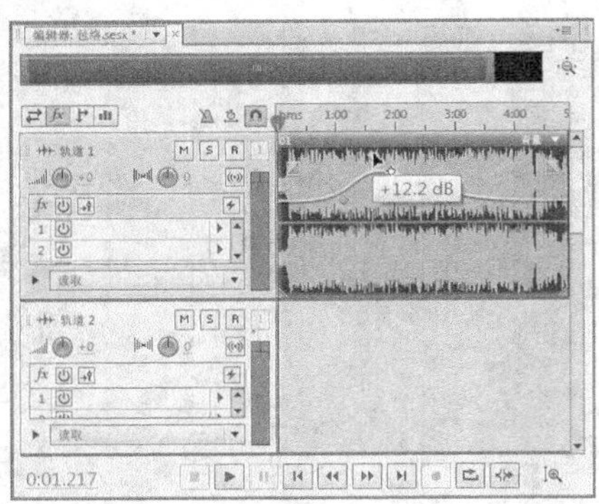

图 3-196

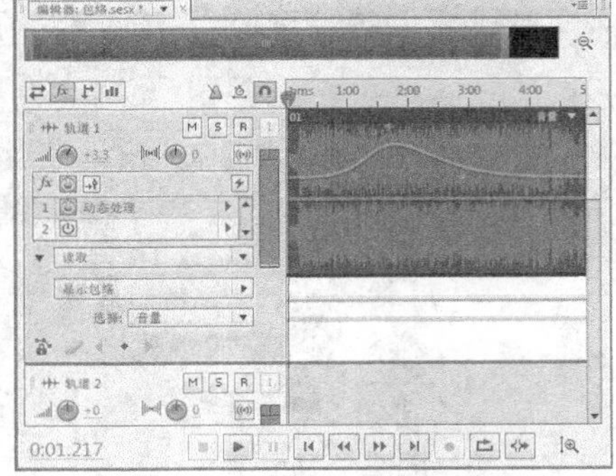

图 3-197

5. 编辑包络线

（1）调节包络线的关键帧

音量包络、声相包络和轨道包络都显示之后，可以调整其设置。

⊙ 将光标放置在包络线上，当光标变为▶₊时，如图 3-198 所示，单击鼠标即可在包络线上添加一个关键帧，如图 3-199 所示。

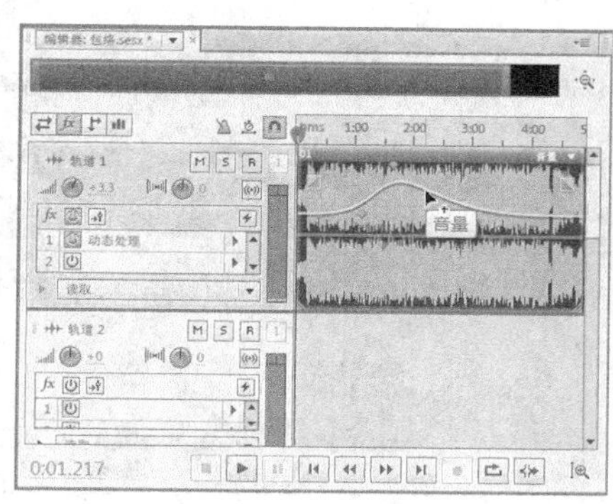

图 3-198

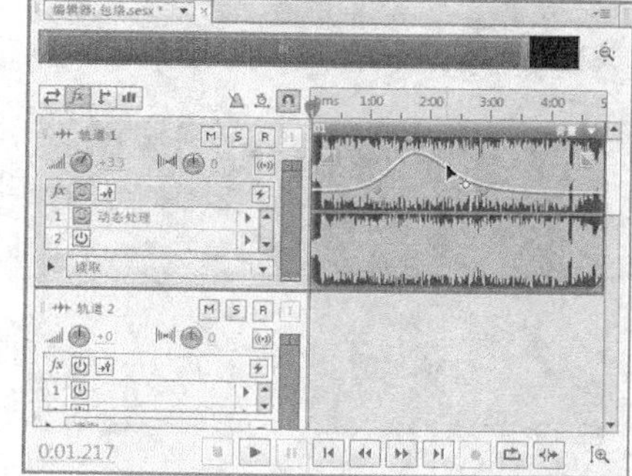

图 3-199

⊙ 将光标放置到要移动位置的关键帧上，直接拖曳鼠标即可移动位置；按 Shift 键的同时拖曳鼠标，可以保持时间位置不变。

⊙ 在任意一个关键帧上单击鼠标右键，在弹出的菜单中选择“选中所有关键帧”命令，如图 3-200 所示，即可将所有的关键帧全部选中，如图 3-201 所示。按住 Shift 键的同时拖曳鼠标，可以将所有关键帧以同样百分比上下移动。

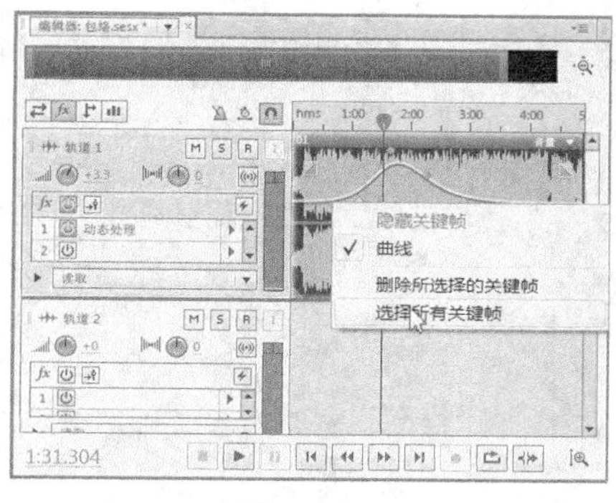

图 3-200

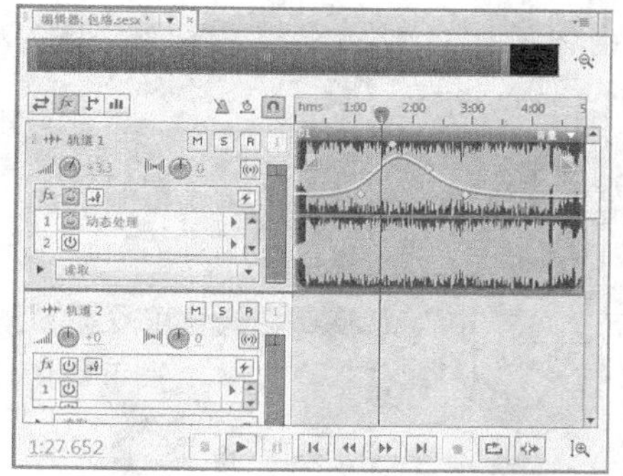

图 3-201

（2）删除关键帧

⊙ 将光标放置到要删除的关键帧上，单击鼠标右键，在弹出的菜单中选择“删除所选择的关键帧”命令，如图 3-202 所示，即可将选中的关键帧删除，如图 3-203 所示。

图 3-202

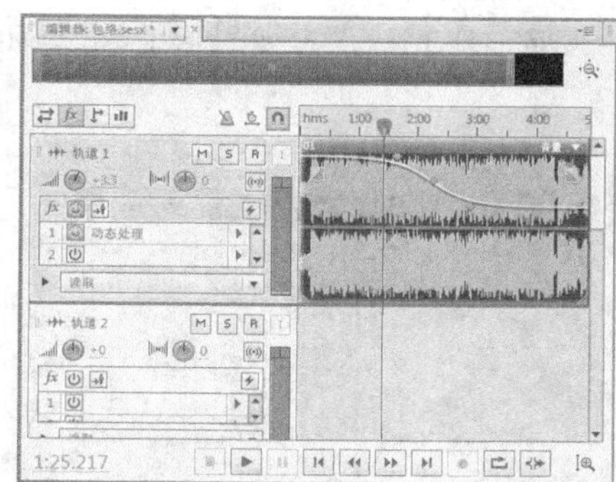

图 3-203

⊙ 将光标放置到要删除的关键帧上，如图 3-204 所示，单击并拖曳鼠标到音频块或轨道的外面，如图 3-205 所示，这时松开鼠标，即可删除关键帧。

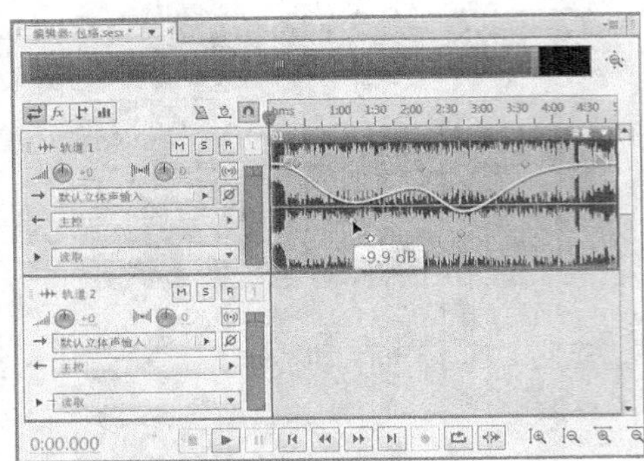

图 3-204

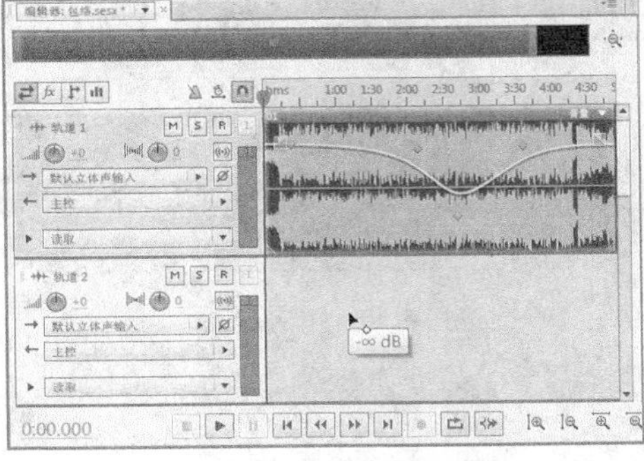

图 3-205

3.4.2 循环

循环是制作音乐的一种全新技术，只需要一个小片段，然后利用循环技术使片段循环播放，就生成一个新的音乐文件。一些电子音乐就利用了循环技术，特别是电子舞曲。

1. 循环设置

步骤① 选中一个音频块，如图 3-206 所示，选择“素材 > 循环”命令，或者在“属性”面板中勾选“循环”复选框，如图 3-207 所示。

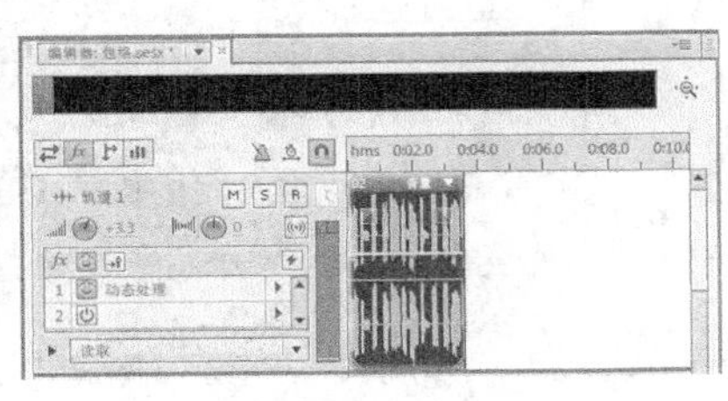

图 3-206

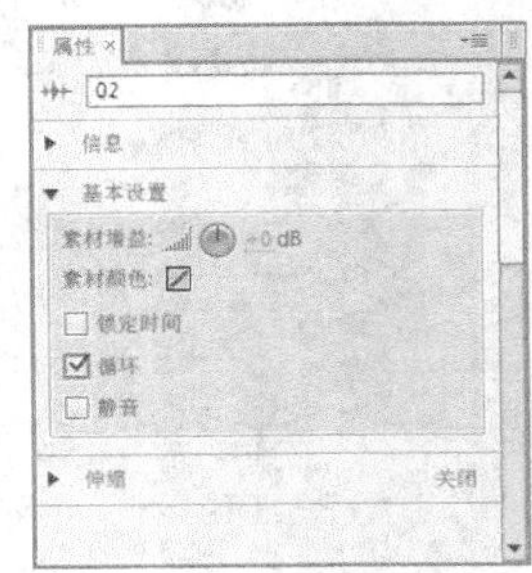

图 3-207

步骤② 音频块的左下方出现循环图标，如图 3-208 所示。将光标放置在波形的右侧，当光标变为时，如图 3-209 所示，单击并向右拖曳鼠标，会出现新的音频波形，并与原来的音频波形完全一致，如图 3-210 所示。

步骤③ 如果一直向右拖曳鼠标，音频波形将一直循环，并会在两段循环之间出现一条白色虚线，如图 3-211 所示。

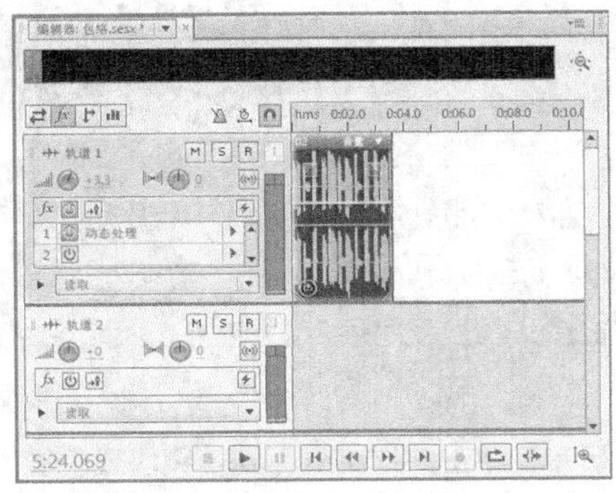

图 3-208

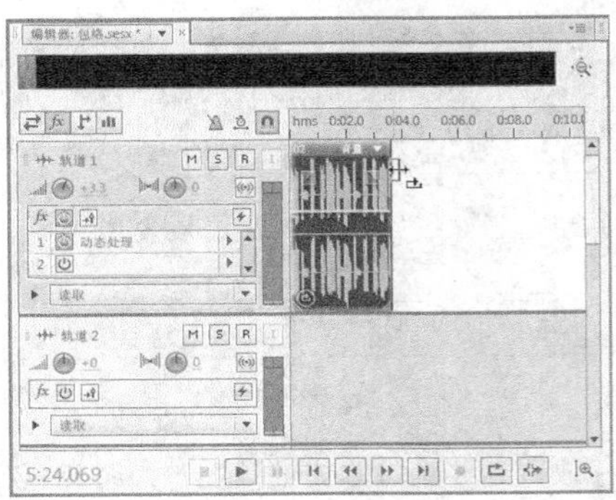

图 3-209

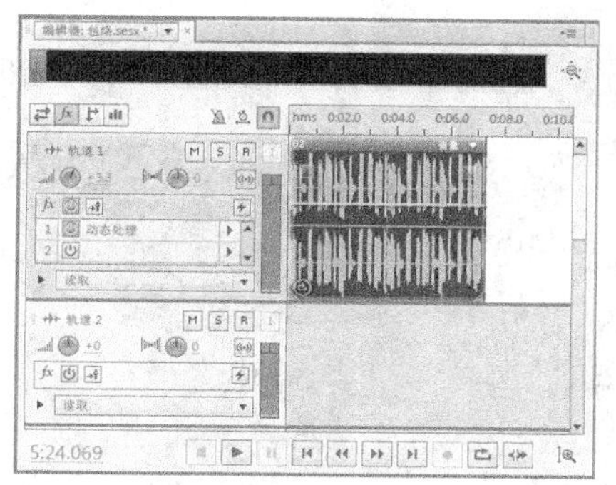

图 3-210

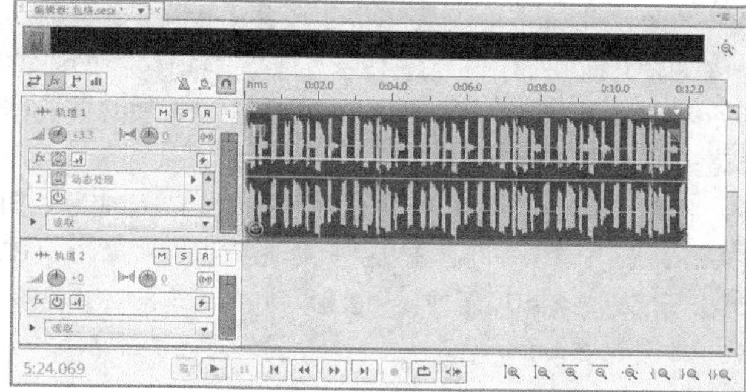

图 3-211

2. 课堂案例——为散文朗诵添加背景音乐

【案例学习目标】学习使用“循环”属性。

【案例知识要点】使用“和声”命令添加特效；使用“振幅”命令调整背景音乐的音量大小。

【效果所在位置】资源包 \ Ch03 \ 为散文朗诵添加背景音乐.mp3。

步骤① 选择“文件 > 新建 > 多轨混音项目”命令，弹出“新建多轨混音”对话框，在“混音项目名称”文本框中输入“为散文朗诵添加背景音乐”，其他选项的设置如图 3-212 所示，单击“确定”按钮，新建一个多轨项目。

步骤② 选择“文件 > 导入 > 文件”命令，选择资源包中的“Ch03 \ 素材 \ 为散文朗诵添加背景音乐”中的“01”和“02”文件，单击“打开”按钮，文件被导入到“文件”面板中，如图 3-213 所示。

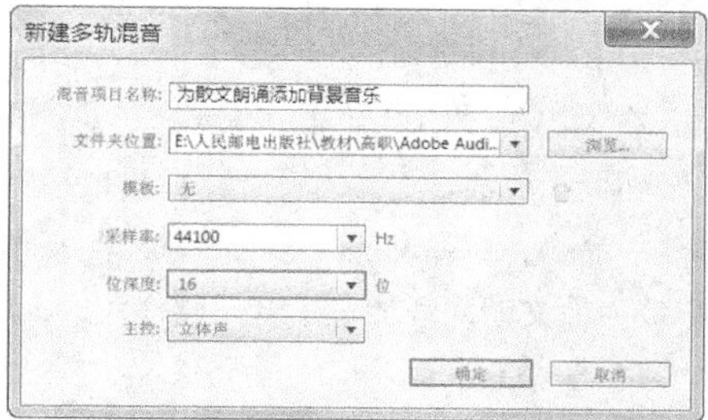

图 3-212

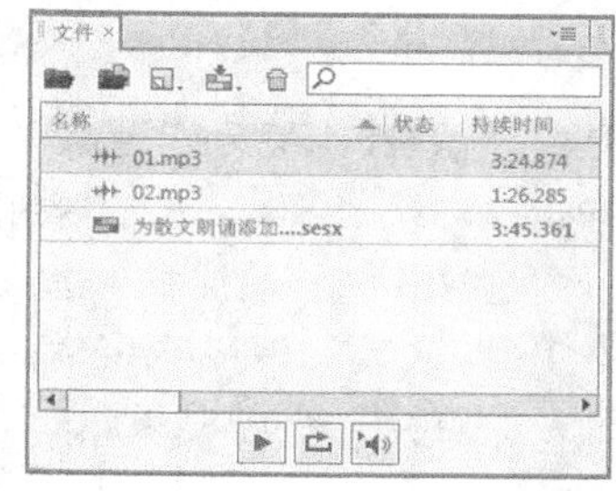

图 3-213

步骤③ 在“文件”面板中选中“01”文件并将其拖曳到“轨道 1”中，“编辑器”面板如图 3-214 所示。选择“效果 > 调制 > 和声”命令，弹出“组合效果 - 和声”对话框，在“预设”选项的下拉列表中选择“细腻的人声合唱”选项，其他选项的设置如图 3-215 所示，单击“关闭”按钮，应用效果关闭面板。

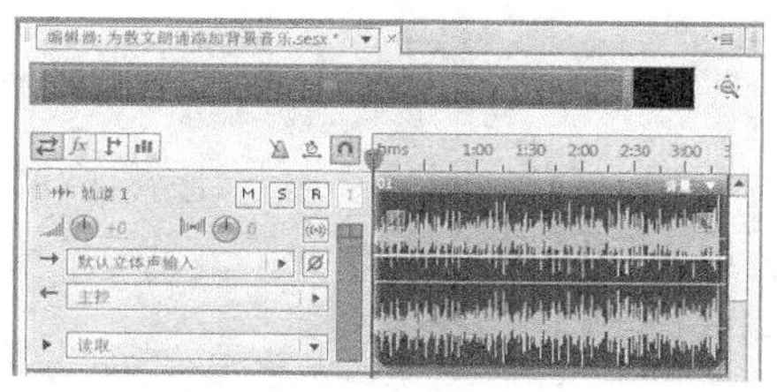

图 3-214

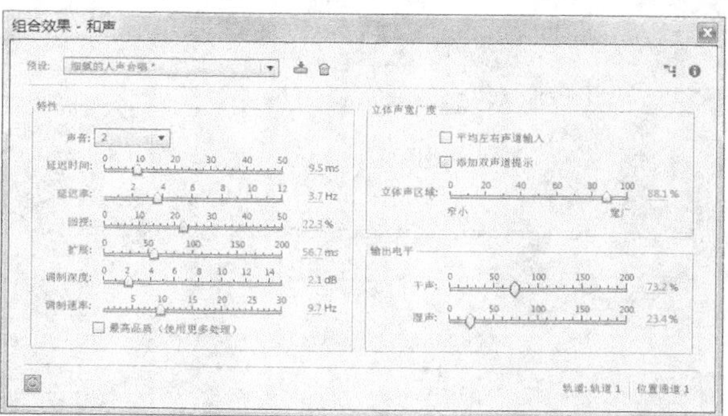

图 3-215

步骤④ 在“文件”面板中选中“02”文件并将其拖曳到“轨道 2”中，“编辑器”面板如图 3-216 所示。保持“轨道 2”的选取状态，选择“素材 > 循环”命令，在“轨道 2”音频块的右下角出现循环图标，如图 3-217 所示。

步骤⑤ 将光标放置在“轨道 2”音频块的右侧，当光标变为时，如图 3-218 所示，单击并向右拖曳鼠标到适当的位置，如图 3-219 所示，松开鼠标，会出现新的音频波形，并与原来的音频波形完全一致，如图 3-220 所示。

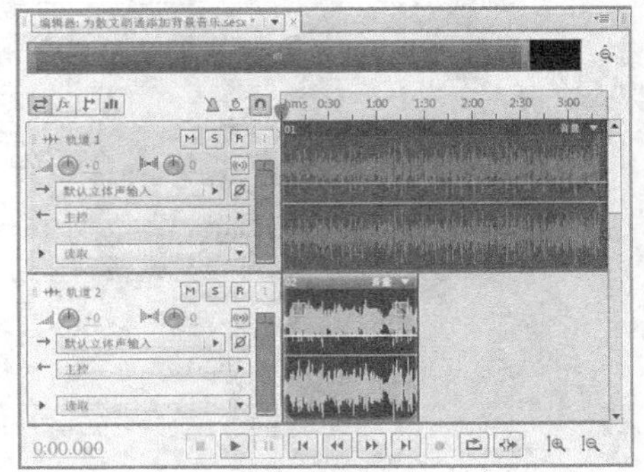

图 3-216

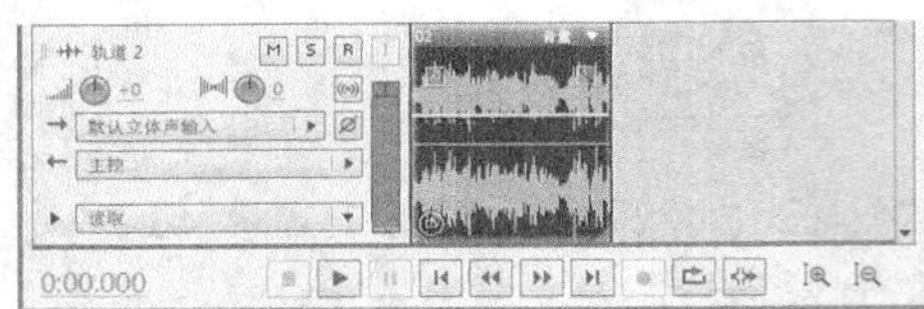

图 3-217

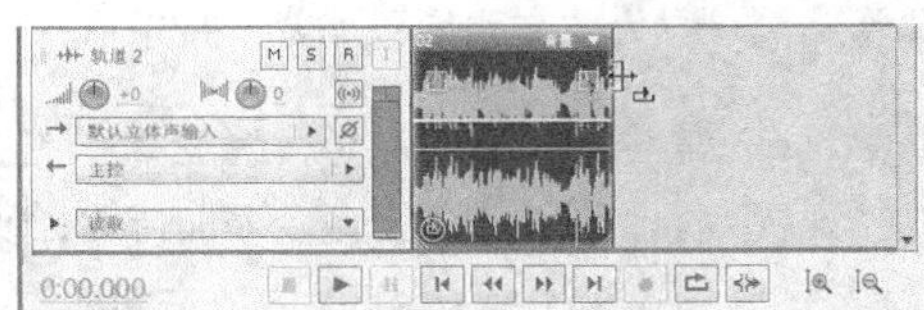

图 3-218

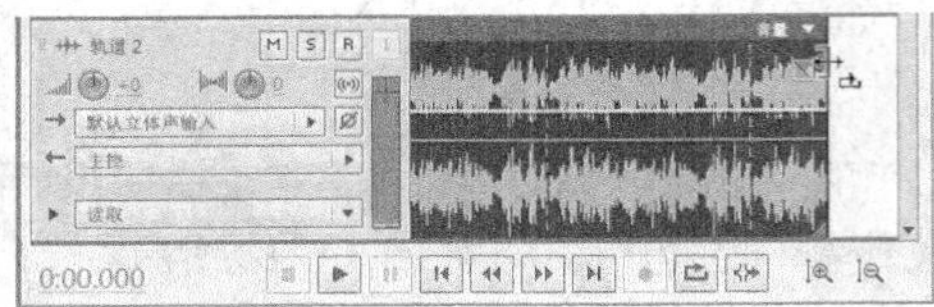

图 3-219

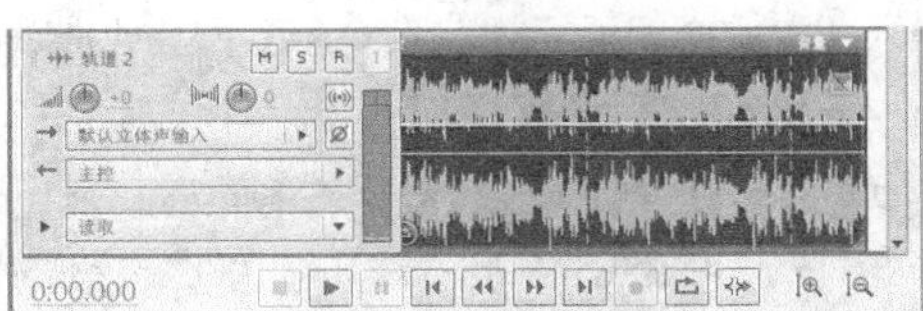

图 3-220

步骤⑥ 选择“效果 > 振幅与压限 > 增幅”命令，在弹出的“组合效果 - 增幅”对话框中进行设置，如图 3-221 所示，单击“关闭”按钮，应用效果关闭面板。

步骤⑦ 选择“文件 > 导出 > 多轨混缩 > 完整混音”命令，在弹出的“导出多轨缩混”对话框中进行设置，如图 3-222 所示。单击“确定”按钮，导出缩混效果。为散文朗诵添加背景音乐制作完成，单击“走带”面板中的“播放”按钮，监听最终声音效果。

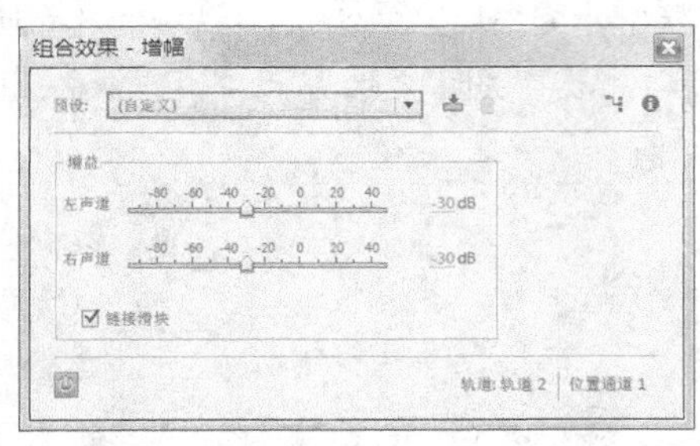

图 3-221

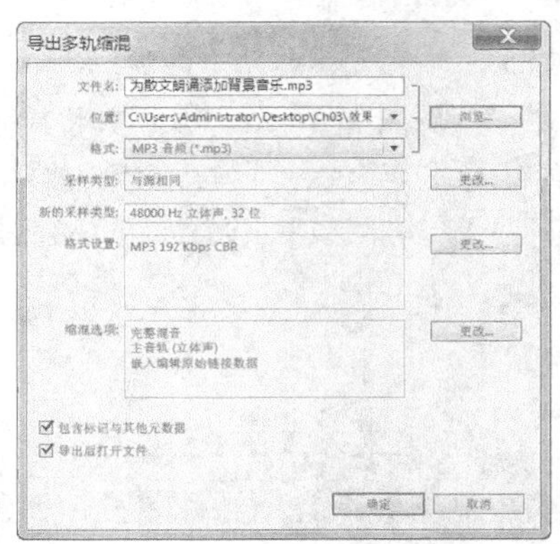

图 3-222

课堂练习——为歌曲添加伴奏

【练习知识要点】使用“新建”命令，新建多轨项目；使用“导入”命令，导入素材；使用“循环”命令，调整背景音乐的循环效果。

【效果所在位置】资源包 \ Ch03 \ 效果 \ 为歌曲添加伴奏.mp3。

课后习题——制作一首 DJ 舞曲

【习题知识要点】使用“新建”命令，新建多轨项目；使用“包络”命令，调整音频块的淡入与淡出效果。

【效果所在位置】资源包 \ Ch03 \ 效果 \ 制作一首 DJ 舞曲.mp3。

第 4 章　视频文件的导入与输出

Adobe Premiere Pro 是一款常用的视频编辑软件，本章对 Premiere Pro CS5 的概述、基本操作和渲染输出进行了详细讲解。读者通过对本章的学习，可以快速了解并掌握 Premiere Pro CS5 的入门知识，为后续章节的学习打下坚实的基础。

- 熟悉 Premiere 软件的基本操作
- 新建、打开视频文件，导入素材
- 输出视频文件

任务一　熟悉 Premiere 软件的基础操作

本任务将对 Premiere Pro CS5 概述、用户操作界面、各类功能面板等基础操作进行详细的讲解。

4.1.1　Premiere Pro CS5 概述

Adobe Premiere Pro CS5 是由 Adobe 公司基于 Macintosh 和 Windows 平台开发的一款非线性编辑软件，被广泛应用于电视节目制作、广告制作和电影制作等领域。

Adobe 公司于 1991 年首次推出 Adobe Premiere 软件，其后通过不断升级和改进，使其功能更加趋近专业化。2003 年 7 月推出 Premiere Pro 版本，将非线编辑能力提升到了一个新的层次，提供了强大且高效的增强功能和先进的专业工具，使剪辑工作更加轻松、高效。CS5 软件于 2010 年正式发布，它只有在 64 位操作系统下才可以运行，且借助 64 位 CPU 强劲的运算能力及硬件加速渲染，支持从低到高的几乎所有视频格式，从脚本编写到编辑、编码和最终交付，实现视频制作的一步到位。

4.1.2　初识 Premiere Pro CS5

初学 Premiere Pro CS5 的读者在启动 Premiere Pro CS5 后，可能会对工作窗口或面板感到束手无策。本节将对用户操作界面、“项目”面板、“时间线”面板、“监视器”面板和其他功能面板及菜单命令进行详细的讲解。

1. 认识用户操作界面

Premiere Pro CS5 用户操作界面如图 4-1 所示，从图中可以看出，Premiere Pro CS5 用户操作界面由标题栏、菜单栏、“项目”面板、“源”/“特效控制台”/“调音台”面板组、“节目”面板、“历史”/“信息”/“效果”面板组、“时间线”面板、“音频控制”面板和“工具”面板等组成。

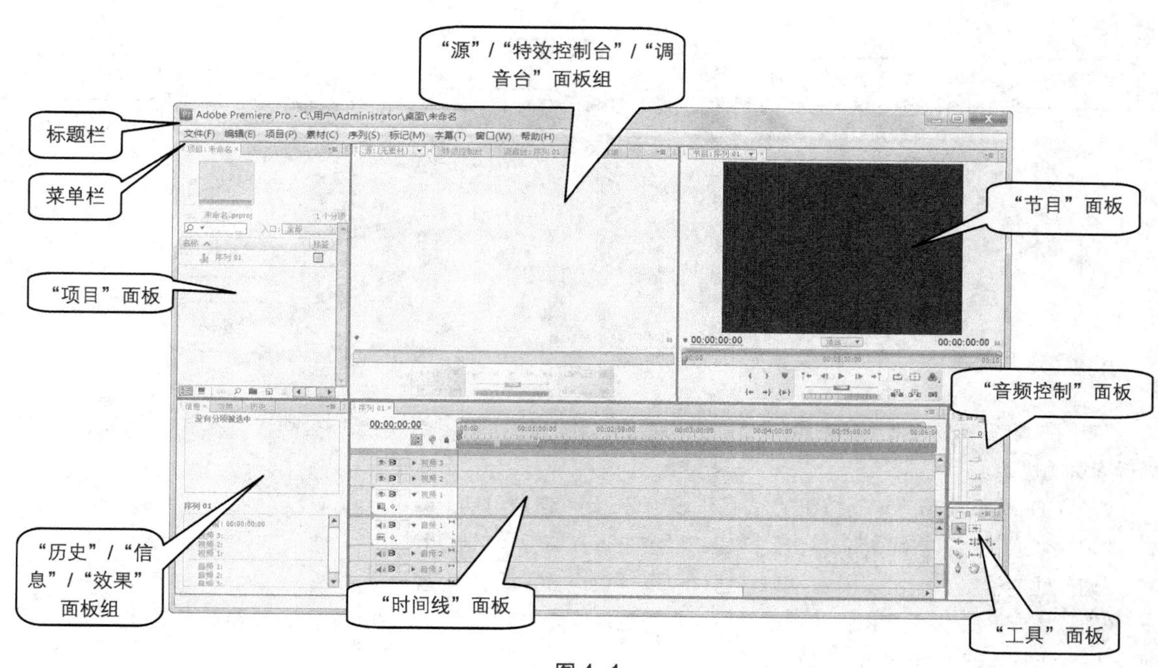

图 4-1

2. 熟悉"项目"面板

"项目"面板主要用于输入、组织和存放供"时间线"面板编辑合成的原始素材，如图 4-2 所示。该面板主要由素材预览区、素材目录栏和面板工具栏三部分组成。

在素材预览区，用户可预览选中的原始素材，同时还可查看素材的基本属性，如素材的名称、媒体格式、视音频信息、数据量等。

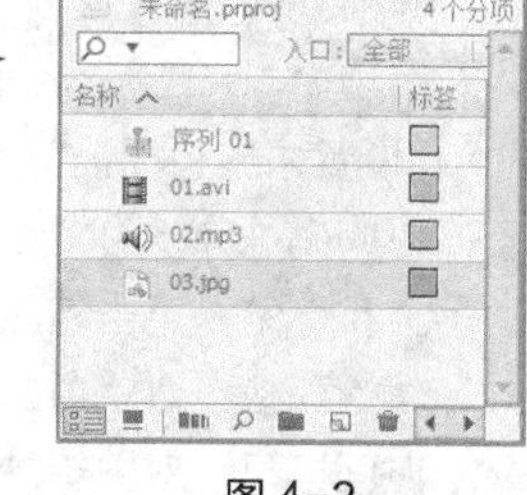

图 4-2

在"项目"面板下方的工具栏中共有 7 个功能按钮，从左至右分别为"列表视图"按钮、"图标视图"按钮、"自动匹配序列"按钮、"查找"按钮、"新建文件夹"按钮、"新建分项"按钮和"清除"按钮。各按钮的含义如下。

"列表视图"按钮：单击此按钮，可以将素材窗中的素材以列表形式显示。

"图标视图"按钮：单击此按钮，可以将素材窗中的素材以图标形式显示。

"自动匹配序列"按钮：单击此按钮，可以将素材自动调整到时间线。

"查找"按钮：单击此按钮，可以按提示快速查找素材。

"新建文件夹"按钮：单击此按钮可以新建文件夹，以便管理素材。

"新建分项"按钮：分类文件中包含多项不同素材的名称文件，单击此按钮，可以为素材添加分类，以便更有序地进行管理。

"清除"按钮：选中不需要的文件，单击此按钮，即可将其删除。

3. 认识"时间线"面板

"时间线"面板是 Premiere Pro CS5 的核心部分，在编辑影片的过程中，大部分工作都是在"时间线"面板中完成的。通过"时间线"面板，可以轻松地实现对素材的剪辑、插入、复制、粘贴和修整等操作，如图 4-3 所示。

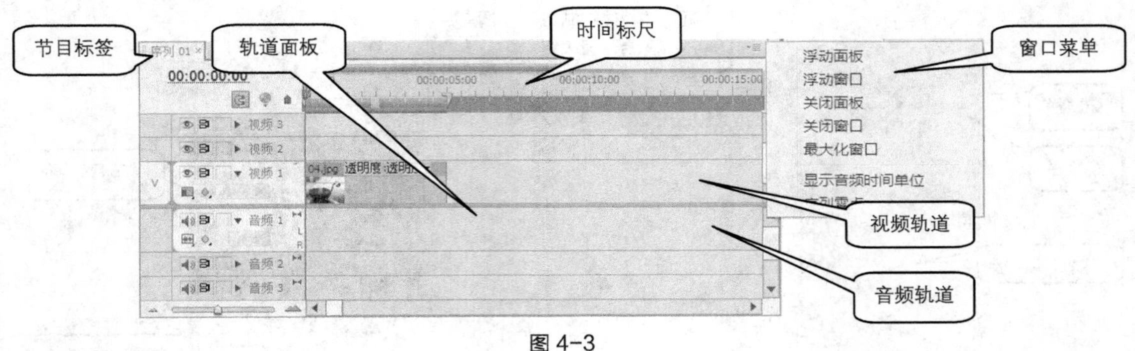

图 4-3

“吸附”按钮：单击此按钮可以启动吸附功能，这时在“时间线”面板中拖动素材，素材将自动粘合到邻近素材的边缘。

“设置 Encore 章节标记”按钮：用于设定 Encore 主菜单标记。

“切换轨道输出”按钮：单击此按钮，设置是否在监视窗口显示该影片。

“切换轨道输出”按钮：激活该按钮，可以播放声音，反之则是静音。

“轨道锁定开关”按钮：单击该按钮，当按钮变成状时，当前轨道被锁定，处于不能编辑状态；当按钮变成状时，可以编辑操作该轨道。

“折叠-展开轨道”：隐藏/展开视频轨道工具栏或音频轨道工具栏。

“设置显示样式”按钮：单击此按钮将弹出下拉菜单，在此菜单中可选择显示的命令。

“显示关键帧”按钮：单击此按钮，选择显示当前关键帧的方式。

“设置显示样式”按钮：单击该按钮，弹出下拉菜单，在菜单中可以根据需要对音频轨道素材显示方式进行选择。

“转到下一个关键帧”按钮：设置时间指针定位在被选素材轨道上的下一个关键帧上。

“添加-移除关键帧”按钮：在时间指针所处的位置上，在轨道中被选素材的当前位置上添加/移除关键帧。

“转到前一个关键帧”按钮：设置时间指针定位在被选素材轨道上的上一个关键帧上。

滑块：放大/缩小音频轨道中关键帧的显示程度。

“设置未编号标记”按钮：单击此按钮，在当前帧的位置上设置标记。

时间码 00:00:00:00：在这里显示播放影片的进度。

节目标签：单击相应的标签，可以在不同的节目间相互切换。

轨道面板：对轨道的退缩和锁定等参数进行设置。

时间标尺：对剪辑的组进行时间定位。

窗口菜单：对时间单位及剪辑参数进行设置。

视频轨道：为影片进行视频剪辑的轨道。

音频轨道：为影片进行音频剪辑的轨道。

4. 认识“监视器”面板

监视器窗口分为“源素材”窗口和“节目”窗口，分别如图 4-4 和图 4-5 所示，所有未编辑或编辑的影片片段都在此显示效果。

图 4-4

图 4-5

“设置入点”按钮：设置当前影片位置的起始点。

“设置出点”按钮：设置当前影片位置的结束点。

“设置未编号标记”按钮：设置影片片段未编号标记。

“跳转到前一个标记”按钮：调整时差滑块到当前位置的前一个标记处。

“步进”按钮：对素材进行逐帧播放。每单击一次该按钮，播放就会前进 1 帧，按住 Shift 键的同时单击此按钮，每次前进 5 帧。

“播放-停止切换”按钮 / ：控制监视器窗口中的素材时，单击此按钮，会从监视窗口中时间标记的当前位置开始播放；在“节目”监视器窗口中，在播放时按 J 键可以进行倒播。

“步退”按钮：对素材进行逐帧倒播。每单击一次该按钮，播放就会后退 1 帧，按住 Shift 键的同时单击此按钮，每次后退 5 帧。

“跳转到下一个标记”按钮：调整时差滑块到当前位置的下一个标记处。

“循环”按钮：控制循环播放。单击此按钮，监视窗口就会不断循环播放素材，直至按下停止按钮。

“安全框”按钮：单击该按钮，为影片设置安全边界线，以防影片画面太大播放不完整，再次单击之，可隐藏安全线。

“输出”按钮：单击此按钮，可在弹出的菜单中对导出的形式和导出的质量进行设置。

“跳转到入点”按钮：单击此按钮，可将时间标记移到起始点位置。

“跳转到出点”按钮：单击此按钮，可将时间标记移到结束点位置。

“播放入点到出点”按钮：单击此按钮播放素材时，只在定义的入点到出点之间播放素材。

“飞梭”：在播放影片时，拖曳中间的滑块，可以改变影片的播放速度，滑块离中心点越近，播放速度越慢，反之则越快。向左拖曳将倒放影片，向右拖曳将正播影片。

“微调”：将鼠标指针移动到它的上面，单击并按住鼠标左右拖曳，可以仔细地搜索影片中的某个片段。

“插入”按钮：单击此按钮，当插入一段影片时，重叠的片段将后移。

“覆盖”按钮：单击此按钮，当插入一段影片时，重叠的片段将被覆盖。

“跳转到前一个编辑点”按钮：表示到同一轨道上当前编辑点的前一个编辑点。

“跳转到下一个编辑点”按钮：表示到同一轨道上当前编辑点的后一个编辑点。

“提升”按钮：用于将轨道上入点与出点之间的内容删除，删除之后仍然留有空间。

“提取”按钮：用于将轨道上入点与出点之间的内容删除，删除之后不留空间，后面的素材会自动连接前面的素材。

“导出单帧”按钮：可导出一帧的影视画面。

5. 其他功能面板

除了以上介绍的面板，Premiere Pro CS5 中还提供了一些其他便于编辑操作的功能面板，下面逐一进行介绍。

（1）“效果”面板

“效果”面板存放着 Premiere Pro CS5 自带的各种音频、视频特效和预设的特效，这些特效按照功能分为 5 大类，包括音频特效、视频特效、音频切换效果、视频切换效果及预设特效，每一大类又按照效果细分为很多小类，如图 4-6 所示。用户安装的第三方特效插件也将出现在该面板的相应类别文件中。

默认设置下，“效果”面板、“历史”面板和“信息”面板合并为一个面板组，单击“效果”标签，即可切换到“效果”面板。

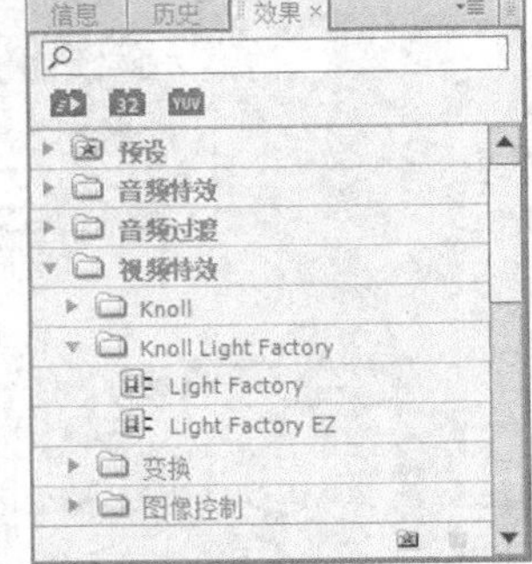

图 4-6

（2）“特效控制台”面板

同“效果”面板一样，在 Premiere Pro CS5 的默认设置下，“特效控制台”面板、“源”监视器面板和“调音台”面板合并为一个面板组。“特效控制台”面板主要用于控制对象的运动、透明度、切换及特效等设置，如图 4-7 所示。当为某一段素材添加了音频、视频或转场特效后，就需要在该面板中进行相应的参数设置和添加关键帧，画面的运动特效也在这里进行设置，该面板会根据素材和特效的不同显示不同的内容。

（3）“调音台”面板

“调音台”面板可以更加有效地调节项目的音频，可以实时混合各轨道的音频对象，如图 4-8 所示。

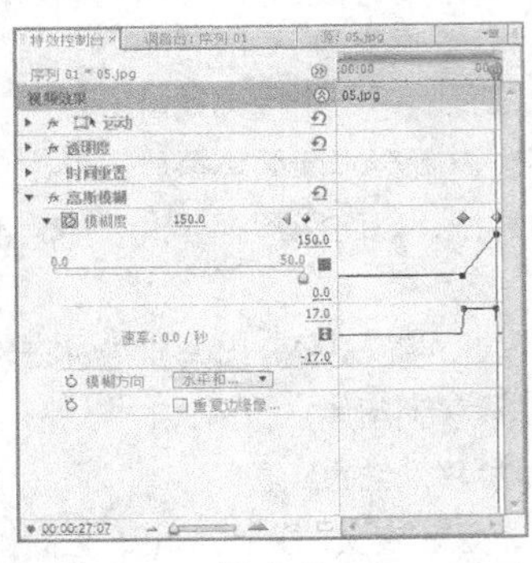

图 4-7

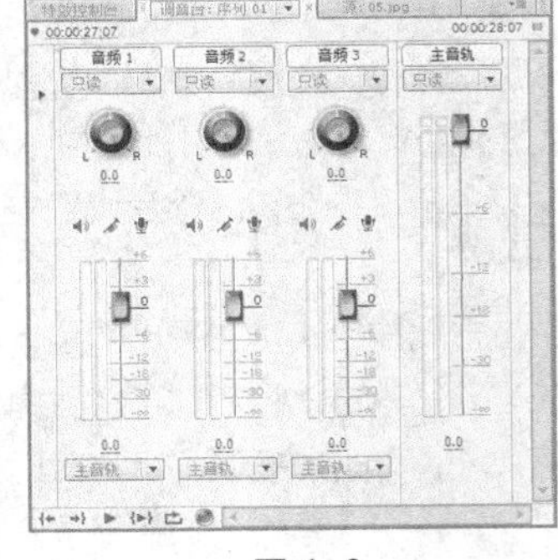

图 4-8

（4）“历史”面板

“历史”面板可以记录用户从建立项目开始以来进行的所有操作，如果在执行了错误操作后单击该面板中相应的命令，即可撤销错误操作并重新返回到错误操作之前的某一个状态，如图 4-9 所示。

（5）“信息”面板

在 Premiere Pro CS5 中，“信息”面板作为一个独立面板显示，其主要功能是集中显示所选定素材对象的各项信息。不同的对象，“信息”面板的内容也不尽相同，如图 4-10 所示。

默认设置下，“信息”面板是空白的。如果在“时间线”面板中放入一个素材并选中它，“信息”面板将显示选中素材的信息，如果有过渡，则显示过渡的信息；如果选定的是一段视频素材，“信息”面板将显示该素材的类型、持续时间、帧速率、入点、出点及光标的位置；如果是静止图片，“信息”面板将显示素材的类型、持续时间、帧速率、开始点、结束点及光标的位置。

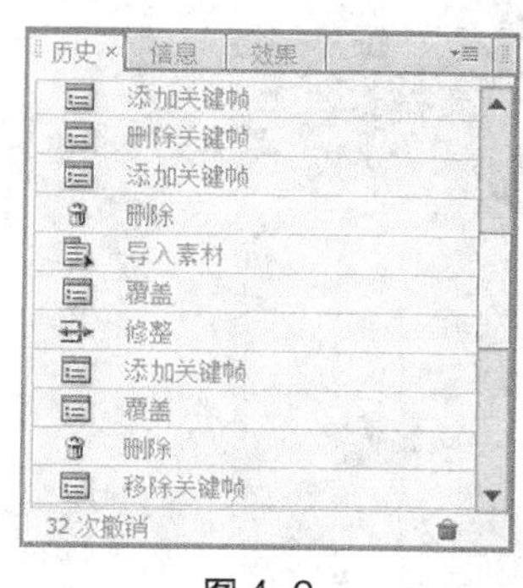

图 4-9

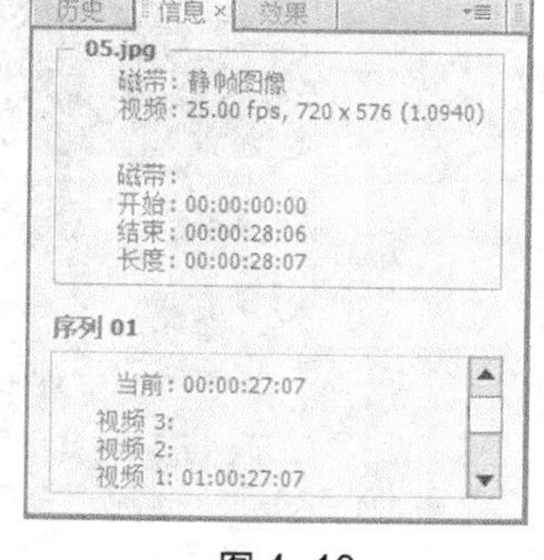

图 4-10

（6）“工具”面板

“工具”面板主要用来对时间线中的音频和视频等内容进行编辑，如图 4-11 所示。

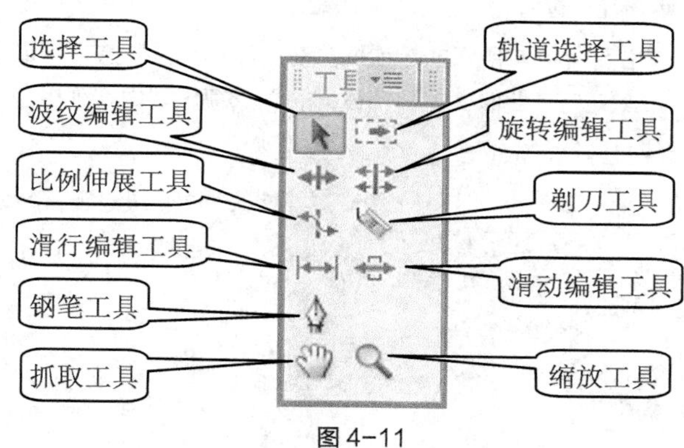

图 4-11

任务二　新建、打开视频文件，导入素材

本节不仅介绍项目文件操作，例如：新建项目文件、打开已有的项目文件；还介绍对象的操作，如素材的导入、移动、删除和对齐等。这些基本操作对后期的制作至关重要。

4.2.1　项目文件操作

在启动 Premiere Pro CS5 开始进行影视制作时，必须首先创建新的项目文件或打开已存在的项目文件，这是 Premiere Pro CS5 最基本的操作之一。

1. 新建项目文件

新建项目文件有两种方式：一种是启动 Premiere Pro CS5 时直接新建一个项目文件，另一种是在 Premiere Pro CS5 已经启动的情况下新建项目文件。

2. 在启动 Premiere Pro CS5 时新建项目文件

在启动 Premiere Pro CS5 时新建项目文件的具体操作步骤如下。

步骤 1 选择“开始 > 所有程序 > Adobe Premiere Pro CS5”命令，或双击桌面上的 Adobe Premiere Pro CS5 快捷图标，弹出启动窗口，单击“新建项目”按钮，如图 4-12 所示。

图 4-12

步骤② 弹出“新建项目”对话框，如图 4-13 所示。在“常规”选项卡中设置活动与字幕安全区域及视频、音频、采集项目名称，单击“位置”选项右侧的“浏览”按钮，在弹出的对话框中选择项目文件的保存路径。在“名称”选项的文本框中设置项目名称。

步骤③ 单击“确定”按钮，弹出图 4-14 所示的对话框。在“序列预设”选项区域中选择项目文件格式，如“DV-PAL”制式下的“标准 48kHz”，此时，在“预设描述”选项区域中将列出相应的项目信息。单击“确定”按钮，即可创建一个新的项目文件。

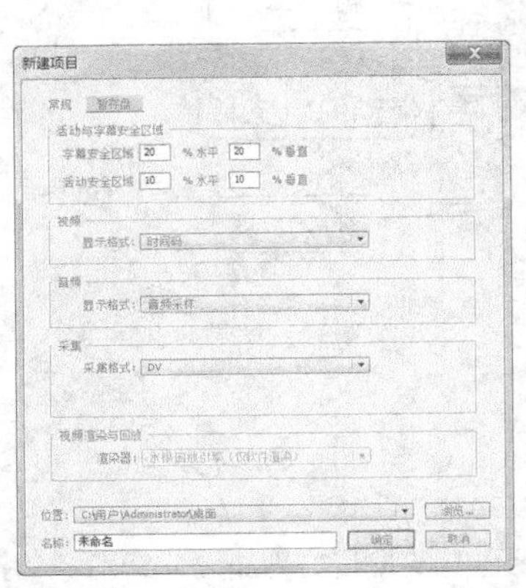

图 4-13

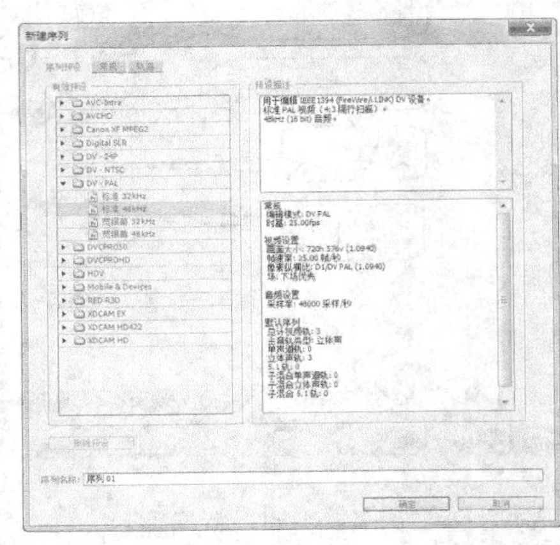

图 4-14

3. 利用菜单命令新建项目文件

如果 Premiere Pro CS5 已经启动，此时可利用菜单命令新建项目文件，具体操作步骤如下。

选择“文件 > 新建 > 项目”命令，如图 4-15 所示，或按 Ctrl+Alt + N 组合键，在弹出的“新建项目”对话框中按照上述方法选择合适的设置，单击“确定”按钮。

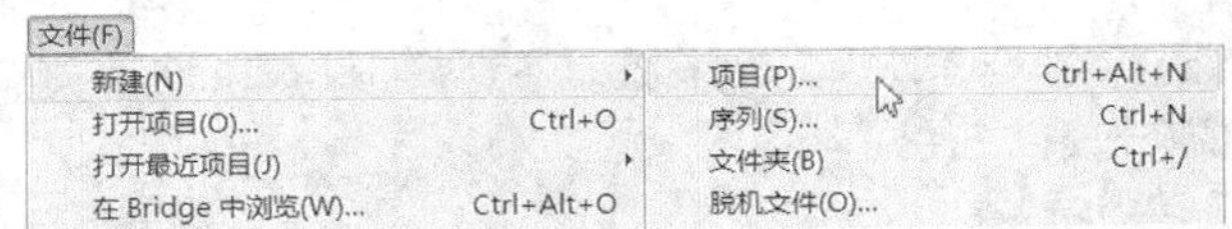

图 4-15

4. 打开已有的项目文件

要打开一个已存在的项目文件进行编辑或修改，可以使用如下 4 种方法。

⊙ 通过启动窗口打开项目文件。启动 Premiere Pro CS5，在弹出的启动窗口中单击“打开项目”按钮，如图 4-16 所示，在弹出的对话框中选择需要打开的项目文件，如图 4-17 所示，单击“打开”按钮，即可打开已选择的项目文件。

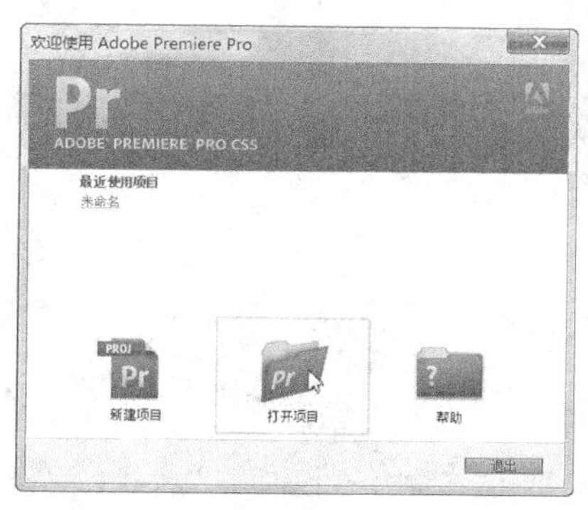

图 4-16

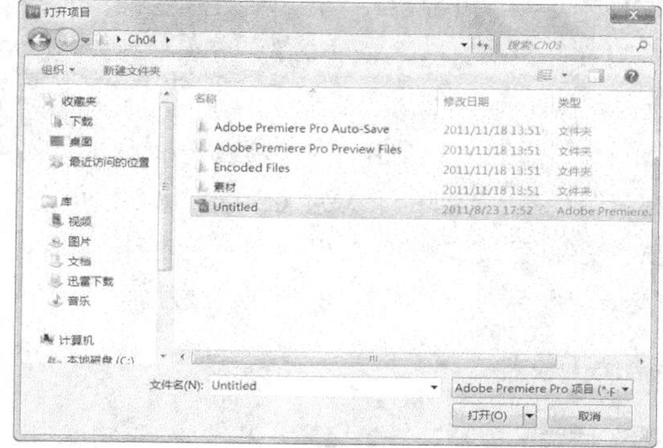

图 4-17

⊙ 通过启动窗口打开最近编辑过的项目文件。启动 Premiere Pro CS5，在弹出的启动窗口的“最近使用项目”选项中单击需要打开的项目文件，如图 4-18 所示，打开最近保存过的项目文件。

⊙ 利用菜单命令打开项目文件。在 Premiere Pro CS5 程序窗口中选择“文件 > 打开项目”命令，如图 4-19 所示，或按 Ctrl+O 组合键，在弹出的对话框中选择需要打开的项目文件，如图 4-20 所示，单击“打开”按钮，即可打开所选的项目文件。

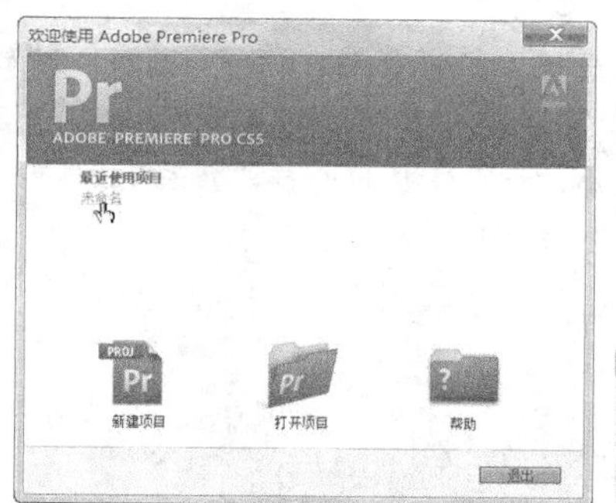

图 4-18

图 4-19

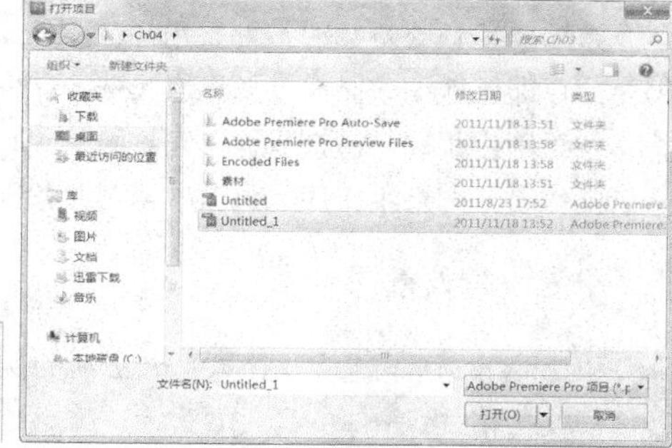

图 4-20

⊙ 利用菜单命令打开近期的项目文件。Premiere Pro CS5 会将近期打开过的文件保存在“文件”菜单中，选择“文件 > 打开最近项目”命令，在其子菜单中选择需要打开的项目文件，如图 4-21 所示，即可打开所选的项目文件。

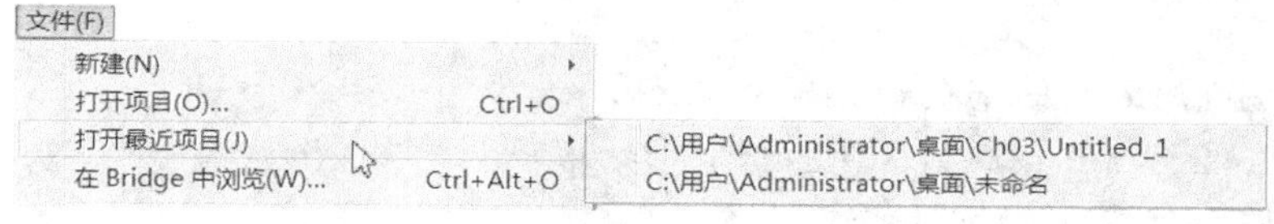

图 4-21

5. 保存项目文件

文件的保存是文件编辑的重要环节。在 Adobe Premiere Pro CS5 中，以何种方式保存文件对图像文件以后的使用有直接的关系。

刚启动 Premiere Pro CS5 软件时，系统会提示用户先保存一个设置了参数的项目，因此，对于编辑过的项目，直接选择“文件 > 存储”命令或按 Ctrl+S 组合键，即可直接保存。另外，系统还会隔一段时间自动保存一次项目。

除了这种方法外，Premiere Pro CS5 还提供了“存储为”和“存储副本”命令。

保存项目文件副本的具体操作步骤如下。

步骤① 选择“文件 > 存储为”命令（或按 Ctrl+Shift+S 组合键），或者选择“文件 > 存储副本”命令（或按 Ctrl+ Alt+S 组合键），弹出“存储项目”对话框。

步骤② 在“保存在”选项的下拉列表中选择保存路径。

步骤③ 在“文件名”选项的文本框中输入文件名。

步骤④ 单击“保存”按钮，即可保存项目文件。

6. 关闭项目文件

如果要关闭当前项目文件，选择“文件 > 关闭项目”命令即可。其中，如果对当前文件做了修改却尚未保存，系统将会弹出图 4-22 所示的提示对话框，询问是否要保存该项目文件所做的修改。单击“是”按钮，保存项目文件；单击“否”按钮，则不保存文件并直接退出项目文件。

图 4-22

4.2.2 撤销与恢复操作

通常情况下，一个完整的项目需要经过反复的调整、修改与比较，才能完成。因此，Premiere Pro CS5 为用户提供了“撤销”与“重做”命令。

在编辑视频或音频时，如果用户的上一步操作是错误的，或对操作得到的效果不满意，选择“编辑 > 撤销”命令即可撤销该操作，如果连续选择此命令，则可连续撤销前面的多步操作。

如果用户想取消撤销操作，可选择“编辑 > 重做”命令。例如，已删除一个素材，通过“撤销”命令来撤销操作后，如果用户还想将这些素材片段删除，则选择“编辑 > 重做”命令即可。

4.2.3 导入素材

Premiere Pro CS5 支持大部分主流的视频、音频以及图像文件格式。一般的导入方式为选择“文件 > 导入”命令，在“导入”对话框中选择所需要的文件格式和文件，如图 4-23 所示。

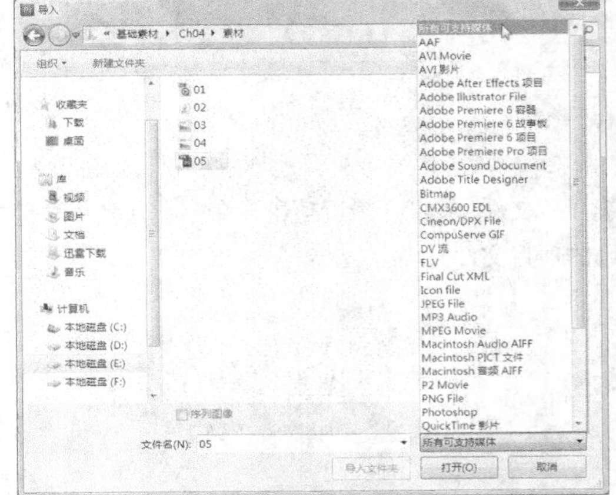

图 4-23

1. 导入图层文件

以素材的方式导入图层的设置方法如下。选择“文件 > 导入”命令，在“导入”对话框中选择 Photoshop、Illustrator 等含有图层的文件格式，选择需要导入的文件，单击“打开”按钮，会弹出图 4-24 所示的提示对话框。

“导入分层文件”：设置 PSD 图层素材导入的方式，可选择“合并所有图层”“合并图层”“单层”或“序列”。

本例选择“序列”选项，如图 4-25 所示，单击“确定”按钮，在“项目”窗口中会自动产生一个文件夹，其中包括序列文件和图层素材，如图 4-26 所示。

以序列的方式导入图层后，会按照图层的排列方式自动产生一个序列，可以打开该序列设置动画，进行编辑。

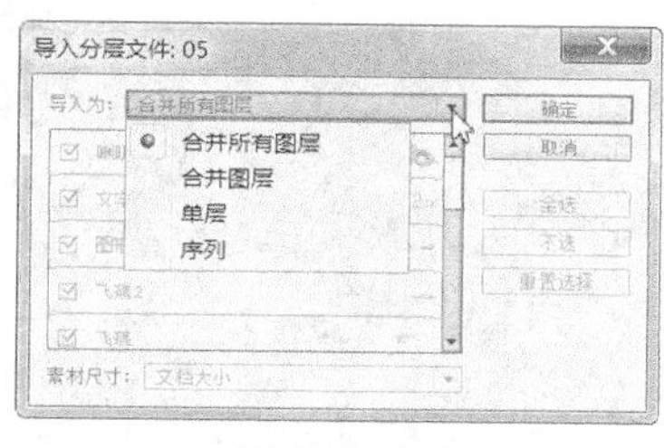
图 4-24

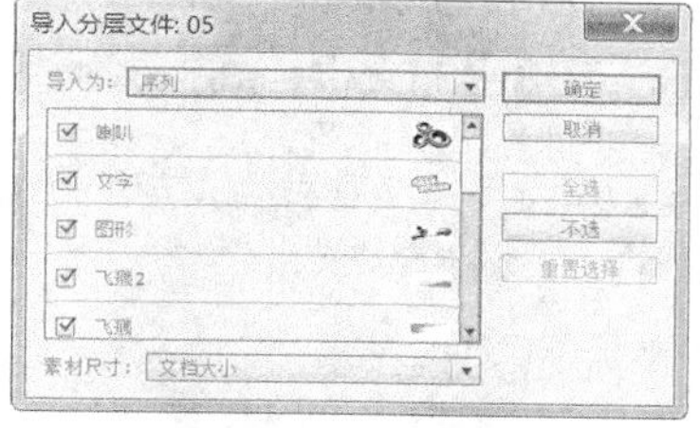
图 4-25

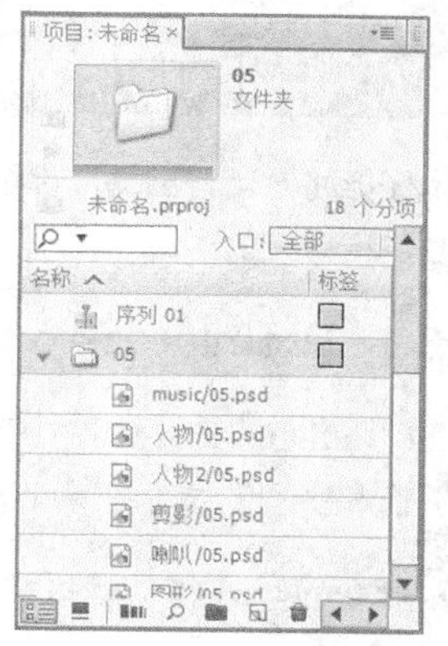
图 4-26

2. 导入图片

序列文件是一种非常重要的源素材，它由若干幅按序排列的图片组成，记录活动影片，每幅图片代表 1 帧。通常可以在 3ds Max、After Effects 和 Combustion 软件中产生序列文件，然后再导入 Premiere Pro CS5 中使用。

序列文件以数字序号为序进行排列。当导入序列文件时，应在首选项对话框中设置图片的帧速率，也可以在导入序列文件后，在解释素材对话框中改变帧速率。导入序列文件的方法如下。

步骤① 在“项目”窗口的空白区域双击，弹出“导入”对话框，找到序列文件所在的目录，勾选“序列图像”复选框，如图 4-27 所示。

步骤② 单击“打开”按钮，导入素材。序列文件导入后的状态如图 4-28 所示。

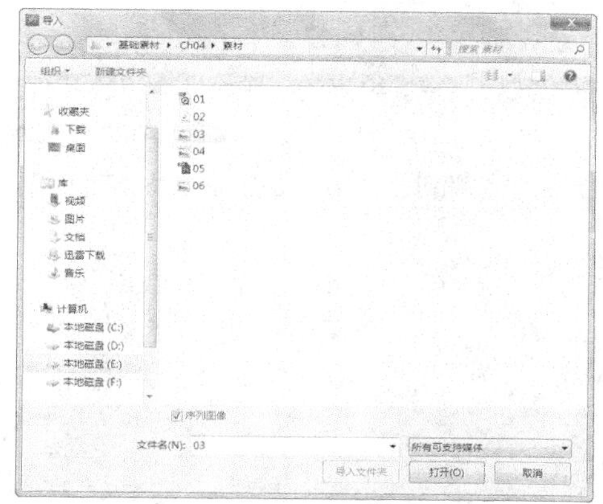
图 4-27

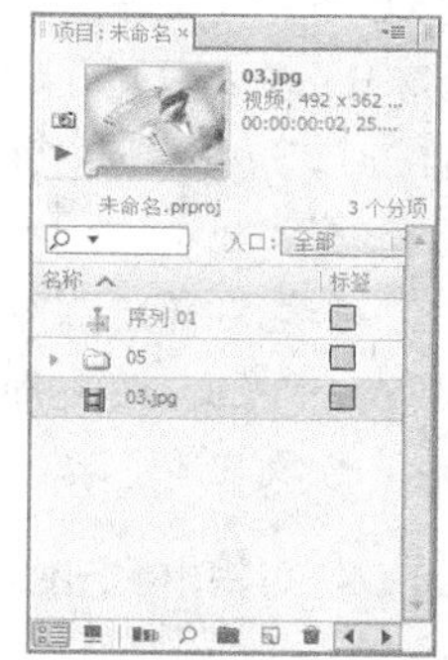
图 4-28

4.2.4 改变素材名称

在“项目”窗口中的素材上单击鼠标右键，在弹出的快捷菜单中选择“重命名”命令，素材会处于可编辑状态，输入新名称即可，如图 4-29 所示。

剪辑人员可以给素材重命名，以改变它原来的名称，这在一部影片中重复使用一个素材或复制了一个素材并为之设定新的入点和出点时极其有用。给素材重命名有助于在“项目”窗口和序列中观看一个复制的素材时避免混淆。

任务三　输出视频文件

本任务将对可输出的文件格式、输出的参数设置和各种常用格式文件渲染输出的方法进行详细的讲解。

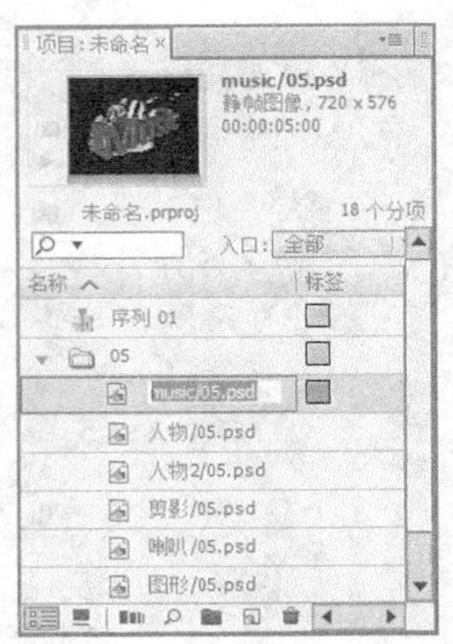

图 4-29

4.3.1　Premiere Pro CS5 可输出的文件格式

在 Premiere Pro CS5 中可以输出多种文件格式，包括视频格式、音频格式、静态图像和序列图像等，下面进行详细介绍。

1. Premiere Pro CS5 可输出的视频格式

在 Premiere Pro CS5 中可以输出多种视频格式，常用的有以下几种。

- AVI：Audio Video Interleaved 的缩写，是 Windows 操作系统中使用的视频文件格式，它的优点是兼容性好、图像质量好、调用方便，缺点是文件尺寸较大。
- Animated GIF：动画格式的文件，可以显示视频运动画面，但不包含音频部分。
- Fic/Fli：支持系统的静态画面或动画。
- Filmstrip：电影胶片（也称为幻灯片影片），但不包括音频部分。该类文件可以通过 Photoshop 等软件进行画面效果处理，然后再导入到 Premiere Pro CS5 中进行编辑输出。
- QuickTime：用于 Windows 和 Mac OS 系统上的视频文件，适合于网上下载。该文件格式是由 Apple 公司开发的。
- DVD：使用 DVD 刻录机及 DVD 空白光盘刻录而成。
- DV：全称是 Digital Video，是新一代数字录像带的规格，具有体积小、时间长的优点。

2. Premiere Pro CS5 可输出的音频格式

在 Premiere Pro CS5 中可以输出多种音频格式，其主要输出的音频格式有以下几种。

- WAV：全称是 Windows Media Audio。WMA 音频文件是一种压缩的离散文件或流式文件。它采用的压缩技术与 MP3 压缩原理近似，但它并不削减大量的编码。WMA 最主要的优点是可以在较低的采样率下压缩出近于 CD 音质的音乐。
- MPEG：MPEG（动态图像专家组）创建于 1988 年，专门负责为 CD 建立视频和音频等相关标准。
- MP3：MPEG Audio Layer3 的简称，能够以高音质、低采样率对数字音频文件进行压缩。

此外，Premiere Pro CS5 还可以输出 DV AVI、Real Media 和 QuickTime 格式的音频。

3. Premiere Pro CS5 可输出的图像格式

在 Premiere Pro CS5 中可以输出多种图像格式，其主要输出的图像格式有以下两种。

- 静态图像格式：Film Strip、FLC/FLI、Targa、TIFF 和 Windows Bitmap。
- 序列图像格式：GIF Sequence、Targa Sequence 和 Windows Bitmap Sequence。

4.3.2　输出参数的设置

在 Premiere Pro CS5 中，既可以将影片输出为用于电影或电视中播放的录像带，也可以输出为通过网络传输的网络流媒体格式，还可以输出为可以制作 VCD 或 DVD 光盘的 AVI 文件等。但是，无论输出的是何种类型，在输出文件之前，都必须合理地设置相关的输出参数，使输出的影片达到理想的效果。本节以输出 AVI 格式为例，介绍输出前的参数设置方法，其他格式类型的输出设置与此类型基本相同。

1. 输出选项

影片制作完成后即可输出，在输出影片之前，可以设置一些基本参数，其具体操作步骤如下。

步骤 1 在“时间线”面板选择需要输出的视频序列，然后选择“文件 > 导出 > 媒体”命令，在弹出的对话框中进行设置，如图 4-30 所示。

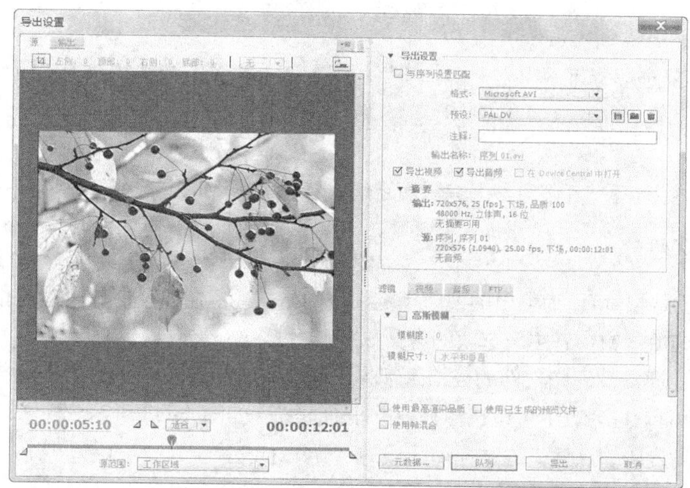

图 4-30

步骤 2 在对话框右侧的选项区域中设置文件的格式以及输出区域等选项。

（1）文件类型

用户可以将输出的数字电影设置为不同的格式，以便适应不同的需要。在“格式”选项的下拉列表中，可以输出的媒体格式如图 4-31 所示。

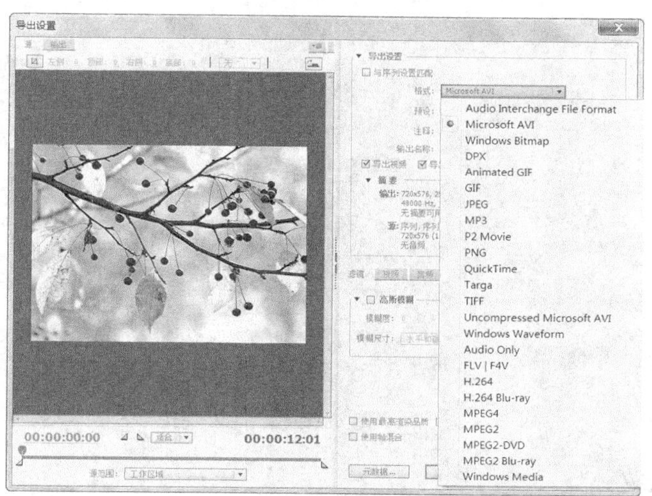

图 4-31

在 Premiere Pro CS5 中默认的输出文件类型或格式主要有以下几种。

⊙ 如果要输出为基于 Windows 操作系统的数字电影，则选择“Microsoft AVI”（Windows 格式的视频格式）选项。

⊙ 如果要输出为基于 Mac 操作系统的数字电影，则选择“QuickTime”（MAC 视频格式）选项。

⊙ 如果要输出 GIF 动画，则选择“Animated GIF”选项，即输出的文件连续存储了视频的每一帧，这种格式支持在网页上以动画形式显示，但不支持声音播放。若选择“GIF”选项，则只能输出单帧的静态图像序列。

⊙ 如果只是输出为 WAV 格式的影片声音文件，则选择“Windows Waveform”选项。

（2）输出视频

勾选“导出视频”复选框，可输出整个编辑项目的视频部分；若取消选择，则不能输出视频部分。

（3）输出音频

勾选“导出音频”复选框，可输出整个编辑项目的音频部分；若取消选择，则不能输出音频部分。

2. “视频”选项区域

在“视频”选项区域中，可以为输出的视频指定使用的格式、品质以及影片尺寸等相关的选项参数，如图 4-32 所示。“视频”选项区域中各主要选项的含义如下。

“视频编解码器”：通常，视频文件的数据量很大，为了减少视频文件所占的磁盘空间，输出时可以对文件进行压缩。在该选项的下拉列表中可以选择需要的压缩方式，如图 4-33 所示。

“品质”：设置影片的压缩品质，通过拖动品质的百分比来设置。

“宽度”/“高度”：设置影片的尺寸。我国使用 PAL 制，选择 720×576。

“帧速率”：设置每秒播放画面的帧数。提高帧速度会使画面播放得更流畅。如果将文件类型设置为 Microsoft DV AVI，那么 DV PAL 对应的帧速率是固定的 29.97 和 25；如果将文件类型设置为 Microsoft AVI，那么帧速率可以选择 1～60 的数值。

“场类型”：设置影片的场扫描方式，共有上场、下场和无场 3 种方式。

“纵横比”：设置视频制式的画面比。单击该选项右侧的按钮，在弹出的下拉列表中选择需要的选项，如图 4-34 所示。

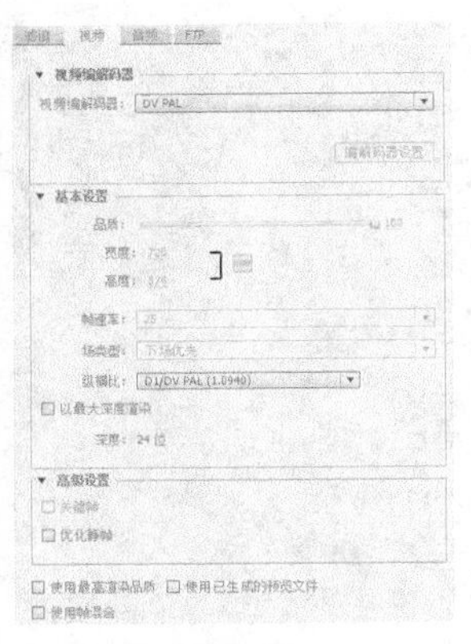

图 4-32

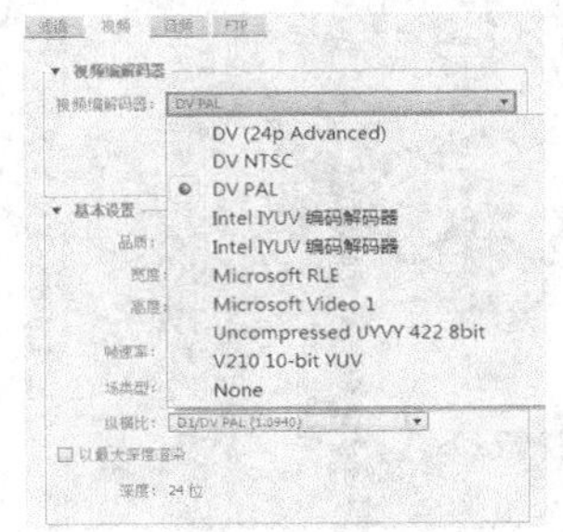

图 4-33

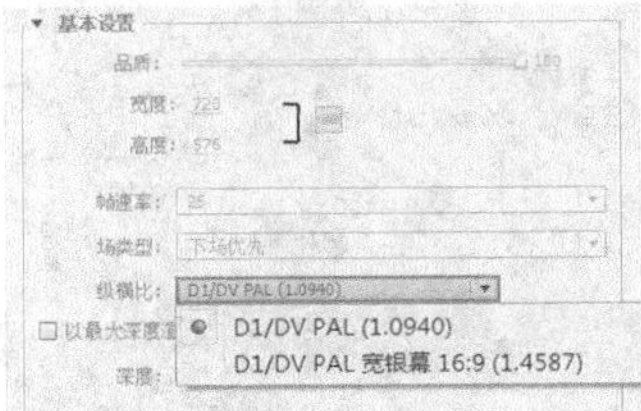

图 4-34

3. “音频”选项区域

在“音频”选项区域中，可以为输出的音频指定使用的压缩方式、采样速率以及量化指标等相关的选项参数，如图 4-35 所示。“音频”选项区域中各主要选项的含义如下。

“音频编码”：为输出的音频选项选择合适的压缩方式进行压缩。Premiere Pro CS5 默认的选项是“无压缩”。

"采样率"：设置输出节目音频时所使用的采样速率，如图 4-36 所示。采样速率越高，播放质量越好，但所需的磁盘空间越大，占用的处理时间越长。

"采样类型"：设置输出节目音频时所使用的声音量化倍数，最高提供 32 位浮点。一般地，要获得较好的音频质量，就要使用较高的量化位数，如图 4-37 所示。

"声道"：在该选项的下拉列表中可以为音频选择单声道或立体声。

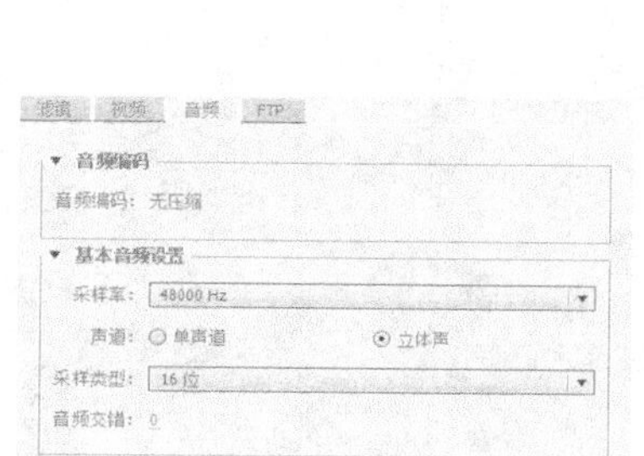

图 4-35

图 4-36

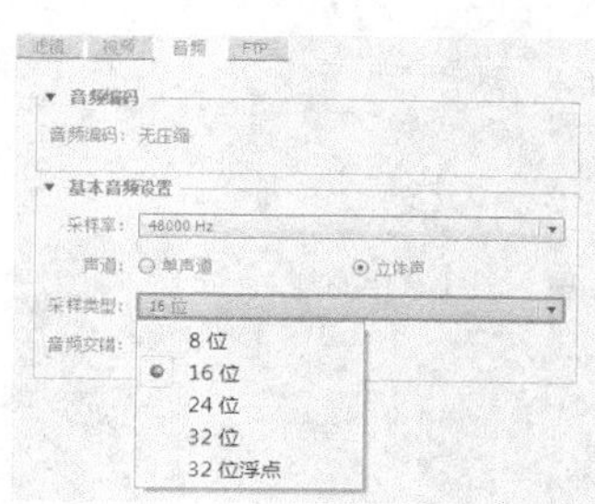

图 4-37

4.3.3 渲染输出各种格式文件

Premiere Pro CS5 可以渲染输出多种格式文件，从而使视频剪辑更加方便、灵活。本节重点介绍各种常用格式文件渲染输出的方法。

1. 输出单帧图像

在视频编辑中，可以将画面的某一帧输出，以便给视频动画制作定格效果。Premiere Pro CS5 中输出单帧图像的具体操作步骤如下。

步骤① 在 Premiere Pro CS5 的时间线上添加一段视频文件，选择"文件 > 导出 > 媒体"命令，弹出"导出设置"对话框，在"格式"选项的下拉列表中选择"TIFF"选项，在"预设"选项的下拉列表中选择"PAL TIFF"选项，在"输出名称"文本框中输入文件名并设置文件的保存路径，勾选"导出视频"复选框，其他参数保持默认状态，如图 4-38 所示。

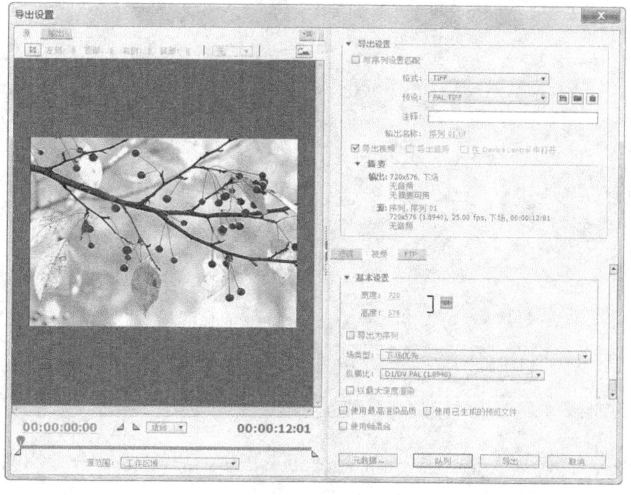

图 4-38

步骤② 单击“队列”按钮，打开“Adobe Media Encoder”窗口，然后单击右侧的“开始队列”按钮渲染输出视频，如图 4-39 所示。

输出单帧图像时，最关键的是时间指针的定位，它决定了单帧输出时的图像内容。

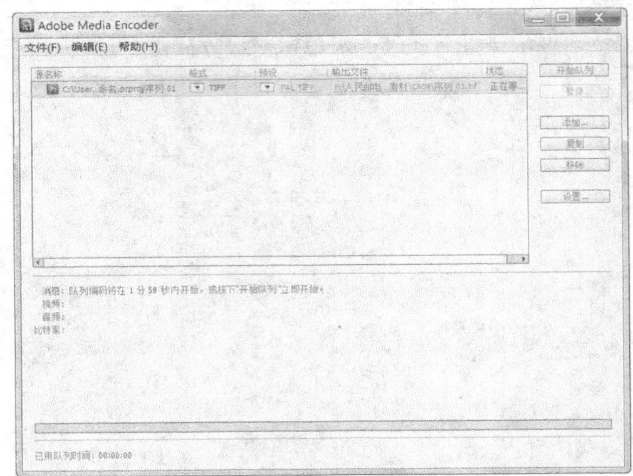

图 4-39

2. 输出音频文件

Premiere Pro CS5 可以将影片中的一段声音或影片中的歌曲制作成音乐光盘等文件。输出音频文件的具体操作步骤如下。

步骤① 在 Premiere Pro CS5 的时间线上添加一个有声音的视频文件或打开一个有声音的项目文件，选择“文件 > 导出 > 媒体”命令，弹出“导出设置”对话框，在“格式”选项的下拉列表中选择“MP3”选项，在“预设”选项的下拉列表中选择“MP3 128kbps”选项，在“输出名称”文本框中输入文件名并设置文件的保存路径，勾选“导出音频”复选框，其他参数保持默认状态，如图 4-40 所示。

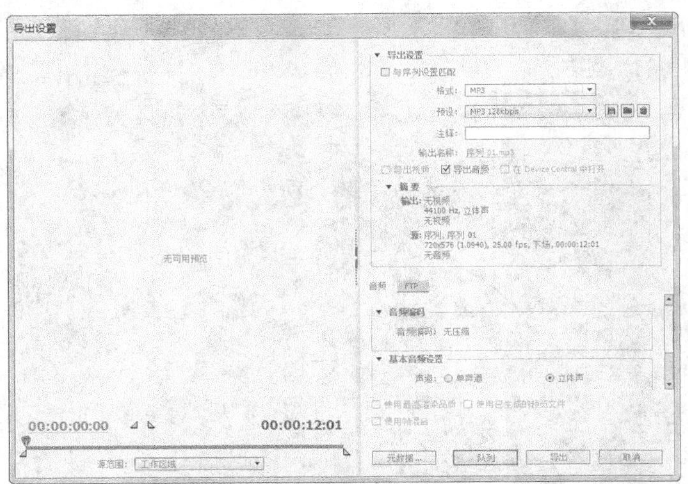

图 4-40

步骤② 单击“队列”按钮，打开“Adobe Media Encoder”窗口，然后单击右侧的“开始队列”按钮渲染输出音频，如图 4-41 所示。

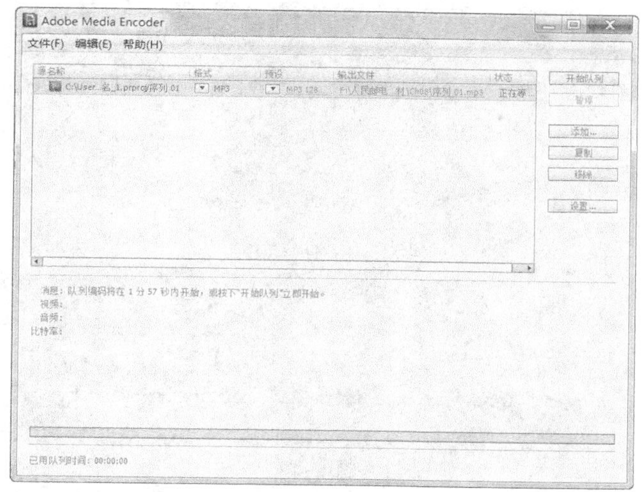

图 4-41

3. 输出整个影片

输出影片是最常用的输出方式。它将编辑完成的项目文件以视频格式输出，可以输出编辑内容的全部或者某一部分，也可以只输出视频内容或者只输出音频内容，一般将全部的视频和音频一起输出。

下面以 Microsoft AVI 格式为例，介绍输出影片的方法，其具体操作步骤如下。

步骤① 选择“文件 > 导出 > 媒体”命令，弹出“导出设置”对话框。在“格式”选项的下拉列表中选择“Microsoft AVI”选项，在“预设”选项的下拉列表中选择“PAL DV”选项，如图 4-42 所示。

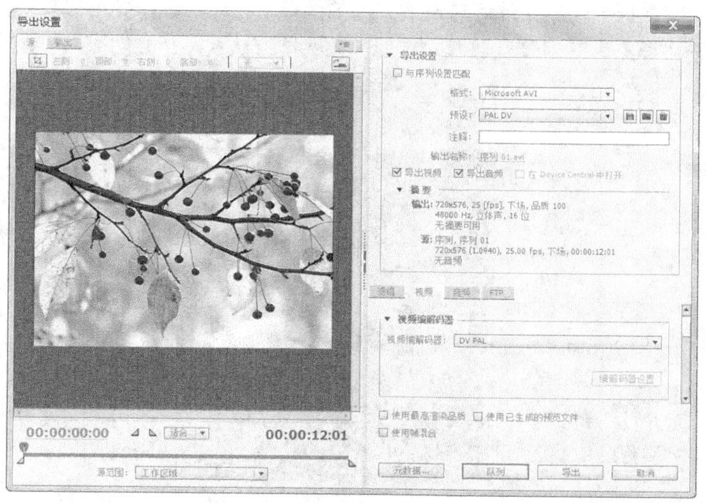

图 4-42

步骤② 在“输出名称”文本框中输入文件名并设置文件的保存路径，勾选“导出视频”复选框和“导出音频”复选框。

步骤③ 设置完成后，单击“队列”按钮，打开“Adobe Media Encoder”窗口，单击右侧的“开始队列”按钮渲染输出视频，如图 4-43 所示。渲染完成后，即可生成所设置的 AVI 格式影片。

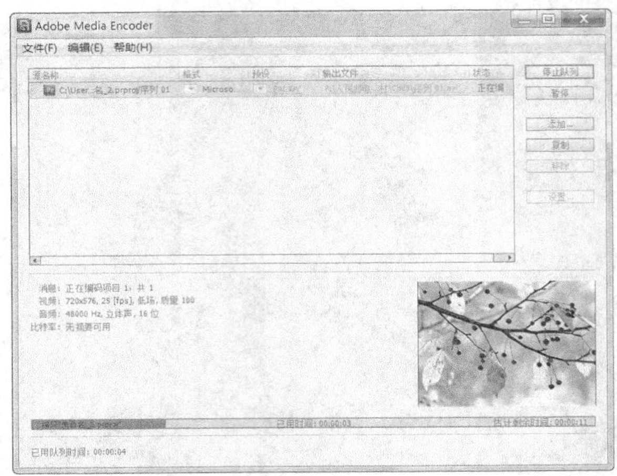

图 4-43

4. 输出静态图片序列

在 Premiere Pro CS5 中，可以将视频输出为静态图片序列。也就是说，将视频画面的每一帧都输出为一张静态图片，这一系列图片中的每一张都具有一个自动编号。这些输出的序列图片可用于 3D 软件中的动态贴图，并且可以移动和存储。

输出图片序列的具体操作步骤如下。

步骤① 在 Premiere Pro CS5 的时间线上添加一段视频文件，设定只输出视频的一部分内容，如图 4-44 所示。

步骤② 选择"文件 > 导出 > 媒体"命令，弹出"导出设置"对话框，在"格式"选项的下拉列表中选择"TIFF"选项，在"输出名称"文本框中输入文件名并设置文件的保存路径，勾选"导出视频"复选框，在"视频"扩展参数面板中必须勾选"导出为序列"复选框，其他参数保持默认状态，如图 4-45 所示。

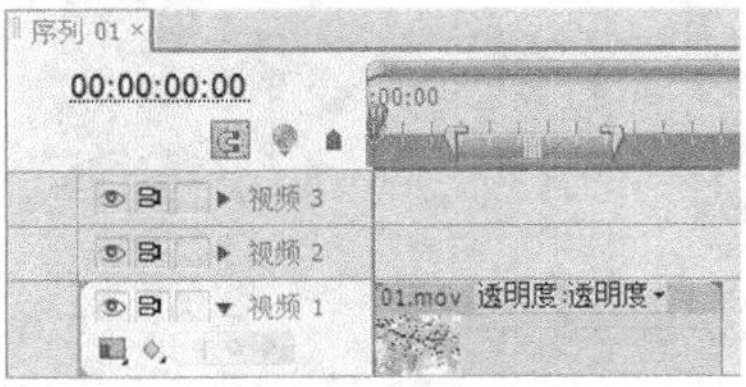

图 4-44

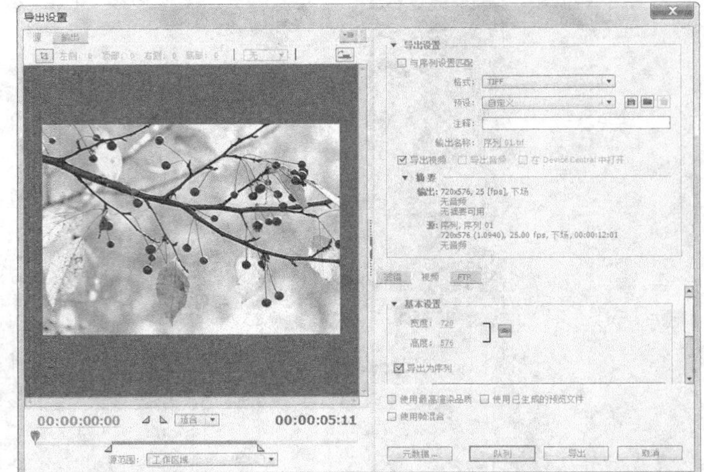

图 4-45

步骤③ 单击"队列"按钮，打开"Adobe Media Encoder"窗口，单击右侧的"开始队列"按钮渲染输出视频，如图 4-46 所示。输出完成后的静态图片序列文件如图 4-47 所示。

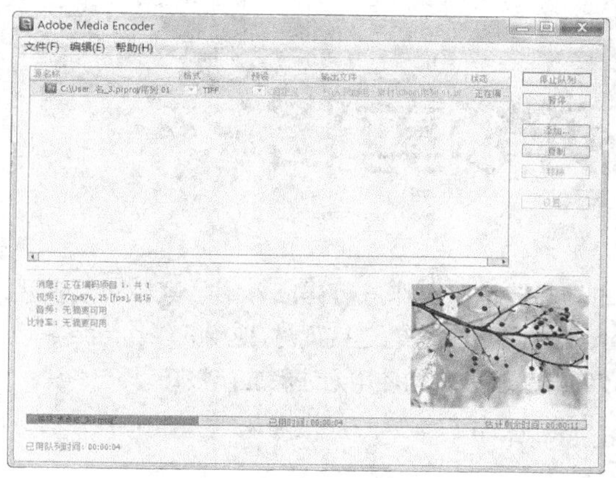
Adobe Media Encoder
文件(F) 编辑(E) 帮助(H)

图 4-46

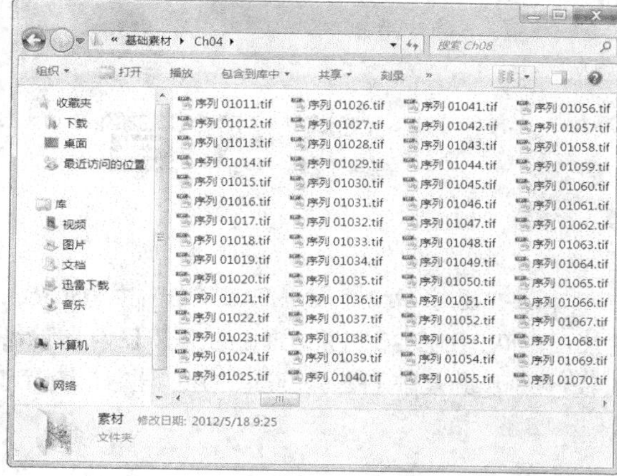
« 基础素材 ▸ Ch04 ▸
搜索 Ch08
组织 ▾
打开
播放
包含到库中 ▾
共享 ▾
刻录
收藏夹
下载
桌面
最近访问的位置
库
视频
图片
文档
迅雷下载
音乐
计算机
网络
序列 01011.tif
序列 01012.tif
序列 01013.tif
序列 01014.tif
序列 01015.tif
序列 01016.tif
序列 01017.tif
序列 01018.tif
序列 01019.tif
序列 01020.tif
序列 01021.tif
序列 01022.tif
序列 01023.tif
序列 01024.tif
序列 01025.tif
序列 01026.tif
序列 01027.tif
序列 01028.tif
序列 01029.tif
序列 01030.tif
序列 01031.tif
序列 01032.tif
序列 01033.tif
序列 01034.tif
序列 01035.tif
序列 01036.tif
序列 01037.tif
序列 01038.tif
序列 01039.tif
序列 01040.tif
序列 01041.tif
序列 01042.tif
序列 01043.tif
序列 01044.tif
序列 01045.tif
序列 01046.tif
序列 01047.tif
序列 01048.tif
序列 01049.tif
序列 01050.tif
序列 01051.tif
序列 01052.tif
序列 01053.tif
序列 01054.tif
序列 01055.tif
序列 01056.tif
序列 01057.tif
序列 01058.tif
序列 01059.tif
序列 01060.tif
序列 01061.tif
序列 01062.tif
序列 01063.tif
序列 01064.tif
序列 01065.tif
序列 01066.tif
序列 01067.tif
序列 01068.tif
序列 01069.tif
序列 01070.tif
素材 修改日期: 2012/5/18 9:25
文件夹

图 4-47

第 5 章　视频剪辑

本章主要对 Premiere Pro CS5 中剪辑影片的基本技术和操作进行详细介绍，其中包括使用 Premiere Pro CS5 对原始素材的剪辑、使用 Premiere Pro CS5 分离、连接素材、使用 Premiere Pro CS5 创建新的素材元素等。通过本章的学习，读者可以掌握剪辑技术的使用方法和应用技巧。

- 剪辑原始素材
- 分离、连接素材
- 创建新的素材元素

任务一　原始素材剪辑

在 Premiere Pro CS5 中的编辑过程是非线性的，可以在任何时候插入、复制、替换、传递和删除素材片段，还可以采取各种各样的顺序和效果进行试验，并在合成最终影片或输出到磁带前进行预演。

用户在 Premiere Pro CS5 中使用监视器窗口和"时间线"面板编辑素材。监视器窗口用于观看素材和完成的影片，设置素材的入点、出点等；"时间线"面板用于建立序列、安排素材、分离素材、插入素材、合成素材和混合音频等。使用监视器窗口和"时间线"面板编辑影片时，同时还会使用一些相关的其他窗口和面板。

在一般情况下，Premiere Pro CS5 会从头至尾播放一个音频素材或视频素材。用户可以使用剪辑窗口或监视器窗口改变一个素材的开始帧和结束帧或改变静止图像素材的长度。Premiere Pro CS5 中的监视器窗口可以对原始素材和序列进行剪辑。

5.1.1　课堂案例——日出与日落

【案例学习目标】学习导入视频文件。

【案例知识要点】使用"导入"命令导入视频文件，使用"位置""缩放比例"选项编辑视频文件的位置与大小，使用"交叉叠化"命令制作视频之间的转场效果。日出与日落效果如图 5-1 所示。

图 5-1

【效果所在位置】资源包 \ Ch05 \ 日出与日落.prproj。

1. 编辑视频文件

步骤① 启动 Premiere Pro CS5 软件，弹出"欢迎使用 Adobe Premiere Pro"界面，单击"新建项目"按钮 ，弹出"新建项目"对话框，设置"位置"选项，选择保存文件路径，在"名称"

文本框中输入文件名“日出与日落”，如图 5-2 所示。单击“确定”按钮，弹出“新建序列”对话框，在左侧的列表中展开“DV-PAL”选项，选中“标准 48kHz”模式，如图 5-3 所示，单击“确定”按钮。

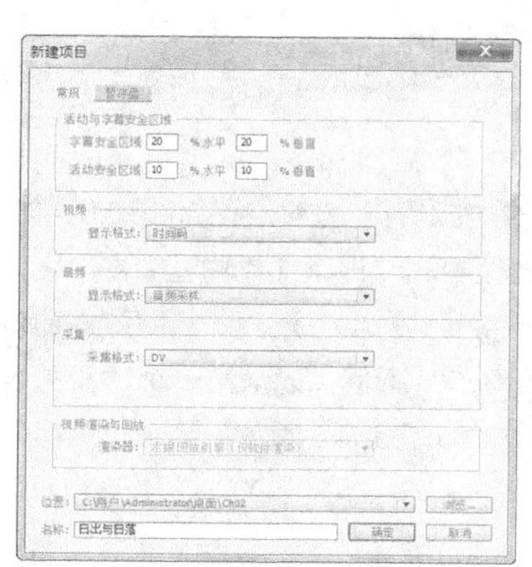
图 5-2

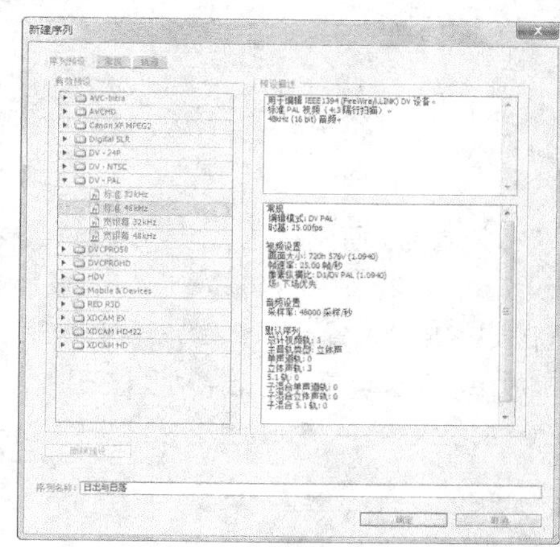
图 5-3

步骤② 选择“文件 > 导入”命令，弹出“导入”对话框，选择资源包“Ch05 \ 日出与日落 \ 素材”文件夹中的“01”“02”“03”“04”和“05”文件，单击“打开”按钮，导入视频文件，如图 5-4 所示。导入后的文件排列在“项目”面板中，如图 5-5 所示。

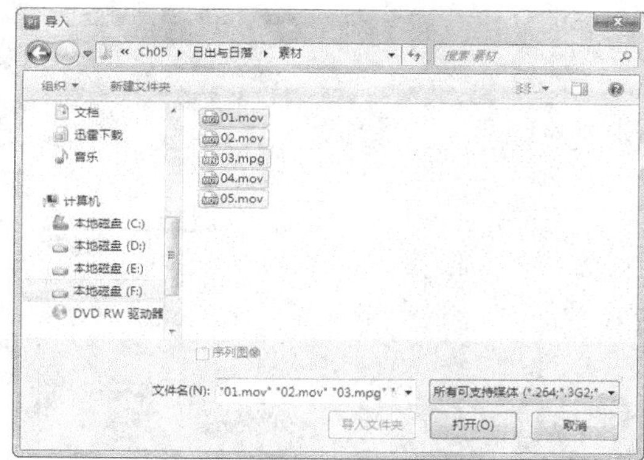
图 5-4

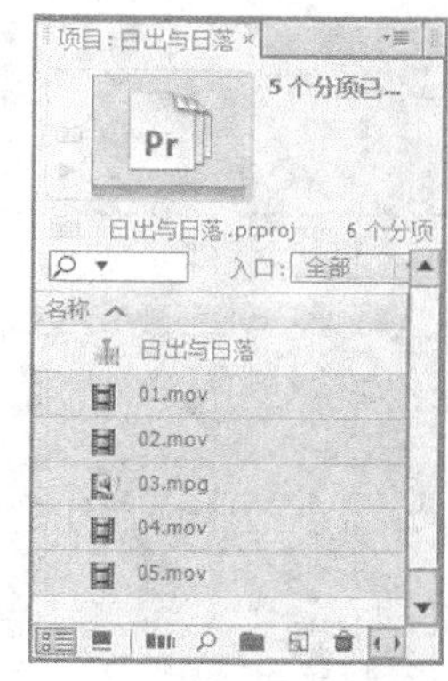
图 5-5

步骤③ 在“项目”面板中，选中“01”文件并将其拖曳到“时间线”面板中的“视频 1”轨道中，如图 5-6 所示。将时间指示器放置在 2s 的位置，在“视频 1”轨道上选中“01”文件，将鼠标指针放在“01”文件的起始位置，当鼠标指针呈 ⇹ 状时，向后拖曳鼠标到 2s 的位置上，如图 5-7 所示。再拖曳“01”文件到“视频 1”的起始位置，如图 5-8 所示。

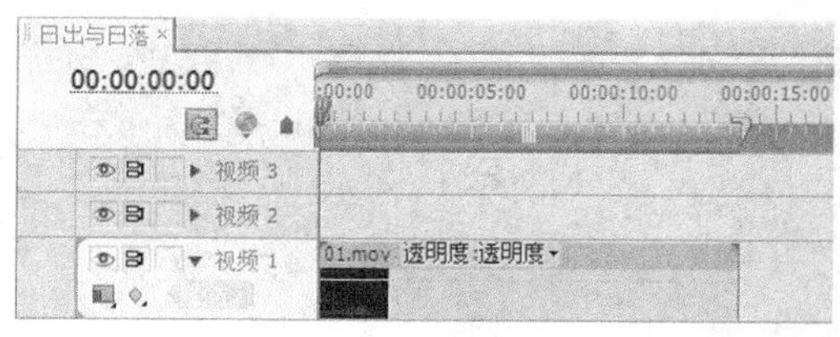
图 5-6

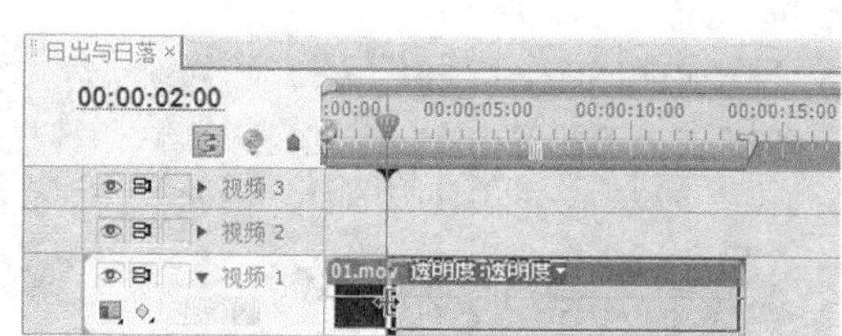
图 5-7

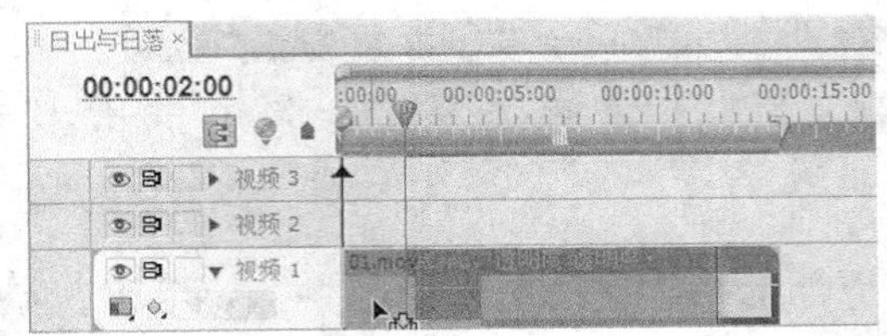

图 5-8

步骤④ 选择“特效控制台”面板，展开“运动”选项，将“缩放比例”选项设置为 120.0，如图 5-9 所示。在“项目”面板中选中“02”文件并将其拖曳到“时间线”面板中的“视频 1”轨道中，如图 5-10 所示。将时间指示器放置在 11:22s 的位置，选择“特效控制台”面板，展开“运动”选项，将“缩放比例”选项设置为 120.0，单击“缩放比例”选项前面的记录动画按钮，如图 5-11 所示，记录第一个动画关键帧。将时间指示器放置在 15:00s 的位置，将“缩放比例”选项设置为 140.0，如图 5-12 所示，记录第二个动画关键帧。

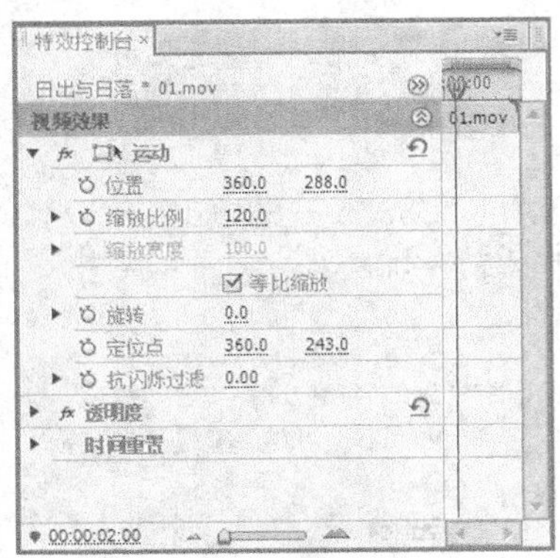

图 5-9

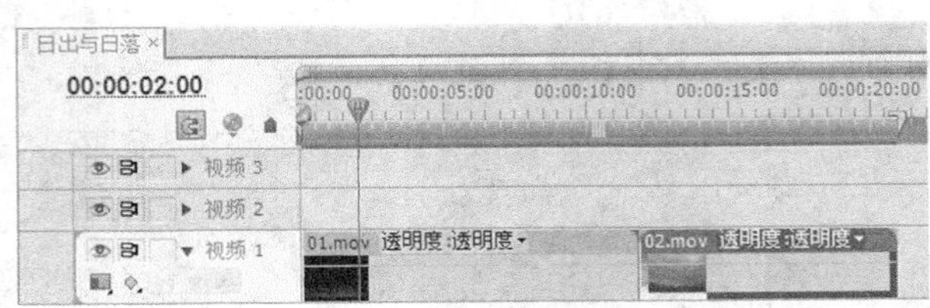

图 5-10

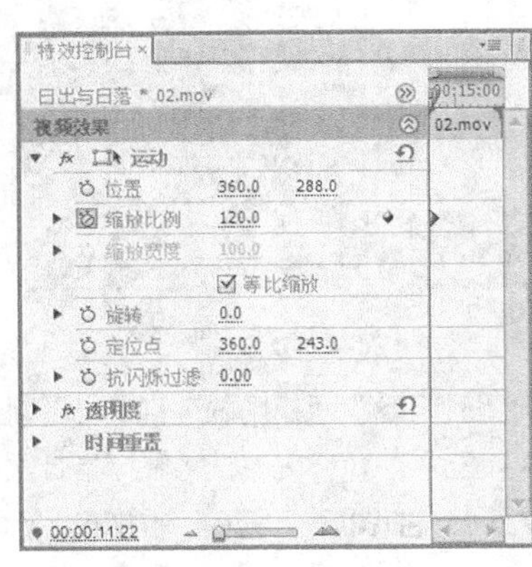

图 5-11

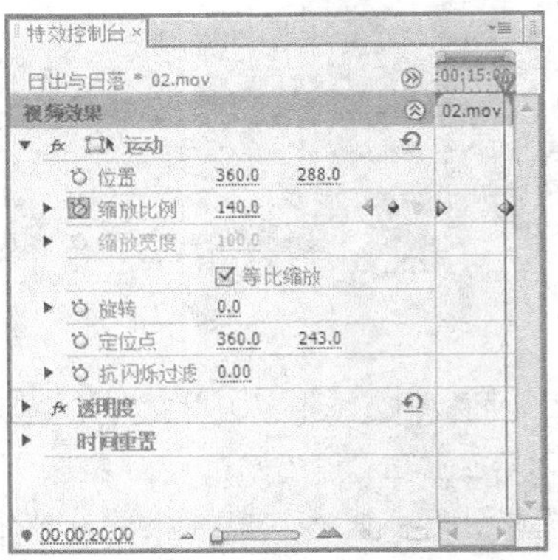

图 5-12

步骤⑤ 在“项目”面板中选中“03”文件并将其拖曳到“时间线”面板中的“视频 1”轨道中，如图 5-13 所示。将时间指示器放置在 26:00s 的位置，在“视频 1”轨道上选中“03”文件，将鼠标指针放在“03”文件的尾部，当鼠标指针呈状时，向前拖曳鼠标到 26:00s 的位置上，如图 5-14 所示。

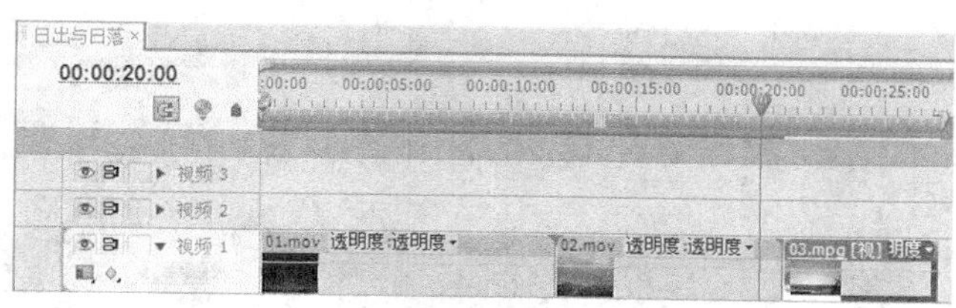

图 5-13

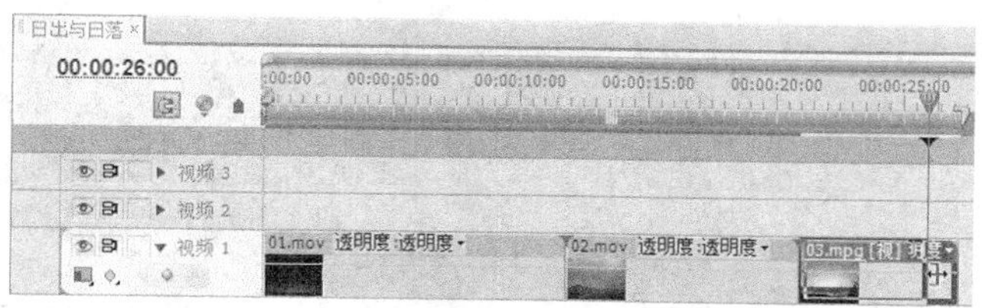

图 5-14

步骤⑥ 在“项目”面板中选中“04”文件并将其拖曳到“时间线”面板中的“视频 1”轨道中，如图 5-15 所示。将时间指示器放置在 33:00s 的位置，在“视频 1”轨道上选中“04”文件，将鼠标指针放在“04”文件的尾部，当鼠标指针呈 状时，向前拖曳鼠标到 33s 的位置上，如图 5-16 所示。

步骤⑦ 选择“特效控制台”面板，展开“运动”选项，将“缩放比例”选项设置为 120.0，如图 5-17 所示。

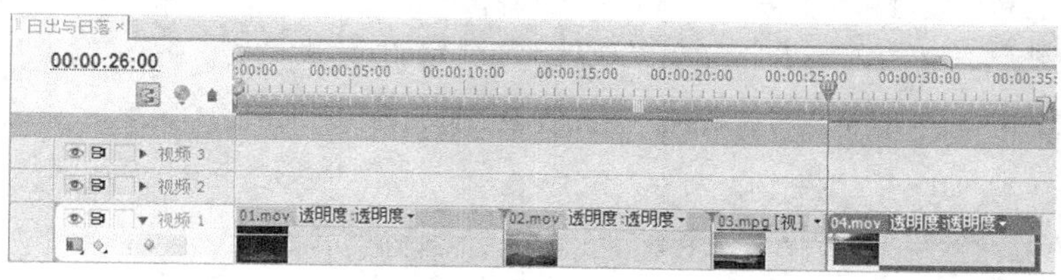

图 5-15

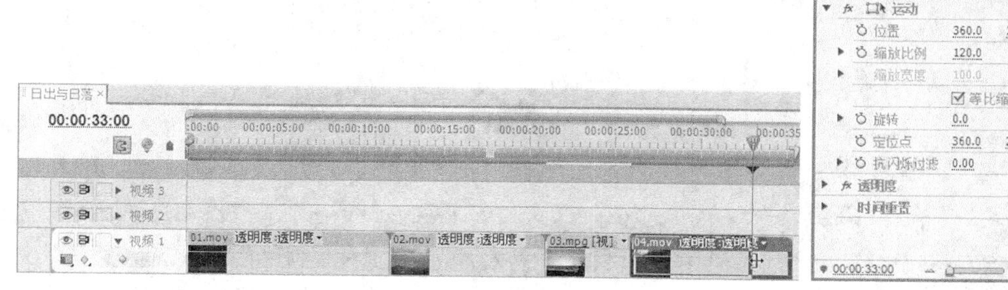

图 5-16

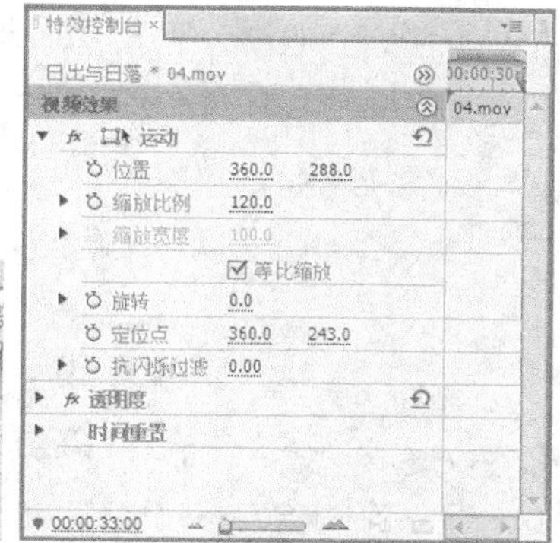

图 5-17

步骤⑧ 在“项目”面板中选中“05”文件并将其拖曳到“时间线”面板中的“视频 1”轨道中，如图 5-18 所示。将时间指示器放置在 40s 的位置，在“视频 1”轨道上选中“05”文件，将鼠标指针放在“05”文件的尾部，当鼠标指针呈 状时，向前拖曳鼠标到 40s 的位置上，如图 5-19 所示。选择“特效控制台”面板，展开“运动”选项，将“缩放比例”选项设置为 120.0。

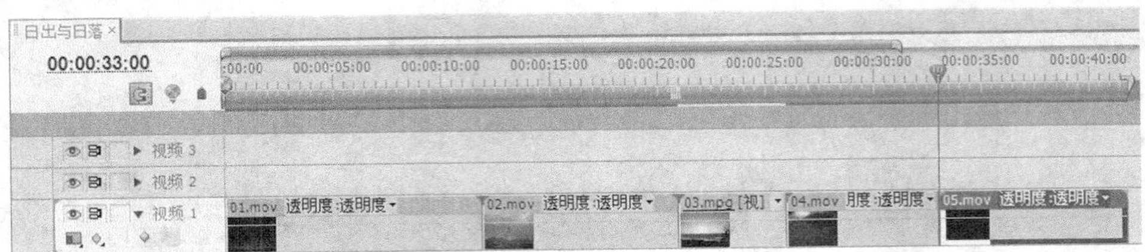

图 5-18

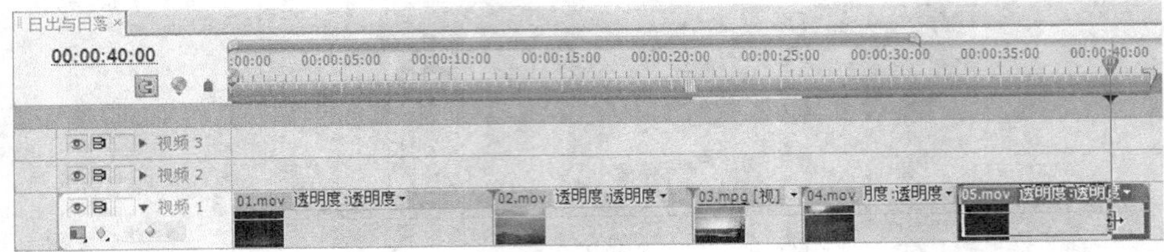

图 5-19

2. 制作视频转场效果

步骤① 选择“窗口 > 工作区 > 效果”命令，弹出“效果”面板，展开“视频切换”特效分类选项，单击“叠化”文件夹前面的三角形按钮 ▶ 将其展开，选中“交叉叠化（标准）”特效，如图 5-20 所示。将“交叉叠化”特效拖曳到“时间线”面板中的“02”文件开始位置，如图 5-21 所示。

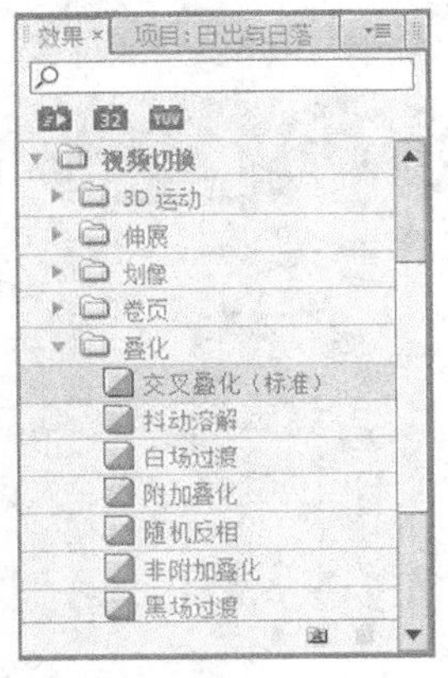

图 5-20

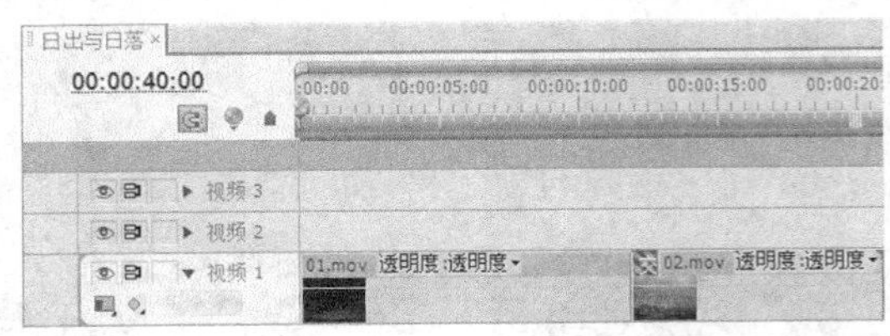

图 5-21

步骤② 选择“效果”面板，选中“交叉叠化”特效并将其拖曳到“时间线”面板中的“02”文件的结尾处与“03”文件的开始位置，如图 5-22 所示。选中“交叉叠化”特效，分别将其拖曳到“时间线”面板中的“03”文件的开始位置和“05”文件的开始位置，如图 5-23 所示。日出与日落制作完成，如图 5-24 所示。

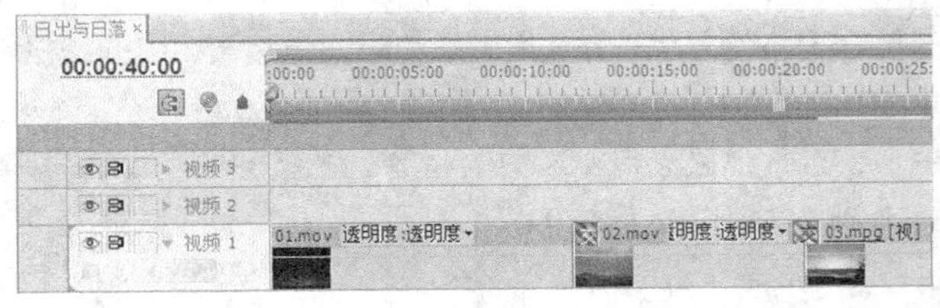

图 5-22

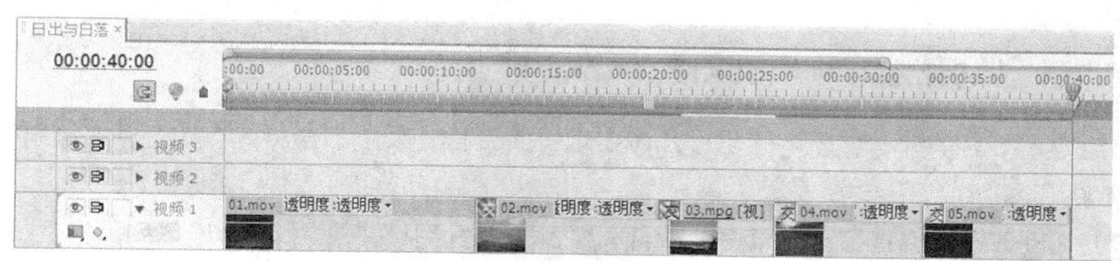

图 5-23

图 5-24

5.1.2 认识监视器窗口

在监视器窗口中有两个监视器：“源”监视器窗口与“节目”监视器窗口，分别用来显示素材与作品在编辑时的状况，左边为“源”窗口，显示和设置节目中的素材；右边为“节目”窗口，显示和设置序列。监视器窗口如图 5-25 所示。

在“源”监视器窗口中，单击上方的标题栏或黑色三角按钮，将弹出下拉列表，列表中提供了已经调入“时间线”面板中的素材序列表，通过它可以快速方便地浏览素材的基本情况，如图 5-26 所示。

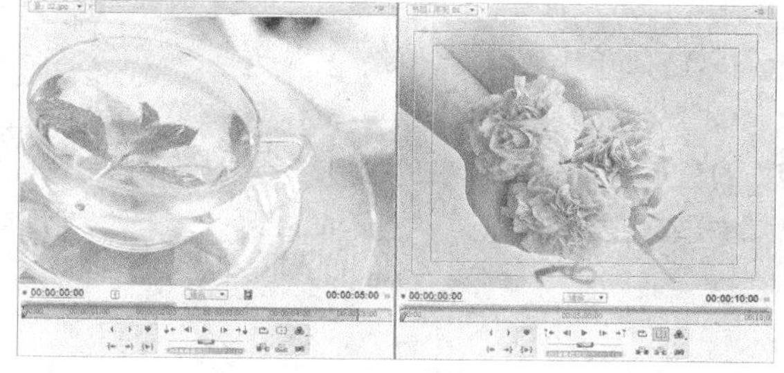

图 5-25

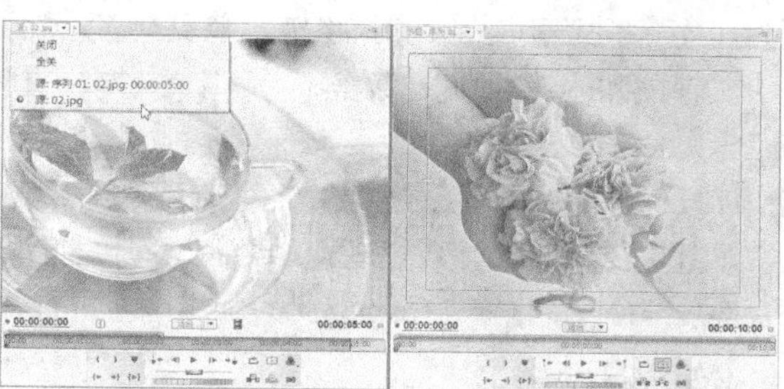

图 5-26

用户可以在“源”监视器和“节目”监视器窗口中设置安全区域，这对输出为电视机播放的影片非常有用。

电视机在播放视频图像时，屏幕的边缘会切除部分图像，这种现象叫作“溢出扫描”。不同的电视机溢出的扫描量不同，所以要把图像的重要部分放在安全区域内。制作影片时，需要将重要的场景元素、演员、图表放在运动安全区域内；将标题、字幕放在标题安全区域内。如图 5-27 所示，位于工作区域外侧的方框为运动安全区域，位于内侧的方框为标题安全区域。

单击“源”监视器窗口或“节目”监视器窗口下方的“安全框”按钮，可以显示或隐藏监视器窗口中的安全区域。

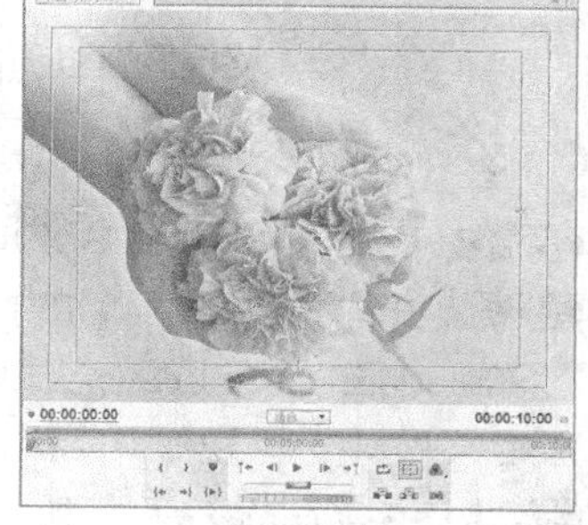

图 5-27

5.1.3 在“源”监视器视窗中播放素材

不论是已经导入节目的素材，还是使用打开命令观看的素材，系统都会将其自动打开在素材视窗中。用户可以在素材视窗中播放和观看素材。

如果使用DV设备进行编辑，可以单击“节目”窗口右上方的按钮 ，在弹出的列表中选择“回放设置”选项，弹出“回放设置”对话框，如图5-28所示。建议把重放时间设置为DV硬件支持方式，这样可以加快编辑的速度。

在“项目”和“时间线”面板中双击要观看的素材，素材都会自动显示在“源”监视器窗口中。使用窗口下方的工具栏可以对素材进行播放控制，方便查看剪辑，如图5-29所示。

当时间标记 所对应的监视器处于被激活的状态时，其上显示的时间将会从灰色转变为蓝色。

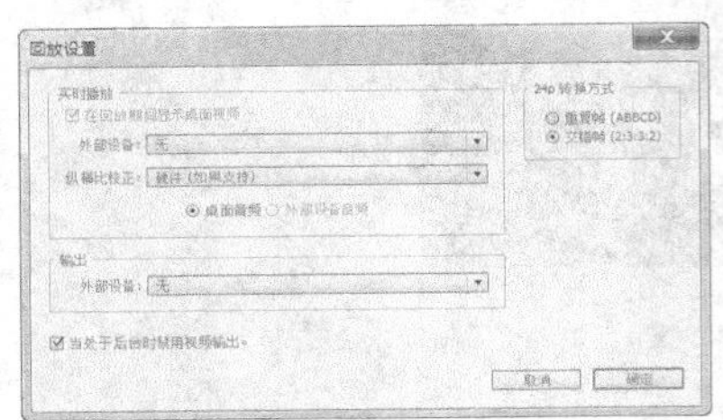

图5-28

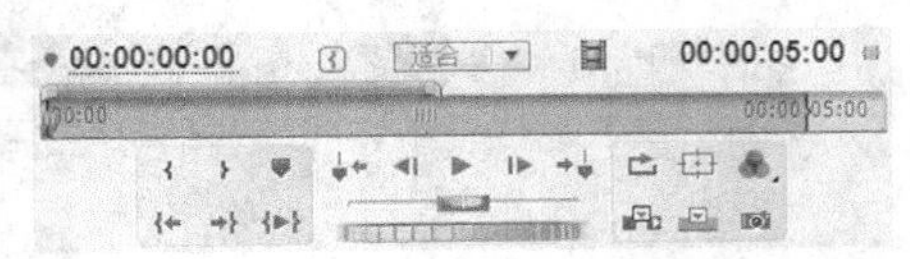

图5-29

在不同的时间编码模式下，时间数字的显示模式会有所不同。如果是“无掉帧”模式，各时间单位之间用冒号分隔；如果是“掉帧”模式，各时间单位之间用分号分隔；如果选择“帧”模式，时间单位就显示为帧数。

拖曳鼠标到时间显示的区域并单击，可以从键盘上直接输入数值，改变时间显示，影片会自动跳到输入的时间位置。

如果输入的时间数值之间无间隔符号，如“1234”，则Premiere Pro CS5会自动将其识别为帧数，并根据所选用的时间编码，将其换算为相应的时间。

窗口右侧的持续时间计数器显示影片入点与出点间的长度，即影片的持续时间，显示为黑色。

缩放列表在“源”监视器窗口或“节目”监视器窗口的正下方，可改变窗口中影片的大小，如图5-30所示。可以通过放大或缩小影片进行观察，选择“适合”选项，则无论窗口大小，影片都会匹配视窗，完全显示影片内容。

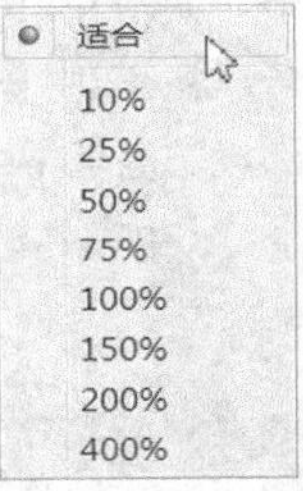

图5-30

5.1.4 剪裁素材

剪辑可以增加或删除帧，以改变素材的长度。素材开始帧的位置被称为入点，素材结束帧的位置被称为出点。用户可以在“源”监视器窗口和“时间线”面板剪裁素材。

1. 在“源”监视器窗口剪裁素材

在“源”监视器窗口中改变入点和出点的具体操作步骤如下。

步骤① 在“项目”面板中双击要设置入点和出点的素材，将其在“源”监视器窗口中打开。

步骤② 在“源”监视器窗口中拖动时间标记 或按空格键，找到要使用片段的开始位置。

步骤③ 单击“源”监视器窗口下方的“设置入点”按钮 或按I键，“源”监视器窗口中显示当前素材入点画面，“素材”监视器窗口右上方显示入点标记，如图5-31所示。

步骤④ 继续播放影片，找到使用片段的结束位置。单击“源”监视器窗口下方的“设置出点”按钮 或按O

键，窗口下方显示当前素材出点。入点和出点间显示为深色，两点之间的片段即入点与出点间的素材片段，如图 5-32 所示。

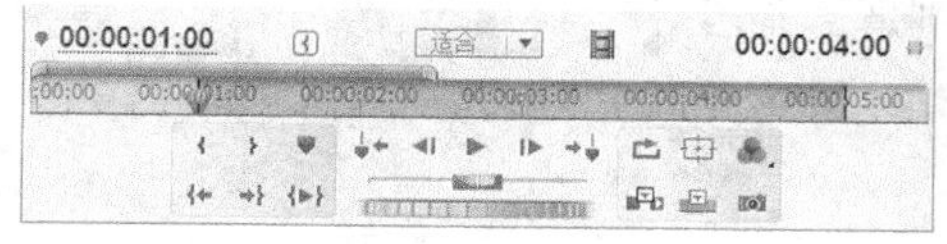

图 5-31

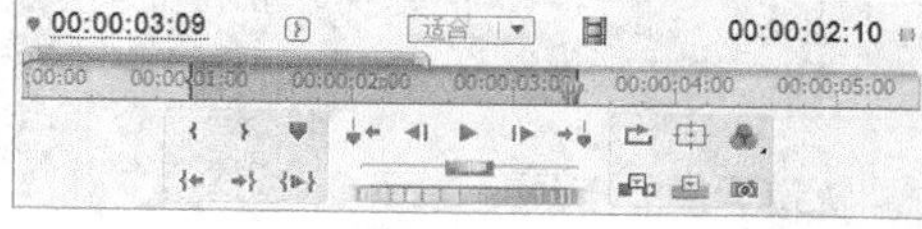

图 5-32

步骤⑤ 单击“跳转到入点”按钮 ，可以自动跳到影片的入点位置。单击“跳转到出点”按钮 ，可以自动跳到影片的出点位置。

当声音同步要求非常严格时，用户可以为音频素材设置高精度的入点。音频素材的入点可以使用高达 1/600s 的精度来调节。对于音频素材，入点和出点指示器出现在波形图相应的点处，如图 5-33 所示。

当用户将一个同时含有影像和声音的素材拖曳到“时间线”面板时，该素材的音频和视频部分会被放到相应的轨道中。

用户在为素材设置入点和出点时，对素材的音频和视频部分同时有效，也可以为素材的视频和音频部分单独设置入点和出点。

为素材的视频或音频部分单独设置入点和出点的具体操作步骤如下。

步骤① 在“源”监视器窗口中选择要设置入点和出点的素材。

步骤② 播放影片，找到使用片段的开始位置或结束位置。

步骤③ 用鼠标右键单击窗口中的标记 ，在弹出的快捷菜单中选择“设置素材标记”命令，如图 5-34 所示。

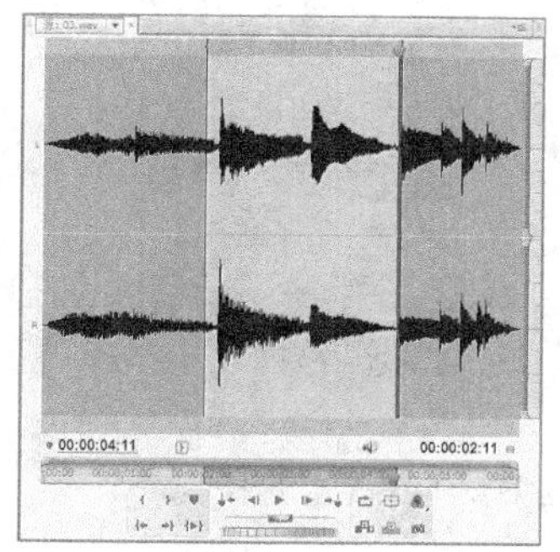

图 5-33

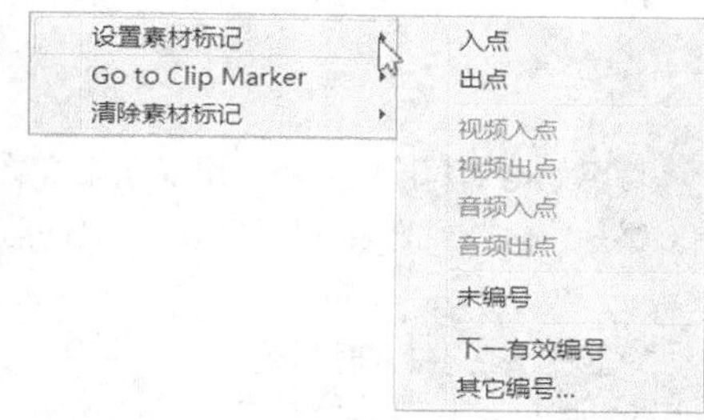

图 5-34

步骤④ 在弹出的子菜单中分别设置链接素材的入点和出点，在“源”监视器窗口和“时间线”面板中的形状分别如图 5-35 和图 5-36 所示。

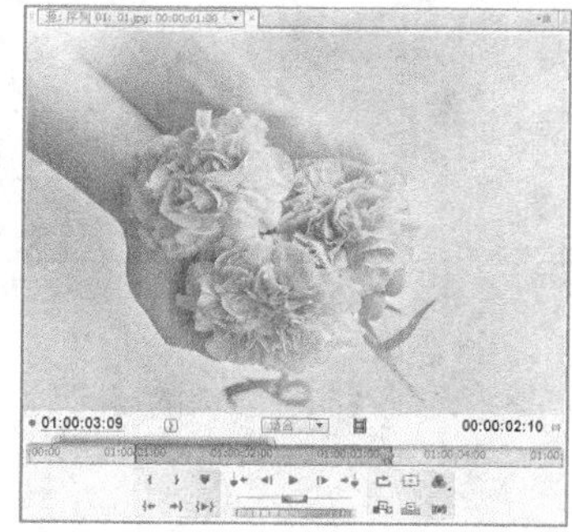

图 5-35

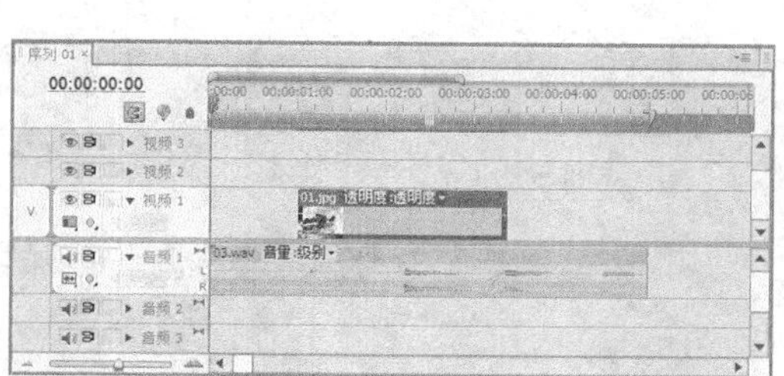

图 5-36

2. 在“时间线”面板中剪辑素材

Premiere Pro CS5 提供了 4 种编辑片段的工具，分别是“轨道选择”工具、“滑动”工具、“错落”工具和“滚动编辑”工具。下面介绍如何应用这些编辑工具。

（1）“轨道选择”工具

“轨道选择”工具可以调整一个片段在其轨道中的持续时间，而不会影响其他片段的持续时间，但会影响到整个节目片段的时间。其具体操作步骤如下。

步骤① 选择“轨道选择”工具，在“时间线”面板中单击需要编辑的某一个片段。

步骤② 将鼠标指针移动到两个片段的“出点”与“入点”相接处，即两个片段的连接处，左右拖曳鼠标编辑影片片段，如图 5-37 和图 5-38 所示。

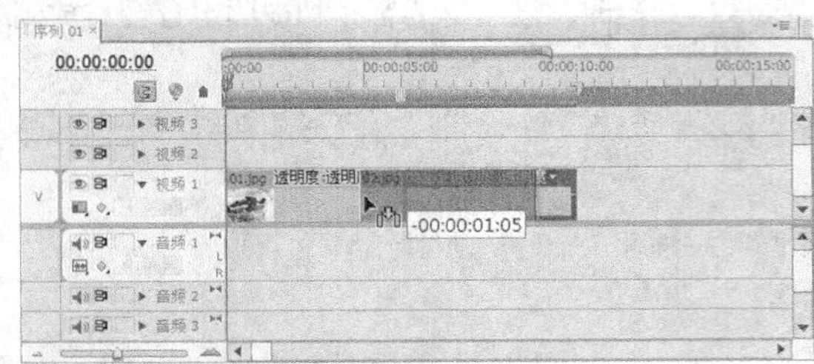

图 5-37

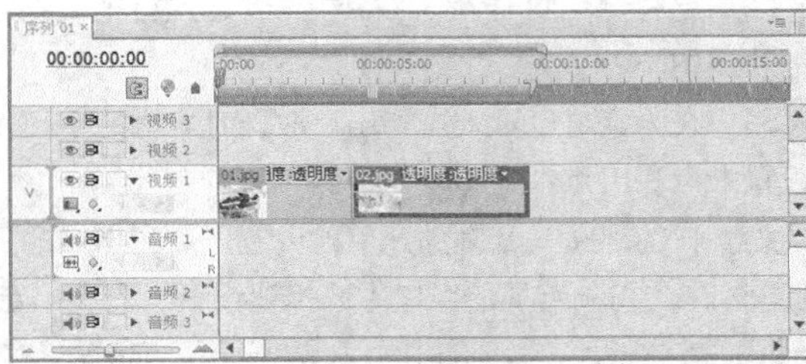

图 5-38

步骤③ 释放鼠标后，需要调整的片段持续时间被调整，轨道上的其他片段持续时间不会变，但整个节目所持续的时间随着调整片段的增加或缩短而发生了相应的变化。

（2）“滑动”工具

“滑动”工具可以使两个片段的入点与出点发生本质上的位移，并不影响片段持续时间与节目的整体持续时间，但会影响编辑片段之前或之后的持续时间，迫使前面或后面的影片片段出点与入点发生改变。其具体操作步骤如下。

步骤① 选择“滑动”工具，在“时间线”面板中单击需要编辑的某一个片段。

步骤② 将鼠标指针移动到两个片段的结合处，当鼠标指针呈状时，左右拖曳鼠标对其进行编辑，如图 5-39 和图 5-40 所示。

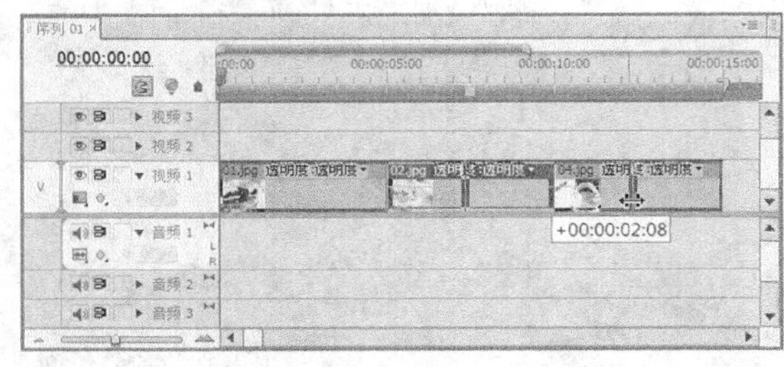

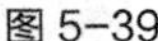

图 5-39

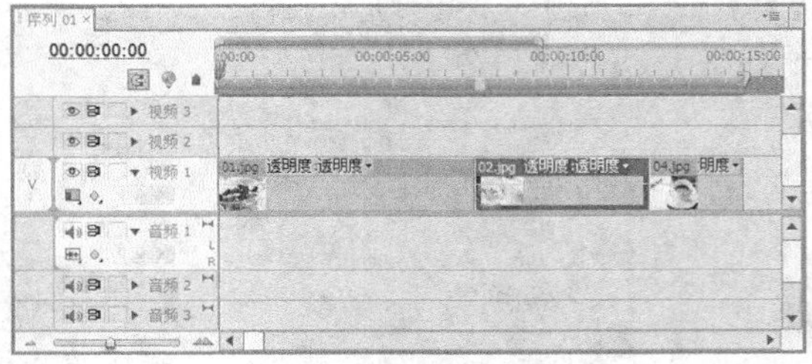

图 5-40

步骤③ 在拖曳过程中，监视器窗口中将会显示被调整片段的出点与入点以及未被编辑的出点与入点。

（3）“错落”工具

使用“错落”工具编辑影片片段时，会更改片段的入点与出点，但它的持续时间不会改变，并不会影响其他片段的入点时间、出点时间，节目总的持续时间也不会发生任何改变。其具体操作步骤如下。

步骤 1 选择“错落”工具，在“时间线”面板中单击需要编辑的某一个片段。

步骤 2 将鼠标指针移动到两个片段的结合处，当鼠标指针呈状时，左右拖曳鼠标对其进行编辑，如图 5-41 所示。

步骤 3 在拖曳鼠标时，监视器窗口中将会依次显示上一片段的出点和后一片段的入点，同时显示画面帧数，如图 5-42 所示。

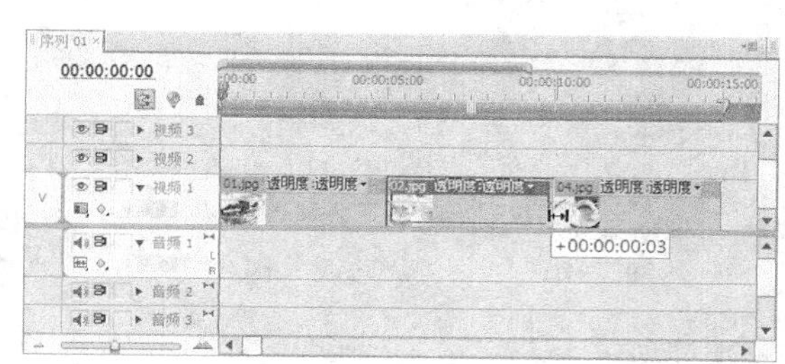

图 5-41

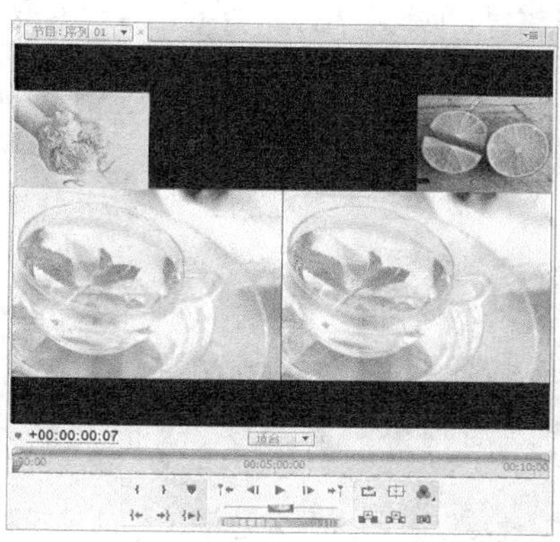

图 5-42

（4）“滚动编辑”工具

使用“滚动编辑”工具编辑影片片段时，片段时间的增长或缩短会由其相接片段进行替补。在编辑过程中，整个节目的持续时间不会发生任何改变，该编辑方法同时影响其轨道上的片段在时间轨中的位置。其具体操作步骤如下。

步骤 1 选择“滚动编辑”工具，在“时间线”面板中单击需要编辑的某一个片段。

步骤 2 将鼠标指针移动到两个片段的结合处，当鼠标指针呈状时，左右拖曳鼠标进行编辑，如图 5-43 所示。

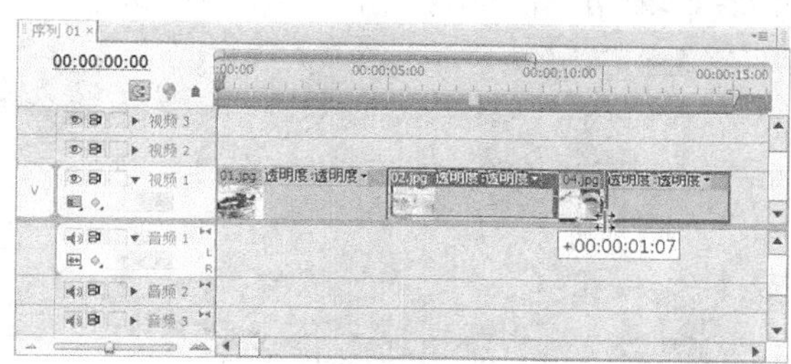

图 5-43

步骤 3 释放鼠标后，被修整片段的帧增加或减少会引起相邻片段的变化，但整个节目的持续时间不会发生任何改变。

3. 导出单帧

单击“节目”监视器窗口下方的“导出单帧”按钮，弹出“导出单帧”对话框，在“名称”文本框中输入文件名称，在“格式”选项中选择文件格式，在“路径”选项选择保存文件路径，如图 5-44 所示。设置完成后，单击“确定”按钮，导出当前时间线上的单帧图像。

4. 改变影片的速度

在 Premiere Pro CS5 中，用户可以根据需求更改片段的播放速度。其具体操作步骤如下。

步骤❶ 在“时间线”面板中的某一个文件上单击鼠标右键，在弹出的快捷菜单中选择“速度/持续时间”命令，弹出图 5-45 所示的对话框。

“速度”：在此设置播放速度的百分比，以此决定影片的播放速度。

“持续时间”：单击选项右侧的时间码，当时间码变为图 5-46 时，在此导入时间值。时间值越长，影片的播放速度越慢；时间值越短，影片的播放速度越快。

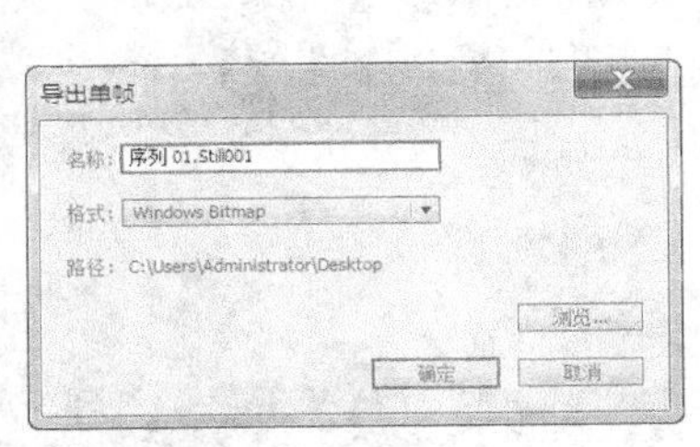

图 5-44

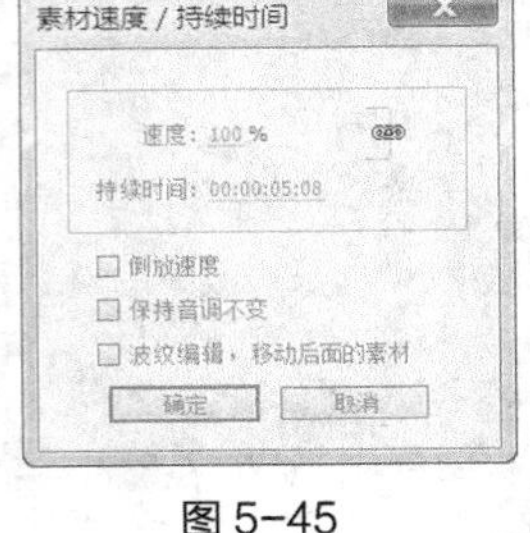

图 5-45

持续时间：00:00:05:08

图 5-46

“倒放速度”：勾选此复选框，影片片段将向反方向播放。

“保持音调不变”：勾选此复选框，保持影片片段的音频播放速度不变。

步骤❷ 设置完成后，单击“确定”按钮完成更改持续时间的任务，返回到主页面。

5. 创建静止帧

冻结片段中的某一帧，会以静帧方式显示该画面，就好像使用了一张静止图像的效果，被冻结的帧可以是片段开始点或结束点。创建静止帧的具体操作步骤如下。

步骤❶ 单击“时间线”面板中的某一段影片片段。

步骤❷ 移动时间轨中的编辑线到需要冻结的某一帧画面上。

步骤❸ 在时间标记上单击鼠标右键，在弹出的列表中选择“设置序列标记 > 其他编号”命令，弹出图 5-47 所示的对话框，在该对话框中可设置标记码的编号。

步骤❹ 为了确保片段仍处于选中状态，选择“素材 > 视频选项 >帧定格”命令，弹出图 5-48 所示的对话框。

步骤❺ 在“帧定格选项”对话框中勾选“定格在”复选框，在右侧的下拉列表中选择实施的对象编号，如图 5-49 所示。

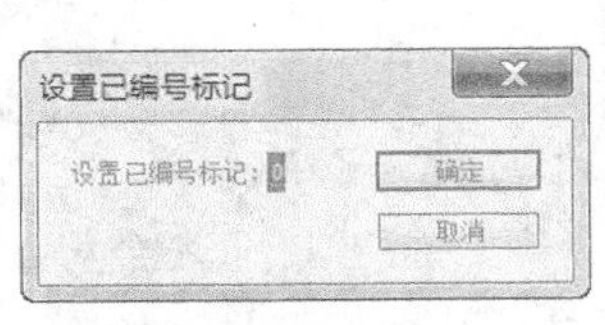

图 5-47

图 5-48

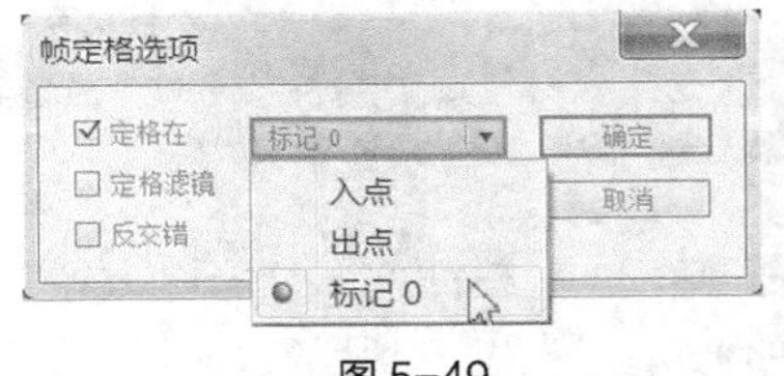

图 5-49

步骤❻ 如果该帧已经使用了视频滤镜效果，则勾选“帧定格选项”对话框中的“定格滤镜”复选框，使冻结的帧画面依然保持使用滤镜后的效果。

步骤⑦ 如果该帧含有交错场的视频，则勾选“反交错”复选框，以避免画面发生抖动的现象。

步骤⑧ 单击“确定”按钮，完成静止帧的创建。

6. 在“时间线”面板中粘贴素材

Premiere Pro CS5 提供了标准的 Windows 编辑命令，用于剪切、复制和粘贴素材，这些命令都在“编辑”菜单命令下。使用“粘贴插入”命令的具体操作步骤如下。

步骤① 选择素材，然后选择“编辑 > 复制”命令。

步骤② 在“时间线”面板中将时间标记移动到需要粘贴素材的位置，如图 5-50 所示。

步骤③ 选择“编辑 > 粘贴插入”命令，复制的影片被粘贴到时间标记位置，其后的影片等距离后退，如图 5-51 所示。

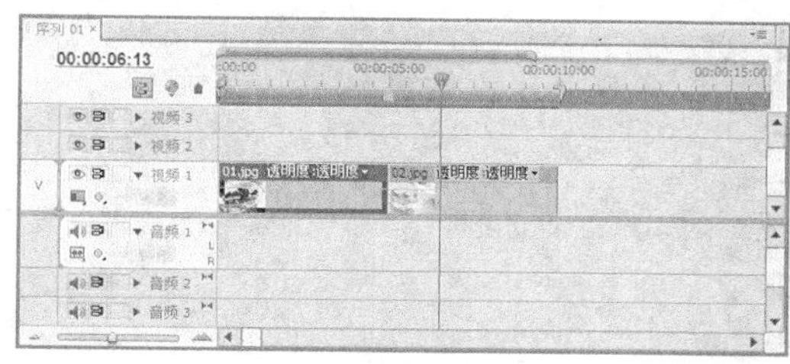

图 5-50

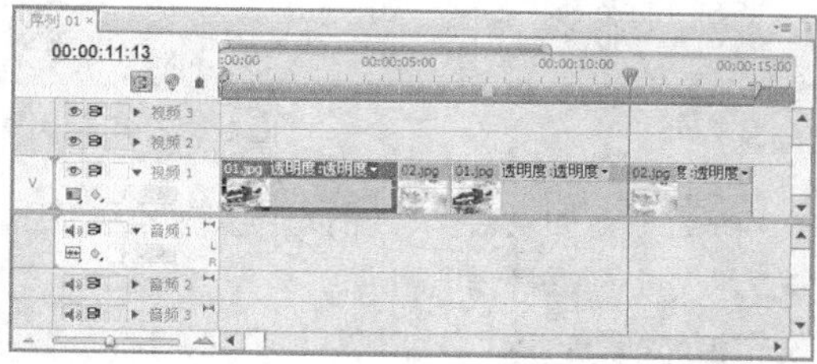

图 5-51

“粘贴属性”即粘贴一个素材的属性（包括滤镜效果、运动设定及不透明度设定等）到另一个素材上。

7. 场设置

使用视频素材时，会遇到交错视频场的问题，它会严重影响最后的合成质量。根据视频格式、采集和回放设备的不同，场的优先顺序也是不同的。如果场顺序反转，运动会僵持和闪烁。在编辑中改变片段的速度、输出胶片带、反向播放片段或冻结视频帧，都有可能遇到场处理问题。所以，正确的场设置在视频编辑中非常重要。

在选择场顺序后，应该播放影片，观察影片是否能够平滑地进行播放，如果出现了跳动的现象，则说明场的顺序是错误的。

对于采集或上载的视频素材，一般情况下都要对其进行场分离设置。另外，如果要将计算机中完成的影片输出到用于电视监视器播放的领域，在输出前也要对场进行设置，输出到电视机的影片是具有场的。用户也可以为没有场的影片添加场，如使用三维动画软件输出的影片，在输出前添加场，用户可以在渲染设置中进行设置。

一般情况下，在新建节目时就要指定正确的场顺序，这里的顺序一般要按照影片的输出设备来设置。在“新建序列”对话框中选择“常规”选项，在“场”下拉列表中指定编辑影片所使用的场方式，如图 5-52 所示。在编辑交错场时，要根据相关的视频硬件显示奇偶场的顺序，选择“上场优先”或者“下场优先”选项。输入影片时，也有类似的选项设置。

如果在编辑过程中得到的素材场顺序有所不同，则必须使其统一，并符合编辑输出的场设置。调整方法是，在“时间线”面板中的素材上单击鼠标右键，在弹出的快捷菜单中选择“场选项”命令，在弹出的“场选项”对话框中进行设置，如图 5-53 所示。

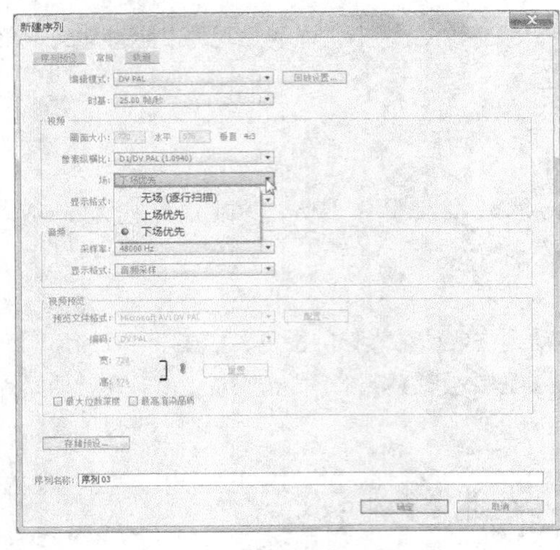

图 5-52

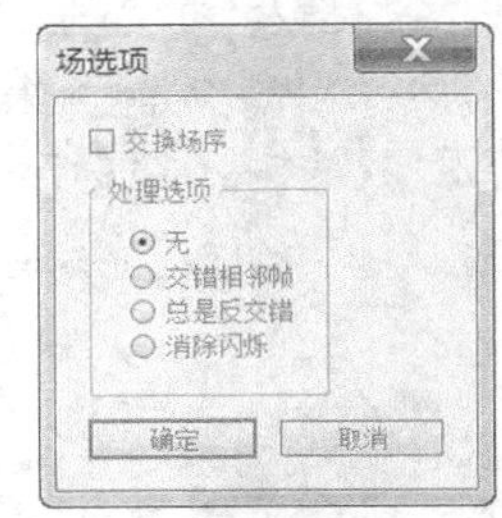

图 5-53

“交换场序”：如果素材场顺序与视频采集卡顺序相反，则勾选此复选框。

“无”：不处理素材场控制。

“交错相邻帧”：将非交错场转换为交错场。

“总是反交错”：将交错场转换为非交错场。

“消除闪烁”：用于消除细水平线的闪烁。当该选项没有被选择时，一条只有一个像素的水平线只在两场中的其中一场出现，在回放时会导致闪烁；选择该选项，将使扫描线的百分值增加或降低，以混合扫描线，使一个像素的扫描线在视频的两上场中都出现。Premiere Pro CS5 播出字幕时，一般都要将该项打开。

8. 删除素材

如果用户决定不使用“时间线”面板中的某个素材片段，则可以在“时间线”面板中将其删除。从“时间线”面板中删除的素材并不会在“项目”窗口中删除。当用户删除一个已经运用于“时间线”面板的素材后，在“时间线”面板轨道上的该素材处留下空位。用户也可以选择波纹删除，将该素材轨道上的内容向左移动，覆盖被删除的素材留下的空位。

（1）删除素材的具体操作步骤如下。

步骤① 在“时间线”面板中选择一个或多个素材。

步骤② 按 Delete 键或选择“编辑 > 清除”命令。

（2）波纹删除素材的具体操作步骤如下。

步骤① 在“时间线”面板中选择一个或多个素材。

步骤② 如果不希望其他轨道的素材移动，可以锁定该轨道。

步骤③ 单击素材鼠标右键，在弹出的快捷菜单中选择“波纹删除”命令。

任务二 分离、连接素材

在“时间线”面板中可以切割一个单独的素材成为两个或更多单独的素材，也可以使用插入工具进行三点或者四点编辑，还可以将链接素材的音频或视频部分分离，或者将分离的音频和视频素材连接起来。

5.2.1 课堂案例——立体相框

【案例学习目标】将图像插入到“时间线”面板中，对图像的四周进行剪裁。

【案例知识要点】使用“插入”选项将图像导入到“时间线”面板中；使用“运动”选项编辑图像的位置、比例和旋转等多个属性；使用“剪裁”命令剪裁图像边框；使用“斜边角”命令制作图像的立体效果；使用“杂波 HLS”“棋盘”和“四色渐变”命令编辑背影特效；使用“色阶”命令调整图像的亮度。立体相框效果如图 5-54 所示。

【效果所在位置】资源包 \ Ch05 \ 立体相框. prproj。

图 5-54

1. 导入图片

步骤① 启动 Premiere Pro CS5 软件，弹出“欢迎使用 Adobe Premiere Pro”界面，单击“新建项目”按钮，弹出“新建项目”对话框，设置“位置”选项，选择保存文件路径，在“名称”文本框中输入文件名“立体相框”，如图 5-55 所示。单击“确定”按钮，弹出“新建序列”对话框，在左侧的列表中展开“DV-PAL”选项，选中“标准 48kHz”模式，如图 5-56 所示，单击“确定”按钮。

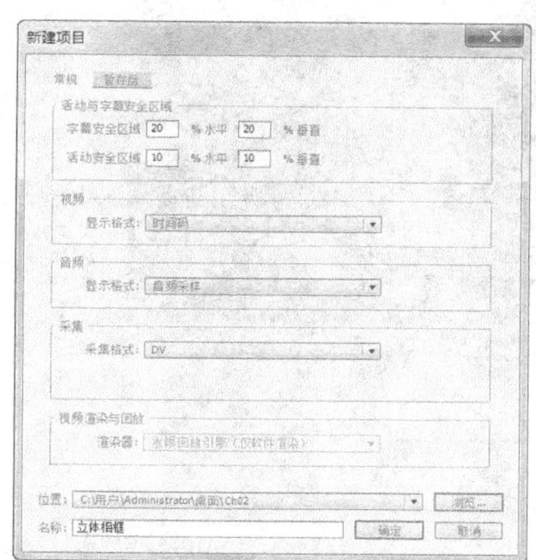

图 5-55

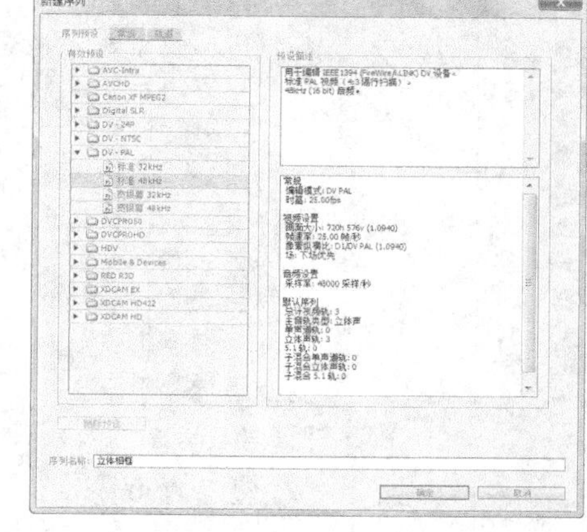

图 5-56

步骤② 选择“文件 > 导入”命令，弹出“导入”对话框，选择资源包中“Ch05 \ 立体相框 \ 素材”中的“01”和“02”文件，单击“打开”按钮，导入视频文件，如图 5-57 所示。导入后的文件排列在“项目”面板中，如图 5-58 所示。

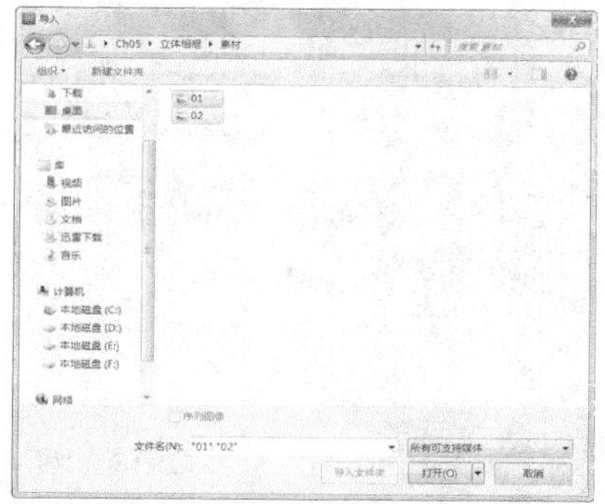

图 5-57

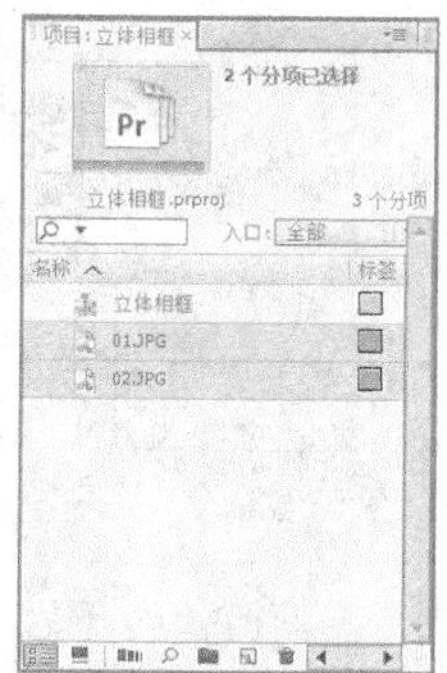

图 5-58

步骤③ 在"时间线"面板中选中"视频 3"轨道，选中"项目"面板中的"01"文件，单击鼠标右键，在弹出的快捷菜单中选择"插入"命令，如图 5-59 所示，文件被插入到"时间线"面板中的"视频 3"轨道中，如图 5-60 所示。

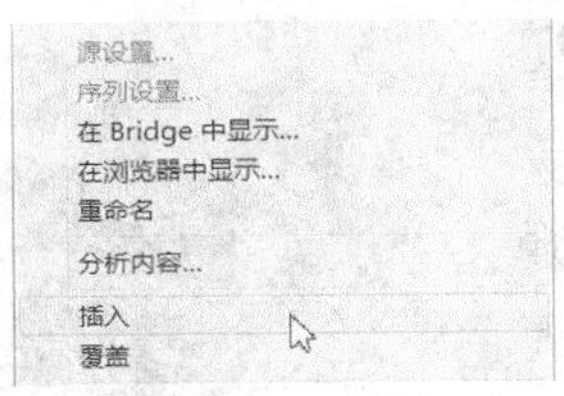

图 5-59

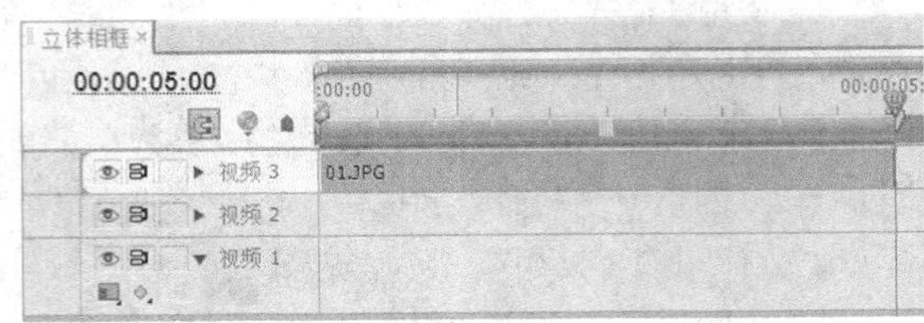

图 5-60

2. 编辑图像立体效果

步骤① 在"时间线"面板中选中"视频 3"轨道中的"01"文件，选择"特效控制台"面板，展开"运动"选项，将"位置"选项设置为 255.1 和 304.7，"缩放比例"选项设置为 36.8，"旋转"选项设置为 - 11.0°，如图 5-61 所示。在"节目"窗口中预览效果，如图 5-62 所示。

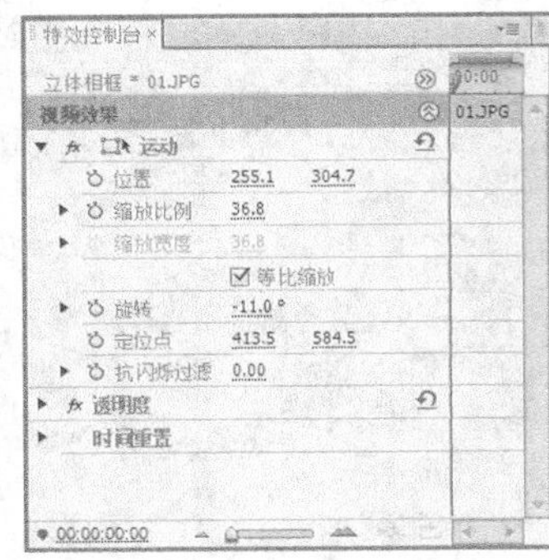

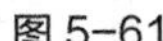

图 5-61

图 5-62

步骤② 选择"窗口 > 工作区 > 效果"命令，弹出"效果"面板，展开"视频特效"选项，单击"变换"文件夹前面的三角形按钮▷将其展开，选中"裁剪"特效，如图 5-63 所示。将"裁剪"特效拖曳到"时间线"面板中的"视频 3"轨道上的"01"文件上，如图 5-64 所示。

图 5-63

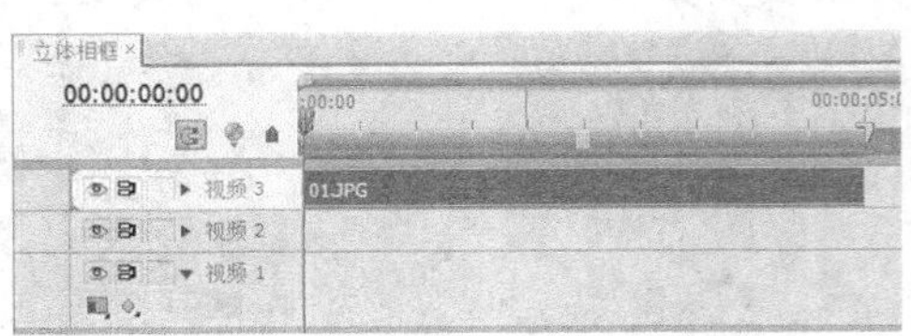

图 5-64

步骤③ 选择"特效控制台"面板，展开"裁剪"特效，将"左侧"选项设置为 9.0%，"底部"选项设置为 6.0%，如图 5-65 所示。在"节目"窗口中预览效果，如图 5-66 所示。

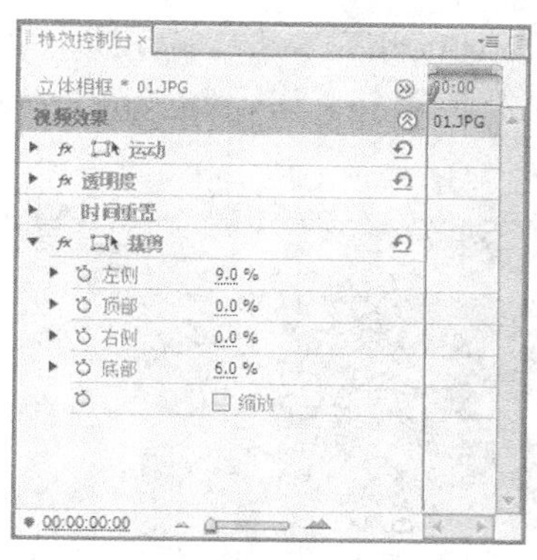

图 5-65

图 5-66

步骤 4 选择“窗口 > 工作区 > 效果”命令，弹出“效果”面板，展开“视频特效”选项，单击“透视”文件夹前面的三角形按钮 ▷ 将其展开，选中“斜角边”特效，如图 5-67 所示。将“斜角边”特效拖曳到“时间线”面板中的“视频 3”轨道上的“01”文件上，如图 5-68 所示。

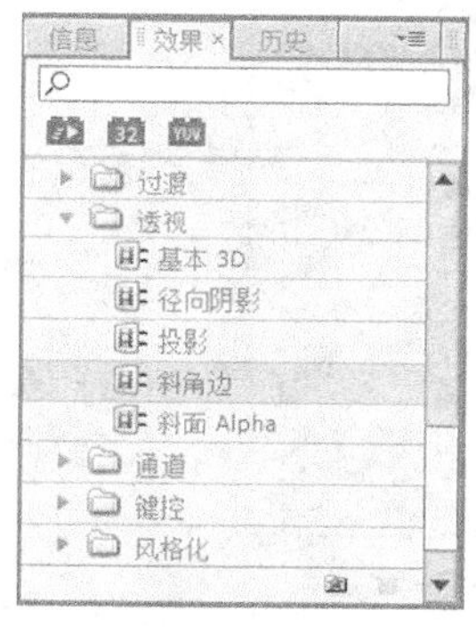

图 5-67

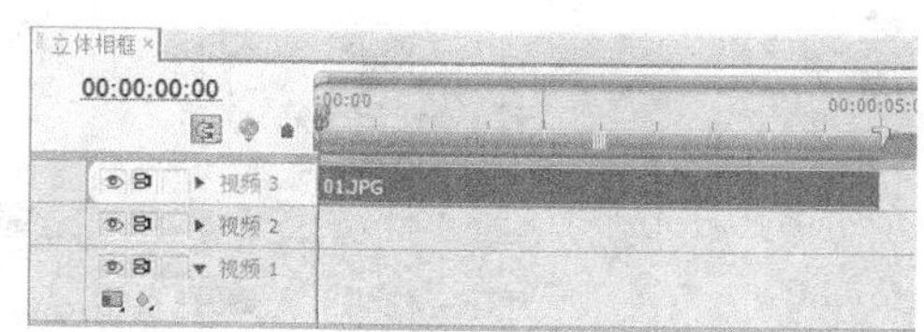

图 5-68

步骤 5 选择“特效控制台”面板，展开“斜角边”特效，将“边角厚度”选项设置为 0.06，“照明角度”选项设置为 - 40.0°，其他设置如图 5-69 所示。在“节目”窗口中预览效果，如图 5-70 所示。

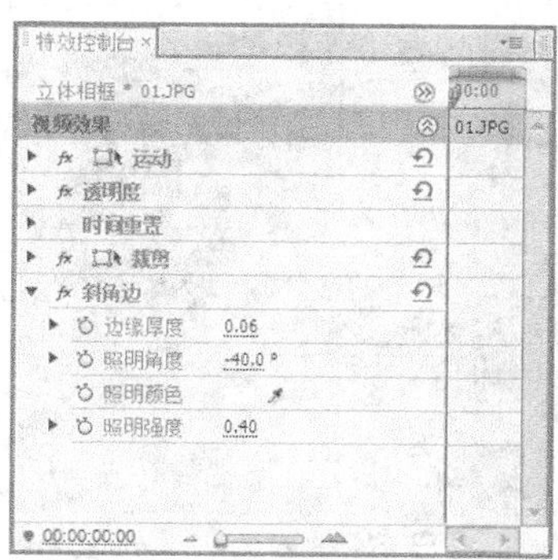

图 5-69

图 5-70

3. 编辑背景

步骤 1 选择“文件 > 新建 > 彩色蒙版”命令，弹出“新建彩色蒙版”对话框，如图 5-71 所示。单击“确定”按钮，弹出“颜色拾取”对话框，设置颜色的 R、G、B 值分别为 255、166、50，如图 5-72 所示。单击“确定”按钮，弹出“选择名称”对话框，在文本框中输入“墙壁”，如图 5-73 所示。单击“确定”按钮，在“项目”面板中添加一个“墙壁”层，如图 5-74 所示。

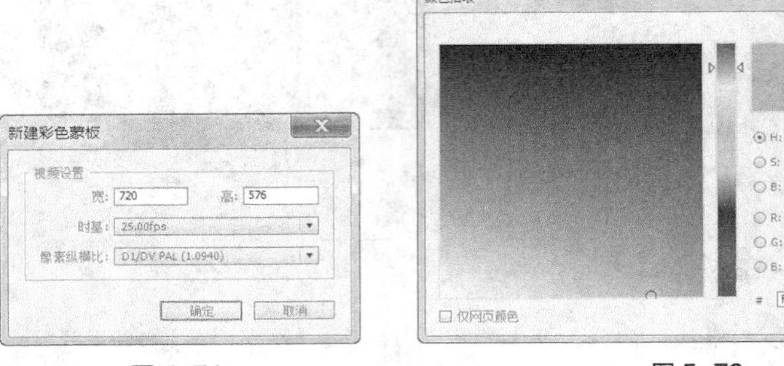

图 5-71

图 5-72

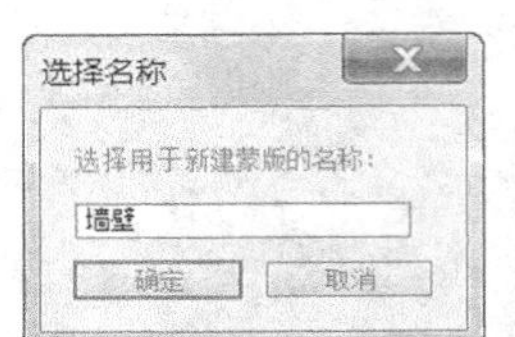

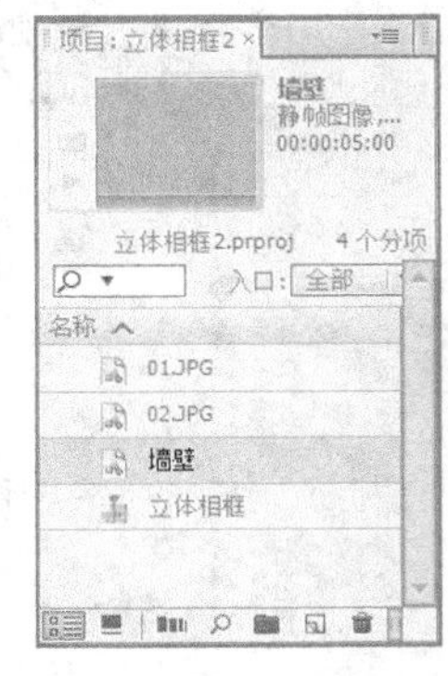

图 5-73

图 5-74

步骤② 在“项目”面板中选中“墙壁”层，将其拖曳到“时间线”面板中的“视频 1”轨道中，如图 5-75 所示。在“节目”窗口中预览效果，如图 5-76 所示。

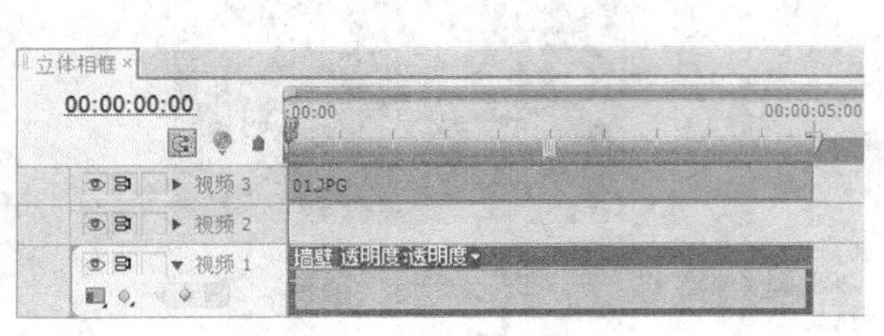

图 5-75

图 5-76

步骤③ 选择“窗口 > 工作区 > 效果”命令，弹出“效果”面板，展开“视频特效”选项，单击“杂波与颗粒”文件夹前面的三角形按钮▷将其展开，选中“杂波 HLS”特效，如图 5-77 所示。将“杂波 HLS”特效拖曳到“时间线”面板中的“视频 1”轨道上的“墙壁”层上，如图 5-78 所示。

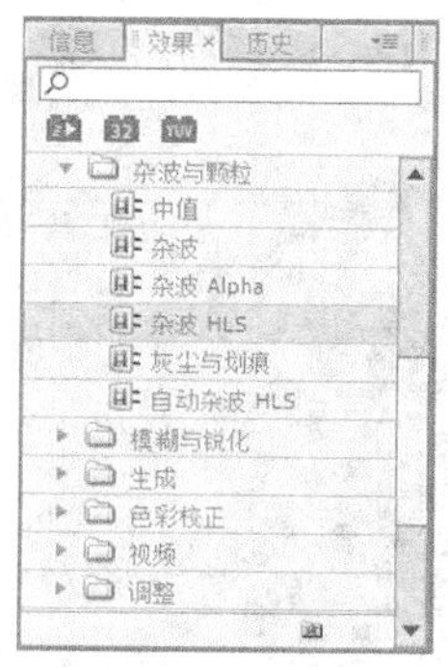

图 5-77

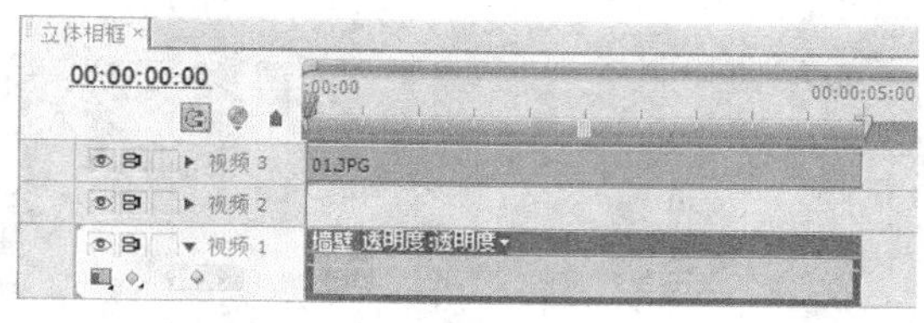

图 5-78

步骤④ 选择“特效控制台”面板，展开“杂波 HLS”特效，将“色相”选项设置为 50.0%，“明度”选项设置为 50.0%，“饱和度”选项设置为 60.0%，“颗粒大小”选项设置为 2.00，其他设置如图 5-79 所示。在“节目”窗口中预览效果，如图 5-80 所示。

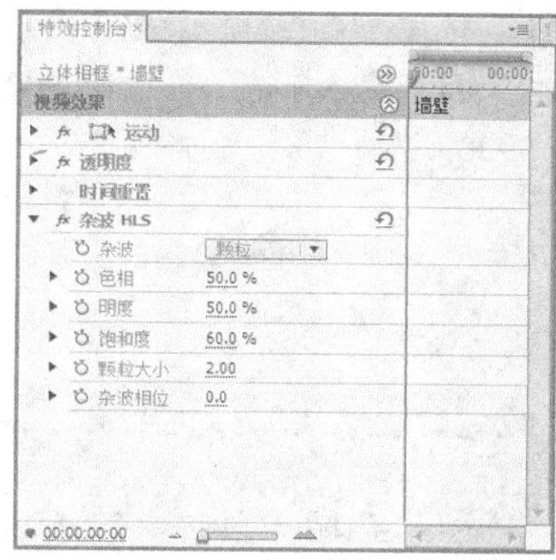

图 5-79

图 5-80

步骤⑤ 选择“窗口 > 工作区 > 效果”命令，弹出“效果”面板，展开“视频特效”选项，单击“生成”文件夹前面的三角形按钮 ▷ 将其展开，选中“棋盘”特效，如图 5-81 所示。将“棋盘”特效拖曳到“时间线”面板中的“视频 1”轨道上的“墙壁”层上，如图 5-82 所示。

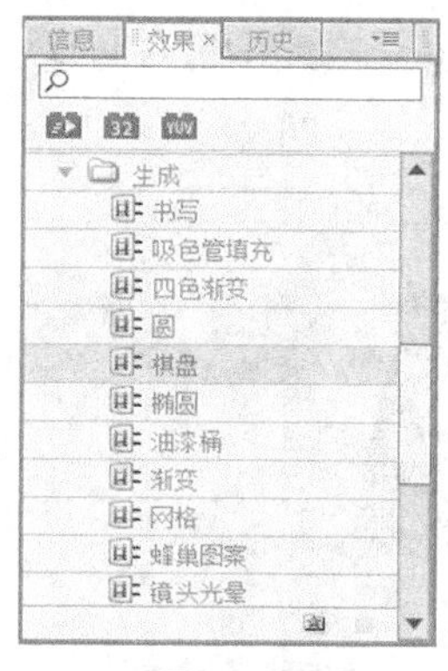

图 5-81

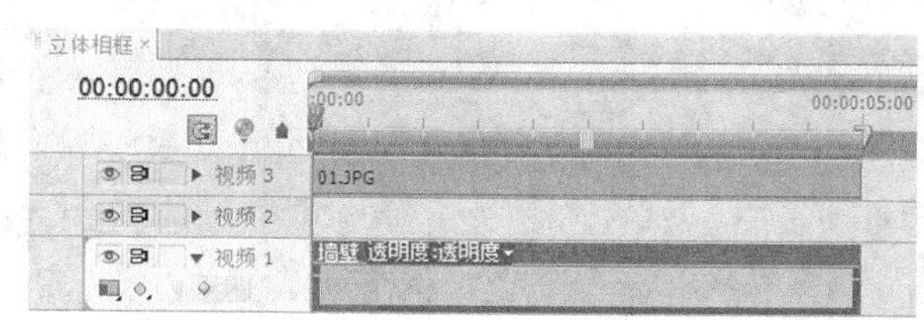

图 5-82

步骤⑥ 选择“特效控制台”面板，展开“棋盘”特效，将“边角”选项设置为 400.0 和 330.0，单击“混合模式”选项后面的按钮，在弹出的下拉列表中选择“添加”，其他设置如图 5-83 所示。在“节目”窗口中预览效果，如图 5-84 所示。

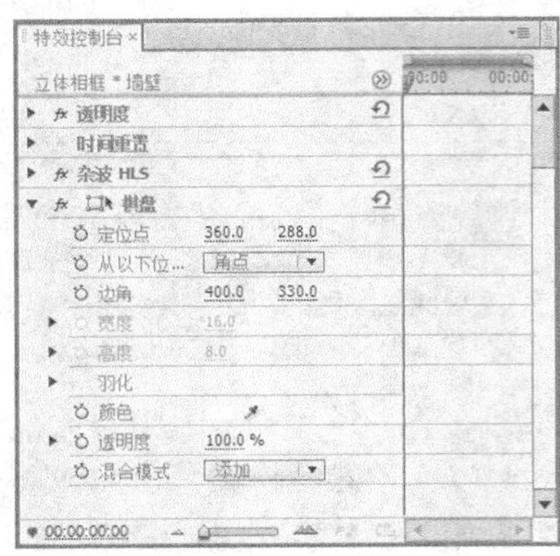

图 5-83

图 5-84

步骤 7 选择“窗口 > 工作区 > 效果”命令，弹出“效果”面板，展开“视频特效”选项，单击“生成”文件夹前面的三角形按钮▷将其展开，选中“四色渐变”特效，如图 5-85 所示。将“四色渐变”特效拖曳到“时间线”面板中的“视频 1”轨道上的“墙壁”层上，如图 5-86 所示。

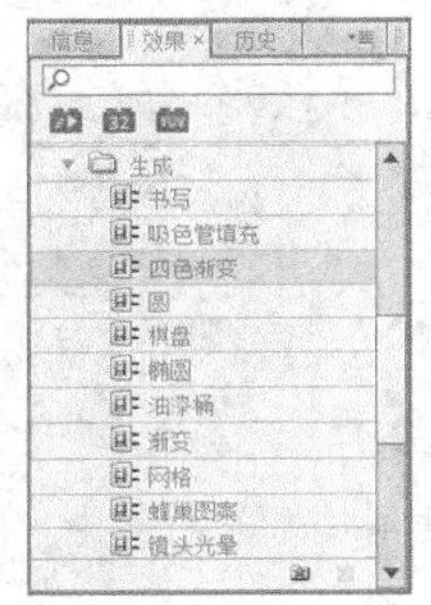

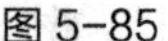
图 5-85

图 5-86

步骤 8 选择“特效控制台”面板，展开“四色渐变”特效，将“混合”选项设置为 40.0，“抖动”选项设置为 30.0%，单击“混合模式”选项后面的按钮，在弹出的下拉列表中选择“滤色”，其他设置如图 5-87 所示。在“节目”窗口中预览效果，如图 5-88 所示。在“项目”面板中选中“02”文件并将其拖曳到“时间线”面板中的“视频 2”轨道中，如图 5-89 所示。

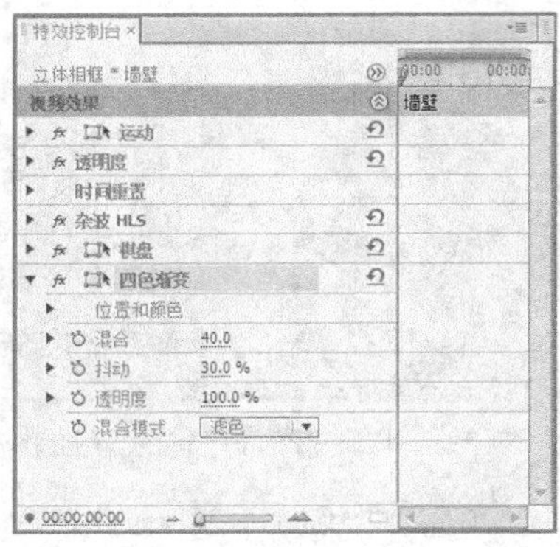

图 5-87

图 5-88

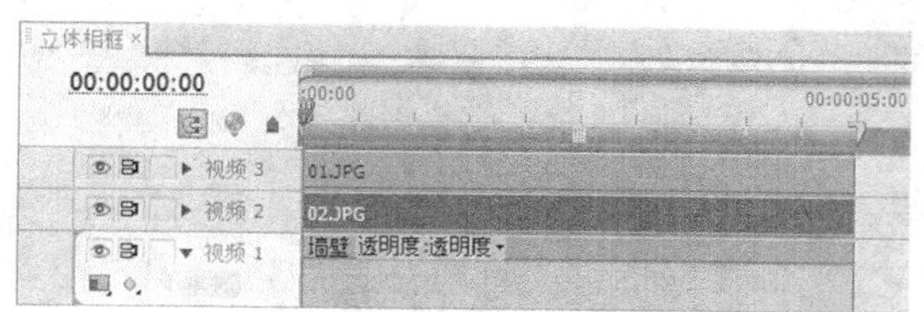

图 5-89

4. 调整图像亮度

步骤① 在"时间线"面板中选中"视频 2"轨道中的"02"文件，选择"特效控制台"面板，展开"运动"选项，将"位置"选项设置为 515.5 和 322.9，"缩放比例"选项设置为 25.4，"旋转"选项设置为 6.0°，如图 5-90 所示。在"节目"窗口中预览效果，如图 5-91 所示。

步骤② 在"时间线"面板中选中"01"文件，选择"特效控制台"面板，按 Ctrl 键选中"裁剪"特效和"斜角边"特效，再按 Ctrl+C 组合键，复制特效，在"时间线"面板中选中"02"文件，按 Ctrl+V 组合键粘贴特效。在"节目"窗口中预览效果，如图 5-92 所示。

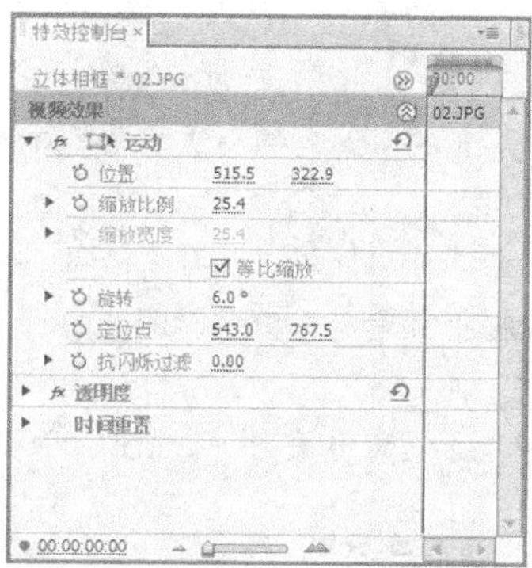

图 5-90

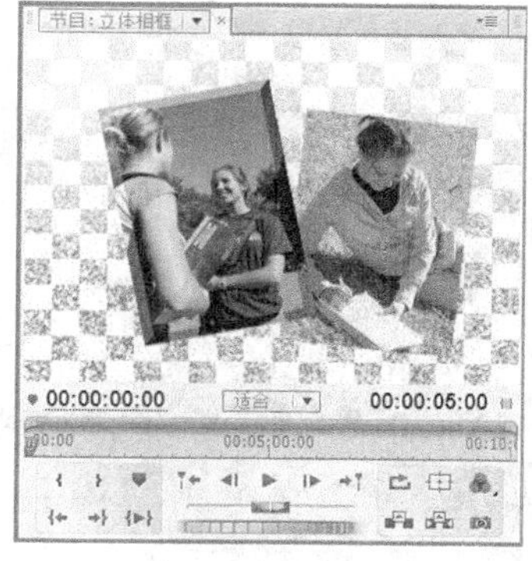

图 5-91

图 5-92

步骤③ 选择"窗口 > 工作区 > 效果"命令，弹出"效果"面板，展开"视频特效"选项，单击"调整"文件夹前面的三角形按钮▷将其展开，选中"色阶"特效，如图 5-93 所示。将"色阶"特效拖曳到"时间线"面板中的"视频 2"轨道上的"02"文件上，如图 5-94 所示。

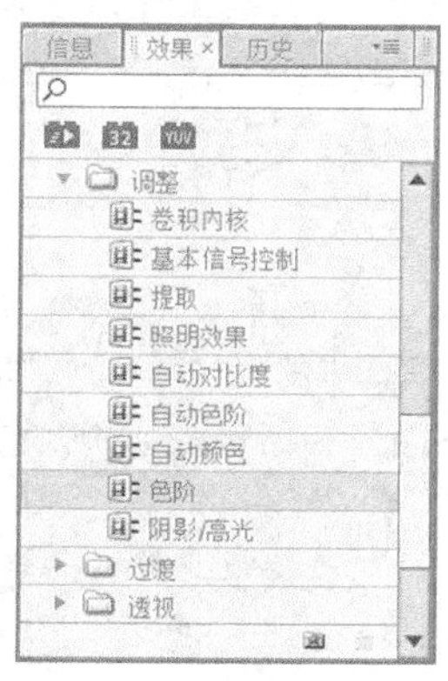

图 5-93

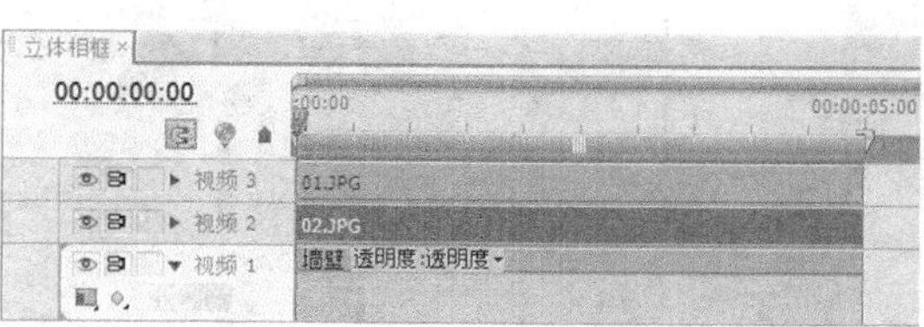

图 5-94

步骤④ 选择“特效控制台”面板，展开“色阶”特效，将“（RGB）输入黑色阶”选项设置为 20，“（RGB）输入白色阶”选项设置为 230，其他设置如图 5-95 所示。在“节目”窗口中预览效果，如图 5-96 所示。立体相框制作完成，如图 5-97 所示。

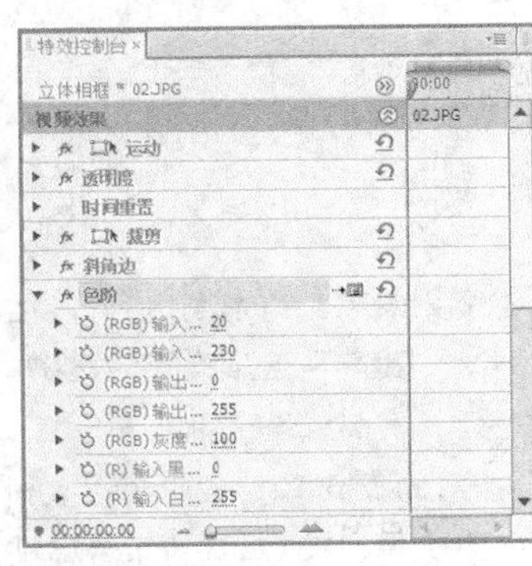

图 5-95

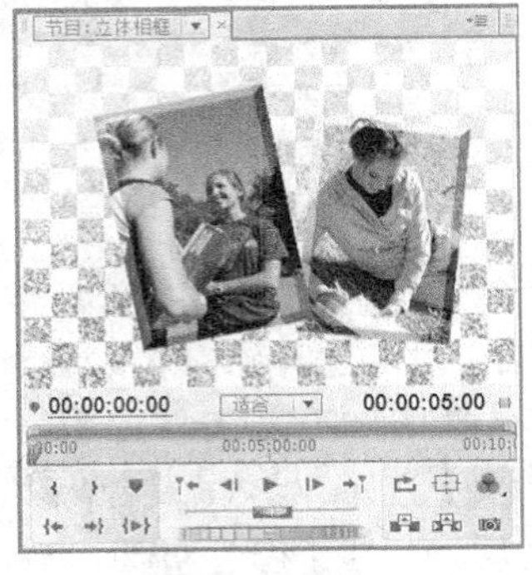

图 5-96

图 5-97

5.2.2 切割素材

在 Premiere Pro CS5 中，当素材被添加到“时间线”面板中的轨道后，必须对此素材进行分割才能进行后面的操作。可以应用工具箱中的剃刀工具完成素材切割，具体操作步骤如下。

步骤① 选择“剃刀”工具。

步骤② 将鼠标指针移到需要切割影片片段的“时间线”面板中的某一素材上并单击，该素材即被切割为两个素材，每一个素材都有独立的长度以及入点与出点，如图 5-98 所示。

步骤③ 如果要将多个轨道上的素材在同一点分割，则同时按住 Shift 键，会显示多重刀片，轨道上所有未锁定的素材都在该位置被分割为两段，如图 5-99 所示。

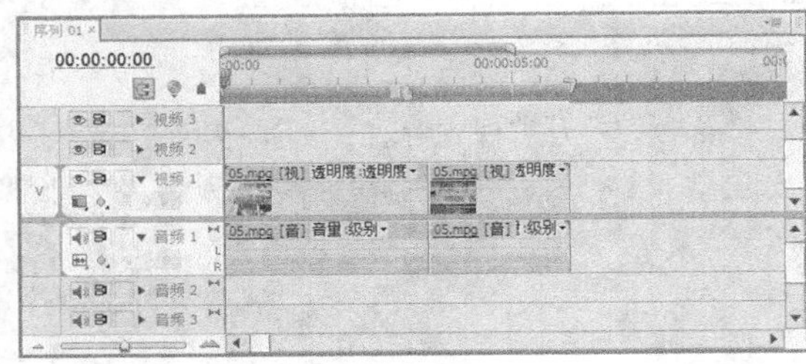

图 5-98

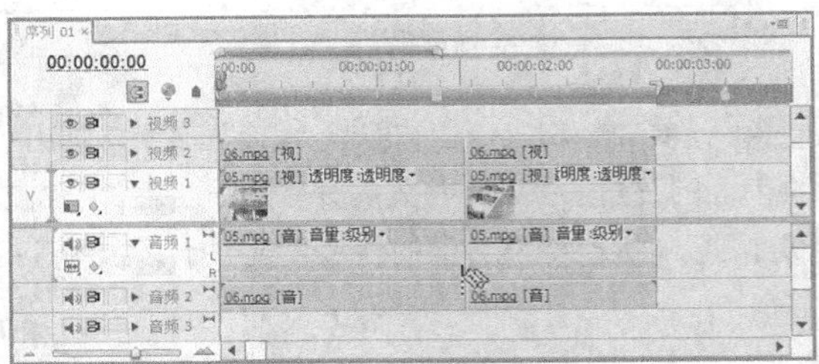

图 5-99

5.2.3 插入和覆盖编辑

用户可以选择插入和覆盖编辑，将“源”监视器窗口或者“项目”窗口中的素材插入到“时间线”面板中。插入素材时，可以锁定其他轨道上的素材或切换，以避免引起不必要的变动。锁定轨道非常有用，如可以在影片中插入一个视频素材而不改变音频轨道。

“插入”按钮和“覆盖”按钮可以将“源”监视器窗口中的片段直接置入“时间线”面板中的时间标记位置的当前轨道中。

1. 插入编辑

使用插入工具插入片段时，凡是处于时间标记之后（包括部分处于时间标记之后）的素材都会向后推移。如果时间标记位于轨道中的素材之上，插入新的素材会把原有素材分为两段，直接插在其中，原有素材的后半部分将会向后推移，接在新素材之后。使用插入工具插入素材的具体操作步骤如下。

步骤① 在“源”监视器窗口中选中要插入“时间线”面板中的素材并为其设置入点和出点。

步骤② 在“时间线”面板中将时间标记移动到需要插入素材的时间点，如图5-100所示。

步骤③ 单击“源”监视器窗口下方的“插入”按钮，将选择的素材插入“时间线”面板中，插入的新素材会直接插入其中，把原有素材分为两段，原有素材的后半部分将会向后推移，接在新素材之后，效果如图5-101所示。

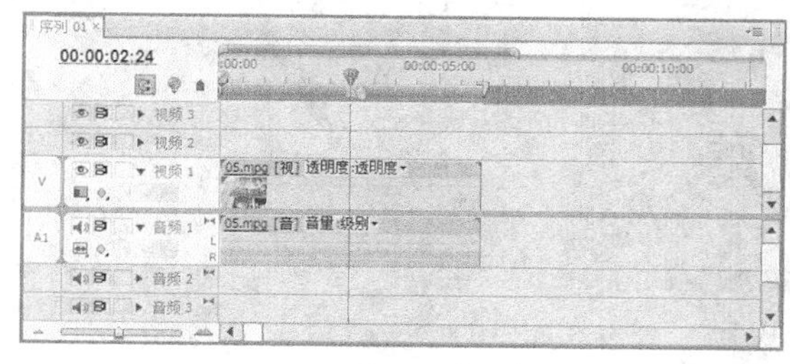

图5-100

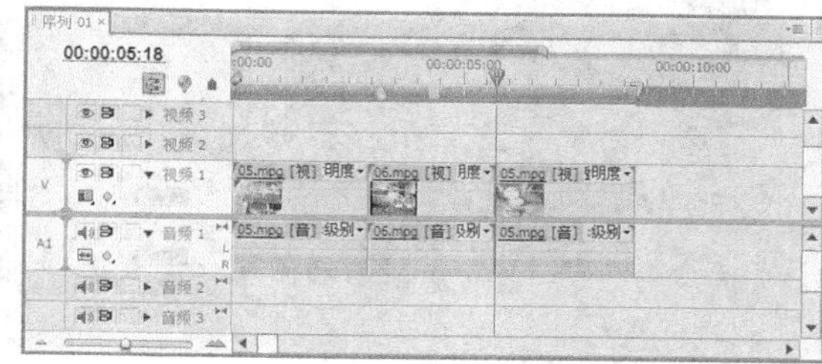

图5-101

2. 覆盖编辑

使用覆盖工具插入素材的具体操作步骤如下。

步骤① 在“源”监视器窗口中选中要插入“时间线”面板中的素材并为其设置入点和出点。

步骤② 在“时间线”面板中将时间标记移动到需要插入素材的时间点，如图5-102所示。

步骤③ 单击“源”监视器窗口下方的“覆盖”按钮，将选择的素材插入“时间线”面板中，加入的新素材从时间标记处开始将覆盖原有素材段的视频，如图5-103所示。

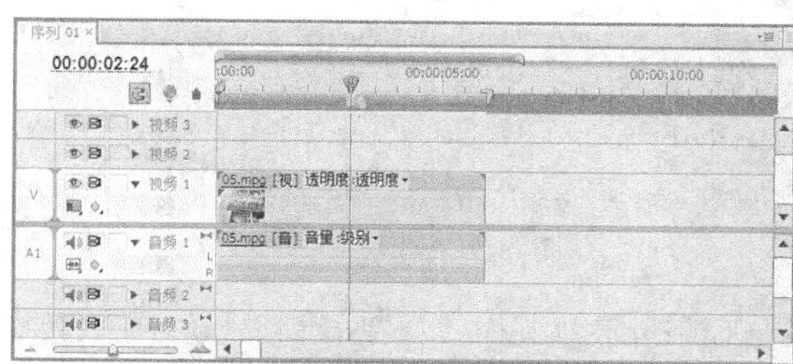

图5-102

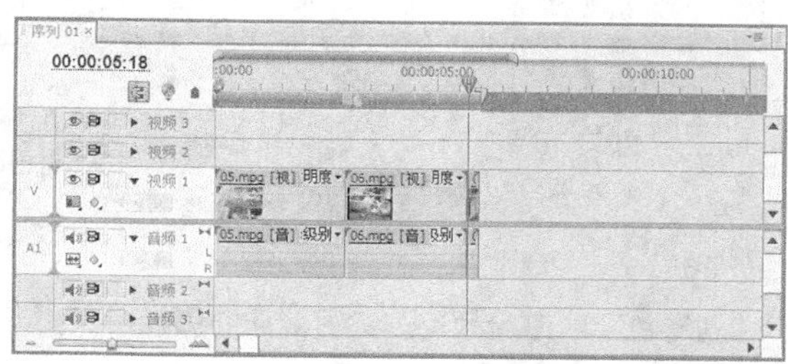

图5-103

任务三 创建新的素材元素

Premiere Pro CS5 除了可以使用导入的素材，还可以建立一些新素材元素，本节将对其进行详细介绍。

5.3.1 通用倒计时片头

通用倒计时通常用于影片开始前的倒计时准备。Premiere Pro CS5 为用户提供了现成的通用倒计时，用户可以非常简便地创建一个标准的倒计时素材，并可以在 Premiere Pro CS5 中随时对其进行修改，如图5-104所示。创建倒计时素材的具体操作步骤如下。

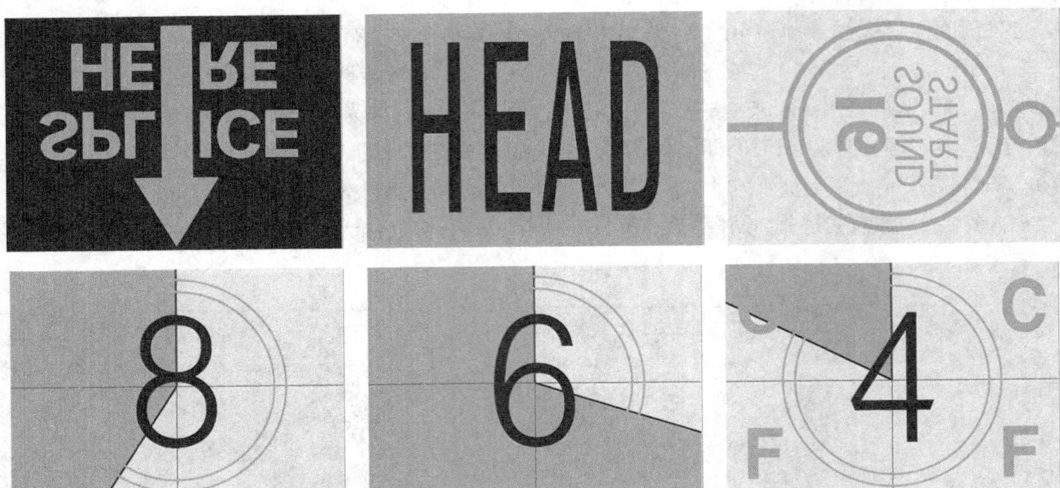

图 5-104

步骤① 单击“项目”窗口下方的“新建分项”按钮，在弹出的列表中选择“通用倒计时片头”选项，弹出“新建通用倒计时片头”对话框，如图 5-105 所示。设置完成后，单击“确定”按钮，弹出“通用倒计时片头设置”对话框，如图 5-106 所示。

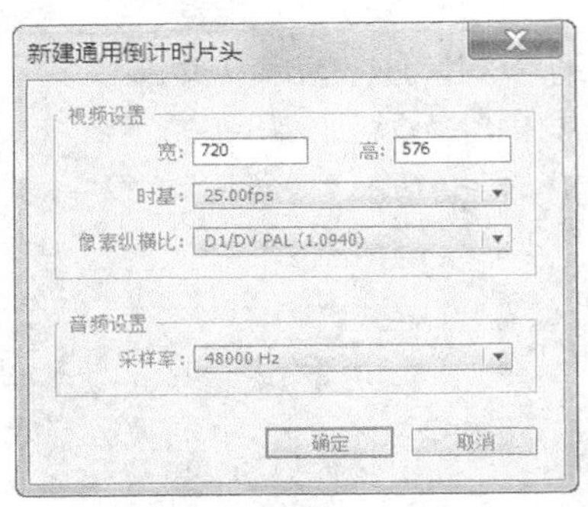

图 5-105

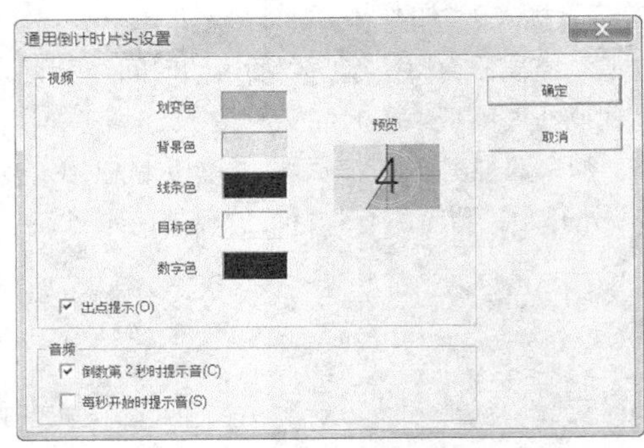

图 5-106

“划变色”：擦除颜色。播放倒计时影片时，指示线会不停地围绕圆心转动，在指示线转动方向之后的颜色为划变色。

“背景色”：背景颜色。指示线转换方向之前的颜色为背景色。

“线条色”：指示线颜色。固定十字及转动的指示线的颜色由该项设定。

“目标色”：准星颜色。指定圆形准星的颜色。

“数字色”：数字颜色。指定倒计时影片中 8、7、6、5、4 等数字的颜色。

“出点提示”：结束提示标志。勾选该复选框在倒计时结束时显示标志图形。

“倒数第 2 秒时提示音”：2 秒处是提示音标志。勾选该复选框在显示“2”时发声。

“每秒开始时提示音”：每秒提示音标志。勾选该复选框在每秒开始时发声。

步骤② 设置完成后，单击“确定”按钮，Premiere Pro CS5 自动将该段倒计时影片加入项目窗口。

用户可在“项目”窗口或“时间线”面板中双击倒计时素材，随时打开“通用倒计时片头设置”对话框进行修改。

5.3.2 彩条和黑场

1. 彩条

Premiere Pro CS5 可以为影片在开始前加入一段彩条，如图 5-107 所示。

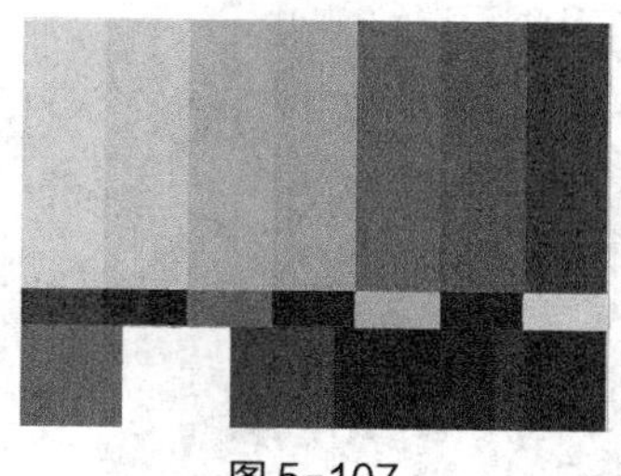

图 5-107

在“项目”窗口下方单击“新建分项”按钮，在弹出的列表中选择“彩条”选项，即可创建彩条。

2. 黑场

Premiere Pro CS5 可以在影片中创建一段黑场。在“项目”窗口下方单击“新建分项”按钮，在弹出的列表中选择“黑场”选项，即可创建黑场。

5.3.3 彩色蒙版

Premiere Pro CS5 还可以为影片创建一个颜色蒙版。用户可以将颜色蒙版当作背景，也可利用“透明度”命令来设定与它相关的色彩的透明性。其具体操作步骤如下。

步骤❶ 在“项目”窗口下方单击“新建分项”按钮，在弹出的列表中选择“彩色蒙版”选项，弹出“新建彩色蒙版”对话框，如图 5-108 所示。进行参数设置后，单击“确定”按钮，弹出“颜色拾取”对话框，如图 5-109 所示。

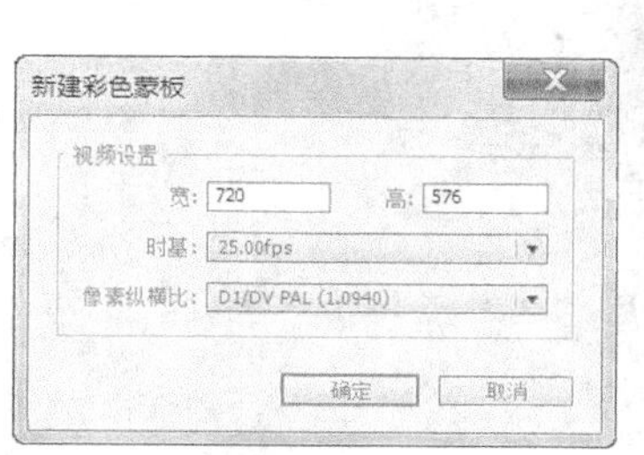

图 5-108

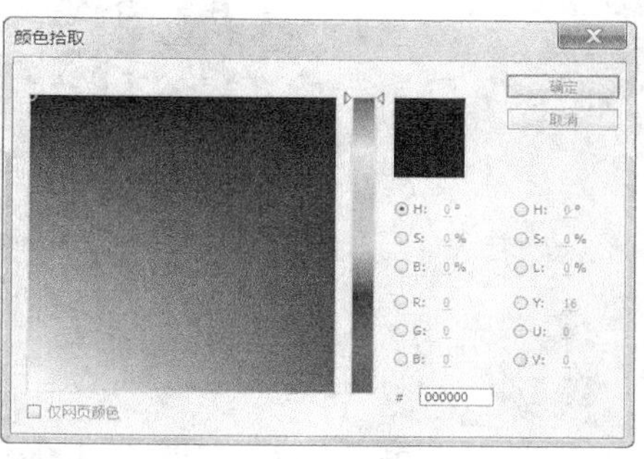

图 5-109

步骤❷ 在“颜色拾取”对话框中选取蒙版所要使用的颜色，单击“确定”按钮。用户可在“项目”窗口或“时间线”面板中双击颜色蒙版，随时打开“颜色拾取”对话框进行修改。

课堂练习——镜头的快慢处理

【练习知识要点】使用“缩放比例”选项改变视频文件的大小；使用剃刀工具分割文件；使用“速度/持续时间”命令改变视频播放的快慢。镜头的快慢处理效果如图 5-110 所示。

【效果所在位置】资源包 \ Ch05 \ 镜头的快慢处理. prproj。

图 5-110

课后习题——倒计时效果

【习题知识要点】使用“通道倒计时片头”命令编辑默认倒计时属性；使用“速度/持续时间”命令改变视频文件的播放速度。倒计时效果如图 5-111 所示。

【效果所在位置】资源包 \ Ch05 \ 倒计时效果. prproj。

图 5-111

第 6 章　视频转场特效制作

本章主要介绍如何在 Premiere Pro CS5 的影片素材或静止图像素材之间建立丰富多彩的切换特效的方法，每一个图像切换的控制方式具有很多可调的选项。本章内容对于影视剪辑中的镜头切换有着非常实用的意义，它可以使剪辑的画面更加富于变化，更加生动多彩。

- 转场特技设置
- 高级转场特技设置

任务一　设置转场特效

转场包括使用镜头切换、调整切换区域、切换设置和设置默认切换多种基本操作。下面对转场特技设置进行讲解。

6.1.1　使用镜头切换

一般情况下，切换在同一轨道的两个相邻素材之间使用。当然，也可以单独为一个素材施加切换，这时素材与其下方的轨道进行切换，但是下方的轨道只是作为背景使用，并不能被切换所控制，如图 6-1 所示。

为影片添加切换后，可以改变切换的长度。最简单的方法是在序列中选中切换 交叉叠化（标准），拖曳切换的边缘。还可以双击切换，打开“特效控制台”面板，在该面板中对切换进行进一步调整，如图 6-2 所示。

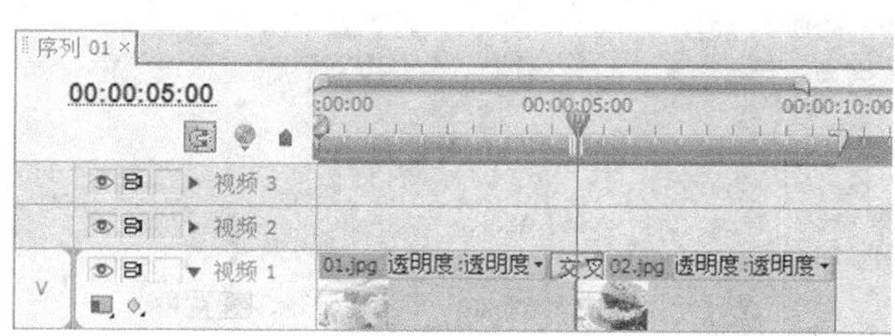

图 6-1

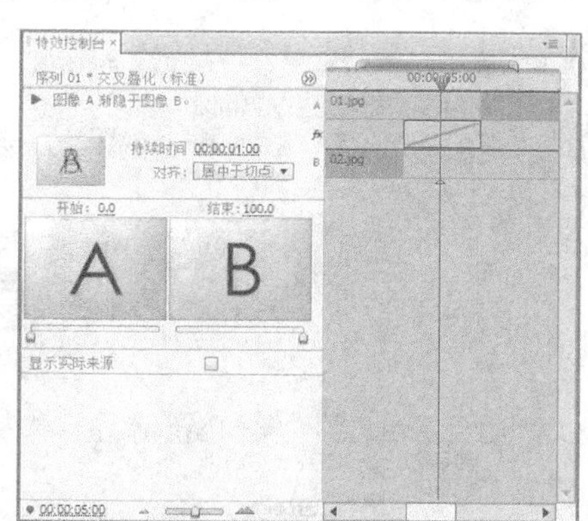

图 6-2

6.1.2 调整切换区域

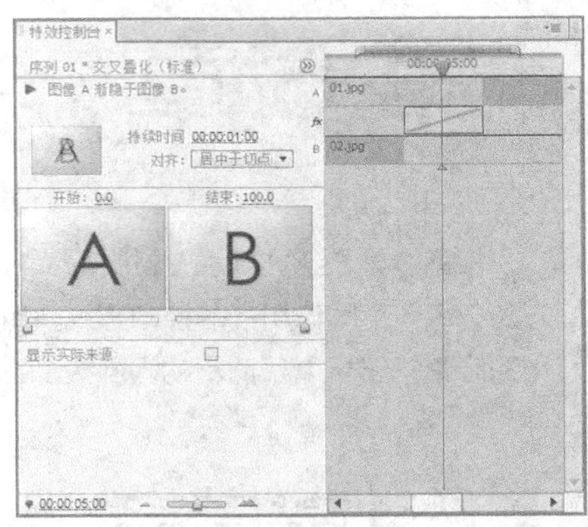

图 6-3

在右侧的时间线区域里可以设置切换的长度和位置。如图 6-3 所示，两段影片加入切换后，时间线上会有一个重叠区域，这个重叠区域就是发生切换的范围。同“时间线”面板中只显示入点和出点间的影片不同，在“特效控制台”窗口的时间线中会显示影片的长度，这样设置的优点是可以随时修改影片参与切换的位置。

将鼠标指针移动到影片上，按住鼠标左键拖曳，即可移动影片的位置，改变切换的影响区域。

将鼠标指针移动到切换中线上拖曳，可以改变切换位置，如图 6-4 所示。将鼠标指针移动到切换上拖曳，也可以改变位置，如图 6-5 所示。

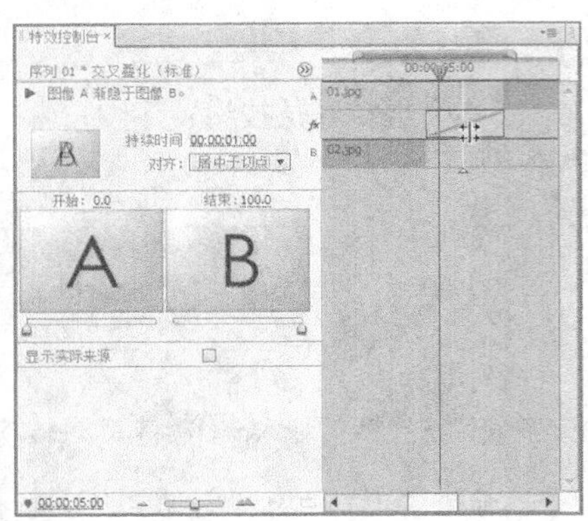

图 6-4

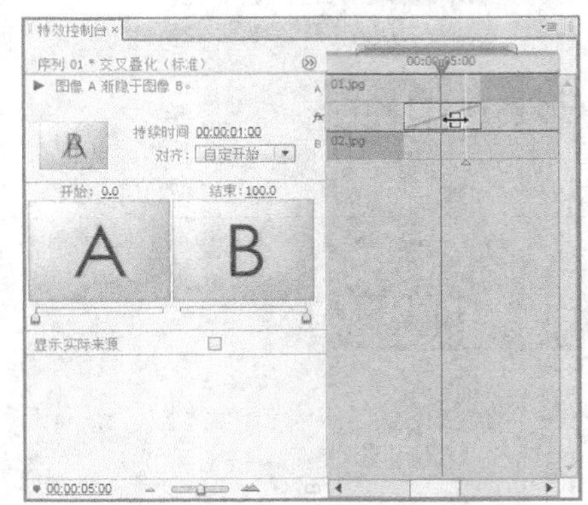

图 6-5

左边的“对齐”下拉列表中提供了以下几种切换对齐方式。

⊙ “居中于切点”：将切换添加到两剪辑的中间部分，如图 6-6 和图 6-7 所示。

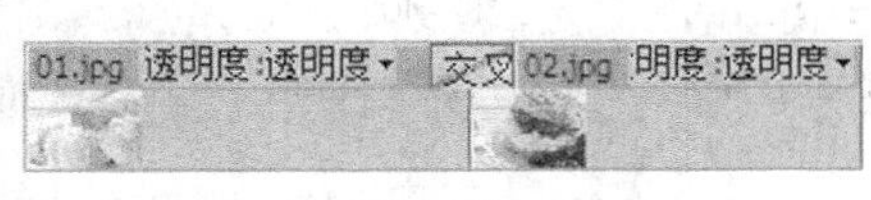

图 6-6

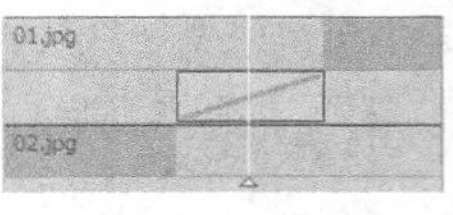

图 6-7

⊙ “开始于切点”：以片段 B 的入点位置为准建立切换，如图 6-8 和图 6-9 所示。

图 6-8

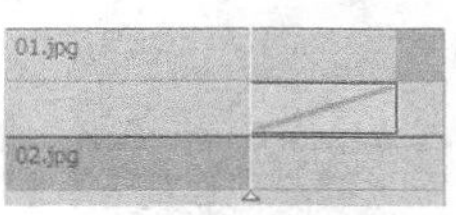

图 6-9

⊙ “结束于切点”：将切换点添加到第一个剪辑的结尾处，如图 6-10 和图 6-11 所示。

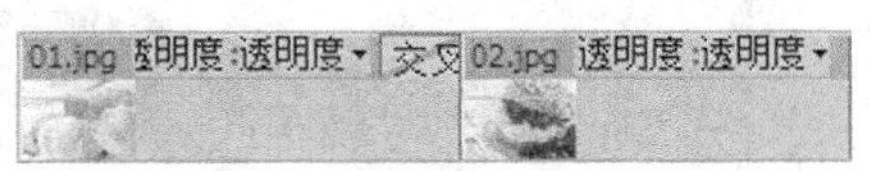

图 6-10

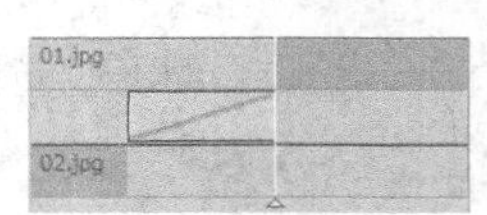

图 6-11

⊙ “自定开始”：表示可以通过自定义添加设置。将鼠标指针移动到切换边缘，可以拖曳鼠标改变切换的长度，如图 6-12 和图 6-13 所示。

图 6-12

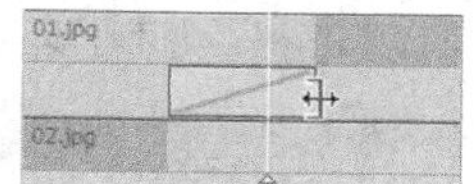

图 6-13

6.1.3 切换设置

在左边的切换设置中，可以对切换进行进一步的设置。

在默认情况下，切换都是从 A 到 B 完成的，要改变切换的开始和结束的状态，可拖曳“开始”和“结束”滑块。按住 Shift 键并拖曳滑块可以使开始和结束滑块以相同的数值变化。

勾选“显示实际来源”复选框，可以在“切换设置”对话框上方“开始”和“结束”窗口中显示切换的开始帧和结束帧，如图 6-14 所示。

单击对话框上方的▶按钮，可以在小视窗中预览切换效果，如图 6-15 所示。对于某些有方向性的切换来说，可以在上方小视窗中单击箭头改变切换的方向。

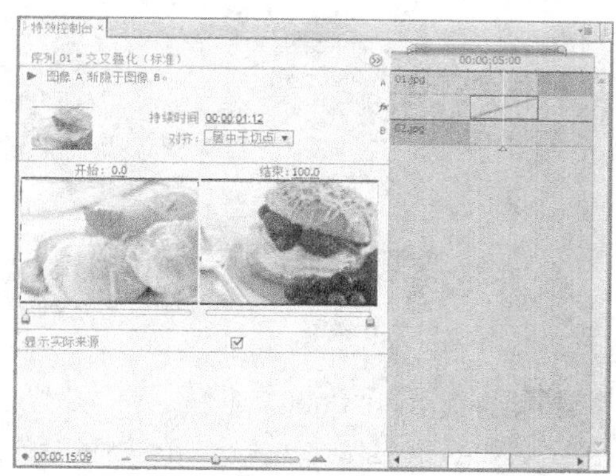

图 6-14

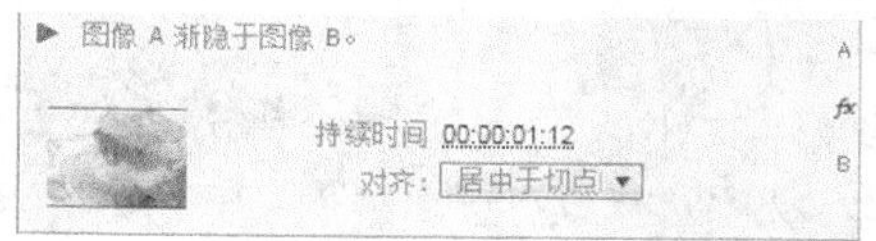

图 6-15

某些切换具有位置的性质，如出入屏时画面从屏幕的哪个位置开始，这时可以在切换的开始和结束显示框中调整位置。

对话框上方的“持续时间”栏中可以输入切换的持续时间，这与拖曳切换边缘改变长度是相同的。

任务二 高级转场特效设置

Premiere Pro CS5 将各种转换特效根据类型的不同分别放在“效果”窗口中的“视频特效”文件夹下的子文件夹中，用户可以根据使用的转换类型，方便地进行查找。

6.2.1 课堂案例——四季变化

【案例学习目标】 编辑图像的卷页与图形的划像，制作图像转场。

【案例知识要点】使用“斜线滑动”命令制作视频斜线自由线条效果；使用“划像形状”命令制作视频锯齿形状；使用“页面剥落”命令制作视频卷页效果；使用“缩放比例”选项编辑图像的大小；使用“自动对比

度”命令编辑图像的亮度对比度；使用“自动色阶”命令编辑图像的明亮度。四季变化效果如图 6-16 所示。

图 6-16

【效果所在位置】资源包 \ Ch06 \ 四季变化. prproj。

1. 新建项目与导入视频

步骤① 启动 Premiere Pro CS5 软件，弹出“欢迎使用 Adobe Premiere Pro”界面，单击“新建项目”按钮，弹出“新建项目”对话框，设置“位置”选项，选择保存文件路径，在“名称”文本框中输入文件名“四季变化”，如图 6-17 所示。单击“确定”按钮，弹出“新建序列”对话框，在左侧的列表中展开“DV-PAL”选项，选中“标准 48kHz”模式，如图 6-18 所示，单击“确定”按钮。

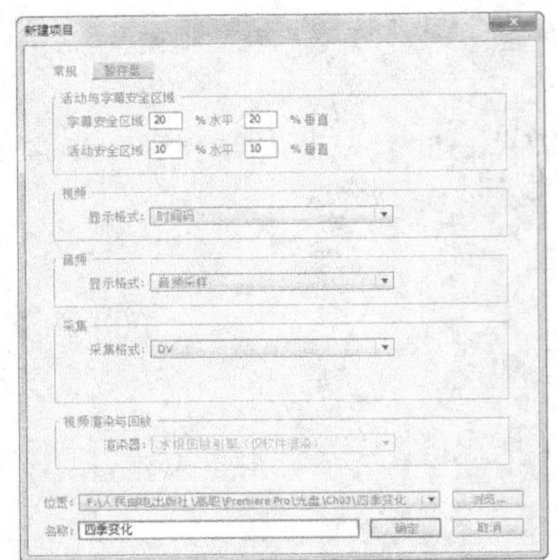
图 6-17

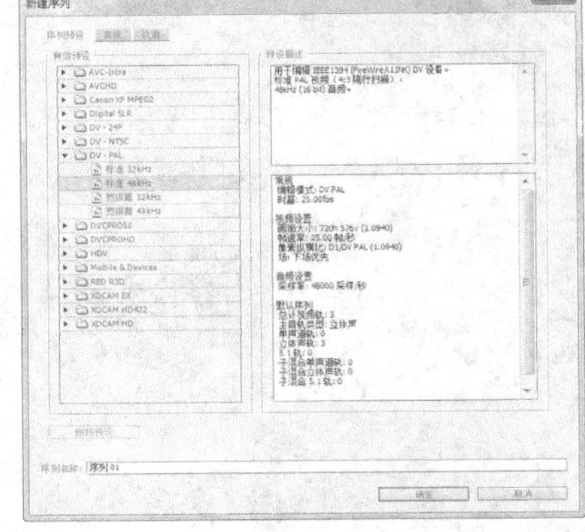
图 6-18

步骤② 选择“文件 > 导入”命令，弹出“导入”对话框，选择资源包“Ch06 \ 四季变化 \ 素材”中的“01”“02”“03”和“04”文件，单击“打开”按钮，导入图片，如图 6-19 所示。导入后的文件排列在“项目”面板中，如图 6-20 所示。

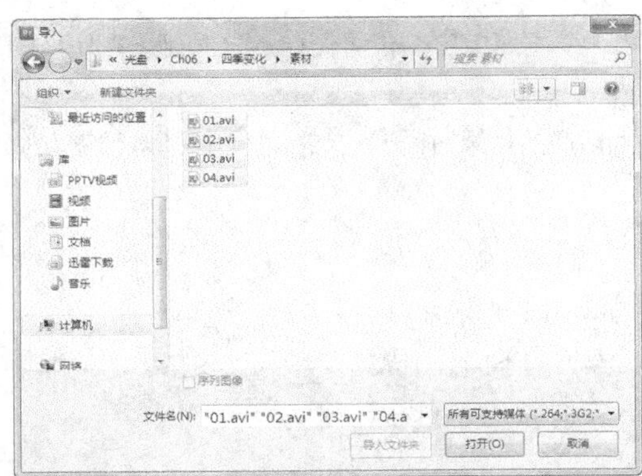

图 6-19

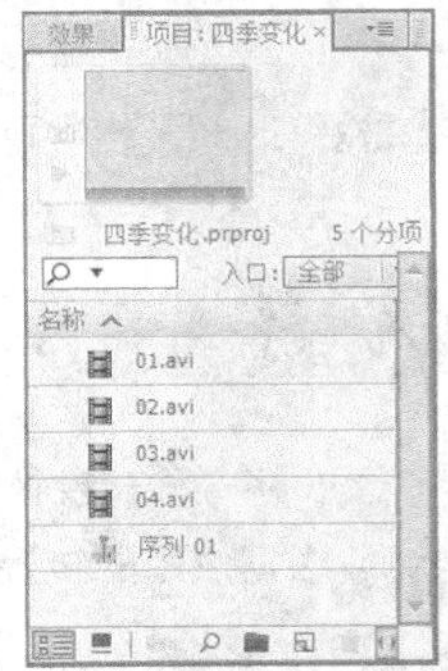

图 6-20

步骤③ 按住 Ctrl 键，在“项目”面板中分别选中“01、02、03 和 04”文件并将其拖曳到“时间线”面板中的“视频 1”轨道中，如图 6-21 所示。

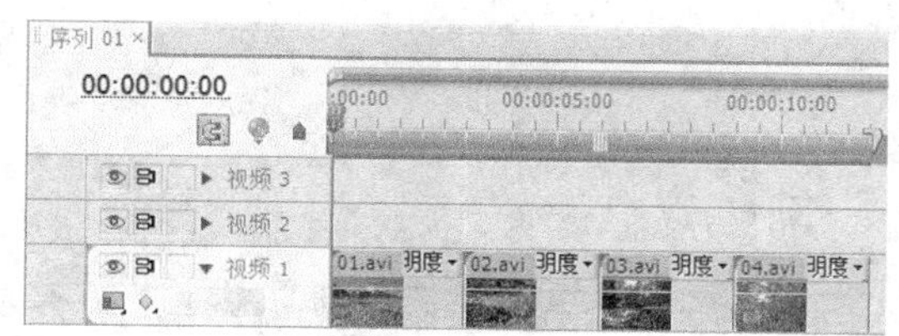

图 6-21

2. 制作视频转场特效

步骤① 选择“窗口 > 工作区 > 效果”命令，弹出“效果”面板，展开“视频切换”特效分类选项，单击“滑动”文件夹前面的三角形按钮▶将其展开，选中“斜线滑动”特效，如图 6-22 所示。将“斜线滑动”特效拖曳到“时间线”面板中的“01”文件的结尾处与“02”文件的开始位置，如图 6-23 所示。

图 6-22

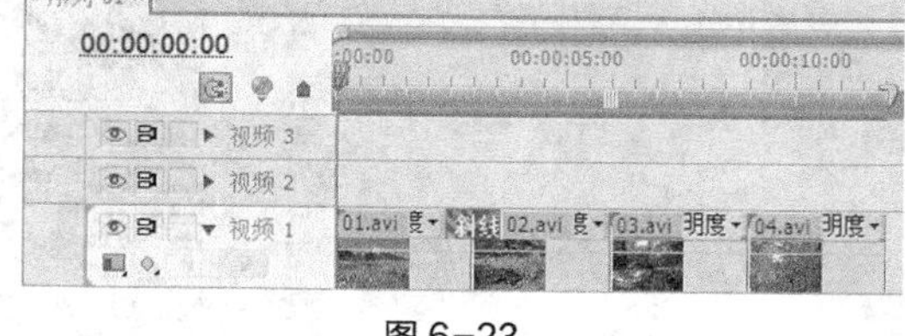

图 6-23

步骤② 选择“效果”面板，展开“视频切换”特效分类选项，单击“划像”文件夹前面的三角形按钮▶将其展开，选中“划像形状”特效，如图 6-24 所示。将“划像形状”特效拖曳到“时间线”面板中的“02”文件的结尾处与“03”文件的开始位置，如图 6-25 所示。

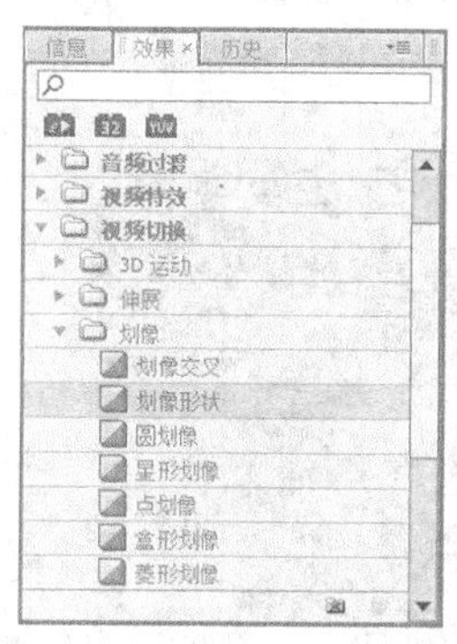

图 6-24

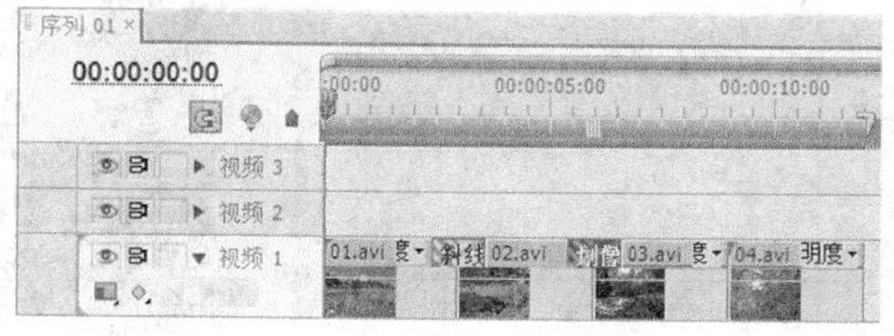

图 6-25

步骤③ 选择“效果”面板，展开“视频切换”特效分类选项，单击“卷页”文件夹前面的三角形按钮▶将其展开，选中“页面剥落”特效，如图 6-26 所示。将“页面剥落”特效拖曳到“时间线”面板中的“03”文件的结尾处与“04”文件的开始位置，如图 6-27 所示。

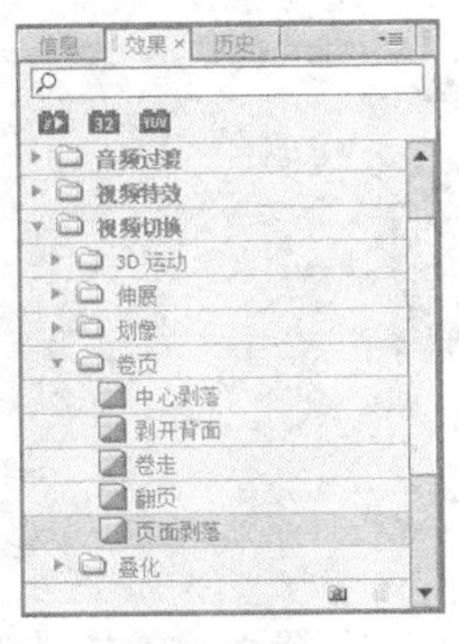

图 6-26

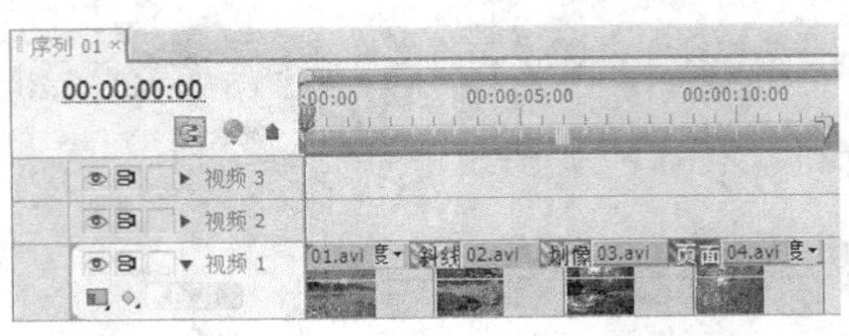

图 6-27

步骤④ 选中“时间线”面板中的“01”文件，选择“特效控制台”面板，展开“运动”选项，将“缩放比例”选项设置为 120.0，其他设置如图 6-28 所示。在“节目”窗口中预览效果，如图 6-29 所示。

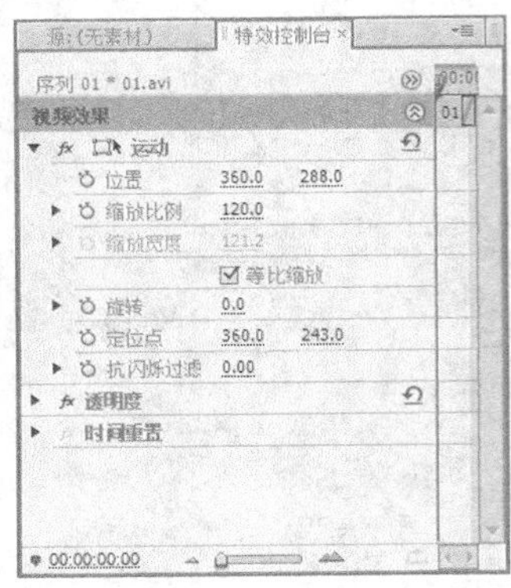

图 6-28

图 6-29

步骤⑤ 选中“时间线”面板中的“02”文件，选择“特效控制台”面板，展开“运动”选项，将“缩放比例”选项设置为 120.0，参数设置如图 6-30 所示。在“节目”窗口中预览效果，如图 6-31 所示。用相同的方法缩放其他两个文件。

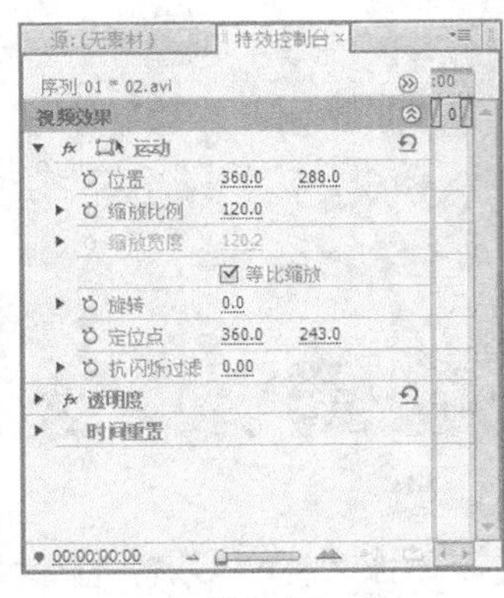

图 6-30

图 6-31

步骤⑥ 选择“效果”面板，展开“视频效果”特效分类选项，单击“调整”文件夹前面的三角形按钮▶将其展开，选中“自动对比度”特效，如图 6-32 所示。将“自动对比度”特效拖曳到“时间线”面板中的“03”文件上，如图 6-33 所示。

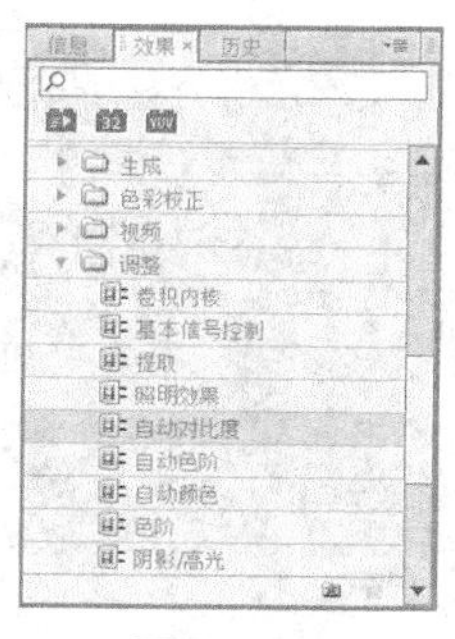

图 6-32

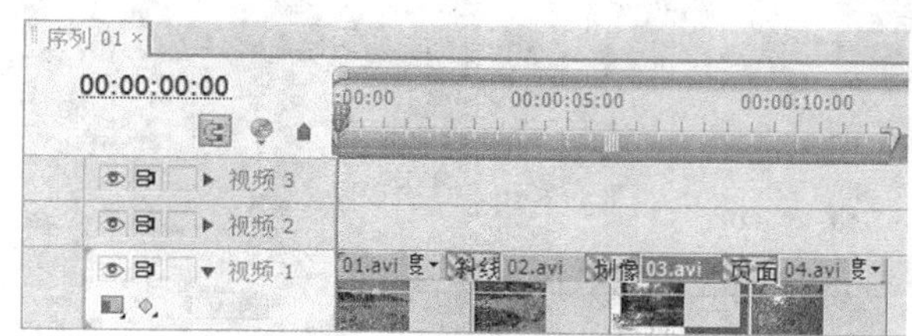

图 6-33

步骤⑦ 选择“特效控制台”面板，展开“自动对比度”特效并进行参数设置，如图 6-34 所示。在“节目”窗口中预览效果，如图 6-35 所示。

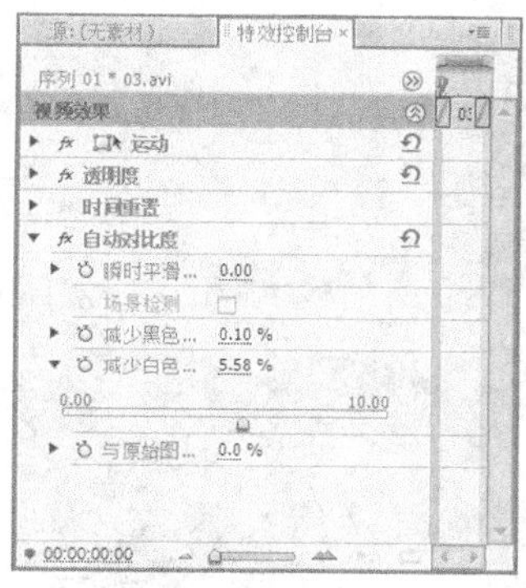

图 6-34

图 6-35

步骤⑧ 选择“效果”面板，展开“视频效果”特效分类选项，单击“调整”文件夹前面的三角形按钮 ▶ 将其展开，选中“自动色阶”特效，如图 6-36 所示。将“自动色阶”特效拖曳到“时间线”面板中的“04”文件上，如图 6-37 所示。

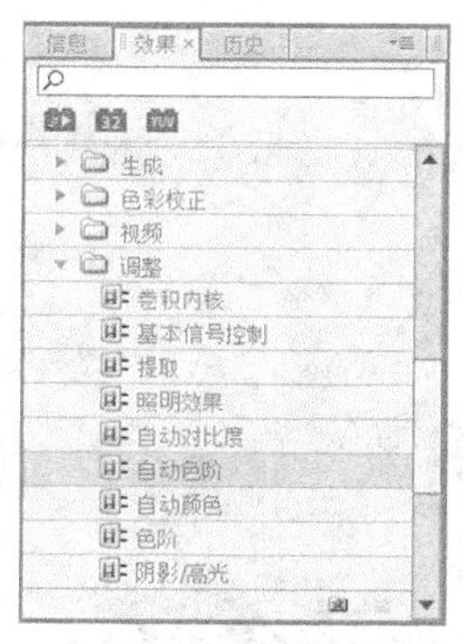

图 6-36

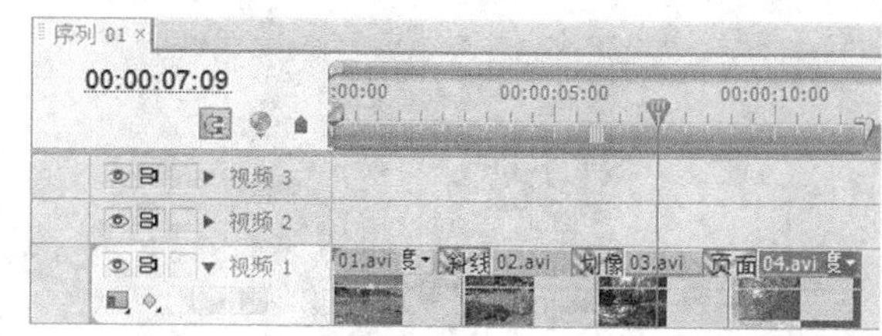

图 6-37

步骤⑨ 选择“特效控制台”面板，展开“自动色阶”选项并进行参数设置，如图 6-38 所示。在“节目”窗口中预览效果，如图 6-39 所示。

步骤⑩ 四季变化制作完成，如图 6-40 所示。

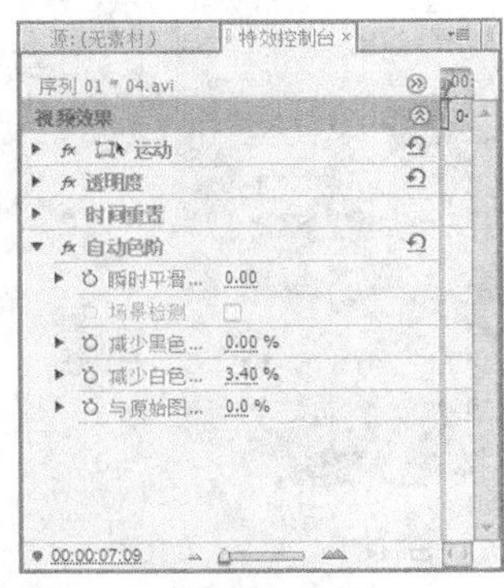

图 6-38

图 6-39

图 6-40

6.2.2 3D 运动

"3D 运动"文件夹中共包含 10 种三维运动效果的场景切换。

1. 向上折叠

"向上折叠"特效使影片 A 像纸一样被重复折叠，显示影片 B，效果如图 6-41 和图 6-42 所示。

图 6-41

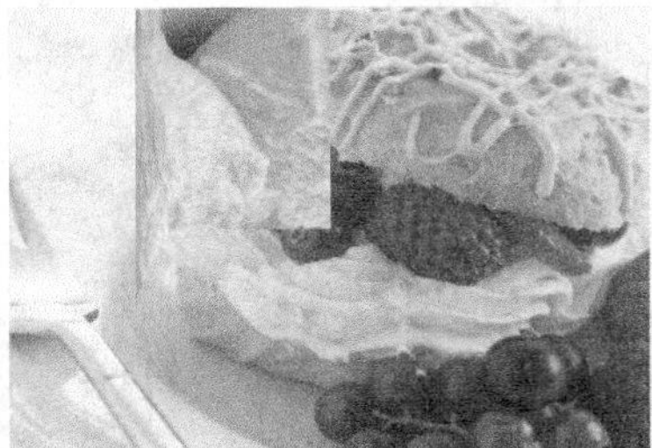

图 6-42

2. 帘式

"帘式"特效使影片 A 如同窗帘一样被拉起，显示影片 B，效果如图 6-43 和图 6-44 所示。

图 6-43

图 6-44

3. 摆入

"摆入"特效使影片 B 过渡到影片 A 产生内关门效果，效果如图 6-45 和图 6-46 所示。

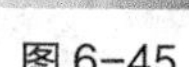

图 6-45

图 6-46

4. 摆出

“摆出”特效使影片 B 过渡到影片 A 产生外关门效果，效果如图 6-47 和图 6-48 所示。

图 6-47

图 6-48

5. 旋转

“旋转”特效使影片 B 从影片 A 中心展开，效果如图 6-49 和图 6-50 所示。

图 6-49

图 6-50

6. 旋转离开

“旋转离开”特效使影片 B 从影片 A 中心旋转出现，效果如图 6-51 和图 6-52 所示。

图 6-51

图 6-52

7. 立方体旋转

“立方体旋转”特效可以使影片 A 和影片 B 如同立方体的两个面过渡转换，效果如图 6-53 和图 6-54 所示。

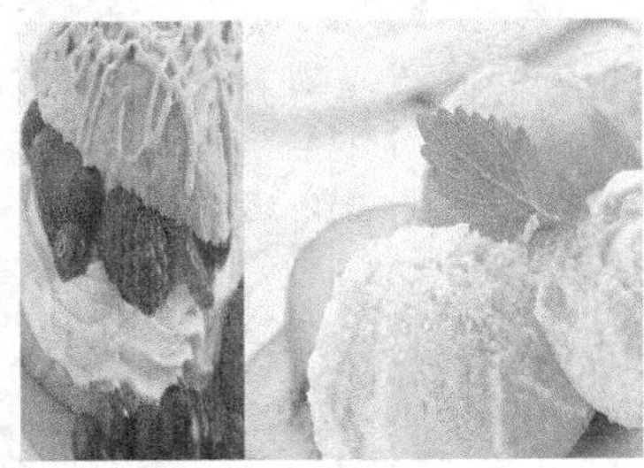
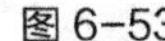
图 6-53

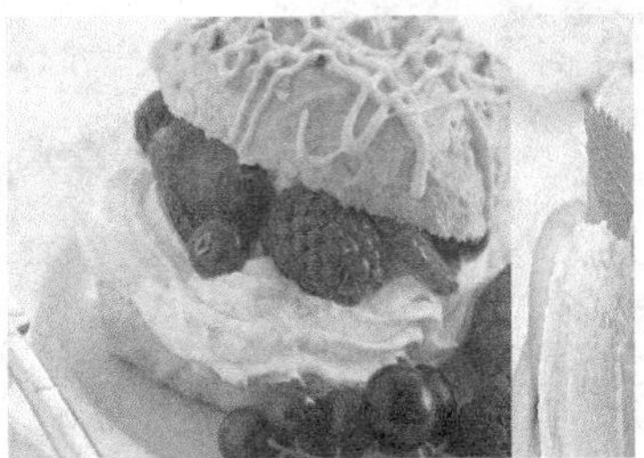
图 6-54

8. 筋斗过渡

“筋斗过渡”特效使影片 A 旋转翻入影片 B，效果如图 6-55 和图 6-56 所示。

图 6-55

图 6-56

9. 翻转

“翻转”特效使影片 A 翻转到影片 B。在“特效控制台”窗口中单击“自定义”按钮，弹出“翻转设置”对话框，如图 6-57 所示。

“带”：输入空翻的影像数量。带的最大数值为 8。

“填充颜色”：设置空白区域的颜色。

“翻转”切换转场效果如图 6-58 和图 6-59 所示。

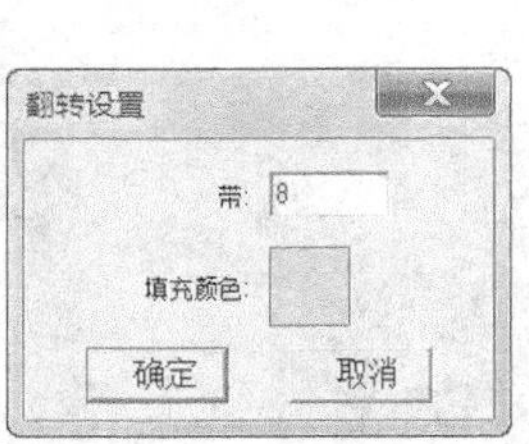

图 6-57

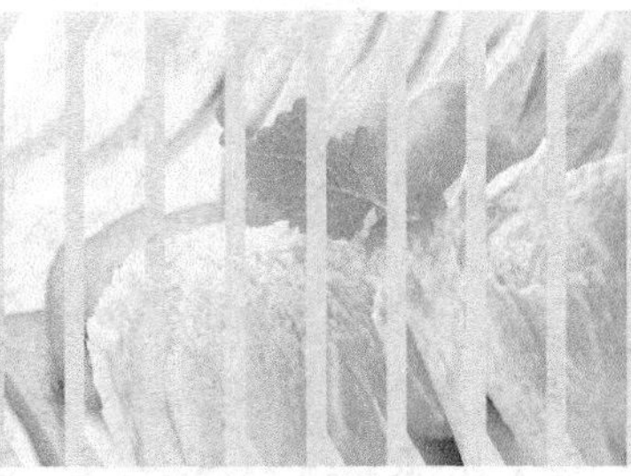
图 6-58

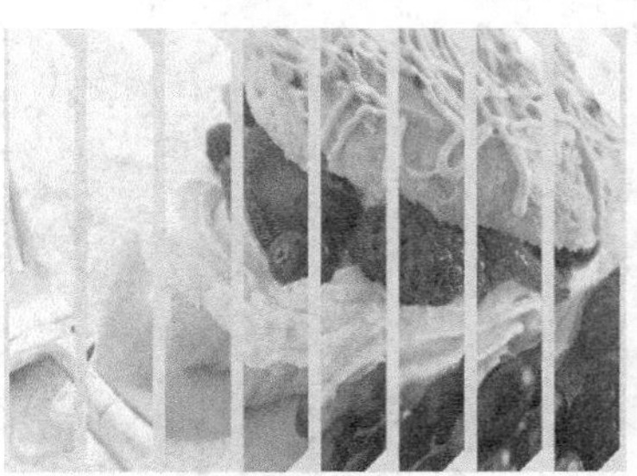
图 6-59

10. 门

“门”特效使影片 B 如同关门一样覆盖影片 A，效果如图 6-60 和图 6-61 所示。

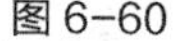
图 6-60

图 6-61

6.2.3 伸展

“伸展”文件夹下共包含 4 种切换视频特效。

1. 交叉伸展

“交叉伸展”特效使影片 A 逐渐被影片 B 平行挤压替代，效果如图 6-62 和图 6-63 所示。

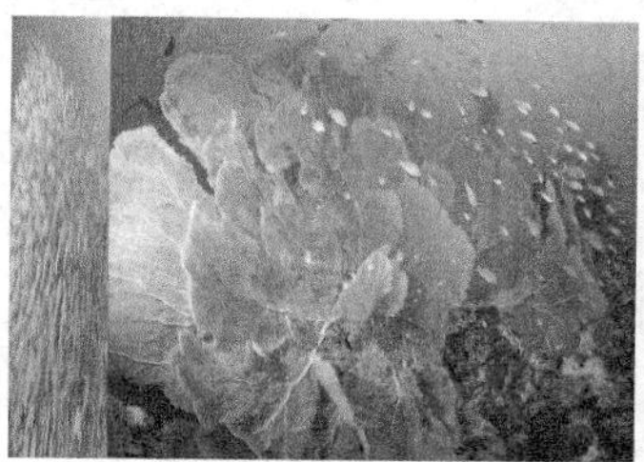

图 6-62

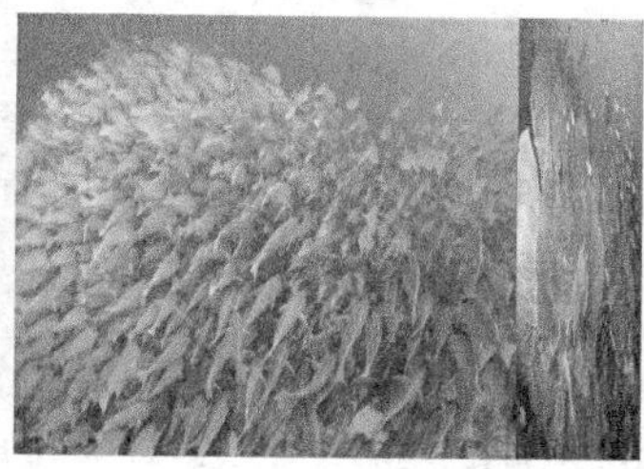

图 6-63

2. 伸展

“伸展”特效使影片 A 从一边伸展开覆盖影片 B，效果如图 6-64 和图 6-65 所示。

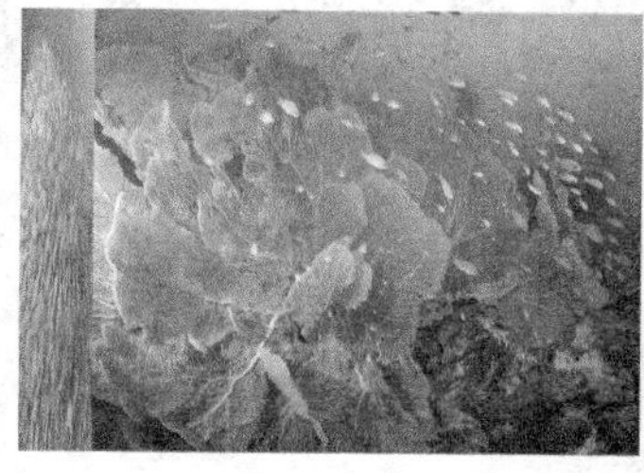

图 6-64

图 6-65

3. 伸展覆盖

“伸展覆盖”特效使影片 B 拉伸出现，逐渐代替影片 A，效果如图 6-66 和图 6-67 所示。

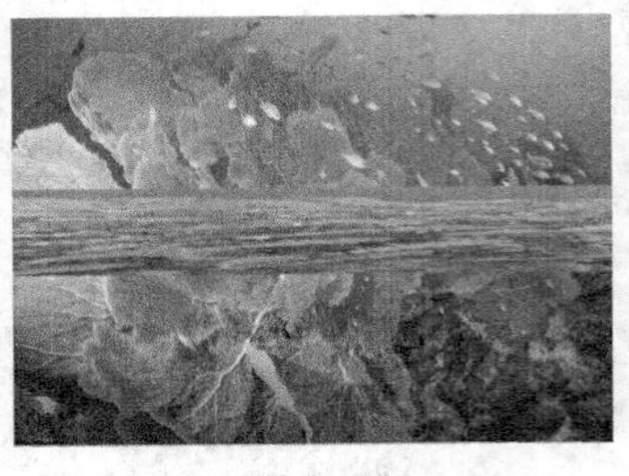

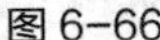

图 6-66

图 6-67

4. 伸展进入

“伸展进入”特效使影片 B 在影片 A 的中心横向伸展，效果如图 6-68 和图 6-69 所示。

图 6-68

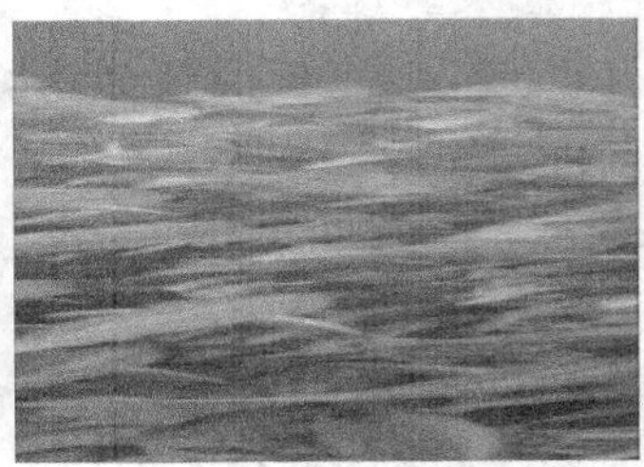

图 6-69

6.2.4 划像

“划像”文件夹中共包含 7 种视频转换特效。

1. 划像交叉

“划像交叉”特效使影片 B 呈十字形从影片 A 中展开，效果如图 6-70 和图 6-71 所示。

图 6-70

图 6-71

2. 划像形状

“划像形状”特效使影片 B 产生多个规则形状从影片 A 中展开。在“特效控制台”窗口中单击“自定义”按钮，弹出“划像形状设置”对话框，如图 6-72 所示。

“形状数量”：拖曳滑块调整水平和垂直方向规则形状的数量。

“形状类型”：选择形状，如矩形、椭圆和菱形等。

“划像形状”转场效果如图 6-73 和图 6-74 所示。

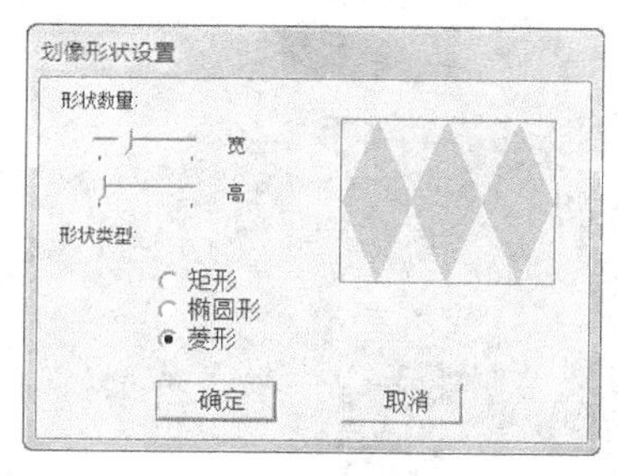

图 6-72

图 6-73

图 6-74

3. 圆划像

“圆划像”特效使影片 B 呈圆形从影片 A 中展开，效果如图 6-75 和图 6-76 所示。

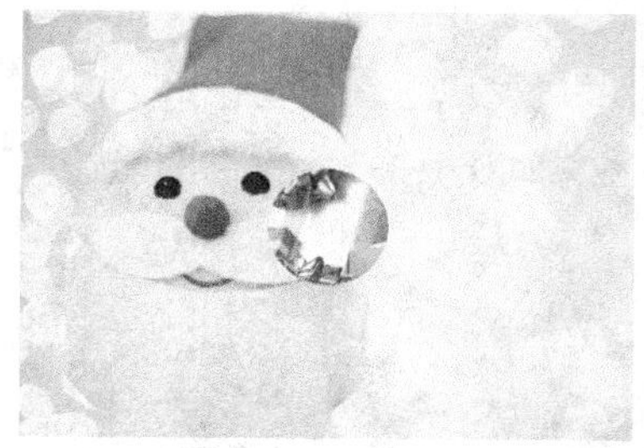

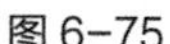

图 6-75

图 6-76

4. 星形划像

“星形划像”特效使影片 B 呈星形从影片 A 正中心展开，效果如图 6-77 和图 6-78 所示。

图 6-77

图 6-78

5. 点划像

“点划像”特效使影片 B 呈斜角十字形从影片 A 中铺开，效果如图 6-79 和图 6-80 所示。

图 6-79

图 6-80

6. 盒形划像

“盒形划像”特效使影片 B 呈矩形从影片 A 中展开，效果如图 6-81 和图 6-82 所示。

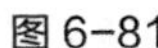

图 6-81

图 6-82

7. 菱形划像

“菱形划像”特效使影片 B 呈菱形从影片 A 中展开，效果如图 6-83 和图 6-84 所示。

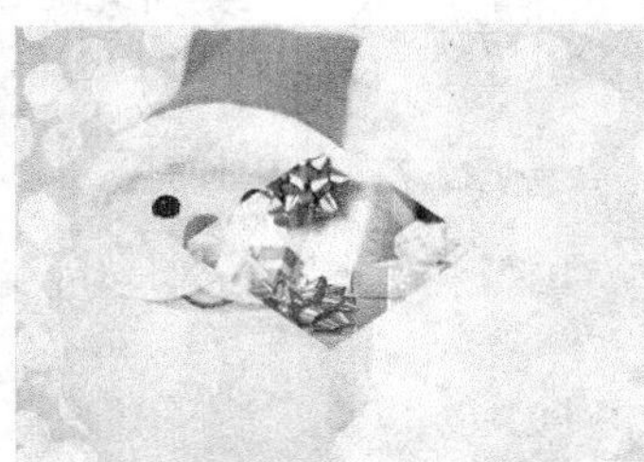

图 6-83

图 6-84

6.2.5 卷页

“卷页”文件夹中共有 5 种视频卷页切换效果。

1. 中心剥落

“中心剥落”特效使影片 A 在正中心分为 4 块分别向四角卷起，露出影片 B，效果如图 6-85 和图 6-86 所示。

图 6-85

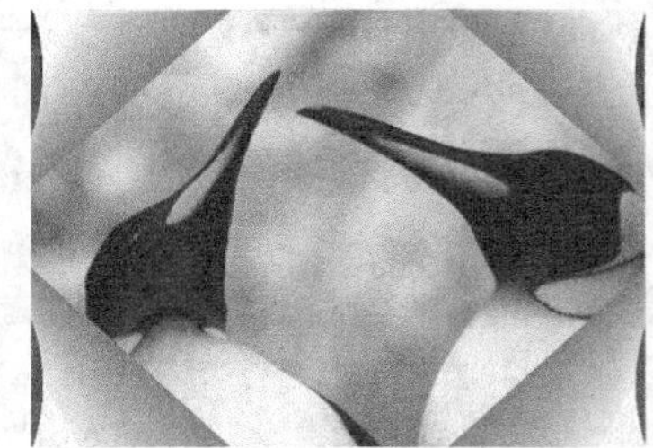

图 6-86

2. 剥开背面

“剥开背面”特效使影片 A 由中心点向四周分别被卷起，露出影片 B，效果如图 6-87 和图 6-88 所示。

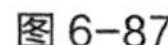
图 6-87

图 6-88

3. 卷走

“卷走”特效使影片 A 产生卷轴卷起效果，露出影片 B，效果如图 6-89 和图 6-90 所示。

图 6-89

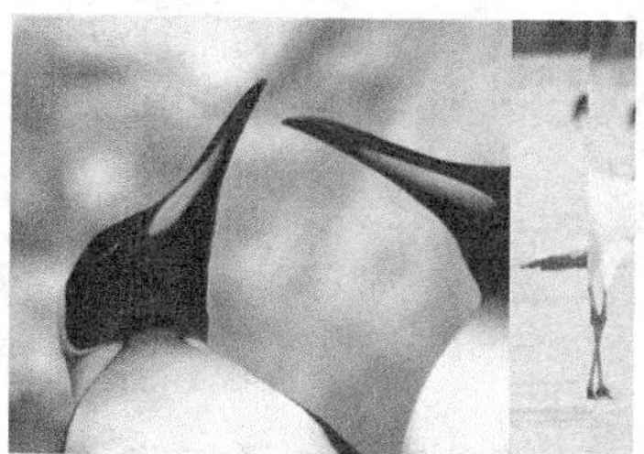
图 6-90

4. 翻页

“翻页”特效使影片 A 从左上角向右下角卷动，露出影片 B，效果如图 6-91 和图 6-92 所示。

图 6-91

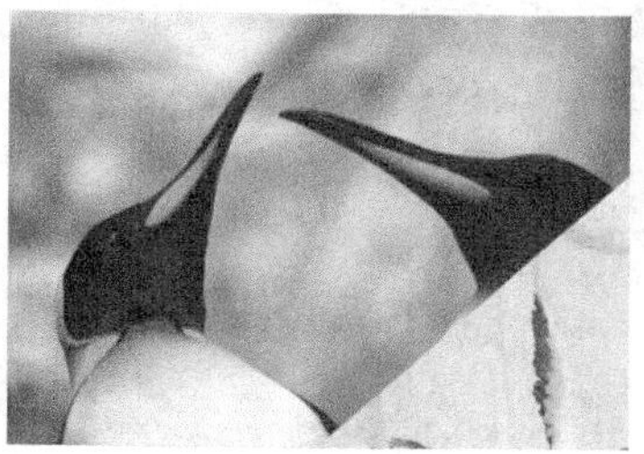
图 6-92

5. 页面剥落

“页面剥落”特效使影片 A 像纸一样被翻面卷起，露出影片 B，如图 6-93 和图 6-94 所示。

图 6-93

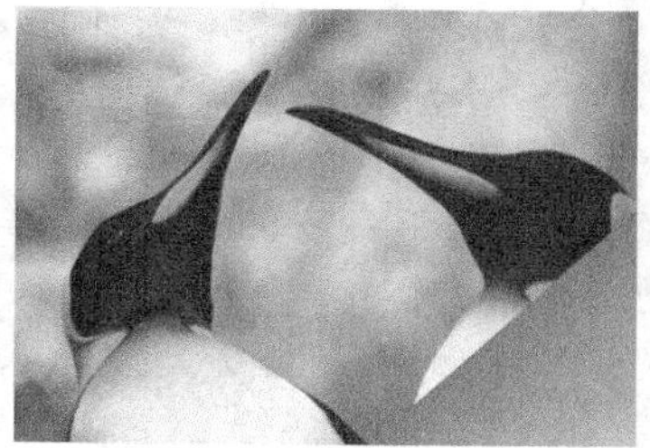
图 6-94

6.2.6 叠化

“叠化”文件夹下共包含7种溶解效果的视频转场特效。

1. 交叉叠化

“交叉叠化”特效使影片A淡化为影片B，效果如图6-95和图6-96所示。该切换为标准的淡入淡出切换。在支持Premiere Pro CS5的双通道视频卡上，该切换可以实现实时播放。

图6-95

图6-96

2. 抖动溶解

“抖动溶解”特效使影片B以点的方式出现，取代影片A，效果如图6-97和图6-98所示。

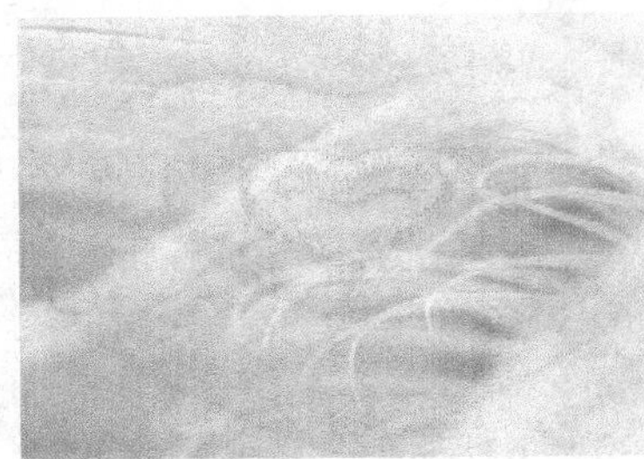

图6-97

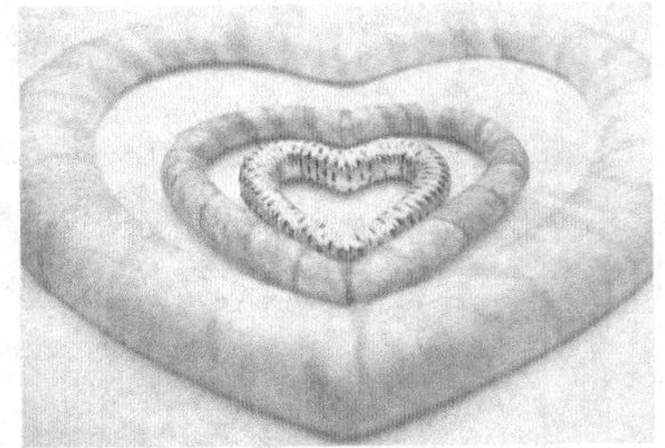

图6-98

3. 白场过渡

“白场过渡”特效使影片A以变亮的模式淡化为影片B，效果如图6-99和图6-100所示。

图6-99

图6-100

4. 附加叠化

“附加叠化”特效使影片 A 以加亮模式淡化为影片 B，效果如图 6-101 和图 6-102 所示。

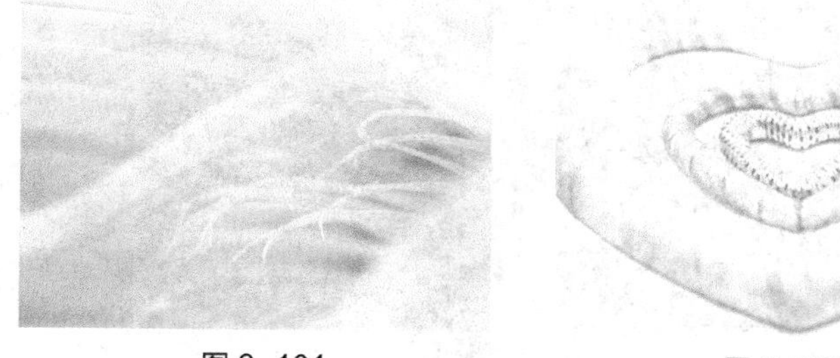

图 6-101　　图 6-102

5. 随机反相

“随机反相”特效以随意块方式使影片 A 过渡到影片 B，并在随意块中显示反色效果。双击效果，在“特效控制台”窗口中单击“自定义”按钮，弹出“随机反相设置”对话框，如图 6-103 所示。

“宽”：图像水平随意块数量。

“高”：图像垂直随意块数量。

“反相源”：显示影片 A 的反色效果。

“反相目标”：显示影片 B 的反色效果。

“随机反相”特效转换效果如图 6-104 和图 6-105 所示。

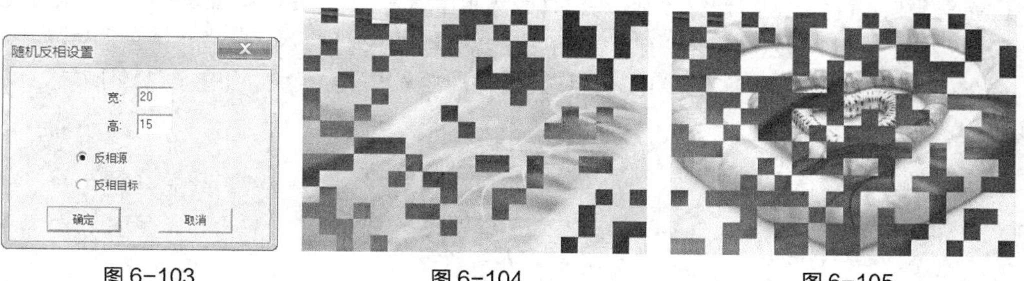

图 6-103　　图 6-104　　图 6-105

6. 非附加叠化

“非附加叠化”特效使影片 A 与影片 B 的亮度叠加消溶，效果如图 6-106 和图 6-107 所示。

图 6-106

图 6-107

7. 黑场过渡

“黑场过渡”特效使影片 A 以变暗的模式淡化为影片 B，效果如图 6-108 和图 6-109 所示。

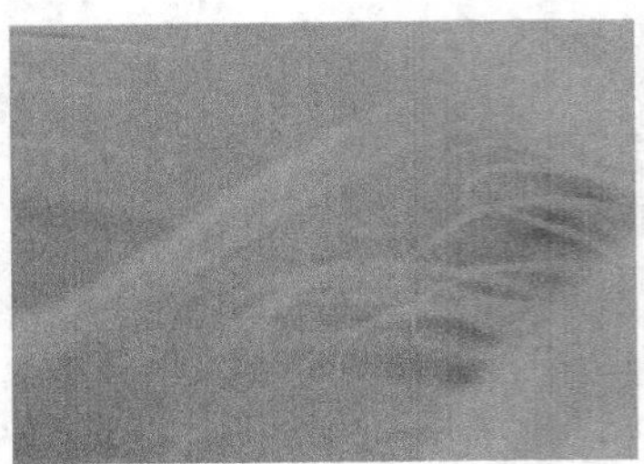

图 6-108

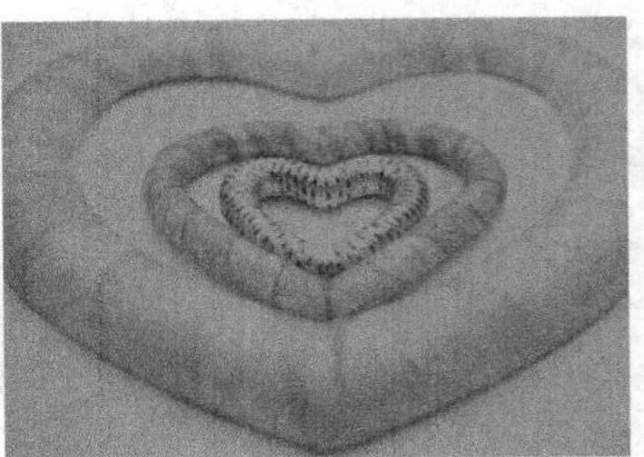

图 6-109

6.2.7 课堂案例——枫情

【案例学习目标】使用叠化和擦除特效制作视频转场。

【案例知识要点】使用“运动”选项编辑图像的大小和位置等；使用“抖动溶解”“插入”和“风车”命令制作视频之间的转场效果。枫情效果如图 6-110 所示。

图 6-110

【效果所在位置】资源包 \ Ch06 \ 枫情.prproj。

步骤① 启动 Premiere Pro CS5 软件，弹出“欢迎使用 Adobe Premiere Pro”界面，单击“新建项目”按钮，弹出“新建项目”对话框，设置“位置”选项，选择保存文件路径，在“名称”文本框中输入文件名“枫情”，如图 6-111 所示。单击“确定”按钮，弹出“新建序列”对话框，在左侧的列表中展开“DV-PAL”选项，选中“标准 48kHz”模式，如图 6-112 所示，单击“确定”按钮。

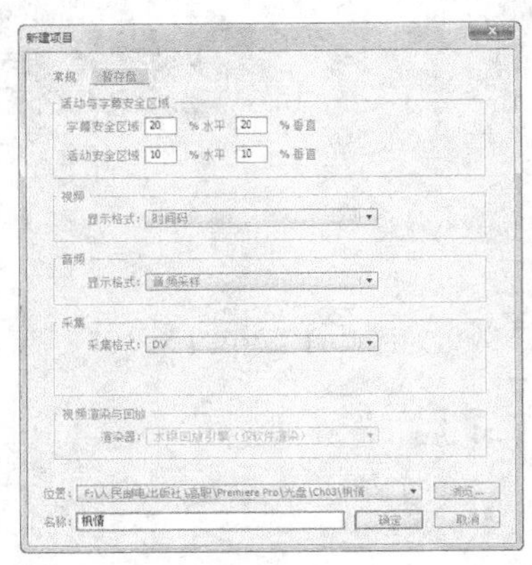

图 6-111

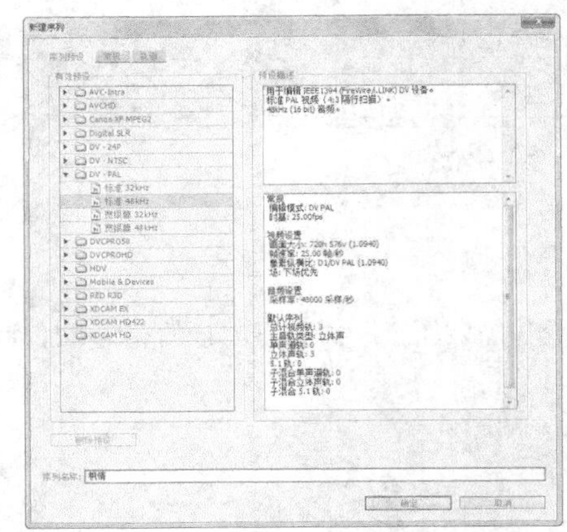

图 6-112

步骤② 选择“文件 > 导入”命令，弹出“导入”对话框，选择资源包“Ch06 \ 枫情 \ 素材”中的“01”“02”“03”和“04”文件，单击“打开”按钮，导入图片，如图 6-113 所示。导入后的文件排列在“项目”面板中，如图 6-114 所示。

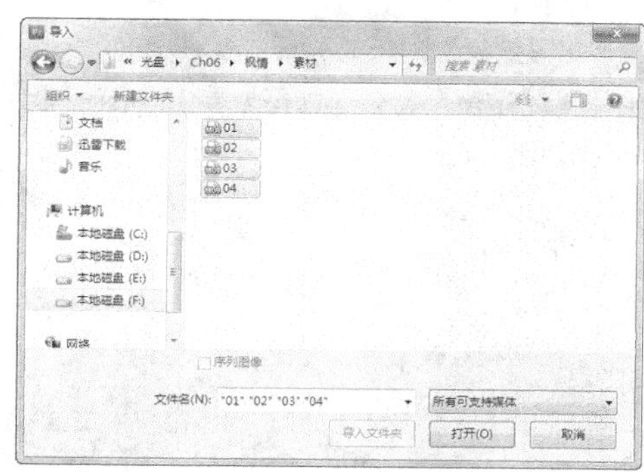

图 6-113

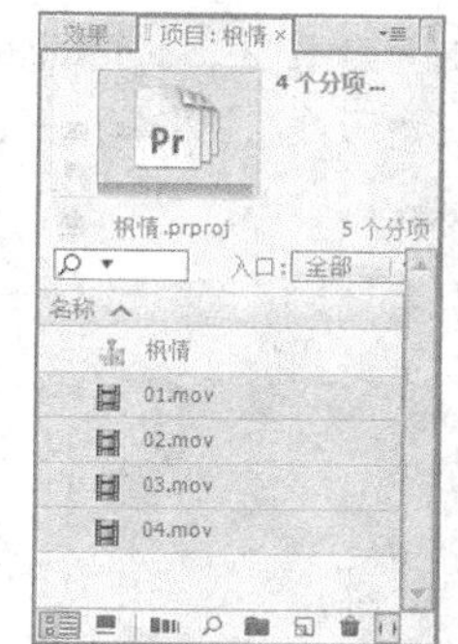

图 6-114

步骤③ 在"项目"面板中选中"01"文件并将其拖曳到"时间线"面板中的"视频 1"轨道中，如图 6-115 所示。在"时间线"面板中选中"01"文件。选择"特效控制台"面板，展开"运动"选项，将"缩放比例"选项设置为 90.0，参数设置如图 6-116 所示。

图 6-115

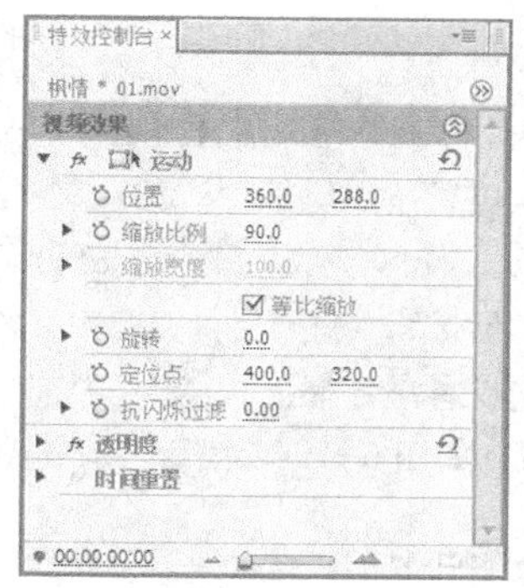

图 6-116

步骤④ 按 Page Down 键，时间指示器转到"01"文件的结束位置。按住 Ctrl 键，在"项目"面板中分别单击"02""03""04"文件，并将其拖曳到"时间线"面板中的"视频 2"轨道中，如图 6-117 所示。在"时间线"面板中的"视频 2"轨道中选中"02"文件，选择"特效控制台"面板，展开"运动"选项，将"缩放比例"选项设置为 90.0，其他设置如图 6-118 所示。

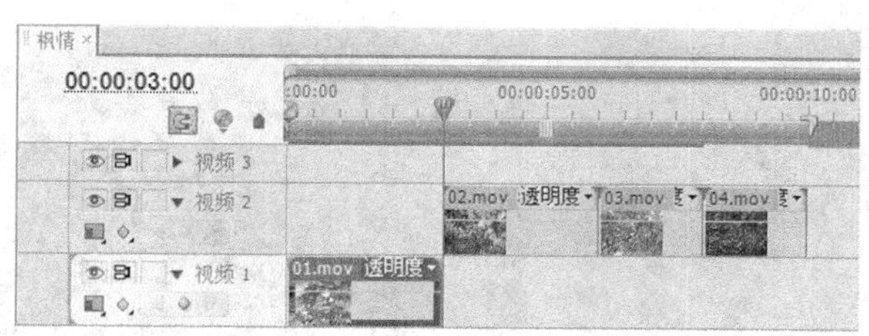

图 6-117

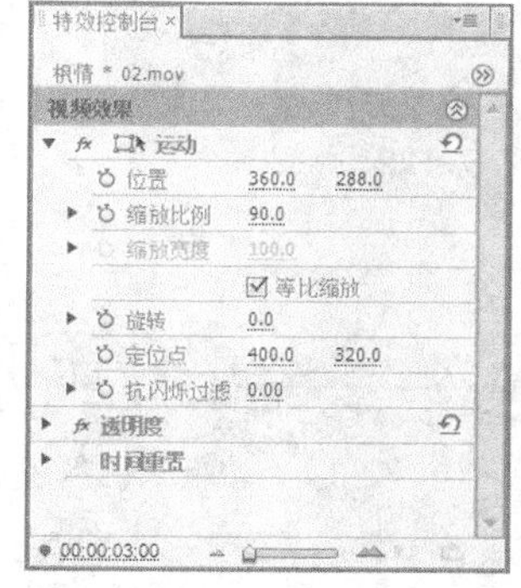

图 6-118

步骤⑤ 在"时间线"面板中的"视频 2"轨道中选中"03"文件，选择"特效控制台"面板，展开"运动"选项，将"缩放比例"选项设置为 120.0，其他设置如图 6-119 所示。

步骤⑥ 选择“窗口 > 工作区 > 效果”命令，弹出“效果”面板，展开“视频切换”特效分类选项，单击“叠化”文件夹前面的三角形按钮▷将其展开，选中“抖动溶解”特效，如图 6-120 所示。将“抖动溶解”特效拖曳到“时间线”面板中的“02”文件的开始位置，如图 6-121 所示。

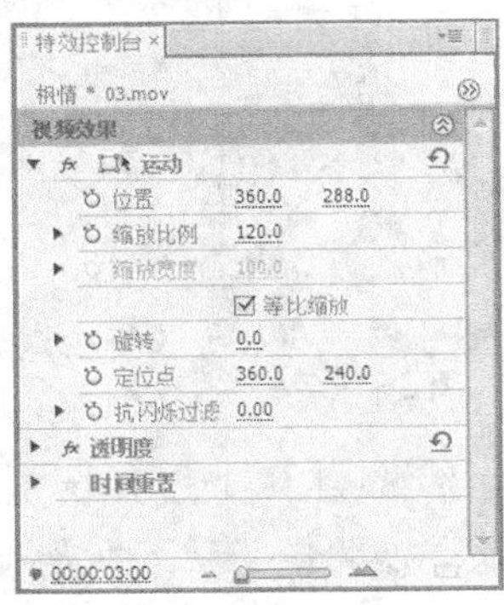

图 6-119

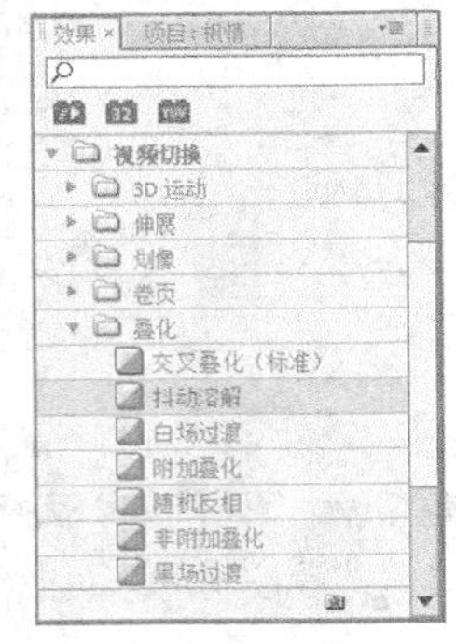

图 6-120

图 6-121

步骤⑦ 选择“窗口 > 工作区 > 效果”命令，弹出“效果”面板，展开“视频切换”特效分类选项，单击“擦除”文件夹前面的三角形按钮▷将其展开，选中“插入”特效，如图 6-122 所示。将“插入”特效拖曳到“时间线”面板中的“02”文件的结尾处和“03”文件的开始位置，如图 6-123 所示。

步骤⑧ 选择“窗口 > 工作区 >效果”命令，弹出“效果”面板，展开“视频切换”特效分类选项，单击“擦除”文件夹前面的三角形按钮▷将其展开，选中“风车”特效，如图 6-124 所示。将“风车”特效拖曳到“时间线”面板中的“03”文件的结尾处和“04”文件的开始位置，如图 6-125 所示。

步骤⑨ 枫情制作完成，如图 6-126 所示。

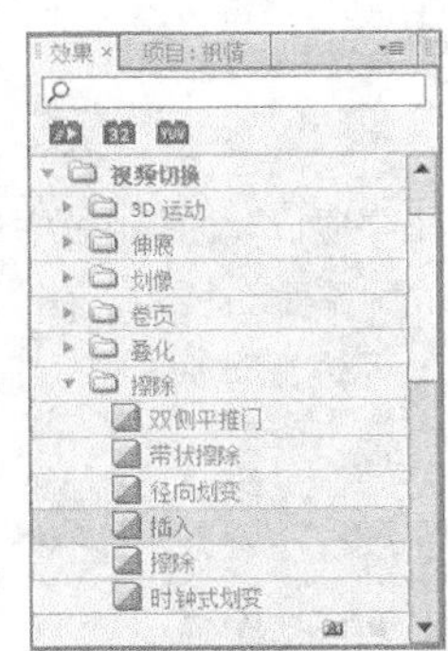

图 6-122

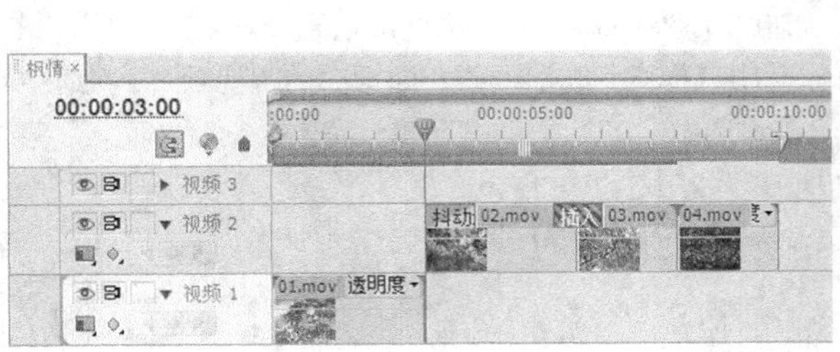

图 6-123

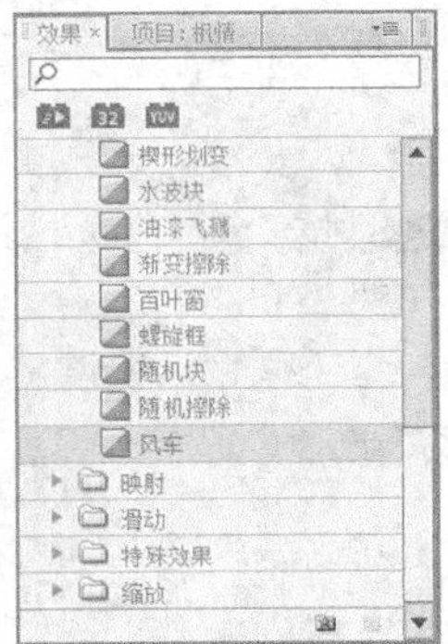

图 6-124

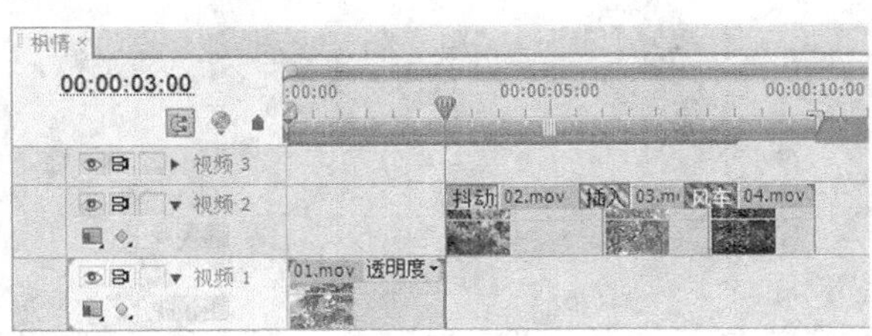

图 6-125

图 6-126

6.2.8 擦除

“擦除”文件夹中共包含 17 种切换的视频转场特效。

1. 双侧平推门

“双侧平推门”特效使影片 A 以展开和关门的方式过渡到影片 B，效果如图 6-127 和图 6-128 所示。

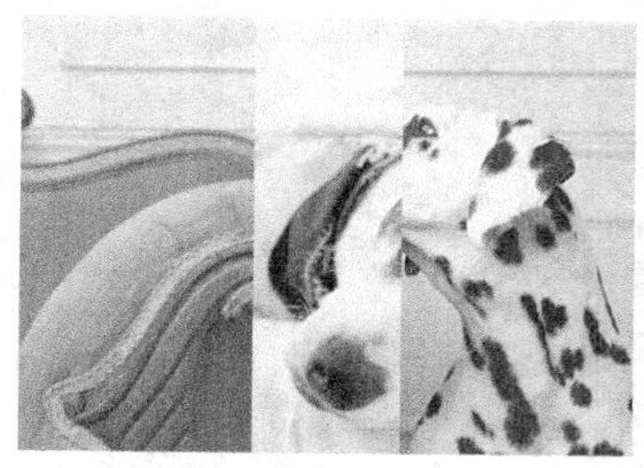

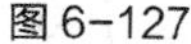

图 6-127

图 6-128

2. 带状擦除

“带状擦除”特效使影片 B 从水平方向以条状进入并覆盖影片 A，效果如图 6-129 和图 6-130 所示。

图 6-129

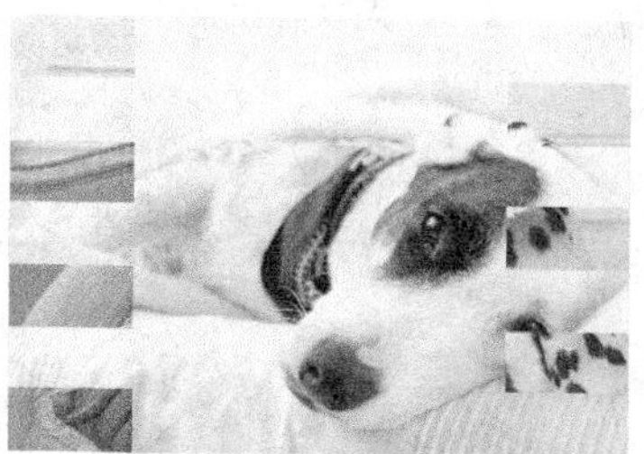

图 6-130

3. 径向划变

“径向划变”特效使影片 B 从影片 A 的一角扫入画面，效果如图 6-131 和图 6-132 所示。

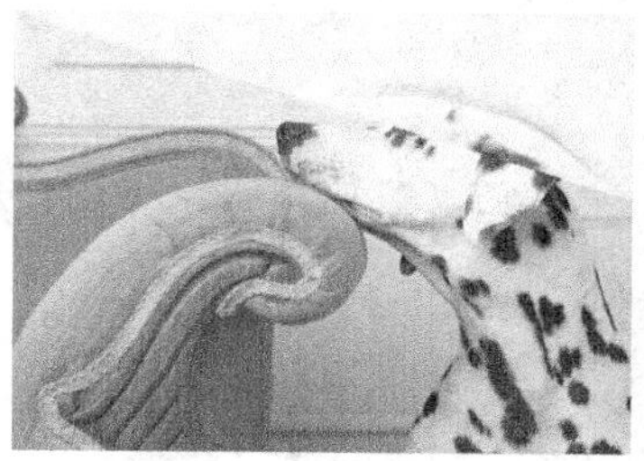

图 6-131

图 6-132

4. 插入

“插入”特效使影片 B 从影片 A 的左上角斜插进入画面，效果如图 6-133 和图 6-134 所示。

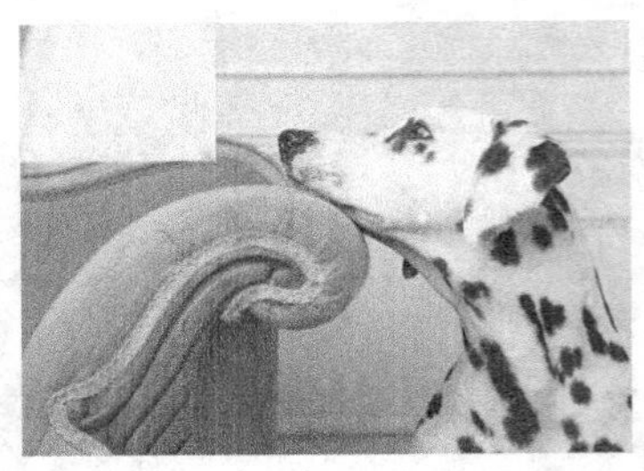

图 6-133

图 6-134

5. 擦除

“擦除”特效使影片 B 逐渐扫过影片 A，效果如图 6-135 和图 6-136 所示。

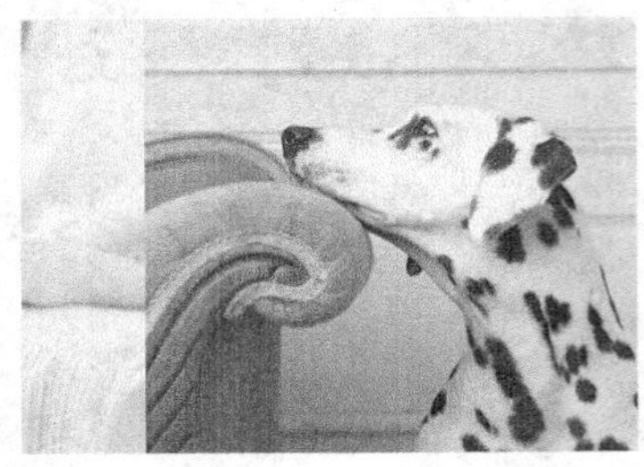

图 6-135

图 6-136

6. 时钟式划变

“时钟式划变”特效使影片 A 以时钟放置方式过渡到影片 B，效果如图 6-137 和图 6-138 所示。

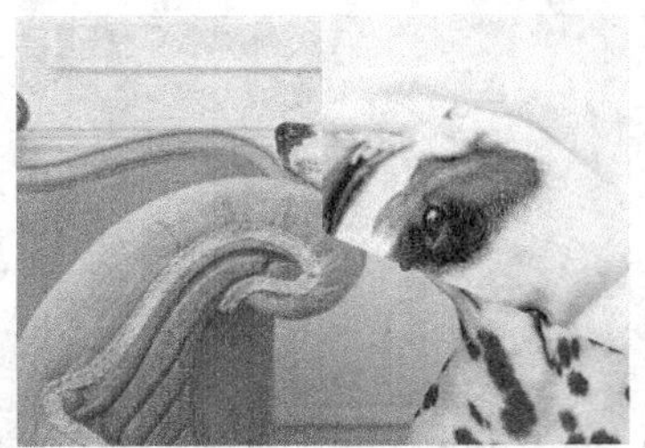

图 6-137

图 6-138

7. 棋盘

“棋盘”特效使影片 A 以棋盘消失方式过渡到影片 B，效果如图 6-139 和图 6-140 所示。

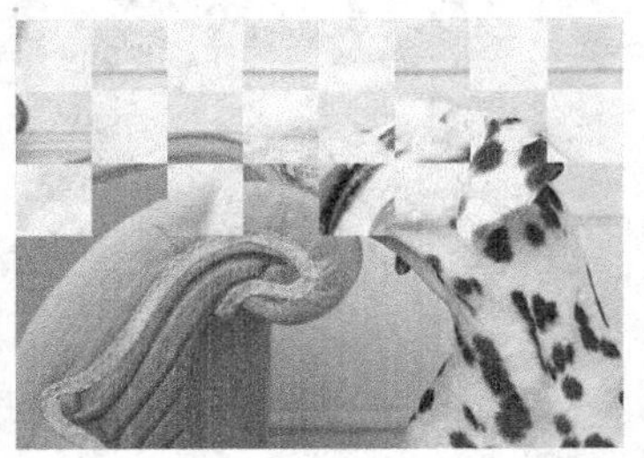

图 6-139

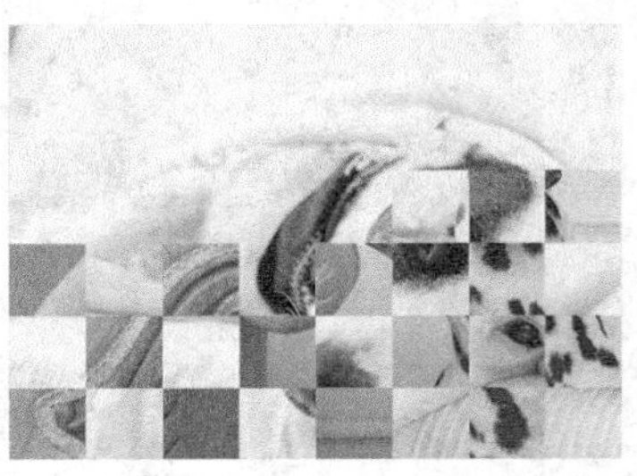

图 6-140

8. 棋盘划变

“棋盘划变”特效使影片 B 以方格形式逐行出现覆盖影片 A，效果如图 6-141 和图 6-142 所示。

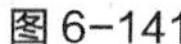
图 6-141

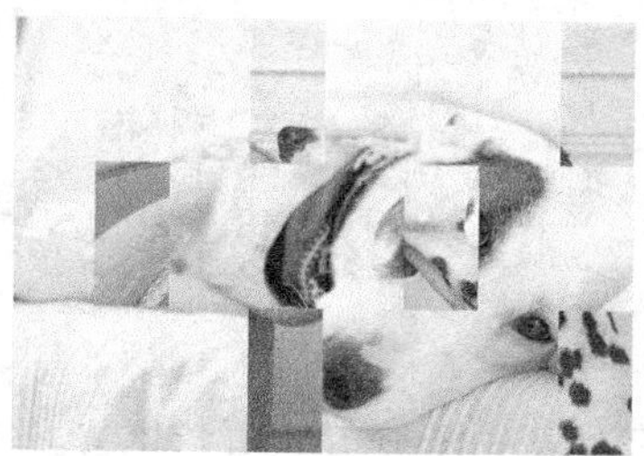
图 6-142

9. 楔形划变

“楔形划变”特效使影片 B 呈扇形打开扫入，效果如图 6-143 和图 6-144 所示。

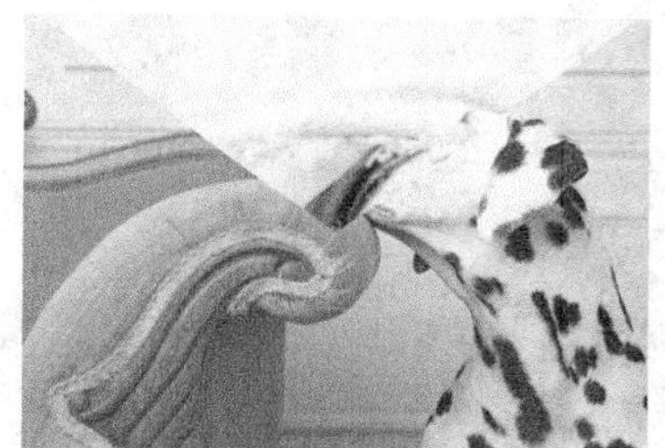
图 6-143

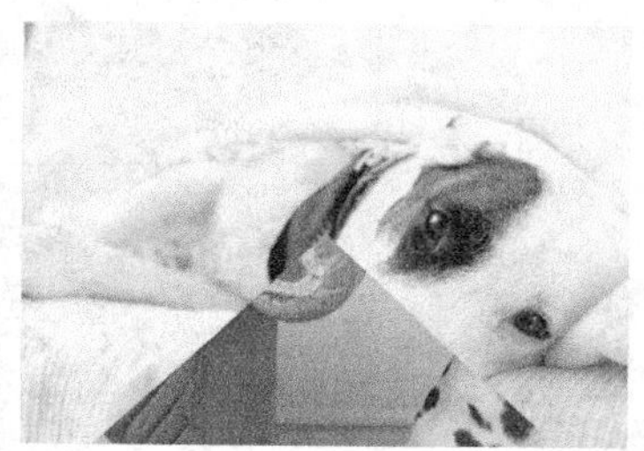
图 6-144

10. 水波块

“水波块”特效使影片 B 沿“Z”字形交错扫过影片 A。在“特效控制台”窗口中单击“自定义”按钮，弹出“水波块设置”对话框，如图 6-145 所示。

“水平”：输入水平方向的方格数量。

“垂直”：输入垂直方向的方格数量。

“水波块”切换特效如图 6-146 和图 6-147 所示。

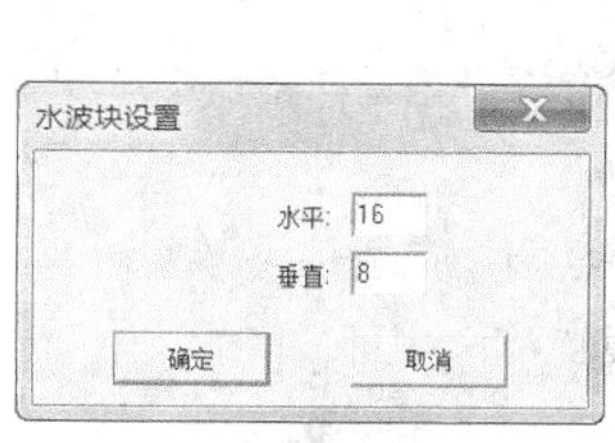

图 6-145

图 6-146

图 6-147

11. 油漆飞溅

“油漆飞溅”特效使影片 B 以墨点状覆盖影片 A，效果如图 6-148 和图 6-149 所示。

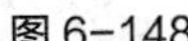
图 6-148

图 6-149

12. 渐变擦除

“渐变擦除”特效可以用一张灰度图像制作渐变切换。在渐变切换中，影片 A 充满灰度图像的黑色区域，然后通过每一个灰度开始显示进行切换，直到白色区域完全透明。

在“特效控制台”窗口中单击“自定义”按钮，弹出“渐变擦除设置”对话框，如图 6-150 所示。

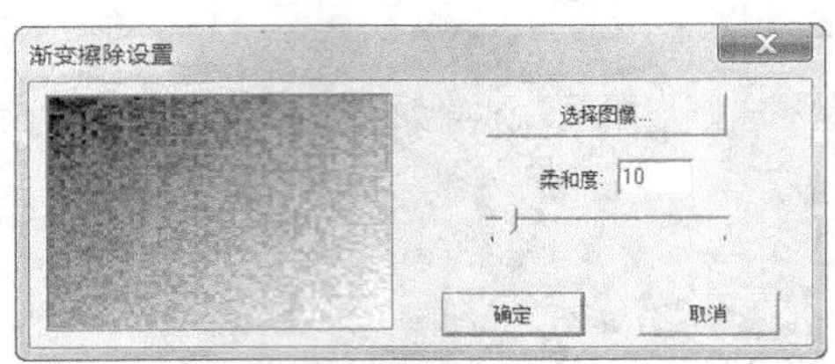

图 6-150

“选择图像”：单击此按钮，可以选择作为灰度图的图像。

“柔和度”：设置过渡边缘的羽化程度。

“渐变擦除”切换特效如图 6-151 和图 6-152 所示。

图 6-151

图 6-152

13. 百叶窗

“百叶窗”特效使影片 B 在逐渐加粗的线条中逐渐显示，类似于百叶窗效果，效果如图 6-153 和图 6-154 所示。

图 6-153

图 6-154

14. 螺旋框

“螺旋框”特效使影片 B 以螺纹块状旋转出现。在“特效控制台”窗口中单击“自定义”按钮，弹出“螺旋框设置”对话框，如图 6-155 所示。

“水平”：输入水平方向的方格数量。

“垂直”：输入垂直方向的方格数量。

“螺旋框”切换效果如图 6-156 和图 6-157 所示。

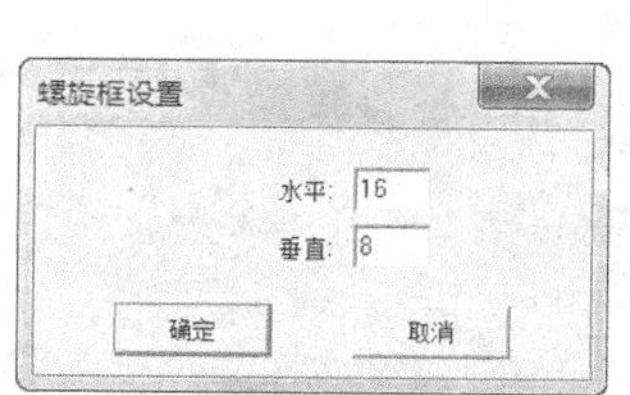

图 6-155

图 6-156

图 6-157

15. 随机块

“随机块”特效使影片 B 以方块形式随意出现覆盖影片 A，效果如图 6-158 和图 6-159 所示。

图 6-158

图 6-159

16. 随机擦除

“随机擦除”特效使影片 B 产生随意方块，以由上向下擦除的形式覆盖影片 A，效果如图 6-160 和图 6-161 所示。

图 6-160

图 6-161

17. 风车

“风车”特效使影片 B 以风车轮状旋转覆盖影片 A，效果如图 6-162 和图 6-163 所示。

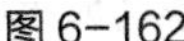
图 6-162

图 6-163

6.2.9 映射

“映射”文件夹中提供了两种使用影像通道作为影片进行切换的视频转场。

1. 明亮度映射

“明亮度映射”特效将图像 A 的亮度映射到图像 B，如图 6-164、图 6-165 和图 6-166 所示。

图 6-164

图 6-165

图 6-166

2. 通道映射

“通道映射”特效是将影片 A 的通道作为映射条件，逐渐显示出影片 B。双击效果，在“特效控制台”窗口中单击“自定义”按钮，弹出“通道映射设置”对话框，如图 6-167 所示，在映射栏的下拉列表中可以选择要输出的目标通道和素材通道。

“通道映射”转场效果如图 6-168、图 6-169 和图 6-170 所示。

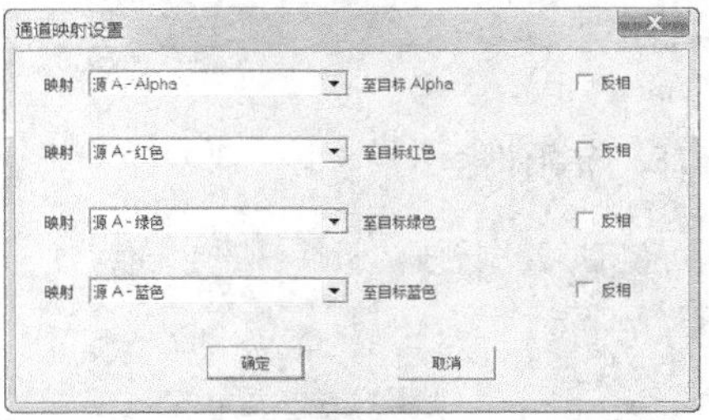

图 6-167

图 6-168

图 6-169

图 6-170

6.2.10 滑动

“滑动”文件夹中共包含 12 种视频切换效果。

1. 中心合并

“中心合并”特效使影片 A 分裂成 4 块由中心分开并逐渐覆盖影片 B，效果如图 6-171 和图 6-172 所示。

图 6-171

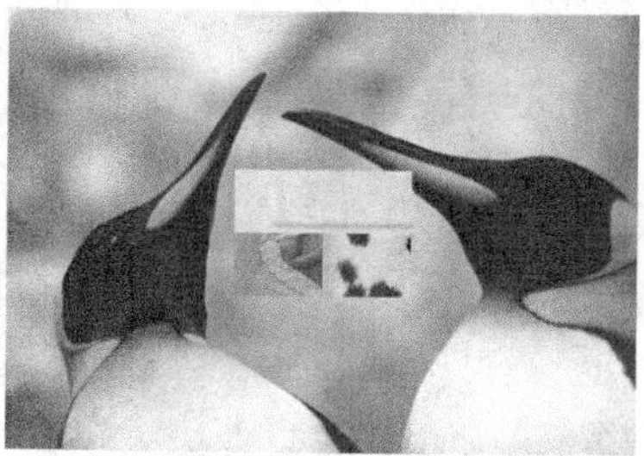
图 6-172

2. 中心拆分

“中心拆分”特效使影片 A 从中心分裂为 4 块，向四角滑出，效果如图 6-173 和图 6-174 所示。

图 6-173

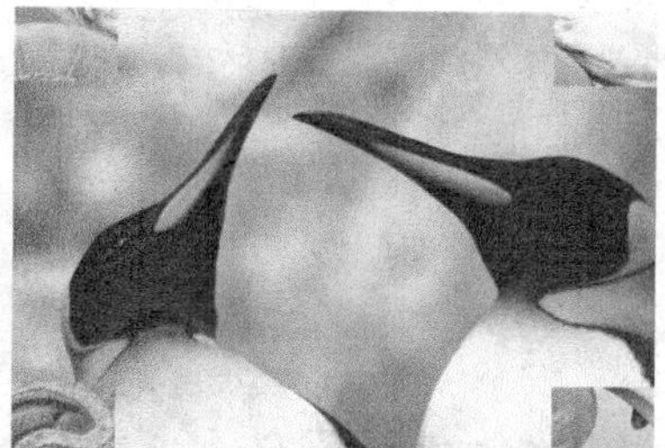
图 6-174

3. 互换

“互换”特效使影片 B 从影片 A 的后方向前方覆盖影片 A，效果如图 6-175 和图 6-176 所示。

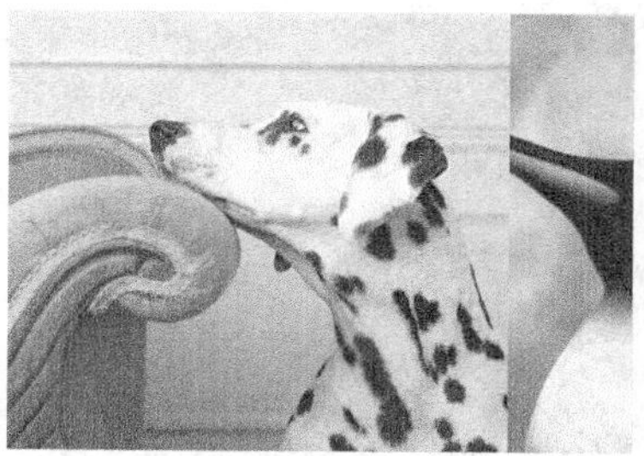
图 6-175

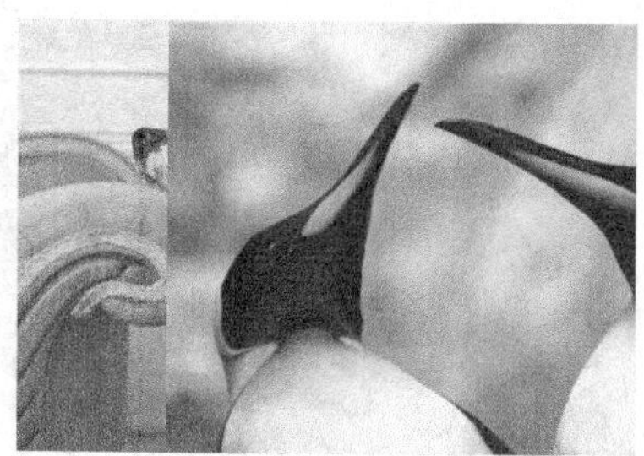
图 6-176

4. 多旋转

“多旋转”特效使影片 B 被分割成若干个小方格旋转铺入。双击效果，在“特效控制台”窗口中单击“自定义”按钮，弹出“多旋转设置”对话框，如图 6-177 所示。

“水平”：输入水平方向的方格数量。

“垂直”：输入垂直方向的方格数量。

“多旋转”切换效果如图 6-178 和图 6-179 所示。

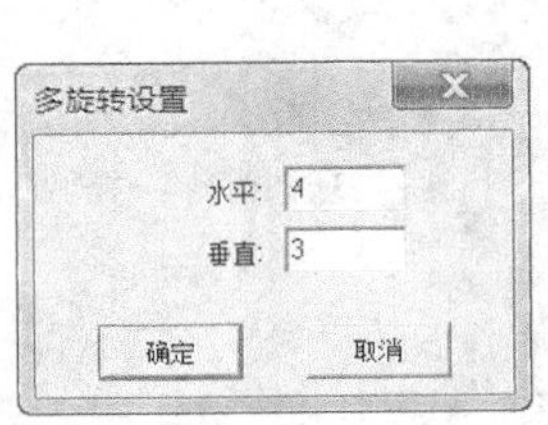

图 6-177

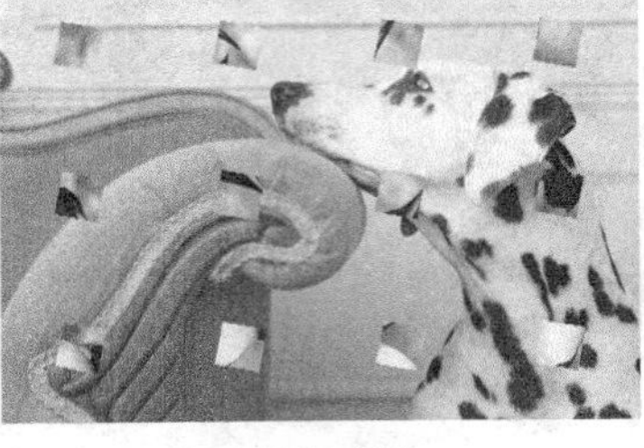
图 6-178

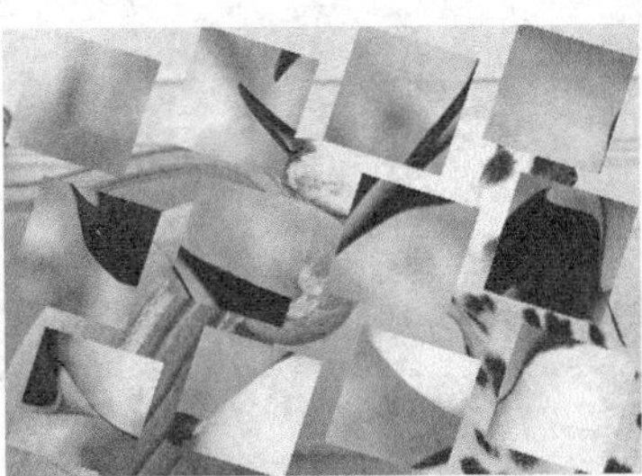
图 6-179

5. 带状滑动

“带状滑动”特效使影片 B 以条状进入并逐渐覆盖影片 A。双击效果，在“特效控制台”窗口中单击“自定义”按钮，弹出“带状滑动设置”对话框，如图 6-180 所示。

“带数量”：输入切换条数目。

“带状滑动”转换特效的效果如图 6-181 和图 6-182 所示。

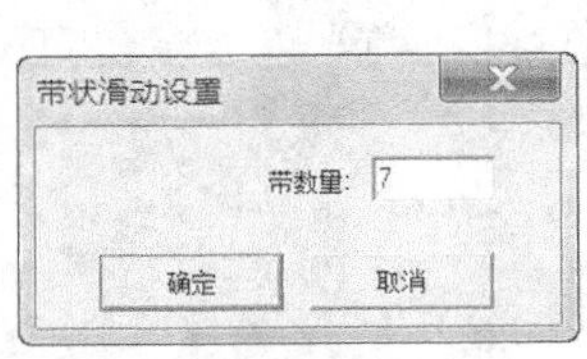

图 6-180

图 6-181

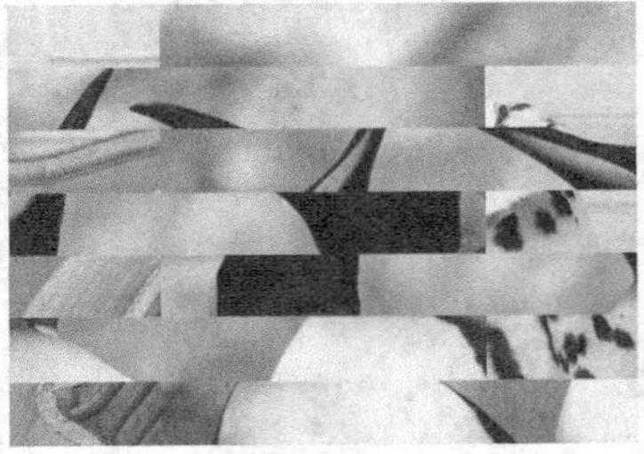
图 6-182

6. 拆分

“拆分”特效使影片 A 像自动门一样打开露出影片 B，效果如图 6-183 和图 6-184 所示。

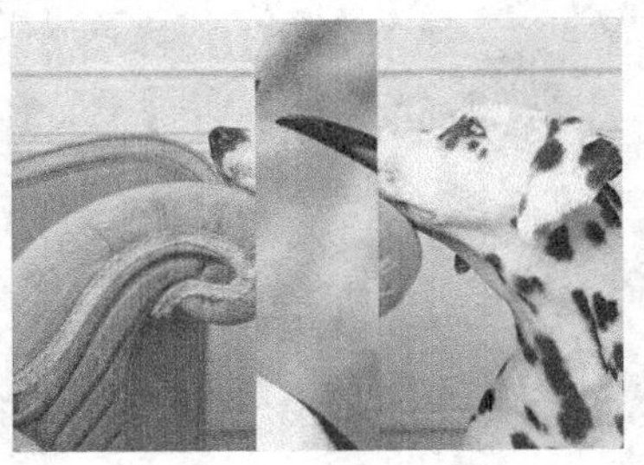
图 6-183

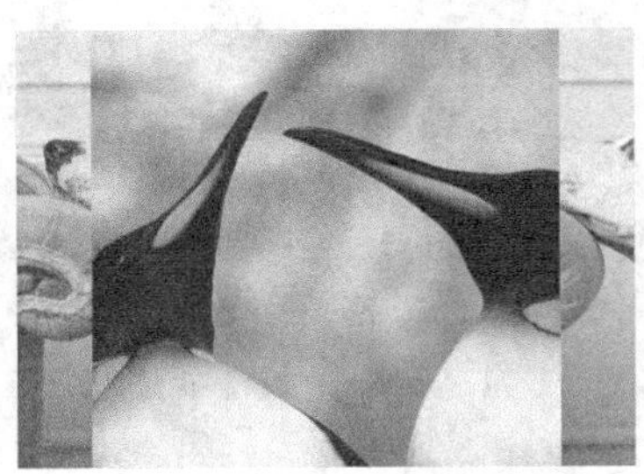
图 6-184

7. 推

“推”特效使影片 B 将影片 A 推出屏幕，效果如图 6-185 和图 6-186 所示。

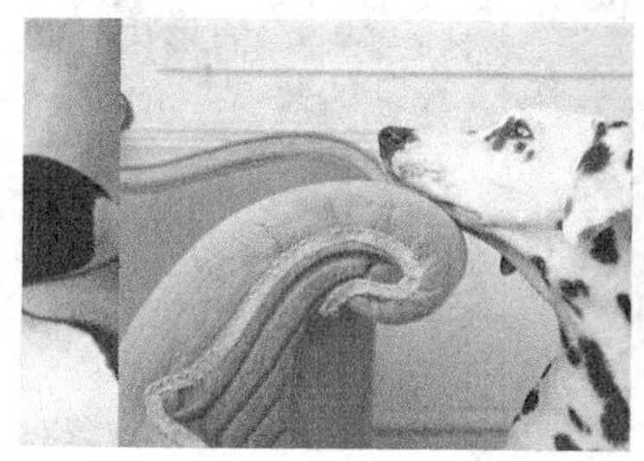

图 6-185

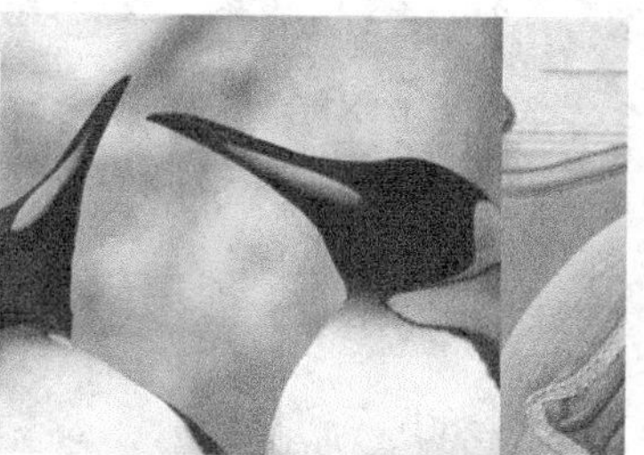

图 6-186

8. 斜线滑动

“斜线滑动”特效使影片 B 呈自由线条状滑入影片 A。双击效果，在“特效控制台”窗口中单击“自定义”按钮，弹出“斜线滑动设置”对话框，如图 6-187 所示。

“切片数量”：输入转换切片数目。

“斜线滑动”切换特效的效果如图 6-188 和图 6-189 所示。

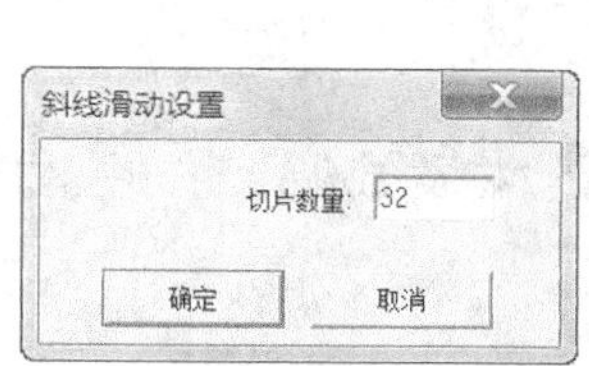

图 6-187

图 6-188

图 6-189

9. 滑动

“滑动”特效使影片 B 滑入覆盖影片 A，效果如图 6-190 和图 6-191 所示。

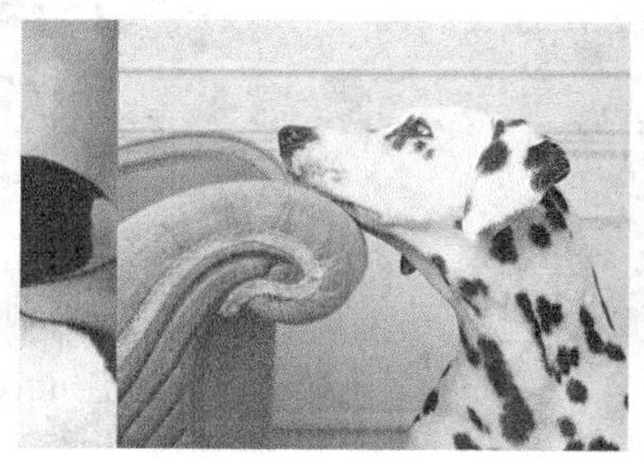

图 6-190

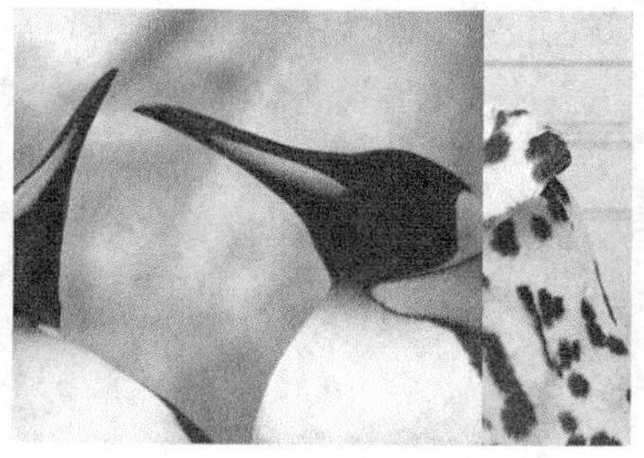

图 6-191

10. 滑动带

“滑动带”特效使影片 B 在水平或垂直的线条中逐渐显示，效果如图 6-192 和图 6-193 所示。

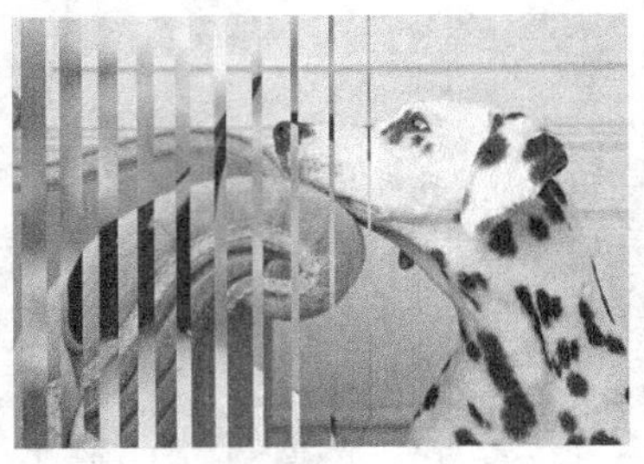
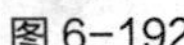

图 6-192

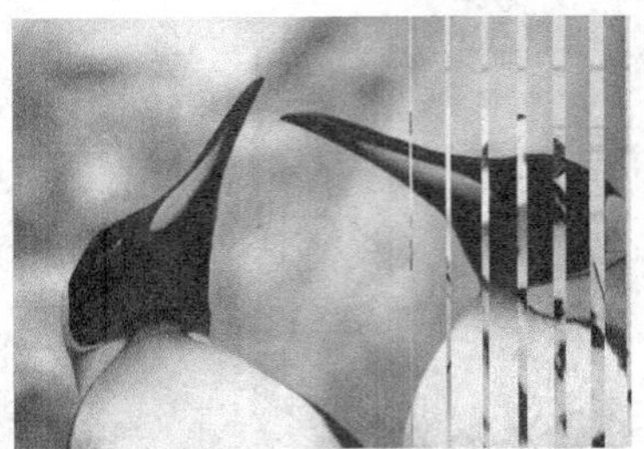

图 6-193

11. 滑动框

“滑动框”特效与“滑动带”类似，使影片 B 的形成更像积木的累积，效果如图 6-194 和图 6-195 所示。

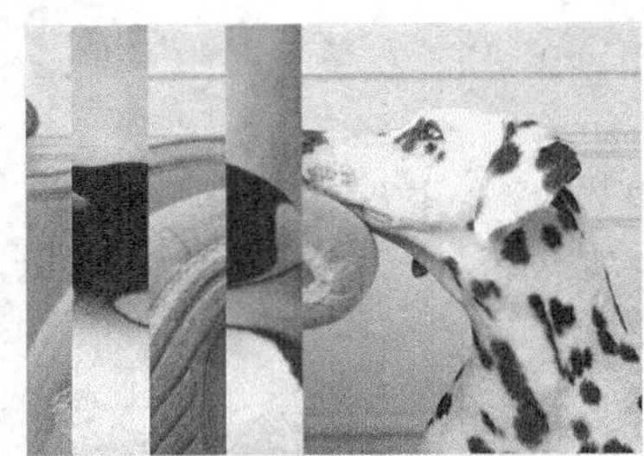

图 6-194

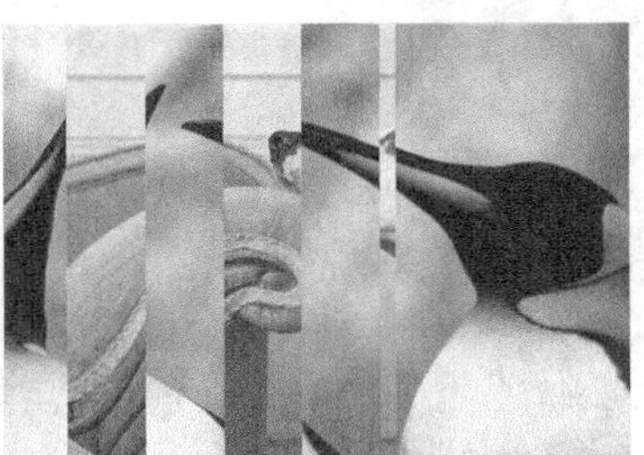

图 6-195

12. 漩涡

“漩涡”特效使影片 B 打破为若干方块从影片 A 中旋转而出。双击效果，在“特效控制台”窗口中单击“自定义”按钮，弹出“漩涡设置”对话框，如图 6-196 所示。

“水平”：输入水平方向产生的方块数量。

“垂直”：输入垂直方向产生的方块数量。

“速率（%）”：输入旋转度。

“漩涡”切换特效的效果如图 6-197 和图 6-198 所示。

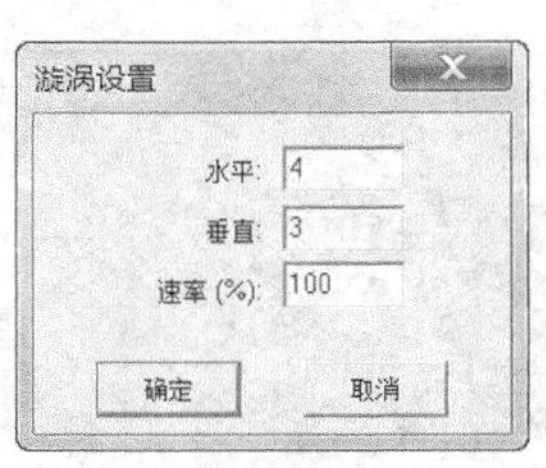

图 6-196

图 6-197

图 6-198

6.2.11 特殊效果

“特殊效果”文件夹中共包含 3 种视频转换特效。

1. 映射红蓝通道

“映射红蓝通道”特效将影片 A 中的红蓝通道映射混合到影片 B，效果如图 6-199、图 6-200 和图 6-201 所示。

图 6-199

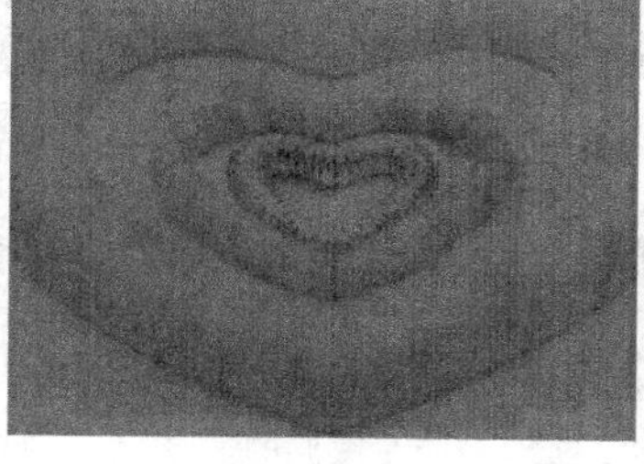
图 6-200

图 6-201

2. 纹理

“纹理”特效使图像 A 作为贴图映射给图像 B，效果如图 6-202、图 6-203 和图 6-204 所示。

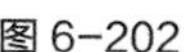
图 6-202

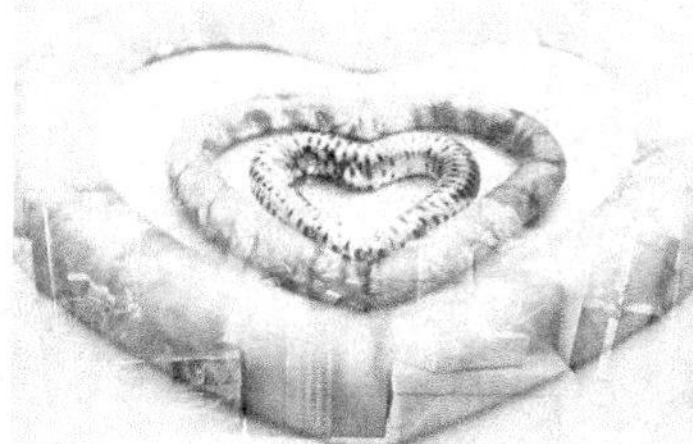
图 6-203

图 6-204

3. 置换

“置换”切换特效将处于时间线前方的片段作为位移图，以其像素颜色值的明暗，分别用水平和垂直的错位来影响与其进行切换的片段，效果如图 6-205、图 6-206 和图 6-207 所示。

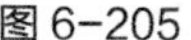
图 6-205

图 6-206

图 6-207

6.2.12 缩放

“缩放”文件夹下共包含 4 种以缩放方式过渡的切换视频特效。

1. 交叉缩放

“交叉缩放”特效使影片 A 放大冲出，影片 B 缩小进入，效果如图 6-208 和图 6-209 所示。

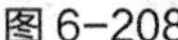
图 6-208

图 6-209

2. 缩放

“缩放”特效使影片 B 从影片 A 中放大出现，效果如图 6-210 和图 6-211 所示。

图 6-210

图 6-211

3. 缩放拖尾

“缩放拖尾”特效使影片 A 缩小并带有拖尾消失，效果如图 6-212 和图 6-213 所示。

图 6-212

图 6-213

4. 缩放框

“缩放框”特效使影片 B 分为多个方块从影片 A 中放大出现。在“特效控制台”窗口中单击“自定义”按钮，弹出“缩放框设置”对话框，如图 6-214 所示。

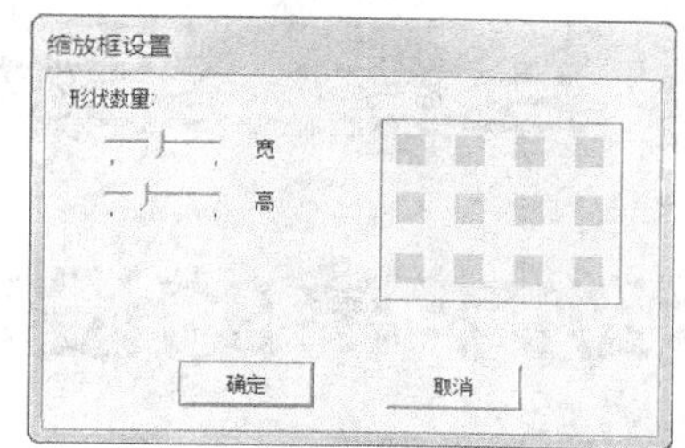

图 6-214

“形状数量”：拖曳滑块，设置水平方向和垂直方向的方块数量。

“缩放框”切换特效如图 6-215 和图 6-216 所示。

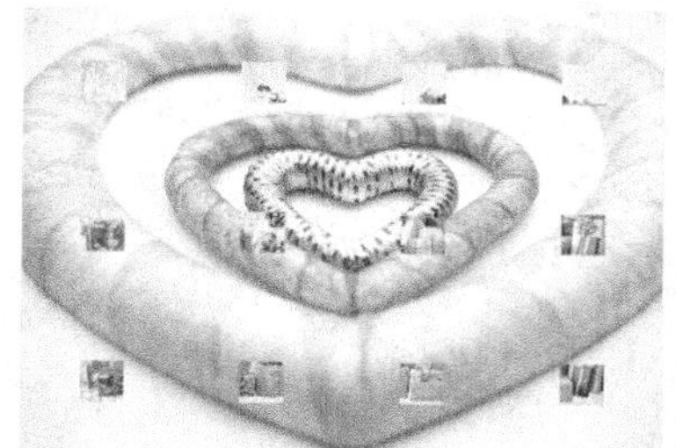

图 6-215

图 6-216

课堂练习——海上乐园

【练习知识要点】使用“马赛克”命令制作图像马赛克效果与动画；使用“渐变擦除”命令制作图像运动擦除；使用“时钟式划变”命令制作图像与图像之间的擦除。海上乐园效果如图 6-217 所示。

【效果所在位置】资源包 \ Ch06 \ 海上乐园.prproj。

图 6-217

课后习题——梦幻特效

【习题知识要点】使用“随机块”命令制作图像以随意形成的图块转场；使用“附加叠化”制作图像与图像之间的转换；使用“帘式”命令制作图像窗帘转场；使用“风车”命令制作图像的风车效果转场；使用“旋转离开”制作图像的旋转消失效果。梦幻特效如图 6-218 所示。

【效果所在位置】资源包 \ Ch06 \ 梦幻特效.prproj。

图 6-218

第 7 章　字幕、字幕特技与运动字幕的设置

本章主要介绍字幕的制作方法，并对字幕的创建、保存、字幕窗口中的各项功能及使用方法进行详细介绍。通过对本章的学习，读者应能掌握编辑字幕的操作技巧。

课堂学习目标

- 创建字幕文字对象
- 编辑、修饰字幕文字
- 创建运动字幕

任务一　创建字幕

"字幕"编辑面板功能非常强大，不仅可以创建各种各样的文字效果，而且能够绘制各种图形，为用户的文字编辑工作提供了很大的帮助。

7.1.1 "字幕"编辑面板

Premiere Pro CS5 提供了一个专门用来创建及编辑字幕的"字幕"编辑面板，如图 7-1 所示。所有文字的编辑及处理都是在该面板中完成的。

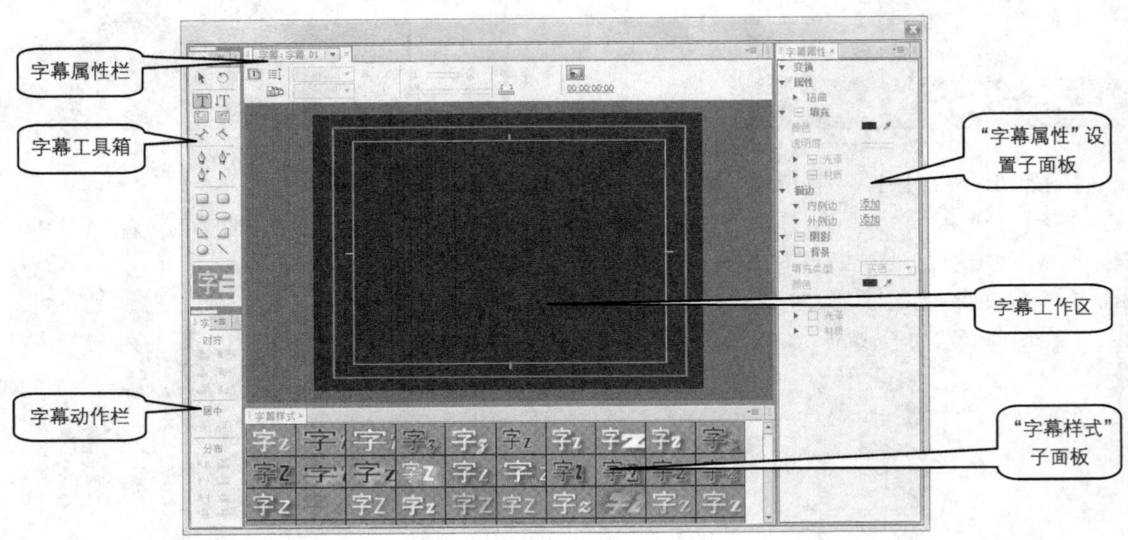

图 7-1

Premiere Pro CS5 的“字幕”面板主要由字幕属性栏、字幕工具箱、字幕动作栏、“字幕样式”子面板、字幕工作区和“字幕属性”设置子面板 6 个部分组成。

1. 字幕属性栏

字幕属性栏主要用于设置字幕的运动类型、字体、加粗、斜体和下画线等，如图 7-2 所示。

图 7-2

“基于当前字幕新建”按钮：单击该按钮，将弹出图 7-3 所示的对话框，在该对话框中可以为字幕文件重新命名。

“滚动/游动选项”按钮：单击该按钮，将弹出“滚动/游动选项”对话框，如图 7-4 所示，在该对话框中可以设置字幕的运动类型。

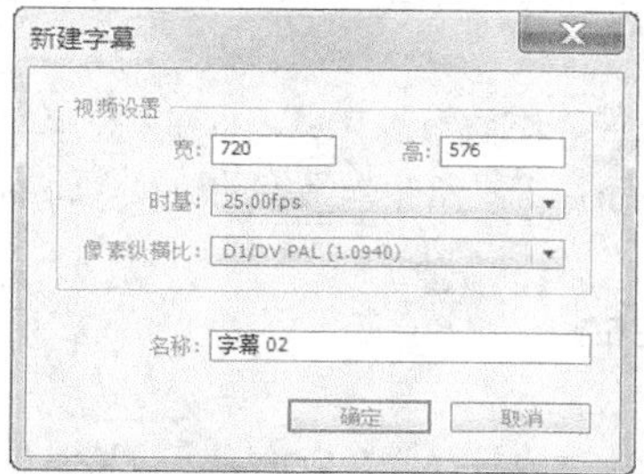

图 7-3

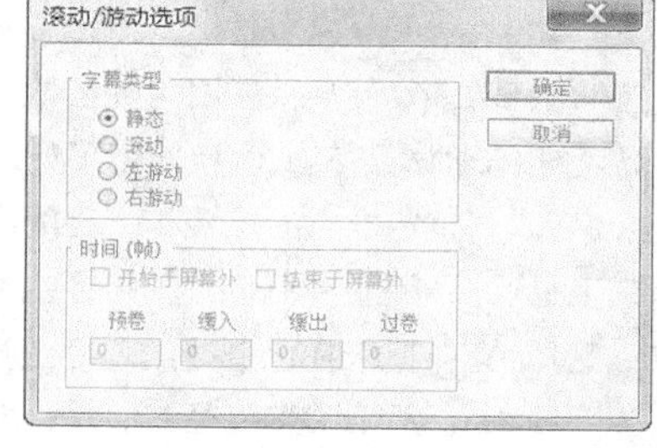

图 7-4

“字体”列表：在此下拉列表中可以选择字体。

“字体样式”列表：在此下拉列表中可以设置字形。

“粗体”按钮：单击该按钮，可以将当前选中的文字加粗。

“斜体”按钮：单击该按钮，可以将当前选中的文字倾斜。

“下画线”按钮：单击该按钮，可以为文字设置下画线。

“左对齐”按钮：单击该按钮，将所选对象左边对齐。

“居中对齐”按钮：单击该按钮，将所选对象居中对齐。

“右对齐”按钮：单击该按钮，将所选对象右边对齐。

“制表符设置”按钮：单击该按钮，将弹出图 7-5 所示的对话框。“制表符设置”对话框中各个按钮的主要功能如下。

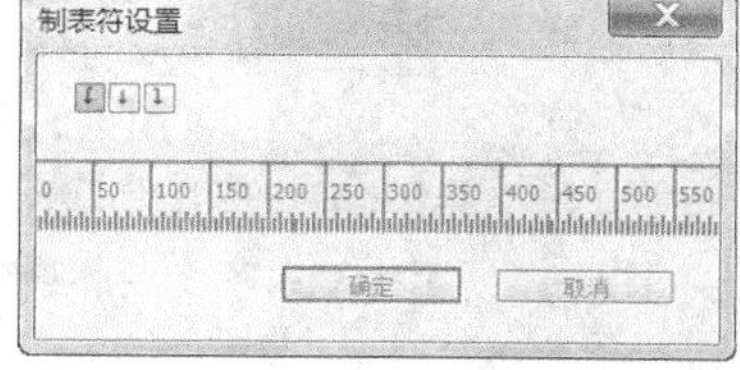

图 7-5

- “左对齐制作符”按钮：字符的最左侧都在此处对齐。
- “居中对齐制作符”按钮：字符一分为二，字符串的中间位置就是这个制表符的位置。
- “右对齐制作符”按钮：字符的最右侧都在此处对齐。

对话框中的区域为添加制作符的区域，可以通过单击刻度尺上方的浅灰色区域来添加制表符。

“显示背景视频”按钮：显示当前时间指针所处的位置，可以在时间码的位置输入一个有效的时间值，调整当前显示画面。

2. 字幕工具箱

字幕工具箱提供了一些制作文字与图形的常用工具，如图 7-6 所示。利用这些工具，可以为影片添加标题及文本、绘制几何图形和定义文本样式等。

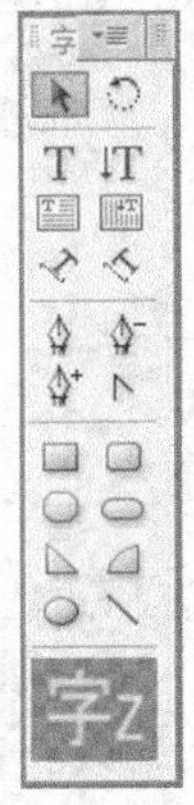
图 7-6

“选择”工具：用于选择某个对象或文字。选中某个对象后，在对象的周围会出现带有 8 个控制手柄的矩形，拖曳控制手柄可以调整对象的大小和位置。

“旋转”工具：用于对所选对象进行旋转操作。使用旋转工具时，必须先使用选择工具选中对象，然后再使用旋转工具，单击并按住鼠标拖曳即可旋转对象。

“输入”工具：使用该工具在字幕工作区中单击，出现文字输入光标，在光标闪烁的位置可以输入文字。另外，使用该工具也可以对输入的文字进行修改。

“垂直文字”工具：使用该工具，可以在字幕工作区中输入垂直文字。

“区域文字”工具：单击该按钮，在字幕工作区中可以拖曳出文本框。

“垂直区域文字”工具：单击该按钮，可在字幕工作区中拖曳出垂直文本框。

“路径文字”工具：使用该工具可先绘制一条路径，然后输入文字，且输入的文字平行于路径。

“垂直路径文字”工具：使用该工具可先绘制一条路径，然后输入文字，且输入的文字垂直于路径。

“钢笔”工具：用于创建路径或调整使用平行或垂直路径工具所输入文字的路径。将钢笔工具置于路径的定位点或手柄上，可以调整定位点的位置和路径的形状。

“删除定位点”工具：用于在已创建的路径上删除定位点。

“添加定位点”工具：用于在已创建的路径上添加定位点。

“转换定位点”工具：用于调整路径的形状，将平滑定位点转换为角定位点，或将角定位点转换为平滑定位点。

“矩形”工具：使用该工具，可以绘制矩形。

“圆角矩形”工具：使用该工具，可以绘制圆角矩形。

“切角矩形”工具：使用该工具，可以绘制切角矩形。

“圆矩形”工具：使用该工具，可以绘制圆矩形。

“楔形”工具：使用该工具，可以绘制三角形。

“弧形”工具：使用该工具，可以绘制圆弧，即扇形。

“椭圆形”工具：使用该工具，可以绘制椭圆形。

“直线”工具：使用该工具，可以绘制直线。

图 7-7 所示为使用各个图形绘制工具绘制的图形效果。

绘制图形时，可以根据需要使用 Shift 键，这样可以快捷地绘制出需要的图形。例如，使用矩形工具，按 Shift 键可以绘制正方形；使用椭圆工具，按 Shift 键可以绘制圆形。

在绘制的图形上单击鼠标右键，将弹出图 7-8 所示的快捷菜单。在“图形类型”子菜单中单击相应的命令，即可在各种图形之间转换，甚至可以将不规则的图形转换成规则的图形。

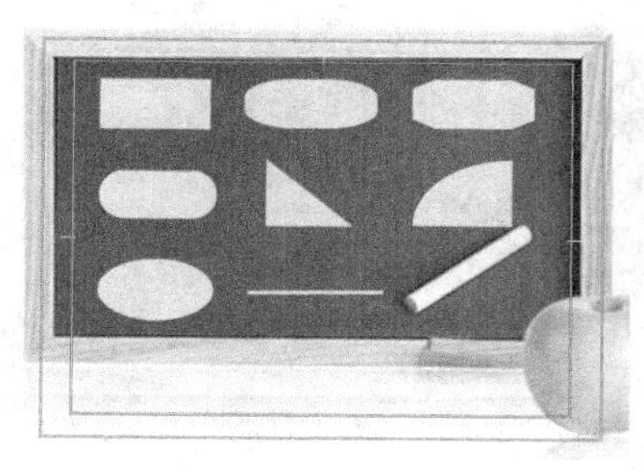

图 7-7

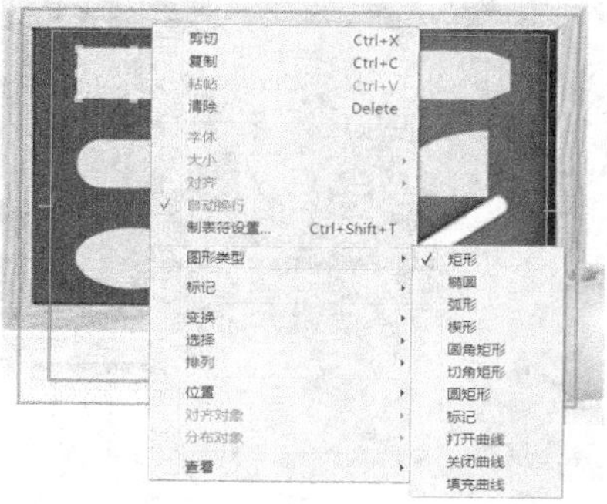

图 7-8

3. 字幕动作栏

字幕动作栏中的各个按钮主要用于快速地排列或者分布文字，如图 7-9 所示。

“水平靠左”按钮：以选中的文字或图形的左垂直线为基准对齐。

“垂直靠上”按钮：以选中的文字或图形的顶部水平线为基准对齐。

“水平居中”按钮：以选中的文字或图形的垂直中心线为基准对齐。

“垂直居中”按钮：以选中的文字或图形的水平中心线为基准对齐。

“水平靠右”按钮：以选中的文字或图形的右垂直线为基准对齐。

“垂直靠下”按钮：以选中的文字或图形的底部水平线为基准对齐。

“垂直居中”按钮：使选中的文字或图形在屏幕垂直居中。

“水平居中”按钮：使选中的文字或图形在屏幕水平居中。

“水平靠左”按钮：以选中的文字或图形左垂直线来分布文字或图形。

“垂直靠上”按钮：以选中的文字或图形的顶部线来分布文字或图形。

“水平居中”按钮：以选中的文字或图形的垂直中心来分布文字或图形。

“垂直居中”按钮：以选中的文字或图形的水平中心来分布文字或图形。

“水平靠右”按钮：以选中的文字或图形的右垂直线来分布文字或图形。

“垂直靠下”按钮：以选中的文字或图形的底部线来分布文字或图形。

“水平等距间隔”按钮：以屏幕的垂直中心线来分布文字或图形。

“垂直等距间隔”按钮：以屏幕的水平中心线来分布文字或图形。

图 7-9

4. 字幕工作区

字幕工作区是制作字幕和绘制图形的工作区，它位于“字幕”编辑面板的中心。在工作区中有两个白色的矩形线框，其中内线框是字幕安全框，外线框是字幕动作安全框。如果文字或者图像放置在动作安全框外，那么一些 NTSC 制式的电视中这部分内容将不会被显示出来，即使能够显示，很可能会出现模糊或者变形现象。因此，在创建字幕时最好将文字和图像放置在安全框内。

如果字幕工作区中没有显示安全区域线框，就可以通过以下两种方法显示安全区域线框。

⊙ 在字幕工作区中单击鼠标右键，在弹出的快捷菜单中选择“查看 > 字幕安全框”命令。

⊙ 选择“字幕 > 查看 > 字幕安全框”命令。

5. “字幕样式”子面板

在 Premiere Pro CS5 中使用“字幕样式”子面板，可以制作出令人满意的字幕效果。“字幕样式”子面板位于“字幕”编辑面板的中下部，其中包含了各种已经设置好的文字效果和多种字体效果，如图 7-10 所示。

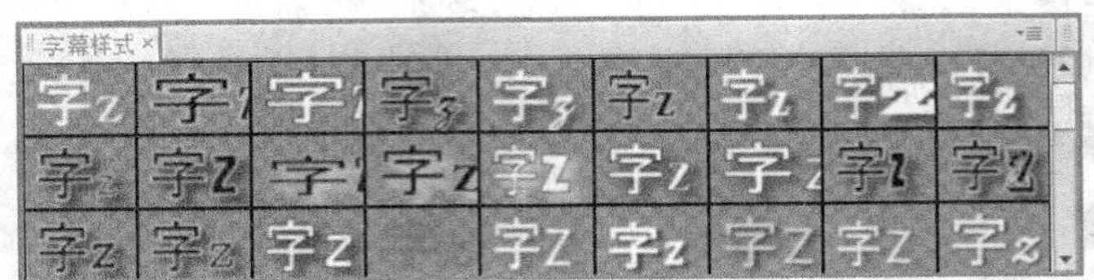

图 7-10

如果要为一个对象应用预设的风格效果，只需选中该对象，然后在“字幕样式”子面板中单击要应用的风格效果即可，如图 7-11 和图 7-12 所示。

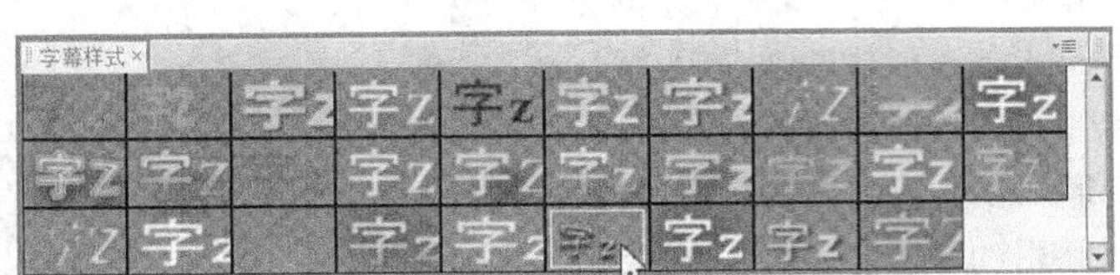

图 7-11

图 7-12

6. “字幕属性”设置子面板

在字幕工作区中输入文字后，可在位于“字幕”编辑面板右侧的“字幕属性”设置子面板中设置文字的具体属性参数，如图 7-13 所示。“字幕属性”设置子面板分为 6 个部分，分别为“变换”“属性”“填充”“描边”“阴影”和“背景”，各个部分的主要作用如下。

“变换”：可以设置对象的透明度、位置、宽、高以及旋转角度等相关属性。

“属性”：可以设置对象的一些基本属性，如文本的字体、大小、行间距、字间距和字形等相关属性。

“填充”：可以设置文本或者图形对象的颜色和纹理等相关属性。

“描边”：可以设置文本或者图形对象的边缘，使边缘与文本或者图形主体呈现不同的颜色。

“阴影”：可以为文本或者图形对象设置各种阴影属性。

“背景”：可以设置字幕的背景色及背景色的各种属性。

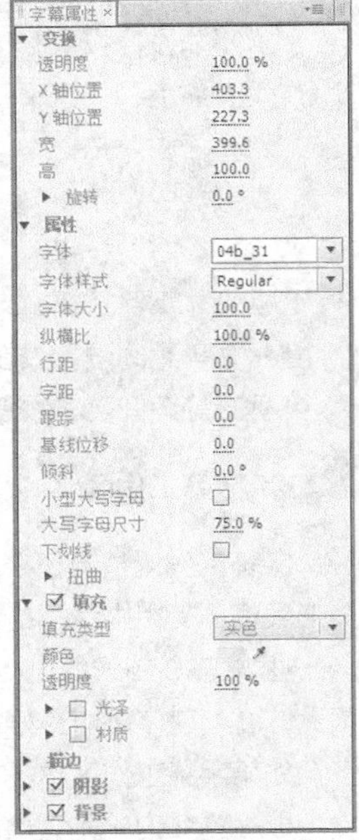

图 7-13

7.1.2 创建字幕文字对象

利用字幕工具箱中的各种文字工具，用户可以非常方便地创建出水平排列或垂直排列的文字，也可以创建出沿路径行走的文字，以及水平或者垂直段落文字。

1. 课堂案例——时尚追踪

【案例学习目标】输入水平文字。

【案例知识要点】使用“字幕”命令编辑文字；使用“彩色浮雕”命令制作文字的浮雕效果；使用“球面化”命令制作文字的球面化效果。时尚追踪效果如图 7-14 所示。

【效果所在位置】资源包 \ Ch07 \ 时尚追踪. prproj。

图 7-14

步骤① 启动 Premiere Pro CS5 软件，弹出“欢迎使用 Adobe Premiere Pro”界面，单击“新建项目”按钮，弹出“新建项目”对话框，设置“位置”选项，选择保存文件路径，在“名称”文本框中输入文件名“时尚追踪”，如图 7-15 所示。单击“确定”按钮，弹出“新建序列”对话框，在左侧的列表中展开“DV-PAL”选项，选中“标准 48kHz”模式，如图 7-16 所示，单击“确定”按钮。

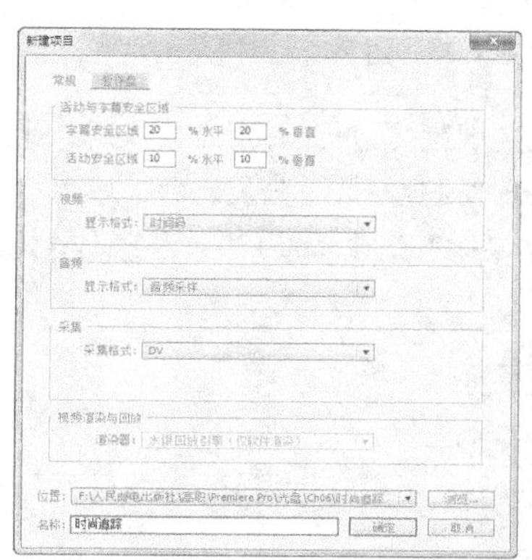
图 7-15

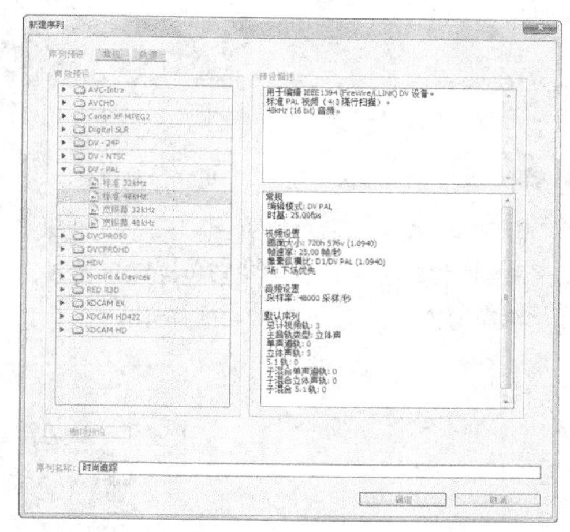
图 7-16

步骤② 选择“文件 > 导入”命令，弹出“导入”对话框，选择资源包中的“Ch07 \ 时尚追踪 \ 素材 \ 01”文件，单击“打开”按钮，导入视频文件，如图 7-17 所示。导入后的文件排列在“项目”面板中，如图 7-18 所示。在“项目”面板中选中“01”文件并将其拖曳到“时间线”面板中的“视频 1”轨道中，如图 7-19 所示。将时间指示器放置在 5s 的位置，在“视频 1”轨道上选中“01”文件，将鼠标指针放在“01”文件的尾部，当鼠标指针呈状时，向前拖曳鼠标到 5s 的位置上。

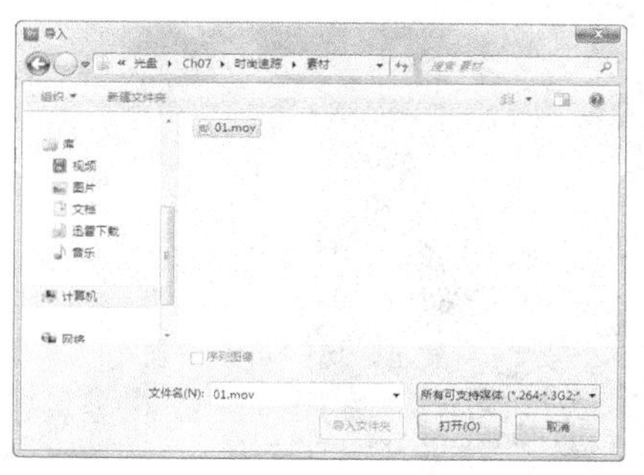
图 7-17

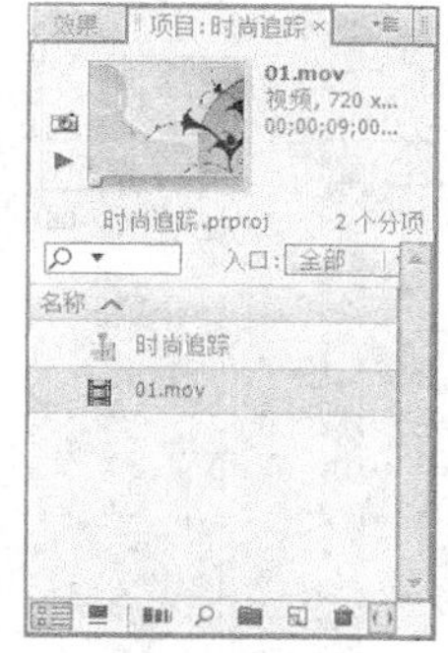

图 7-18

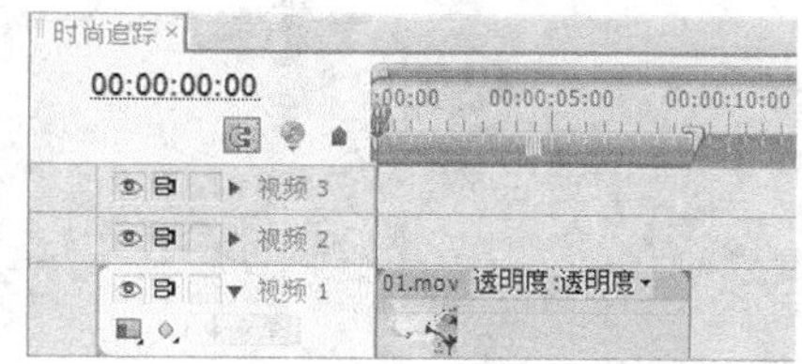

图 7-19

步骤③ 选择“文件 > 新建 > 字幕”命令，弹出“新建字幕”对话框，如图 7-20 所示。单击“确定”按钮，弹出字幕编辑面板，选择“输入”工具，在字幕工作区中输入“时尚追踪”，在“字幕样式”子面板中选择“Lithos Pro Pink 33”样式，其他设置如图 7-21 所示。关闭字幕编辑面板，新建的字幕文件自动保存到“项目”窗口中。

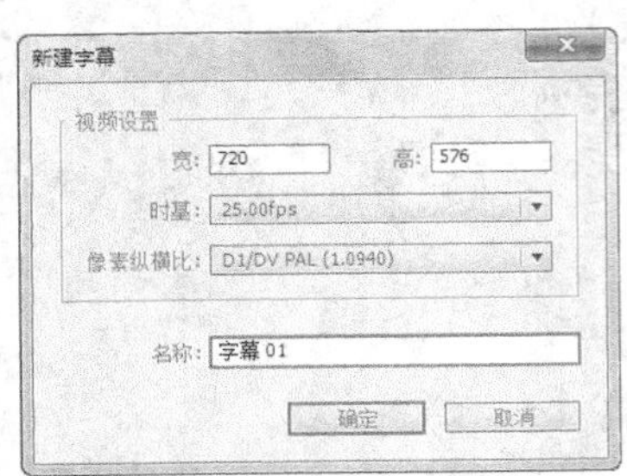

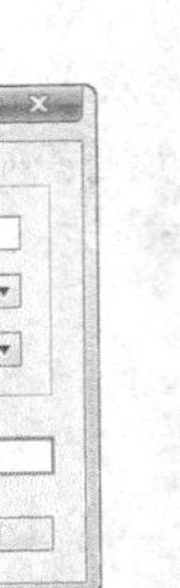

图 7-20

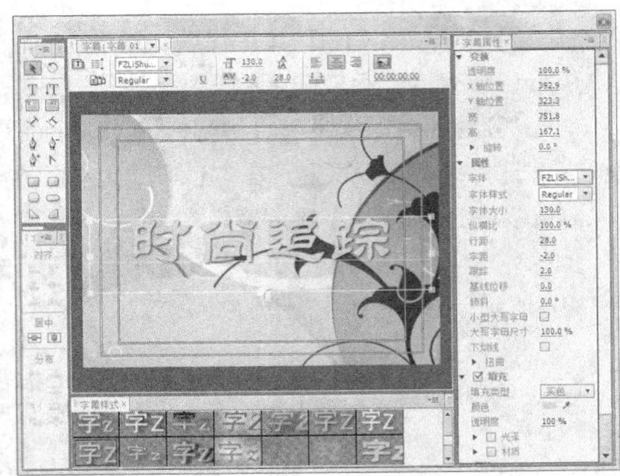

图 7-21

步骤④ 在“项目”面板中选中“字幕 01”文件并将其拖曳到“视频 2”轨道中，如图 7-22 所示。

步骤⑤ 选择“窗口 > 效果”命令，弹出“效果”面板，展开“视频特效”分类选项，单击“风格化”文件夹前面的三角形按钮▶将其展开，选中“彩色浮雕”特效，如图 7-23 所示。将“彩色浮雕”特效拖曳到“时间线”面板中的“字幕 01”层上，如图 7-24 所示。

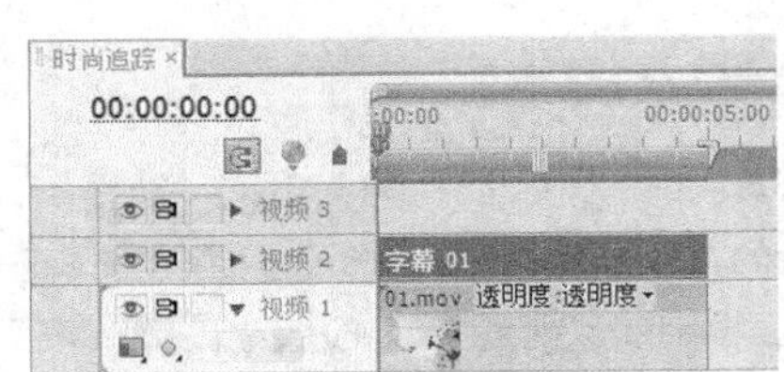

图 7-22

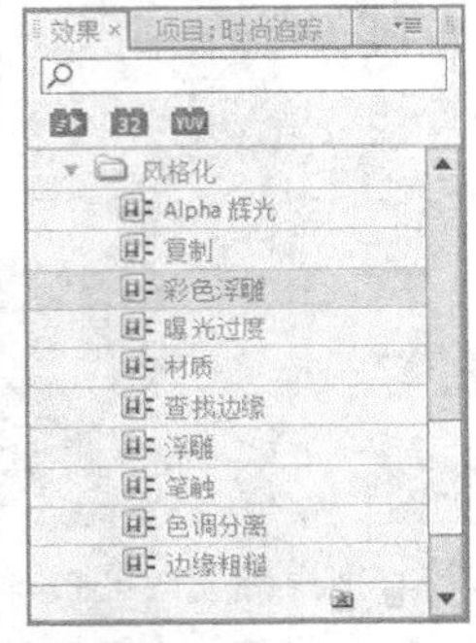

图 7-23

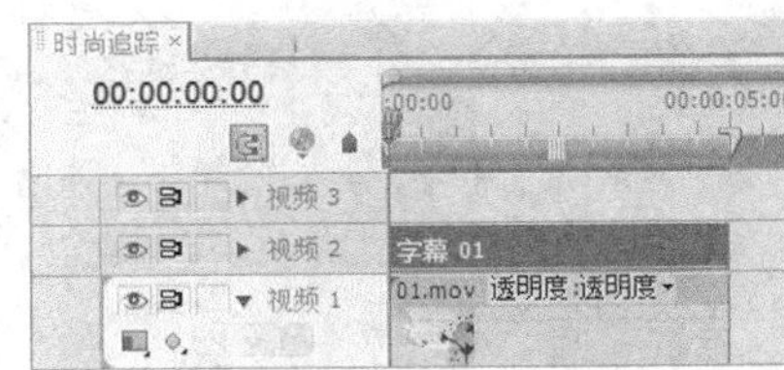

图 7-24

步骤⑥ 选择“特效控制台”面板，展开“彩色浮雕”特效并进行参数设置，如图 7-25 所示。在“节目”窗口中预览效果，如图 7-26 所示。

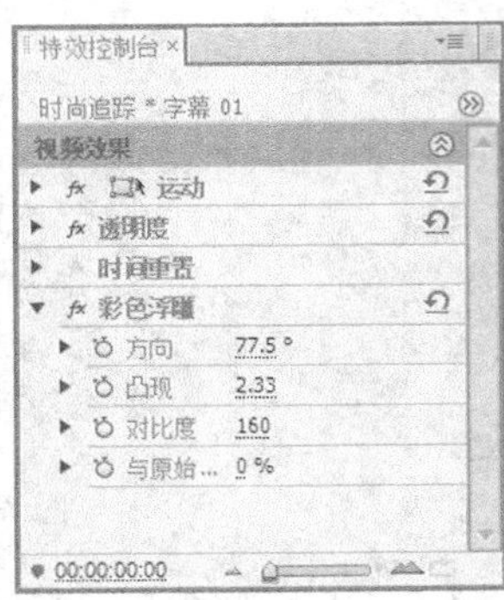

图 7-25

图 7-26

步骤⑦ 选择“窗口 > 效果”命令，弹出“效果”面板，展开“视频特效”分类选项，单击“扭曲”文件夹前面的三角形按钮▶将其展开，选中“球面化”特效，如图 7-27 所示。将“球面化”特效拖曳到“时间线”面板中的“字幕 01”层上，如图 7-28 所示。

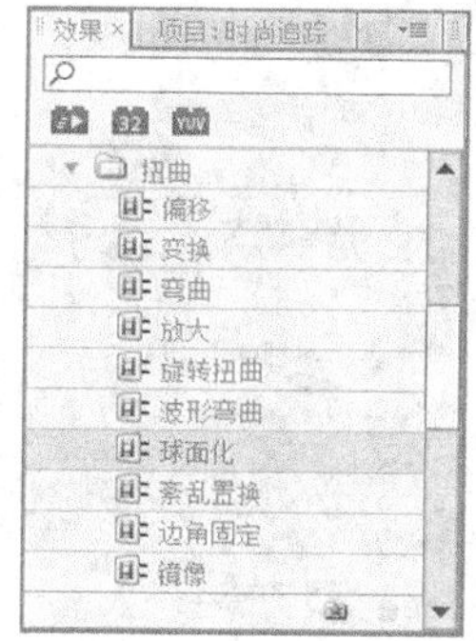

图 7-27

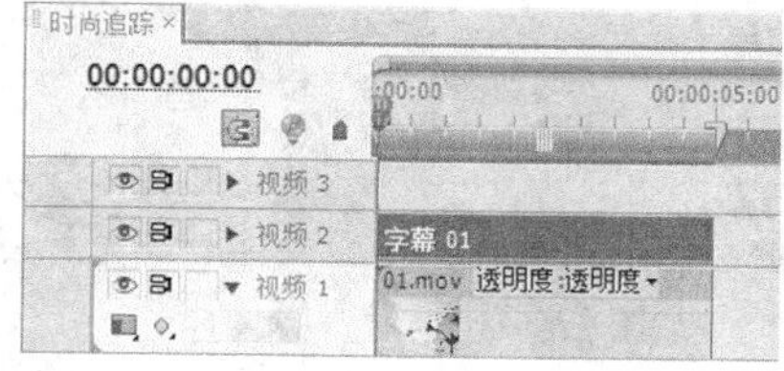

图 7-28

步骤⑧ 将时间指示器放置在 0s 的位置，选择“特效控制台”面板，展开“球面化”选项，将“球面中心”选项设置为 100.0 和 288.0，单击“半径”和“球面中心”选项前面的记录动画按钮，如图 7-29 所示。将时间指示器放置在 1s 的位置，将“半径”选项设置为 250.0，“球面中心”选项设置为 150.0 和 288.0，如图 7-30 所示。

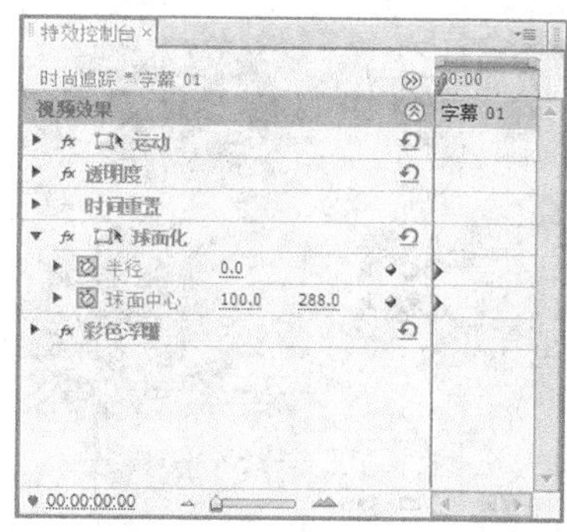

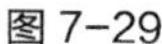

图 7-29

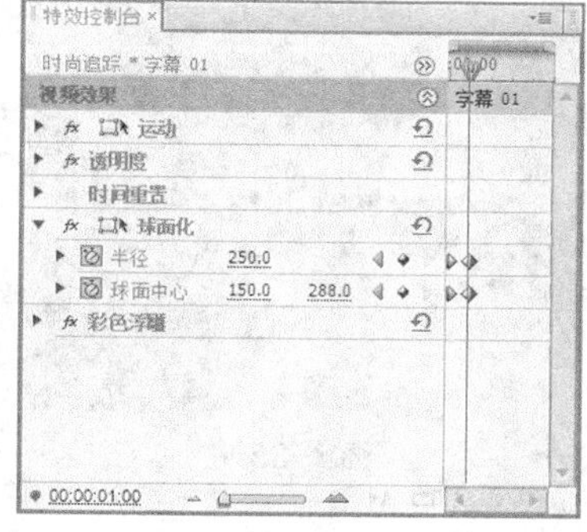

图 7-30

步骤⑨ 将时间指示器放置在 4s 的位置，将“半径”选项设置为 250.0，“球面中心”选项设置为 500.0 和 288.0，如图 7-31 所示。将时间指示器放置在 5s 的位置，将“半径”选项设置为 0.0，“球面中心”选项设置为 600.0 和 288.0，如图 7-32 所示。在“节目”窗口中预览效果，如图 7-33 所示。时尚追踪制作完成，效果如图 7-34 所示。

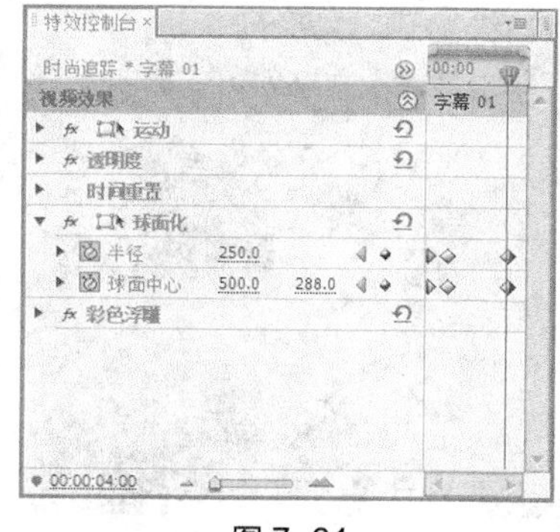

图 7-31

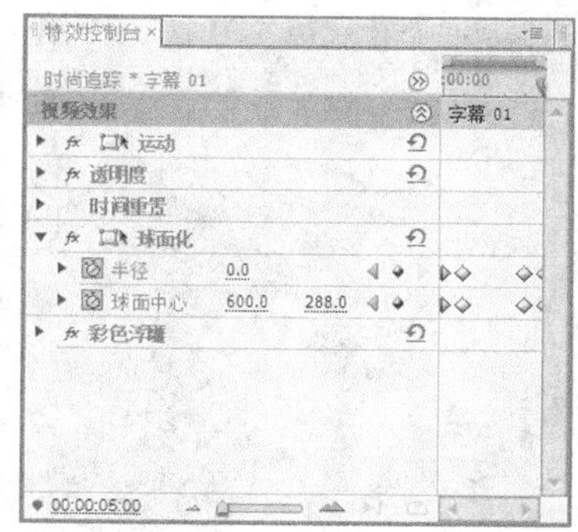

图 7-32

图 7-33

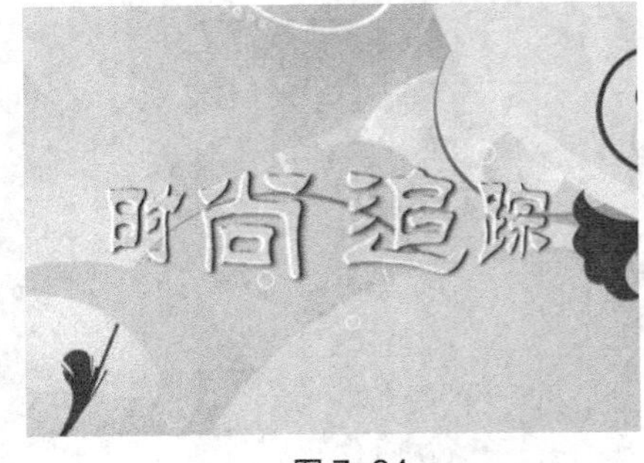

图 7-34

2. 创建水平或垂直排列文字

打开“字幕”编辑面板后，可以根据需要，利用字幕工具箱中的“输入”工具和“垂直文字”工具创建水平排列或者垂直排列的字幕文字，其具体操作步骤如下。

步骤① 在字幕工具箱中选择“输入”工具或“垂直文字”工具。

步骤② 在“字幕”编辑面板的字幕工作区中单击并输入文字，如图 7-35 和图 7-36 所示。

图 7-35

图 7-36

3. 创建路径文字

利用字幕工具箱中的平行或者垂直路径工具可以创建路径文字，具体操作步骤如下。

步骤① 在字幕工具箱中选择“路径文字”工具或“垂直路径文字”工具。

步骤② 移动鼠标指针到“字幕”编辑面板的字幕工作区中，此时鼠标指针变为钢笔状，然后在需要输入的位置单击。

步骤③ 将鼠标移动到另一个位置再次单击，此时出现一条曲线，即文本路径。

步骤④ 选择文字输入工具（任何一种都可以），在路径上单击并输入文字即可，如图 7-37 和图 7-38 所示。

图 7-37

图 7-38

4. 创建段落字幕文字

利用字幕工具箱中的文本框工具或垂直文本框工具可以创建段落文本，其具体操作步骤如下。

步骤① 在字幕工具箱中选择“区域文字”工具或“垂直区域文字”工具。

步骤② 移动鼠标指针到“字幕”编辑面板的字幕工作区中，按住鼠标左键不放，从左上角向右下角拖曳出一个矩形框，然后输入文字，效果如图 7-39 和图 7-40 所示。

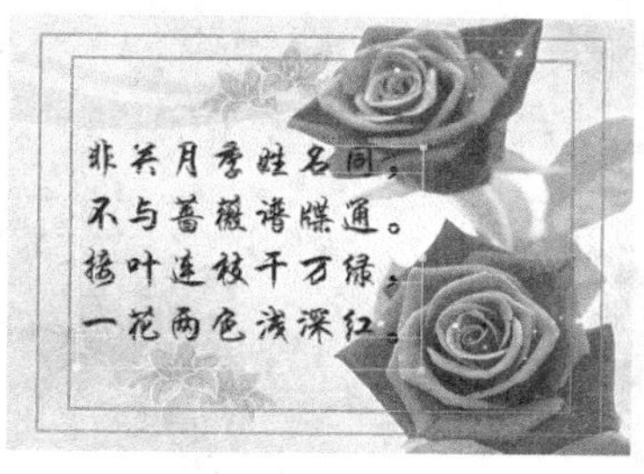

图 7-39

图 7-40

任务二 编辑、修饰字幕文字

字幕创建完成后，接下来还需要对字幕进行相应的编辑和修饰，下面进行详细介绍。

7.2.1 课堂案例——科技在线

【案例学习目标】输入水平文字。

【案例知识要点】使用“字幕”命令编辑文字；使用“运动”选项改变文字的位置、缩放、角度和透明度；使用“渐变”命令制作文字的倾斜效果；使用“斜面 Alpha”和“RGB 曲线”命令添加文字金属效果。科技在线效果如图 7-41 所示。

图 7-41

【效果所在位置】资源包 \ Ch07 \ 科技在线. prproj。

步骤① 启动 Premiere Pro CS5 软件，弹出“欢迎使用 Adobe Premiere Pro”界面，单击“新建项目”按钮，弹出“新建项目”对话框，设置“位置”选项，选择保存文件路径，在“名称”文本框中输入文件名“科技在线”，如图 7-42 所示。单击“确定”按钮，弹出“新建序列”对话框，在左侧的列表中展开“DV-PAL”选项，选中“标准 48kHz”模式，如图 7-43 所示，单击“确定”按钮。

步骤② 选择“文件 > 导入”命令，弹出“导入”对话框，选择资源包中的“Ch07 \ 科技在线 \ 素材 \ 01”文件，单击“打开”按钮，导入视频文件，如图 7-44 所示。导入后的文件排列在“项目”面板中，如图 7-45 所示。

步骤③ 在“项目”面板中选中“01”文件并将其拖曳到“时间线”面板中的“视频 1”轨道中，如图 7-46 所示。将时间指示器放置在 5s 的位置，在“视频 1”轨道上选中“01”文件，将鼠标指针放在“01”文件的尾部，当鼠标指针呈状时，向前拖曳鼠标到 5s 的位置上。

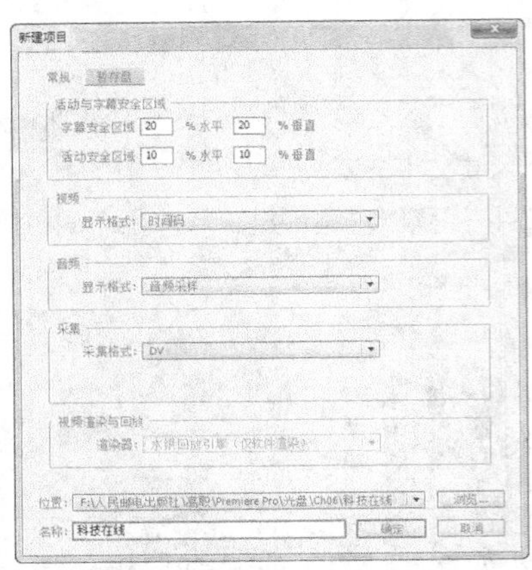

图 7-42

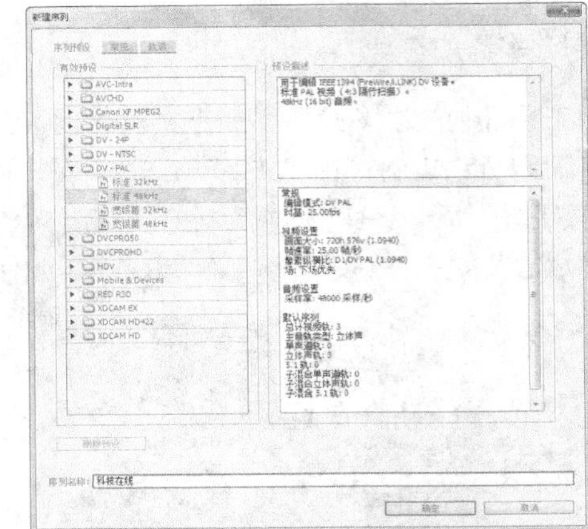

图 7-43

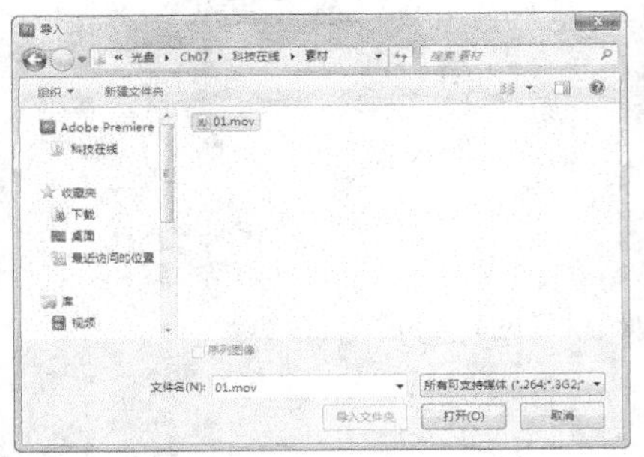

图 7-44

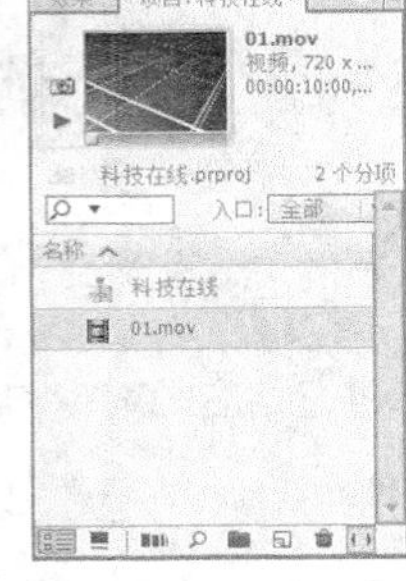

图 7-45

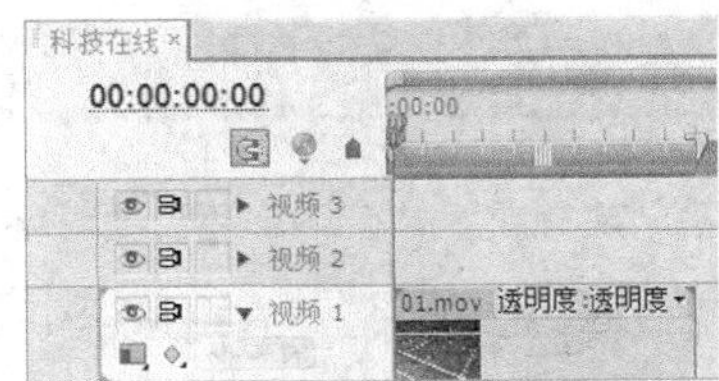

图 7-46

步骤④ 选择“文件 > 新建 > 字幕”命令，弹出“新建字幕”对话框，设置相关参数，如图 7-47 所示。单击“确定”按钮，弹出字幕编辑面板，选择“输入”工具T，在字幕工作区中输入“科技在线”，其他设置如图 7-48 所示。关闭字幕编辑面板，新建的字幕文件自动保存到“项目”窗口中。

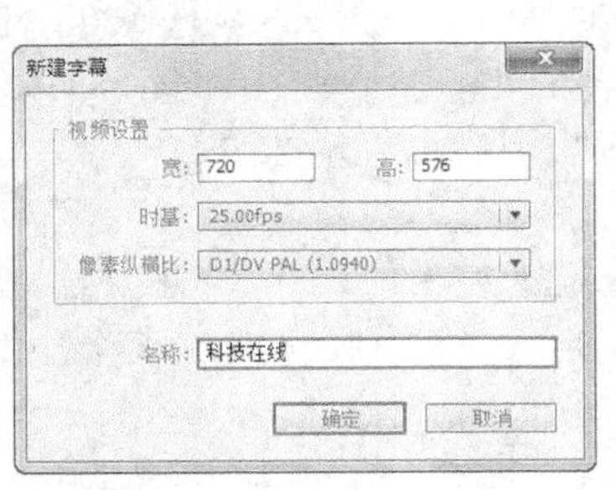

图 7-47

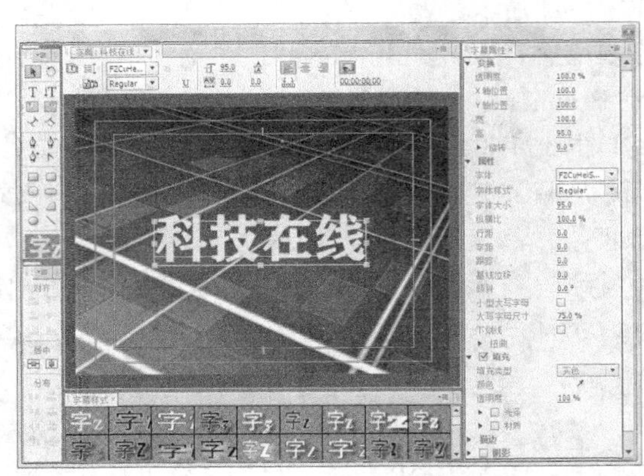

图 7-48

步骤⑤ 在“项目”面板中选中“科技在线”文件并将其拖曳到“视频 2”轨道中，如图 7-49 所示。选择“特效控制台”面板，将时间指示器放置在 0s 的位置，在“运动”选项中将“位置”选项设置为 545.0 和-70.0，“缩放比例”选项设置为 20.0，“旋转”选项设为 30.0°，单击“位置”“缩放比例”和“旋转”选项前面的“记录动画”按钮，如图 7-50 所示。

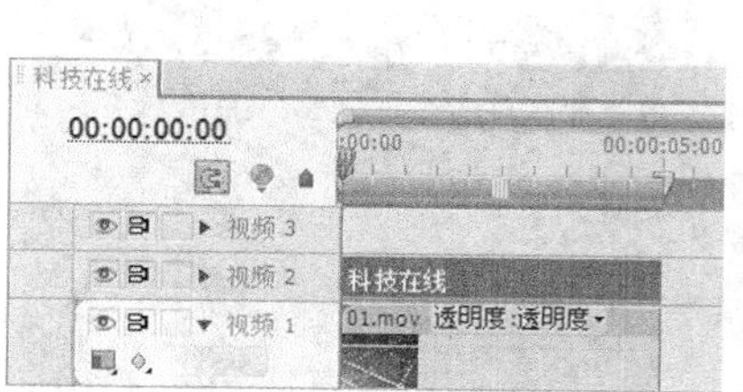

图 7-49

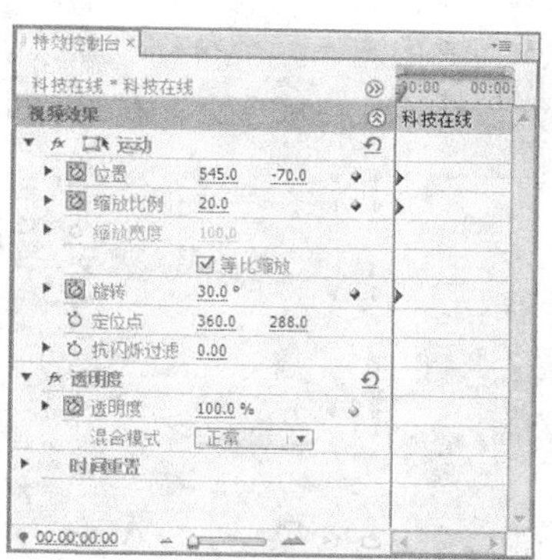

图 7-50

步骤⑥ 将时间指示器放置在 1s 的位置，将“位置”选项设为 360.0 和 287.0，“缩放比例”选项设为 100.0，“旋转”选项设为 0.0，如图 7-51 所示。将时间指示器放置在 4s 的位置，单击“位置”“缩放比例”“旋转”和“透明度”选项右侧的“添加/删除关键帧”按钮，添加关键帧，如图 7-52 所示。将时间指示器放置在 5s 的位置，将“透明度”选项设为 0.0%，如图 7-53 所示。

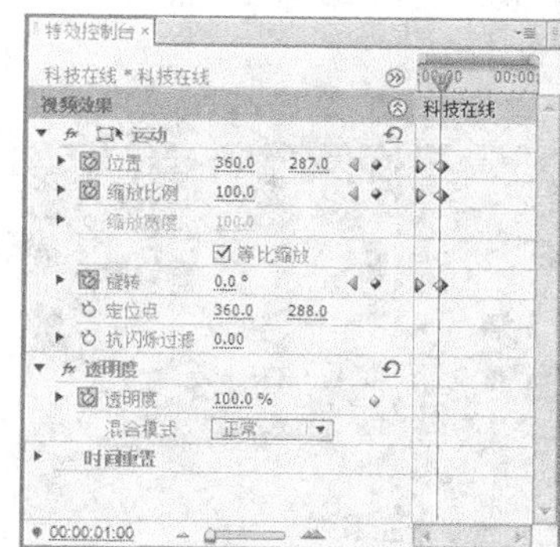

图 7-51

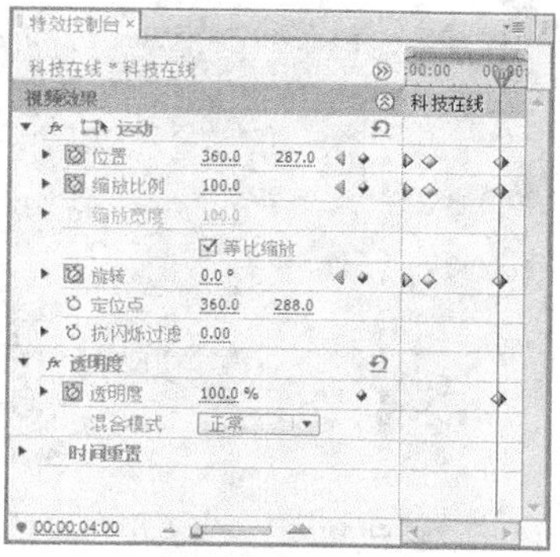

图 7-52

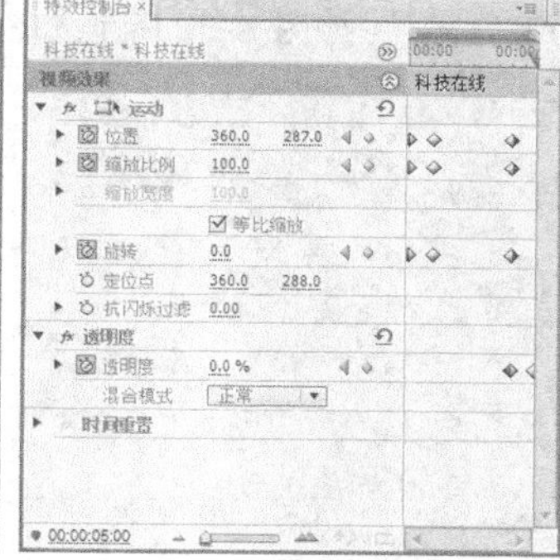

图 7-53

步骤⑦ 选择“窗口 > 效果”命令，弹出“效果”面板，展开“视频特效”分类选项，单击“生成”文件夹前面的三角形按钮将其展开，选中“渐变”特效，如图 7-54 所示。将“渐变”特效拖曳到“时间线”面板中的“科技在线”层上，如图 7-55 所示。

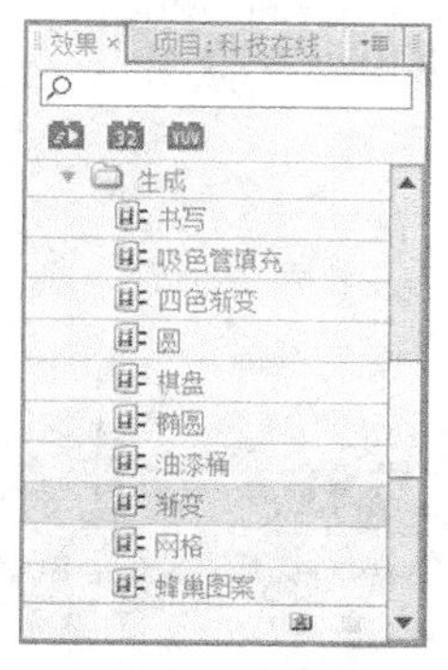

图 7-54

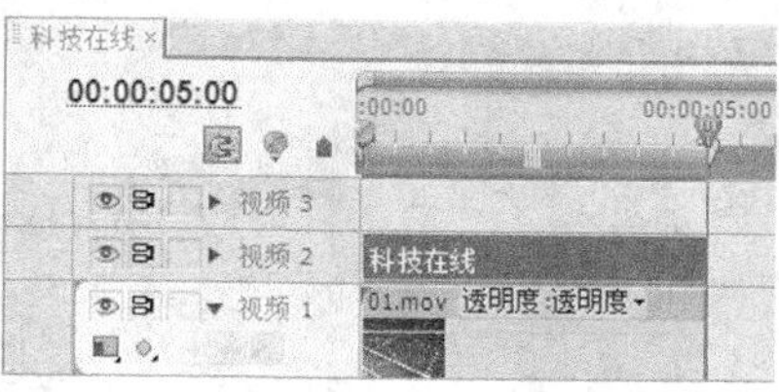

图 7-55

步骤⑧ 选择“特效控制台”面板，将时间指示器放置在 1s 的位置，展开“渐变”特效，将“起始颜色”设置为橘黄色（其 R、G、B 的值分别为 255、156、0），“结束颜色”设置为红色（其 R、G、B 的值分别为 255、0、0），其他参数设置如图 7-56 所示。在“节目”窗口中预览效果，如图 7-57 所示。

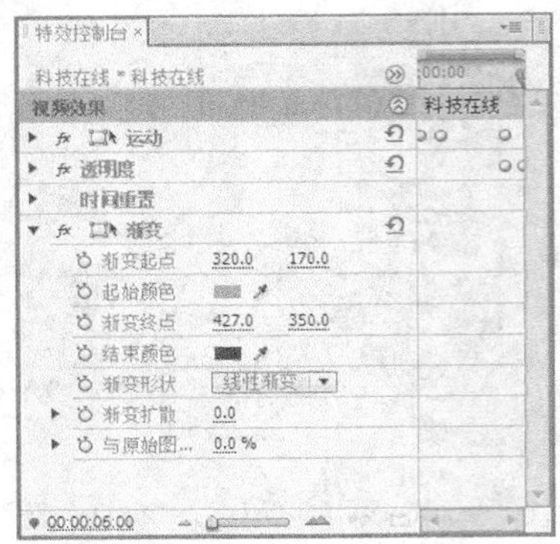
图 7-56

图 7-57

步骤⑨ 在“渐变”特效选项中单击“渐变起点”和“渐变终点”选项前面的记录动画按钮，如图 7-58 所示。将时间指示器放置在 4s 的位置，将“渐变起点”选项设置为 450.0 和 134.0，“渐变终点”选项设置为 260.0 和 346.0，如图 7-59 所示。在“节目”窗口中预览效果，如图 7-60 所示。

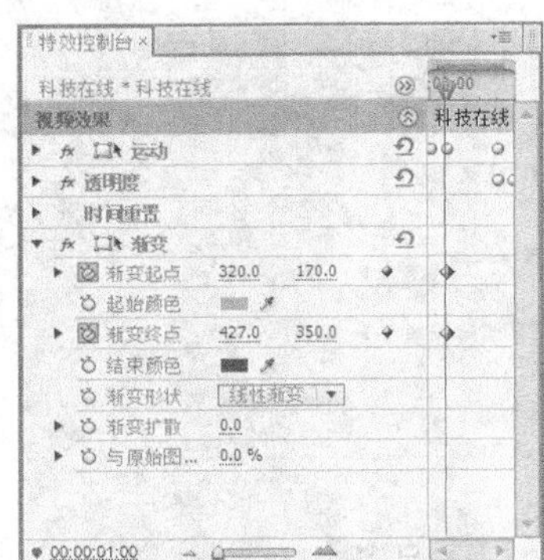
图 7-58

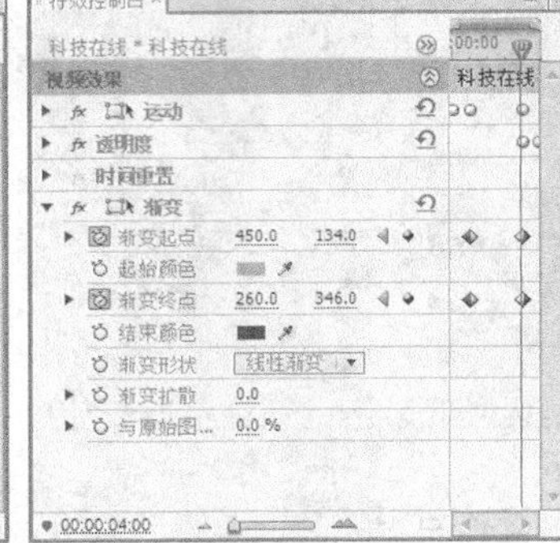
图 7-59

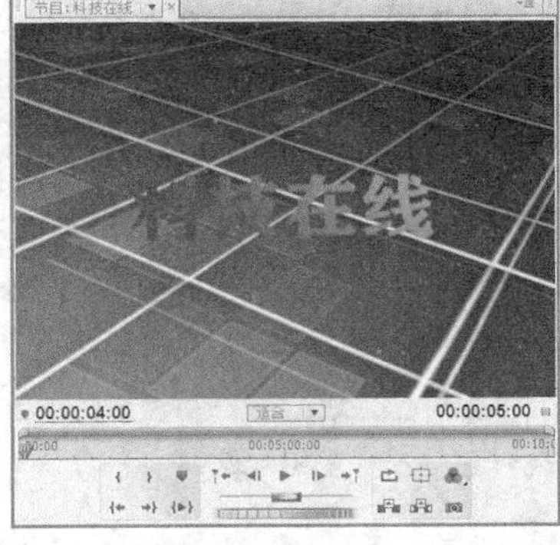
图 7-60

步骤⑩ 选择“效果”面板，展开“视频特效”分类选项，单击“透视”文件夹前面的三角形按钮将其展开，选中“斜面 Alpha”特效，如图 7-61 所示。将“斜面 Alpha”特效拖曳到“时间线”面板中的“科技在线”层上，如图 7-62 所示。

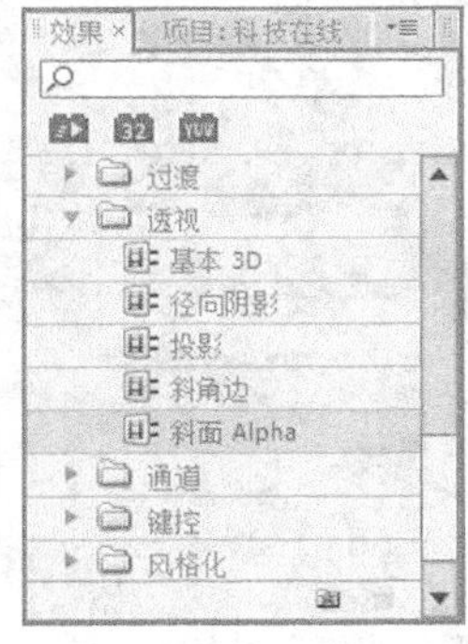
图 7-61

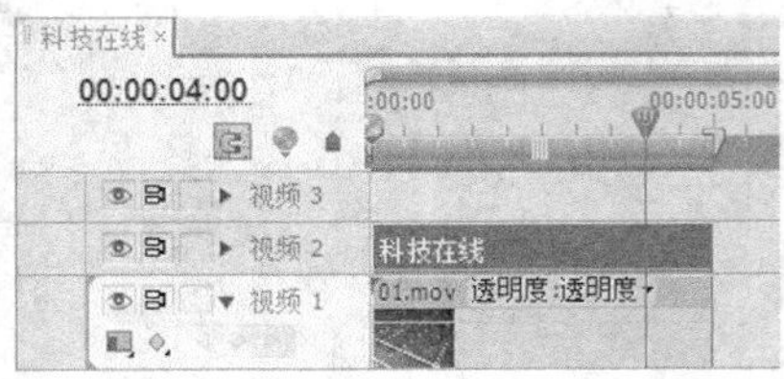
图 7-62

步骤⑪ 选择“特效控制台”面板，展开“斜面 Alpha”特效并进行参数设置，如图 7-63 所示。在“节目”窗口中预览效果，如图 7-64 所示。

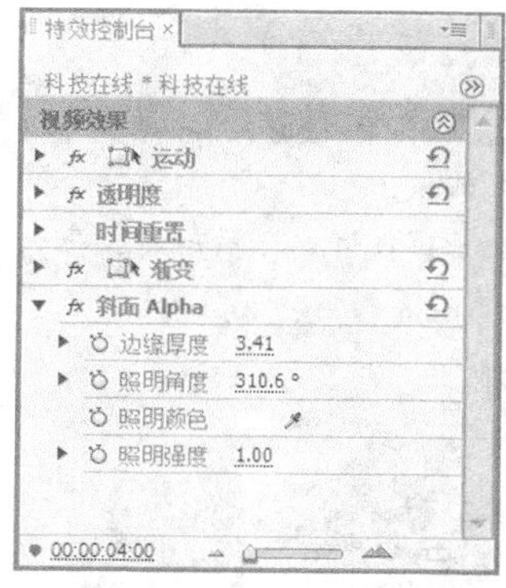

图 7-63

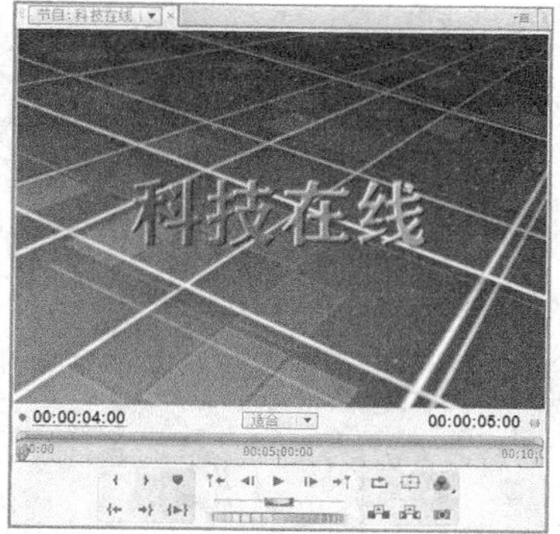

图 7-64

步骤⑫ 选择“效果”面板，展开“视频特效”分类选项，单击“色彩校正”文件夹前面的三角形按钮▸将其展开，选中“RGB 曲线”特效，如图 7-65 所示。将“RGB 曲线”特效拖曳到“时间线”面板中的“科技在线”层上，如图 7-66 所示。

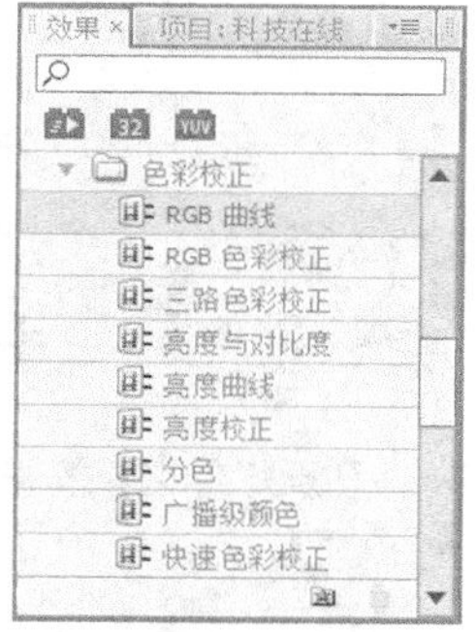

图 7-65

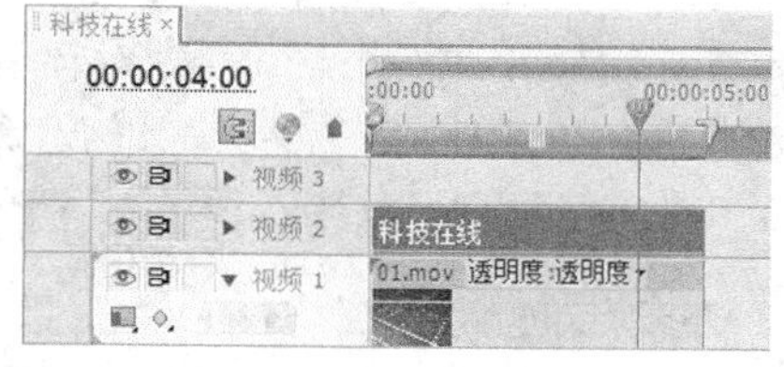

图 7-66

步骤⑬ 选择“特效控制台”面板，展开“RGB 曲线”特效并进行参数设置，如图 7-67 所示。在“节目”窗口中预览效果，如图 7-68 所示。科技在线制作完成。

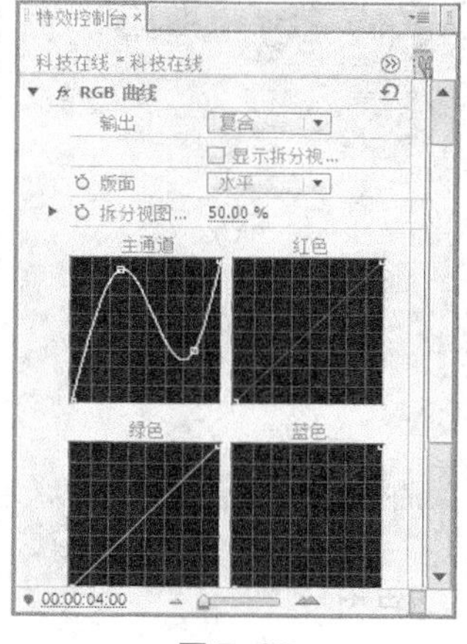

图 7-67

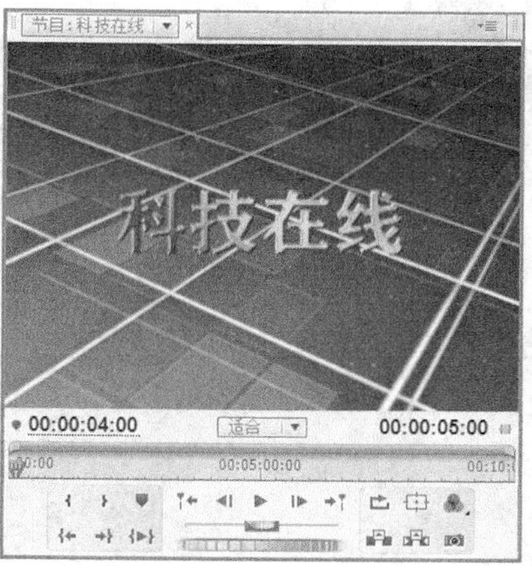

图 7-68

7.2.2 编辑字幕文字

1. 文字对象的选择与移动

步骤❶ 选择“选择”工具，将鼠标指针移动至字幕工作区，单击要选择的字幕文本即可将其选中，此时在字幕文字的四周将出现带有 8 个控制点的矩形框，如图 7-69 所示。

步骤❷ 在字幕文字处于选中的状态下，将鼠标指针移动至矩形框内，单击鼠标并按住左键不放进行拖曳，即可实现文字对象的移动，如图 7-70 所示。

图 7-69

图 7-70

2. 文字对象的缩放和旋转

步骤❶ 选择“选择”工具，单击文字对象将其选中。

步骤❷ 将鼠标指针移至矩形框的任意一个点，当鼠标指针呈、或形状时，按住鼠标右键拖曳即可实现缩放。按住 Shift 键的同时拖曳鼠标，可以实现等比例缩放，如图 7-71 所示。

步骤❸ 在文字处于选中的情况下选择“旋转”工具，将鼠标指针移动至工作区，按住鼠标左键拖曳即可实现旋转操作，如图 7-72 所示。

图 7-71

图 7-72

3. 改变文字对象的方向

步骤❶ 选择“选择”工具，单击文字对象将其选中。

步骤❷ 选择“字幕 > 方向 > 垂直”命令，即可改变文字对象的排列方向，如图 7-73 和图 7-74 所示。

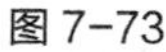
图 7-73

图 7-74

7.2.3 设置字幕属性

通过“字幕属性”子面板，用户可以非常方便地对字幕文字进行修饰，包括调整其位置、透明度、文字的字体、字号、颜色和为文字添加阴影等。

1. 变换设置

在“字幕属性”子面板的“变换”栏中可以对字幕文字或图形的透明度、位置、宽度、高度以及旋转等属性进行操作，如图 7-75 所示。

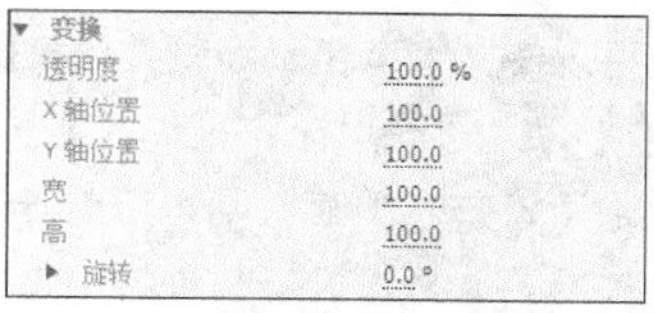

▼ 变换
透明度 100.0 %
X 轴位置 100.0
Y 轴位置 100.0
宽 100.0
高 100.0
▶ 旋转 0.0 °

图 7-75

“透明度”：设置字幕文字或图形对象的不透明度。

“X 轴位置”/“Y 轴位置”：设置文字在画面中所处的位置。

“宽”/“高”：设置文字的宽度/高度。

“旋转”：设置文字旋转的角度。

2. 属性设置

在“字幕属性”子面板的“属性”栏中可以对字幕文字的字体、字体的大小、外观以及字距、扭曲等一些基本属性进行设置，如图 7-76 所示。

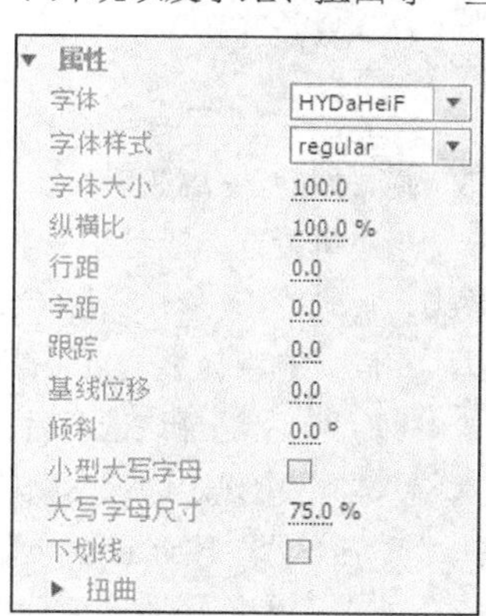

图 7-76

“字体”：在此选项右侧的下拉列表中可以选择字体。

“字体样式”：在此选项右侧的下拉列表中可以设置字体类型。

“字体大小”：设置文字的大小。

“纵横比”：设置文字在水平方向上进行比例缩放。

“行距”：设置文字的行间距。

“字距”：设置相邻文字之间的水平距离。

“跟踪”：其功能与“字距”类似，两者的区别是对选择的多个字符进行字间距的调整，“字距”选项会保持选择的多个字符的位置不变，向右平均分配字符间距，而“跟踪”选项会均匀分配所选择的每一个相邻字符的位置。

“基线位移”：设置文字偏离水平中心线的距离，主要用于创建文字的上标和下标。

“倾斜”：设置文字的倾斜程度。

“小型大写字母”：勾选该复选框，可以将所选的小写字母变成大写字母。

“大写字母尺寸”：该选项配合“大写字母”选项使用，可以将显示的大写字母放大或缩小。

“下画线”：勾选此复选框，可以为文字添加下画线。

“扭曲”：用于设置文字在水平方向或垂直方向的变形。

3. 填充设置

“字幕属性”子面板的“填充”栏主要用于设置字幕文字或者图形的填充类型、颜色和透明度等属性，如图 7-77 所示。

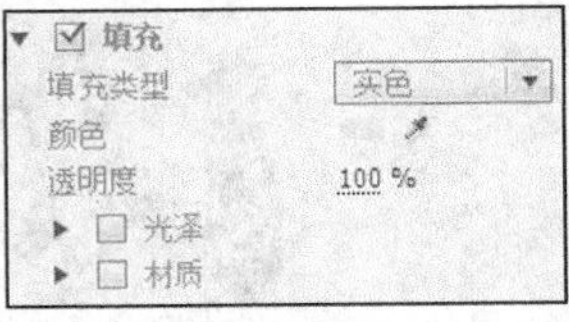

图 7-77

“填充类型”：单击该选项右侧的下拉按钮，在弹出的下拉列表中可以选择需要填充的类型，共有 7 种方式供选择。

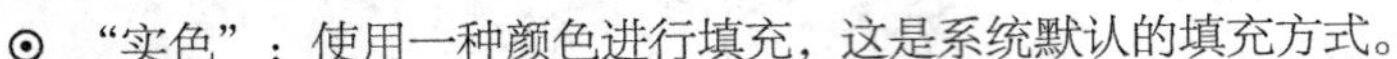

⊙ “实色”：使用一种颜色进行填充，这是系统默认的填充方式。

⊙ “线性渐变”：使用两种颜色进行线性渐变填充。当选择该选项进行填充时，“颜色”选项变为渐变颜色栏，分别单击选择一个颜色块，再单击“色彩到色彩”选项颜色块，在弹出的对话框中对渐变开始和渐变结束的颜色进行设置。

⊙ “放射渐变”：该填充方式与“线性渐变”类似，不同之处是“线性渐变”使用两种颜色的线性过渡进行填充，“放射渐变”使用两种颜色填充后产生由中心向四周辐射的过渡。

⊙ “4 色渐变”：该填充方式使用 4 种颜色的渐变过渡来填充字幕文字或者图形，每种颜色占据文本的一个角。

⊙ “斜面”：该填充方式使用一种颜色填充高光部分，另一种颜色填充阴影部分，再通过添加灯光应用可以使文字产生斜面，效果类似于立体浮雕。

⊙ “消除”：该填充方式是将文字的实体填充的颜色消除，文字为完全透明。如果为文字添加了描边，采用该方式填充，则可以制作空心的线框文字效果；如果为文字设置了阴影，选择该方式，只能留下阴影的边框。

⊙ “残像”：该填充方式使填充区域变为透明，只显示阴影部分。

“光泽”：该选项用于为文字添加辉光效果。

“材质”：使用该选项可以为字幕文字或者图形添加纹理效果，以增强文字或者图形的表现力。纹理填充的图像可以是位图，也可以是矢量图。

4. 描边设置

“描边”栏主要用于设置文字或者图形的描边效果，可以设置内部笔画和外部笔画，如图 7-78 所示。

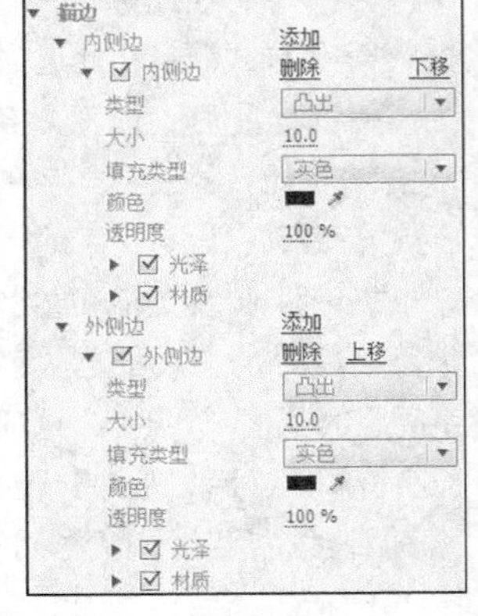

图 7-78

用户可以选择使用“内侧边”或“外侧边”，或者两者一起使用。应用描边效果，首先单击“添加”选项，添加需要的描边效果。两种描边效果的参数选项基本相同。应用描边效果后，可以在“类型”下拉列表中选择描边模式。

“深度”：选择该选项后，可以在“大小”参数选项中设置边缘的宽度，在“颜色”参数中设定边缘的颜色，在“透明度”参数选项中设置描边的不透明度，在“填充类型”下拉列表中选择描边的填充方式。

“凸出”：选择该选项，可以使字幕文字或图形产生一个厚度，呈现立体字的效果。

“凹进”：选择该选项，可以使字幕文字或图形产生一个分离的面，类似于产生透视的投影。

5. 阴影设置

“阴影”栏用于添加阴影效果，如图 7-79 所示。

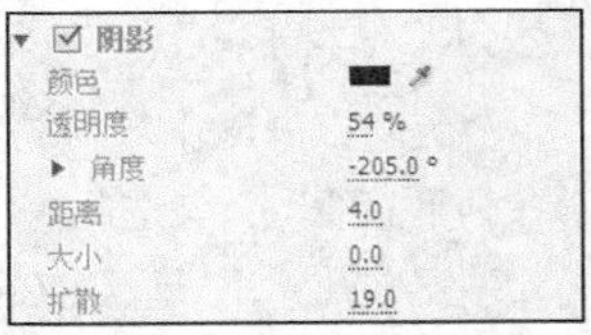

阴影
颜色
透明度 54 %
角度 -205.0 °
距离 4.0
大小 0.0
扩散 19.0

图 7-79

“颜色”：设置阴影的颜色。单击该选项右侧的颜色块，在弹出的对话框中可以选择需要的颜色。

“透明度”：设置阴影的不透明度。

“角度”：设置阴影的角度。

“距离”：设置文字与阴影之间的距离。

“大小”：设置阴影的大小。

“扩散”：设置阴影的扩展程度。

任务三　创建运动字幕

在观看电影时，经常会看到影片的开头和结尾都有滚动文字，显示导演与演员的姓名等，或是影片中出现人物对白的文字。这些文字可以通过使用视频编辑软件添加到视频画面中。Premiere Pro CS5 中提供了垂直滚动和水平滚动字幕效果。

7.3.1　制作垂直滚动字幕

制作垂直滚动字幕的具体操作步骤如下。

步骤① 启动 Premiere Pro CS5，在“项目”面板中导入素材并将素材添加到“时间线”面板中的视频轨道上。

步骤② 选择“字幕 > 新建字幕 > 默认静态字幕”命令，在弹出的“新建字幕”对话框中设置字幕的名称，单击“确定”按钮，打开“字幕”编辑面板，如图 7-80 所示。

步骤③ 选择“输入”工具T，在字幕工作区中单击并按住鼠标拖曳出一个文字输入的范围框，然后输入文字内容并对文字属性进行相应的设置，效果如图 7-81 所示。

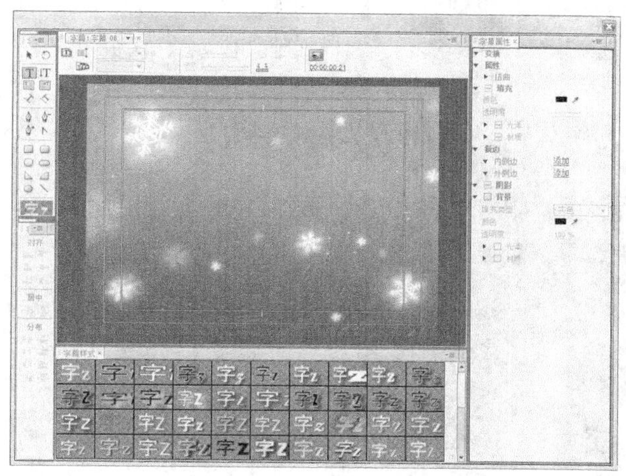

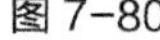
图 7-80

图 7-81

步骤④ 单击“滚动/游动选项”按钮，在弹出的对话框中选中“滚动”单选项，在“时间（帧）”栏中勾选“开始于屏幕外”和“结束于屏幕外”复选框，其他参数设置如图 7-82 所示。

步骤⑤ 单击“确定”按钮，再单击面板右上角的“关闭”按钮，关闭字幕编辑面板，返回到 Premiere Pro CS5 的工作界面，此时制作的字符将会自动保存在“项目”面板中。从“项目”面板中将新建的字幕添加到“时间线”面板的“视频 2”轨道上，并将其调整为与轨道 1 中的素材等长，如图 7-83 所示。

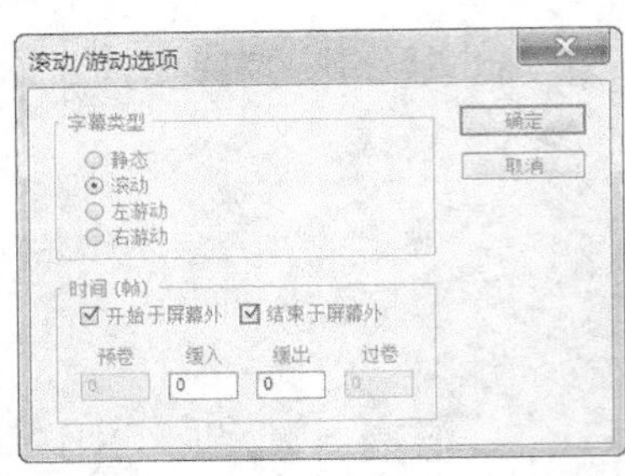

图 7-82

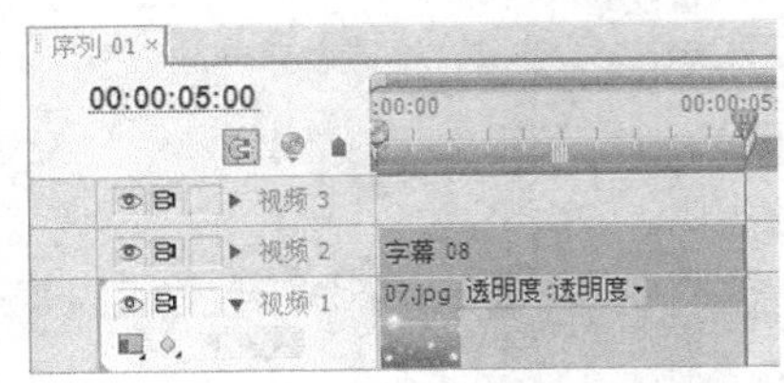

图 7-83

步骤⑥ 单击“节目”监视器窗口下方的“播放-停止切换”按钮▶/■，即可预览字幕的垂直滚动效果，如图 7-84 和图 7-85 所示。

图 7-84

图 7-85

7.3.2 制作横向滚动字幕

制作横向滚动字幕与制作垂直滚动字幕的操作基本相同，其具体操作步骤如下。

步骤① 启动 Premiere Pro CS5，在“项目”面板中导入素材并将素材添加到“时间线”面板中的视频轨道上，然后创建一个字幕文件。

步骤② 选择“输入”工具T，在字幕工作区中输入需要的文字并对文字属性进行相应的设置，效果如图 7-86 所示。

步骤③ 单击“滚动/游动选项”按钮，在弹出的对话框中选中“左游动”单选项，在“时间（帧）”栏中勾选“开始于屏幕外”和“结束于屏幕外”复选框，其他参数设置如图 7-87 所示。

图 7-86

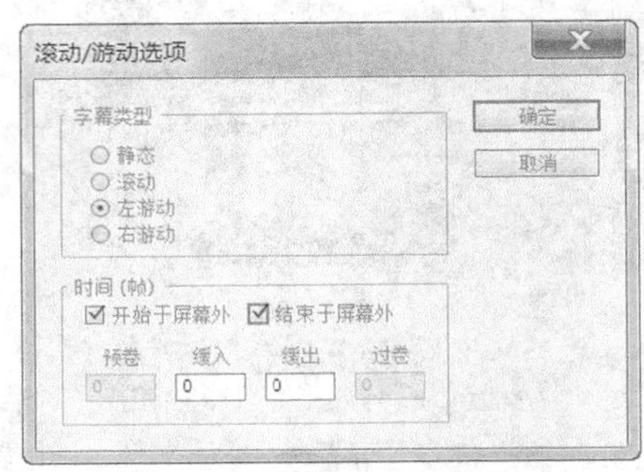

图 7-87

步骤④ 单击“确定”按钮，再次单击面板右上角的“关闭”按钮，关闭字幕编辑面板，返回到 Premiere Pro CS5 的工作界面，此时制作的字符将会自动保存在“项目”面板中，从“项目”面板中将新建的字幕添加到“时间线”面板的“视频 2”轨道上，如图 7-88 所示。

步骤⑤ 单击"节目"监视器窗口下方的"播放-停止切换"按钮▶/■，即可预览字幕的横向滚动效果，如图 7-89 和图 7-90 所示。

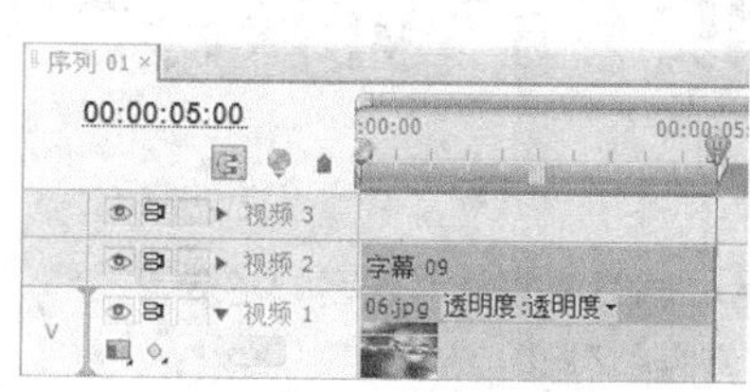

图 7-88

图 7-89

图 7-90

课堂练习——影视播报

【练习知识要点】使用"轨道遮罩键"命令制作文字蒙版；使用"缩放比例"选项制作文字大小动画；使用"透明度"选项制作文字不透明动画效果。影视播报效果如图 7-91 所示。

【效果所在位置】资源包 \ Ch07 \ 影视播报. prproj。

图 7-91

课后习题——节目片头

【习题知识要点】使用"字幕"命令编辑文字和图形；使用"运动"选项改变文字的位置、缩放、角度和透明度；使用"照明效果"命令制作背景的照明效果。节目片头效果如图 7-92 所示。

【效果所在位置】资源包 \ Ch07 \ 节目片头. prproj。

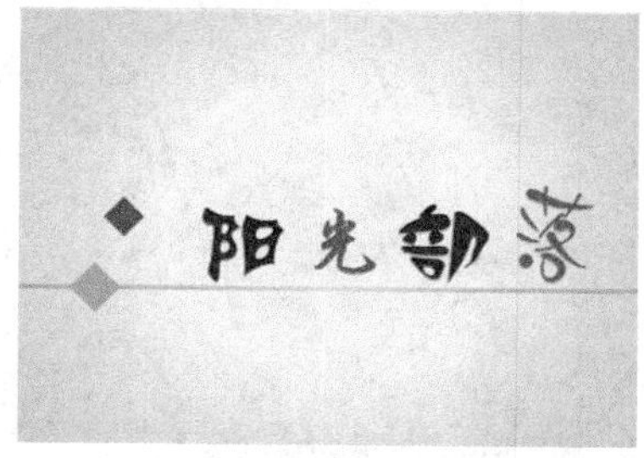

图 7-92

第 8 章　为视频添加音频特效

本章对音频及音频特效的应用与编辑进行介绍，重点讲解调音台、调节音频及添加音频特效等操作。通过对本章内容的学习，读者可以完全掌握 Premiere Pro CS5 的声音特效制作。

- 调节音频
- 添加音频特效

任务一　调节音频

Premiere Pro CS5 的音频功能十分强大，不仅可以编辑音频素材、添加音效、单声道混音、制作立体声和 5.1 环绕声，还可以使用“时间线”面板进行音频的合成工作。

8.1.1　关于音频效果

在 Premiere Pro CS5 中可以很方便地处理音频，同时，Premiere Pro CS5 还提供了一些处理方法，如声音的摇摆和声音的渐变等。

在 Premiere Pro CS5 中对音频素材进行处理主要有以下 3 种方式。

⊙ 在“时间线”面板的音频轨道上通过修改关键帧的方式对音频素材进行操作，如图 8-1 所示。

⊙ 使用“素材”菜单中相应的命令来编辑所选的音频素材，如图 8-2 所示。

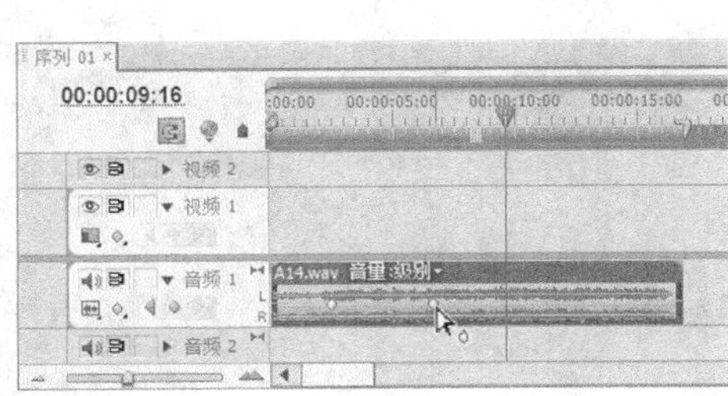

图 8-1

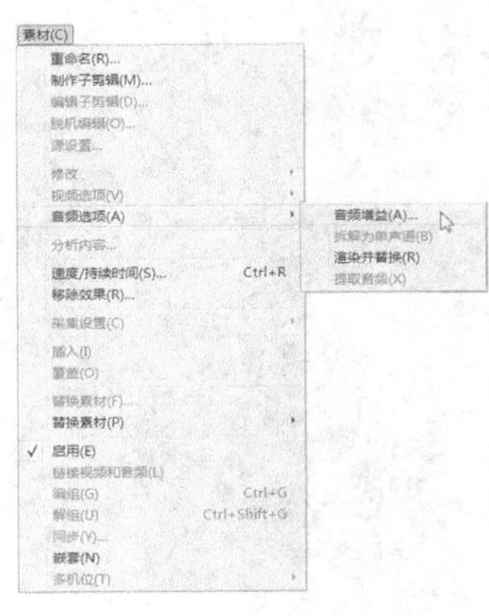

图 8-2

⊙ 在“效果”面板中为音频素材添加“音频特效”来改变音频素材的效果，如图 8-3 所示。

选择“编辑 > 首选项 > 音频”命令，在弹出的“首选项”对话框中，可以对音频素材属性的使用进行初始设置，如图 8-4 所示。

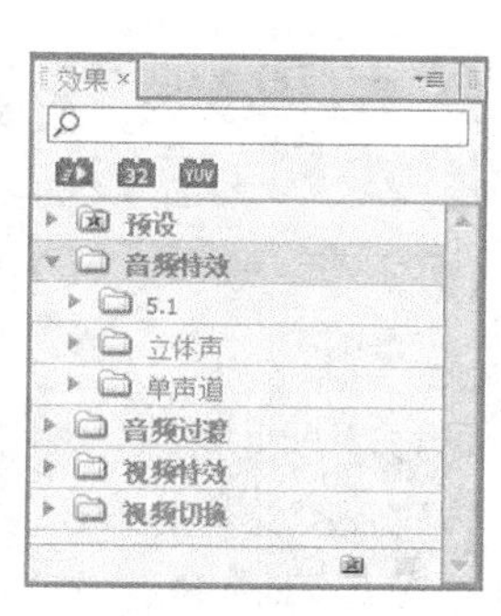

图 8-3

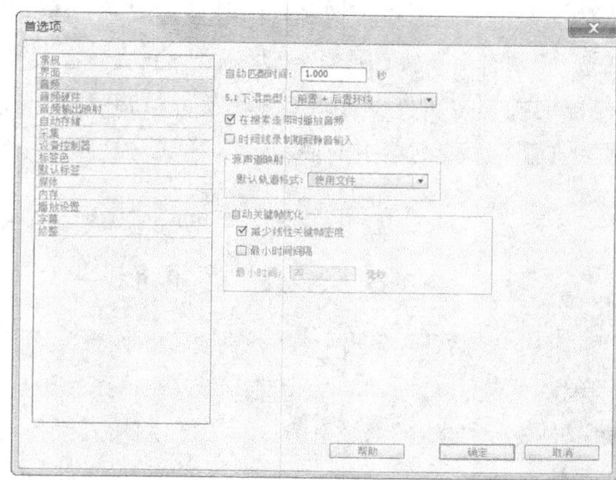

图 8-4

8.1.2 使用调音台调节音频

Premiere Pro CS5 大大加强了处理音频的能力，使用起来更加专业化。“调音台”窗口可以更加有效地调节节目的音频，如图 8-5 所示。

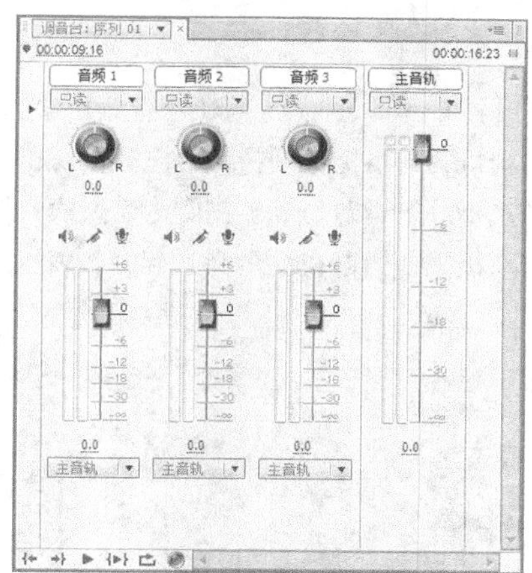

图 8-5

“调音台”窗口可以实时混合“时间线”面板中各轨道的音频对象。用户可以在“调音台”窗口中选择相应的音频控制器进行调节，该控制器主要调节它在“时间线”面板对应的音频对象。

1. 认识“调音台”窗口

“调音台”由若干个轨道音频控制器、主音频控制器和播放控制器组成。每个控制器都使用控制按钮和调节滑杆调节音频。

（1）轨道音频控制器

“调音台”中的轨道音频控制器用于调节其相对轨道上的音频对象，控制器 1 对应“音频 1”、控制器 2 对应“音频 2”，依此类推。轨道音频控制器的数目由“时间线”面板中的音频轨道数目决定，当在“时间线”面板中添加音频时，“调音台”窗口中将自动添加一个轨道音频控制器与其对应。

轨道音频控制器由控制按钮、声音调节滑轮及音量调节滑杆组成。

⊙ **控制按钮**。轨道音频控制器中的控制按钮可以设置音频调节时的调节状态，如图 8-6 所示。

图 8-6

“静音轨道”：单击“静音”按钮，该轨道音频设置为静音状态。

“独奏轨”：单击“独奏”按钮，其他未选中独奏按钮的轨道音频会自动设置为静音状态。

“激活录制轨”：激活“录音”按钮，可以利用输入设备将声音录制到目标轨道上。

⊙ **声音调节滑轮**。如果对象为双声道音频，就可以使用声道调节滑轮调节播放声道。向左拖曳滑轮，输出到左声道（L），可以增加音量；向右拖曳滑轮，输出到右声道（R），并且音量增大。声道调节滑轮如图 8-7 所示。

图 8-7

⊙ **音量调节滑杆**。通过音量调节滑杆，可以控制当前轨道音频对象的音量，Premiere Pro CS5 以分贝数显示音量。向上拖曳滑杆，可以增加音量；向下拖曳滑杆，可以减小音量。下方数值栏中显示当前音量，用户也可直接在数值栏中输入声音分贝数。播放音频时，面板左侧为音量表，显示音频播放时的音量大小；音量表顶部的小方块显示系统所能处理的音量极限，当方块显示为红色时，表示该音频量超过极限，音量过大。音量调节滑杆如图 8-8 所示。

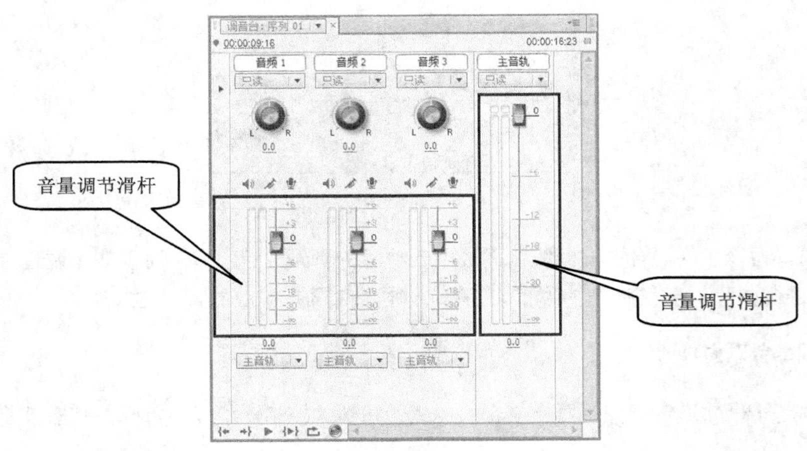

图 8-8

（2）主音频控制器

使用主音频控制器可以调节“时间线”面板中所有轨道上的音频对象。主音频控制器的使用方法与轨道音频控制器相同。

（3）播放控制器

播放控制器用于音频播放，使用方法与监视器窗口中的播放控制栏相同，如图 8-9 所示。

图 8-9

2. 设置“调音台”窗口

单击“调音台”窗口右上方的按钮，在弹出的快捷菜单中对窗口进行相关设置，如图 8-10 所示。

⊙ “显示/隐藏轨道”：该命令可以对“调音台”窗口中的轨道进行隐藏或显示设置。选择该命令，在弹出的如图 8-11 所示的对话框中会显示左侧的图标的轨道。

⊙ “显示音频时间单位”：该命令可以在时间标尺上以音频单位进行显示，如图 8-12 所示。

⊙ “循环”：该命令被选定的情况下，系统会循环播放音乐。

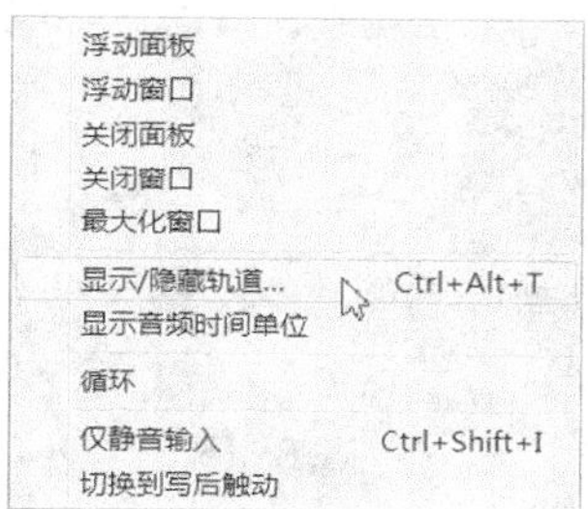

图 8-10

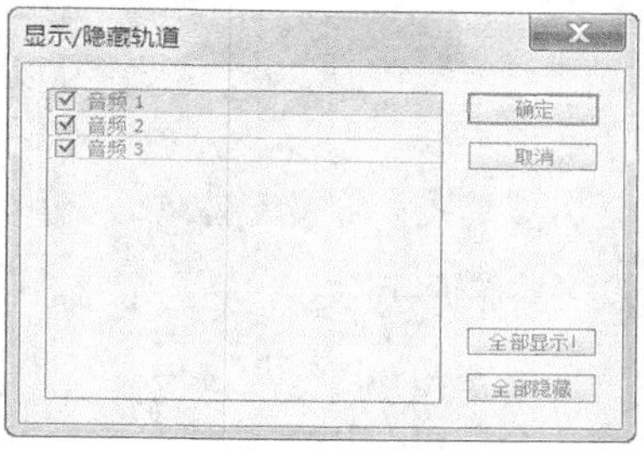

图 8-11

在编辑音频时，一般情况下以波形来显示图标，这样可以更直观地观察声音变化状态。在音频轨道左侧的控制面板中单击按钮，在弹出的列表中选择“显示波形”，即可在图标上显示音频波形，如图 8-13 所示。

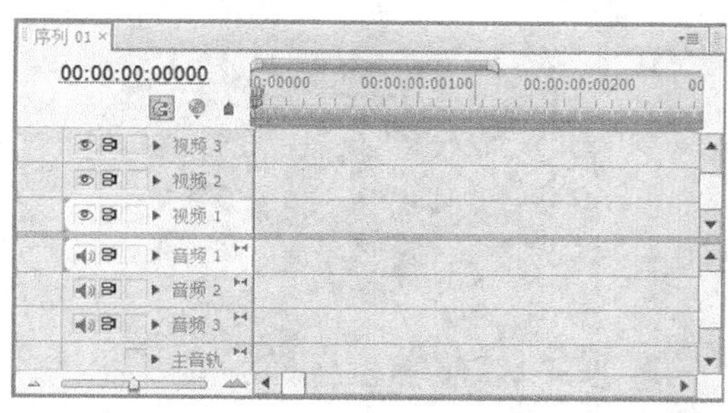

图 8-12

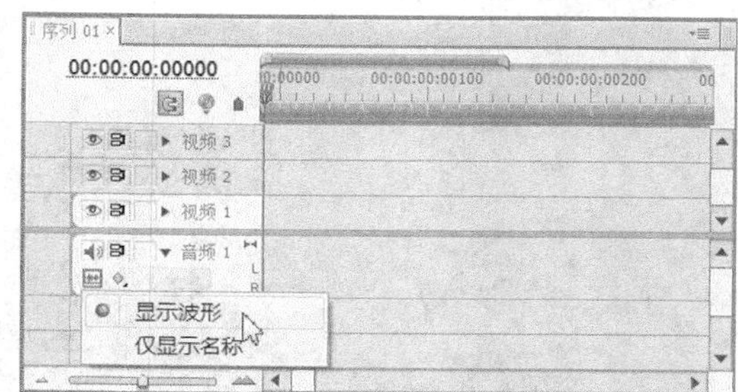

图 8-13

8.1.3 课堂案例——超重低音效果

【案例学习目标】编辑音频的重低音。

【案例知识要点】使用“缩放比例”选项改变文件大小；使用“色阶”命令调整图像亮度；使用“显示轨

道关键帧”选项制作音频的淡出与淡入；使用“低通”命令制作音频低音效果。超重低音效果如图 8-14 所示。

图 8-14

【效果所在位置】资源包 \ Ch08 \ 超重低音效果. prproj。

1. 调整视频文件亮度

步骤① 启动 Premiere Pro CS5 软件，弹出“欢迎使用 Adobe Premiere Pro”界面，单击“新建项目”按钮，弹出“新建项目”对话框，设置“位置”选项，选择保存文件路径，在“名称”文本框中输入文件名“超重低音效果”，如图 8-15 所示。单击“确定”按钮，弹出“新建序列”对话框，在左侧的列表中展开“DV-PAL”选项，选中“标准 48kHz”模式，如图 8-16 所示，单击“确定”按钮。

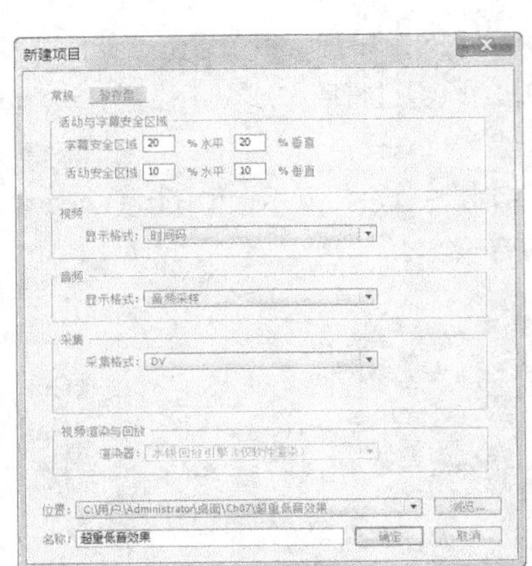

图 8-15

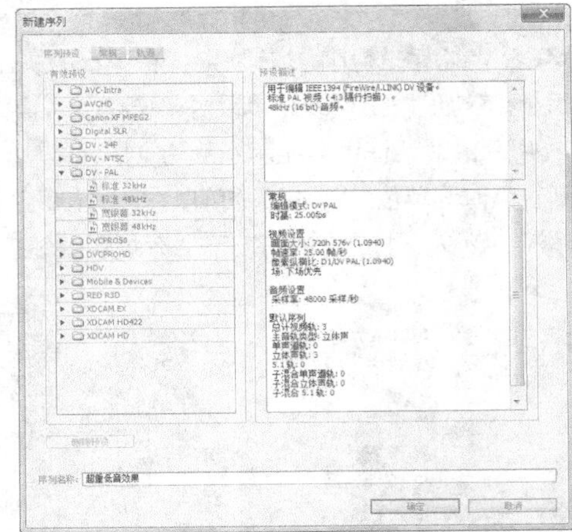

图 8-16

步骤② 选择“文件 > 导入”命令，弹出“导入”对话框，选择资源包“Ch08 \ 超重低音效果 \ 素材”中的“01”和“02”文件，单击“打开”按钮，导入图片。导入后的文件排列在“项目”面板中。在“项目”面板中选中“01”文件并将其拖曳到“时间线”面板中的“视频 1”轨道中，如图 8-17 所示。在“节目”窗口中预览效果，如图 8-18 所示。

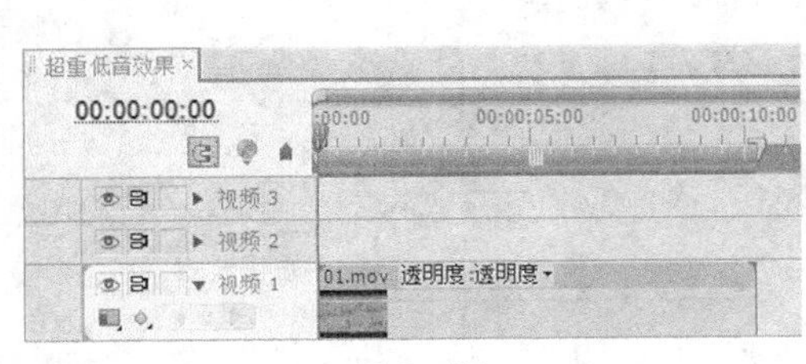

图 8-17

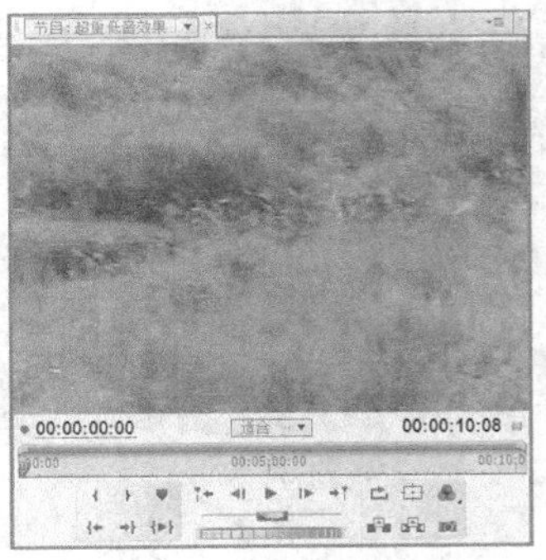

图 8-18

步骤③ 选择“特效控制台”面板，展开“运动”选项，将“缩放比例”选项设置为 56.0，如图 8-19 所示。在“节目”窗口中预览效果，如图 8-20 所示。

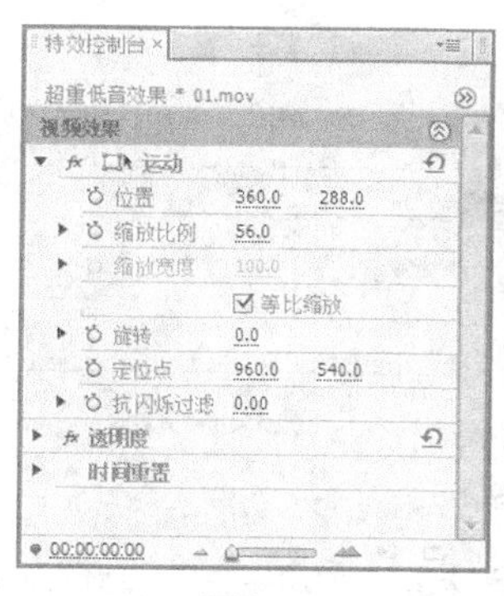

图 8-19

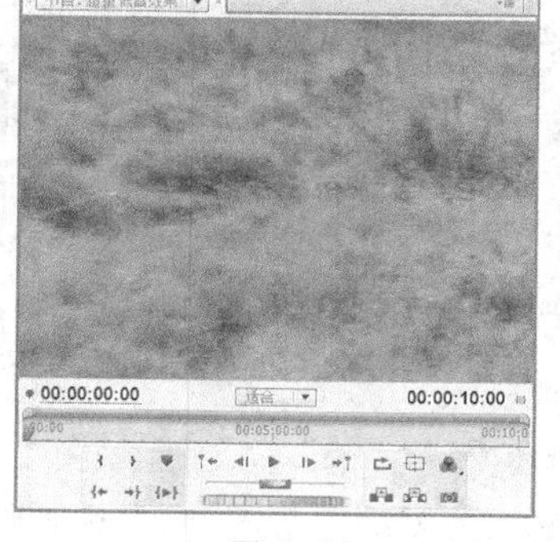

图 8-20

步骤④ 选择“窗口 > 工作区 > 效果”命令，弹出“效果”面板，展开“视频特效”选项，单击“调整”文件夹前面的三角形按钮▷将其展开，选中“色阶”特效将其拖曳到“时间线”面板中的“01”文件上。选择“特效控制台”面板，展开“色阶”特效，将“（RGB）输入黑色阶”选项设置为 45，“（RGB）输入白色阶”选项设置为 179，其他设置如图 8-21 所示。在“节目”窗口中预览效果，如图 8-22 所示。

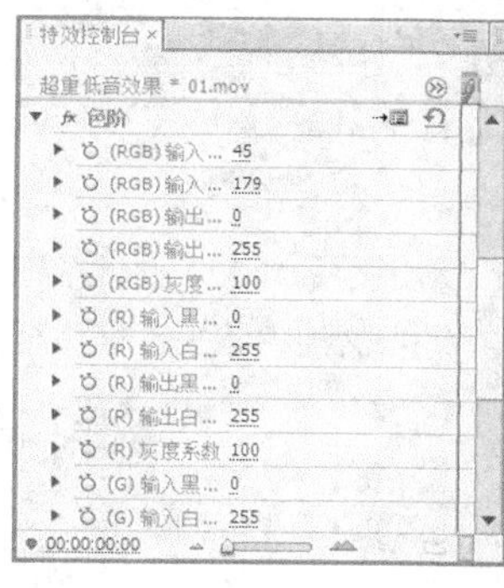

图 8-21

图 8-22

2. 制作音频超低音

步骤① 在“项目”面板中选中“02”文件，单击鼠标右键，在弹出的快捷菜单中选择“覆盖”命令，将“02”音频文件插入到“时间线”面板中的“音频 1”轨道中。

步骤② 在“时间线”面板中选中“02”文件，按 Ctrl+C 组合键复制“02”文件，单击“音频 1”轨道前面的“轨道锁定开关”按钮🔒，锁定该轨道，如图 8-23 所示，然后单击“音频 2”轨道，按 Ctrl+V 组合键粘贴“02”文件到“音频 2”轨道中，如图 8-24 所示。取消“音频 1”轨道锁定。

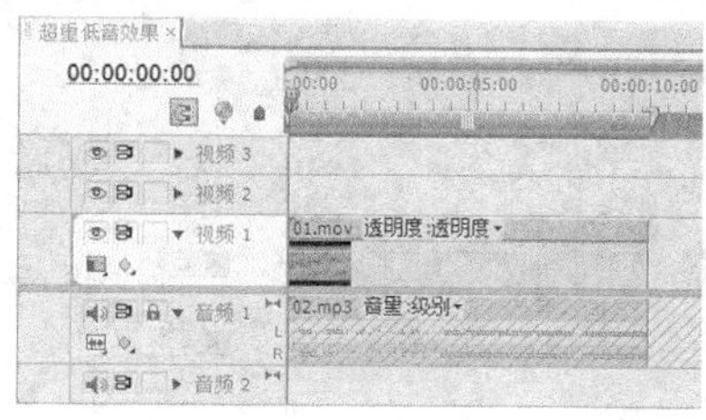

图 8-23

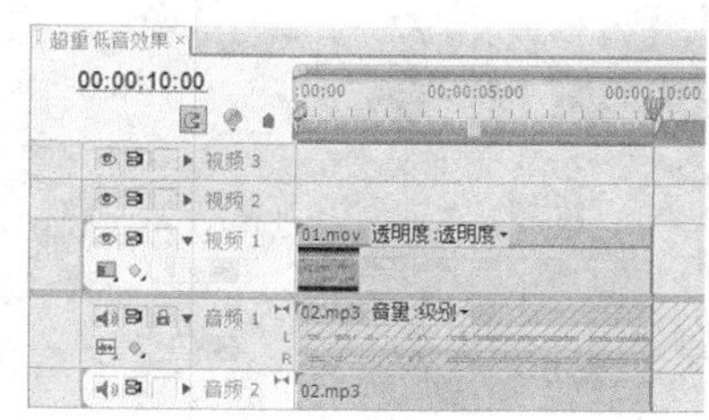

图 8-24

步骤③ 在“音频 2”轨道上的“02”文件上单击鼠标右键，在弹出的快捷菜单中选择“重命名”命令，如图 8-25 所示。在弹出的“重命名素材”对话框中输入“低音效果”，单击“确定”按钮，如图 8-26 所示。

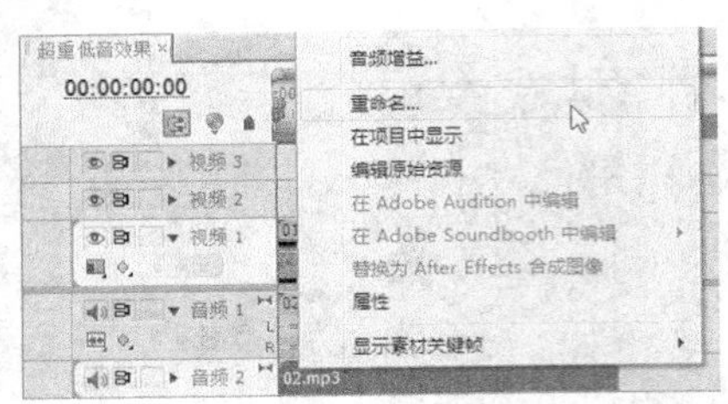

图 8-25

图 8-26

步骤④ 将时间指示器放置在 0s 的位置，在“音频 1”轨道中的“02”文件前面的“显示关键帧”按钮上单击，在弹出的列表中选择“显示轨道关键帧”选项，如图 8-27 所示。单击“02”文件前面的“添加-移除关键帧”按钮，添加第 1 个关键帧，并在“时间线”面板中将“02”文件中的关键帧移至最低层，如图 8-28 所示。

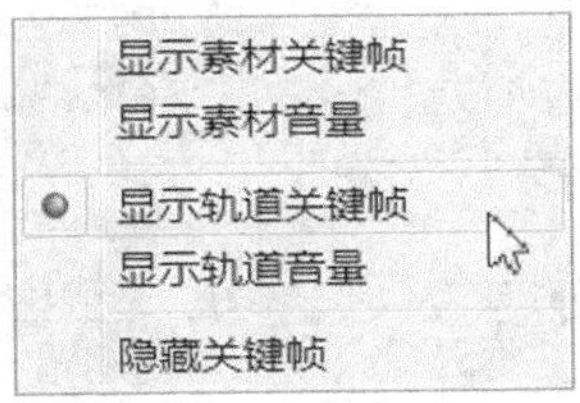

图 8-27

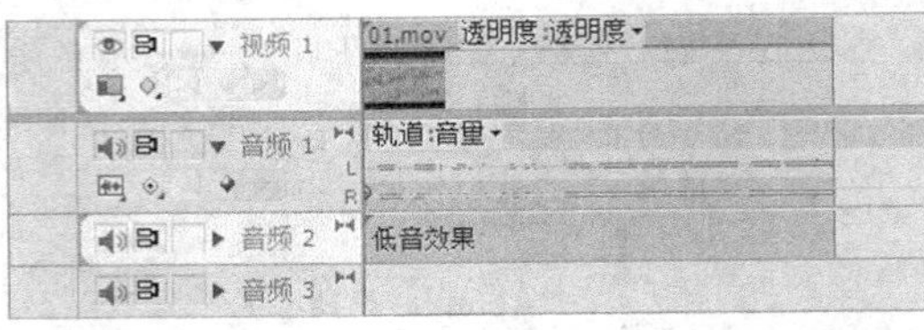

图 8-28

步骤⑤ 将时间指示器放置在 01:24s 的位置，单击“音频 1”轨道中的“02”文件前面的“添加-移除关键帧”按钮，如图 8-29 所示，添加第 2 个关键帧。用鼠标拖曳“02”文件中的关键帧移至顶层，如图 8-30 所示。

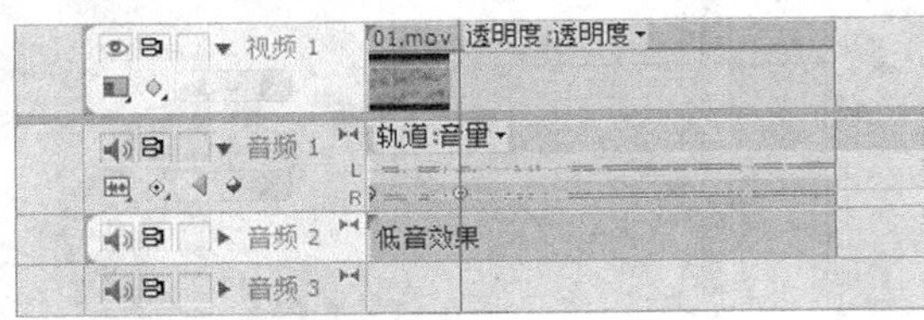

图 8-29

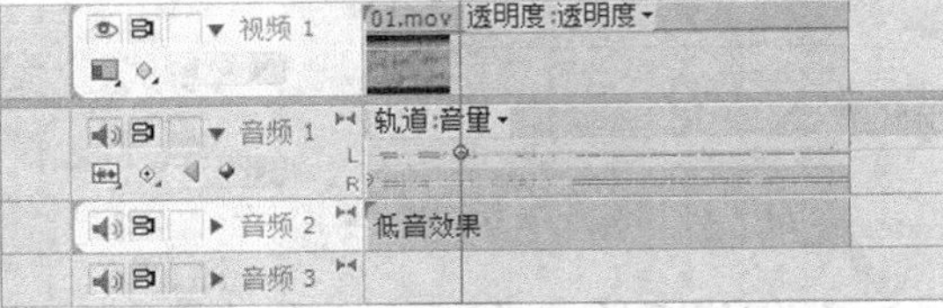

图 8-30

步骤⑥ 将时间指示器放置在 08:00s 的位置，单击“音频 1”轨道中的“02”文件前面的“添加-移除关键帧”按钮，如图 8-31 所示，添加第 3 个关键帧。将时间指示器放置在 09:20s 的位置，单击“音频 1”轨道中的“02”文件前面的“添加-移除关键帧”按钮，将“02”文件中的关键帧移至最低层，如图 8-32 所示，添加第 4 个关键帧。

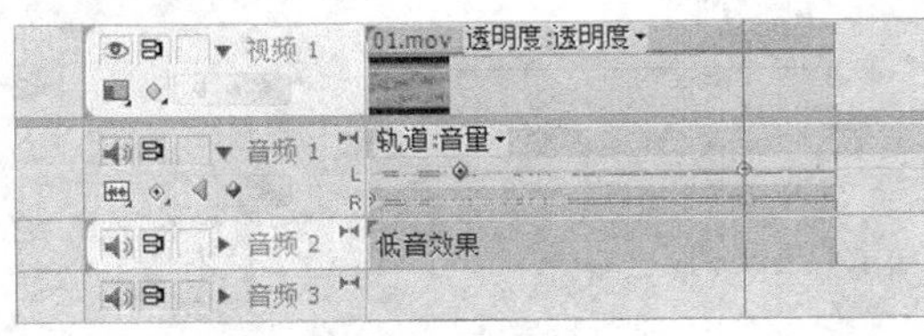

图 8-31

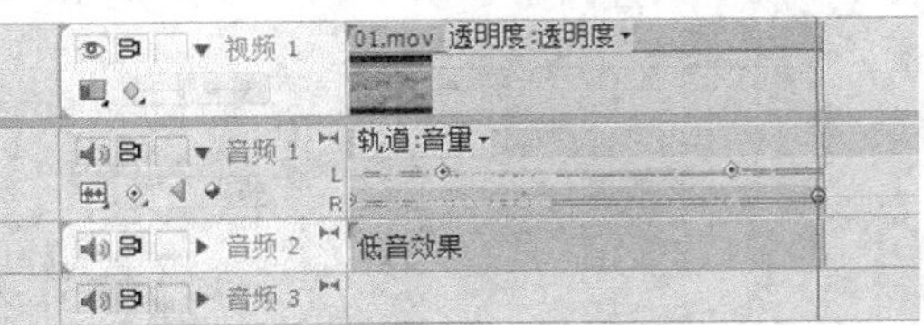

图 8-32

步骤⑦ 选择“窗口 > 工作区 > 效果”命令，弹出“效果”面板，展开“音频特效”选项，单击“立体声”文件夹前面的三角形按钮将其展开，选中“低通”特效，如图 8-33 所示。将“低通”特效拖曳到“时间线”面板中的“低音效果”文件上，如图 8-34 所示。

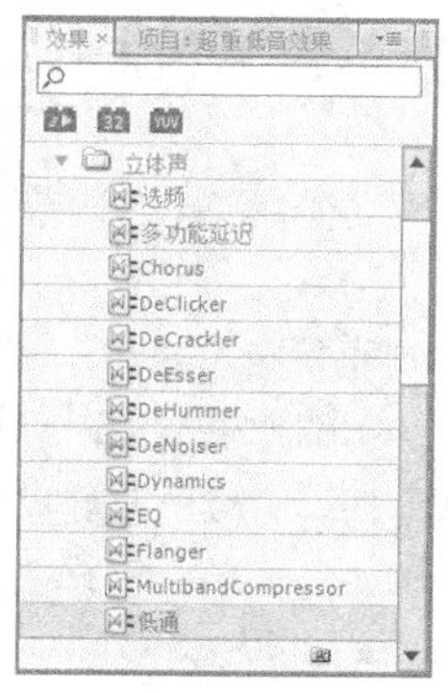

图 8-33

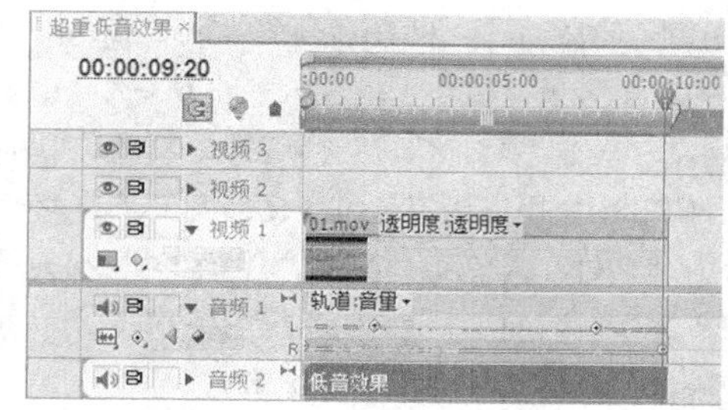

图 8-34

步骤 8 选择“特效控制台”面板，展开“低通”特效，将“屏蔽度”选项设置为 400.0Hz，如图 8-35 所示。在“节目”窗口中预览效果，如图 8-36 所示。

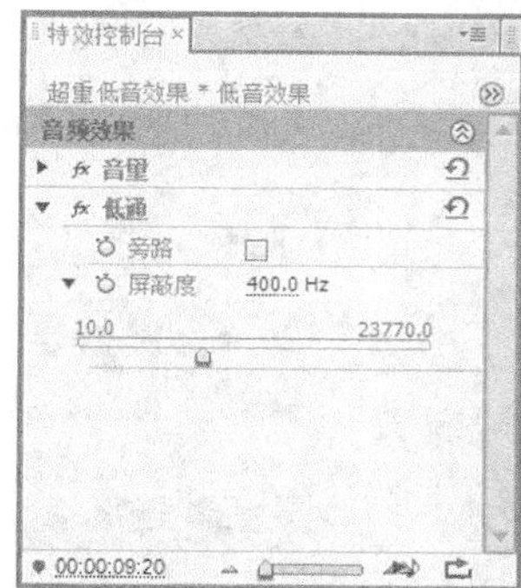

图 8-35

图 8-36

步骤 9 选中“低音效果”文件，选择“素材 > 音频选项 > 音频增益”命令，弹出“音频增益”对话框，将“设置增益为”设置为 15dB，单击“确定”按钮，如图 8-37 所示。选择“窗口 > 调音台”命令，打开“调音台”面板。播放试听最终音频效果时会看到“音频 2”轨道的电平显示，这个声道是低音频，可以看到低音的电平很强，而实际听到音频中的低音效果也非常丰满，如图 8-38 所示。

步骤 10 超重低音效果制作完成，如图 8-39 所示。

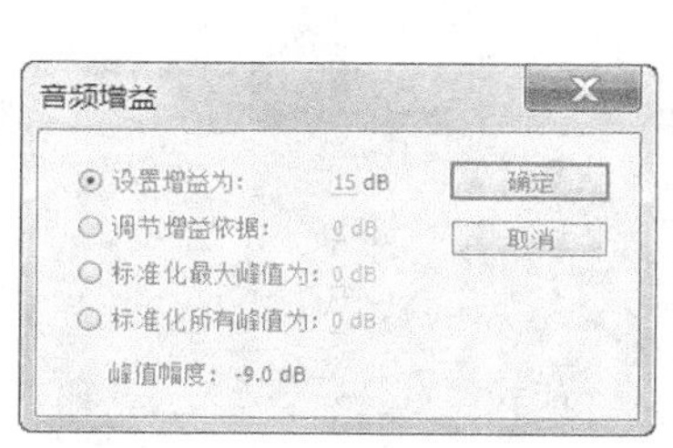

图 8-37

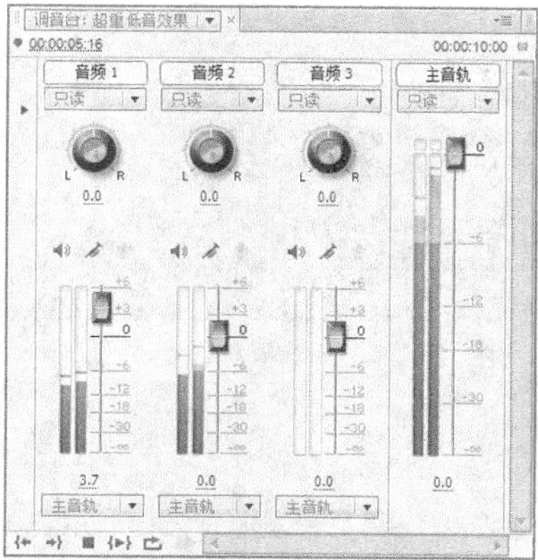

图 8-38

图 8-39

8.1.4 使用淡化器调节音频

“时间线”面板中每个音频轨道上都有音频淡化控制器，用户可通过音频淡化器调节音频素材的电平。音频淡化器的初始状态为中低音量，相当于录音机中的 0 dB。

音频淡化器可以调节整个音频素材增益，同时保持为素材调制的电平稳定不变。

在 Premiere Pro CS5 中，用户可以通过淡化器调节工具或者调音台调制音频电平。在 Premiere Pro CS5 中，对音频的调节分为“素材”调节和“轨道”调节。对素材进行调节时，音频的改变仅对当前的音频素材有效，删除素材后，调节效果就消失了；而轨道调节仅针对当前音频轨道进行调节，所有在当前音频轨道上的音频素材都会在调节范围内受到影响。使用实时记录时，只能针对音频轨道进行调节。

在音频轨道控制面板左侧单击按钮，可在弹出的列表中选择音频轨道的显示内容，如图 8-40 所示。

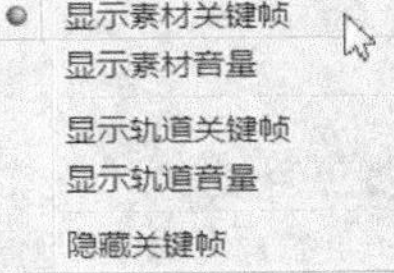

图 8-40

选择“显示素材音量”“显示轨道音量”，可以分别调节素材/轨道的音量。

步骤① 在默认情况下，音频轨道面板卷展栏关闭。单击卷展控制按钮，使其变为状态，展开轨道。

步骤② 选择“钢笔”工具或“选择”工具，使用该工具拖曳音频素材（或轨道）上的黄线即可调整音量，如图 8-41 所示。

步骤③ 按住 Ctrl 键的同时将鼠标指针移动到音频淡化器上，指针将变为带有加号的箭头，如图 8-42 所示。

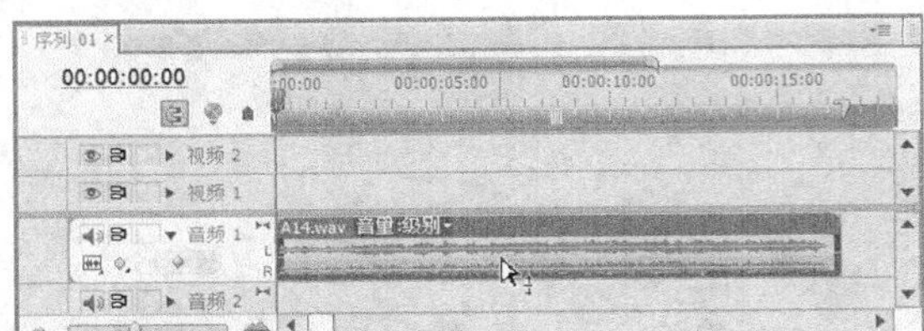

图 8-41

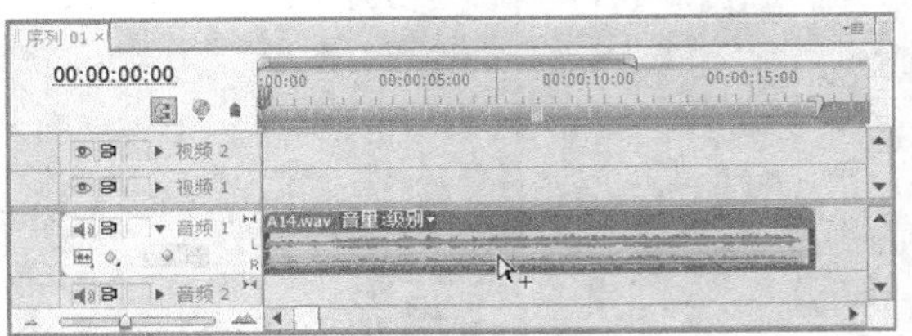

图 8-42

步骤④ 单击添加一个关键帧，用户可以根据需要添加多个关键帧。单击并按住鼠标上下拖曳关键帧，关键帧之间的直线指示音频素材是淡入或淡出：一条递增的直线表示音频淡入，另一条递减的直线表示音频淡出，如图 8-43 所示。

步骤⑤ 用鼠标右键单击素材，选择“音频增益”命令，在弹出的对话框中单击“标准化所有峰值为”选项，可以使音频素材自动匹配到最佳音量，如图 8-44 所示。

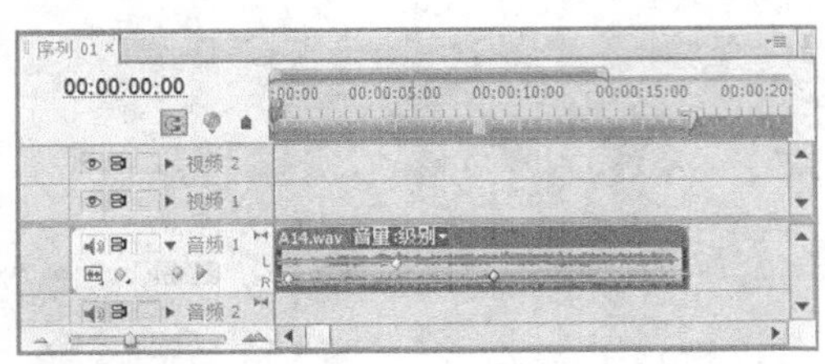

图 8-43

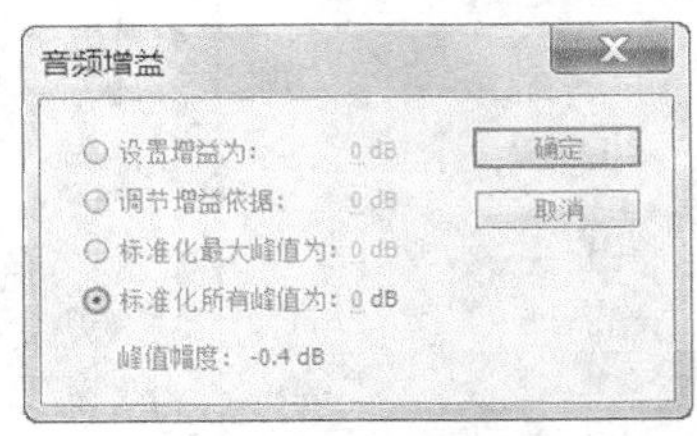

图 8-44

8.1.5 实时调节音频

使用 Premiere Pro CS5 的“调音台”窗口调节音量非常方便，用户可以在播放音频时实时进行音量调节。使用调音台调节音频电平的方法如下。

步骤① 在“时间线”面板轨道控制面板左侧单击按钮，在弹出的列表中选择“显示轨道音量”选项。

步骤② 在“调音台”窗口上方需要进行调节的轨道上单击“只读”下拉列表框，在下拉列表中进行设置，如图 8-45 所示。

“关”：选择该命令，系统会忽略当前音频轨道上的调节，仅按默认设置播放。

“只读”：选择该命令，系统会读取当前音频轨道上的调节效果，但是不能记录音频调节过程。

“锁存”：当使用自动书写功能实时播放记录调节数据时，每调节一次，下一次调节时调节滑块在上一次调节点之后的位置，当单击停止按钮播放音频后，当前调节滑块会自动转为音频对象在进行当前编辑前的参数值。

“触动”：当使用自动书写功能实时播放记录调节数据时，每调节一次，下一次调节时调节滑块初始位置会自动转为音频对象在进行当前编辑前的参数值。

“写入”：当使用自动书写功能实时播放记录调节数据时，每调节一次，下一次调节时调节滑块在上一次调节后的位置。在调音台中激活需要调节轨自动记录状态下，一般情况下选择“写入”即可。

步骤③ 单击“播放-停止切换”按钮，“时间线”面板中的音频素材开始播放。拖曳音量控制滑杆进行调节，调节完成后，系统自动记录结果，如图 8-46 所示。

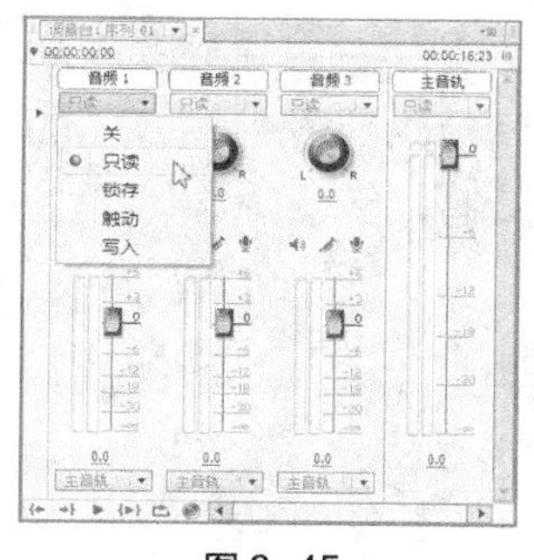

图 8-45

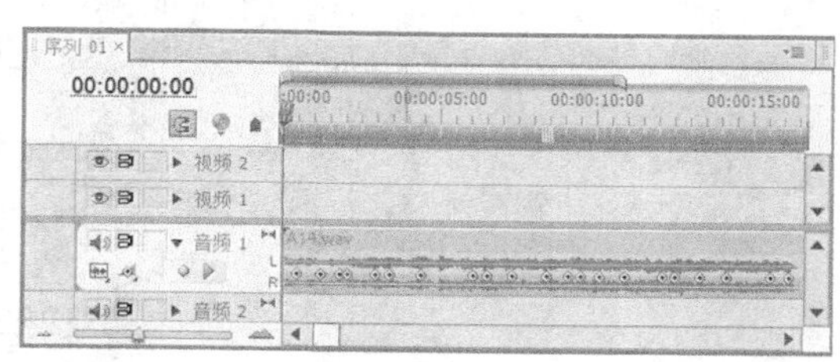

图 8-46

任务二　添加音频特效

Premiere Pro CS5 提供了 20 种以上的音频特效，可以通过特效产生回声、合声以及去除噪声的效果，还可以使用扩展的插件得到更多的控制。

8.2.1　为素材添加特效

音频素材的特效添加方法与视频素材的特效添加方法相同，这里不再赘述。可以在“效果”窗口中展开“音频特效”设置栏，分别在不同的音频模式文件夹中选择音频特效进行设置，如图 8-47 所示。

在“音频过渡”设置栏下，Premiere Pro CS5 还为音频素材提供了简单的切换方式，如图 8-48 所示。为音频素材添加切换的方法与视频素材相同。

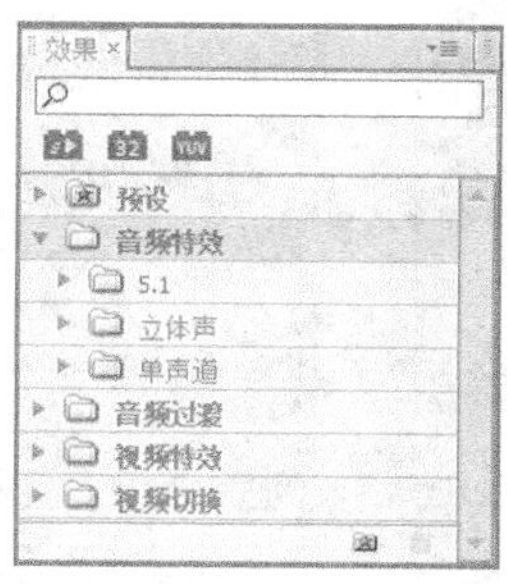

图 8-47

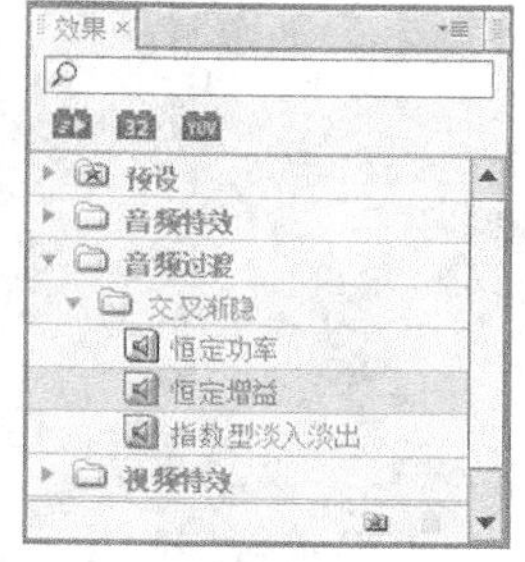

图 8-48

8.2.2 设置轨道特效

除了可以对轨道上的音频素材进行设置外，还可以直接对音频轨道添加特效。首先在调音台中展开目标轨道的特效设置栏，单击右侧设置栏上的小三角，弹出音频特效下拉列表，如图 8-49 所示，选择需要使用的音频特效即可。可以在同一个音频轨道上添加多个特效并分别控制，如图 8-50 所示。

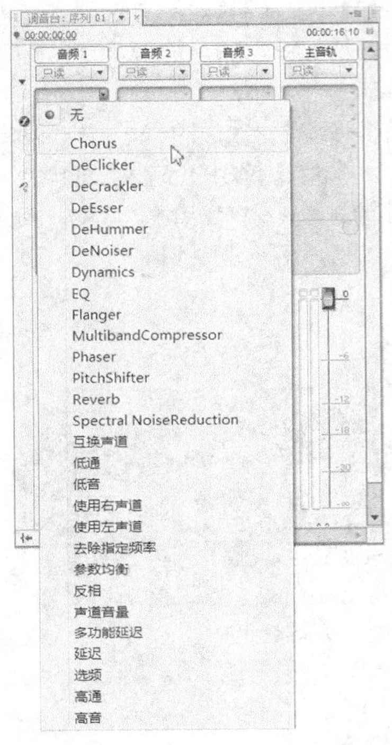

图 8-49

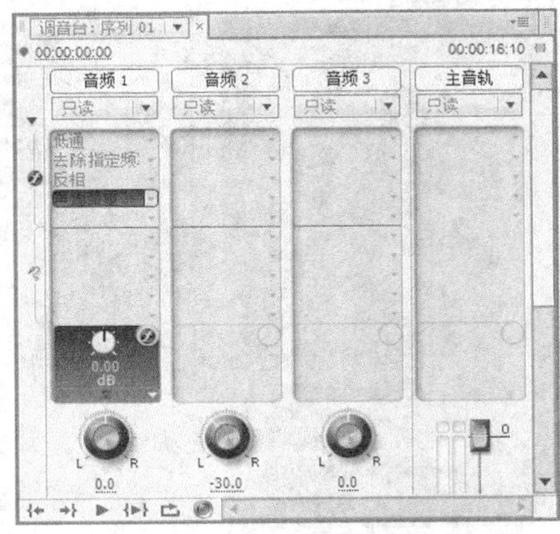

图 8-50

如果要调节轨道的音频特效，可以单击鼠标右键，在弹出的下拉列表中进行设置，如图 8-51 所示。在下拉列表中选择“编辑”命令，可以在弹出的“特效设置”对话框中进行更详细的设置。图 8-52 所示为“Phaser”的详细调整窗口。

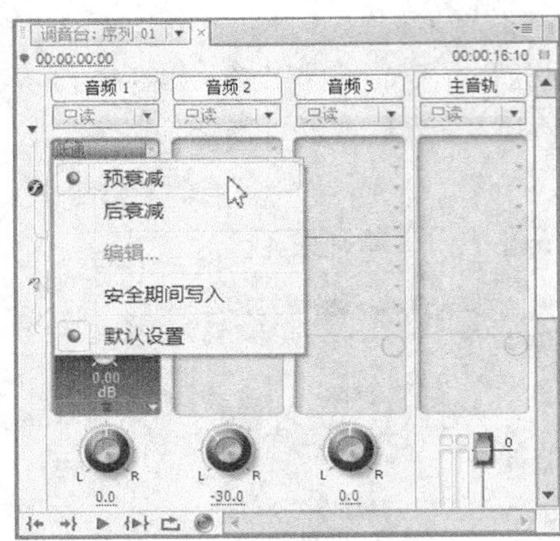

图 8-51

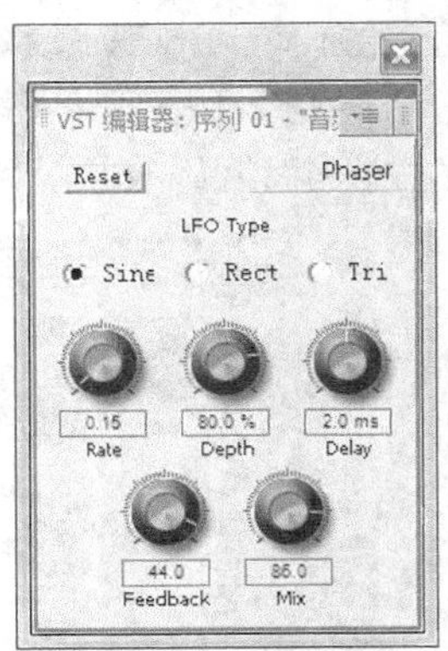

图 8-52

课堂练习——音频的剪辑

【练习知识要点】使用“缩放比例”选项改变视频的大小；使用“显示轨道关键帧”选项制作音频的淡出与淡入。音频的剪辑效果如图 8-53 所示。

【效果所在位置】资源包 \ Ch08 \ 音频的剪辑. prproj。

图 8-53

课后习题——音频的调节

【习题知识要点】使用“缩放比例”选项改变图像或视频文件的大小；使用“自动颜色”命令自动调整图像中的颜色；使用“色阶”命令调整图像的亮度和对比度；使用“通道混合”命令调整多个通道之间的颜色；使用“剃刀”工具分割文件；使用“调音台”面板调整音频。音频的调节效果如图 8-54 所示。

【效果所在位置】资源包 \ Ch08 \ 音频的调节. prproj。

图 8-54

第 9 章　视频特效制作

After Effects 是 Adobe 公司开发的视频剪辑及设计软件，常用于视频后期合成处理和特效制作，本章对 After Effects CS5 软件的基本操作、基本属性、视频特效和合成制作进行了详细讲解。读者通过对本章的学习，可以快速了解并掌握 After Effects 的基础知识和具体操作，为后面的学习打下坚实的基础。

课堂学习目标

- 熟悉 After Effects 软件的基础操作
- 应用图层调整素材对象的基本属性
- 应用遮罩动画与文字实现素材与文字的融合
- 应用特效与抠像
- 制作三维合成抠像

任务一　熟悉 After Effects 软件的基础操作

本任务主要对 After Effects 的工作界面、渲染参数和视频输出参数设置进行详细的讲解。

9.1.1　After Effects 的工作界面

After Effects 允许用户定制工作区的布局，用户可以根据工作的需要移动和重新组合工作区中的工具箱和面板，下面将详细介绍常用工作面板。

1. 菜单栏

菜单栏几乎是所有软件都有的重要界面要素之一，它包含了软件全部功能的命令操作。After Effects CS5 提供了 9 项菜单，分别为文件、编辑、图像合成、图层、效果、动画、视图、窗口和帮助，如图 9-1 所示。

Adobe After Effects - 未命名项目.aep

文件(F)　编辑(E)　图像合成(C)　图层(L)　效果(T)　动画(A)　视图(V)　窗口(W)　帮助(H)

图 9-1

2. “项目”面板

导入 After Effects CS5 中的所有文件，创建的所有合成文件、图层等，都可以在“项目”面板中找到，并可以清楚地看到每个文件的类型、尺寸、时间长短、文件路径等，当选中某一个文件时，可以在“项目”面板的上部查看对应的缩略图和属性，如图 9-2 所示。

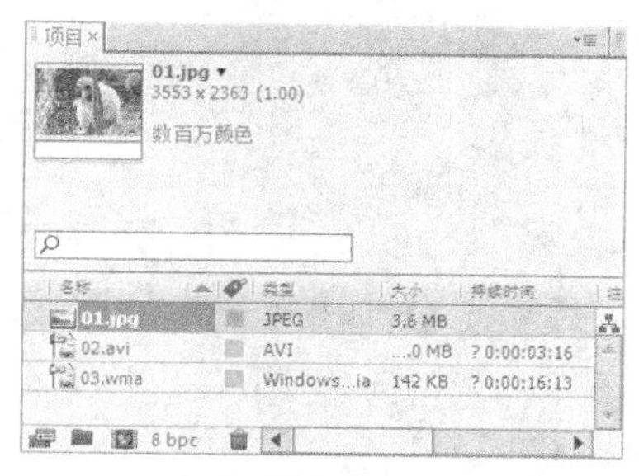

图 9-2

3. 工具栏

工具栏中包括了经常使用的工具按钮，有些工具按钮不是单独的，在其右下角有三角标记的按钮都含有多重工具选项。例如，在“矩形遮罩”工具上按住鼠标不放，即会展开新的按钮选项，拖动鼠标可进行选择。

工具栏中的工具如图 9-3 所示。包括选择工具、手形工具、缩放工具、旋转工具、合并摄像机工具、定位点工具、矩形遮罩工具、钢笔工具、横排文字工具、画笔工具、图章工具、橡皮擦工具、ROTO 刷工具、自由位置定位工具，本地轴方式工具、世界轴方式工具、查看轴模式工具。

图 9-3

4. “合成”预览窗口

“合成”窗口可直接显示出素材组合特效处理后的合成画面。该窗口不仅具有预览功能，还具有控制、操作、管理素材，缩放窗口比例，显示当前时间、分辨率、图层线框、3D 视图模式和标尺等功能，是 After Effects CS5 中非常重要的工作窗口，如图 9-4 所示。

图 9-4

5. “时间线”面板

“时间线”面板可以精确设置在合成中各种素材的位置、时间、特效和属性等，可以进行影片的合成，还可以进行层的顺序调整和关键帧动画的操作，如图 9-5 所示。

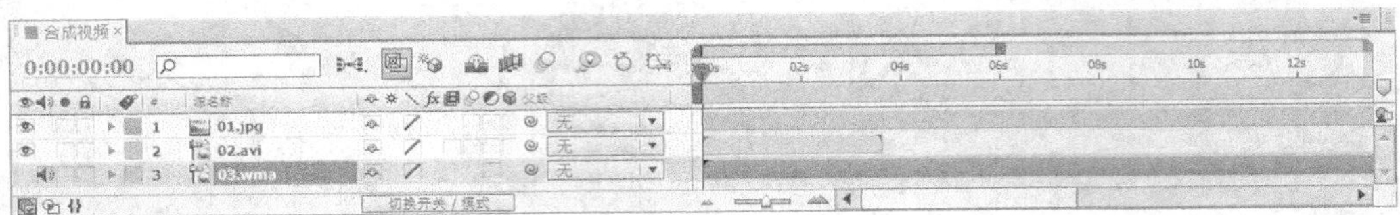

图 9-5

9.1.2 渲染

渲染在整个过程中是最后的一步，也是相当关键的一步。即使前面制作再精妙，不成功的渲染也会直接导致操作的失败，渲染方式影响着影片最终呈现出的效果。

After Effects 可以将合成项目渲染输出成视频文件、音频文件或者序列图片等。输出的方式包括两种：一种是选择“文件 > 导出”命令直接输出单个的合成项目；另一种是选择“图像合成 > 添加到渲染队列”或“图像合成 > 制作影片”命令，将一个或多个合成项目添加到“渲染队列”中，逐一批量输出，如图 9-6 所示。

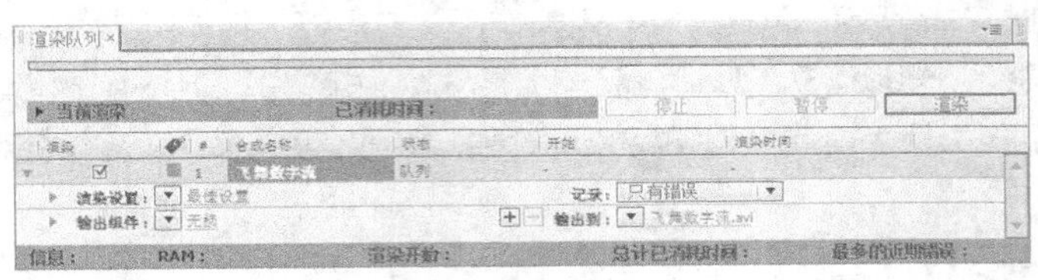

图 9-6

其中，通过“文件 > 导出”命令输出时，可选格式和解码较少，而通过“渲染队列”进行输出，则可以进行非常高级的专业控制，并有着广泛的格式和解码支持。因此，在这里主要探讨如何使用“渲染队列”窗口进行输出，掌握了它，就掌握了“文件 > 导出”方式输出影片。

1. “渲染队列”窗口

在“渲染队列”窗口可以控制整个渲染进程，整理各个合成项目的渲染顺序，设置每个合成项目的渲染质量、输出格式和路径等。在新添加项目到“渲染队列”时，“渲染队列”将自动打开，如果不小心关闭了，也可以通过菜单“窗口 > 渲染队列”命令，再次打开此窗口，如图 9-7 所示。

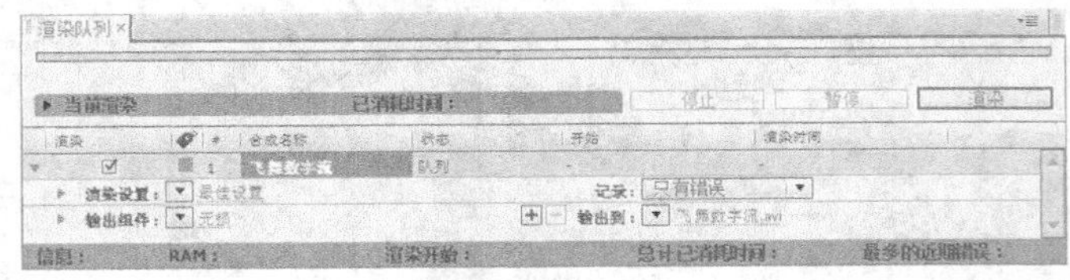

图 9-7

单击“当前渲染”左侧的三角按钮▶，显示的信息如图 9-8 所示。这里讲解的还是“渲染队列”窗口。在该窗口中会显示渲染文件的进度、正在执行的操作、当前输出的路径、文件大小、预测的最终文件、剩余的硬盘空间等。

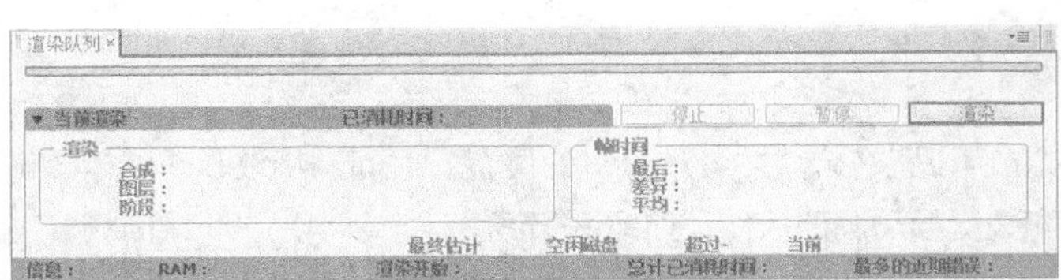

图 9-8

渲染队列区如图 9-9 所示。

图 9-9

需要渲染的合成项目都将逐一排列在渲染队列里，在此，可以设置项目的“渲染设置”、“输出组件”（输出模式、格式和解码等）、“输出到”（文件名和路径）等。

沉浸：是否进行渲染操作，只有勾选上的合成项目会被渲染。

：标签颜色选择，用于区分不同类型的合成项目，方便用户识别。

#：队列序号，决定渲染的顺序，可以在合成项目上按下鼠标并上下拖曳到目标位置，改变先后顺序。

合成名称：合成项目名称。

状态：当前状态。

开始：渲染开始的时间。

渲染时间：渲染所花费的时间。

单击左侧的按钮▸可展开具体设置信息，如图 9-10 所示。单击按钮▾可以选择已有的设置预置，通过单击当前设置标题，可以打开具体的设置对话框。

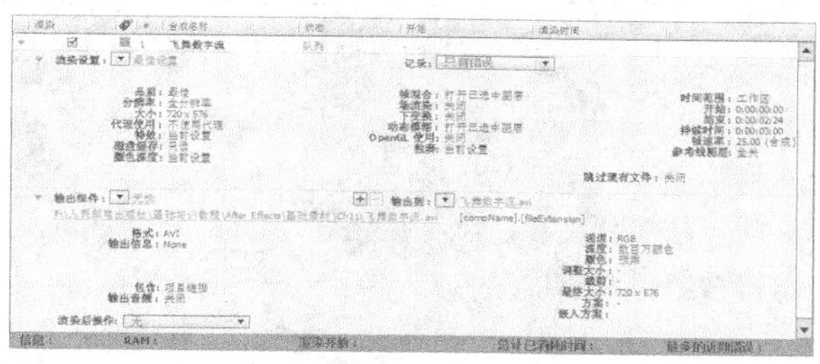

图 9-10

2. 渲染设置选项

对于“渲染设置”，一般会通过单击按钮▾，选择“最佳设置”预置，单击右侧的设置标题，即可打开“渲染设置”对话框，如图 9-11 所示。

（1）“合成组”项目质量设置区，如图 9-12 所示。

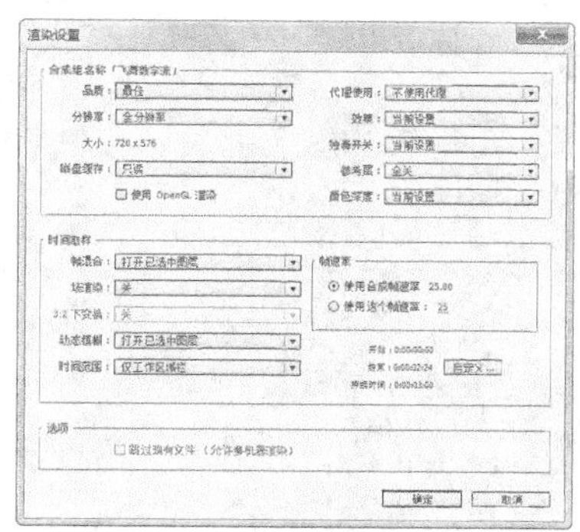

图 9-11

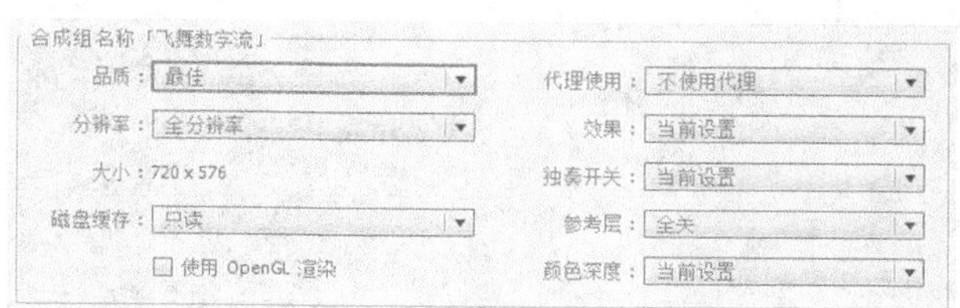

图 9-12

品质：层质量设置，其中包括：“当前设置”，采用各层当前设置，即根据“时间线”面板中各层的属性

开关面板上 的图层画质设定而定；“最佳”，全部采用最好的质量（忽略各层的质量设置）；“草稿”，全部采用粗略质量（忽略各层的质量设置）；“线框图”，全部采用线框模式（忽略各层的质量设置）。

分辨率：像素采样质量，其中包括全分辨率、1/2 质量、1/3 质量和 1/4 质量；另外，用户还可以通过选择“自定义”质量命令，在弹出的“自定义分辨率”对话框中自定义分辨率。

磁盘缓存：决定是否采用“编辑 > 首选项 > 内存与多处理器控制”命令中的内存缓存设置，如图 9-13 所示。如果选择“只读”，则代表不采用当前“首选项”里的设置，而且在渲染过程中，不会有任何新的帧被写入到内存缓存中。

使用 OpenGL 渲染：是否采用 OpenGL 渲染引擎加速渲染。

代理使用：是否使用代理素材。包括以下选项：“当前设置”，采用当前“项目”面板中各素材当前的设置；“使用全部代理”，全部使用代理素材进行渲染；“仅使用合成的代理”，只对合成项目使用代理素材；“不使用代理”，全部不使用代理素材。

效果：是否采用特效滤镜。包括以下选项：“当前设置”，采用当前时间轴中各个特效当前的设置；“全开”，启用所有的特效滤镜，即使某些滤镜 fx 是暂时关闭状态；“全关”，关闭所有特效滤镜。

独奏开关：指定是否只渲染“时间线”中“独奏”开关 被开启的层，如果设置为“全关”，则代表不考虑独奏开关。

参考层：指定是否只渲染参考层。

颜色深度：色深选择，如果是标准版的 After Effects，则设有“16 位/通道”和“32 位/通道”这两个选项。

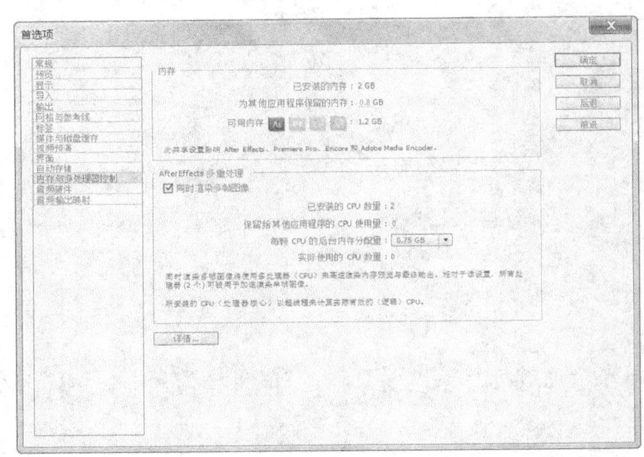

图 9-13

（2）“时间取样”设置区，如图 9-14 所示。

时间取样
帧混合：打开已选中图层
场渲染：关
3:2 下变换：关
动态模糊：打开已选中图层
时间范围：仅工作区域栏
帧速率
使用合成帧速率 25.00
使用这个帧速率： 25
开始：0:00:00:00
结束：0:00:02:24
自定义...
持续时间：0:00:03:00

图 9-14

帧混合：是否采用“帧混合”模式。此类模式包括以下选项：“当前设置”，根据当前“时间线”面板中的“帧混合开关” 的状态和各个层“帧混合模式” 的状态，来决定是否使用帧混合功能；“打开已选中图层”，忽略“帧混合开关”的状态，对所有设置了“帧混合模式”的图层应用帧混合功能；“图层全关”，不启用“帧混合”功能。

场渲染：指定是否采用场渲染方式。包括以下选项：“关”，渲染成不含场的视频影片；“上场优先”，渲染成上场优先的含场的视频影片；“下场优先”，渲染成下场优先的含场的视频影片。

3:2 下变换：决定 3:2 下拉的引导相位法。

动态模糊：是否采用运动模糊。包括以下选项：“当前设置”，根据当前“时间线”面板中“动态模糊开关”的状态和各个层“动态模糊”的状态，来决定是否使用“帧混合”功能；“打开已选中图层”，忽略“动态模糊开关”，对所有设置了“动态模糊”的图层应用运动模糊效果；“图层全关”，不启用运动模糊功能。

时间范围：定义当前合成项目的渲染范围。包括以下选项：“合成长度”，渲染整个合成项目，也就是合成项目设置了多长的持续时间，输出的影片就有多长时间；“仅工作区域栏”，根据时间轴中设置的工作环境范围来设置渲染的时间范围（按 B 键，工作范围开始；按 N 键，工作范围结束）；“自定度”，自定义渲染范围。

使用合成帧速率：使用合成项目中设置的帧速率。

使用这个帧速率：使用此处设置的帧速率。

（3）“选项”设置区，如图 9-15 所示。

图 9-15

跳过现有文件：选中此选项将自动忽略已存在的序列图片，也就忽略已经渲染过的序列帧图片，此功能主要用在网络渲染时。

3. 输出组件设置

渲染设置第一步“渲染设置”完成后，就开始进行“输出组件设置”，主要是设定输出的格式和解码方式等。通过单击按钮，可以选择系统预置的一些格式和解码，单击右侧的设置标题，弹出“输出组件设置”（输出模式设置）对话框，如图 9-16 所示。

（1）基础设置区，如图 9-17 所示。

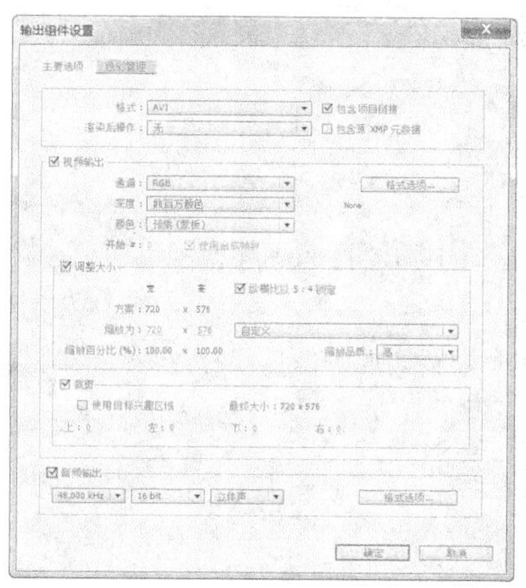

图 9-16

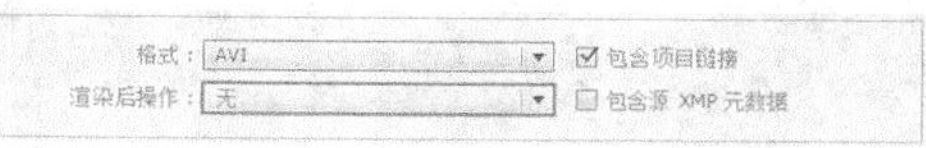

图 9-17

格式：输出的文件格式设置。例如：“QuickTime Movie”，苹果公司 QuickTime 视频格式；“MPEG2-DVD”，DVD 视频格式；“JPEG 序列”，JPEG 格式序列图；“WAV”音频等，非常丰富。

渲染后操作：指定 After Effects 软件是否使用刚渲染的文件作为素材或者代理素材。包括以下选项：“导入”，渲染完成后自动作为素材置入当前项目中；“导入并替换”，渲染完成后自动置入项目中替代合成项目，包括这个合成项目被嵌入到其他合成项目中的情况；“设置代理”，渲染完成后作为代理素材置入项目中。

（2）视频设置区，如图 9-18 所示。

视频输出：是否输出视频信息。

通道：输出的通道选择。包括“RGB”（3 个色彩通道）、“Alpha”（仅输出 Alpha 通道）和“RGB+ Alpha”（3 个色彩通道和 Alpha 通道）。

深度：色深选择。

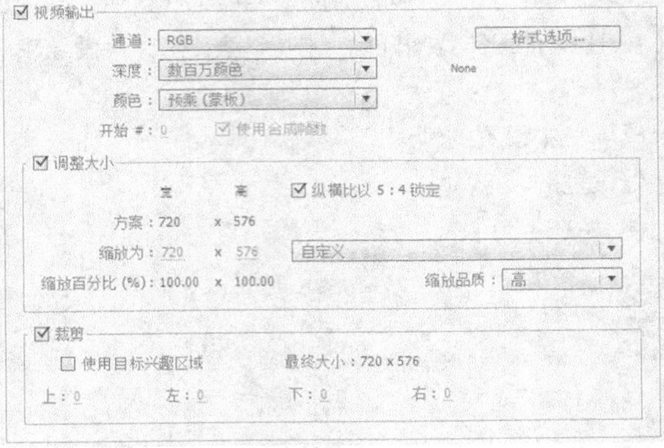

图 9-18

颜色：指定输出的视频包含的 Alpha 通道为哪种模式，是“直通（无蒙版）”模式还是“预乘（蒙版）”模式。

开始：当输出的格式选择的是序列图时，在这里可以指定序列图的文件名序列数，为了将来识别方便，也可以选择“使用合成帧数”选项，让输出的序列图片数字就是其帧数字。

格式选项：视频的编码方式的选择。虽然之前确定了输出的格式，但是每种文件格式中又有多种编码方式，编码方式的不同会生成完全不同质量的影片，最后产生的文件量也会有所不同。

调整大小：是否对画面进行缩放处理。

缩放为：缩放的具体高宽尺寸，也可以从右侧的预置列表中选择。

缩放品质：缩放质量选择。

纵横比：是否强制高宽比为特殊比例。

裁剪：是否裁切画面。

使用目标兴趣区域：勾选此项代表仅采用“合成”预览窗口中的“目标兴趣范围”工具确定的画面区域。

上、左、下、右：这 4 个选项分别设置上、左、下、右 4 个被裁切掉的像素尺寸。

（3）音频设置区，如图 9-19 所示。

图 9-19

音频输出：是否输出音频信息。

格式选项：音频的编码方式，也就是用什么压缩方式压缩音频信息。

音频质量设置：包括 Hz、bit、立体声或单声道设置。

4. 渲染和输出的预置

虽然 After Effects 已经提供了众多的“渲染设置”和“输出”预置，不过可能还是不能满足更多的个性化需求。用户可以将常用的一些设置存储为自定义的预置，以后进行输出操作时，不需要一遍遍地反复设置，只需要单击按钮▼，在弹出的列表中选择即可。

设置“渲染设置模板”（见图 9-20）和“输出组件模板”（见图 9-21）的命令分别是“编辑 > 模板 > 渲染设置”和“编辑 > 模板 > 输出组件”。

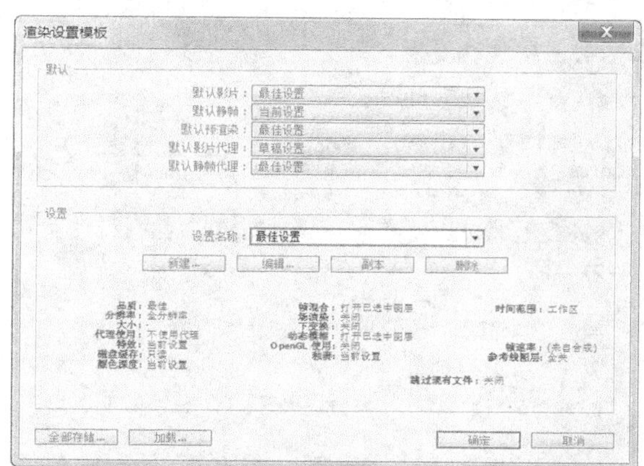

图 9-20

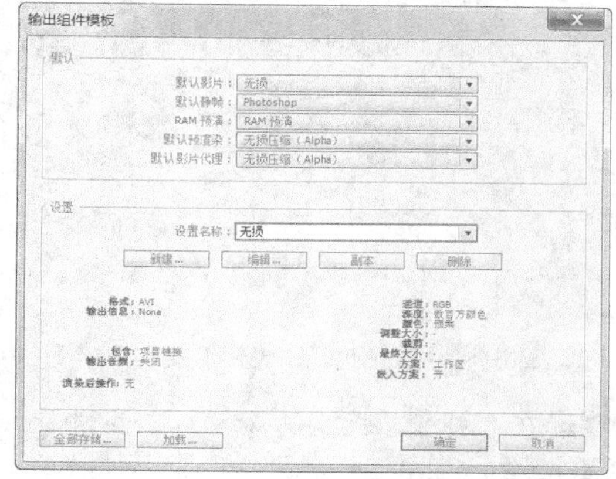

图 9-21

5. 编码和解码问题

完全不压缩的视频和音频数据量是非常庞大的，因此在输出时需要通过特定的压缩技术对数据进行压缩处理，以减小最终的文件量，便于传输和存储。这样就产生了输出时选择恰当的编码器播放时使用同样的解码器进行解压还原画面的过程。

目前视频流传输中最为重要的编码标准有国际电联的 H.261、H.263，运动静止图像专家组的 M-JPEG 和国际标准化组织运动图像专家组的 MPEG 系列标准，此外互联网上被广泛应用的还有 Real-Networks 的 RealVideo、微软公司的 WMT 以及 Apple 公司的 QuickTime 等。

就文件的格式来讲，对于.avi（微软视窗系统中的通用视频格式），现在流行的编码和解码方式有 Xvid、MPEG-4、DivX、Microsoft DV 等；对于.mov（苹果公司的 QuickTime 视频格式），比较流行的编码和解码方式有 MPEG-4、H.263、Sorenson Video，等等。

在输出时，最好是选择常用的编码器和文件格式，或者是目标客户平台共有的编码器和文件格式，否则，在其他播放环境中播放时，会因为缺少解码器或相应的播放器而无法看到视频或者听到声音。

9.1.3 输出

可以将设计制作好的视频效果进行多种方式的输出，如输出标准视频、输出合成项目中的某一帧、输出序列图片、输出胶片文件、输出 Flash 格式文件、跨卷渲染等。下面具体介绍视频的输出方法和形式。

1. 标准视频的输出方法

步骤① 在“项目”面板中，选择需要输出的合成项目。

步骤② 选择“编辑 > 添加到渲染队列”命令，或按 Ctrl+Shift+ / 组合键，将合成项目添加到渲染队列中。

步骤③ 在“渲染队列”窗口中进行渲染属性、输出格式和输出路径的设置。

步骤④ 单击“渲染”按钮开始渲染运算。

步骤⑤ 如果需要将此合成项目渲染成多种格式或者多种解码，可以在第 3 步之后，选择“图像合成 > 添加输出组件”命令，添加输出格式和指定另一个输出文件的路径以及名称，这样可以方便地做到一次创建，任意发布，如图 9-22 所示。

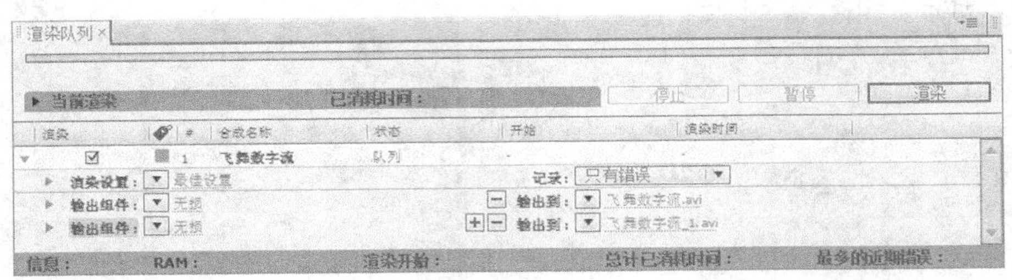

图 9-22

2. 输出合成项目中的某一帧

步骤① 在“时间线”面板中，移动当前时间指针到目标帧。

步骤② 选择“图像合成 > 另存单帧为 > 文件”命令，或按 Ctrl+Alt+S 组合键，添加渲染任务到“渲染队列”中。

步骤③ 单击“渲染”按钮开始渲染运算。

步骤④ 另外，如果选择“图像合成 > 另存单帧为 >Photoshop 图层”命令，则直接打开文件存储对话框，选择好路径和文件名即可完成单帧画面的输出。

3. 输出序列图片

After Effects 中支持多种格式的序列图片输出，其中包括：AIFF、AVI、DPX/Cineon 序列、F4V、FLV、H.264、H.264Blu-ray、IFF 序列、Photoshop 序列、Targa 序列等。输出的序列图片可以使用胶片记录器将其转换为电影。

步骤① 在“项目”面板中，选择需要输出的合成项目。

步骤② 选择“图像合成 > 制作影片”命令，将合成项目添加到渲染队列中。

步骤③ 单击“输出组件”右侧的输出设置标题，打开“输出组件设置”对话框。

步骤④ 在“格式”下拉列表中选择序列图格式，如图 9-23 所示，完成其他选项的设置后，单击“确定”按钮，完成序列图的输出设置。

步骤⑤ 单击“渲染”按钮开始渲染运算。

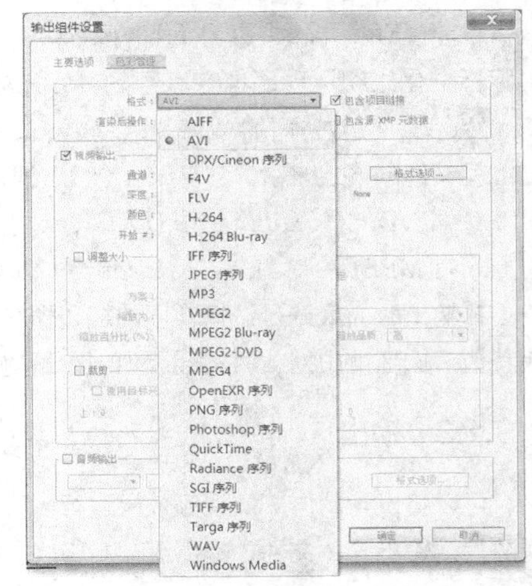

图 9-23

4. 输出 Flash 格式文件

After Effects 还可以将视频输出成 Flash SWF 格式文件或者 Flash FLV 视频格式文件，步骤如下。

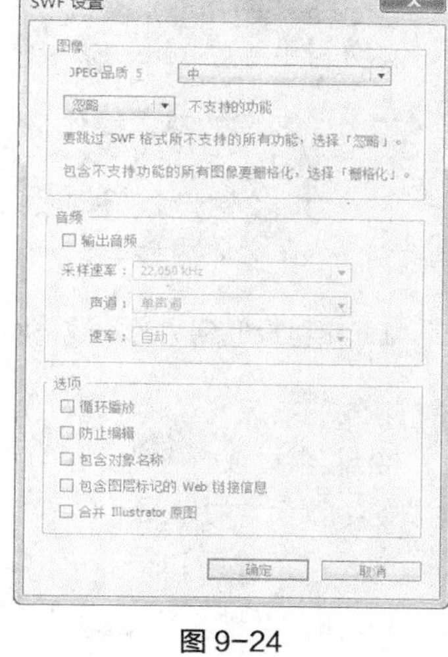

图 9-24

步骤① 在“项目”面板中，选择需要输出的合成项目。

步骤② 选择“文件 > 导出 > Adobe Flash Player（SWF）”命令，在弹出的文件保存对话框中选择 SWF 文件存储的路径和名称，单击“保存”按钮，打开“SWF 设置”对话框，如图 9-24 所示。

JPEG 品质：分为低、中、高、最高 4 种品质。

不支持的功能：对 SWF 格式文件不支持的效果进行设置。包括的选项：“忽略”，忽略所有不兼容的效果；“栅格化”，将不兼容的效果位图化，保留特效，但是可能会增大文件量。

音频：设置音频属性。

循环播放：是否让 SWF 文件循环播放。

防止编辑：禁止在此置入，对文件进行保护加密，不允许再置入 Flash 软件中。

包含对象名称：保留对象名称。

包含图层标记的 Web 链接信息：保留在层标记中设置的网页链接信息。

合并 Illustrator 原图：如果合成项目中含有 Illustrator 素材，建议勾选此选项。

步骤③ 完成渲染后，产生两个文件：“.html”和“.swf”。

步骤④ 如果是要渲染输出成 Flash FLV 视频格式文件，在第 2 步时，选择“文件 >导出 > Flash Interchange(.amx)”命令，弹出“Adobe Flash Professional(XFL)设置”对话框，如图 9-25 所示，单击“格式选项”按钮，弹出“FLV 选择”对话框，如图 9-26 所示。

步骤⑤ 设置完成后，单击“确定”按钮，在弹出的存储对话框中指定路径和名称，单击“保存”按钮输出影片。

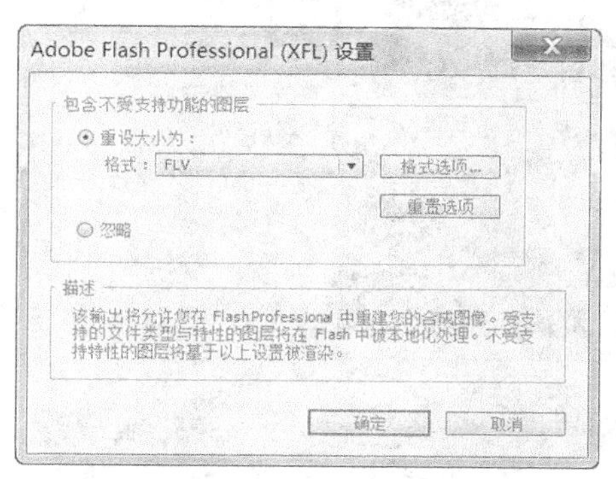

图 9-25

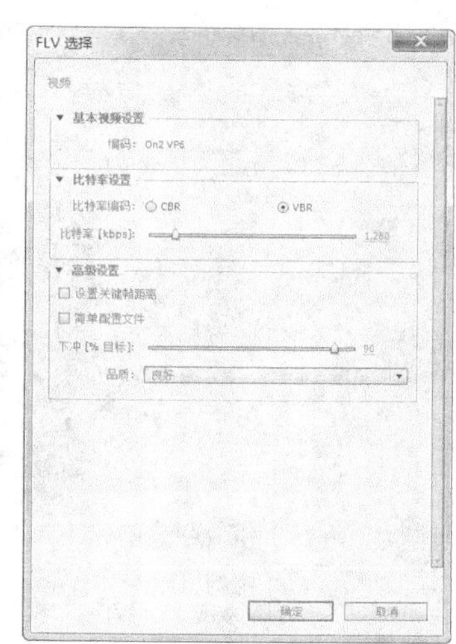

图 9-26

任务二 应用图层调整素材对象的基本属性

本任务主要对 After Effects 中图层的应用操作进行详细的讲解。

9.2.1 图层的基本操作

图层有改变图层上下顺序、复制层与替换层、给层加标记、让层自动适合合成图像尺寸、层与层对齐和自动分布功能等多种基本操作。

1. 素材放置到"时间线"的多种方式

素材只有放入"时间线"中才可以进行编辑。将素材放入"时间线"的方法有以下几种。

⊙ 将素材直接从"项目"面板拖曳到"合成"预览窗口中，如图 9-27 所示。鼠标拖动的位置可以决定素材在合成画面中的位置。

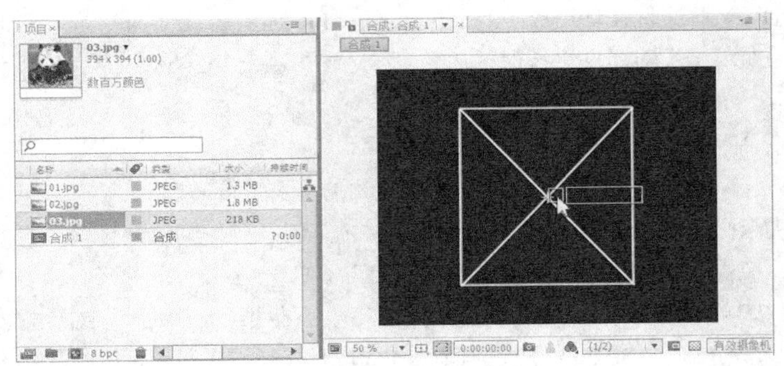

图 9-27

⊙ 在"项目"面板选中素材，按 Ctrl+/ 组合键将所选素材置入到当前"时间线"面板中。

⊙ 将素材从"项目"面板拖曳到"时间线"控制面板区域，在未松开鼠标时，"时间线"面板中显示了一条灰色线，根据它所在的位置可以决定置入到哪一层，如图 9-28 所示。

图 9-28

⊙ 将素材从"项目"面板拖曳到"时间线"面板区域，在未松开鼠标时，不仅出现一条灰色线决定置入到哪一层，同时还会在时间标尺处显示时间指针决定素材入场的时间，如图 9-29 所示。

图 9-29

⊙ 在“项目”面板拖曳素材到合成层上，如图 9-30 所示。

⊙ 调整“时间线”面板中的当前时间指针到目标插入时间位置，然后在按住 Alt 键的同时，在“项目”面板双击素材，通过“素材”预览窗口打开素材，单击、两个按钮设置素材的入点和出点，最后通过单击“波纹插入编辑”或者“覆盖编辑”插入“时间线”，如图 9-31 所示。如果是图像素材，则不会出现上述按钮和功能，因此这种方法仅限于视频素材。

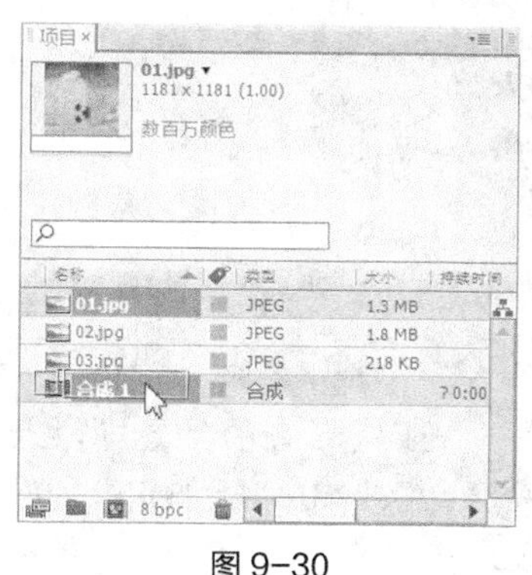

图 9-30

图 9-31

2. 改变图层上下顺序

在“时间线”面板中选择层，上下拖动到适当的位置，可以改变图层顺序，注意观察灰色水平线的位置，如图 9-32 所示。

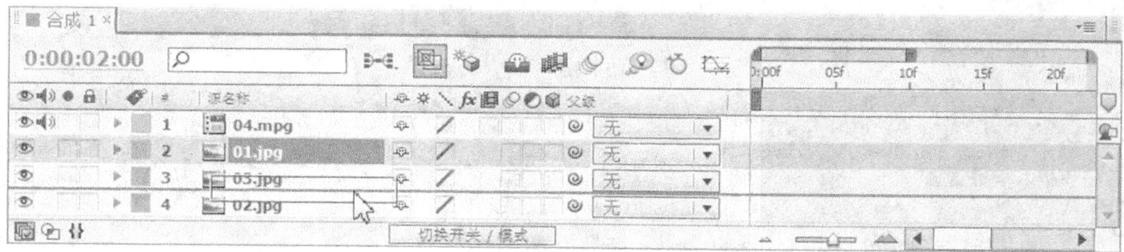

图 9-32

在“时间线”面板中选择层，通过菜单和快捷键也可以移动上下层位置。

- 选择“图层 > 排列 > 图层移动最前”命令，或按 Ctrl+Shift+] 组合键将层移到最上方。
- 选择“图层 > 排列 > 图层前移”命令，或按 Ctrl+] 组合键将层往上移一层。
- 选择“图层 > 排列 > 图层后移”命令，或按 Ctrl+[组合键将层往下移一层。
- 选择“图层 > 排列 > 图层移动最后”命令，或按 Ctrl+Shift+[组合键将层移到最下方。

9.2.2 层的 5 个基本变化属性和关键帧动画

在 After Effects 中，层的 5 个基本变化属性分别是：定位点、位置、缩放、旋转和透明度。下面将对这 5 个基本变化属性和关键帧动画进行讲解。

1. 课堂案例——海上热气球

【案例学习目标】学习使用层的 5 个属性和关键帧动画。

【案例知识要点】使用“导入”命令导入素材；使用“缩放”选项、“旋转”选项、“位置”选项制作热气球动画；使用“自动定向”命令、“阴影”命令制作投影和自动转向效果。海上热气球效果如图 9-33 所示。

【效果所在位置】资源包 \ Ch09 \ 海上热气球. aep。

图 9-33

（1）导入素材

步骤① 按 Ctrl+N 组合键，弹出“图像合成设置”对话框，在“合成组名称”选项的文本框中输入“海上热气球”，其他选项的设置如图 9-34 所示，单击“确定”按钮，创建一个新的合成“海上热气球”。选择“文件 > 导入 > 文件”命令，弹出“导入文件”对话框，选择资源包“Ch09 \ 海上热气球 \ (Footage)”中的“01”“02”和“03”文件，单击“打开”按钮，导入图片，如图 9-35 所示。

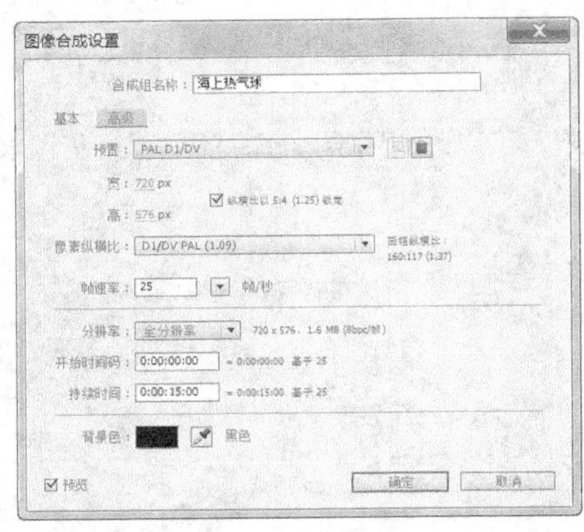

图 9-34

图 9-35

步骤② 在“项目”面板中选择“01”和“02”文件并将其拖曳到“时间线”面板中，如图 9-36 所示。合成窗口中的效果如图 9-37 所示。

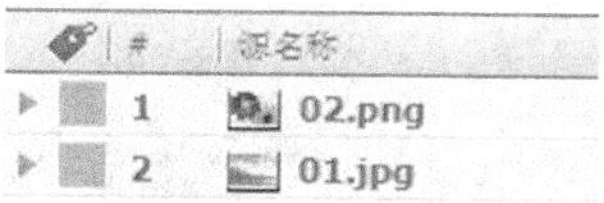

#	源名称
1	02.png
2	01.jpg

图 9-36

图 9-37

（2）编辑热气球动画

步骤① 选中“02”文件，按 S 键展开“缩放”属性，设置“缩放”选项的数值为 30，如图 9-38 所示。合成窗口中的效果如图 9-39 所示。

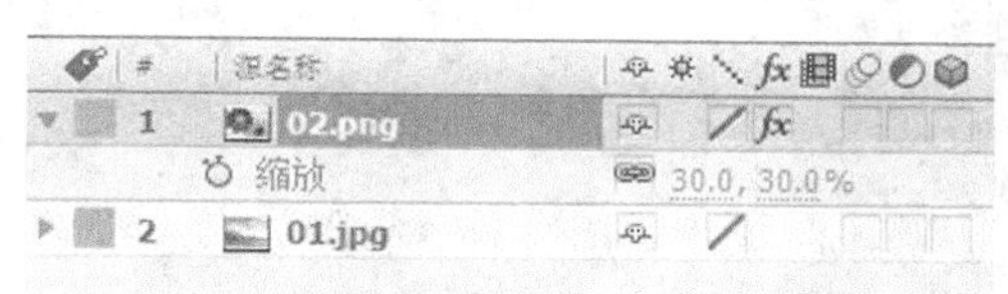

图 9-38

图 9-39

步骤② 选中“02”文件，按 R 键展开“旋转”属性，设置“旋转”选项的数值为 0、-16.0°，如图 9-40 所示。合成窗口中的效果如图 9-41 所示。

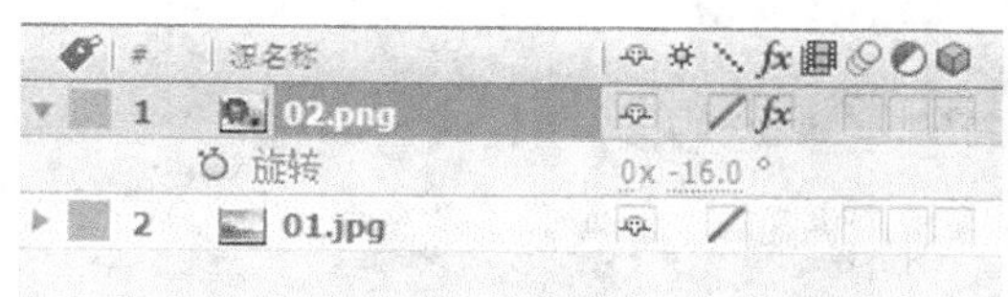

图 9-40

图 9-41

步骤③ 选中“02”文件，按 P 键展开“位置”属性，设置“位置”选项的数值为 641.4、106.6，如图 9-42 所示。合成窗口中的效果如图 9-43 所示。

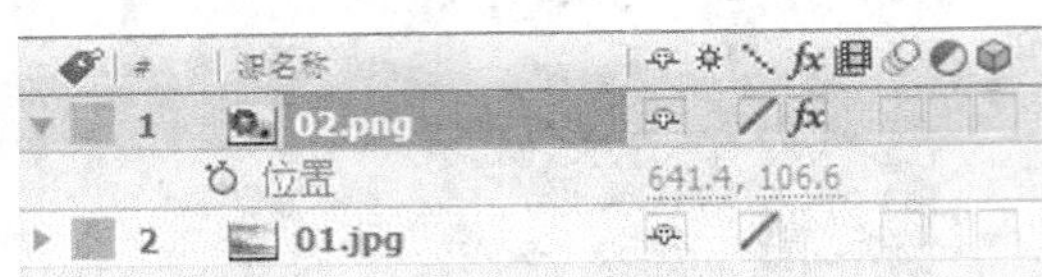

图 9-42

图 9-43

步骤④ 选中“02”文件，在“时间线”面板中将时间标签放置在 0 s 的位置，如图 9-44 所示，单击“位置”选项前面的“关键帧自动记录器”按钮，如图 9-45 所示，记录第 1 个关键帧。

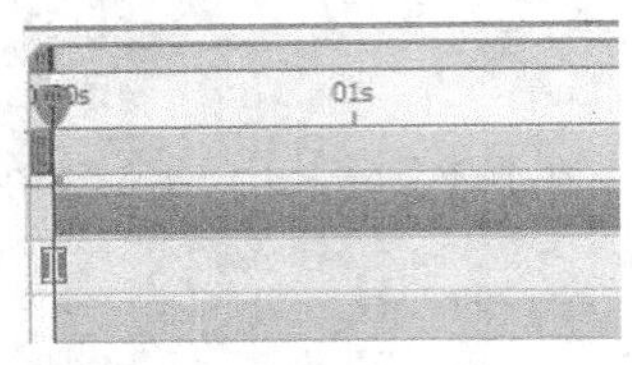

图 9-44

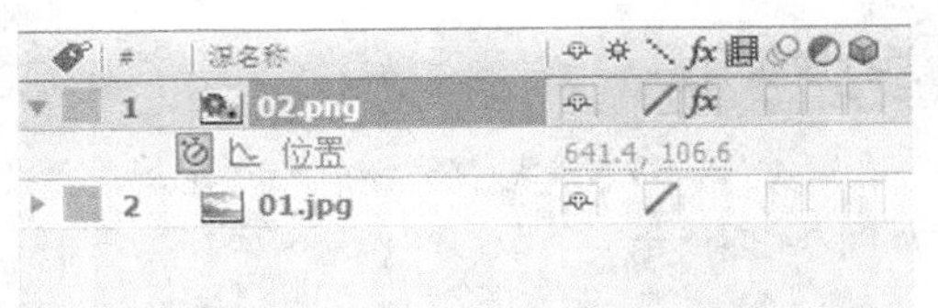

图 9-45

步骤⑤ 将时间标签放置在 14:24s 的位置，如图 9-46 所示，设置“位置”选项的数值为 53.3、108.8，如图 9-47 所示，记录第 2 个关键帧。

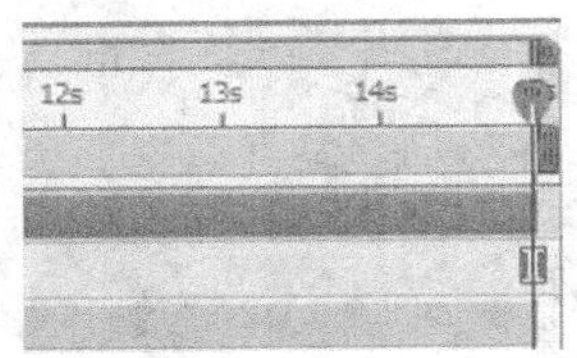

图 9-46

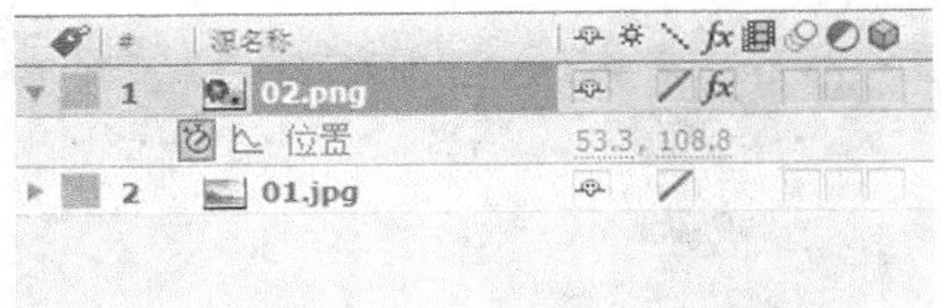

图 9-47

步骤⑥ 将时间标签放置在 5s 的位置，选择“选择”工具，在合成窗口中选中热气球，拖动到图 9-48 所示的位置，记录第 3 个关键帧。将时间标签放置在 10s 的位置，选择“选择”工具，在合成窗口中选中热气球，拖动到图 9-49 所示的位置，记录第 4 个关键帧。

图 9-48

图 9-49

步骤⑦ 选中“02”文件，选择“图层 > 变换 > 自动定向”命令，弹出“自动定向”对话框，在对话框中选中“沿路径方向设置”选项，如图 9-50 所示，单击“OK”按钮。合成窗口中的效果如图 9-51 所示。

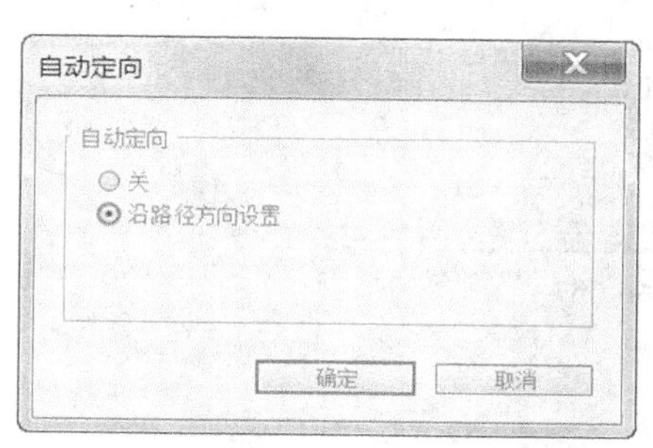

图 9-50

图 9-51

步骤⑧ 选中“02”文件，选择“效果 > 透视 > 阴影”命令，在“特效控制台”面板中进行参数设置，如图 9-52 所示。合成窗口中的效果如图 9-53 所示。

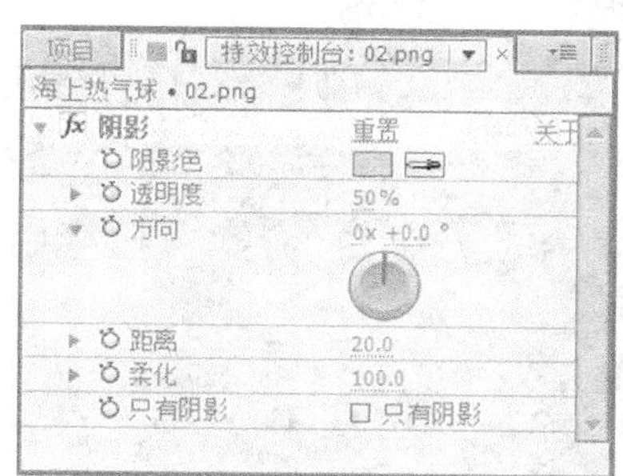

图 9-52

图 9-53

步骤⑨ 在“项目”面板中选择“03”文件并将其拖曳到“时间线”面板中，如图 9-54 所示。按照上述方法制作“03”文件。海上热气球制作完成，如图 9-55 所示。

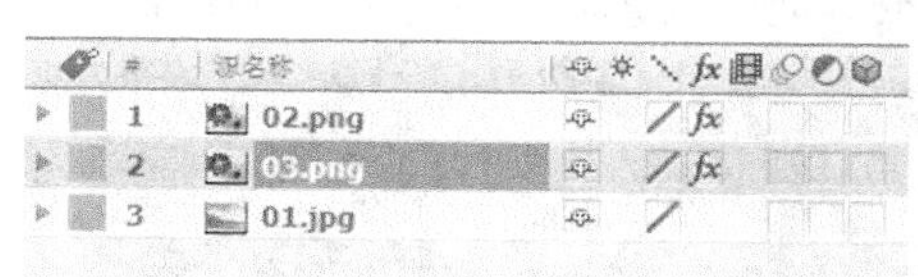

图 9-54

图 9-55

2. 了解层的 5 个基本变化属性

除了单独的音频层以外，各类型层至少有 5 个基本变化属性，它们分别是：定位点、位置、缩放、旋转和透明度。可以通过单击“时间线”面板中层色彩标签前面的小三角形按钮▸展开变换属性标题，再次单击“变换”左侧的小三角形按钮▸，展开其各个变换属性的具体参数，如图 9-56 所示。

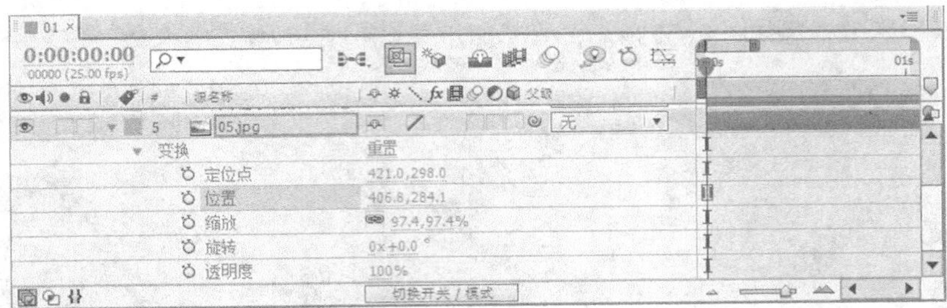

图 9-56

（1）定位点属性

无论一个层的面积多大，当其位置移动、旋转和缩放时，都是依据一个点来操作的，这个点就是定位点。

选择需要的层，按 A 键打开“定位点”属性，如图 9-57 所示。以定位点为基准，如图 9-58 所示。例如，在旋转操作时，如图 9-59 所示。在缩放操作时，如图 9-60 所示。

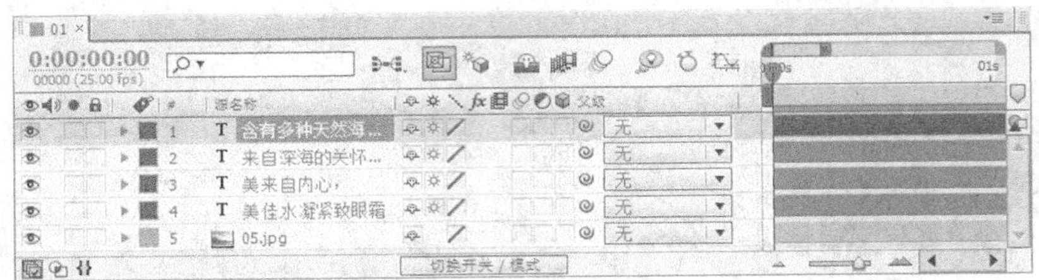

图 9-57

图 9-58　　图 9-59　　图 9-60

（2）位置属性

选择需要的层，按 P 键打开“位置”属性，如图 9-61 所示。以定位点为基准，如图 9-62 所示，在层的位置属性后方的数字上拖曳鼠标（或单击输入需要的数值），如图 9-63 所示。松开鼠标，效果如图 9-64 所示。

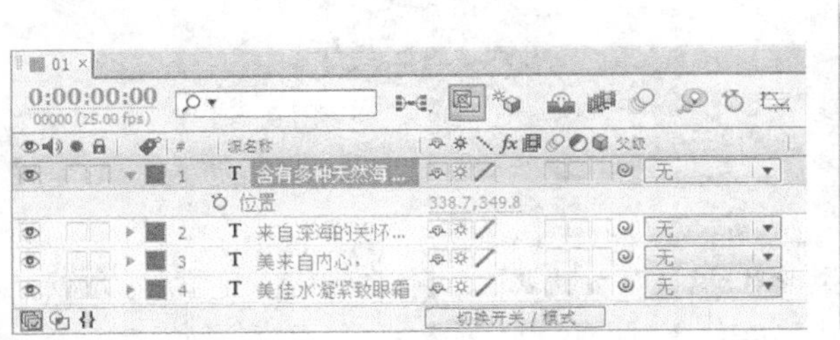

图 9-61

图 9-62

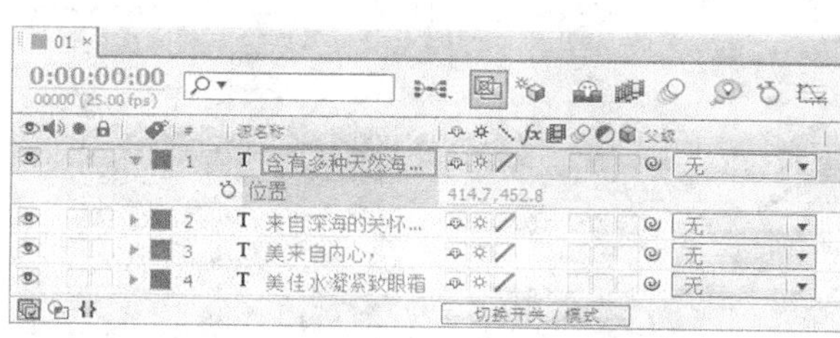

图 9-63

图 9-64

在制作位置动画时，为了保持移动时的方向性，可以通过选择“图层 > 变换 > 自动定向”命令，打开“自动定向”对话框，选中“沿路径方向设置”选项。

（3）缩放属性

选择需要的层，按 S 键打开“缩放”属性，如图 9-65 所示。以定位点为基准，如图 9-66 所示，在层的缩放属性后方的数字上拖曳鼠标（或单击输入需要的数值），如图 9-67 所示。松开鼠标，效果如图 9-68 所示。普通二维层缩放属性由 x 轴向和 y 轴向两个参数组成，如果是三维层则由 x 轴向、y 轴向和 z 轴向 3 个参数组成。

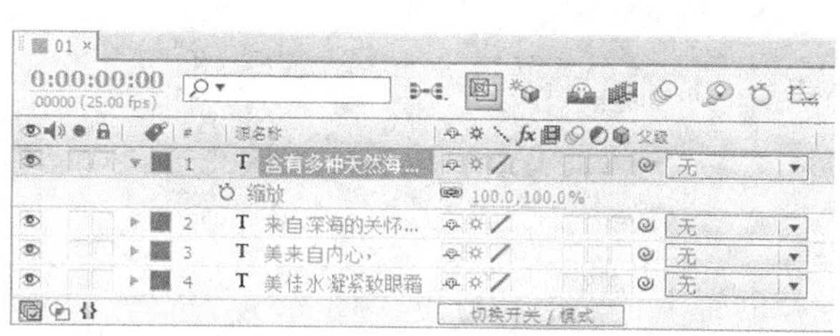

图 9-65

图 9-66

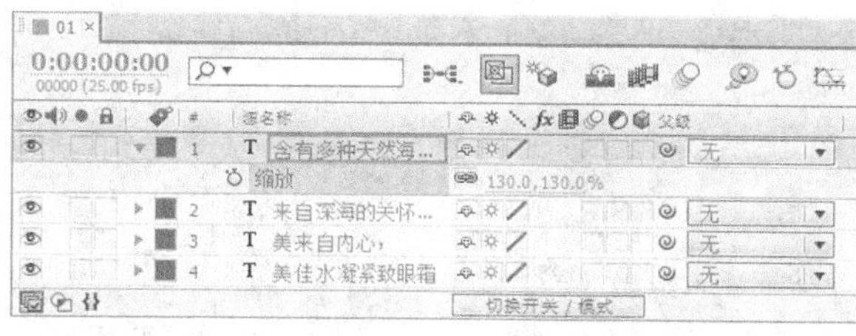

图 9-67

图 9-68

（4）旋转属性

选择需要的层，按 R 键打开“旋转”属性，如图 9-69 所示。以定位点为基准，如图 9-70 所示，在层的旋转属性后方的数字上拖曳鼠标（或单击输入需要的数值），如图 9-71 所示。松开鼠标，效果如图 9-72 所示。普通二维层旋转属性由圈数和度数两个参数组成，例如“1×+180°”。

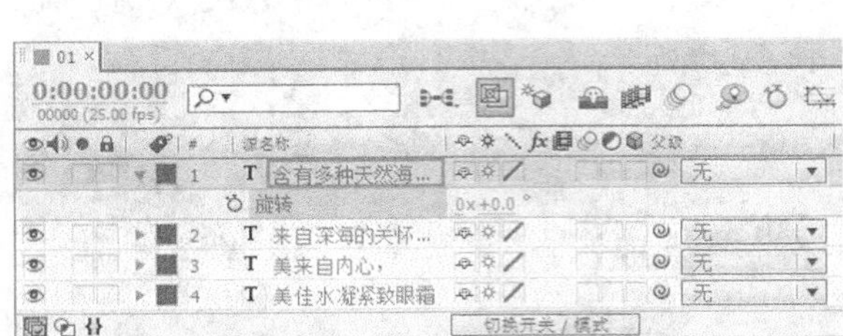

图 9-69

图 9-70

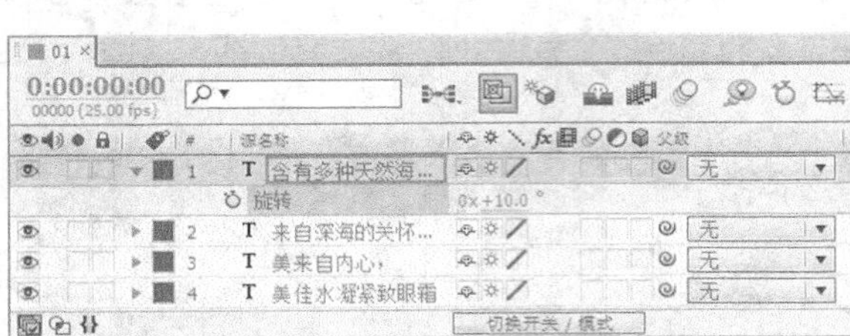

图 9-71

图 9-72

如果是三维层，旋转属性将增加为 4 个：方向可以同时设定 x、y、z 3 个轴向，X 轴旋转仅调整 x 轴向旋转、Y 轴旋转仅调整 y 轴向旋转、Z 轴旋转仅调整 z 轴向旋转，如图 9-73 所示。

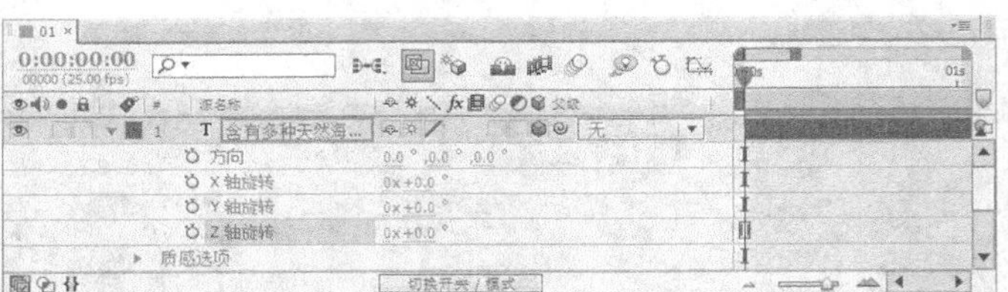

图 9-73

（5）透明度属性

选择需要的层，按 T 键打开“透明度”属性，如图 9-74 所示。以定位点为基准，如图 9-75 所示，在层的不透明属性后方的数字上拖曳鼠标（或单击输入需要的数值），如图 9-76 所示。松开鼠标，效果如图 9-77 所示。

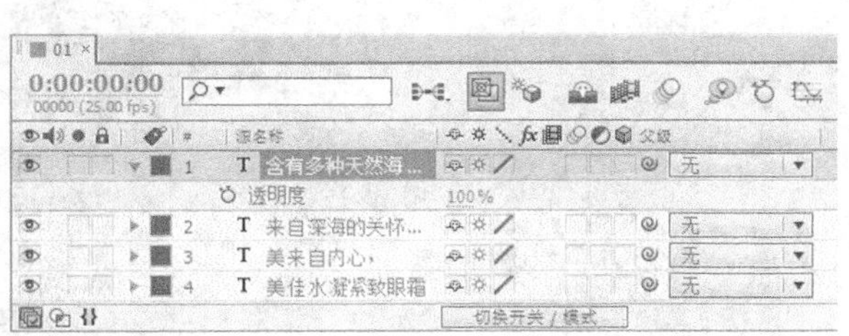

图 9-74

图 9-75

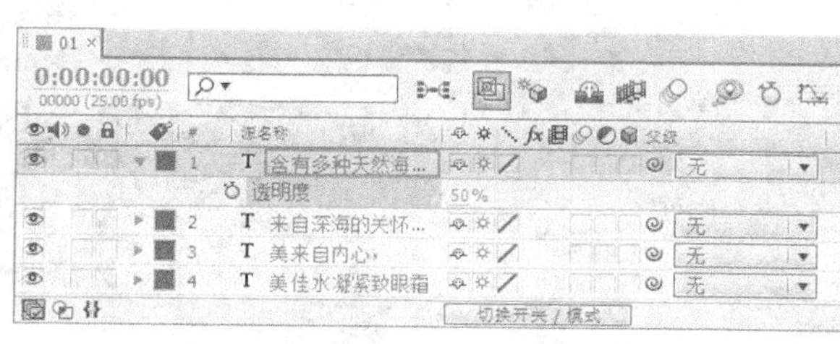

图 9-76

图 9-77

可以通过按住 Shift 键的同时按下显示各属性的快捷键的方法，达到自定义组合显示属性的目的。例如，只想看见层的“位置”和“透明度”属性，可以通过选取图层之后，按 P 键，然后在按住 Shift 键的同时，按 T 键完成，如图 9-78 所示。

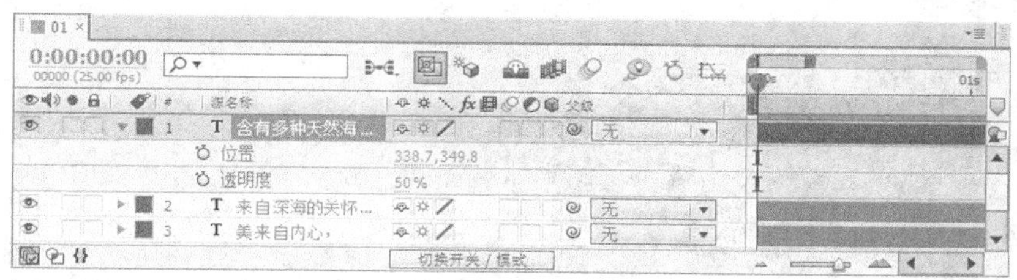

图 9-78

3. 了解“定位点”的功用

在“时间线”面板中，选择第一层，在按住 Shift 键的同时按 A 键，展开层的“定位点”属性，如图 9-79 所示。

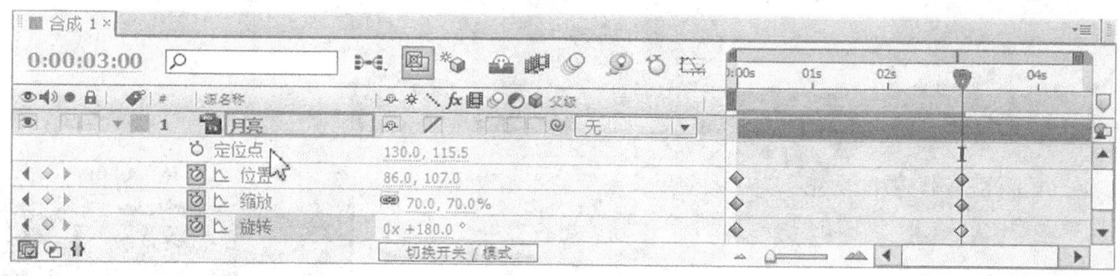

图 9-79

改变“定位点”属性中的第一个值设为 150，或者选择“定位点”工具，在“合成”窗口单击并移动定位点，同时通过观察“信息”面板和“时间线”面板中的“定位点”属性值了解具体位置移动参数，如图 9-80 所示。按 0 键，进行动画内存预览。

定位点的坐标是相对于层，而不是相对于合成图像的。

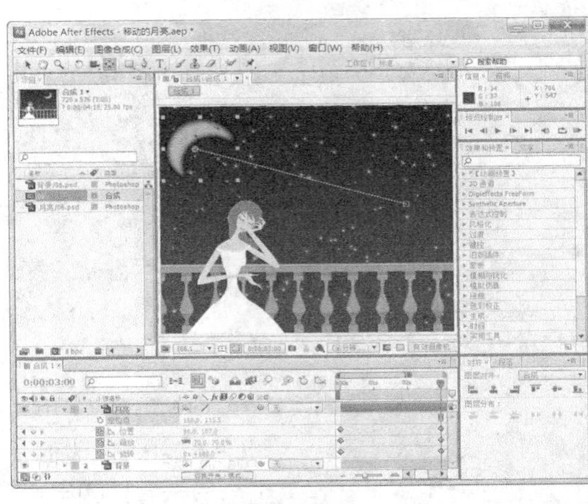

图 9-80

（1）手动方式调整“定位点”

⊙ 选择“定位点”工具，在“合成”窗口单击并移动轴心点。

⊙ 在“时间线”面板中双击层，将层的“图层”预览窗口打开，选择“选择”工具或选择“定位点”工具，单击并移动轴心点，如图 9-81 所示。

（2）数字方式调整“定位点”

⊙ 当光标呈现形状时，在参数值上按下并左右拖动鼠标可以修改。

⊙ 单击参数将会弹出输入框，可以在其中输入具体数值。输入框也支持加减法运算，例如可以输入“+30”，在原有的值上加上 30 像素；如果是减法，则输入“360－30”。

⊙ 在属性标题或参数值上单击鼠标右键，在弹出的菜单中选择“编辑数值”命令，打开参数数值对话框调整具体参数值，如图 9-82 所示。

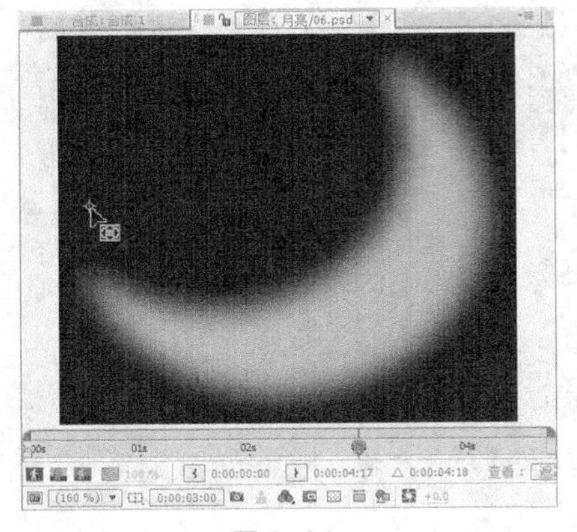

图 9-81

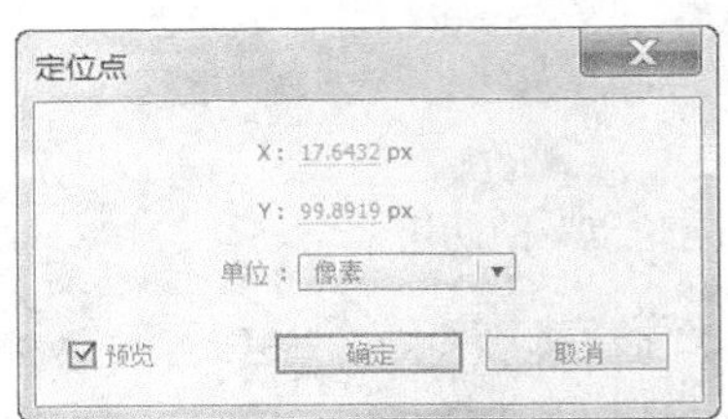

图 9-82

任务三　应用遮罩动画与文字实现素材与文字的融合

本任务主要讲解遮罩的功能和文字的使用，包括使用遮罩设计图形、调整遮罩图形形状、遮罩的变换、应用多个遮罩和文字等。

9.3.1　初步了解遮罩

遮罩其实就是一个封闭的贝塞尔曲线所构成的路径轮廓，轮廓之内或之外的区域就是抠像的依据，如图 9-83 所示。

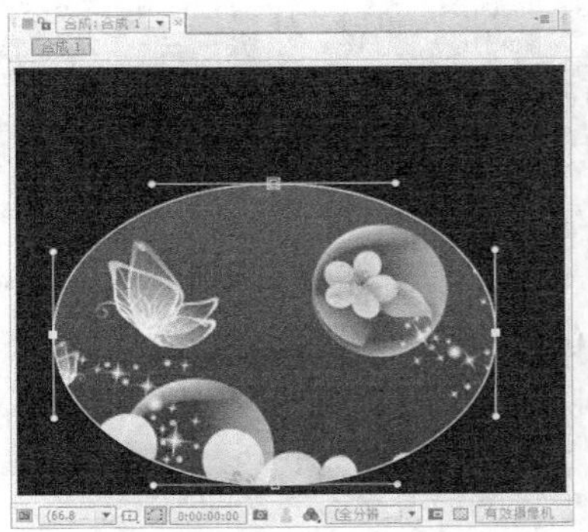

图 9-83

虽然遮罩是由路径组成的，但是千万不要误认为路径只是用来创建遮罩的，它还可以用在描绘勾边特效处理、沿路径制作动画特效等方面。

9.3.2 设置遮罩

通过设置遮罩，可以将两个以上的图层合成并制作出一个新的画面。遮罩可以在“合成”窗口中进行调整，也可以在“时间线”面板中调整。

1. 课堂案例——粒子文字

【案例学习目标】学习使用 Particular 制作粒子属性控制和调整遮罩图形。

【案例知识要点】建立新的合成并命名；使用“横排文字工具”输入并编辑文字；使用“卡通”命令制作背景效果，将多个合成拖曳到时间线面板中，编辑形状遮罩。粒子文字效果如图 9-84 所示。

【效果所在位置】资源包 \ Ch09 \ 粒子文字.aep。

图 9-84

（1）输入文字

步骤① 按 Ctrl+N 组合键，弹出“图像合成设置”对话框，在“合成组名称”选项的文本框中输入“文字”，其他选项的设置如图 9-85 所示，单击“确定”按钮，创建一个新的合成“文字”。

步骤② 选择“横排文字”工具T，在合成窗口输入文字“诗中有画 画中有诗”，选中文字，在“文字”面板中设置文字的颜色为黑色，其他参数设置如图 9-86 所示，合成窗口中的效果如图 9-87 所示。

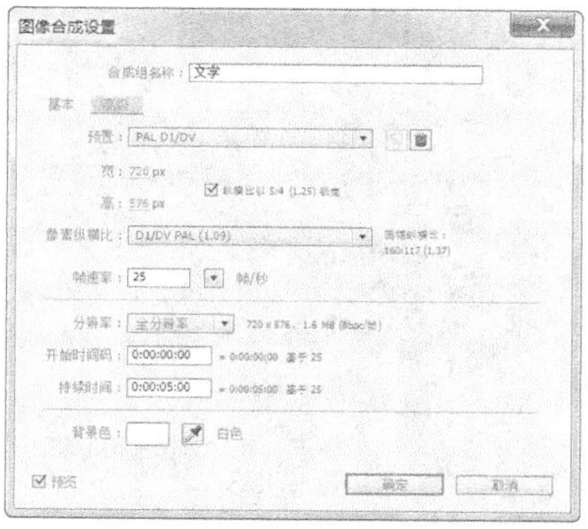

图 9-85

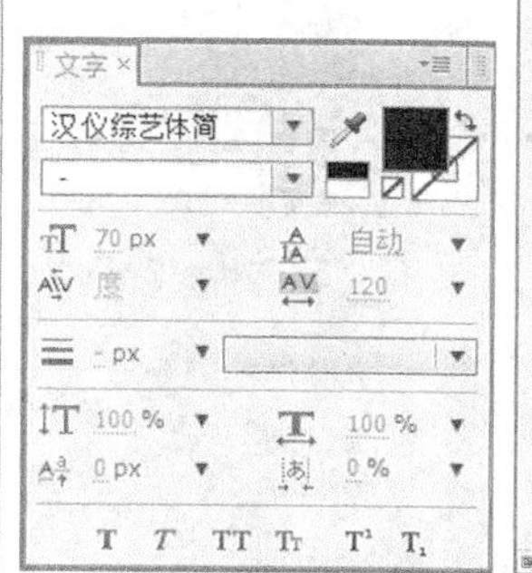

图 9-86

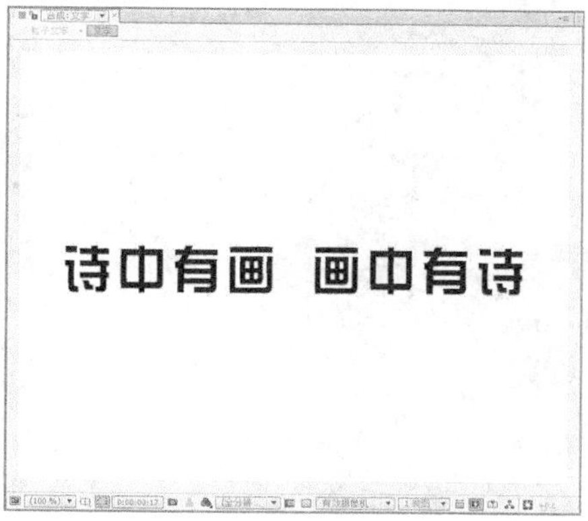

诗中有画 画中有诗

图 9-87

步骤③ 再次创建一个新的合成并命名为“粒子文字”。选择“文件 > 导入 > 文件”命令，弹出“导入文件”对话框，选择资源包中的“Ch09 \ 粒子文字 \ (Footage) \ 01”文件，单击“打开”按钮，导入“01”文件，并将其拖曳到“时间线”面板中。选中“01”文件，选择“效果 > 风格化 > 卡通”命令，在“特效控制台”面板中进行参数设置，如图 9-88 所示。合成窗口中的效果如图 9-89 所示。

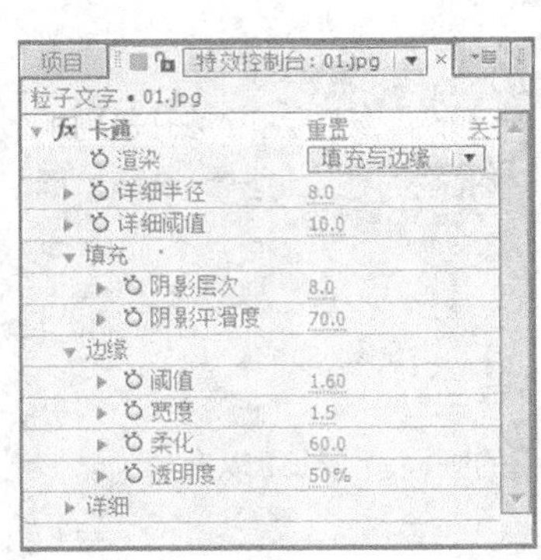

图 9-88

图 9-89

步骤④ 在“项目”面板中选中“文字”合成并将其拖曳到“时间线”面板中，单击“文字”层前面的眼睛按钮👁，关闭该层的可视性，如图 9-90 所示。单击“文字”层右面的“3D 图层”按钮，打开三维属性，如图 9-91 所示。

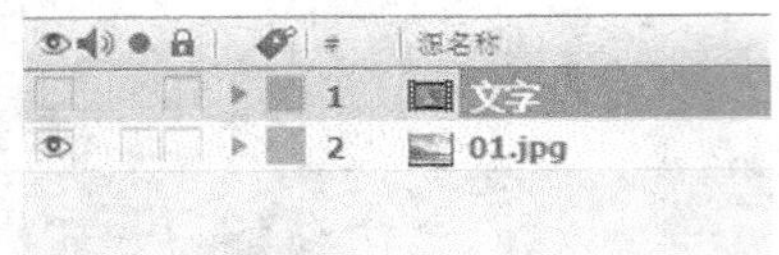

图 9-90

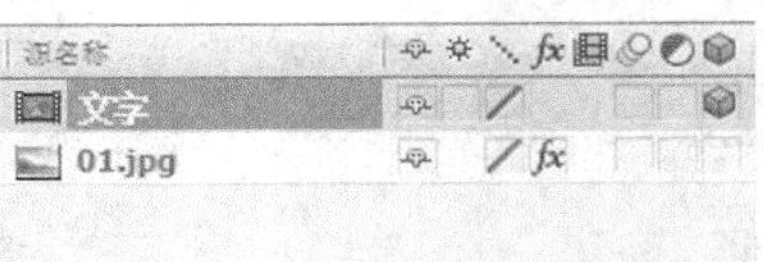

图 9-91

（2）制作粒子

步骤① 在当前合成中建立一个新的黑色固态层“粒子 1”。选中“粒子 1”层，选择“效果 > Trapcode > Particular”命令，展开“发射器”属性，在“特效控制台”面板中进行参数设置，如图 9-92 所示。展开“粒子”属性，在“特效控制台”面板中进行参数设置，如图 9-93 所示。

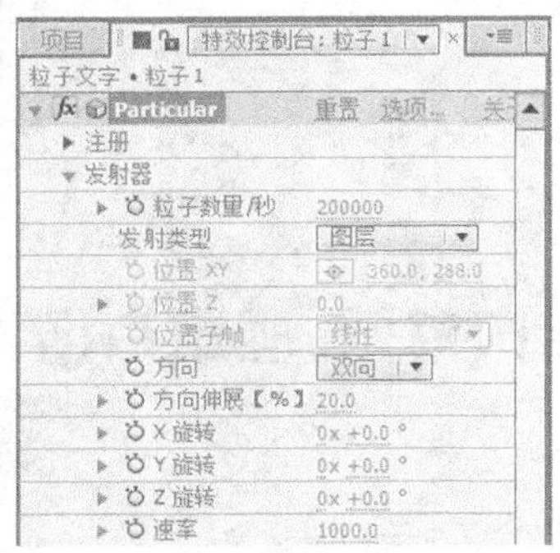

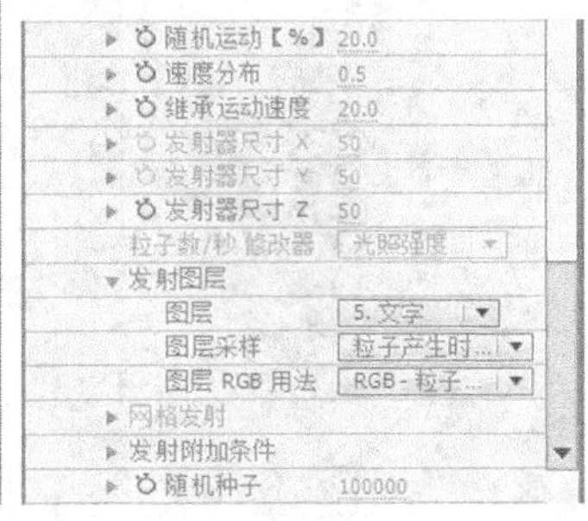

图 9-92

粒子
生命【秒】 3.0
生命随机【%】 0
粒子类型 球体
球体羽化 50.0
材质
旋转
尺寸 2.0

图 9-93

步骤② 展开“物理学”选项下的“Air”属性，在“特效控制台”面板中进行参数设置，如图 9-94 所示。展开“扰乱场”属性，在“特效控制台”面板中进行参数设置，如图 9-95 所示。

步骤③ 展开“运动模糊”属性，单击“运动模糊”右边的按钮，在弹出的下拉菜单中选择“开”，如图 9-96 所示。设置完毕后，“时间轴”面板中自动添加一个灯光层，如图 9-97 所示。

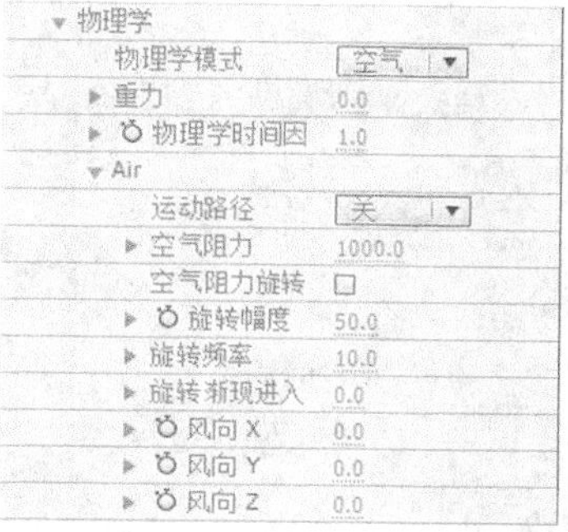

物理学
物理学模式 空气
重力 0.0
物理学时间因 1.0
Air
运动路径 关
空气阻力 1000.0
空气阻力旋转
旋转幅度 50.0
旋转频率 10.0
旋转渐现进入 0.0
风向 X 0.0
风向 Y 0.0
风向 Z 0.0

图 9-94

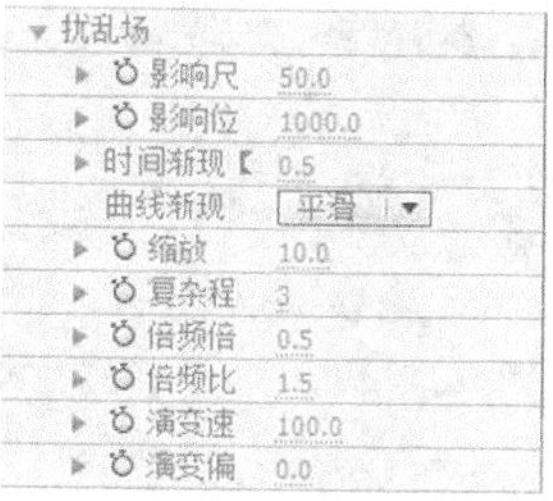

扰乱场
影响尺 50.0
影响位 1000.0
时间渐现 0.5
曲线渐现 平滑
缩放 10.0
复杂程 3
倍频倍 0.5
倍频比 1.5
演变速 100.0
演变偏 0.0

图 9-95

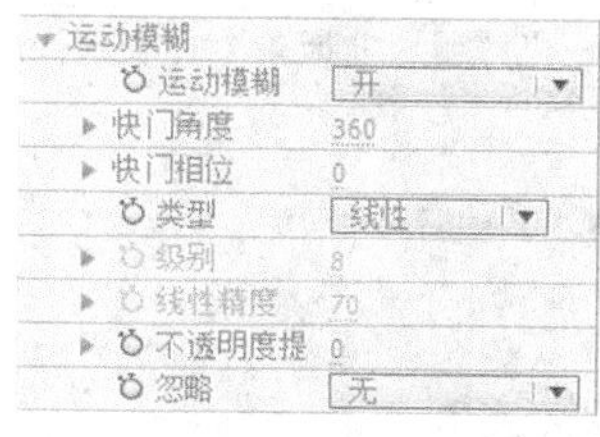

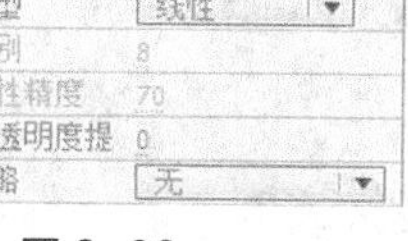

图 9-96

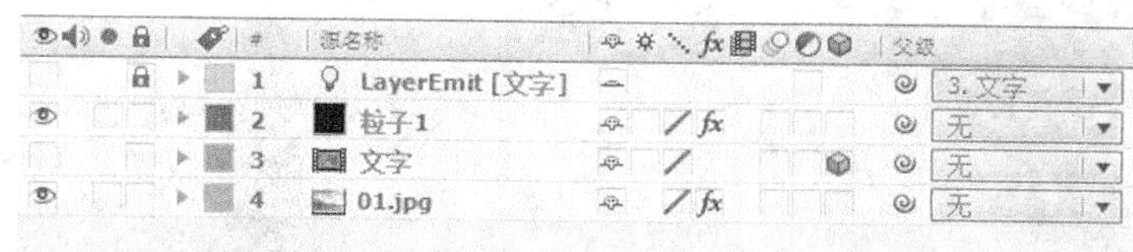

图 9-97

步骤④ 选中“粒子 1”层，在“时间线”面板中将时间标签放置在 0s 的位置，如图 9-98 所示。在“时间线”面板中分别单击“发射器”下的“粒子数量/秒”“物理学/Air”下的“旋转幅度”“扰乱场”下的“影响尺”和“影响位”选项前面的“关键帧自动记录器”按钮 ⏱，如图 9-99 所示，记录第 1 个关键帧。

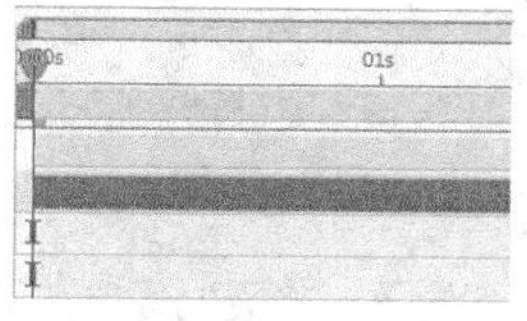

图 9-98

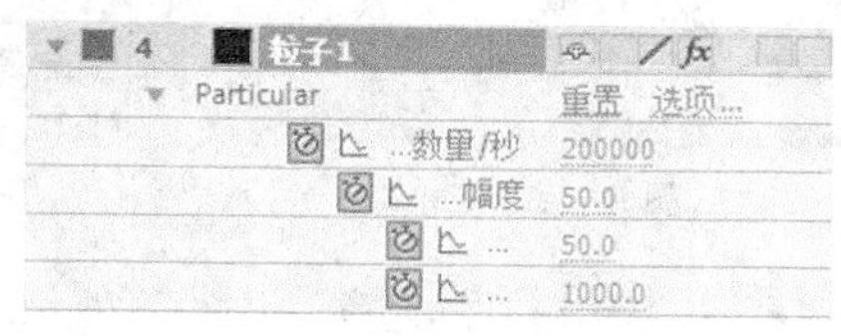

图 9-99

步骤⑤ 在“时间线”面板中将时间标签放置在 1s 的位置，如图 9-100 所示。在“时间线”面板中设置“粒子数量/秒”选项的数值为 0，“旋转幅度”选项的数值为 20.0，“影响尺”选项的数值为 20.0，“影响位”选项的数值为 500.0，如图 9-101 所示，记录第 2 个关键帧。

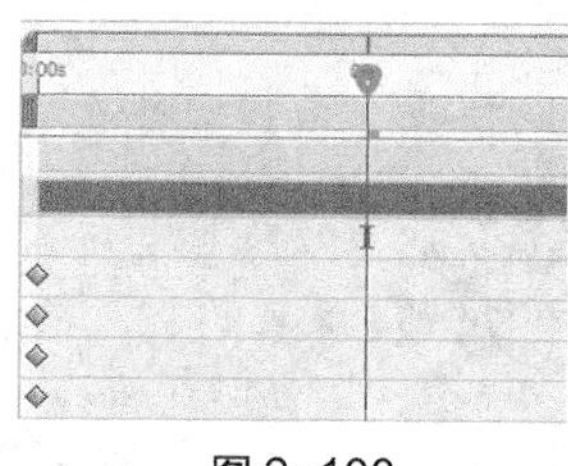

图 9-100

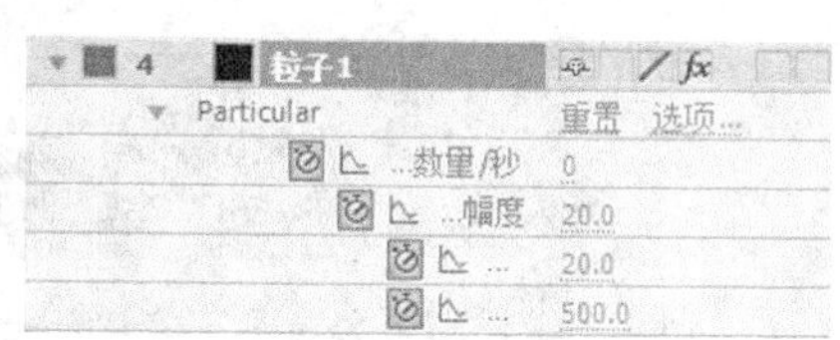

图 9-101

步骤⑥ 在“时间线”面板中将时间标签放置在 3s 的位置，如图 9-102 所示。在“时间线”面板中设置“旋转幅度”选项的数值为 10.0，“影响尺”选项的数值为 5.0，“影响位”选项的数值为 5.0，如图 9-103 所示，记录第 3 个关键帧。

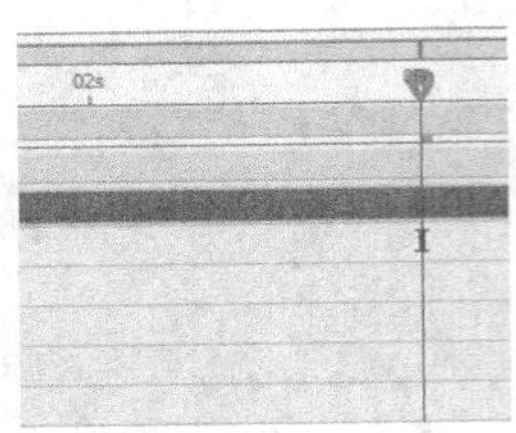

图 9-102

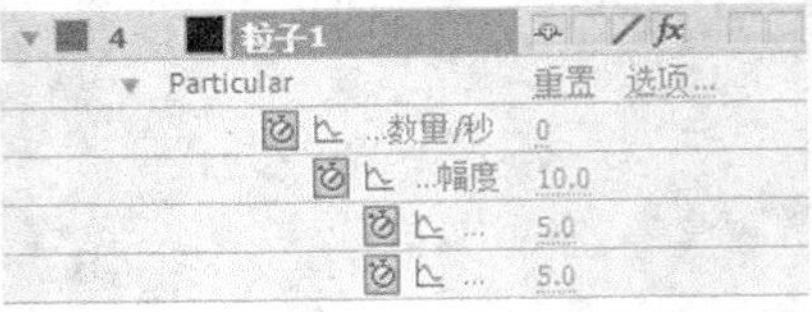

图 9-103

（3）制作形状遮罩

步骤① 在“项目”面板中选中“文字”合成并将其拖曳到“时间线”面板中，并将时间轴拖到 2s 的位置上，如图 9-104 所示。选择“矩形遮罩”工具，在合成窗口中拖曳鼠标绘制一个矩形“遮罩”，如图 9-105 所示。

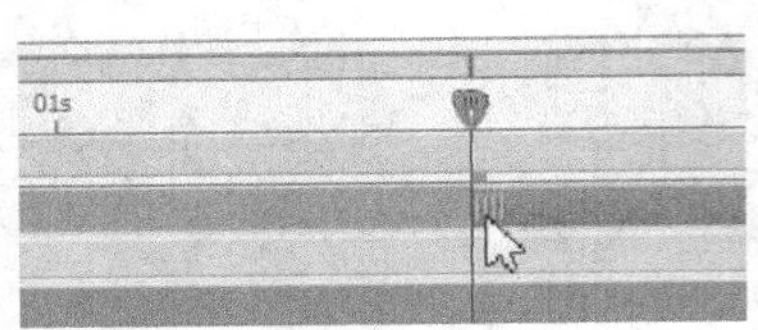

图 9-104

图 9-105

步骤② 选中“文字”层，按M键展开“遮罩”属性，如图 9-106 所示。将时间标签放置在 2s 的位置，单击“遮罩形状”选项前面的“关键帧自动记录器”按钮，记录下一个“遮罩形状”关键帧。把时间标签移动到 4s 的位置，选择“选择”工具，在合成窗口中同时选中“遮罩形状”右边的两个控制点，将控制点向右拖曳到如图 9-107 所示的位置，在 4s 的位置再次记录一个关键帧，如图 9-108 所示。

图 9-106

图 9-107

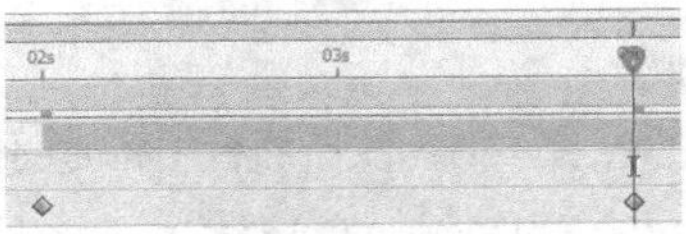

图 9-108

步骤③ 在当前合成中建立一个新的黑色固态层“粒子 2”。选中“粒子 2”层，选择“效果 > Trapcode > Particular”命令，展开“发射器”属性，在“特效控制台”面板中进行参数设置，如图 9-109 所示。展开“粒子”属性，在“特效控制台”面板中进行参数设置，如图 9-110 所示。

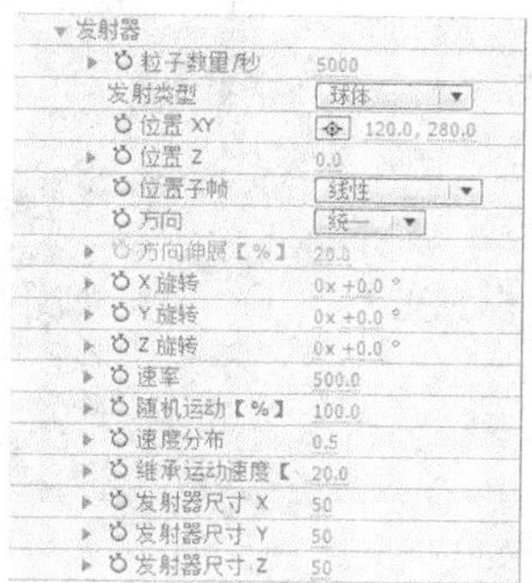

图 9-109

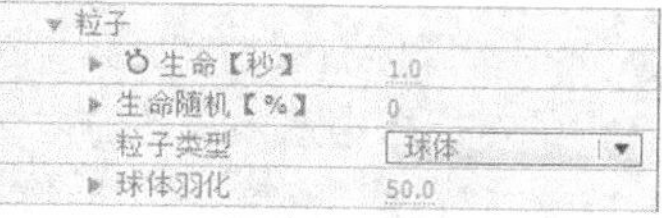

图 9-110

步骤④ 展开“物理学”属性，设置“重力”选项的数值为-100，展开“Air”属性，在“特效控制台”面板中进行参数设置，如图 9-111 所示。展开“扰乱场”属性，在“特效控制台”面板中进行参数设置，如图 9-112 所示。

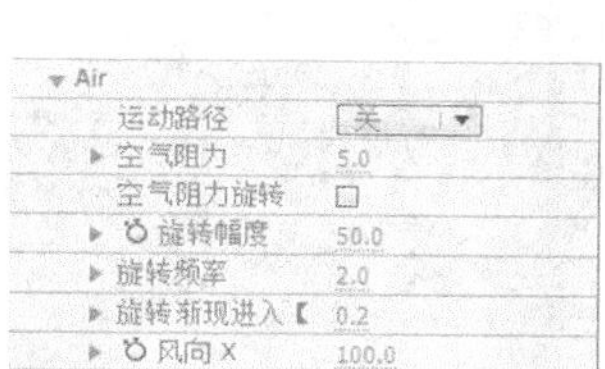

图 9-111

图 9-112

步骤⑤ 展开“运动模糊”属性，单击“运动模糊”右边的按钮，在弹出的下拉菜单中选择“开”，如图 9-113 所示。

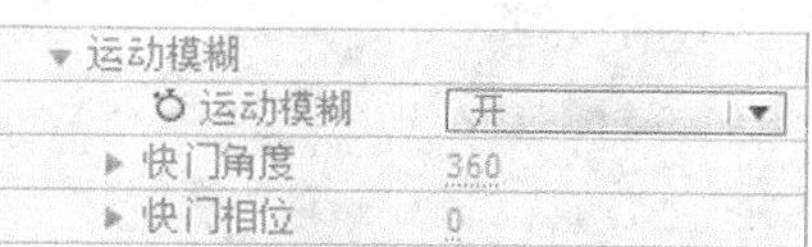

图 9-113

步骤⑥ 选中“粒子 2”层并将时间轴拖到 2s 的位置上，在“时间线”面板中将时间标签放置在 2s 的位置，在“时间线”面板中分别单击“发射器”下的“粒子数量/秒”和“位置 XY”选项前面的“关键帧自动记录器”按钮，如图 9-114 所示，记录第 1 个关键帧。在“时间线”面板中将时间标签放置在 3s 的位置，在“时间轴”面板中设置“粒子数量/秒”选项的数值为 0，“位置 XY”选项的数值为 600.0、280.0，如图 9-115 所示，记录第 2 个关键帧。

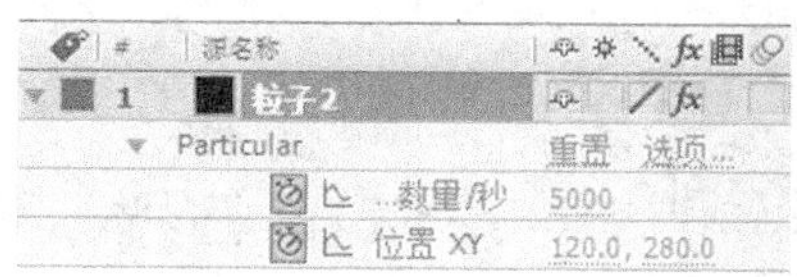

图 9-114

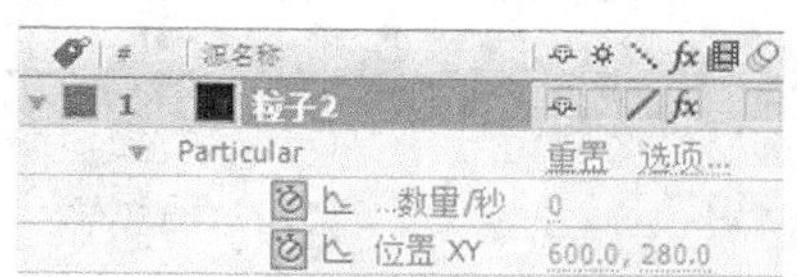

图 9-115

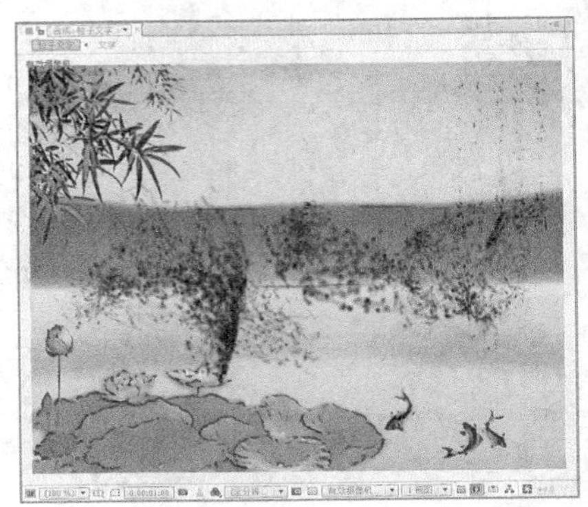
图 9-116

步骤⑦ 粒子文字制作完成，如图 9-116 所示。

2. 使用遮罩设计图形

步骤① 在“项目”面板中单击鼠标右键，在弹出的列表选择“新建合成组”命令，弹出“图像合成设置”对话框，在“合成组名称”文本框中输入“遮罩”，其他选项的设置如图 9-117 所示，设置完成后，单击“确定”按钮。

步骤② 在“项目”面板中单击鼠标右键，在弹出的列表选择“导入 > 文件”命令，在弹出的对话框中选择“基础素材 \ Ch09”文件夹中的“02”“03”“04”“05”文件，单击“打开”按钮，效果如图 9-118 所示。

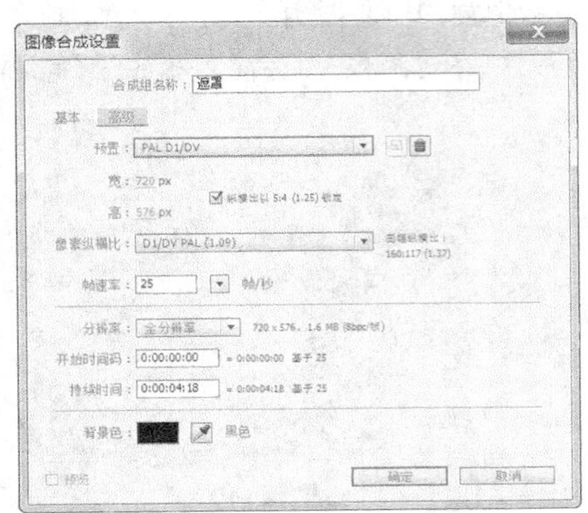

图 9-117

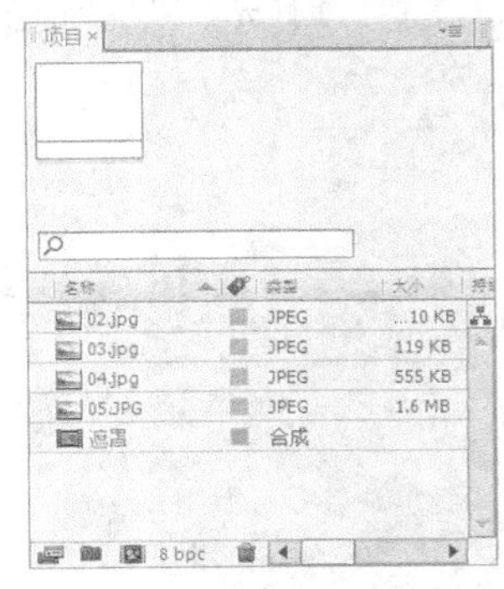

图 9-118

步骤③ 在“时间线”面板中单击眼睛按钮，隐藏图层 1 和图层 2。选择图层 3，如图 9-119 所示，选择“矩形遮罩”工具，在“合成”窗口上方拖曳鼠标绘制矩形遮罩，效果如图 9-120 所示。

图 9-119

图 9-120

步骤④ 选择图层 2，单击图层 2 前面的方框，显示该图层，如图 9-121 所示。选择“星形”工具，在“合成”窗口中下部拖曳鼠标绘制星形遮罩，效果如图 9-122 所示。

图 9-121

图 9-122

步骤⑤ 选择图层 1，单击图层 1 前面的方框，显示该图层，如图 9-123 所示。选择“钢笔”工具，在“合成”窗口心形的轮廓进行绘制，如图 9-124 所示。

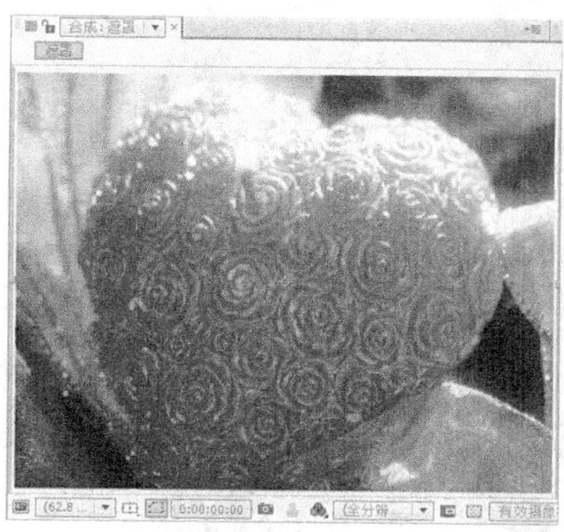

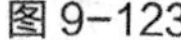

图 9-123

图 9-124

3. 调整遮罩图形形状

选择“钢笔”工具，在“合成”窗口绘制遮罩图形，如图 9-125 所示。使用“顶点转换”工具。单击一个节点，则该节点处的线段转换为折角，在节点处拖曳鼠标可以拖出调节手柄，拖动调节手柄，可以调整线段的弧度，如图 9-126 所示。

图 9-125

图 9-126

使用“顶点添加”工具和“顶点清除”工具添加或删除节点。选择“顶点添加”工具，将光标移动到需要添加节点的线段处单击鼠标，则该线段会添加一个节点，如图 9-127 所示；选择“顶点清除”工具，单击任意节点，则节点被删除，如图 9-128 所示。

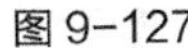

图 9-127

图 9-128

4. 遮罩的变换

在遮罩边线上双击鼠标，会创建一个遮罩调节框，将鼠标移动到边框的右上角，出现旋转光标，拖动鼠标可以对整个遮罩图形进行旋转；将鼠标移动到边线中心点的位置，出现双向键头时，拖曳鼠标，可以调整该边框的位置，如图 9-129 和图 9-130 所示。

图 9-129

图 9-130

5. 应用多个遮罩

步骤① 在“项目”面板中单击鼠标右键，在弹出的列表选择“导入 > 文件”命令，在弹出的对话框中选择“基础素材 \ Ch09”中的“06”“07”“08”文件，单击“打开”按钮，将其拖曳至时间线面板中，如图 9-131 所示。

步骤② 隐藏图层 1，选取图层 2。选择“钢笔”工具，在图片上绘制遮罩图形，利用键盘上的方向键微调遮罩的位置，如图 9-132 所示。

步骤③ 在“合成”窗口单击鼠标右键，在弹出的菜单中选择“遮罩 > 遮罩羽化”命令，弹出“遮罩羽化”对话框，将“水平方向”和“垂直方向”的羽化值均设为 70，如图 9-133 所示。单击“确定”按钮完成羽化设置，效果如图 9-134 所示。

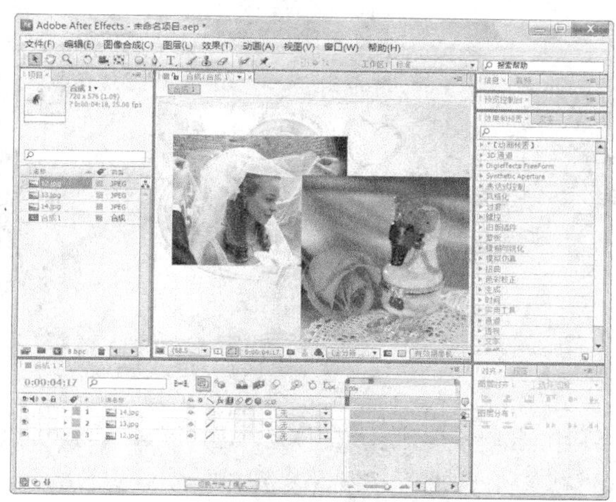

图 9-131

图 9-132

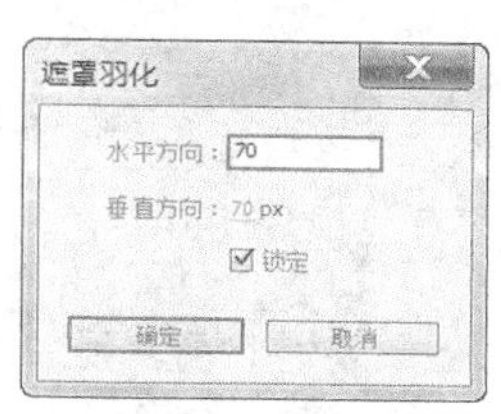

图 9-133

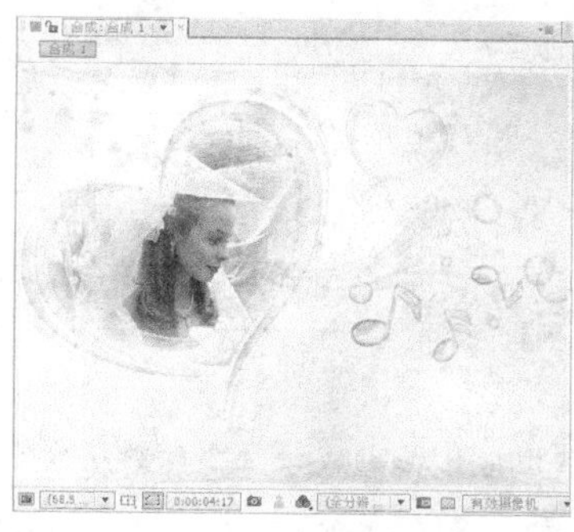

图 9-134

步骤④ 在遮罩边线上双击鼠标，创建遮罩调节框，单击鼠标右键，在弹出的菜单中选择“遮罩 > 模式 > 无”命令，隐藏遮罩，效果如图 9-135 所示。

步骤⑤ 显示并选中图层 1。选择“椭圆形遮罩”工具，绘制椭圆形遮罩图形，如图 9-136 所示。双击遮罩边线，在“合成”窗口单击鼠标右键，在弹出的菜单中选择“遮罩 > 遮罩羽化”命令，弹出“遮罩羽化”对话框，将“水平方向”和“垂直方向”的羽化值均设为 100，如图 9-137 所示。单击“确定”按钮完成羽化设置，效果如图 9-138 所示。

步骤⑥ 选择“选择”工具，双击鼠标椭圆遮罩边线，创建遮罩调节框，单击鼠标右键，在弹出的菜单中选择“遮罩 > 模式 > 添加”命令，显示遮罩，效果如图 9-139 所示。

图 9-135

图 9-136

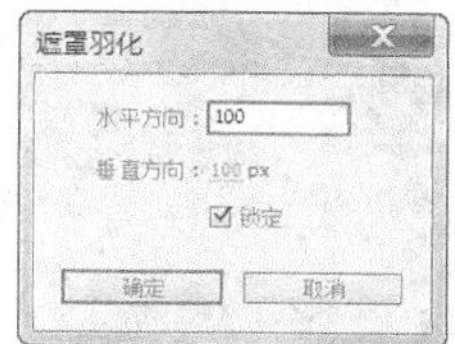

图 9-137

图 9-138

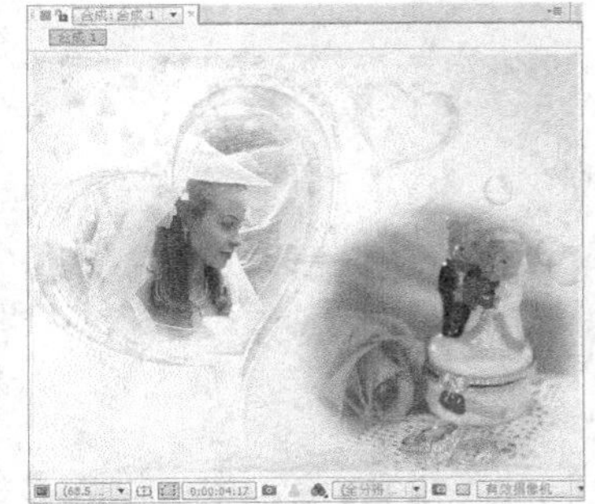
图 9-139

步骤 7 在"时间线"面板上将时间指针拖曳到起点的位置，选择图层 1，按 T 键，显示"透明度"属性，调整不透明度值为 0，单击"关键帧自动记录器"按钮，将时间指针拖曳到出点的位置，将不透明度值调整为 100，时间线面板状态如图 9-140 所示。

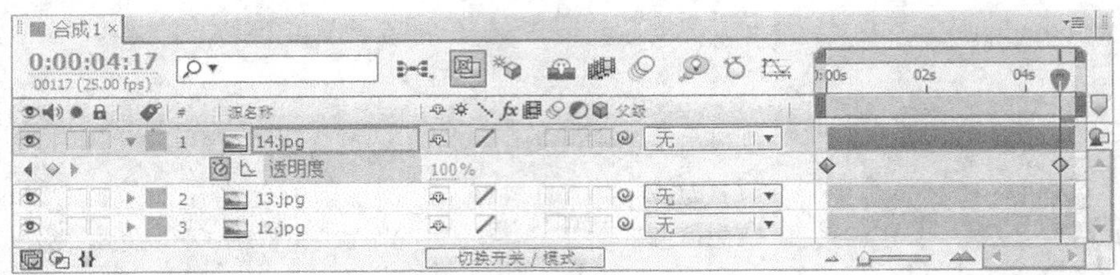

图 9-140

步骤 8 动画设置完成后，按 0 键开始预览动画效果，如图 9-141 和图 9-142 所示。

图 9-141

图 9-142

9.3.3 创建文字

在 After Effects CS5 中创建文字是非常方便的，有以下几种方法。

- 单击工具箱中的"横排文字"工具 T，如图 9-143 所示。
- 选择"图层 > 新建 > 文字"命令，如图 9-144 所示。

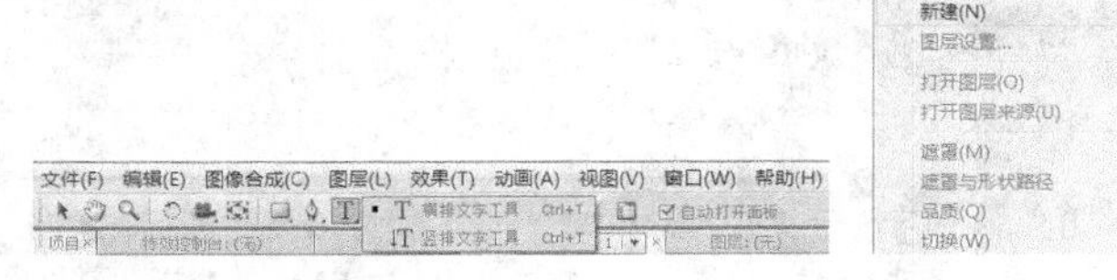

图 9-143

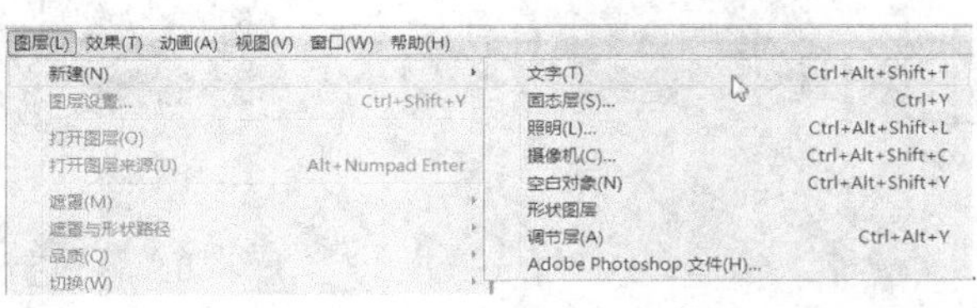

图 9-144

1. 课堂案例——打字效果

【案例学习目标】学习使用输入文本编辑。

【案例知识要点】使用“横排文字工具”输入文字或编辑；使用“应用动画预置”命令制作打字动画，如图 9-145 所示。

【效果所在位置】资源包 \ Ch09 \ 打字效果. aep。

图 9-145

（1）编辑文本

步骤① 按 Ctrl+N 组合键，弹出“图像合成设置”对话框，在“合成组名称”选项的文本框中输入“打字效果”，其他选项的设置如图 9-146 所示，单击“确定”按钮，创建一个新的合成“打字效果”。选择“文件 > 导入 > 文件”命令，弹出“导入文件”对话框，选择资源包中的“Ch09 \ 打字效果 \ (Footage) \ 01”文件，单击“打开”按钮，导入背景图片，如图 9-147 所示，并将其拖曳到“时间线”面板中。

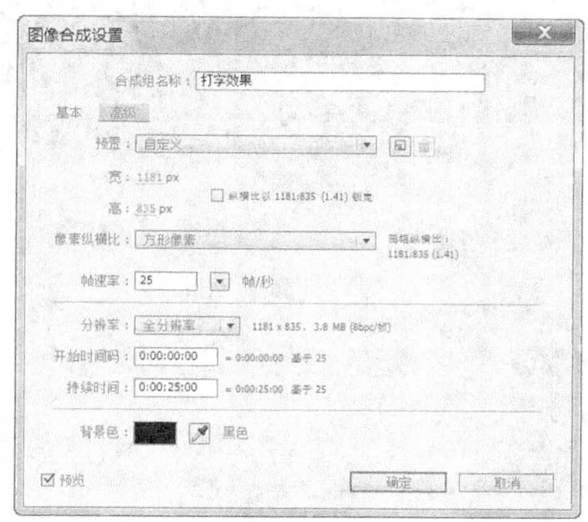

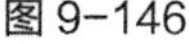
图 9-146

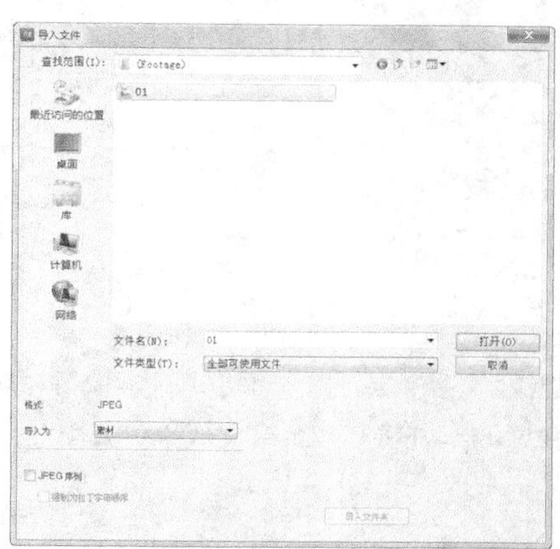

图 9-147

步骤② 选择“横排文字”工具T，在合成窗口输入文字“晒后美白修护保湿霜提取海洋植物精华，能够有效舒缓和减轻肌肤敏感现象，保持肌肤的自然白皙。”。选中文字，在“文字”面板中设置文字参数，如图 9-148 所示，合成窗口中的效果如图 9-149 所示。

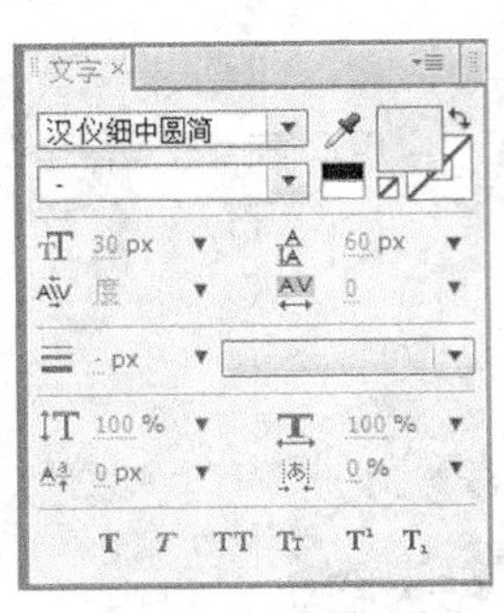

图 9-148

图 9-149

（2）制作打字文字效果

步骤① 选中“文字”层，将时间标签放置在 0s 的位置，选择“动画 > 应用动画预置”命令，选择“字处理”，单击“打开”按钮，如图 9-150 所示，合成窗口中的效果如图 9-151 所示。

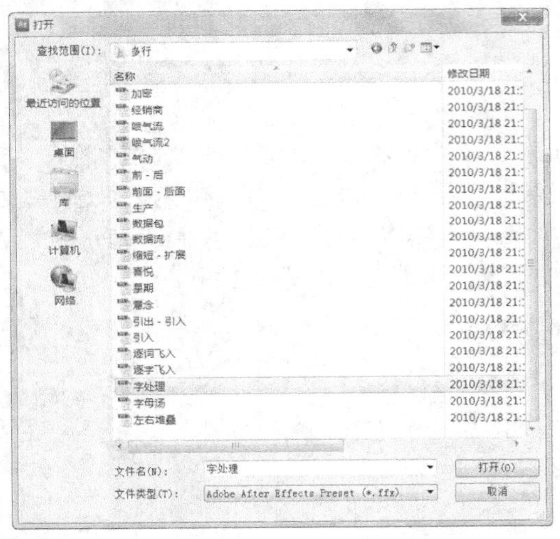

图 9-150

图 9-151

步骤② 选中“文字”层，按 U 键展开所有关键帧属性，如图 9-152 所示。选中第二个关键帧，设置“Slider”选项的数值为 44，并将其移至第 09:03s，如图 9-153 所示。

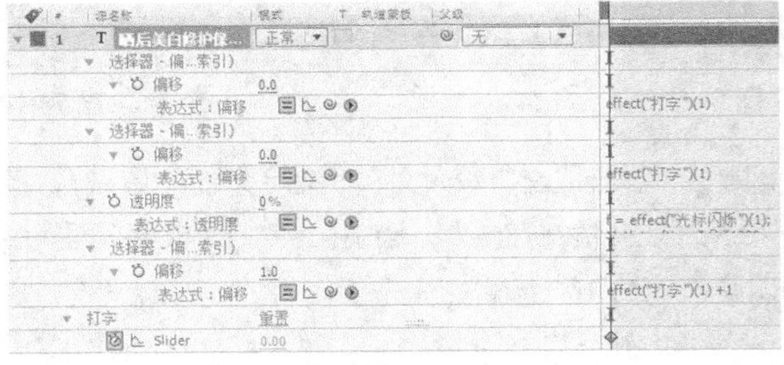

图 9-152

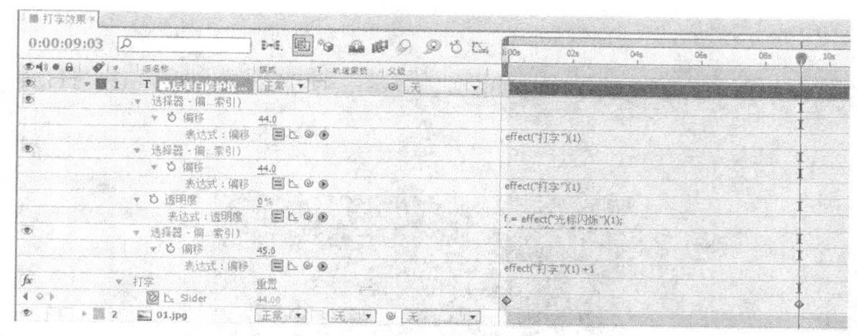

图 9-153

步骤③ 选中“文字”层，在文字的最后添加一个符号“#”，如图 9-154 所示。打字效果制作完成，如图 9-155 所示。

图 9-154

图 9-155

2. 文字工具

在工具箱中提供了建立文本的工具，包括选择“横排文字”工具[T]和“竖排文字”工具[↓T]，可以根据需要建立水平文字和垂直文字，如图 9-156 所示。文本界面中的“文本”面板提供了字体类型、字号、颜色、字间距、行间距和比例关系等。“段落”面板提供了文本左对齐、中心对齐和右对齐等段落设置，如图 9-157 所示。

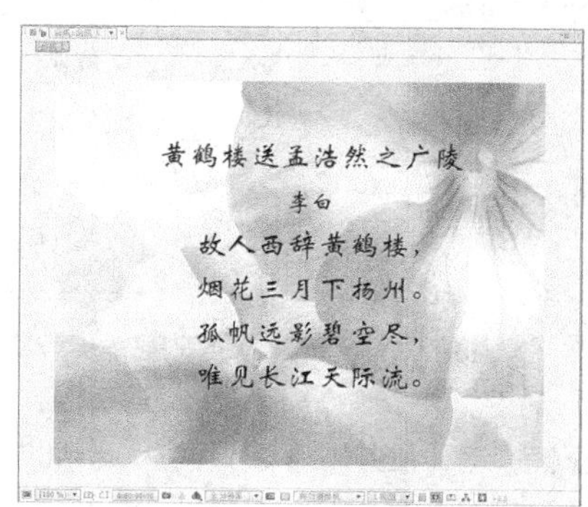

图 9-156

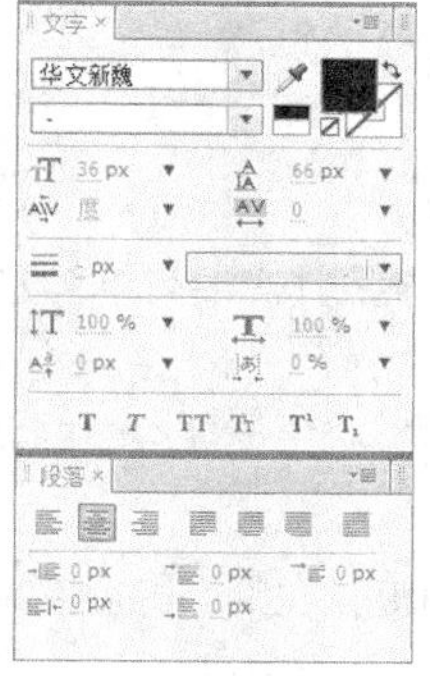

图 9-157

3. 文字层

在菜单栏中选择“图层 > 新建 > 文字”命令，可以建立一个文字层。建立文字层后可以直接在窗口中输入所需要的文字，如图 9-158 所示。

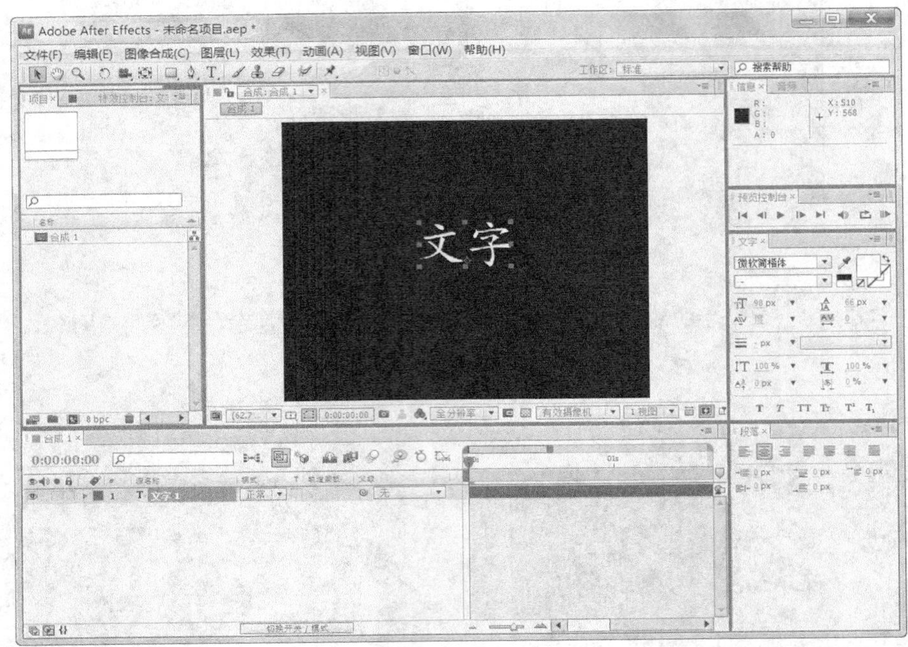

图 9-158

任务四　应用特效与抠像

本任务主要介绍 After Effects 中各个效果控制面板及应用方式和参数设置，对有实用价值、存在一定难度的特效将重点讲解。

9.4.1　初步了解效果

After Effects 软件本身自带了许多特效，包括音频、模糊与锐化、色彩校正、扭曲、键控、模拟仿真、风格化和文字等。效果不仅能够对影片进行丰富的艺术加工，还可以提高影片的画面质量和播放效果。

图 9-159

1. 为图层添加效果

为图层添加效果的方法其实很简单，方式也有很多种，可以根据情况灵活应用。

⊙ 在“时间线”面板，选中某个图层，选择“效果”命令中的各项效果命令即可。

⊙ 在“时间线”面板，在某个图层上单击鼠标右键，在弹出的菜单中选择“效果”中的各项滤镜命令即可。

⊙ 选择“窗口 > 效果和预置”命令，打开“效果和预置”窗口，如图 9-159 所示，从分类中选中需要的效果，然后拖曳到“时间线”面板中的某层上即可。

⊙ 在“时间线”面板中选择某层，然后选择“窗口 > 效果和预置”命令，打开“效果和预置”窗口，双击分类中选择的效果即可。

对于图层来讲，一个效果常常是不能完全满足创作需要的。只有使用以上描述的任意一种方法，为图层添加多个效果，才可以制作出复杂而千变万化的效果。但是，在同一图层应用多个效果时，一定要注意上下顺序，因为不同的顺序可能会有完全不同的画面效果，如图 9-160 和图 9-161 所示。

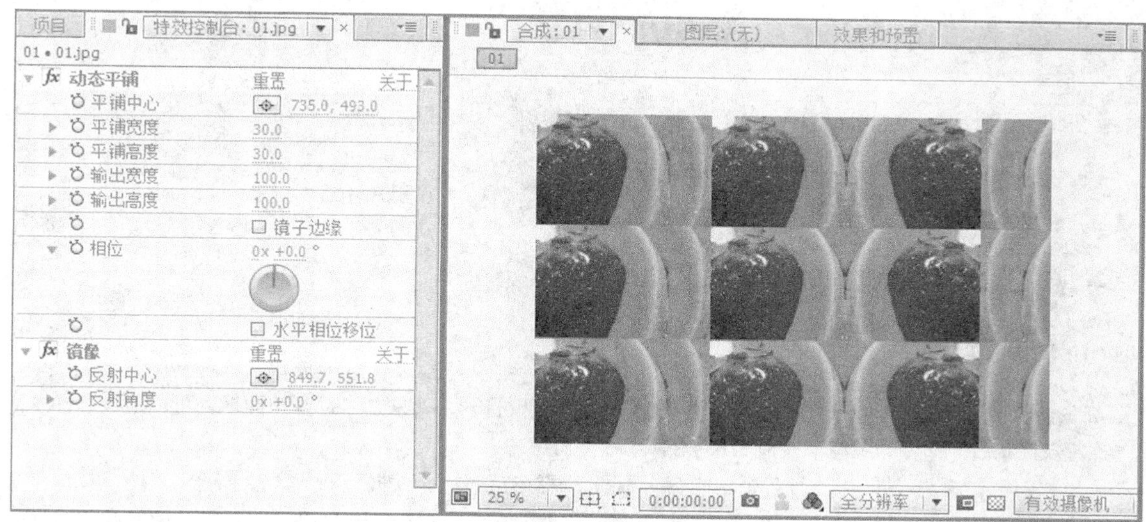

图 9-160

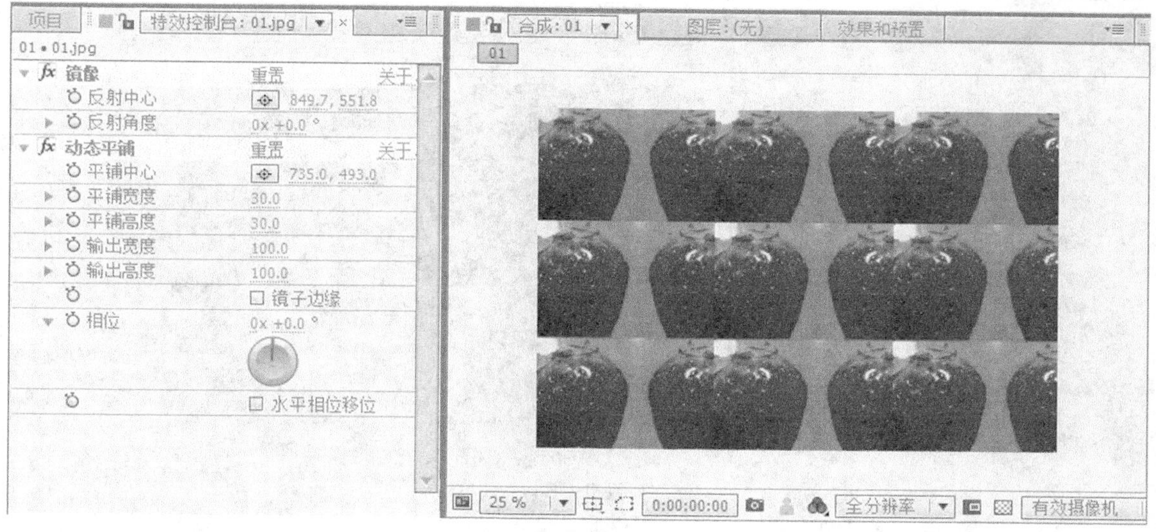

图 9-161

改变效果顺序的方法也很简单，只要在“特效控制台”面板或者“时间线”面板中，上下拖曳所需要的效果到目标位置即可，如图 9-162 和图 9-163 所示。

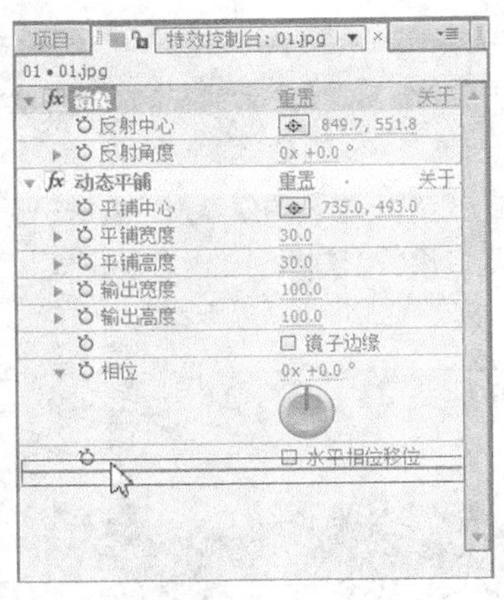

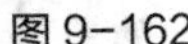
图 9-162

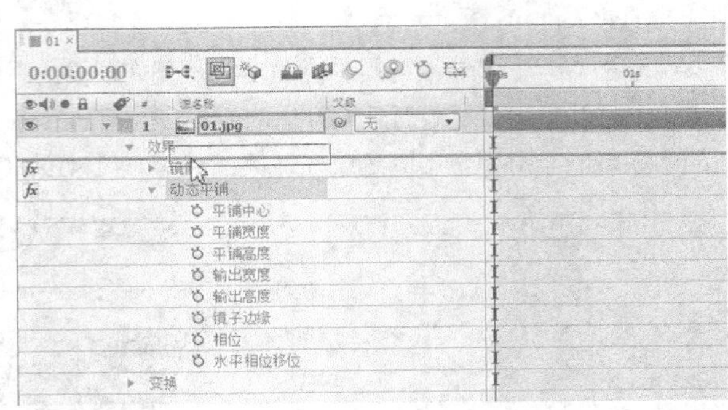

图 9-163

2. **调整、删除、复制和暂时关闭效果**

（1）调整效果

在为图层添加特效时，一般会自动将“特效控制台”面板打开，如果并未打开该面板，可以通过选择“窗口 > 特效控制台”命令，将特效控制台面板打开。

After Effects 有多种效果，且各个功能有所不同，调整方法分为 5 种。

⊙ 位置点定义：一般用来设置特效的中心位置。调整的方法有两种：一种是直接调整后面的参数值；另一种是单击[图标]，在“合成”预览窗口中的合适位置单击鼠标，效果如图 9-164 所示。

图 9-164

⊙ 下拉菜单的选择：各种单项式参数选择，一般不能通过设置关键帧制作动画。如果是可以设置关键帧动画的，如图 9-165 所示，产生硬性停止关键帧，这种变化是一种突变，不能出现连续性的渐变效果。

⊙ 调整滑块：通过左右拖动滑块调整数值程度。不过需要注意：滑块并不能显示参数的极限值。例如复合模糊滤镜，虽然在调整滑块中看到的调整范围是 0.0 到 100.0，但是如果用直接输入数值的方法调整，最大值能输入到 4000，因此在滑块中看到的调整范围一般是常用的数值段，如图 9-166 所示。

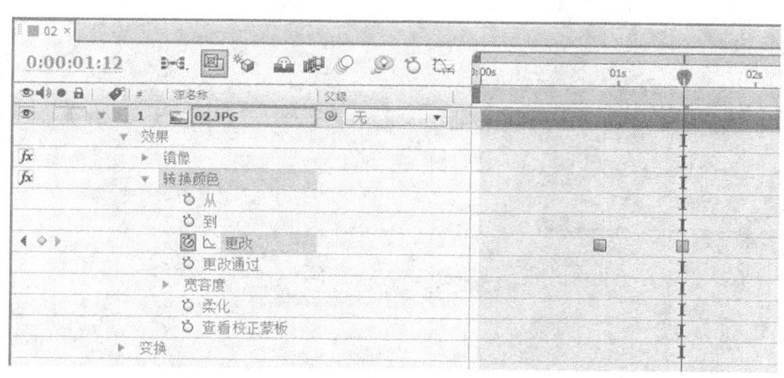

图 9-165

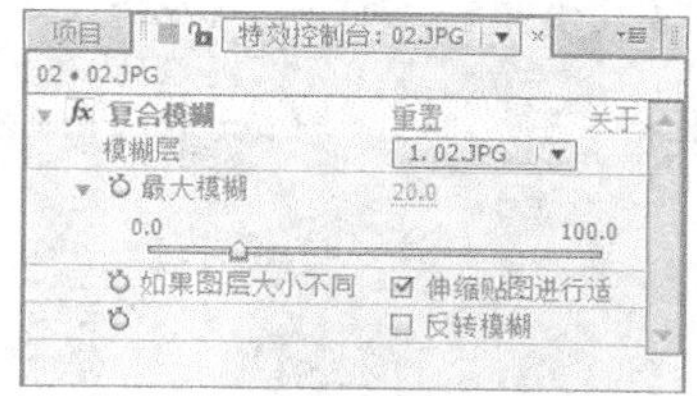

图 9-166

⊙ 颜色选取框：主要用于选取或者改变颜色，单击将会弹出如图 9-167 所示的色彩选择对话框。

⊙ 角度旋转器：一般与角度和圈数设置有关，如图 9-168 所示。

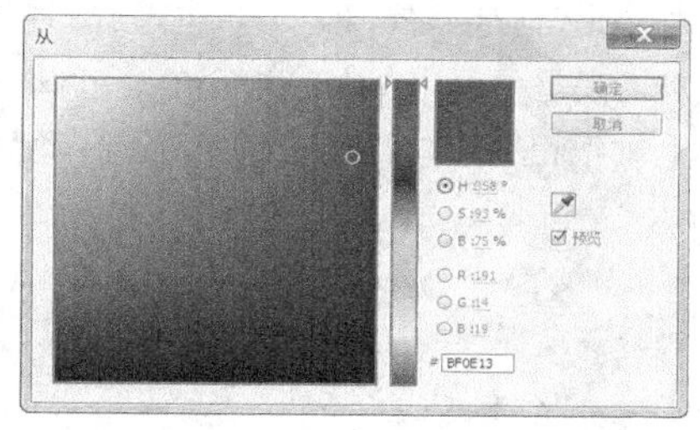

图 9-167

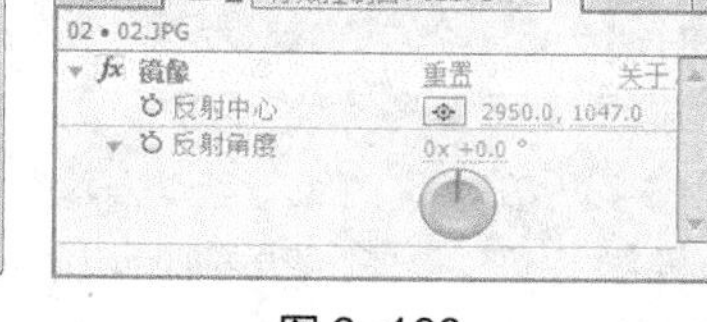

图 9-168

（2）删除效果

删除 Effects 效果的方法很简单，只需要在“特效控制台”面板或“时间线”面板中选择某个特效滤镜名称，按 Delete 键即可删除。

在“时间线”面板中快速展开效果的方法是：选中含有效果的图层，按 E 键。

（3）复制效果

如果只是在本图层中进行特效复制，只需要在“特效控制台”面板或者“时间线”面板中选中特效，按 Ctrl+D 组合键即可实现。

如果是将特效复制到其他层使用，具体操作步骤如下。

步骤① 在“特效控制台”面板或者“时间线”面板中选中原图层的一个或多个效果。

步骤② 选择“编辑 > 复制”命令，或者按 Ctrl+C 组合键，完成滤镜复制操作。

步骤③ 在“时间线”面板中，选中目标图层，然后选择“编辑 > 粘贴”命令，或按 Ctrl+V 组合键，完成效果贴操作。

（4）暂时关闭效果

在“特效控制台”面板或者“时间线”面板中，有一个非常方便的开关 fx，可以帮助用户暂时关闭某一个或某几个效果，使其不起作用，如图 9-169 和图 9-170 所示。

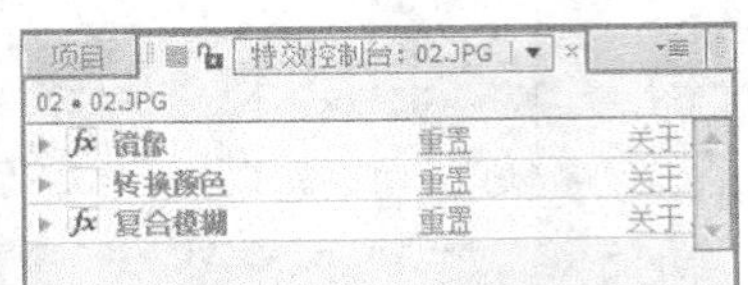

图 9-169

图 9-170

9.4.2 模糊与锐化

模糊与锐化效果用来使图像模糊和锐化。模糊效果是最常应用的效果之一，也是一种简便易行的改变画面视觉效果的途径。动态的画面需要“虚实结合”，这样即使是平面的合成，也能给人空间感和对比感，更能让人产生联想，而且可以使用模糊来提升画面的质量，有时很粗糙的画面经过处理后也会有良好的效果。

1. 高斯模糊

高斯模糊特效用于模糊和柔化图像，可以去除杂点。高斯模糊能产生更细腻的模糊效果，尤其是单独使用的时候，如图 9-171 所示。

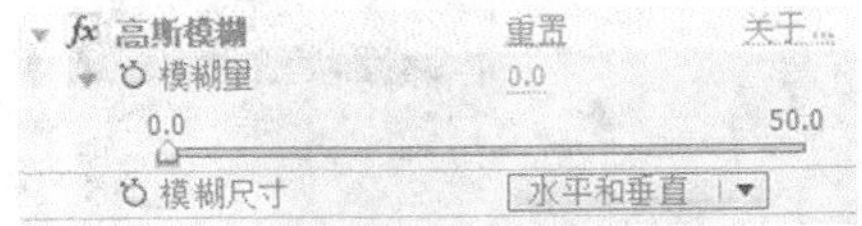

图 9-171

模糊量：调整图像的模糊程度。

模糊尺寸：设置模糊的方式，提供了水平、垂直、水平和垂直 3 种模糊方式。

高斯模糊特效演示如图 9-172、图 9-173 和图 9-174 所示。

图 9-172

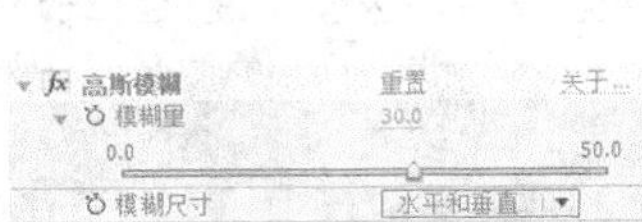

图 9-173

图 9-174

2. 方向模糊

方向模糊特效是一种十分具有动感的模糊效果，可以产生任何方向的运动视觉。当图层为草稿质量时，应用图像边缘的平均值；为最高质量的时候，应用高斯模式的模糊，产生平滑、渐变的模糊效果，如图 9-175 所示。

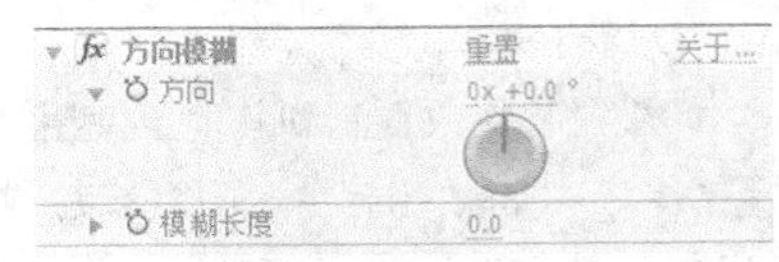

图 9-175

方向：调整模糊的方向。

模糊长度：调整滤镜的模糊程度，数值越大，模糊的程度也就越大。

方向模糊特效演示如图 9-176、图 9-177 和图 9-178 所示。

图 9-176

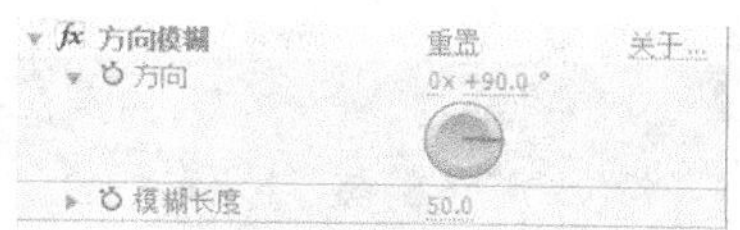

图 9-177

图 9-178

3. 径向模糊

径向模糊特效可以在层中围绕特定点为图像增加移动或旋转模糊的效果，径向模糊特效的参数设置如图 9-179 所示。

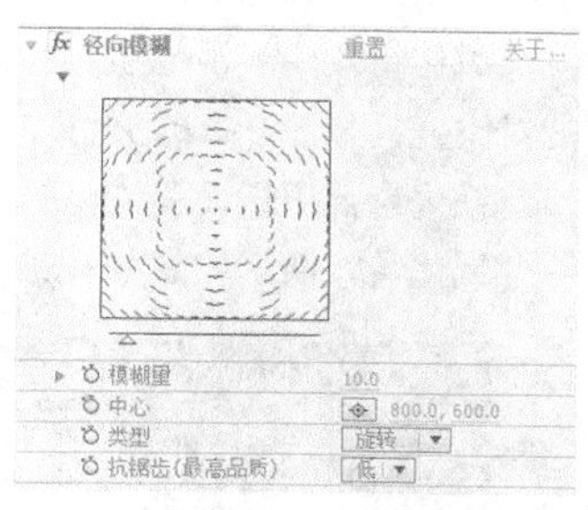

图 9-179

模糊量：控制图像的模糊程度。模糊程度的大小取决于模糊量。在旋转类型状态下，模糊量表示旋转模糊程度；在缩放类型下，模糊量表示缩放模糊程度。

中心：调整模糊中心点的位置。可以通过单击按钮在视频窗口中指定中心点位置。

类型：设置模糊类型。其中提供了旋转和缩放两种模糊类型。

抗锯齿：该功能只在图像的最高品质下起作用。

径向模糊特效演示如图 9-180、图 9-181 和图 9-182 所示。

图 9-180

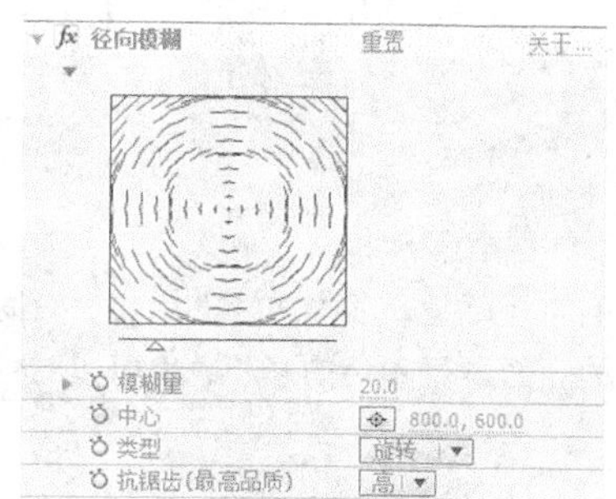

图 9-181

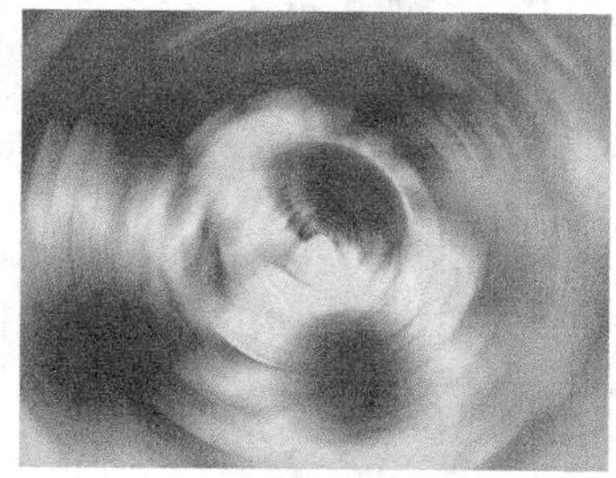

图 9-182

4. 快速模糊

快速模糊特效用于设置图像的模糊程度，它和高斯模糊十分类似，而它在大面积应用的时候实现速度更快，效果更明显，如图 9-183 所示。

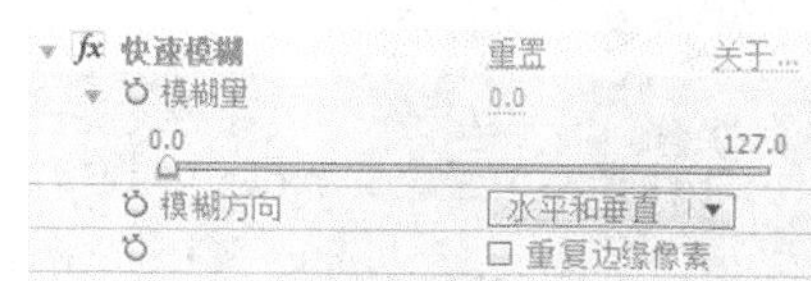

图 9-183

模糊量：用于设置模糊程度。

模糊方向：设置模糊方向，分别有水平和垂直、水平和垂直 3 种方式。

重复边缘像素：勾选重复边缘像素复选框，可让边缘保持清晰度。

快速模糊特效演示如图 9-184、图 9-185 和图 9-186 所示。

图 9-184

图 9-185

图 9-186

5. 锐化滤镜

锐化特效用于锐化图像，在图像颜色发生变化的地方提高图像的对比度，如图 9-187 所示。

图 9-187

锐化量：用于设置锐化的程度。

锐化特效演示如图 9-188、图 9-189 和图 9-190 所示。

图 9-188

图 9-189

图 9-190

9.4.3 色彩校正

在视频制作过程中，对于画面颜色的处理是一项很重要的内容，有时直接影响效果的成败，色彩校正效果组下的众多特效可以用来对色彩不好的画面进行颜色的修正，也可以对色彩正常的画面进行颜色调节，使其更加精彩。

1. 课堂案例——水墨画效果

【案例学习目标】学习使用调整图像色相位/饱和度、亮度与对比度。

【案例知识要点】使用“查找边缘”命令、“色相位/饱和度”命令、“色阶”命令、“高斯模糊”命令制作水墨画效果。水墨画效果如图 9-191 所示。

【效果所在位置】资源包 \ Ch09 \ 水墨画效果.aep。

图 9-191

（1）导入并编辑素材

步骤① 按 Ctrl+N 组合键，弹出“图像合成设置”对话框，在“合成组名称”选项的文本框中输入“水墨画效果”，其他选项的设置如图 9-192 所示，单击“确定”按钮，创建一个新的合成“水墨效果”。选择“文件 > 导入 > 文件”命令，弹出“导入文件”对话框，选择资源包“Ch09 \ 水墨画效果 \ (Footage)”中的“01”和“02”文件，单击“打开”

按钮，导入图片，如图 9-193 所示，并将“01”文件拖曳到“时间线”面板中。

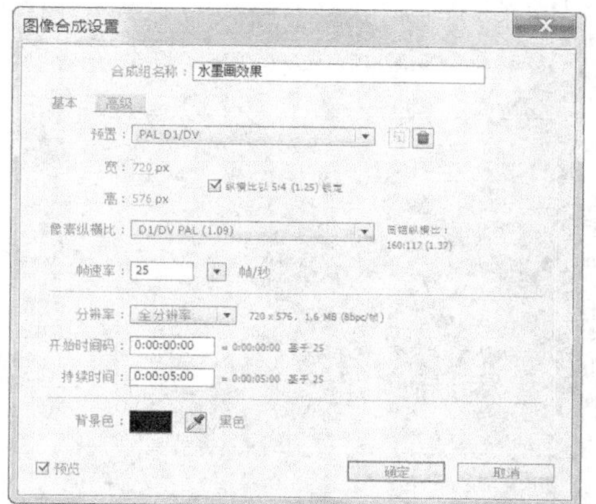

图 9-192

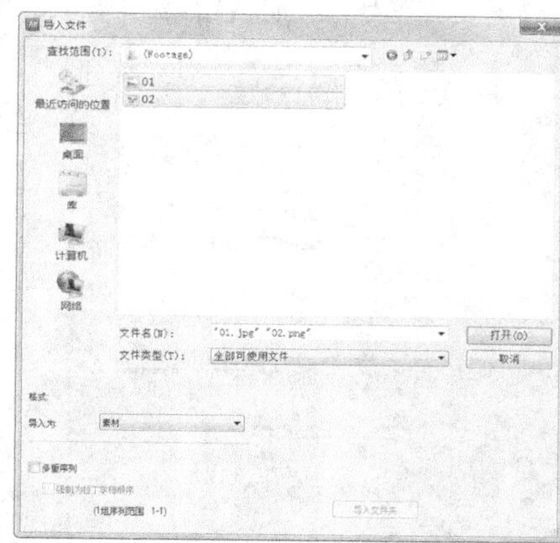

图 9-193

步骤② 选中“01”文件，按 Ctrl+D 组合键复制一层，单击复制层前面的眼睛按钮，关闭该层的可视性，如图 9-194 所示。合成窗口中的效果如图 9-195 所示。

图 9-194

图 9-195

步骤③ 选中第二层的“01”文件，选择“效果 > 风格化 > 查找边缘”命令，在“特效控制台”面板中进行参数设置，如图 9-196 所示。合成窗口中的效果如图 9-197 所示。

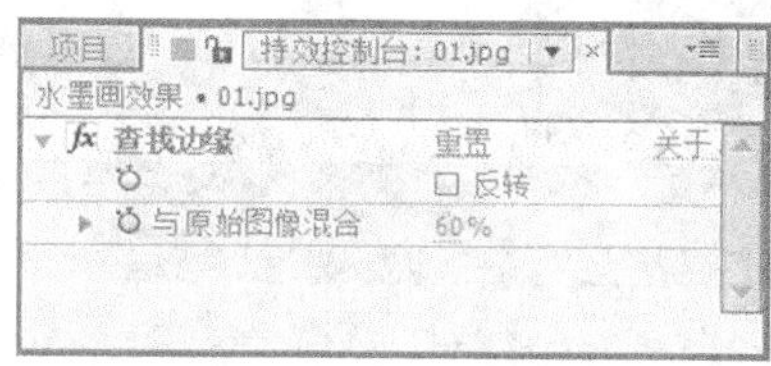

图 9-196

图 9-197

步骤④ 选中“01”文件，选择“效果 > 色彩校正 > 色相位/饱和度”命令，在“特效控制台”面板中进行参数设置，如图 9-198 所示。合成窗口中的效果如图 9-199 所示。

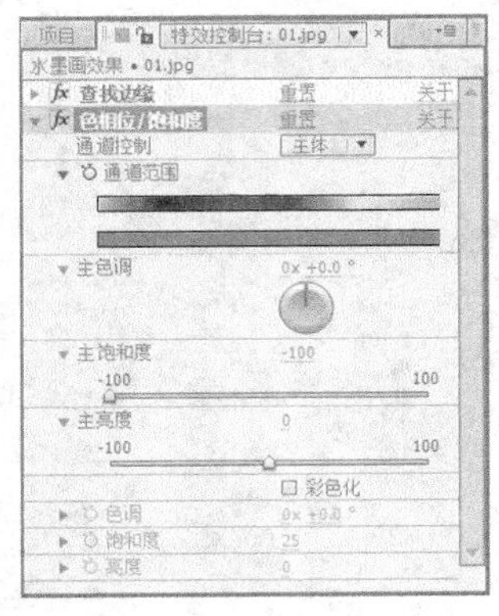

图 9-198

图 9-199

步骤⑤ 选中“01”文件，选择“效果 > 色彩校正 > 曲线”命令，在“特效控制台”面板中调整曲线，如图 9-200 所示。合成窗口中的效果如图 9-201 所示。

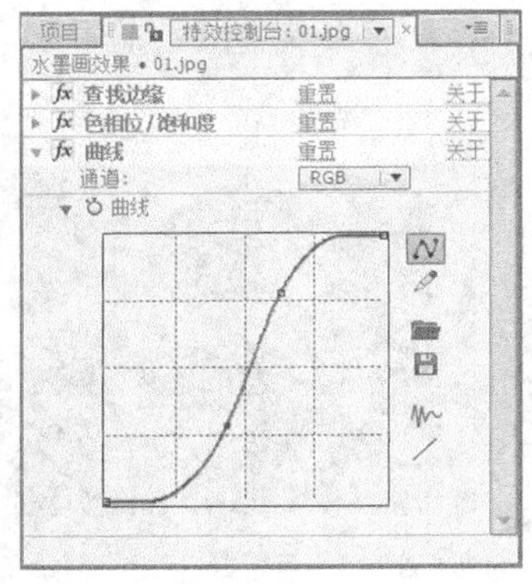

图 9-200

图 9-201

步骤⑥ 选中“01”文件，选择“效果 > 模糊与锐化 > 高斯模糊”命令，在“特效控制台”面板中进行参数设置，如图 9-202 所示。合成窗口中的效果如图 9-203 所示。

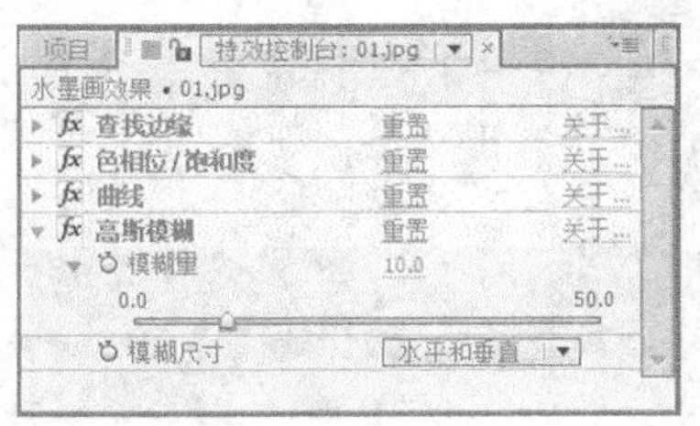

图 9-202

图 9-203

（2）制作水墨画效果

步骤① 单击第 1 层前面的眼睛按钮，打开该层的可视性。按 T 键展开透明度属性，设置“透明度”选项的数值为 70%，如图 9-204 所示。

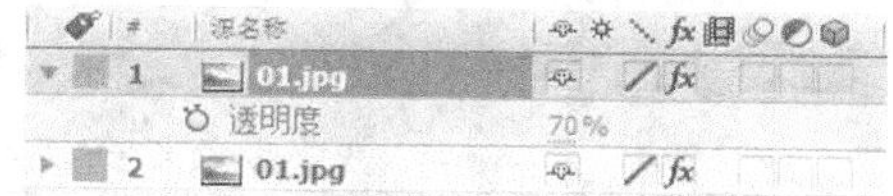

图 9-204

步骤② 在“时间线”面板中设置“模式”选项的叠加模式为“正片叠底”，如图 9-205 所示。合成窗口中的效果如图 9-206 所示。

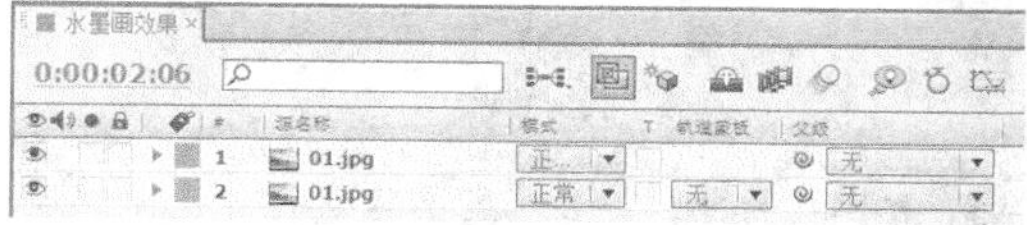

图 9-205

图 9-206

步骤③ 选择“效果 > 风格化 > 查找边缘”命令，在“特效控制台”面板中进行参数设置，如图 9-207 所示。合成窗口中的效果如图 9-208 所示。

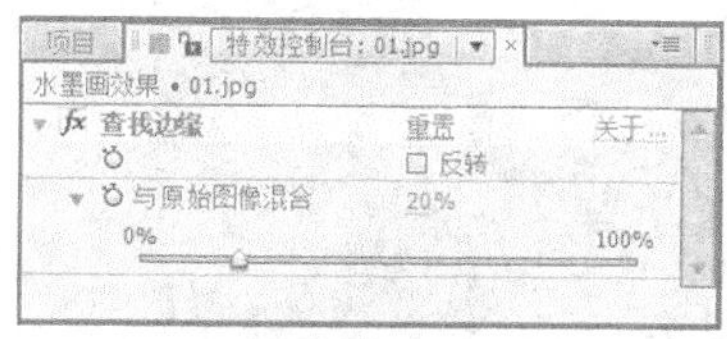

图 9-207

图 9-208

步骤④ 选择“效果 > 色彩校正 > 色相位/饱和度”命令，在“特效控制台”面板中进行参数设置，如图 9-209 所示。合成窗口中的效果如图 9-210 所示。

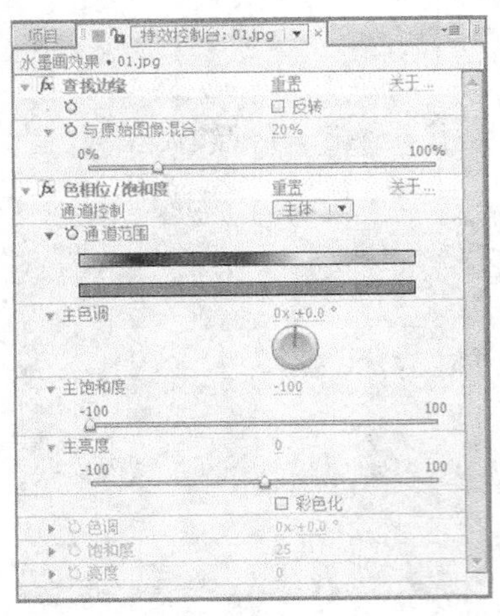

图 9-209

图 9-210

步骤⑤ 选择“效果 > 色彩校正 > 曲线”命令，在“特效控制台”面板中调整曲线，如图 9-211 所示。合成窗口中的效果如图 9-212 所示。

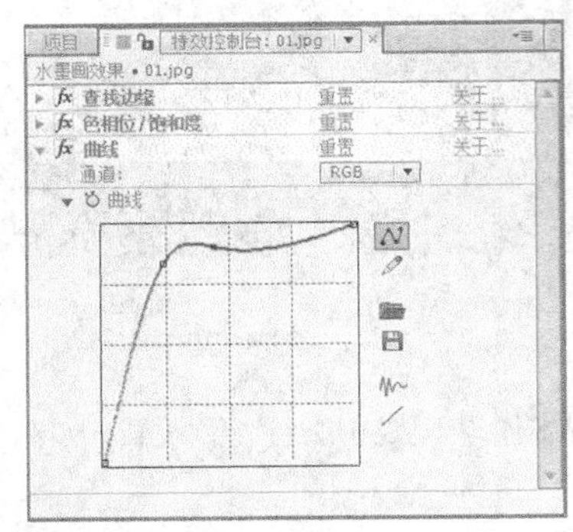

图 9-211

图 9-212

步骤⑥ 选择“效果 > 模糊与锐化 > 快速模糊”命令，在“特效控制台”面板中进行参数设置，如图 9-213 所示。合成窗口中的效果如图 9-214 所示。

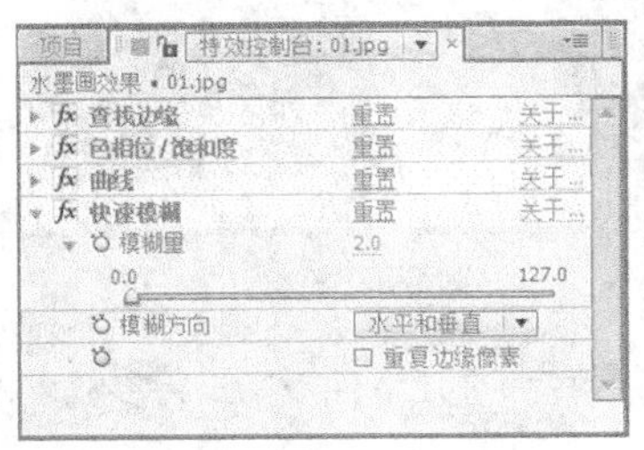

图 9-213

图 9-214

步骤 7 在“项目”面板中选择“02”文件并将其拖曳到“时间线”面板中，层的排列如图 9-215 所示。水墨画效果制作完成，如图 9-216 所示。

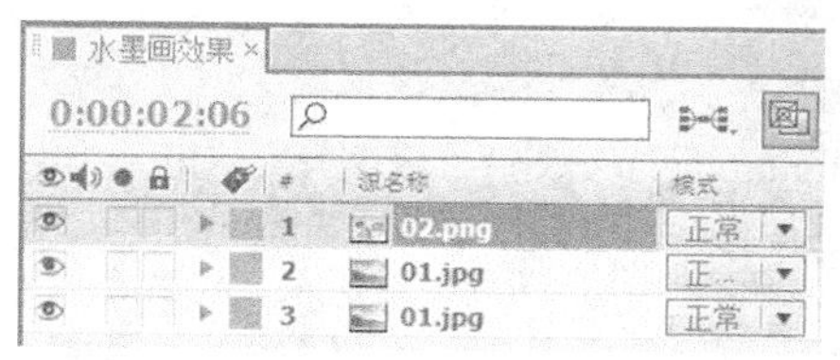

图 9-215

图 9-216

2. 亮度与对比度

亮度与对比度特效用于调整画面的亮度和对比度，可以同时调整所有像素的高亮、暗部和中间色，操作简单且有效，但不能对单一通道进行调节，如图 9-217 所示。

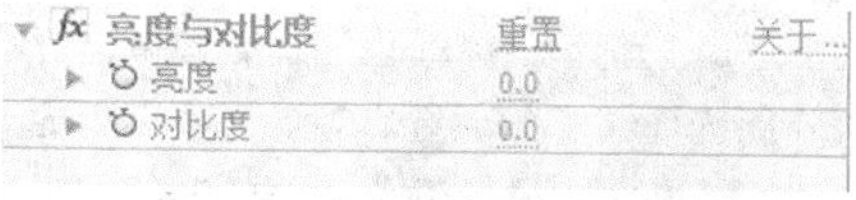

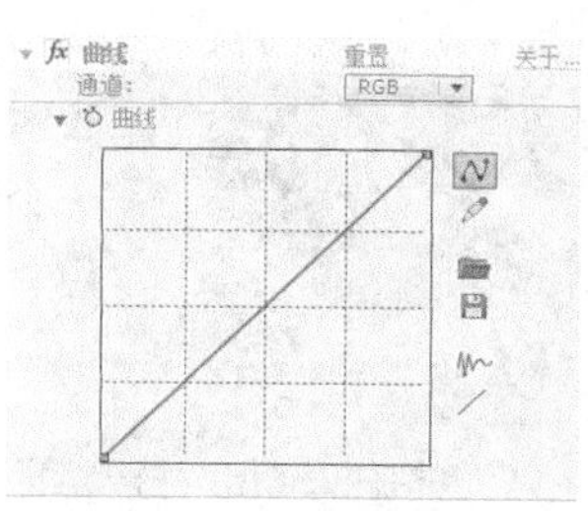

图 9-217

亮度：用于调整亮度值。正值增加亮度，负值降低亮度。

对比度：用于调整对比度值。正值增加对比度，负值降低亮度。

亮度与对比度特效演示如图 9-218、图 9-219 和图 9-220 所示。

图 9-218

图 9-219

图 9-220

3. 曲线

曲线特效用于调整图像的色调曲线。After Effects 里的曲线控制与 Photoshop 中的曲线控制功能类似，可对图像的各个通道进行控制，调节图像色调范围。可以用 0~255 的灰阶调节颜色。用 Level 也可以完成同样的工作，但是 Curves 控制能力更强。Curves 特效控制台是 After Effects 里非常重要的一个调色工具。

After Effects 可通过坐标来调整曲线。图 9-221 中的水平坐标代表像素的原始亮度级别，垂直坐标代表输出的亮度值。可以通过移动曲线上的控制点编辑曲线，任何曲线的 Gamma 值表示为输入、输出值的对比度。向上移动曲线控制点可降低 Gamma 值，向下移动可增加 Gamma 值，Gamma 值决定了影响中间色调的对比度。

图 9-221

在曲线图表中，可以调整图像的阴影部分、中间色调区域和高亮区域。

通道：用于选择进行调控的通道，可以选择 RGB、红、绿、蓝和 Alpha 通道分别进行调控。需要在通道下拉列表中指定图像通道。可以同时调节图像的 RGB 通道，也可以对红、绿、蓝和 Alpha 通道分别进行调节。

曲线：用来调整 Gamma 值，即输入（原始亮度）和输出的对比度。

曲线工具：选中曲线工具并单击曲线，可以在曲线上增加控制点。如果要删除控制点，可在曲线上选中要删除的控制点，将其拖曳至坐标区域外即可。按住鼠标拖曳控制点，可对曲线进行编辑。

“铅笔工具”：选中铅笔工具，可以在坐标区域中拖曳光标，绘制一条曲线。

“平滑工具”：使用平滑工具，可以平滑曲线。

“直线工具”：可以将坐标区域中的曲线恢复为直线。

“存储工具”：可以将调节完成的曲线存储为一个.amp 或.acv 文件，以供再次使用。

“打开工具”：可以打开存储的曲线调节文件。

4. 色相位/饱和度

色相位/饱和度特效用于调整图像的色调、饱和度和亮度。其应用的效果和色彩平衡一样，但它是利用颜色相应的调整轮来进行控制，如图 9-222 所示。

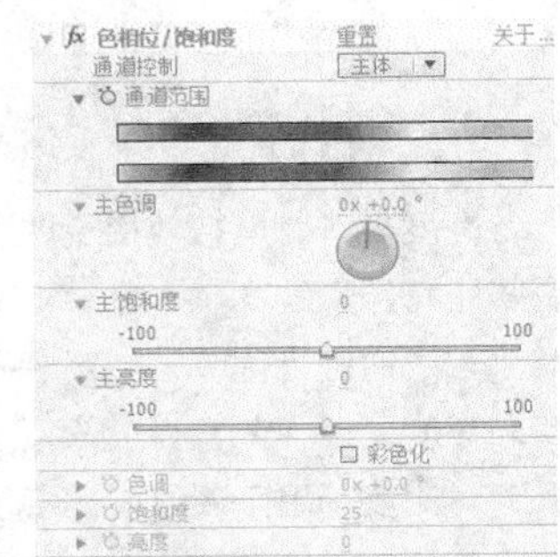

图 9-222

通道控制：选择颜色通道，如果选择主体时，对所有颜色应用效果，而如果分别选择红、黄、绿、青、蓝和品红通道时，则对所选颜色应用效果。

通道范围：显示颜色映射的谱线，用于控制通道范围。上面的色条表示调节前的颜色，下面的色条表示如果在满饱和度下进行的调节来影响整个色调。当对单独的通道进行调节时，下面的色条会显示控制滑杆。拖曳竖条可调节颜色范围，拖曳三角可调整羽化量。

主色调：控制所调节的颜色通道色调，可利用颜色控制轮盘（代表色轮）改变总的色调。

主饱和度：用于调整主饱和度。通过调节滑块，控制所调节的颜色通道的饱和度。

主亮度：用于调整主亮度。通过调节滑块，控制所调节的颜色通道亮度。

彩色化：用于调整图像为一个色调值，可以将灰阶图转换为带有色调的双色图。

色调：通过颜色控制轮盘，控制彩色化图像后的色调。

饱和度：通过调节滑块，控制彩色化图像后的饱和度。

亮度：通过调节滑块，控制彩色化图像后的亮度。

色相位/饱和度特效是 After Effects 里非常重要的一个调色工具，在更改对象色相属性时使用很方便。在调节颜色的过程中，可以使用色轮来预测一个颜色成分中的更改是如何影响其他颜色的，并了解这些更改如何在 RGB 色彩模式间转换。

色相位/饱和度特效演示如图 9-223、图 9-224 和图 9-225 所示。

图 9-223

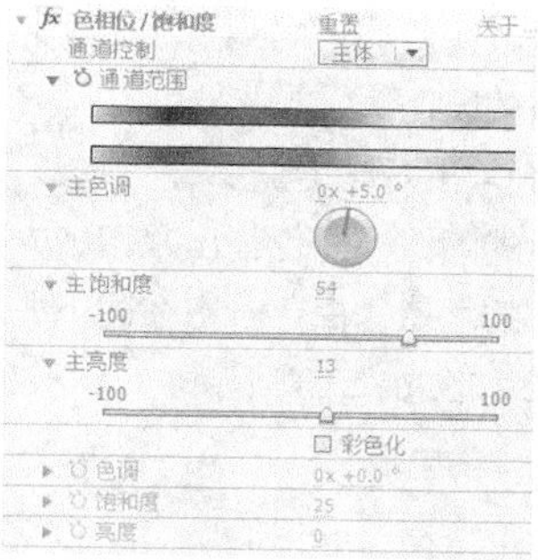

色相位/饱和度	重置	关于
通道控制	主体	
通道范围		
主色调	0x +5.0°	
主饱和度	54	
主亮度	13	
	□ 彩色化	
色调	0x +0.0°	
饱和度	25	
亮度	0	

图 9-224

图 9-225

5. 色彩平衡

色彩平衡特效用于调整图像的色彩平衡。通过对图像的红、绿、蓝通道分别进行调节，可调节颜色在暗部、中间色调和高亮部分的强度，如图 9-226 所示。

阴影红色/绿色/蓝色平衡：用于调整 RGB 彩色的阴影范围平衡。

中值红色/绿色/蓝色平衡：用于调整 RGB 彩色的中间亮度范围平衡。

高光红色/绿色/蓝色平衡：用于调整 RGB 彩色的高光范围平衡。

保持亮度：该选项用于保持图像的平均亮度，来保持图像的整体平衡。

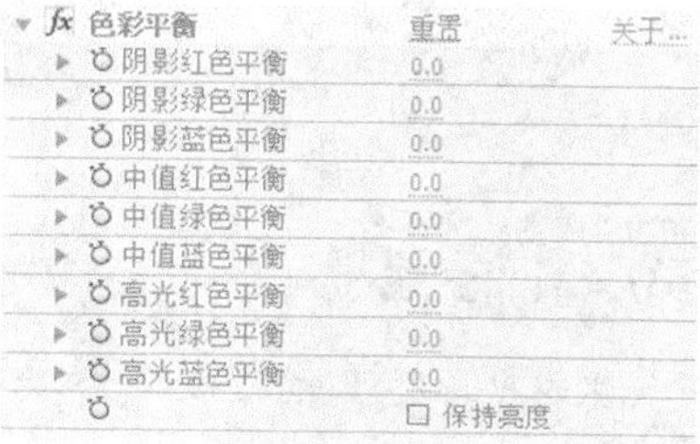

色彩平衡	重置	关于...
阴影红色平衡	0.0	
阴影绿色平衡	0.0	
阴影蓝色平衡	0.0	
中值红色平衡	0.0	
中值绿色平衡	0.0	
中值蓝色平衡	0.0	
高光红色平衡	0.0	
高光绿色平衡	0.0	
高光蓝色平衡	0.0	
	□ 保持亮度	

图 9-226

色彩平衡特效演示如图 9-227、图 9-228 和图 9-229 所示。

图 9-227

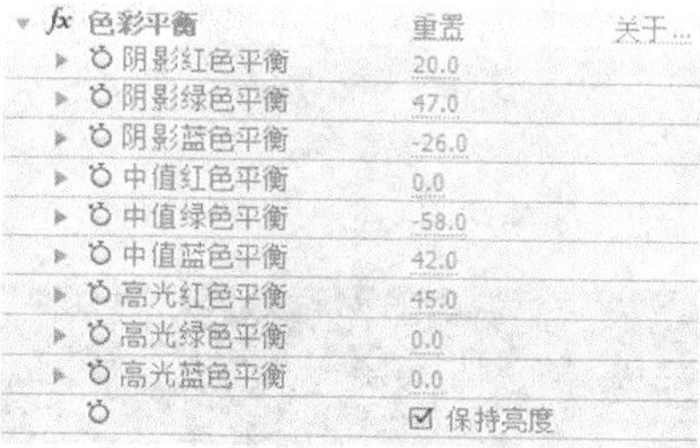

色彩平衡	重置	关于...
阴影红色平衡	20.0	
阴影绿色平衡	47.0	
阴影蓝色平衡	-26.0	
中值红色平衡	0.0	
中值绿色平衡	-58.0	
中值蓝色平衡	42.0	
高光红色平衡	45.0	
高光绿色平衡	0.0	
高光蓝色平衡	0.0	
	☑ 保持亮度	

图 9-228

图 9-229

6. 色阶

色阶特效是一个常用的调色特效工具，用于将输入的颜色范围重新映射到输出的颜色范围，还可以改变 Gamma 校正曲线。色阶主要用于基本的影像质量调整，如图 9-230 所示。

通道：用于选择要进行调控的通道。可以选择 RGB 彩色通道、Red 红色通道、Green 绿色通道、Blue 蓝色通道和 Alpha 透明通道分别进行调控。

柱形图：可以通过该图了解像素在图像中的分布情况。水平方向表示亮度值，垂直方向表示该亮度值的像素数值。像素值不会比输入黑色值更低，也不会比输入白色值更高。

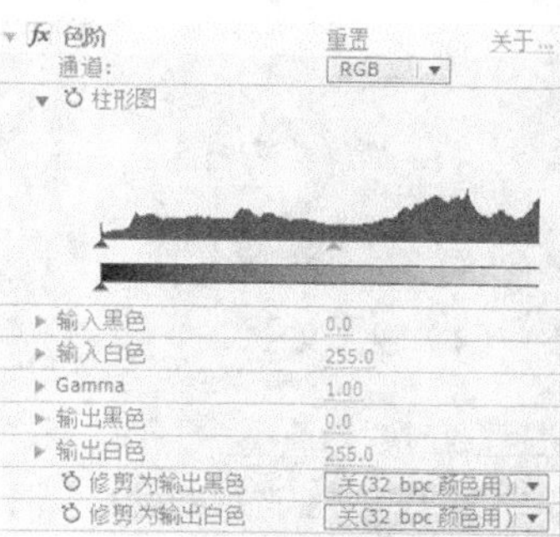

图 9-230

输入黑色：用于限定输入图像黑色值的阈值。

输入白色：用于限定输入图像白色值的阈值。

Gamma：设置伽玛值，用于调整输入输出对比度。

输出黑色：用于限定输出图像黑色值的阈值，黑色输出在图下方灰阶条中。

输出白色：用于限定输出图像白色值的阈值，白色输出在图下方灰阶条中。

色阶特效演示如图 9-231、图 9-232 和图 9-233 所示。

图 9-231

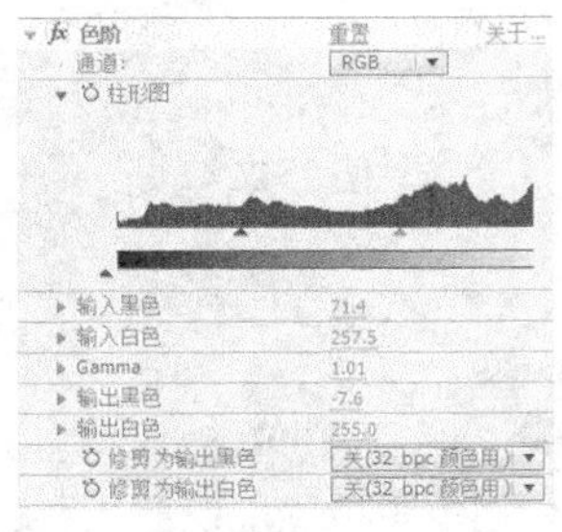

图 9-232

图 9-233

9.4.4 生成

生成效果组里包含很多特效，可以创造一些原画面中没有的效果，这些效果在制作动画的过程中有着广泛的应用。

1. 课堂案例——动感模糊文字

案例学习目标：学习使用镜头光晕效果。

案例知识要点：使用“卡片擦除”命令制作动感文字；使用滤镜特效“方向模糊”命令、“色阶”命令、“Shine”命令制作文字发光并改变发光颜色；使用“镜头光晕”命令添加镜头光晕效果。动感模糊文字效果如图 9-234 所示。

效果所在位置：资源包 \ Ch09 \ 动感模糊文字.aep。

图 9-234

（1）输入文字

步骤 1 按 Ctrl+N 组合键，弹出“图像合成设置”对话框，在“合成组名称”选项的文本框中输入“动感模糊文字”，其他选项的设置如图 9-235 所示，单击“确定”按钮，创建一个新的合成“动感模糊文字”。

步骤② 选择“横排文字”工具T，在合成窗口中输入文字“数码科技前沿”。选中文字，在“文字”面板中设置文字的颜色为白色，参数的设置如图 9-236 所示，合成窗口中的效果如图 9-237 所示。

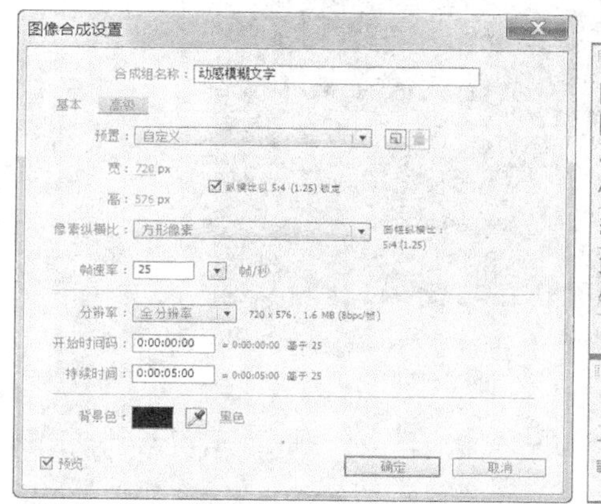

图 9-235

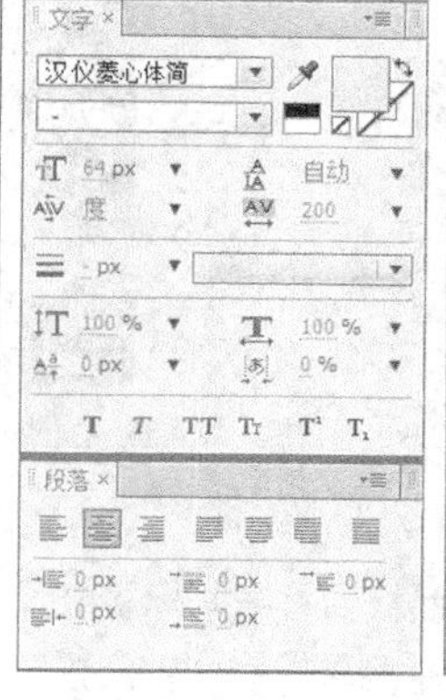

图 9-236

图 9-237

（2）添加文字特效

步骤① 选中“文字”层，选择“效果 > 过渡 > 卡片擦除”命令，在“特效控制台”面板中进行参数设置，如图 9-238 所示。

步骤② 选中“文字”层，在“时间线”面板中将时间标签放置在 0s 的位置。在“特效控制台”面板中单击“变换完成度”选项前面的“关键帧自动记录器”按钮，如图 9-239 所示，记录第 1 个关键帧。

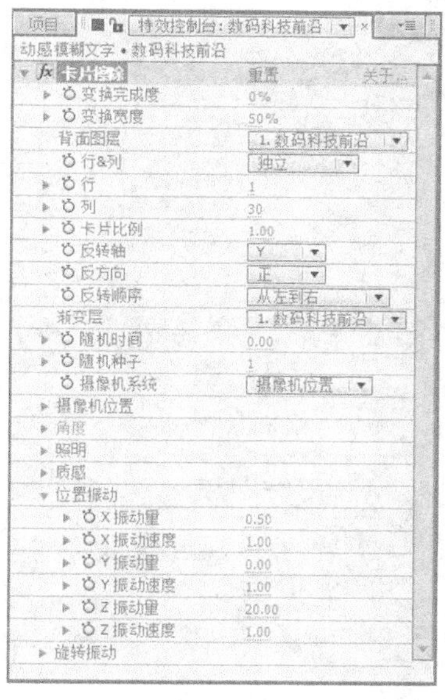

图 9-238

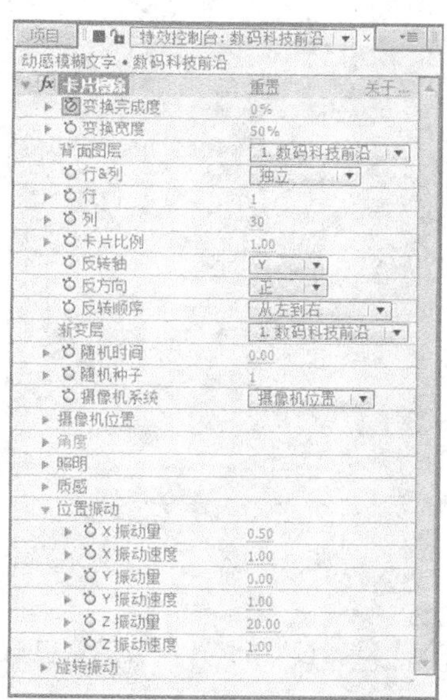

图 9-239

步骤③ 将时间标签放置在 2s 的位置，在“特效控制台”面板中设置“变换完成度”选项的数值为 100%，如图 9-240 所示，记录第 2 个关键帧。合成窗口中的效果如图 9-241 所示。

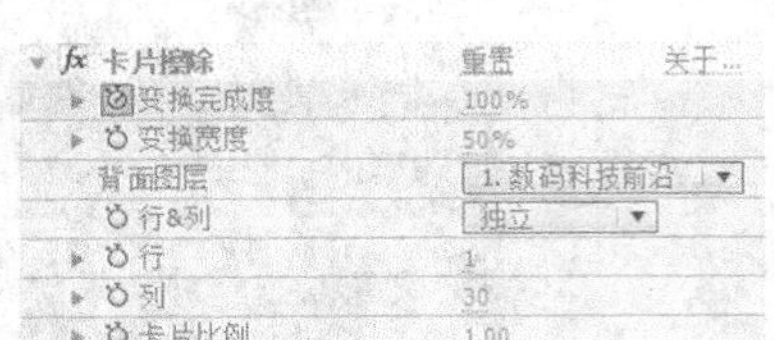

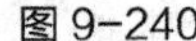

图 9-240

图 9-241

步骤④ 选中“文字”层，在“时间线”面板中将时间标签放置在 0 s 的位置，在“特效控制台”面板中进行参数设置，单击“摄像机位置”下的“Y 轴旋转”和“Z 位置”，“位置震动”下的“X 振动量”和“Z 振动量”选项前面的“关键帧自动记录器”按钮，如图 9-242 所示。将时间标签放置在 2s 的位置，设置“Y 轴旋转”选项的数值为 0、0.0°，“Z 位置”选项的数值为 2.00，“X 振动量”选项的数值为 0.00，“Z 振动量”选项的数值为 0.00，如图 9-243 所示。

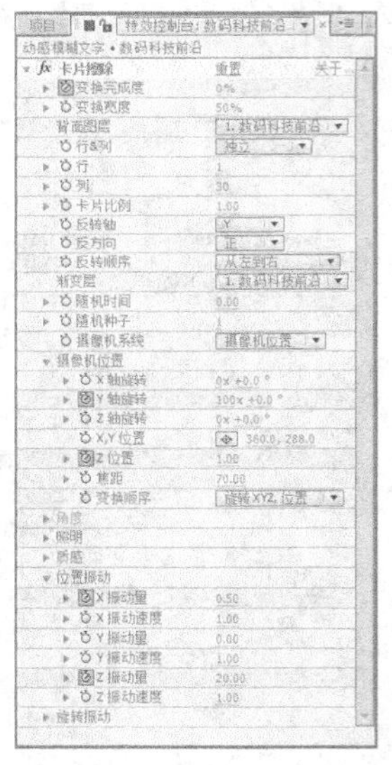

图 9-242

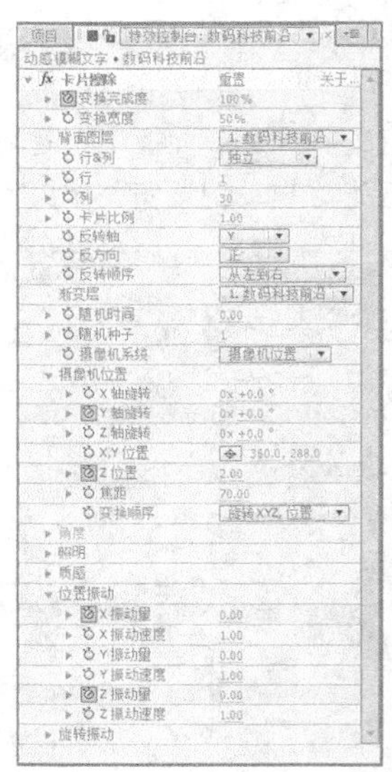

图 9-243

（3）添加文字动感效果

步骤① 选中“文字”层，按 Ctrl+D 组合键复制一层，如图 9-244 所示。在“时间线”面板中设置新复制层的遮罩混合模式为添加，如图 9-245 所示。

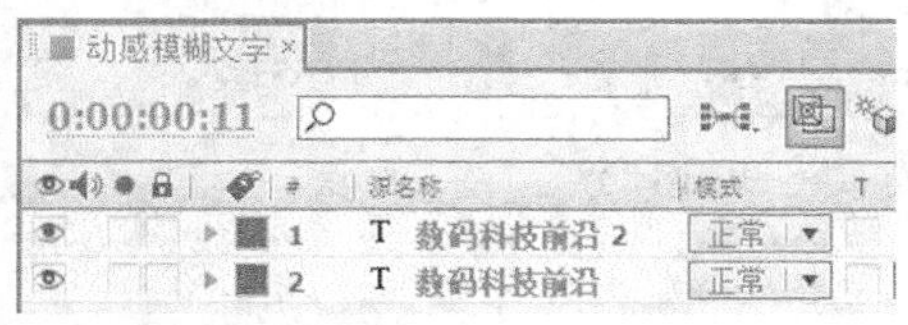

图 9-244

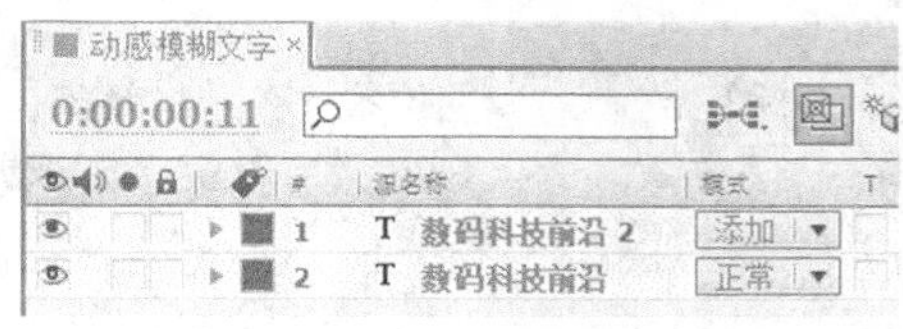

图 9-245

步骤② 选中新复制的层，选择选择“效果 > 模糊与锐化 > 方向模糊”命令，在“特效控制台”面板中进行参数设置，如图 9-246 所示。合成窗口中的效果如图 9-247 所示。

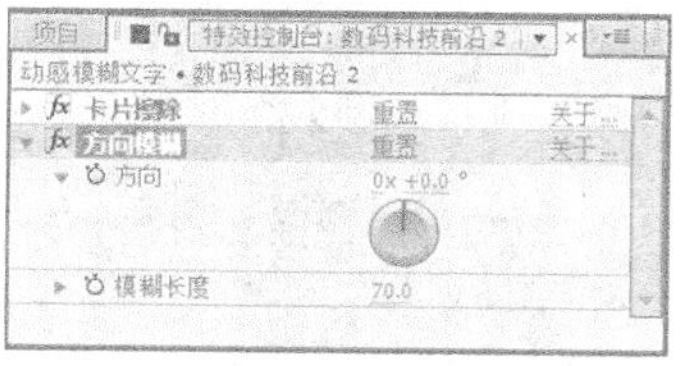

图 9-246

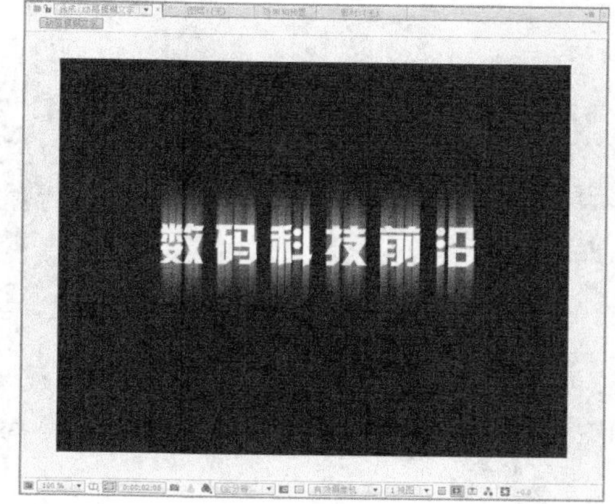

图 9-247

步骤③ 将时间标签放置在 0s 的位置，在“特效控制台”面板中单击“模糊长度”选项前面的“关键帧自动记录器”按钮 ⏱，记录第 1 个关键帧。将时间标签放置在 1s 的位置，设置“模糊长度”选项的数值为 100，将时间标签放置在 2s 的位置，设置“模糊长度”选项的数值为 100，将时间标签放置在 2:05s 的位置，设置“模糊长度”选项的数值为 150，如图 9-248 所示。

图 9-248

步骤④ 选中新复制的层，选择“效果 > 色彩校正 > 色阶”命令，在“特效控制台”面板中进行参数设置，如图 9-249 所示。选择“效果 > Trapcode > Shine”命令，在“特效控制台”面板中进行参数设置，如图 9-250 所示。

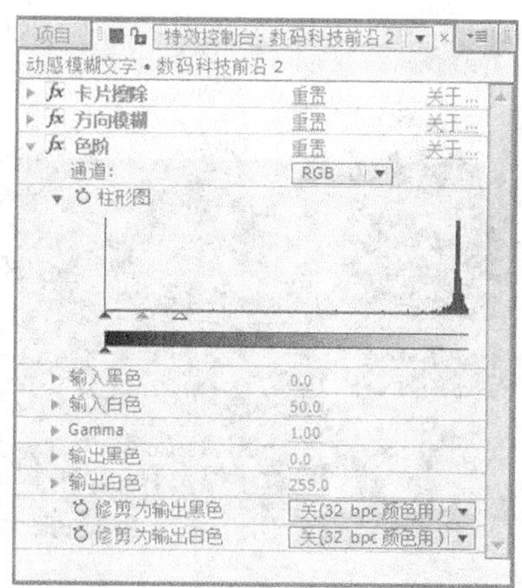

图 9-249

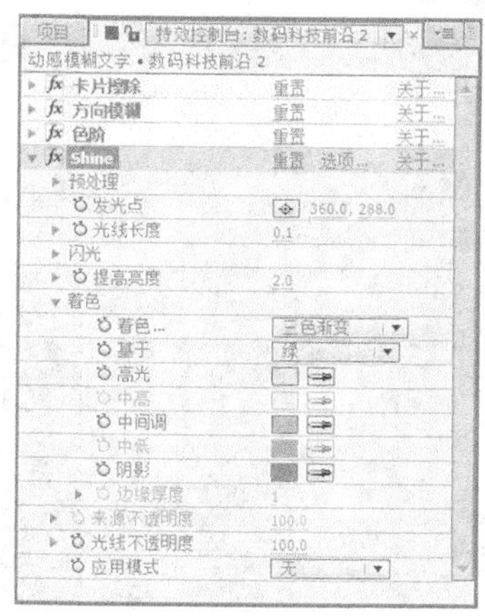

图 9-250

步骤⑤ 在当前合成中建立一个新的黑色固态层“遮罩”。按 P 键展开“位置”属性，将时间标签放置在 2s 的位置，设置“位置”选项的数值为 360.0、288.0，单击“位置”选项前面的“关键帧自动记录器”按钮，如图 9-251 所示，记录第 1 个关键帧。将时间标签放置在 3s 的位置，设置“位置”选项的数值为 1080.0、288.0，如图 9-252 所示，记录第 2 个关键帧。

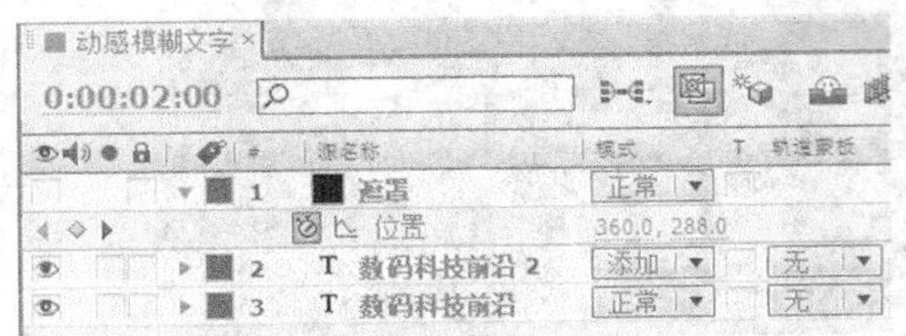

图 9-251

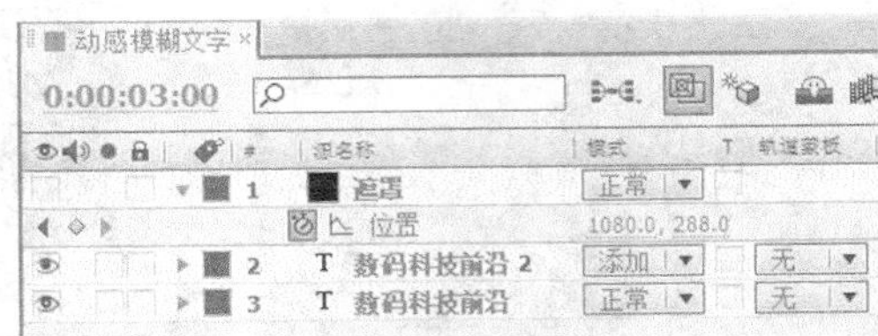

图 9-252

步骤⑥ 选中第 2 层，将层的“T 轨道蒙版”选项设置为 Alpha 蒙版“遮罩”，如图 9-253 所示。合成窗口中的效果如图 9-254 所示。

图 9-253

图 9-254

（4）添加镜头光晕

步骤① 将时间标签放置在 2s 的位置，在当前合成中建立一个新的黑色固态层“光晕”，在“时间线”面板中设置“光晕”层的模式为添加。选中“光晕”层，选择“效果 > 生成 > 镜头光晕”命令，在“特效控制台”面板中进行参数设置，如图 9-255 所示。合成窗口中的效果如图 9-256 所示。

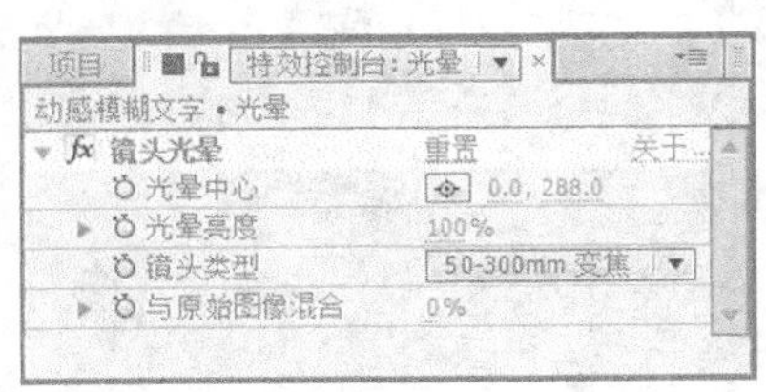

图 9-255

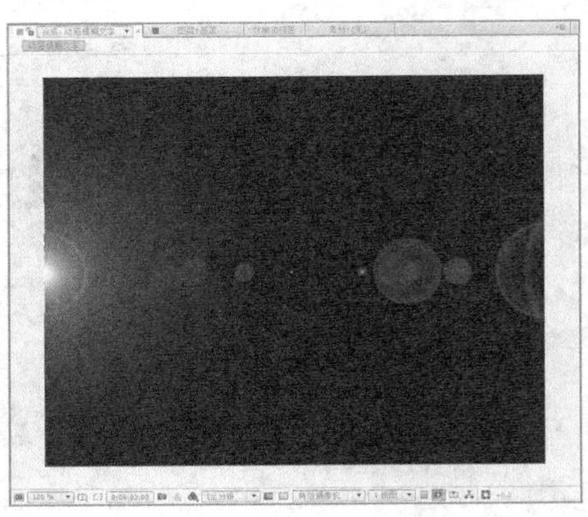

图 9-256

步骤② 在“特效控制台”面板中单击“光晕中心”选项前面的“关键帧自动记录器”按钮⏱，如图 9-257 所示，记录第 1 个关键帧。将时间标签放置在 3s 的位置，设置“光晕中心”选项的数值为 720.0、288.0，如图 9-258 所示，记录第 2 个关键帧。

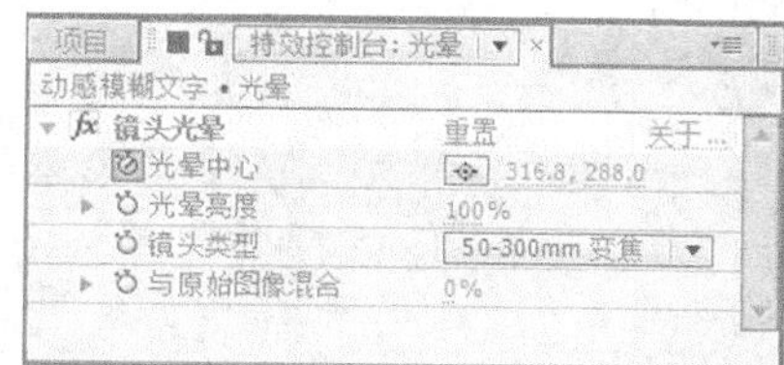

图 9-257

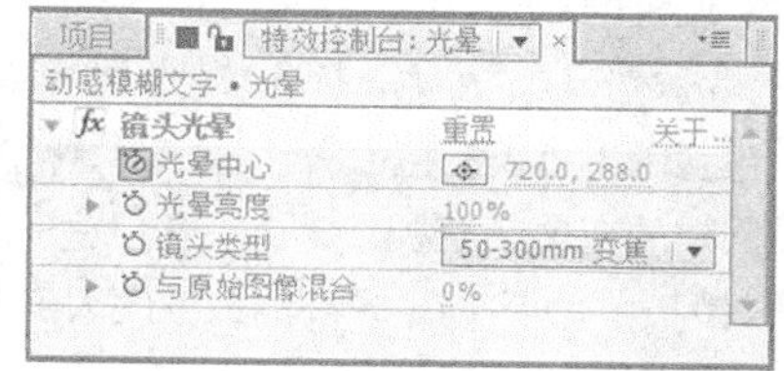

图 9-258

步骤③ 选中“光晕”层，在“时间线”面板中将时间标签放置在 2s 的位置，按 Alt+[组合键设置入点，如图 9-259 所示。在“时间线”面板中将时间标签放置在 3s 的位置，按 Alt+] 组合键设置出点，如图 9-260 所示。

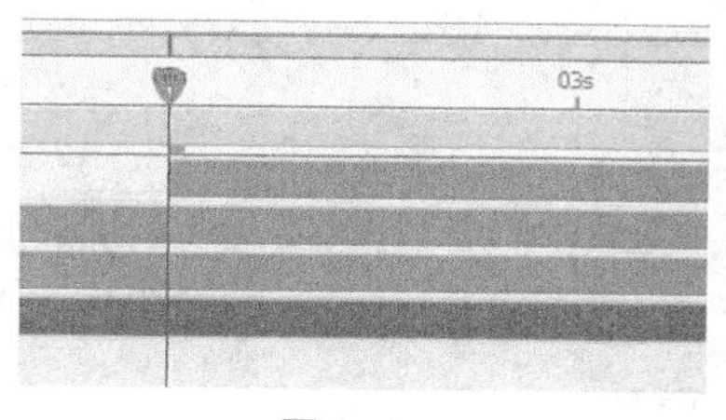

图 9-259

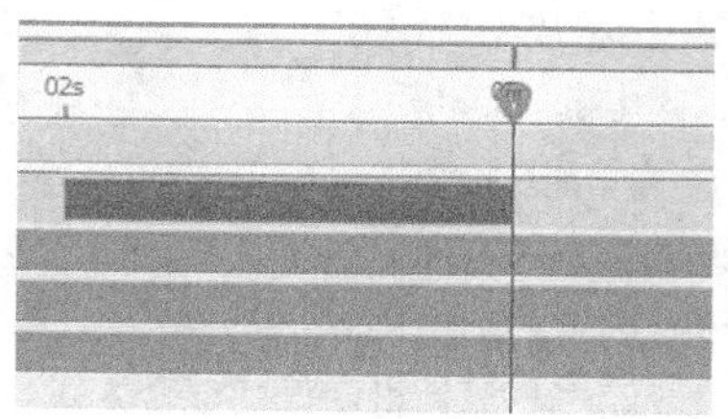

图 9-260

步骤④ 动感模糊文字制作完成，如图 9-261 所示。

图 9-261

2. 闪电

闪电特效可以用来模拟真实的闪电和放电效果，并自动设置动画，如图 9-262 所示。

起始点：闪电的起始位置。

结束点：闪电的结束拉置。

分段数：设置闪电的弯曲段数。分段数越多，闪电越扭曲。

振幅：设置闪电的振幅。

详细电平：控制闪电的分枝精细程度。

详细振幅：设置闪电的分枝线条的振幅。

分枝：设置闪电的分枝的数量。

再分枝：设置闪电再次分枝的数量。

分枝角度：设置闪电分枝与主干的角度。

分枝段长度：设置闪电分枝线段的长度。

分枝段：设置闪电分枝的段数。

分枝宽度：设置闪电分枝的宽度。

速度：设置闪电的变化速度。

稳定性：设置闪电的稳定性。较高的数值使闪电变化剧烈。

固定结束点：固定闪电的结束点。

宽度：设置闪电的宽度。

宽度变化：设置线段的宽度是否变化。

核心宽度：设置闪电主干的宽度。

外边色：设置闪电的外围颜色。

内边色：设置闪电的内部颜色。

拉力：为线段弯曲的方向增加拉力。

拖拉方向：设置拉力的方向。

随机种子：设置闪电的随机性。

混合模式：设置闪电与原素材图像的混合方式。

仿真：勾选（重复运行于每帧）复选项，可使每一帧重新生成闪电效果。

fx 闪电	重置 关于...
起始点	150.0, 317.0
结束点	450.0, 317.0
分段数	7
振幅	10.000
详细电平	2
详细振幅	0.300
分枝	0.200
再分枝	0.100
分枝角度	20.000
分枝段长度	0.500
分枝段	4
分枝宽度	0.700
速度	10
稳定性	0.300
固定结束点	☑ 固定结束点
宽度	10.000
宽度变化	0.000
核心宽度	0.400
外边色	
内边色	
拉力	0.000
拖拉方向	0x +0.0°
随机种子	1
混合模式	添加
仿真	☐ 重复运行于每帧

图 9-262

闪电特效演示如图 9-263、图 9-264 和图 9-265 所示。

图 9-263

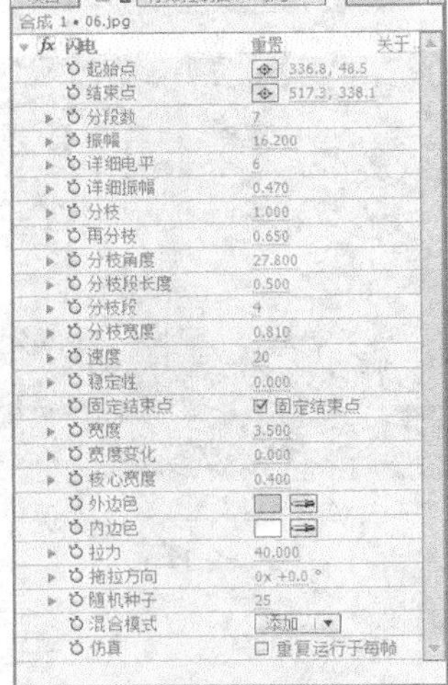

图 9-264

图 9-265

3. 镜头光晕

镜头光晕特效可以模拟镜头拍摄到发光的物体上时，由于经过多片镜头所产生的很多光环效果，这是后期制作中经常使用的提升画面效果的手法，如图 9-266 所示。

光晕中心：设置发光点的中心位置。

光晕亮度：设置光晕的亮度。

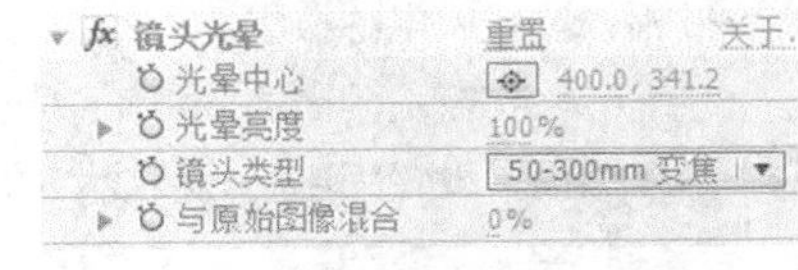

图 9-266

镜头类型：选择镜头的类型，有 50 - 300 变焦、35mm 聚焦和 105mm 聚焦。

与原始图像混合：和原素材图像的混合程度。

镜头光晕特效演示如图 9-267、图 9-268 和图 9-269 所示。

图 9-267

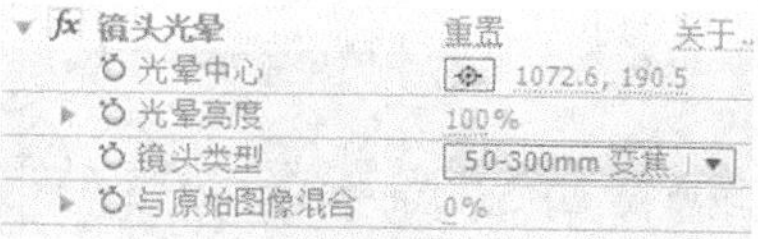

镜头光晕 重置 关于...
光晕中心 1072.6, 190.5
光晕亮度 100%
镜头类型 50-300mm 变焦
与原始图像混合 0%

图 9-268

图 9-269

4. 蜂巢图案

蜂巢图案特效可以创建多种类型的类似细胞图案的单元图案拼合效果，如图 9-270 所示。

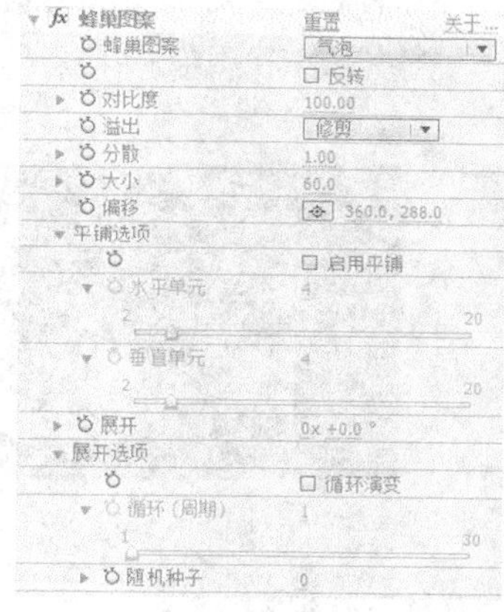

图 9-270

蜂巢图案：选择图案的类型，其中包括气泡、结晶、盘面、静态盘面、结晶化、枕状、高品质结晶、高品质盘面、高品质静态盘面、高品质结晶化、混合结晶、管状。

反转：反转图案效果。

溢出：溢出设置，其中包括修剪、柔和夹住、背面包围。

分散：图案的分散设置。

大小：单个图案大小尺寸的设置。

偏移：图案偏离中心点的设置。

平铺选项：在该选项下勾选启用平铺复选项后，可以设置水平单元和垂直单元的数值。

展开：为这个参数设置关键帧，可以记录运动变化的动画效果。

展开选项：设置图案的各种扩展变化。

循环演变：勾选此复选项后，循环（旋转）设置才为有效状态。

循环（周期）：设置图案的循环周期。

随机种子：设置图案的随机速度。

蜂巢图案特效演示如图 9-271、图 9-272 和图 9-273 所示。

图 9-271

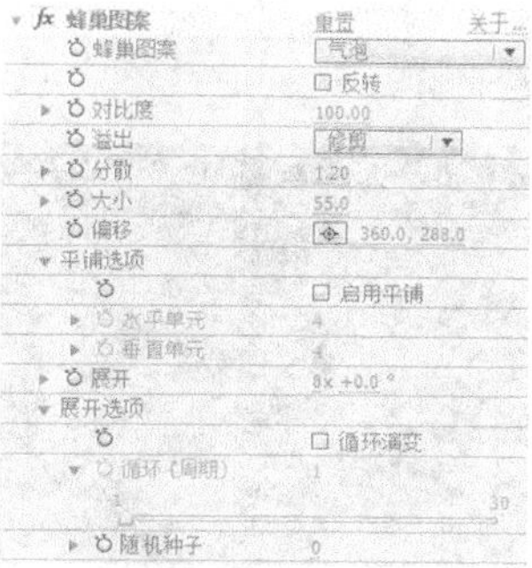

蜂巢图案 重置 关于...
蜂巢图案 气泡
反转
对比度 100.00
溢出 修剪
分散 1.20
大小 55.0
偏移 360.0, 288.0
平铺选项
启用平铺
水平单元 4
垂直单元 4
展开 0x +0.0 °
展开选项
循环演变
循环（周期） 1
随机种子 0

图 9-272

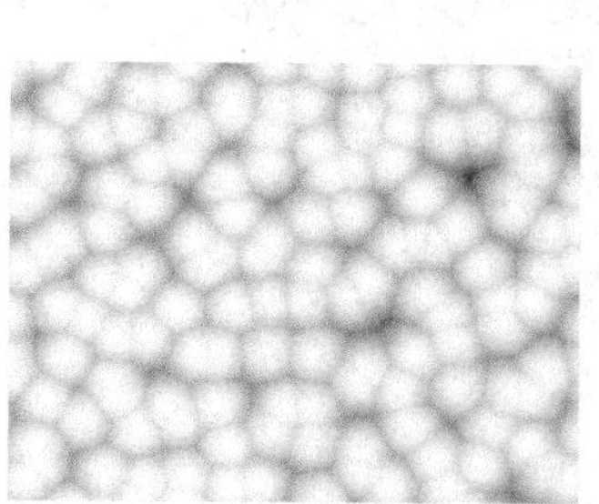

图 9-273

5. 棋盘

fx 棋盘	重置 关于...
定位点	360.0, 288.0
大小来自	宽度滑块
角点	417.6, 334.1
宽	16.0
高	8.0
羽化	
宽	0.0
高	0.0
颜色	
透明度	100.0%
混合模式	无

图 9-274

棋盘特效能在图像上创建棋盘格的图案效果，如图 9-274 所示。

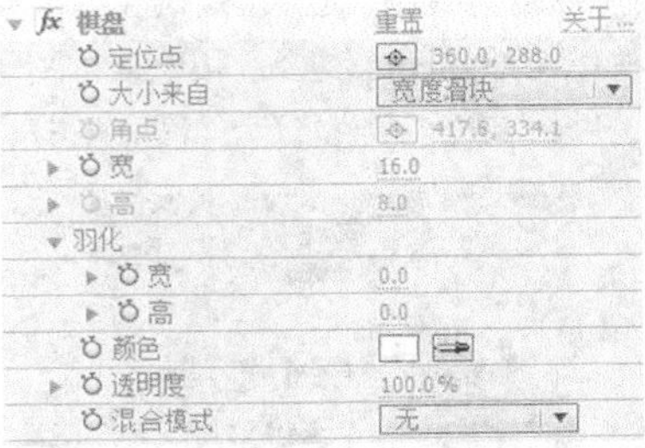

定位点：设置棋盘格的位置。

大小来自：选择棋盘的尺寸类型，其中包括角点、宽度滑块、宽度和高度滑块。

角点：只有在“大小来自”中选中角点选项，才能激活此选项。

宽：只有在“大小来自”中选中宽度滑块或宽度和高度滑块选项，才能激活此选项。

高度：只有在“大小来自”中选中宽度滑块或宽度和高度滑块选项，才能激活此选项。

羽化：设置棋盘格子水平或垂直边缘的羽化程度。

颜色：选择格子的颜色。

透明度：设置棋盘的不透明度。

混合模式：棋盘与原图的混合方式。

棋盘格特效演示如图 9-275、图 9-276 和图 9-277 所示。

图 9-275

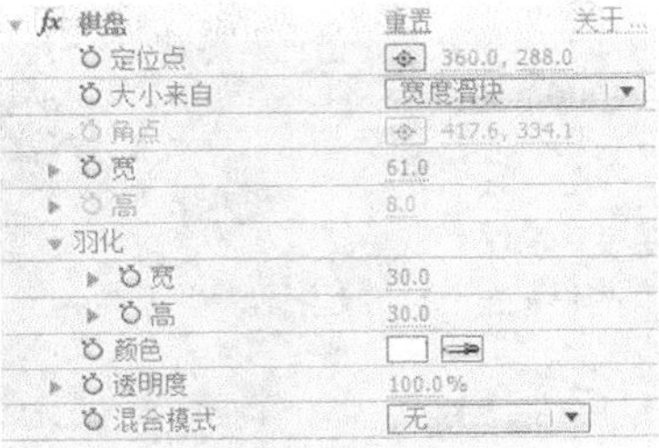

fx 棋盘	重置 关于...
定位点	360.0, 288.0
大小来自	宽度滑块
角点	417.6, 334.1
宽	61.0
高	8.0
羽化	
宽	30.0
高	30.0
颜色	
透明度	100.0%
混合模式	无

图 9-276

图 9-277

9.4.5 扭曲

扭曲效果主要用来对图像进行扭曲变形，是很重要的一类画面特技，可以对画面的形状进行校正，还可以使平常的画面变形为特殊的效果。

1. 课堂案例——放射光芒

【案例学习目标】学习使用扭曲效果组制作四射的光芒效果。

【案例知识要点】使用滤镜特效“分形噪波”命令、“方向模糊”命令、“色相位/饱和度”命令、“辉光”命令、“极坐标”命令制作光芒特效。放射光芒效果如图 9-278 所示。

【效果所在位置】资源包 \ Ch09 \ 放射光芒.aep。

图 9-278

步骤① 按 Ctrl+N 组合键，弹出“图像合成设置”对话框，在“合成组设置”选项的文本框中输入“放射光芒”，其他选项的设置如图 9-279 所示，单击“确定”按钮，创建一个新的合成“放射光芒”。选择“图层 > 新建 > 固态层”命令，弹出“固态层设置”对话框，在“名称”选项的文本框中输入“放射光芒”，将“颜色”选项设置为黑色，单击“确定”按钮，在“时间线”面板中新增一个固态层，如图 9-280 所示。

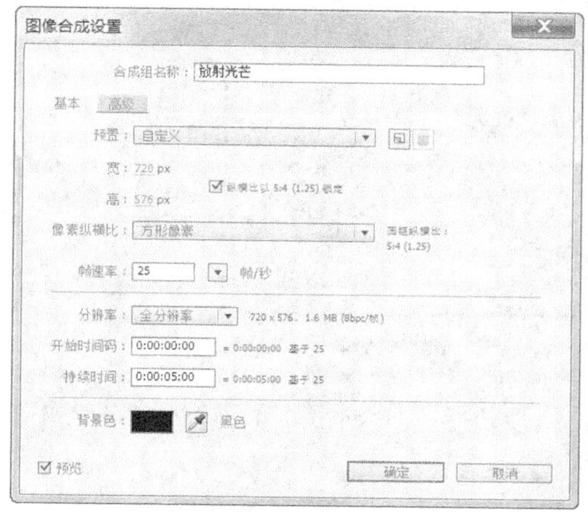

图 9-279

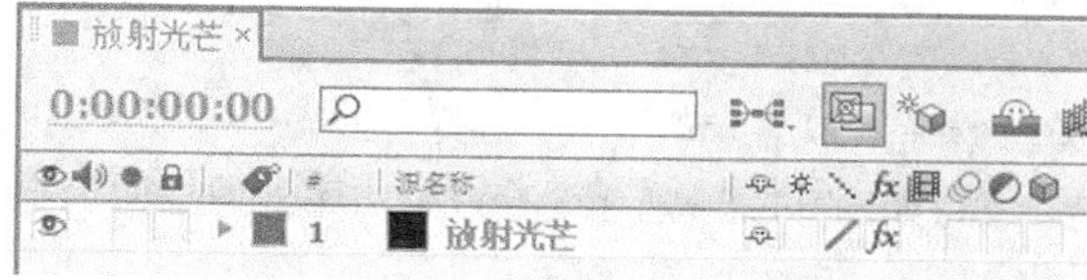

图 9-280

步骤② 选中“放射光芒”层，选择“效果 > 杂波与颗粒 > 分形杂波”命令，在“特效控制台”面板中进行参数设置，如图 9-281 所示。合成窗口中的效果如图 9-282 所示。

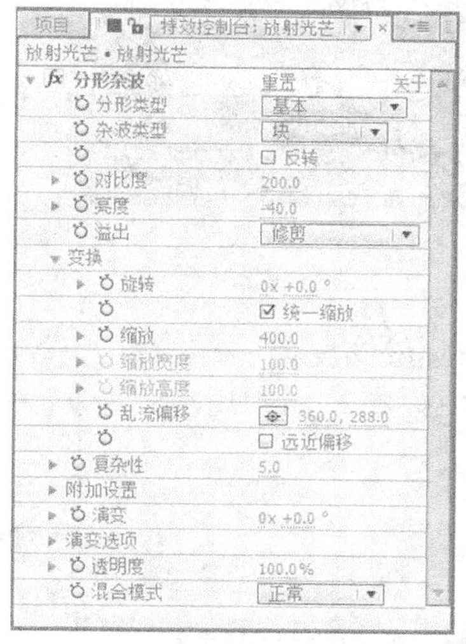

图 9-281

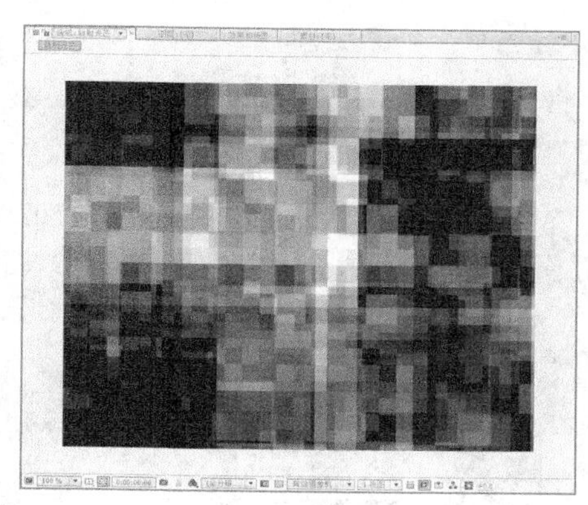

图 9-282

步骤③ 选中“放射光芒”层，在“时间线”面板中将时间标签放置在 0 s 的位置，在“特效控制台”面板中单击“演变”选项前面的“关键帧自动记录器”按钮⏱，如图 9-283 所示，记录第 1 个关键帧。将时间标签放置在 4:24s 的位置，在“特效控制台”面板中设置“演变”选项的数值为 10、0.0°，如图 9-284 所示，记录第 2 个关键帧。

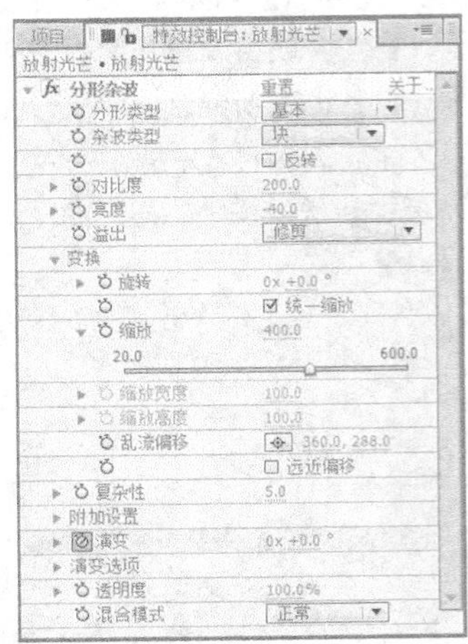

图 9-283

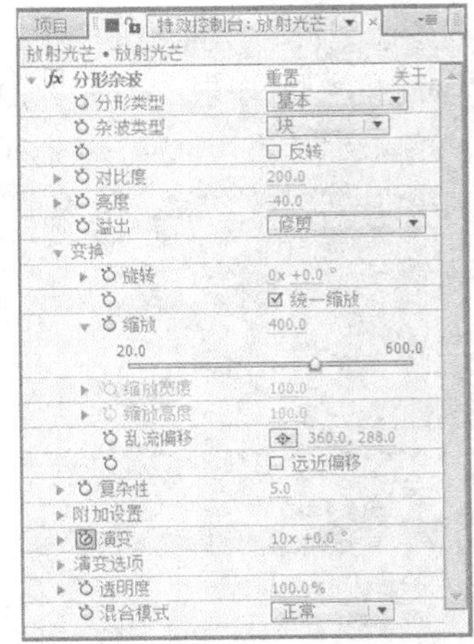

图 9-284

步骤④ 选中“放射光芒”层，选择“效果 > 模糊与锐化 > 方向模糊”命令，在“特效控制台”面板中进行参数设置，如图 9-285 所示。合成窗口中的效果如图 9-286 所示。

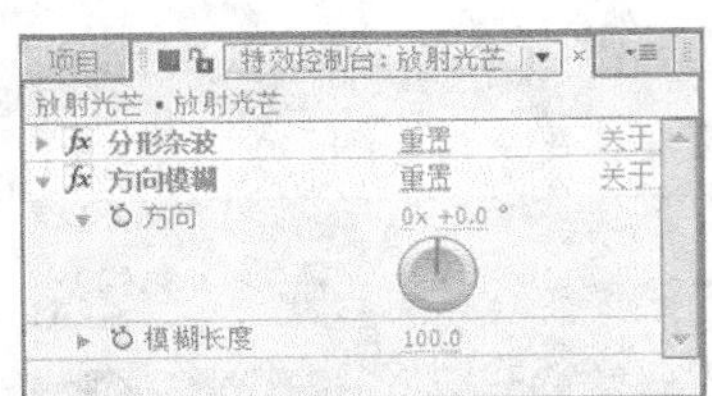

图 9-285

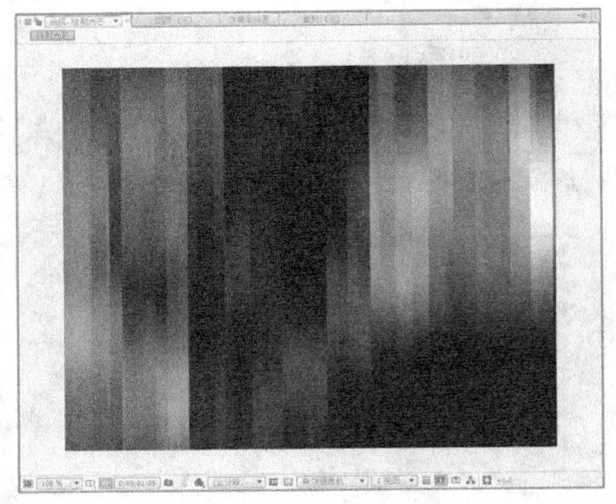

图 9-286

步骤⑤ 选中“放射光芒”层，选择“效果 > 色彩校正 > 色相位/饱和度”命令，在“特效控制台”面板中进行参数设置，如图 9-287 所示。合成窗口中的效果如图 9-288 所示。

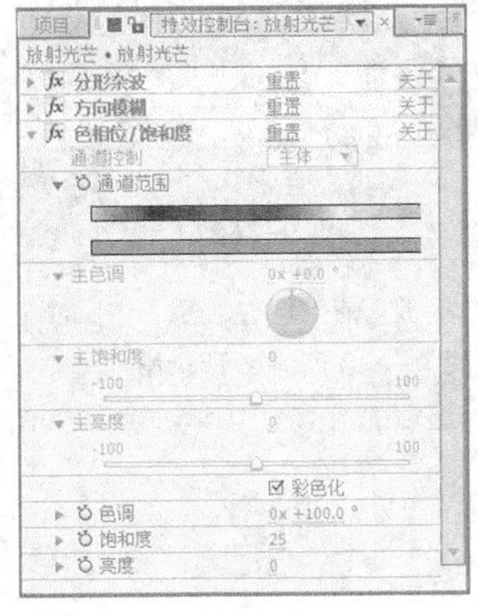

图 9-287

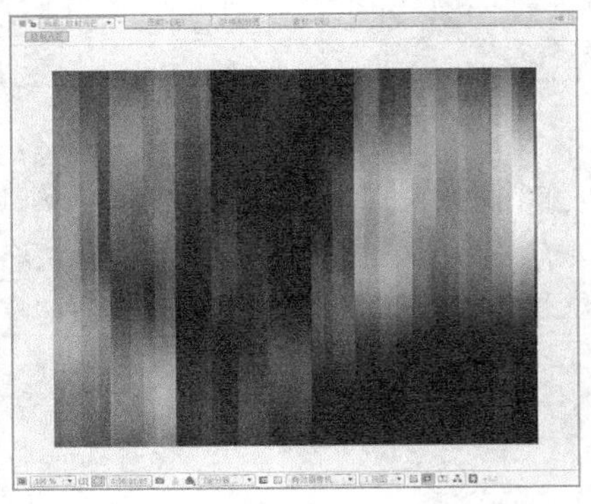

图 9-288

步骤⑥ 选中“放射光芒”层，选择“效果 > 风格化 > 辉光”命令，在“特效控制台”面板将“颜色 A”选项设置为浅绿色（其 R、G、B 的值分别设置为 194、255、201），将“颜色 B”选项设置为绿色（其 R、G、B 的值分别设置为 0、255、24），其他参数的设置如图 9-289 所示，合成窗口中的效果如图 9-290 所示。

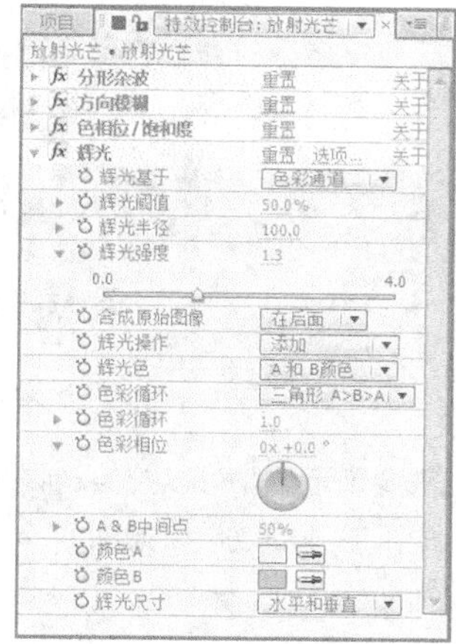

图 9-289

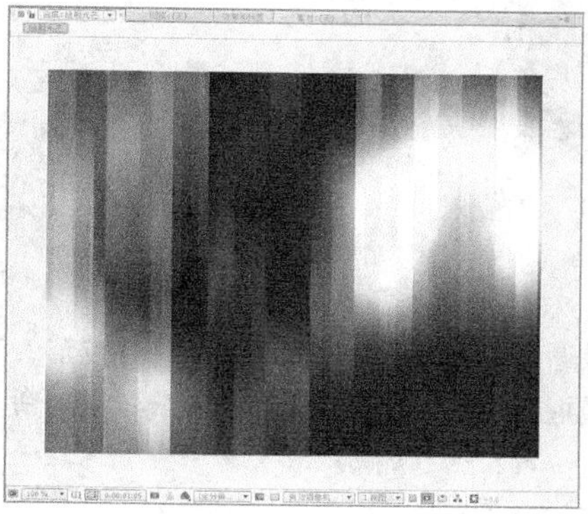

图 9-290

步骤⑦ 选中“放射光芒”层，选择“效果 > 扭曲 > 极坐标”命令，在“特效控制台”面板中进行参数设置，如图 9-291 所示。放射光芒制作完成，如图 9-292 所示。

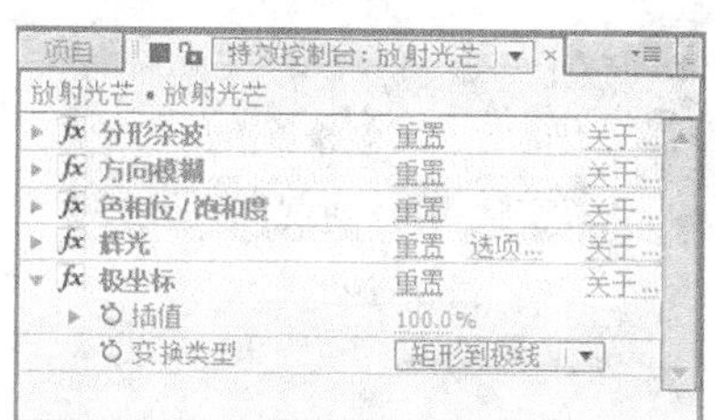

图 9-291

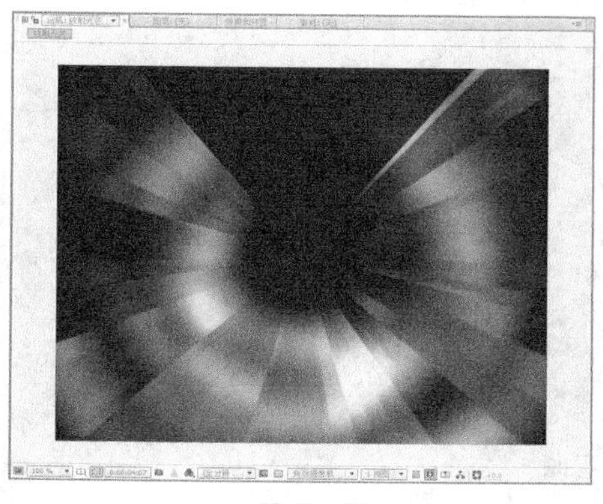

图 9-292

2. 膨胀

膨胀特效可以模拟图像透过气泡或放大镜时所产生的放大效果，如图 9-293 所示。

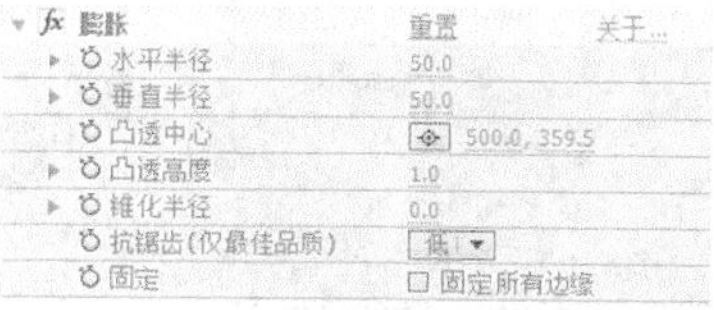

水平半径：膨胀镜效果的水平半径大小。

垂直平径：膨胀效果的垂直半径大小。

凸透中心：膨胀效果的中心定位点。

凸透高度：膨胀程度的设置。正值为膨胀，负值为收缩。

锥化半径：用来设置膨胀边界的锐利程度。

抗锯齿（仅最佳品质）：反锯齿设置，只用于最高质量。

固定：勾选“固定所有边缘”复选框可固定住所有边界。

图 9-293

膨胀特效演示如图 9-294、图 9-295 和图 9-296 所示。

图 9-294

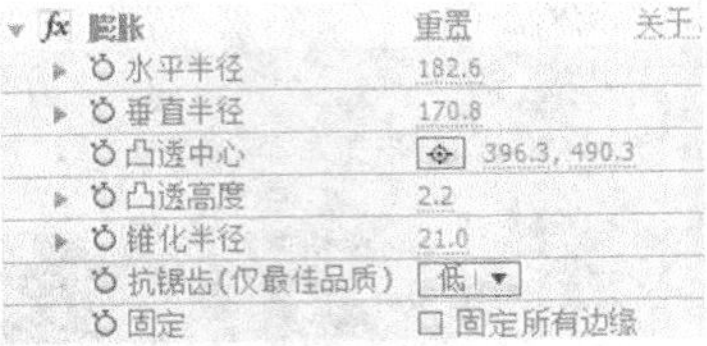

fx 膨胀	重置	关于
水平半径	182.6	
垂直半径	170.8	
凸透中心	396.3, 490.3	
凸透高度	2.2	
锥化半径	21.0	
抗锯齿(仅最佳品质)	低	
固定	□ 固定所有边缘	

图 9-295

图 9-296

3. 边角固定

边角固定特效通过改变 4 个角的位置来使图像变形，可根据需要来定位。可以拉伸、收缩、倾斜和扭曲图形，也可以用来模拟透视效果，还可以和运动遮罩层相结合，形成画中画的效果，如图 9-297 所示。

上左：左上定位点。

上右：右上定位点。

下左：左下定位点。

下右：右下定位点。

边角固定特效演示如图 9-298 所示。

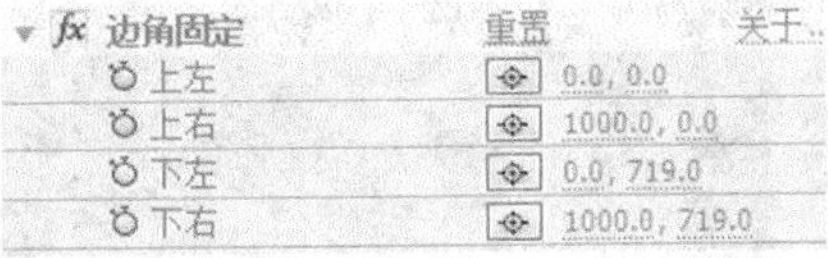

fx 边角固定	重置	关于
上左	0.0, 0.0	
上右	1000.0, 0.0	
下左	0.0, 719.0	
下右	1000.0, 719.0	

图 9-297

图 9-298

4. 网格弯曲

网格弯曲特效使用网格化的曲线切片控制图像的变形区域。对于网格变形的效果控制，确定好网格数量之后，更多的是在合成图像中通过光标拖曳网格的节点来完成，如图 9-299 所示。

fx 网格弯曲	重置	关于
行	7	
列	7	
品质	8	
扭曲网格		

图 9-299

行：用于设置行数。

列：用于设置列数。

品质：用于设置弹性。

扭曲网格：用于改变分辨率，在行列数发生变化时显示。拖曳节点如果要调整显示更细微的效果，可以加行/列数（控制节点）。

网格弯曲特效演示如图 9-300、图 9-301 和图 9-302 所示。

图 9-300

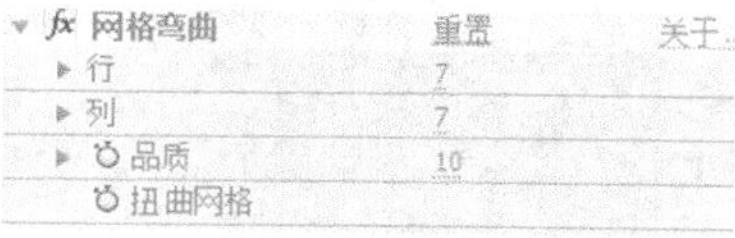

网格弯曲　重置　关于...
行　7
列　7
品质　10
扭曲网格

图 9-301

图 9-302

5. 极坐标

极坐标特效用来将图像的直角坐标转化为极坐标，以产生扭曲效果，如图 9-303 所示。

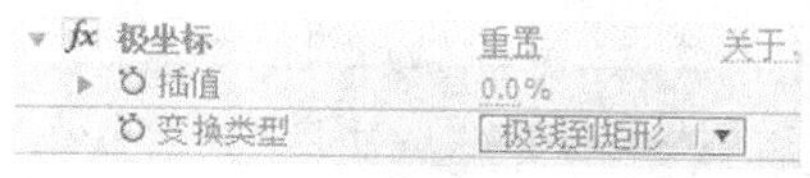

图 9-303

插值：设置扭曲程度。

变换类型：设置转换类型。极线到矩形表示将极坐标转化为直角坐标，矩形到极线表示将直角坐标转化为极坐标。

极坐标特效演示如图 9-304、图 9-305 和图 9-306 所示。

图 9-304

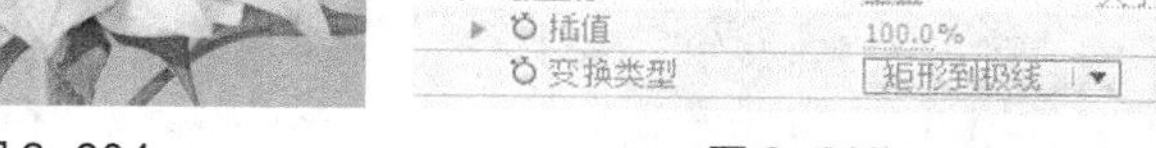

图 9-305

图 9-306

6. 置换映射

置换映射特效是通过用另一张作为映射层的图像的像素来置换原图像像素，通过映射的像素颜色值对本层变形，变形方向分水平和垂直两个方向，如图 9-307 所示。

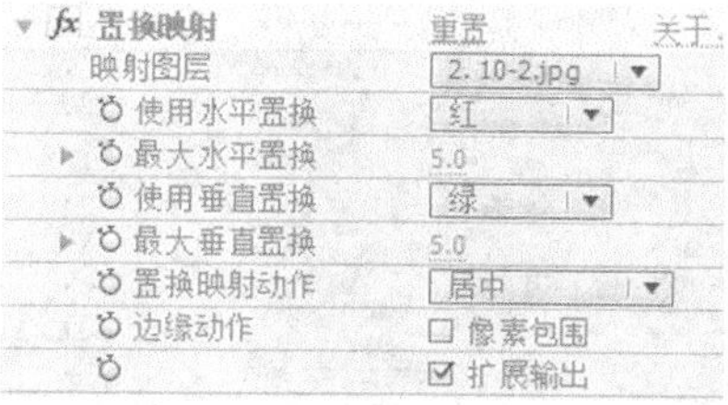

置换映射　重置　关于...
映射图层　2. 10-2.jpg
使用水平置换　红
最大水平置换　5.0
使用垂直置换　绿
最大垂直置换　5.0
置换映射动作　居中
边缘动作　☐ 像素包围
☑ 扩展输出

图 9-307

映射图层：选择作为映射层的图像名称。

使用水平/垂直置换：调节水平或垂直方向的通道，默认值范围在 -100～100。最大范围为-32000～32000。

最大水平/垂直置换：调节映射层的水平或垂直位置。在水平方向上，数值为负数表示向左移动，正数为向右移动；在垂直方向上，数值为负数是向下移动，正数是向上移动，默认数值在-100～100，最大范围为-32000～3200。

置换映射动作：选择映射方式。

边缘动作：设置边缘行为。

像素包围：锁定边缘像素。

扩展输出：为设置特效伸展到原图像边缘外。

置换映射特效演示如图 9-308、图 9-309 和图 9-310 所示。

图 9-308

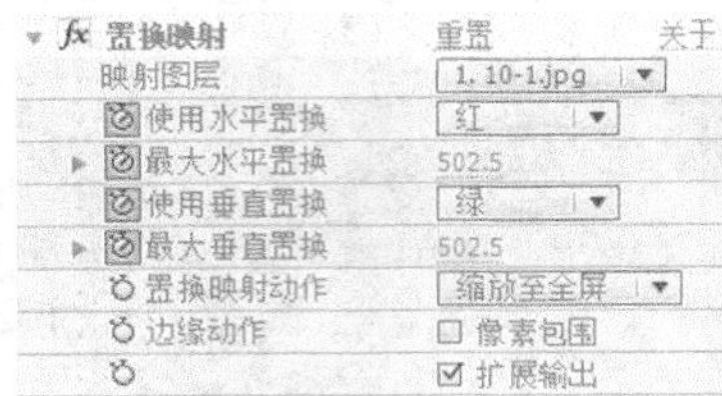

图 9-309

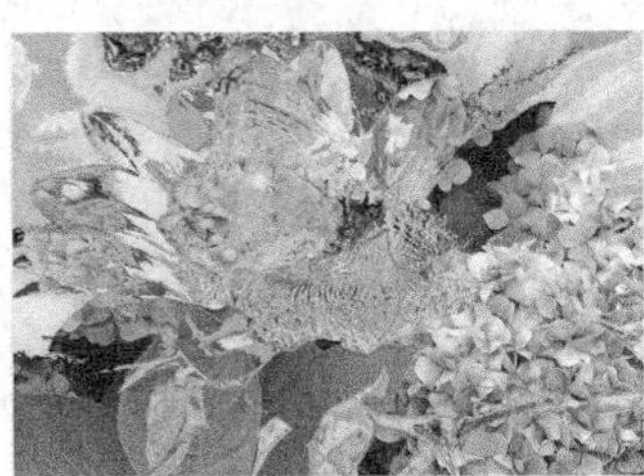

图 9-310

9.4.6 模拟与仿真

模拟与仿真特效有卡片舞蹈、水波世界、泡沫、焦散、碎片和粒子运动，这些特效功能强大，可以用来设置多种逼真的效果，不过其参数项较多，设置也比较复杂。

1. 课堂案例——汽泡效果

【案例学习目标】学习使用粒子空间滤镜制作汽泡。

【案例知识要点】使用“泡沫”命令制作汽泡并编辑属性。汽泡效果如图 9-311 所示。

【效果所在位置】资源包 \ Ch09 \ 汽泡.aep。

图 9-311

步骤① 按 Ctrl+N 组合键，弹出“合成设置”对话框，在“合成组名称”选项的文本框中输入“汽泡效果”，其他选项的设置如图 9-312 所示，单击“确定”按钮，创建一个新的合成“汽泡效果”。选择“文件 > 导入 > 文件”命令，弹出“导入文件”对话框，选择资源包中的“Ch09 \ 汽泡效果 \ (Footage) \ 01”文件，单击“打开”按钮，导入背景图片，如图 9-313 所示。并将其拖曳到“时间线”面板中。

步骤② 选中“01”文件，按 Ctrl+D 组合键复制一层，如图 9-314 所示。选中第 1 个图层，选择“效果 > 风格化 > 泡沫”命令，在“特效控制台”面板中进行参数设置，如图 9-315 所示。

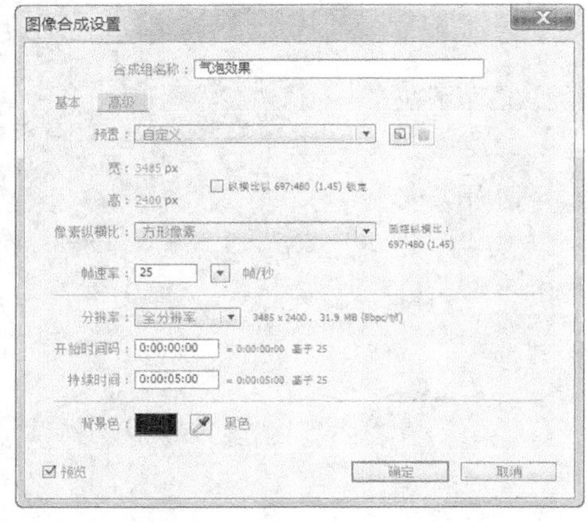

图 9-312

图 9-313

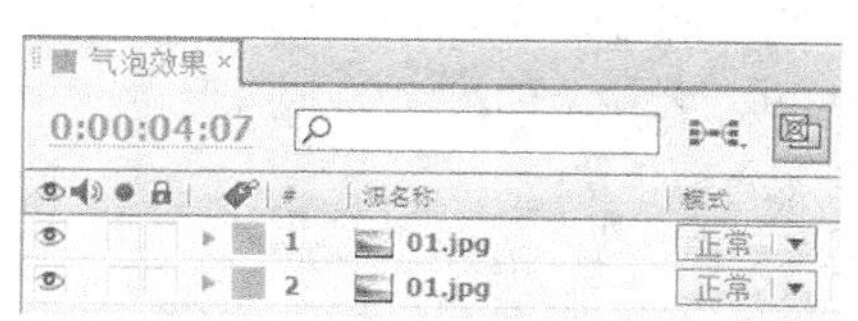

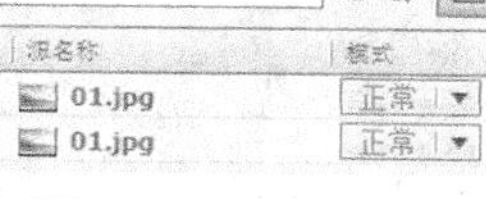

图 9-314

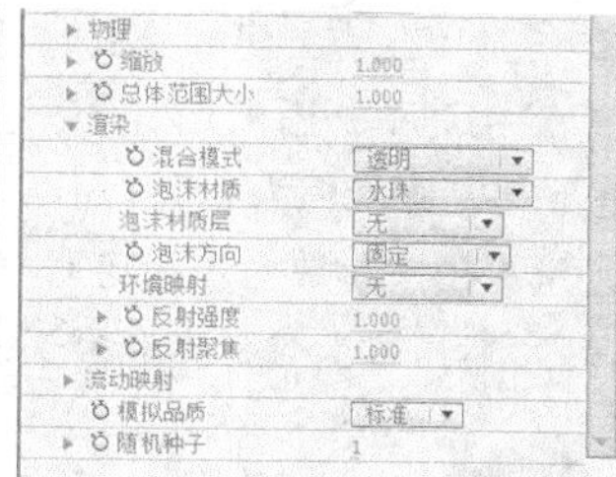

图 9-315

步骤③ 在“时间线”面板中将时间标签放置在 0s 的位置，在“特效控制台”面板中单击“强度”选项前面的“关键帧自动记录器”按钮，如图 9-316 所示。记录第 1 个关键帧。将时间标签放置在 5s 的位置，在“特效控制台”面板中设置“强度”选项的数值为 0，如图 9-317 所示。

步骤④ 汽泡制作完成，如图 9-318 所示。

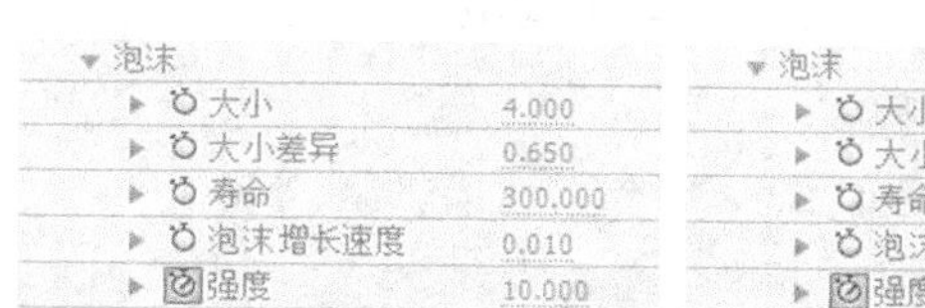

图 9-316

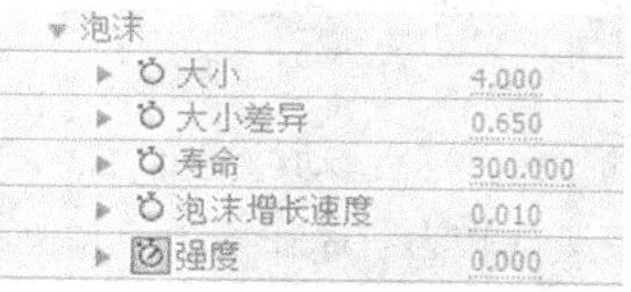

图 9-317

图 9-318

2. 泡沫

泡沫特效设置如图 9-319 所示。

查看：在该下拉列表中，可以选择气泡效果的显示方式。草稿方式以草图模式渲染气泡效果，虽然不能在该方式下看到气泡的最终效果，但是可以预览气泡的运动方式和设置状态。该方式计算速度非常快速。为特效指定了影响通道后，使用草稿+流动映射方式可以看到指定的影响对象。在渲染方式下可以预览气泡的最终效果，但是计算速度相对较慢。

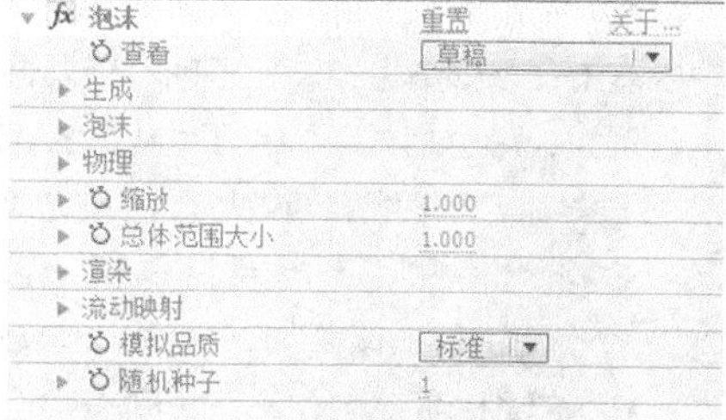

图 9-319

缩放：对粒子效果进行缩放。

总体范围大小：该参数控制粒子效果的综合尺寸。在草稿或者草稿+流动映射状态下预览效果时，可以观察综合尺寸范围框。

随机种子：该参数栏用于控制气泡粒子的随机种子数。

生成：该参数栏用于对气泡的粒子发射器相关参数进行设置，如图 9-320 所示。

- 产生点：用于控制发射器的位置。所有的气泡粒子都由发射器产生，就好像在水枪中喷出气泡一样。
- 制作 X / Y 大小：分别控制发射器的大小。在草稿或者草稿+流动映射状态下预览效果时，可以观察发射器。
- 产生方向：用于旋转发射器，使气泡产生旋转效果。

生成
产生点 500.0, 333.5
制作 X 大小 0.030
制作 Y 大小 0.030
产生方向 0x +0.0 °
缩放产生点
产生速率 1.000

图 9-320

⊙ 缩放产生点：可缩放发射器位置。不选择此项，系统会默认发射效果点为中心缩放发射器的位置。

⊙ 产生速率：用于控制发射速度。一般情况下，数值越高，发射速度越快，单位时间内产生的气泡粒子也越多。当数值为 0 时，不发射粒子。系统发射粒子时，在特效的开始位置，粒子数目为 0。

泡沫：在该参数栏中，可对气泡粒子的尺寸、生命以及强度进行控制，如图 9-321 所示。

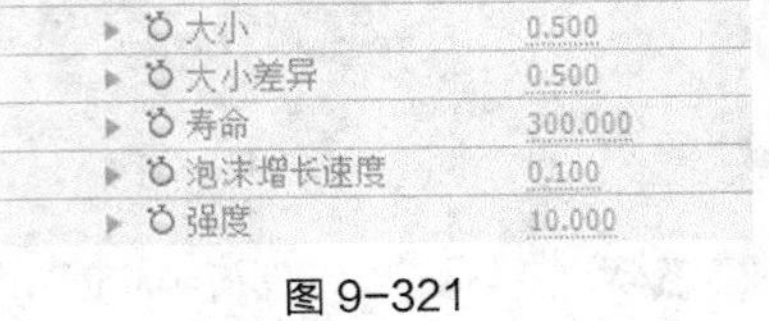

图 9-321

⊙ 大小：用于控制气泡粒子的尺寸。数值越大，每个气泡粒子越大。

⊙ 大小差异：用于控制粒子的大小差异。数值越高，每个粒子的大小差异越大。数值为 0 时，每个粒子的最终大小都是相同的。

⊙ 寿命：用于控制每个粒子的生命值。每个粒子在发射产生后，最终都会消失。所谓生命值，即是粒子从产生到消亡之间的时间。

⊙ 泡沫增长速度：用于控制每个粒子生长的速度，即粒子从产生到最终大小的时间。

⊙ 强度：用于控制粒子效果的强度。

物理：该参数影响粒子运动因素。例如，初始速度、风速、混乱度及活力等，如图 9-322 所示。

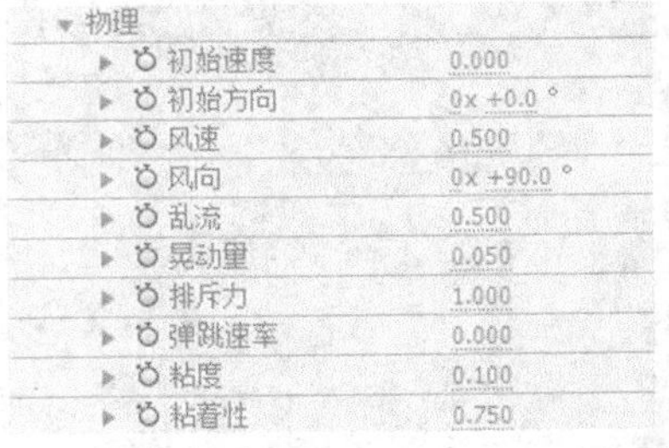

图 9-322

⊙ 初始速度：控制粒子特效的初始速度。

⊙ 初始方向：控制粒子特效的初始方向。

⊙ 风速：控制影响粒子的风速，就好像一股风在吹动粒子一样。

⊙ 风向：控制风的方向。

⊙ 乱流：控制粒子的混乱度。该数值越大，粒子运动越混乱，同时向四面八方发散；数值较小，则粒子运动较为有序和集中。

⊙ 晃动量：控制粒子的摇摆强度。参数较大时，粒子会产生摇摆变形。

⊙ 排斥力：用于在粒子间产生排斥力。数值越高，粒子间的排斥性越强。

⊙ 弹跳速率：控制粒子的总速率。

⊙ 粘度：控制粒子的粘度。数值越小，粒子堆砌得越紧密。

⊙ 粘着性：控制粒子间的粘着程度。

渲染：该参数栏控制粒子的渲染属性。

例如，融合模式下的粒子纹理及反射效果等。该参数栏的设置效果仅在渲染模式下才能看到效果。渲染选项如图 9-323 所示。

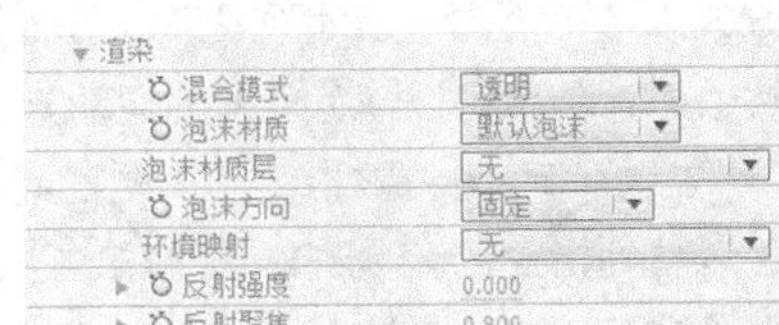

图 9-323

⊙ 混合模式：用于控制粒子间的融合模式。透明方式下，粒子与粒子间进行透明叠加。

⊙ 泡沫材质：可在该下拉列表中选择气泡粒子的材质方式。

⊙ 泡沫材质层：除了系统预制的粒子材质外，还可以指定合成图像中的一个层作为粒子材质。该层可以是一个动画层，粒子将使用其动画材质。在泡沫材质层下拉列表中选择粒子材质层。注意，必须在泡沫材质下拉列表中将粒子材质设置为 Use Defined。

⊙ 泡沫方向：可在该下拉列表中设置气泡的方向。可以使用默认的坐标，也可以使用物理参数控制方向，还可以根据气泡速率进行控制。

⊙ 环境映射：所有的所气粒子都可以对周围的环境进行反射。可以在环境映射下拉列表中指定气泡粒子的反射层。

⊙ 反射强度：控制反射的强度。

⊙ 反射聚焦：控制反射的聚集度。

流动映射：可以在流动映射参数栏中指定一个层来影响粒子效果。在流动映射下拉列表中，可以选择对粒子效果产生影响的目标层。当选择目标层后，在草稿+流动映射模式下可以看到流动映射，如图 9-324 所示。

⊙ 流动映射：用于控制参考图对粒子的影响。

⊙ 流动映射适配：在该下拉列表中，可以设置参考图的大小。可以使用合成图像屏幕大小，也可以使用粒子效果的总体范围大小。

图 9-324

⊙ 模拟品质：在该下拉列表中，可以设置气泡粒子的仿真质量。

泡沫特效演示如图 9-325、图 9-326 和图 9-327 所示。

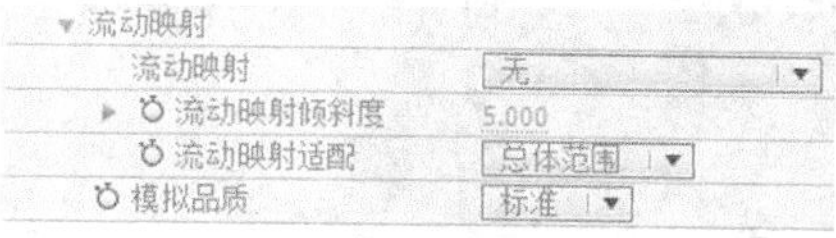

图 9-325

图 9-326

图 9-327

9.4.7 抠像效果

抠像滤镜通过指定一种颜色，然后将与其近似的像素抠像，使其透明。此功能相对简单，对于拍摄质量好，背景比较单纯的素材有不错的效果，但是不适合处理复杂情况。

1. 课堂案例——抠像效果

【案例学习目标】学习使用键控命令制作抠像效果。

【案例知识要点】使用“颜色键”命令修复图片效果；设置“位置”属性编辑图片位置。抠像效果如图 9-328 所示。

【效果所在位置】资源包 \ Ch09 \ 抠像效果.aep。

图 9-328

步骤 1 选择“文件 > 导入 > 文件”命令，弹出“导入文件”对话框，选择资源包“Ch09 \ 抠像效果 \ (Footage)”

中的“01”“02”文件，单击“打开”按钮，导入图片，如图 9-329 所示。在“项目”面板中选中“01”文件，将其拖曳到项目窗口下方的创建项目合成按钮，如图 9-330 所示，自动创建一个项目合成。

图 9-329

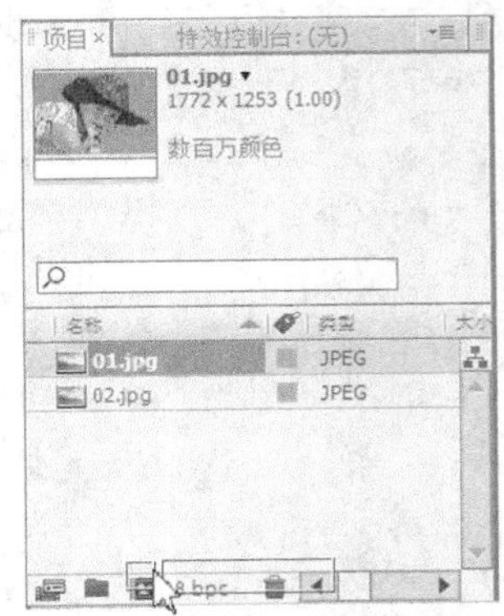

图 9-330

步骤② 在“时间线”面板中，按 Ctrl+K 组合键，弹出“图像合成设置”对话框，在“合成组名称”选项的文本框中输入“抠像”，单击“确定”按钮，将合成命名为“抠像”，如图 9-331 所示。合成窗口中的效果如图 9-332 所示。

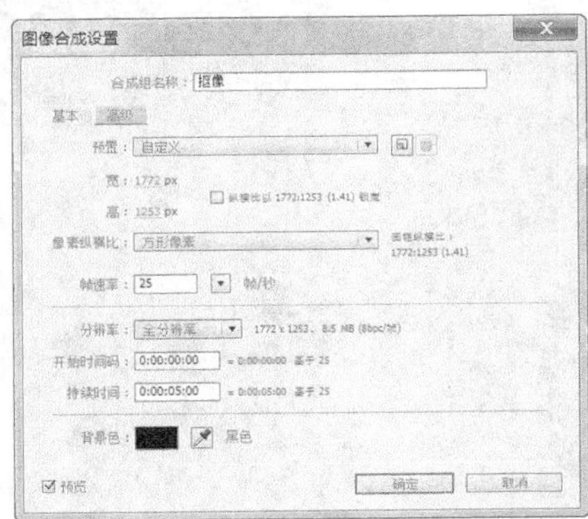

图 9-331

图 9-332

步骤③ 选中“01”文件，选择“效果 > 键控 > 颜色键”命令，选择“键颜色”选项后面的吸管工具，如图 9-333 所示，吸取背景素材上的绿色，如图 9-334 所示。合成窗口中的效果如图 9-335 所示。

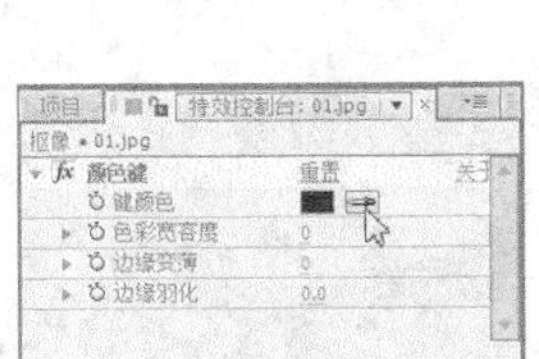

图 9-333

图 9-334

图 9-335

步骤④ 选中“01”文件，在“特效控制台”面板中进行参数设置，如图 9-336 所示。合成窗口中的效果如图 9-337 所示。

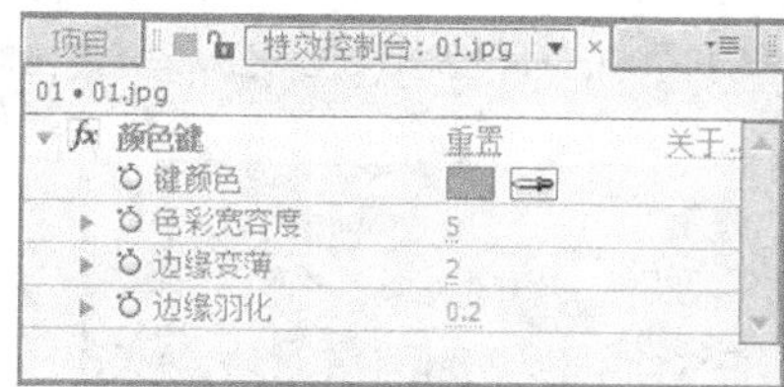

图 9-336

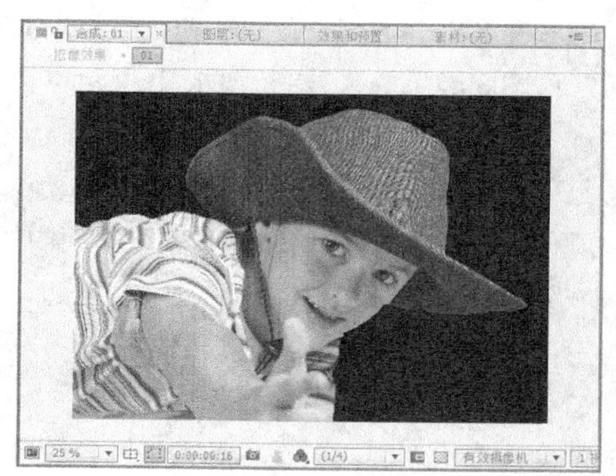

图 9-337

步骤⑤ 按 Ctrl+N 组合键，弹出“图像合成设置”对话框，在“合成组名称”选项的文本框中输入“抠像效果”，其他选项的设置如图 9-338 所示，单击“确定”按钮，创建一个新的合成“抠像效果”。在“项目”面板中选择“02”文件，并将其拖曳到“时间线”面板中，如图 9-339 所示。

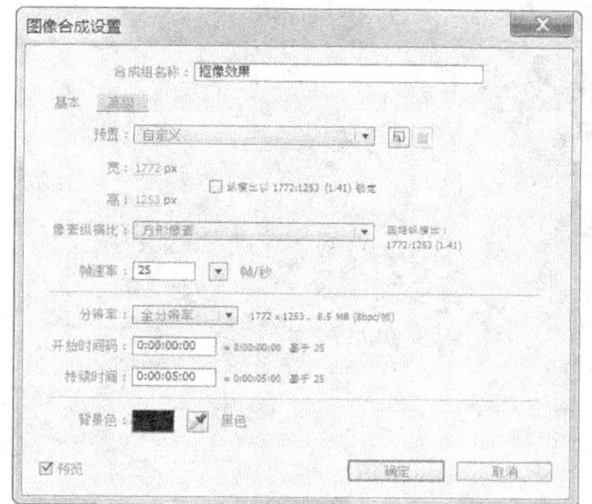

图 9-338

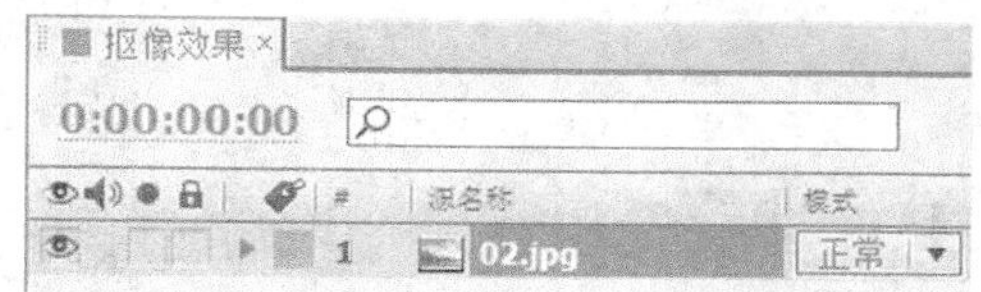

图 9-339

步骤⑥ 在“项目”面板中选中“抠像”合成并将其拖曳到“时间线”面板中，按 S 键展开“缩放”属性，设置“属性”选项的数值为 66.3，如图 9-340 所示。按 P 键展开“位置”属性，设置“位置”选项的数值为 588.0、832.5，如图 9-341 所示。抠像效果制作完成，如图 9-342 所示。

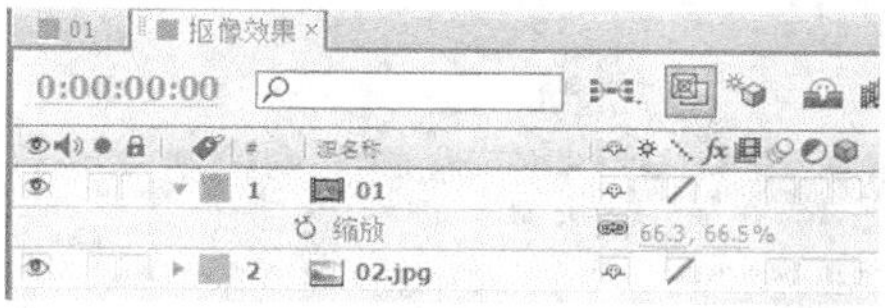

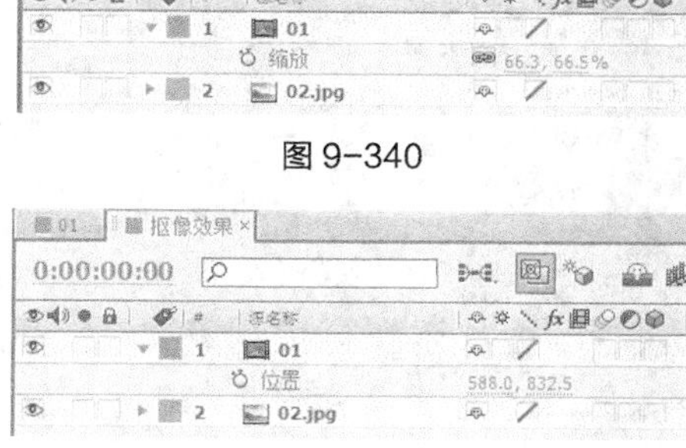

图 9-340

图 9-341

图 9-342

2. 颜色差异键

颜色差异键把图像划分为两个蒙版透明效果。局部蒙版 B 使指定的抠像颜色变为透明，局部蒙版 A 使图像中不包含第二种不同颜色的区域变为透明。这两种蒙版效果联合起来就得到最终的第三种蒙版效果，即背景变为透明。

颜色差异抠像的左侧缩略图表示原始图像，右侧缩略图表示蒙版效果，吸管工具用于在原始图像缩略图中拾取抠像颜色，吸管工具用于在蒙版缩略图中拾取透明区域的颜色，吸管工具用于在蒙版缩略图中拾取不透明区域颜色，如图 9-343 所示。

查看：指定合成视图中显示的合成效果。

键色：通过吸管拾取透明区域的颜色。

色彩匹配精度：用于控制匹配颜色的精确度。若屏幕上不包含主色调会得到较好的效果。

蒙版控制：调整通道中的 Black、White 和 Gamma 参数值的设置，从而修改图像蒙版的透明度。

图 9-343

3. 颜色键

颜色键设置如图 9-344 所示。

图 9-344

键颜色：通过吸管工具拾取透明区域的颜色。

色彩宽容度：用于调节抠像颜色相匹配的颜色范围。该参数值越高，抠掉的颜色范围就越大；该参数越低，抠掉的颜色范围就越小。

边缘变薄：减少所选区域的边缘的像素值。

边缘羽化：设置抠像区域的边缘以产生柔和羽化效果。

4. 色彩范围

色彩范围可以通过去除 Lab、YUV 或 RGB 模式中指定的颜色范围来创建透明效果。用户可以对多种颜色组成的背景屏幕图像，如不均匀光照并且包含同种颜色阴影的蓝色或绿色屏幕图像应用该滤镜特效，如图 9-345 所示。

模糊性：设置选区边缘的模糊量。

色彩空间：设置颜色之间的距离，有 Lab、YUV、RGB 3 种选项，每种选项对颜色的不同变化有不同的反映。

最大/最小：对层的透明区域进行微调设置。

图 9-345

5. 提取（抽出）

提取（抽出）通过图像的亮度范围来创建透明效果。图像中所有与指定的亮度范围相近的像素都将删除，对于具有黑色或白色背景的图像，或者是背景亮度与保留对象之间亮度反差很大的复杂背景图像是该滤镜特效的优点，还可以用来删除影片中的阴影，如图 9-346 所示。

图 9-346

6. 内部/外部键

内部/外部键通过层的遮罩路径来确定要隔离的物体边缘，从而把前景物体从它的背景上隔离出来。利用该滤镜特效可以将具有不规则边缘的物体从它的背景中分离出来，这里使用的遮罩路径可以十分粗略，不一定正好在物体的四周边缘，如图 9-347 所示。

图 9-347

7. Keylight

“抠像”一词是从早期电视制作中得来，英文称作“Keylight”，意思就是吸取画面中的某一种颜色作为透明色，将它从画面中删除，从而使背景透出来，形成两层画面的叠加合成。这样在室内拍摄的人物经抠像后与各景物叠加在一起，形成了各种奇特效果。原图图片如图 9-348 和图 9-349 所示，叠加合成后的效果如图 9-350 所示。

图 9-348

图 9-349

图 9-350

After Effects 中，实现键出的滤镜都放置在“键控”分类里，根据其原理和用途，又可以分为 3 类：二元键出、线性键出和高级键出。其各个属性的含义如下。

二元键出：诸如“颜色键”和“亮度键”等。这是一种比较简单的键出抠像，只能产生透明与不透明效果，对于半透明效果的抠像就力不从心了，适合前期拍摄较好的高质量视频，有着明确的边缘，背景平整且颜色无太大变化。

线性键出：诸如“线性色键”“差异蒙版”和“提取（抽出）”等。这类键出抠像可以将键出色与画面颜色进行比较，当两者不是完全相同，则自动抠去键出色；当键出色与画面颜色不是完全符合，将产生半透明效果，但是此类滤镜产生的半透明效果是线性分布的，虽然适合大部分抠像要求，但对于烟雾、玻璃之类更为细赋的半透明抠像仍有局限，需要借助更高级的抠像滤镜。

高级键出：诸如“颜色差异键”和“色彩范围”等。此类键出滤镜适合复杂的抠像操作，对于透明、半透明的物体抠像十分适合，并且即使实际拍摄时背景不够平整、蓝屏或者绿屏亮度分布不均匀带有阴影等情况都能得到不错的键出抠像效果。

任务五 制作三维合成抠像

After Effects 中三维层具有了材质属性，但要得到满意的合成效果，还必须在场景中创建和设置灯光，无论是图层的投影、环境和反射等特性都是在一定的灯光作用下才发挥作用的。

在三维空间的合成中，除了灯光和图层材质赋予的多种多样的效果以外，摄像机的功能也是相当重要的，因为不同的视角所得到的光影效果也是不同的，而且在动画的控制方面也增强了灵活性和多样性，丰富了图像合成的视觉效果。

9.5.1 课堂案例——星光碎片

【案例学习目标】学习使用调整摄像机制作星光碎片。

【案例知识要点】使用“渐变”命令制作背景渐变效果；使用“分形杂波”命令制作发光特效；使用“闪光灯”命令制作闪光灯效果；使用“渐变”命令制作彩色渐变效果；使用矩形遮罩工具绘制形状遮罩效果；使用“LF Stripe”命令制作光效；使用“摄像机”命令添加摄像机层并制作关键帧动画；使用“位置”属性改变摄像机层的位置动画；使用“启用时间重置”命令改变时间。星光碎片如图 9-351 所示。

图 9-351

【效果图所在位置】资源包 \ Ch09 \ 星光碎片. aep。

1. 制作渐变效果

步骤 ① 按 Ctrl+N 组合键，弹出“图像合成设置”对话框，在“合成组名称”选项的文本框中输入“渐变”，其他选项的设置如图 9-352 所示，单击“确定”按钮，创建一个新的合成“渐变”。选择“图层 > 新建 > 固态层”命令，弹出“固态层设置”对话框，在“名称”选项的文本框中输入“渐变”，将“颜色”选项设置为黑色，单击“确定”按钮，在“时间线”面板中新增一个固态层，如图 9-353 所示。

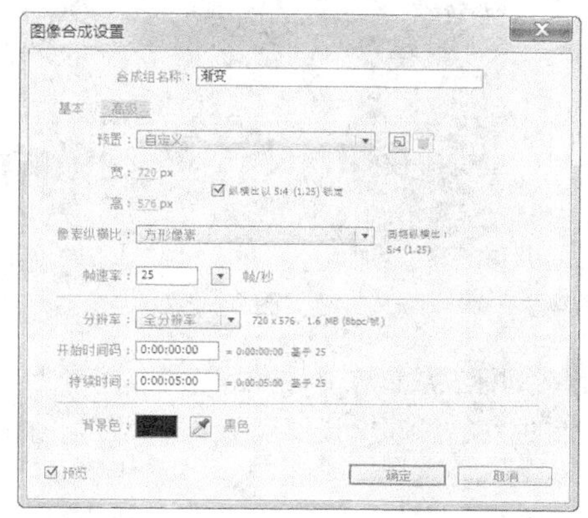

图 9-352

图 9-353

步骤② 选中“渐变”层，选择“效果 > 生成 > 渐变”命令，在“特效控制台”面板中设置“开始色”的颜色为黑色，“结束色”的颜色为白色，其他参数设置如图 9-354 所示，设置完成后合成窗口中的效果如图 9-355 所示。

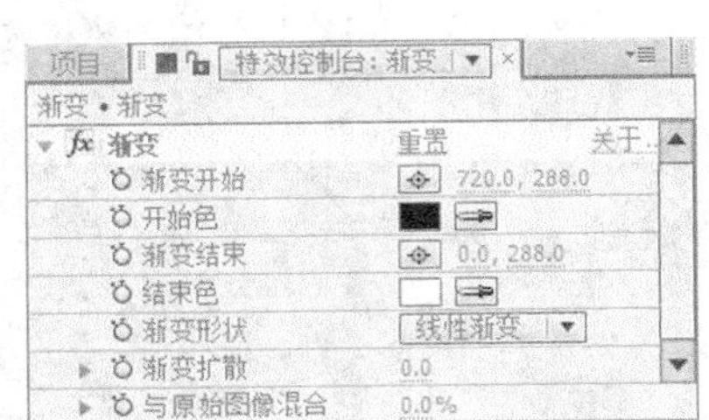

图 9-354

图 9-355

2. 制作发光效果

步骤① 再次创建一个新的合成并命名为“星光”。在当前合成中建立一个新的固态层“噪波”。选中“噪波”层，选择“效果 > 杂波与颗粒 > 分形杂波”命令，在“特效控制台”面板中进行参数设置，如图 9-356 所示。合成窗口中的效果如图 9-357 所示。

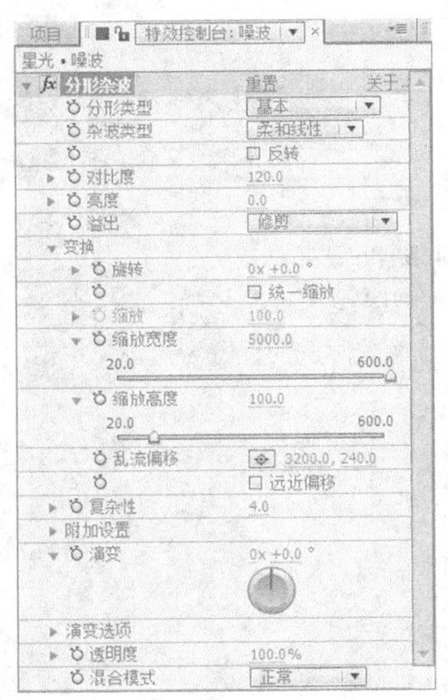

图 9-356

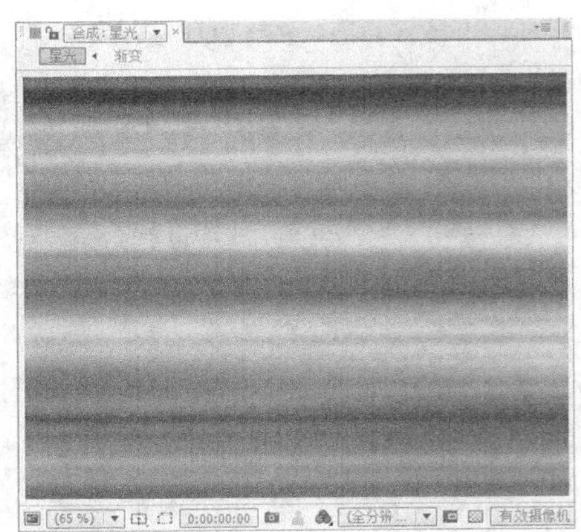

图 9-357

步骤② 选中“噪波”层，在“时间线”面板中将时间标签放置在 0s 的位置。在“特效控制台”面板中分别单击“变换”下的“乱流偏移”和“演变”选项前面的“关键帧自动记录器”按钮，如图 9-358 所示，记录第 1 个关键帧。

步骤③ 将时间标签放置在 4:24s 的位置，在“特效控制台”面板中设置“乱流偏移”选项的数值为-3200.0、

240.0，“演变”选项的数值为 1、0.0°，如图 9-359 所示，记录第 2 个关键帧。合成窗口中的效果如图 9-360 所示。

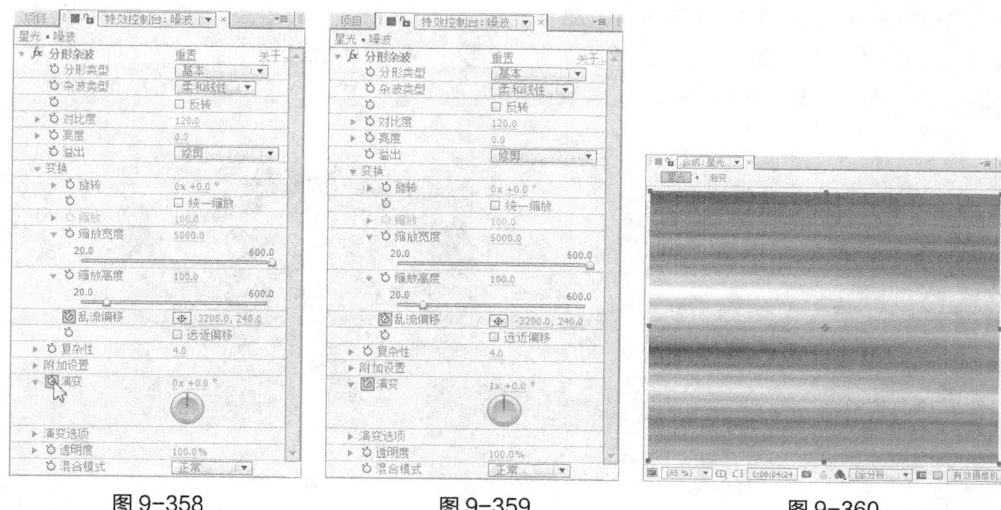

图 9-358　　图 9-359　　图 9-360

步骤④ 选中“噪波”层，选择“效果 > 风格化 > 闪光灯”命令，在“特效控制台”面板中进行参数设置，如图 9-361 所示。合成窗口中的效果如图 9-362 所示。

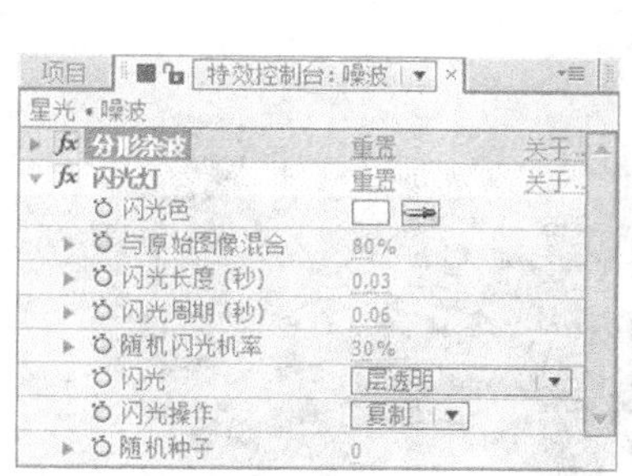

图 9-361

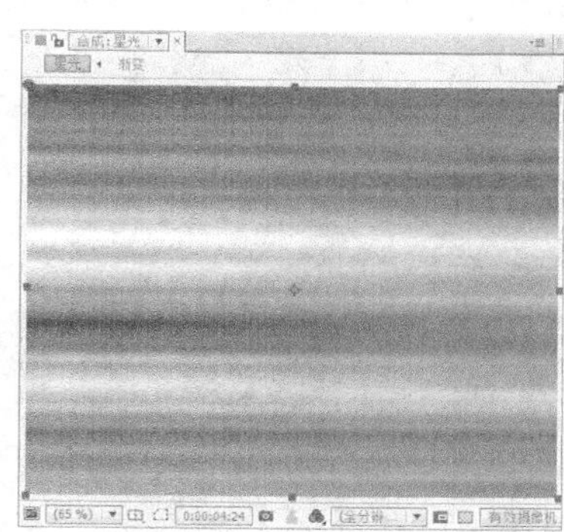

图 9-362

步骤⑤ 在“项目”面板中选中“渐变”合成并将其拖曳到“时间线”面板中。将“噪波”层的“轨道蒙板”选项设置为“亮度蒙板‘渐变’”，如图 9-363 所示。隐藏“渐变”层，合成窗口中的效果如图 9-364 所示。

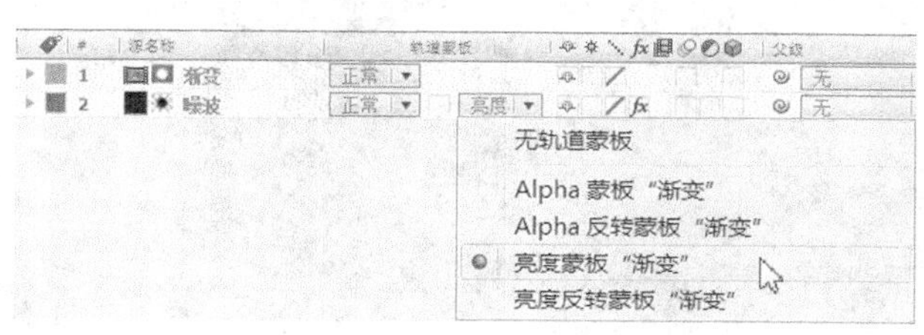

图 9-363

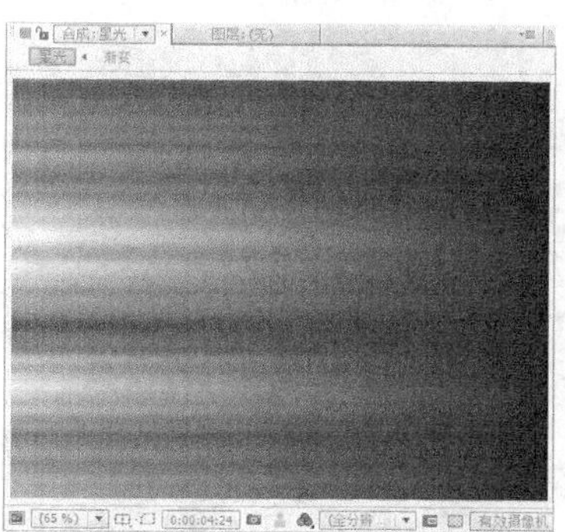

图 9-364

3. 制作彩色发光效果

步骤① 在当前合成中建立一个新的固态层“彩色光芒”。选择“效果 > 生成 > 渐变”命令，在“特效控制台”面板中设置“开始色”的颜色为黑色，“结束色”的颜色为白色，其他参数设置如图 9-365 所示。设置完成后合成窗口中的效果如图 9-366 所示。

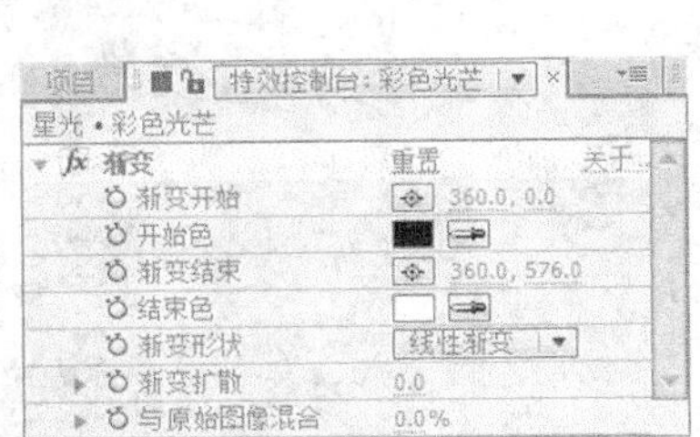

图 9-365

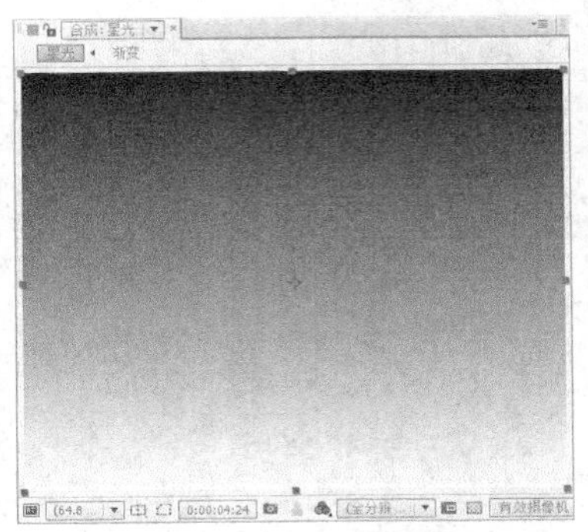

图 9-366

步骤② 选中“彩色光芒”层，选择“效果 > 色彩校正 > 彩色光”命令，在“特效控制台”面板中进行参数设置，如图 9-367 所示。合成窗口中效果如图 9-368 所示。在“时间线”面板中设置“彩色光芒”层的遮罩混合模式为“颜色”，如图 9-369 所示。合成窗口中的效果如图 9-370 所示。

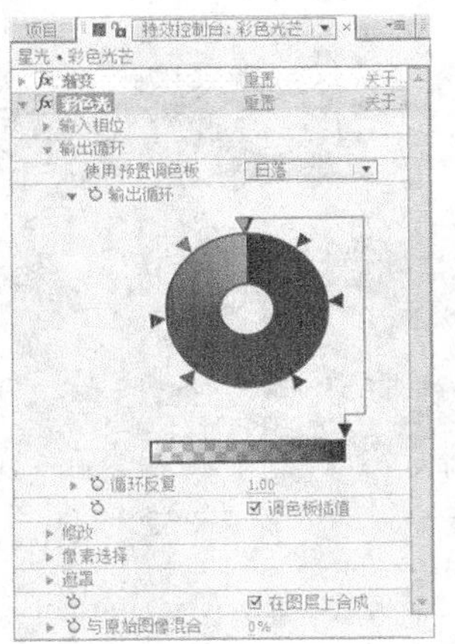

图 9-367

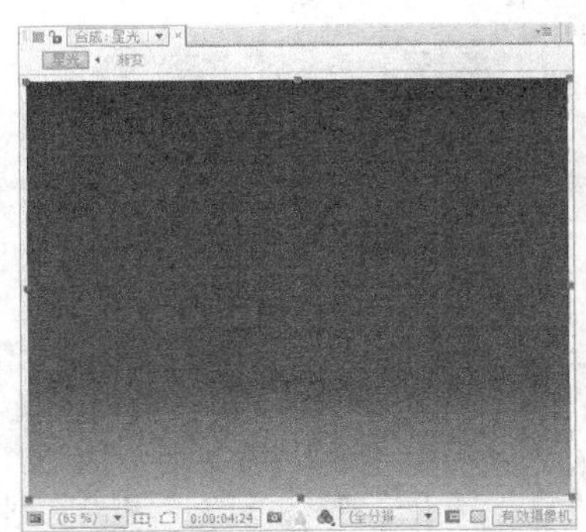

图 9-368

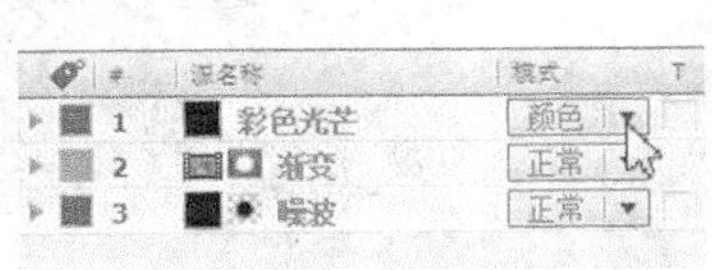

图 9-369

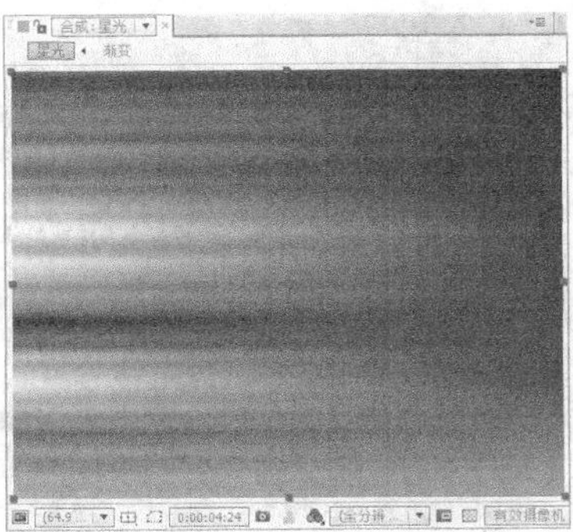

图 9-370

步骤③ 在当前合成中建立一个新的固态层“遮罩”。选择“矩形遮罩”工具，在合成窗口中拖曳鼠标绘制一个矩形遮罩图形，如图 9-371 所示。按 F 键展开“遮罩羽化”属性，设置“遮罩羽化”选项的数值为 200.0、200.0，如图 9-372 所示。

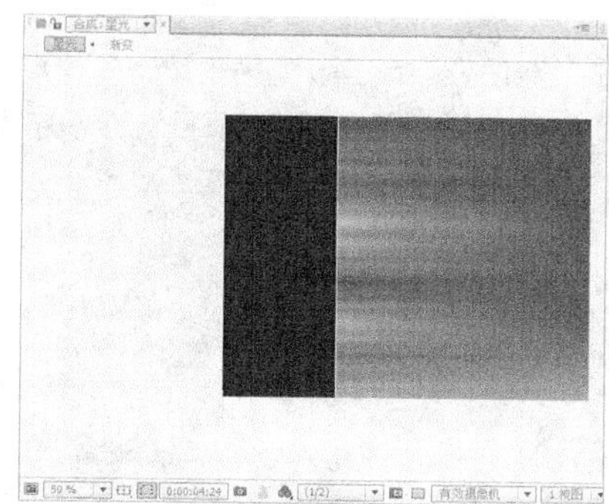

图 9-371

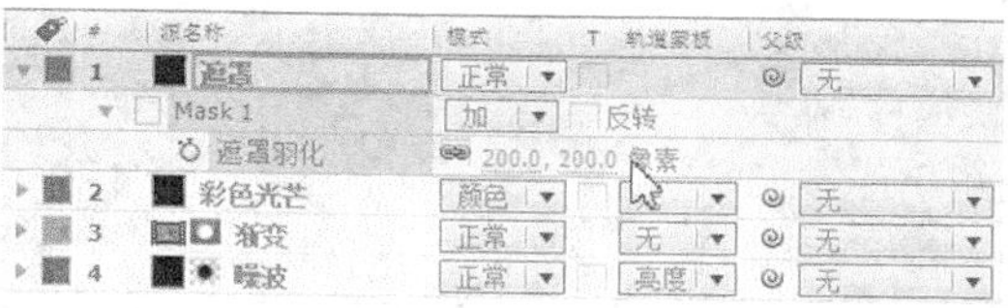

图 9-372

步骤④ 选中“彩色光芒”层，将“彩色光芒”层的“轨道蒙版”选项设置为“Alpha 蒙板‘遮罩’”，如图 9-373 所示。隐藏“遮罩”层，合成窗口中的效果如图 9-374 所示。

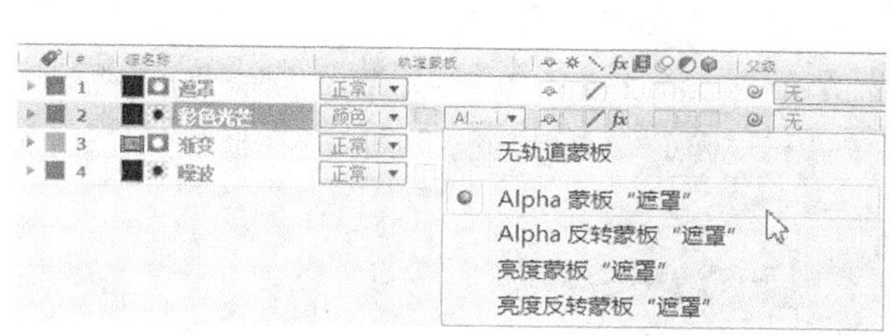

图 9-373

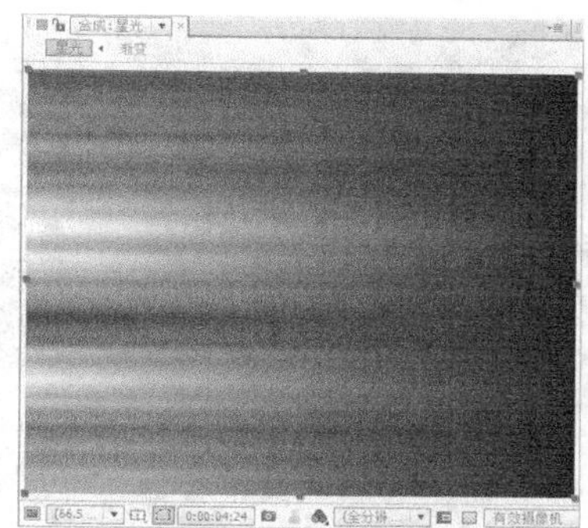

图 9-374

步骤⑤ 再次创建一个新的合成并命名为“光效”。在当前合成中建立一个新的固态层“光效”。选中“光效”层，选择“效果 > Knoll Light Factory > LF Stripe”命令，在“特效控制台”面板中设置“Outer Color”的颜色为紫色（其 R、G、B 的值分别为 126、0、255），“Center Color”的颜色为青色（其 R、G、B 的值分别为 64、149、255），其他参数设置如图 9-375 所示，设置完成后合成窗口中的效果如图 9-376 所示。

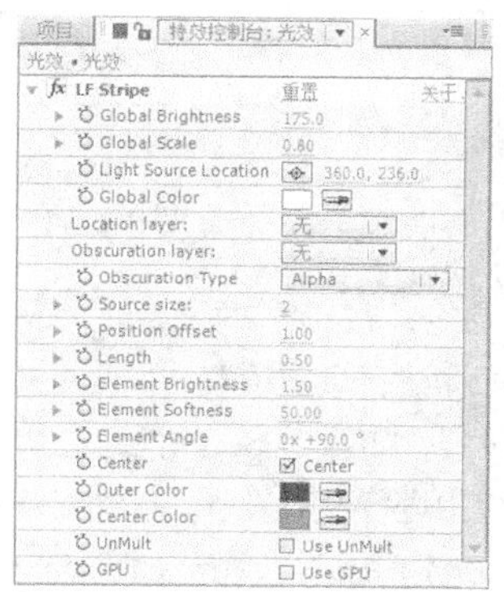

图 9-375

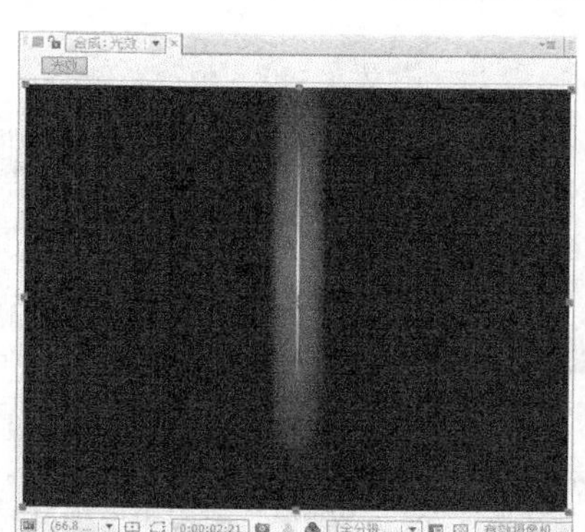

图 9-376

4. 编辑图片光芒效果

步骤① 按 Ctrl+N 组合键，弹出“图像合成设置”对话框，在“合成组名称”选项的文本框中输入“碎片”，其他选项的设置如图 9-377 所示，单击“确定”按钮。

步骤② 选择“文件 > 导入 > 文件”命令，弹出“导入文件”对话框，选择资源包中的“Ch09\星光碎片\(Footage)\01”文件，单击“打开”按钮，导入图片，如图 9-378 所示。在“项目”面板中选中“渐变”合成和“01”文件，将其拖曳到“时间线”面板中，同时单击“渐变”层前面的眼睛按钮，关闭该层的可视性，如图 9-379 所示。

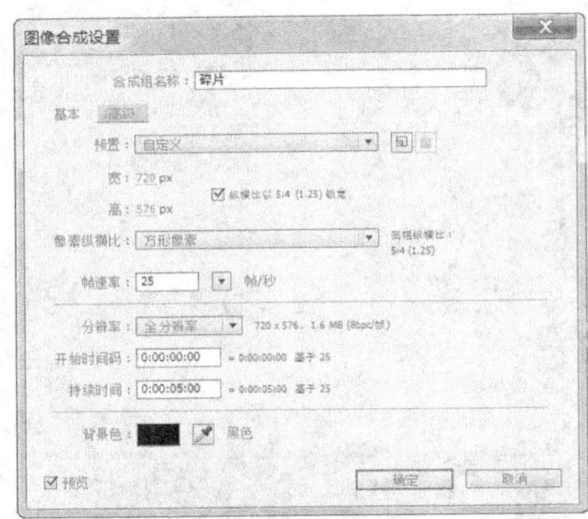

图 9-377

图 9-378

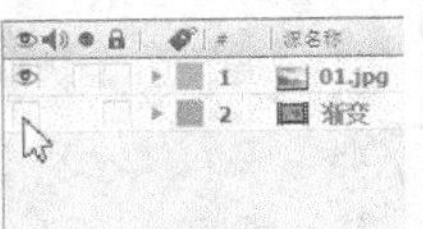

图 9-379

步骤③ 选择“图层 > 新建 > 摄像机”命令，弹出“摄像机设置”对话框，在“名称”选项的文本框中输入“摄像机 1”，其他选项的设置如图 9-380 所示，单击“确定”按钮，在“时间线”面板中新增一个摄像机层，如图 9-381 所示。

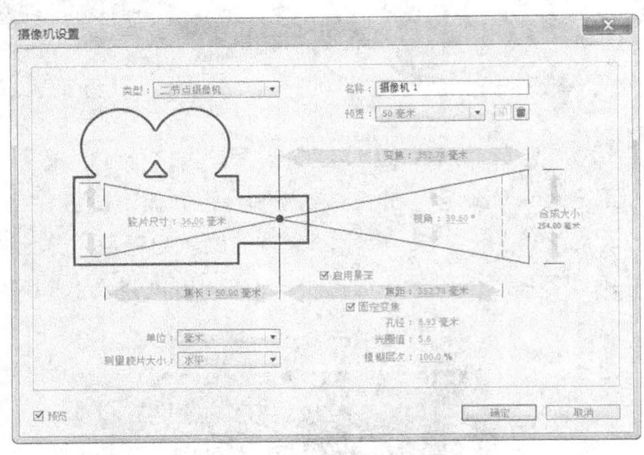

图 9-380

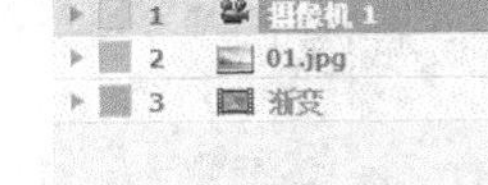

图 9-381

步骤④ 选中“01”文件，选择“效果 > 模拟仿真 > 碎片”命令，在“特效控制台”面板中将“查看”选项改为“渲染”模式，展开“外形”属性，在“特效控制台”面板中进行参数设置，如图 9-382 所示。展开“焦点 1”和“焦点 2”属性，在“特效控制台”面板中进行参数设置，如图 9-383 所示。

步骤⑤ 展开“倾斜”和“物理”属性，在“特效控制台”面板中进行参数设置，如图 9-384 所示。将时间标签放置在 2s 的位置，在“特效控制台”面板中单击“倾斜”选项下的“碎片界限值”选项前的“关键帧自动记录器”按钮，如图 9-385 所示，记录第 1 个关键帧。将时间标签放置在 3:18s 的位置，设置“碎片界限值”选项为 100%，如图 9-386 所示，记录第 2 个关键帧。

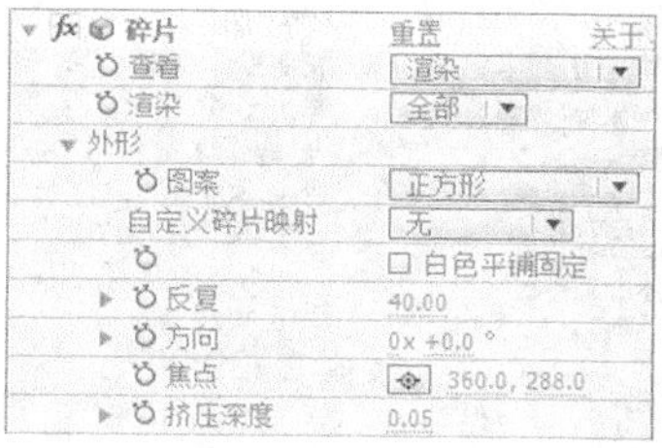

图 9-382

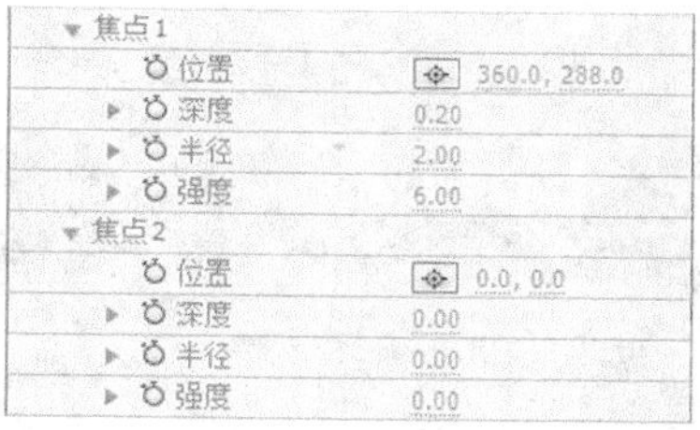

图 9-383

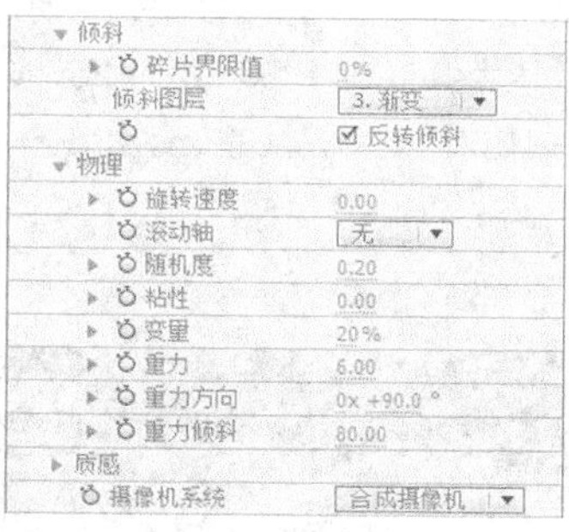

图 9-384

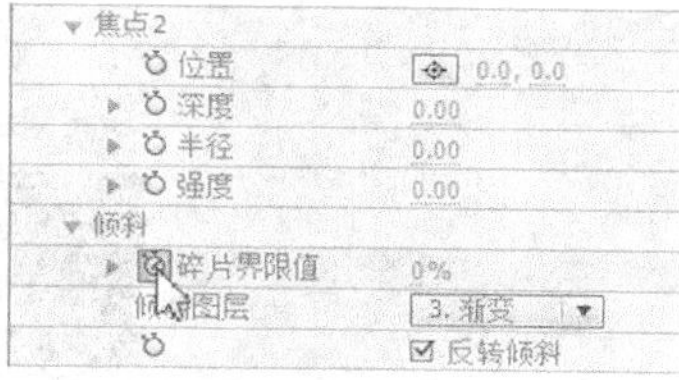

图 9-385

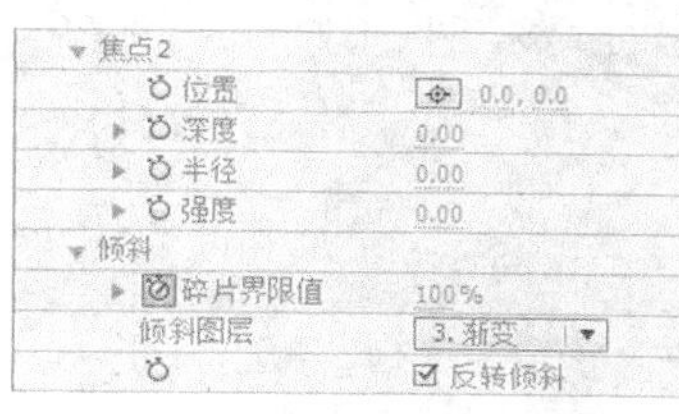

图 9-386

步骤 6 在当前合成中建立一个新的红色固态层“参考层”。单击“参考层”右面的“3D 图层”按钮，打开三维属性，同时单击“参考层”前面的“眼睛”按钮，关闭该层的可视性。设置“摄像机 1”的“父级”关系为“参考层”，如图 9-387 所示。

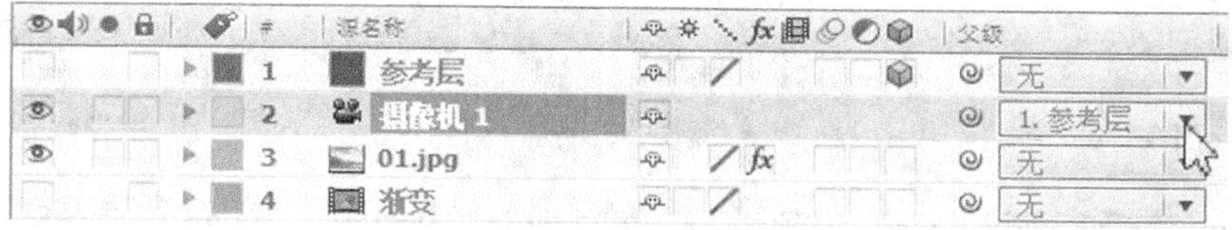

图 9-387

步骤 7 选中“参考层”，按 R 键展开旋转属性，设置“方向”选项的数值为 90.0°、0.0°、0.0°，如图 9-388 所示。将时间标签放置在 1:06s 的位置，单击“Y 轴旋转”选项前的“关键帧自动记录器”按钮，设置“Y 轴旋转”选项的数值为 0、0.0°，如图 9-389 所示，记录第 1 个关键帧。将时间标签放置在 4:24s 的位置，设置“Y 轴旋转”选项的数值为 0、120.0°，如图 9-390 所示，记录第 2 个关键帧。然后选中两个关键帧，在任意一个关键帧上单击鼠标右键，在弹出的选项中选择“关键帧辅助 > 柔缓曲线”命令，如图 9-391 所示。

图 9-388

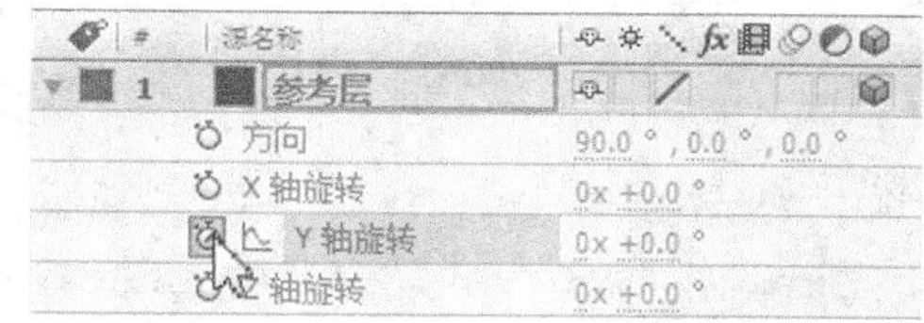

图 9-389

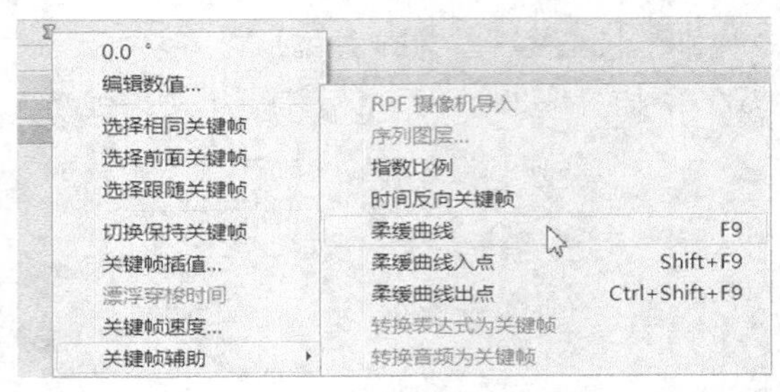

图 9-390　　图 9-391

步骤⑧ 选中“摄像机 1”层，按 P 键展开“位置”属性，将时间标签放置在 0s 的位置，单击“位置”选项前的“关键帧自动记录器”按钮，设置“位置”选项的数值为 320.0、-900.0、-50.0，如图 9-392 所示，记录第 1 个关键帧。将时间标签放置在 1:10s 的位置，设置“位置”选项的数值为 320.0、-700.0、-250.0，将时间标签放置在 4:24s 的位置，设置“位置”选项的数值为 320.0、-560.0、-1000.0，关键帧的显示如图 9-393 所示。合成窗口中的效果如图 9-394 所示。

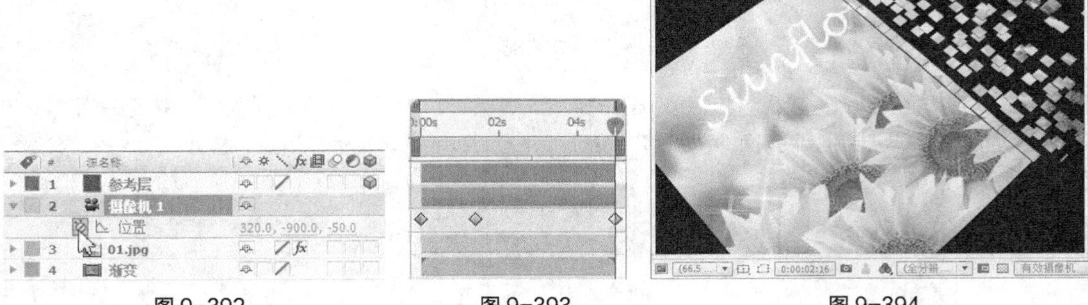

图 9-392　　图 9-393　　图 9-394

步骤⑨ 在“项目”面板中选中“光效”合成和“星光”合成，将其拖曳到“时间线”面板中，单击这两层右边的“3D 图层”按钮，打开三维属性，同时在“时间线”面板中设置这两层的遮罩混合模式为“添加”，如图 9-395 所示。

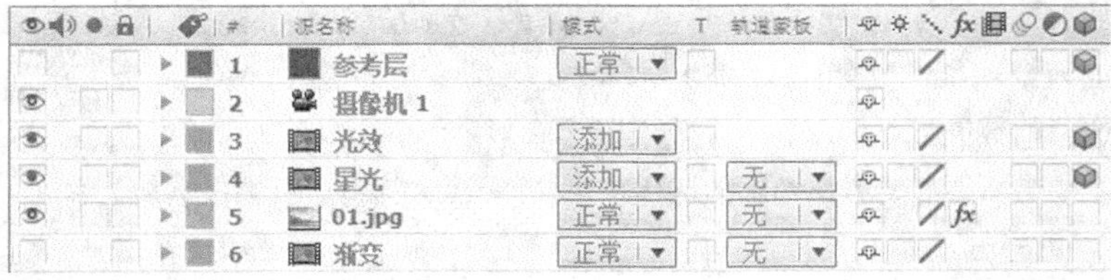

图 9-395

步骤⑩ 选中“光效”层，按 P 键展开“位置”属性，将时间标签放置在 1:22s 的位置，单击“位置”前方的“关键帧自动记录器”按钮，设置“位置”选项的数值为 720.0、288.0、0.0，如图 9-396 所示。将时间标签放置在 3:24s 的位置，设置“位置”选项的数值为 0.0、240.0、0.0，如图 9-397 所示。

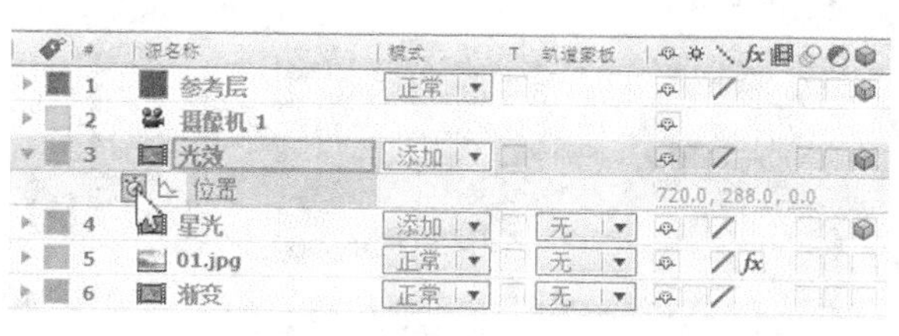

图 9-396

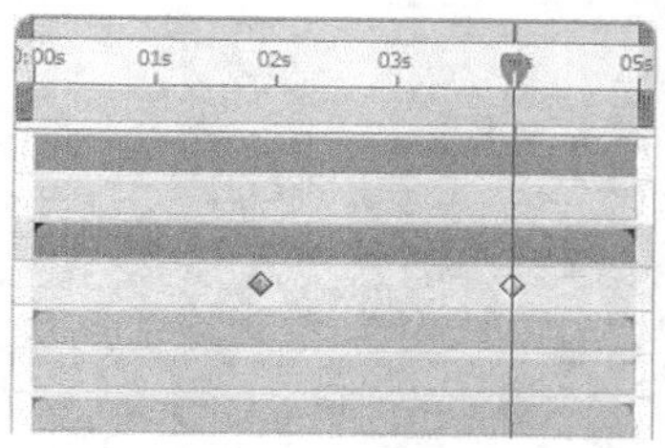

图 9-397

步骤⑪ 选中“光效”层，按 T 键展开“透明度”属性，将时间标签放置在 1:11s 的位置，单击“透明度”前方的“关键帧自动记录器”按钮，设置“透明度”选项的数值为 0%，如图 9-398 所示。将时间标签放置在 1:22s 的位置，设置“透明度”选项的数值为 100%，将时间标签放置在 3:24s 的位置，设置“透明度”选项的数值为 100%，将时间标签放置在 4:11s 的位置，设置“透明度”选项的数值为 0%，关键帧的显示如图 9-399 所示。

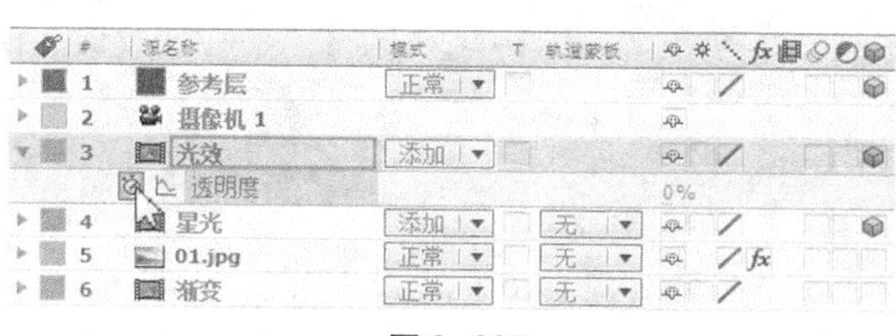

图 9-398

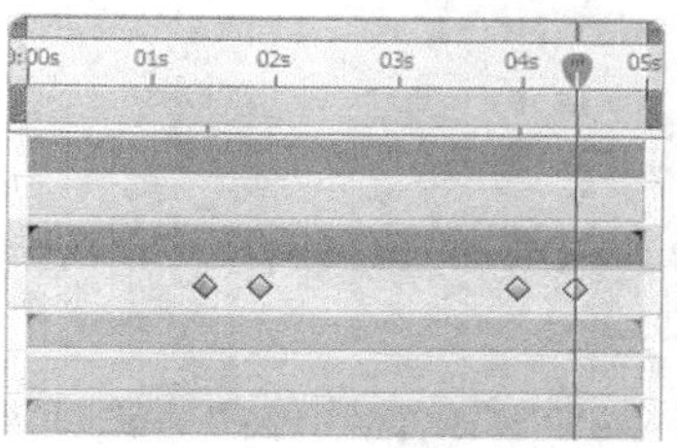

图 9-399

步骤⑫ 选中“星光”层，按 P 键展开“位置”属性，将时间标签放置在 1:22s 的位置，设置“位置”选项的数值为 720.0、288.0、0.0，单击“位置”前方的“关键帧自动记录器”按钮，如图 9-400 所示。将时间标签放置在 3:24s 的位置，设置“位置”选项的数值为 0.0、288.0、0.0，关键帧的显示如图 9-401 所示。

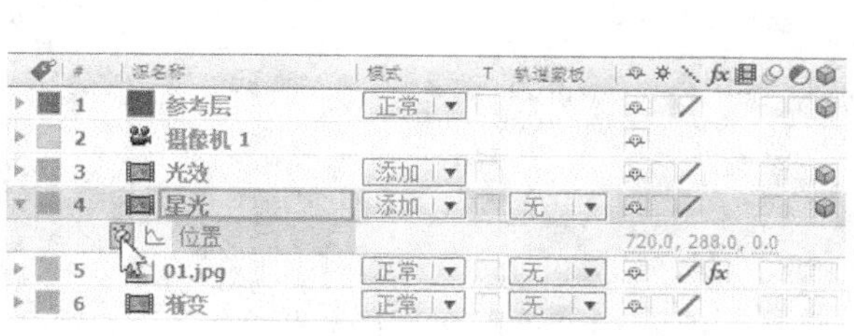

图 9-400

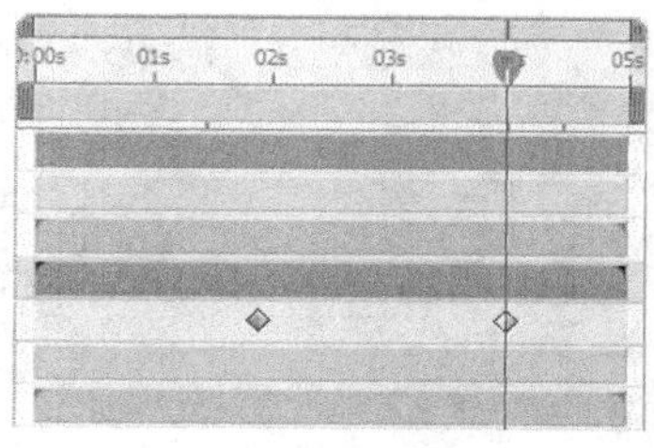

图 9-401

步骤⑬ 选中“星光”层，按 T 键展开“透明度”属性，将时间标签放置在 1:11s 的位置，单击“透明度”前方的“关键帧自动记录器”按钮，设置“透明度”选项的数值为 0%，如图 9-402 所示。将时间标签放置在 1:22s 的位置，设置“透明度”选项的数值为 100%，将时间标签放置在 3:24s 的位置，设置“透明度”选项的数值为 100%，将时间标签放置在 4:11s 的位置，设置“透明度”选项的数值为 0%，关键帧的显示如图 9-403 所示。

步骤⑭ 选择“图层 > 新建 > 固态层”命令，弹出“固态层设置”对话框，在“名称”选项的文本框中输入“底板”，将“颜色”选项设置为灰色（其 R、G、B 的值分别为 175、175、175），单击“确定”按钮，在当前合成中建立一个新的固态层，将其拖曳到最底层，如图 9-404 所示。

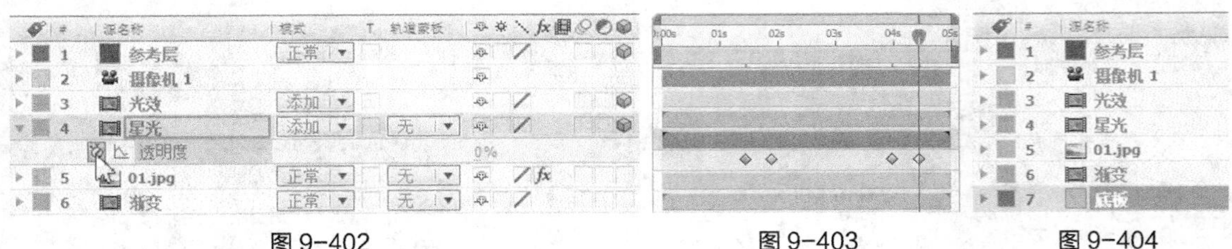

图 9-402　　图 9-403　　图 9-404

步骤⑮ 单击“底板”层右面的“3D 图层”按钮，打开三维属性，按 P 键展开“位置”属性，将时间标签放置在 3:24s 的位置，单击“位置”前方的“关键帧自动记录器”按钮，设置“位置”选项的数值为 360.0、288.0、0.0，如图 9-405 所示。将时间标签放置在 4:24s 的位置，设置“位置”选项的数值为-550.0、288.0、0.0。然后选中两个关键帧，在任意一个关键帧上单击鼠标右键，在弹出的选项中选择“关键帧辅助 > 柔缓曲线出点”，如图 9-406 所示。

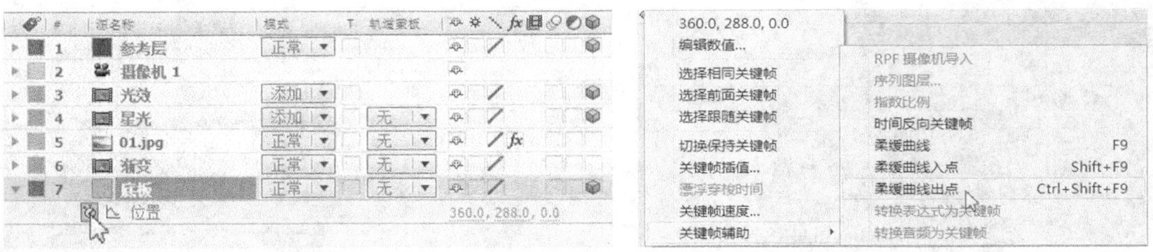

图 9-405　　图 9-406

步骤⑯ 选中“底板”层，按 T 键展开“透明度”属性，将时间标签放置在 3:24s 的位置，单击“透明度”前方的“关键帧自动记录器”按钮，设置“透明度”选项的数值为 50%，如图 9-407 所示。将时间标签放置在 4:24s 的位置，设置“透明度”选项的数值为 0%。然后选中两个关键帧，在任意一个关键帧上单击鼠标右键，在弹出的选项中选择“关键帧辅助 > 柔缓曲线”命令，如图 9-408 所示。

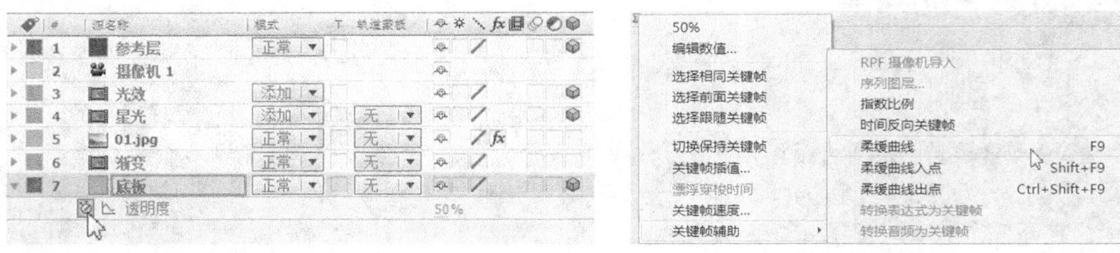

图 9-407　　图 9-408

5. 制作最终效果

步骤① 按 Ctrl+N 组合键，弹出“图像合成设置”对话框，在“合成组名称”选项的文本框中输入“最终效果”，其他选项的设置如图 9-409 所示，单击“确定”按钮。在“项目”面板中选中“碎片”合成，将其拖曳到“时间线”面板中，如图 9-410 所示。

步骤② 选择“图层 > 时间 > 启用时间重置”命令，将时间标签放置在 0s 的位置，设置“躲避”选项的数值为 4:24，如图 9-411 所示。将时间标签放置在 4:24s 的位置，设置“躲避”选项的数值为 0，如图 9-412 所示。

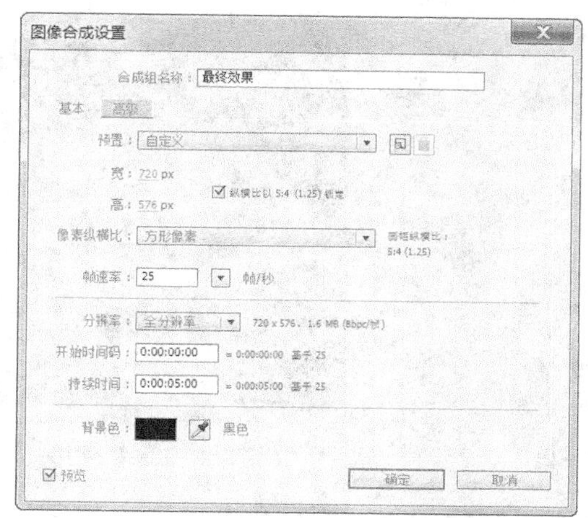

图 9-409

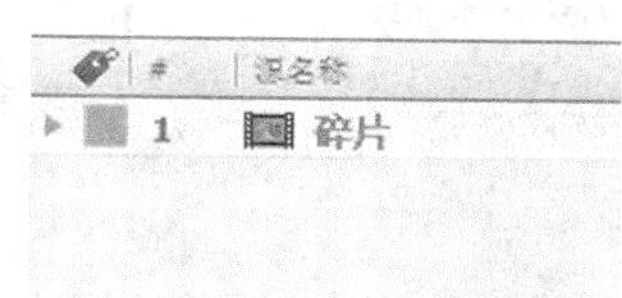

图 9-410

图 9-411

图 9-412

步骤③ 选中“碎片”合成，选择“效果 > Trapcode > Starglow”命令，在“特效控制”面板中进行参数设置，如图 9-413 所示。

步骤④ 将时间标签放置在 0s 的位置，单击“阈值”前方的“关键帧自动记录器”按钮，设置“阈值”选项的数值为 160.0，如图 9-414 所示。将时间标签放置在 4:24s 的位置，设置“阈值”选项的数值为 480.0，如图 9-415 所示。

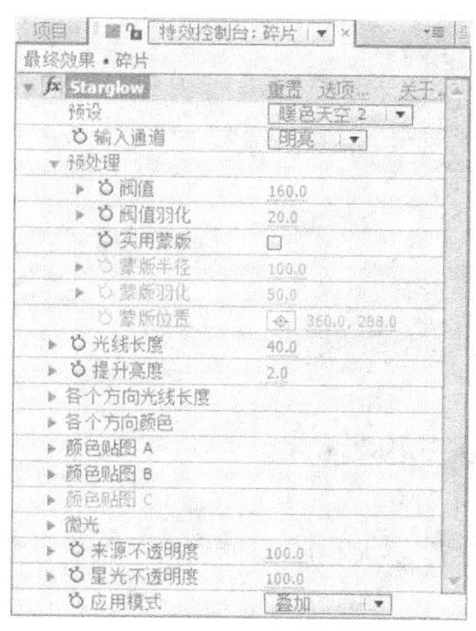

图 9-413

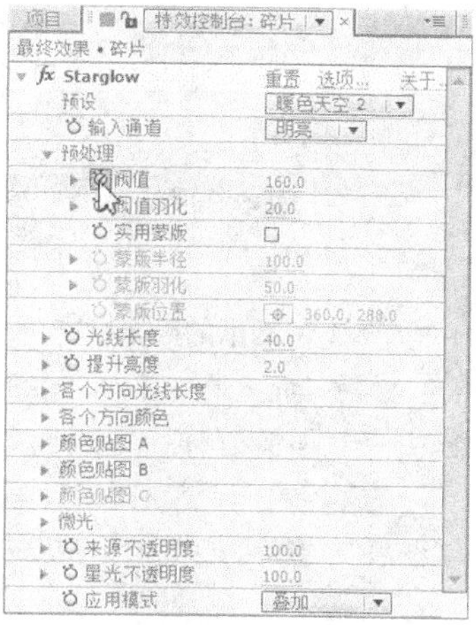

图 9-414

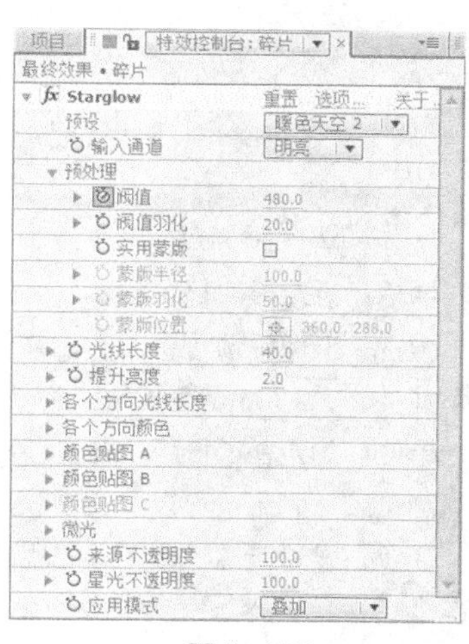

图 9-415

步骤⑤ 选中“碎片”合成，按 U 键显示所有关键帧，选择“选择”工具，框选“阈值”选项的所有关键帧，如图 9-416 所示。在任意一个关键帧上单击鼠标右键，在弹出的选项中选择“关键帧辅助 > 柔缓曲线入点”命令，如图 9-417 所示。

步骤⑥ 星光碎片制作完成，如图 9-418 所示。

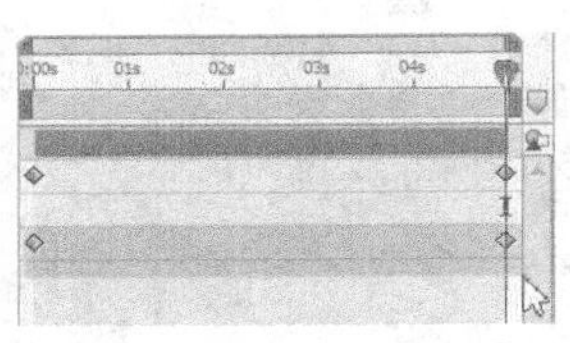

图 9-416

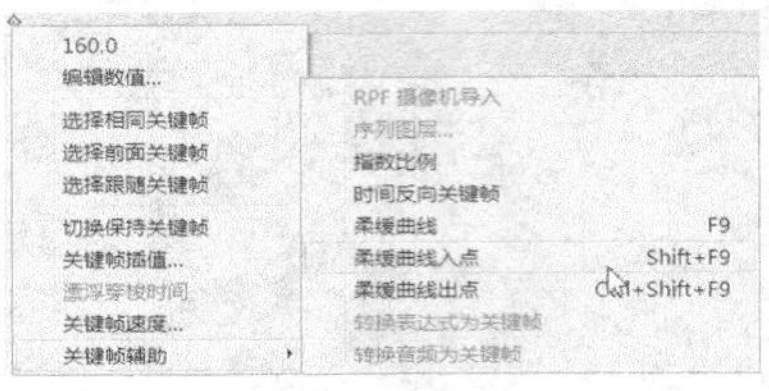

图 9-417

图 9-418

9.5.2 创建和设置摄像机

创建摄像机的方法很简单，选择“图层 > 新建 > 摄像机”命令，或按 Ctrl+Shift+Alt+C 组合键，在弹出的对话框中进行设置，如图 9-419 所示，单击“确定”按钮完成设置。

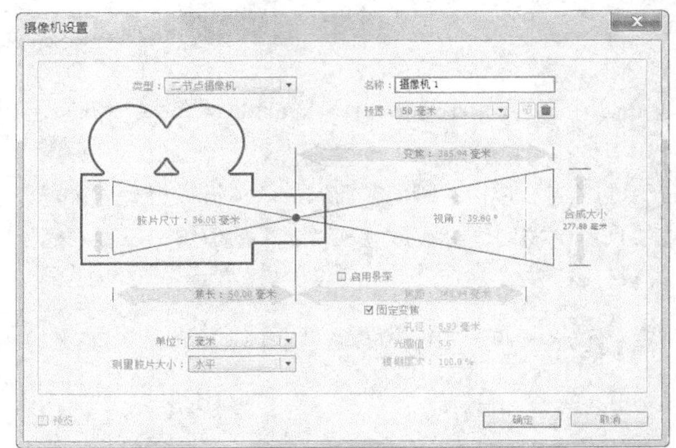

图 9-419

名称：设定摄像机名称。

预置：摄像机预置，此下拉菜单中包含了 9 种常用的摄像机镜头，有标准的“35mm”镜头、“15mm”广角镜头、“200mm”长焦镜头以及自定义镜头等。

单位：确定在“摄像机设置”对话框中使用的参数单位，包括像素、英寸和毫米 3 个选项。

测量胶片大小：可以改变“胶片尺寸”的基准方向，包括水平、垂直和对角 3 个选项。

变焦：设置摄像机到图像的距离。“变焦”值越大，通过摄像机显示的图层大小就会越大，视野也就相应地减小。

视角：视角设置。角度越大，视野越宽，相当于广角镜头；角度越小，视野越窄，相当于长焦镜头。调整此参数时，会和“焦长”“胶片尺寸”“变焦”3 个值互相影响。

焦长：焦距设置，指的是胶片和镜头之间的距离。焦距短，就是广角效果；焦距长，就是长焦效果。

启用景深：是否打开景深功能。配合“焦距”“孔径”“光圈值”和“模糊层次”参数使用。

焦距：焦点距离，确定从摄像机开始，到图像最清晰位置的距离。

孔径：设置光圈大小。不过在 After Effects 里，光圈大小与曝光没有关系，仅仅影响景深的大小。设置值越大，前后的图像清晰的范围就会越来越小。

光圈值：快门速度。此参数与“孔径”是互相影响的，同样影响景深模糊程度。

模糊层次：控制景深模糊程度。值越大越模糊，为 0%则不进行模糊处理。

9.5.3 利用工具移动摄像机

在“工具”面板中有 4 个移动摄像机的工具，在当前摄像机移动工具上按住鼠标不放，弹出其他摄像机移动工具的选项，或按 C 键可以实现这 4 个工具之间的切换，如图 9-420 所示。

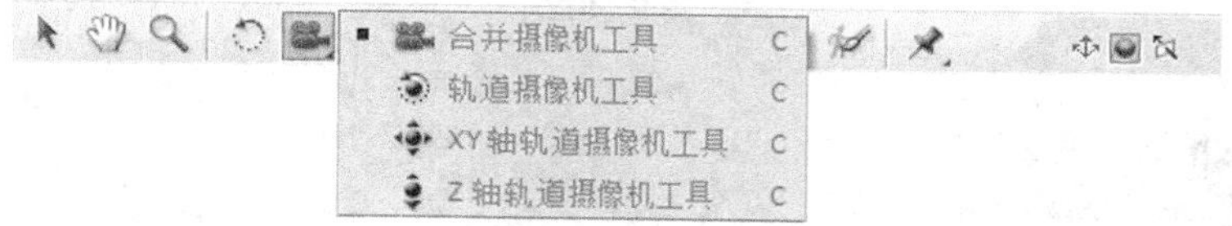

图 9-420

“合并摄像机”工具：合并以下几种摄像机工具的功能，使用 3 键鼠标的不同按键可以灵活变换操作，鼠标左键为旋转、中键为平移、右键为推拉。

“轨道摄像机”工具：以目标为中心点，旋转摄像机的工具。

“XY 轴轨道摄像机”工具：在垂直方向或水平方向，平移摄像机的工具。

“Z 轴轨道摄像机”工具：摄像机镜头拉近、推远的工具，也就是让摄像机在 z 轴向上平移的工具。

9.5.4 摄像机和灯光的入点与出点

在“时间线”默认状态下，新建立摄像机和灯光的入点和出点就是合成项目的入点和出点，即作用于整个合成项目中。为了设置多个摄像机或者多个灯光在不同时间段起到的作用，可以修改摄像机或者灯光的入点和出点，改变其持续时间，就像对待其他普通素材层一样，这样就可以方便地实现多个摄像机或者多个灯光在时间上的切换，如图 9-421 所示。

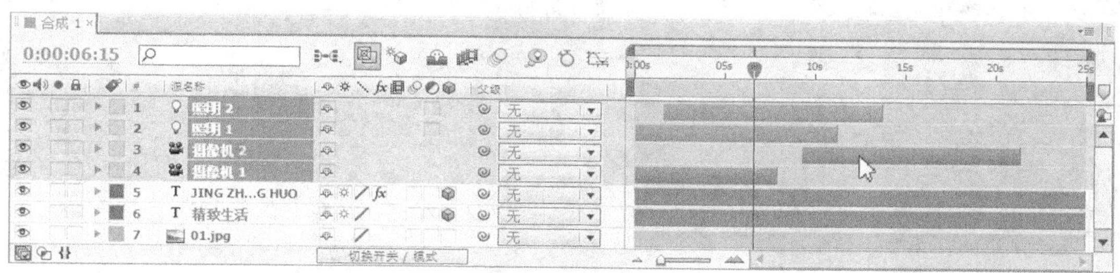

图 9-421

课堂练习——替换人物背景

【练习知识要点】使用“Keylight”命令去除图片背景；使用“位置”属性改变图片位置；使用“调节层”命令新建调节层；使用“色相位/饱和度”命令调整图片颜色。替换人物背景效果如图 9-422 所示。

【效果所在位置】资源包 \ Ch09 \ 替换人物背景. aep。

图 9-422

课后习题——火烧效果

【习题知识要点】使用“椭圆”命令制作椭圆形特效；使用“分形杂波”命令、“置换映射”命令制作火焰动画；使用“导入”命令导入图片。火烧效果如图 9-423 所示。

【效果所在位置】资源包 \ Ch09 \ 火烧效果.aep。

图 9-423